Metallurgische Berechnungen

Metallurgische Berechnungen

Praktische Anwendung thermochemischer Rechenweise für Zwecke der Feuerungskunde, der Metallurgie des Eisens und anderer Metalle

Von

Joseph W. Richards, A. C., Ph. D.,
Professor der Metallurgie an der Lehigh-Universität

Autorisierte Übersetzung
nach der zweiten Auflage

von

Prof. Dr. Bernhard Neumann und **Dr.-Ing. Peter Brodal**
Darmstadt — Christiania

Manuldruck 1925

Berlin
Verlag von Julius Springer
1913

ISBN-13: 978-3-642-89217-2 e-ISBN-13: 978-3-642-91073-9
DOI: 10.1007/ 978-3-642-91073-9

Softcover reprint of the hardcover 1st edition 1913

Vorwort.

Von den verschiedenen Forschungs-Gebieten der physikalischen Chemie, deren Ergebnisse direkt zur Aufklärung oder Vervollkommnung technischer Prozesse dienen können, ist das der Thermochemie wohl das älteste und wichtigste. Die Thermochemie kann in allen Fällen, wo es sich um Verbrennungs- und Schmelzvorgänge, oder um elektrochemische und elektrothermische Prozesse handelt, in überraschend einfacher Weise Auskunft über die notwendige Energieaufwendung, über Verluste, Ausnützung usw. geben. Die Gesetze sind außerordentlich einfach, ihre Kenntnis allein genügt aber nicht, wenn man aus der Thermochemie den Nutzen ziehen will, den sie zu leisten vermag; es gehört eine gewisse Übung dazu, um bei der Anwendung der thermochemischen Rechenweise die vorhandenen thermischen Werte richtig und erschöpfend auszunützen.

Die Literatur bietet nur wenige derartige Anleitungen, die in Form von Rechenbeispielen darlegen, wie solche Aufgaben, die die Technik täglich stellt, anzufassen sind, und was die thermochemische Rechenweise dabei leisten kann. Schon 1893 erschien ein kleines recht brauchbares Werkchen dieser Art von Alexander Naumann: „Technisch-thermochemische Berechnungen zur Heizung". Dieses Werk war bis vor einigen Jahren das einzige. Später hat Joseph W. Richards in ähnlicher, aber viel umfassenderer Weise die Thermochemie von dieser Seite behandelt und an zahlreichen Rechenbeispielen aus verschiedenen Gebieten der Technik gezeigt, wie fruchtbar die geschickte Ausnützung vorhandener thermochemischer und thermophysikalischer Daten sein kann. Die Sammlung dieser Rechenbeispiele erschien unter dem Titel „Metallurgical Calculations" in drei Bändchen, von denen sich das erste hauptsächlich mit Fragen der Heizung, die beiden andern mit Fragen der Metallurgie des Eisens und der Metallurgie der andern Metalle beschäftigen. Die Bände haben bald eine zweite Auflage erlebt und sind in andere Sprachen übergegangen. Eine deutsche Ausgabe fehlte bisher, doch dürfte eine solche vielen Fachgenossen die Beschäftigung mit diesem Gegenstande wesentlich erleichtern. Wir sind deshalb der Anregung des Herrn Verlegers, eine Übersetzung zu besorgen, um so lieber nachgekommen, weil wir von dem Nutzen der genannten Rechenweise überzeugt sind, und weil wir die vom Verfasser gewählte Darstellung (ausschließlich durchgerechnete Aufgaben und Übungsbeispiele) für eine sehr zweckmäßige halten.

Die drei Bändchen des Originals sind in vorliegendem Bande vereinigt. Bei der Übersetzung haben wir uns stets bemüht, möglichst klar zu sein, und wir haben, wo es notwendig war, oder wo die Fälle bei uns anders liegen, Erläuterungen in Fußnoten beigefügt. Alle englischen Maße sind in metrisches System umgewandelt; aufgefundene Irrtümer in den Rechnungen sind beseitigt. So geben wir uns der Erwartung hin, daß die deutsche Übersetzung dieselbe freundliche Aufnahme finden möge wie das Originalwerk.

Darmstadt, Christiania, September 1913.

B. Neumann. P. Brodal.

Inhaltsübersicht.

Seite

I. Teil.

Chemische und thermische Grundlagen. Feuerungskunde

1. Kapitel.

Die chemische Gleichung.

2. Kapitel.

Anwendung der Thermochemie.

3. Kapitel.

Die Benutzung der thermochemischen Daten.

4. Kapitel.

Thermochemie hoher Temperaturen.

5. Kapitel.

Thermophysik der chemischen Verbindungen.

6. Kapitel.

Die Heizgase.

7. Kapitel.

Kaminzug und künstlicher Zug.

8. Kapitel.

Wärmeleitung und Wärmestrahlung.

II. Teil.

Eisen und Stahl.

9. Kapitel.

Die Stoffbilanz des Hochofens.

10. Kapitel.

Berechnung der Beschickung für den Hochofen.

11. Kapitel.

Die Ausnutzung des Brennstoffs im Hochofen.

12. Kapitel.

Die Wärmebilanz des Hochofens.

13. Kapitel. Seite

Heißer Wind und trockner Wind.

14. Kapitel.

Erzeugung, Erhitzung und Trocknung des Windes.

15. Kapitel.

Das Bessemerverfahren.

16. Kapitel.

Thermochemie des Bessemerverfahrens.

17. Kapitel.

Die Temperaturerhöhung im Konverter.

III. Teil.

Metalle (außer Eisen).

21. Kapitel.

Die Metallurgie des Kupfers.

22. Kapitel.

Die Metallurgie des Bleis.

23. Kapitel.

Die Metallurgie des Silbers und des Goldes.

24. Kapitel.

Die Metallurgie des Zinks (Kadmiums und Quecksilbers).

Erster Teil

Chemische und thermische Grundlagen, Feuerungskunde

Erstes Kapitel.

Die chemische Gleichung.

Die Berechnung der quantitativen Verhältnisse metallurgischer Prozesse setzt ein richtiges Verständnis der chemischen Gleichungen voraus. Jede chemische Gleichung ist imstande, drei sehr wichtige Seiten des betreffenden Vorganges zu beleuchten: erstens die Gewichtsverhältnisse der reagierenden Stoffe, dann — wenn gasförmige Stoffe in Betracht kommen — auch die Volumverhältnisse und endlich drittens den Betrag an Energie, der bei der Reaktion abgegeben oder aufgenommen wird, falls die Bildungswärmen aller beteiligten Stoffe bekannt sind.

Die Atomgewichte.

Die Atomgewichte bilden die Grundlage aller quantitativen chemischen Rechnungen. Für praktische Zwecke können die folgenden abgerundeten Werte benutzt werden:

Wasserstoff	H	= 1	Mangan	Mn	= 55
Lithium	Li	= 7	Eisen	Fe	= 56
Beryllium	Be	= 9	Nickel	Ni	= 58,5
Bor	B	= 11	Kobalt	Co	= 59
Kohlenstoff	C	= 12	Kupfer	Cu	= 63,6
Stickstoff	N	= 14	Zink	Zn	= 65
Sauerstoff	O	= 16	Arsen	As	= 75
Fluor	F	= 19	Selen	Se	= 79
Natrium	Na	= 23	Brom	Br	= 80
Magnesium	Mg	= 24	Strontium	Sr	= 87
Aluminium	Al	= 27	Zirkon	Zr	= 90
Silizium	Si	= 28	Niob	Nb	= 94
Phosphor	P	= 31	Molybdän	Mo	= 96
Schwefel	S	= 32	Palladium	Pd	= 106
Chlor	Cl	= 35,5	Silber	Ag	= 108
Kalium	K	= 39	Kadmium	Cd	= 112
Kalzium	Ca	= 40	Zinn	Sn	= 118
Titan	Ti	= 48	Antimon	Sb	= 120
Vanadium	V	= 51	Tellur	Te	= 126
Chrom	Cr	= 52	Jod	J	= 127

Baryum	Ba	= 137	Quecksilber	Hg	= 200
Tantal	Ta	= 183	Thallium	Tl	= 204
Wolfram	W	= 184	Blei	Pb	= 207
Iridium	Ir	= 193	Wismut	Bi	= 208
Platin	Pt	= 195	Thorium	Th	= 232
Gold	Au	= 197	Uran	U	= 238

Die Beziehungen der Gewichtsmengen zu einander.

Die Gewichtsmengen der in Reaktion tretenden Stoffe, seien es Elemente oder Verbindungen, ergeben sich direkt aus den Atomgewichten. Als Beispiel sei hier die Reaktionsgleichung der Verschlackung des Eisens beim Bessemern von Kupferstein angeführt:

$$\begin{array}{ccccccccc} 2\,FeS & + & 3\,O_2 & + & 2\,SiO_2 & = & 2\,(FeO \cdot SiO_2) & + & 2\,SO_2 \\ 176 & + & 96 & + & 120 & = & 264 & + & 128 \end{array}$$

Diese Gewichtsverhältnisse können in jeder beliebigen Gewichtseinheit: Gramm, Kilogramm oder Tonne, ausgedrückt werden. Für technische Verhältnisse ist das Kilogramm die zweckmäßigste Einheit.

Die Beziehungen der Gas-Volumina zu einander.

Wenn gasförmige Stoffe an der Reaktion teilnehmen, so stehen deren Volumina in demselben Verhältnis wie die Anzahl der Moleküle der Stoffe in der Gleichung.

Folgende Beispiele zeigen das:

Vollständige Verbrennung des Kohlenstoffs:

$$C + \underset{1\,\mathrm{Vol.}}{O_2} = \underset{1\,\mathrm{Vol.}}{CO_2}.$$

Unvollständige Verbrennung des Kohlenstoffs:

$$2\,C + \underset{1\,\mathrm{Vol.}}{O_2} = \underset{2\,\mathrm{Vol.}}{2\,CO}$$

Verbrennung des Sumpfgases (Methans):

$$\underset{1\,\mathrm{Vol.}}{CH_4} + \underset{2\,\mathrm{Vol.}}{2O_2} = \underset{1\,\mathrm{Vol.}}{CO_2} + \underset{2\,\mathrm{Vol.}}{2\,H_2O_{(\mathrm{Dampf})}}$$

Erzeugung des Wassergases:

$$C + \underset{1\,\mathrm{Vol.}}{H_2O_{(\mathrm{Dampf})}} = \underset{1\,\mathrm{Vol.}}{CO} + \underset{1\,\mathrm{Vol}}{H_2}.$$

In all diesen Fällen kann das Volum eines festen oder flüssigen Stoffes nicht unmittelbar abgeleitet werden; die Volumverhältnisse der beteiligten Gase lassen sich aber sofort aus der Zahl der Moleküle, welche in der Gleichung auftreten, ersehen. Die Volumina können ihrerseits in jeder beliebigen Einheit (Liter, Kubikmeter) ausgedrückt werden. Für technische Zwecke wählt man am zweckmäßigsten das Kubikmeter.

Wirkliche Gewichte und wirkliche Volumina.

Wenn die Gewichtsmengen festgelegt sind, also beispielsweise soviel Kilogramm jedes Stoffes, wie die Zahlen der Gewichtsverhältnisse angeben, so lassen sich die entsprechenden Volumina mittels eines einzigen konstanten Faktors in die wirklichen Volumina umrechnen, die den eingesetzten Gewichtsmengen entsprechen. Zur Erläuterung sei hier als Beispiel die Bildung des Wassergases angeführt:

$$\begin{array}{lclcl} & & \text{1 Vol.} & & \text{1 Vol.} \quad \text{1 Vol.} \\ C & + & H_2O_{(\text{Dampf})} & = & CO + H_2. \\ 12 & + & 18 & = & 28 + 2. \end{array}$$

Drückt man die Gewichtsverhältnisse in Kilogrammen aus, so erhält man die wirklichen Volumina in Kubikmetern durch Multiplikation der entsprechenden Volumina mit der Zahl 22,22.

1 cbm Wasserstoffgas unter Normalbedingungen (0^0 C und 760 mm Druck) wiegt 0,09 kg. Die 2 kg Wasserstoff der Gleichung werden also ein Volum von $\frac{2}{0,09} = 22,22$ cbm einnehmen. — Aus der Gleichung geht hervor, daß auch der Wasserdampf (18 kg) und das Kohlenoxyd (28 kg) dasselbe Volum einnehmen wie der Wasserstoff (2 kg).

Ganz allgemein ergibt sich also, daß jedes Molekulargewicht eines Gases in Kilogramm (das Kilogramm-Molekül oder Kilomol) ein Volum von 22,22 cbm einnimmt. Diese Beziehung ist sehr wichtig; denn mit ihrer Hilfe können wir aus dem Gewicht eines Gases sofort dessen Volum berechnen.

Beispiel:

Die Herstellung von Azetylen aus Kalziumkarbid:

$$\begin{array}{lclclcl} & & & & & & \text{1 Vol.} \\ CaC_2 & + & H_2O & = & CaO & + & C_2H_2 \\ 64 & + & 18 & = & 56 & + & 26. \end{array}$$

Wirken 18 kg Wasser auf 64 kg Karbid, so entstehen 56 kg Kalk und 26 kg Azetylengas, welches einen Raum von 22,22 cbm einnimmt.

Gewicht und Volum der Gase.

1 cbm trockene Luft unter Normalbedingungen wiegt 1,293 kg. Die Zusammensetzung der Luft ist:

	Nach Gewicht	Nach Volum
Sauerstoff	3	21
Stickstoff	10	80[1])

[1]) In den meisten technischen Werken wird mit 21 Vol. Sauerstoff : 79 Vol. Stickstoff gerechnet. In den nachfolgenden Rechnungen sind vom Verfasser jedoch immer die oben angegebenen Verhältnisse 21 : 80 für Sauerstoff zu Stickstoff, bezw. 21 : 101 für Sauerstoff zu Luft benutzt worden. Die Übersetzer.

oder in Prozenten:

Sauerstoff	23,1	20,8
Stickstoff	76,9	79,2

Mögen diese Zahlen auch nicht absolut genau die durchschnittliche Zusammensetzung trockener Luft wiedergeben, die Abweichungen sind jedenfalls so gering, daß die einfachen Verhältnisse 3 : 10 oder 21 : 80 für alle praktischen Zwecke vollkommen genügen.

1 cbm Wasserstoff unter Normalbedingungen wiegt 0,09 kg. Die Formel des Wasserstoffgases ist H_2 und sein Molekulargewicht 2. Da die Dichten der Gase sich wie die Molekulargewichte verhalten, so folgt, daß die Dichte irgend eines Gases, bezogen auf Wasserstoff, zahlenmäßig durch das halbe Molekulargewicht dargestellt wird. Das Gewicht eines Kubikmeters eines Gases ist aber gleich dem Gewicht eines Kubikmeters Wasserstoff mal der Dichte des Gases, bezogen auf Wasserstoff. Ist die Formel eines Gases bekannt, dann ist auch das Gewicht eines Kubikmeters leicht zu finden[1]).

Beispiele:

	Formel	Molekulargewicht	Dichte bez. auf Wasserstoff	Gewicht eines cbm
Wasserstoff	H_2	2	1	0,09 kg
Wasserdampf	H_2O	18	9	0,81 „
Stickstoff	N_2	28	14	1,26 „
Sauerstoff	O_2	32	16	1,44 „
Kohlenoxyd	CO	28	14	1,26 „
Kohlendioxyd	CO_2	44	22	1,98 „
Methan (Sumpfgas)	CH_4	16	8	0,72 „

Bezüglich des Wasserdampfes erscheint jedoch eine Erläuterung angebracht. Unter den Normalbedingungen kann Wasserdampf nicht bestehen, er verdichtet sich unter normalem Druck von 760 mm schon bei 100° zu flüssigem Wasser. Zwar kann Wasserdampf auch bei niederer Temperatur existieren, aber nur unter entsprechend vermindertem Drucke. So ist Wasserdampf bei gewöhnlicher Temperatur (15° C) als Dampf existenzfähig, wenn sein Druck auf $^1/_{50}$ Atmosphäre vermindert ist. Das oben angegebene Gewicht von 0,81 kg für 1 cbm Wasserdampf unter Normalbedingungen ist also nur ein hypothetischer Wert; aber diese Zahl ist sehr nützlich, da sie uns gestattet — wie weiter unten dargelegt werden soll —, das Gewicht eines Kubikmeters Wasserdampf bei allen Drucken und Temperaturen zu berechnen, bei denen er tatsächlich existenzfähig ist.

---

[1]) Wenigstens ebenso einfach findet man das Gewicht eines Kubikmeters Gas, wenn man das Molekulargewicht in Kilogramm durch 22,22 dividiert.
Die Übersetzer.

Einfluß der Temperatur.

Das Volum eines beliebigen Gases nimmt bei gleichförmigem Temperaturzuwachs gleichförmig zu, und zwar derart, daß, wenn man von dem Volum bei 0° C ausgeht, die Volumzunahme für je ein Grad Temperatursteigerung $^1/_{273}$ des ursprünglichen Volums beträgt. Diese Tatsache läßt sich auch so ausdrücken, daß die Gase sich verhalten, als wenn sie bei einer Temperatur von — 273° C gar kein Volum besitzen, und von dieser Temperatur aufwärts bis zu den höchsten meßbaren Temperaturen sich gleichmäßig ausdehnen mit einer Zunahme für jeden Grad um $^1/_{273}$ des Volums bei 0°. Das Volum eines Gases ist dann der von — 273° C ab gezählten, sogenannten absoluten Temperatur, direkt proportional.

Da die Dichte einer Gasmasse — das Gewicht der Volumeinheit des Gases — in demselben Verhältnis abnimmt, wie das Volum zunimmt, und umgekehrt, so folgt, daß die Gasdichten der absoluten Temperatur umgekehrt proportional sind. Diese Beziehungen spielen bei technischen Rechnungen sehr häufig eine Rolle. Wenn z. B. zur vollständigen Verbrennung eines Kilogramms Kohle 8 cbm Luft von 0° und 760 mm Druck nötig sind, wie groß ist dann das Volum derselben Luftmenge bei 30° C unter demselben Druck? Da die Temperatur von 30° C in absoluter Zählung 273 + 30 = 303° beträgt, so ist das

$$\text{Volum bei } 30^0 = \text{Volum bei } 0^0 \cdot \frac{303}{273}.$$

Antwort: $8 \cdot \frac{303}{273} = 8{,}88$ cbm.

Es empfiehlt sich, solche Rechnungen immer in der angegebenen Weise vorzunehmen, d. h. indem man das gegebene Volum hinschreibt und dieses mit einem Bruch vervielfacht, der aus den beiden Temperaturen in absoluter Zählung gebildet wird. In welcher Weise der Bruch zu schreiben ist, läßt sich leicht entscheiden. Wird das Volum bei einer höheren Temperatur gesucht, als die gegebene ist, so muß das Volum sich vergrößern, der Wert des Bruches also größer als 1 sein, woraus folgt, daß die höhere Temperatur in absoluter Zählung als Zähler, die kleinere als Nenner des Bruches einzusetzen ist. Das Umgekehrte würde der Fall sein, wenn das Volum von einer höheren auf eine niedrigere Temperatur umzurechnen wäre.

Einfluß des Druckes.

Für das Verhältnis von Druck und Volum eines Gases gilt die einfache Beziehung, daß beide umgekehrt proportional sind. Eine Verdoppelung des Druckes vermindert das Volum auf die Hälfte usw.

Um das Volum einer bestimmten Gasmenge unter gegebenem Druck in das Volum bei irgend einem anderen Druck umzurechnen, kann man ein ganz ähnliches Verfahren einschlagen wie oben für die Temperatur; man multipliziert nämlich das gegebene Volum mit einem Bruch, der aus den beiden Druckzahlen gebildet wird. — Die richtige Anwendung der Zahlen findet man ebenso einfach wie im vorigen Falle: Ist der neue Druck größer als der gegebene, so muß das neue Volum kleiner sein als das alte, der Wert des Bruches muß also kleiner als 1 sein; ist dagegen der neue Druck kleiner ls der gegebene, so muß sich das Volum bei der Druckänderung vergrößern, der Wert des anzuwendenden Bruches muß also größer als 1 sein.

Beispiel:

Welches Volum nehmen 100 cbm irgend eines Gases ein, wenn der Druck von 760 mm auf 700 mm vermindert wird?

Antwort: $$100 \cdot \frac{760}{700} = 108{,}6 \text{ cbm.}$$

Gleichzeitiger Einfluß von Temperatur und Druck.

Nach den obigen Darlegungen lassen sich nun alle Änderungen der Gas-Volumina leicht berechnen, indem man zuerst den Einfluß der Temperatur und dann denjenigen des Druckes berücksichtigt. Man wird also das gegebene Volum zuerst mit dem Bruch multiplizieren, der den Temperaturunterschied zum Ausdruck bringt, und dann den Bruch anwenden, der dem Druckunterschiede Rechnung trägt. Dabei muß man sich aber jedesmal genau überlegen, wie man den Bruch in der richtigen Weise zu schreiben hat.

Beispiele:

Eine Luftmenge nimmt im Normalzustande einen Raum von 100 cbm ein. Wie groß wird das Volum bei 50° C und 780 mm Druck sein?

Lösung:

$$100 \cdot \frac{273 + 50}{273} \cdot \frac{760}{780} = 115{,}3 \text{ cbm.}$$

Welches Gewicht hat 1 cbm Wasserstoff bei 1000° und 250 mm Druck, wenn das Gewicht unter Normalbedingungen 0,09 kg ist?

Lösung:

$$0{,}09 \cdot \frac{273}{1000 + 273} \cdot \frac{250}{760} = 0{,}00637 \text{ kg.}$$

Welche Gewichtsmenge Sauerstoff ist in 1500 cbm trockener Luft von 38° und 725 mm Druck enthalten? (Vgl. Gewicht der Luft unter Normalbedingungen und die prozentische Zusammensetzung S. 5 und 6.)

Lösung:

$$1{,}293 \cdot \frac{3}{13} \cdot \frac{273}{38 + 273} \cdot \frac{725}{760} \cdot 1500 = 374{,}8 \text{ kg.}$$

Wieviel wiegen 50 cbm Wasserdampf von 30° unter dem Druck von 31,6 mm?

Lösung:

$$0{,}81 \cdot \frac{273}{303} \cdot \frac{31{,}6}{760} \cdot 50 = 1{,}517 \text{ kg}$$

oder:

$$50 \cdot \frac{273}{303} \cdot \frac{31{,}6}{760} \cdot 0{,}81 = 1{,}517 \text{ kg.}$$

Im ersteren Ausdrucke geht man von dem Gewicht eines cbm Wasserdampf unter Normalbedingungen aus, berechnet daraus die Dichte des Wasserdampfes unter den gegebenen Bedingungen und multipliziert endlich mit 50. — Beim zweiten Ausdrucke geht man von dem gegebenen Volum des Wasserdampfes aus, rechnet dieses auf Normalbedingungen um und multipliziert mit dem (hypothetischen) Gewicht eines cbm Wasserdampf unter Normalbedingungen.

Übungsbeispiel 1.

Eine bituminöse Kohle enthält laut Analyse:

Kohlenstoff	73,60%
Wasserstoff	5,30%
Stickstoff	1,70%
Schwefel	0,75%
Sauerstoff	10,00%
Feuchtigkeit	0,60%
Asche	8,05%
	100,00%

Die Kohle wird gemahlen und mittels eines Gebläses in einen Zementbrennofen eingeblasen.

Aufgab :

Zu berechnen ist:

1) Das zur vollständigen Verbrennung eines Kilogramms dieser Kohle theoretisch erforderliche Volum trockener Luft von 25° C und 730 mm Druck.

2) Das Volum der Verbrennungsprodukte bei 290° C und 730 mm Luftdruck nebst der prozentischen Zusammensetzung der Verbrennungs gase, beides unter der Voraussetzung, daß kein Luftüberschuß vor handen ist.

Die Reaktionen der Verbrennung sind:

$$\underset{12}{C} + \underset{32}{O_2} = \underset{44}{CO_2} \qquad \underset{32}{S} + \underset{32}{O_2} = \underset{64}{SO_2} \qquad \underset{4}{2\,H_2} + \underset{32}{O_2} = \underset{36}{2\,H_2O}$$

Lösung:

1) Zur vollständigen Verbrennung eines Kilogramms Kohle ist an Sauerstoff erforderlich:

Für den Kohlenstoff	$0{,}7360 \cdot \frac{32}{12} = 1{,}963$	kg
„ „ Wasserstoff	$0{,}0530 \cdot \frac{32}{4} = 0{,}424$	„
„ „ Schwefel	$0{,}0075 \cdot \frac{32}{32} = 0{,}0075$	„
Im ganzen	2,3945	kg
In der Kohle ist an Sauerstoff vorhanden	0,1000	kg
An Sauerstoff ist zuzuführen.	2,2945	„
Begleitender Stickstoff.	7,6483	„
An Luft ist nötig.	9,9428	kg

Volum der Luft (unter Normalbedingungen)

$$= \frac{9{,}9428}{1{,}293} = 7{,}6897 \text{ cbm.}$$

Volum der Luft bei 25⁰ und 730 mm

$$= 7{,}6897 \cdot \frac{273 + 25}{273} \cdot \frac{760}{730} = 8{,}7390 \text{ cbm.}$$

2) Zur Ermittlung des Volums der Verbrennungsprodukte verfährt man wie folgt:

Gewicht der gebildeten Kohlensäure	0,7360 + 1,963	= 2,729	kg
Gewicht des Wasserdampfes	0,0530 + 0,424	= 0,477	„
Gewicht der Feuchtigkeit		= 0,006	„
Gewicht des Schwefeldioxydes	0,0075 + 0,0075	= 0,015	„
Gewicht des gesamten Stickstoffes	7,6483 + 0,0170	= 7,6653	„

Das Volum eines jeden dieser Gase unter Normalbedingungen erhält man, wenn man das Gewicht durch das Gewicht eines Kubikmeters des normalen Gases dividiert:

$$\text{Volum des } CO_2\text{: } \frac{2{,}729}{1{,}98} = 1{,}3783 \text{ cbm}$$

$$\text{Volum des } H_2O\text{: } \frac{0{,}483}{0{,}81} = 0{,}5963 \text{ „}$$

$$\text{Volum des } SO_2\text{: } \frac{0{,}015}{2{,}88} = 0{,}0052 \text{ „}$$

$$\text{Volum des } N_2\text{: } \frac{7{,}665}{1{,}26} = 6{,}0833 \text{ „}$$

Gesamtvolum unter Normalbedingungen = 8,0631 cbm.

Volum bei 290° C und 730 mm Barometerstand

$$= 8{,}0631 \cdot \frac{290 + 273}{273} \cdot \frac{760}{730} = 17{,}312 \text{ cbm.}$$

Die Zusammensetzung der Verbrennungsprodukte nach Volumprozenten ergibt sich aus den gefundenen Raumteilen zu:

CO_2	17,1%
H_2O	7,4%
SO_2	0,1%
N_2	75,4%
	100,0%

Übungsbeispiel 2.

Naturgas aus dem Pittsburger Bezirk enthält

Methan	CH_4	60,70%
Wasserstoff	H_2	29,03%
Äthan	C_2H_6	7,92%
Äthylen	C_2H_4	0,98%
Sauerstoff	O_2	0,78%
Kohlenoxyd	CO	0,58%

Aufgabe:

Zu berechnen ist:

1) Das zur Verbrennung nötige Luftvolum.

2) Das Volum der Verbrennungsprodukte.

Reaktionen:

$$CH_4 + 2\,O_2 = CO_2 + 2\,H_2O$$
$$2\,H_2 + O_2 = 2\,H_2O$$
$$2\,C_2H_6 + 7\,O_2 = 4\,CO_2 + 6\,H_2O$$
$$C_2H_4 + 3\,O_2 = 2\,CO_2 + 2\,H_2O$$
$$2\,CO + O_2 = 2\,CO_2.$$

Lösung:

1) Das zur Verbrennung von 1 Volum des Gases nötige Volum Sauerstoff setzt sich zusammen aus:

Sauerstoff für $CH_4 = 0{,}6070 \cdot 2 = 1{,}2140$ Volum

„ „ $H_2 = 0{,}2903 \cdot \frac{1}{2} = 0{,}1451$ „

„ „ $C_2H_6 = 0{,}0792 \cdot \frac{7}{2} = 0{,}2772$ „

„ „ $C_2H_4 = 0{,}0098 \cdot 3 = 0{,}0294$ „

„ „ $CO = 0{,}0058 \cdot \frac{1}{2} = 0{,}0029$ „

Im ganzen 1,6686 Volum

Das Gas enthält an Sauerstoff . . 0,0078 „

Zuzuführen ist . . . . 1,6608 Volum

Entspricht an Luft

$$\frac{1,6608}{0,208} = 7,985 \text{ Volum.} \qquad (1)$$

2) Volumina der Verbrennungsprodukte:

	CO_2	H_2O	N_2
Aus CH_4	0,6070	1,2140	—
„ H_2	—	0,2903	—
„ C_2H_6	0,1584	0,2376	—
„ C_2H_4	0,0196	0,0196	—
„ CO	0,0058	—	—
„ der Luft	—	—	6,3242
Im ganzen	0,7908	1,7615	6,3242 (2)

Die Lösung gilt für gleiche Bedingungen der Temperatur und des Druckes für Gas, Luft und Verbrennungsprodukte.

Übungsbeispiel 3.

Eine Bessemerbirne enthält 10 Tonnen Roheisen der folgenden Zusammensetzung:

Kohlenstoff	3,00%
Mangan	0,50%
Silizium	1,50%
Eisen	95,00%

Beim Verblasen wird ⅓ des Kohlenstoffs zu CO_2, der Rest zu CO verbrannt. 5% vom Eisen werden oxydiert. Aus der Birne entweicht kein freier Sauerstoff. Der Wind wird trocken angenommen.

Aufgabe:

Zu berechnen sind:

1) Das Gewicht des Sauerstoffes der zum Verblasen nötig ist,
2) das Volum der Luft in Kubikmetern unter Normalbedingungen,
3) die durchschnittliche Zusammensetzung der Gase, welche die Birne verlassen.

Reaktionen:

$$\underset{12}{C} + \underset{32}{O_2} = \underset{44}{CO_2} \qquad \underset{28}{Si} + \underset{32}{O_2} = \underset{60}{SiO_2}$$

$$\underset{24}{2\,C} + \underset{32}{O_2} = \underset{56}{2\,CO} \qquad \underset{112}{2\,Fe} + \underset{32}{O_2} = \underset{144}{2\,FeO}$$

$$\underset{110}{2\,Mn} + \underset{32}{O_2} = \underset{142}{2\,MnO}$$

An Sauerstoff ist nötig:

$$\text{Für C zu } CO_2 \quad 100\,\text{kg} \cdot \frac{32}{12} = 266{,}7\,\text{kg}$$
$$\text{,, C ,, CO} \quad 200\,\text{,,} \cdot \frac{32}{24} = 266{,}7\,\text{,,}$$
$$\text{,, Mn ,, MnO} \quad 50\,\text{,,} \cdot \frac{32}{110} = 14{,}5\,\text{,,}$$
$$\text{,, Si ,, } SiO_2 \quad 150\,\text{,,} \cdot \frac{32}{28} = 171{,}4\,\text{,,}$$
$$\text{,, Fe ,, FeO} \quad 500\,\text{,,} \cdot \frac{32}{112} = 142{,}8\,\text{,,}$$
$$\text{Im ganzen} = 862{,}1\,\text{kg} \qquad (1)$$

	862,1 kg
Begleitender Stickstoff . .	2873,7 ,,
Nötige Luft	3735,8 ,,

Volum der Luft:

$$= \frac{3735{,}8}{1{,}293} = 2889{,}3\,\text{cbm} \qquad (2)$$

Volum der Verbrennungsprodukte:

$$CO_2 = 100 + 266{,}7 = 366{,}7\,\text{kg} = \frac{366{,}7}{1{,}98} = 185{,}2\,\text{cbm}$$
$$CO = 200 + 266{,}7 = 466{,}7\,\text{kg} = \frac{466{,}7}{1{,}26} = 370{,}4\,\text{,,}$$
$$N_2 \ldots\ldots = \frac{2873{,}7}{1{,}26} = 2280{,}7\,\text{,,}$$
$$\text{Gesamtvolum der Gase} \quad 2836{,}3\,\text{cbm}$$

Die Zusammensetzung nach Volumprozenten ist:

CO_2	6,5%	
CO	13,1 ,,	
N_2	80,4 ,,	(3)

Zweites Kapitel.

Anwendung der Thermochemie.

So, wie die chemische Gleichung gewöhnlich aufgefaßt wird, ist sie der quantitative Ausdruck der Mengen der Stoffe, die miteinander in Reaktion treten. Im chemischen Unterricht werden leider oft gegenüber diesen Gewichtsbeziehungen die ebenso wichtigen Energieverhältnisse bei den chemischen Vorgängen vernachlässigt. Für die meisten der in der chemischen und metallurgischen Technik durchzuführenden Reaktionen ist die Menge des aufzuwendenden Brennstoffs oder, allgemeiner gesagt, der zur Durchführung notwendige Energiebetrag — sei es in Form von Wärme oder elektrischer Energie — von ausschlaggebender Bedeutung für die Durchführbarkeit und für den wirtschaftlichen Erfolg oder Mißerfolg eines Verfahrens.

Der Wert der verschiedenen Brennstoffe, die Erzeugung und Verwendung der Heizgase, die Grundsätze der Regenerativfeuerung, der Bessemerprozeß, die elektrischen Reduktionen und eine große Anzahl metallurgischer Prozesse beruhen wesentlich auf der richtigen Anwendung und Ausnutzung chemischer Energie, und es gibt keinen besseren Weg, mit den bei diesen Operationen verbrauchten, bezüglich entwickelten Energiebeträgen vertraut zu werden, als ein gründliches Studium der Thermochemie der betreffenden Reaktionen.

Thermochemische Bezeichnungsweise.

Wenn eine chemische Verbindung sich aus den Elementen bildet, wird in der Regel Wärme entwickelt. Weit seltener ist der Fall, daß dabei Wärme verbraucht wird. Experimentell werden diese Wärmemengen mit Hilfe des Kalorimeters bestimmt. Man bezeichnet bisweilen solche Ermittelungen als „chemische Kalorimetrie". Praktisch bilden sie einen Zweig der messenden Physik. Das Experiment liefert uns die Gesamtwärme, die entwickelt wird, wenn die reagierenden Stoffe von Zimmertemperatur sich vollständig in die Reaktionsprodukte, ebenfalls von Zimmertemperatur (oder einer dieser sehr naheliegenden Temperatur) umwandeln. Die Wärmemengen können auf die Gewichtseinheit einer der Komponenten oder des Reaktionsproduktes bezogen werden. Wenn Kohlenstoff z. B. in einem Kalorimeter zu Kohlendioxydgas verbrannt wird, kann die entwickelte Wärme angegeben werden als

	8100	Grammkalorien	für 1	Gramm	verbrannten Kohlenstoffs
oder	3037	„	„ 1	„	verbrauchten Sauerstoffs
oder	2209	„	„ 1	„	gebildeten Kohlendioxyds.

Von diesen drei Arten, die Versuchsergebnisse auszudrücken, ist die erste die am meisten gebräuchliche — besonders bei den Physikern. Dem Chemiker erscheint es oft zweckmäßiger und logischer, die Verbindungswärme auf das Formelgewicht der sich verbindenden Stoffe oder des Reaktionsproduktes zu beziehen. Im Falle des Kohlendioxyds, bei dem 12 Teile Kohlenstoff und 32 Teile Sauerstoff in 44 Teilen des Gases enthalten sind, würde der Chemiker schreiben

$$(C, O_2) = 97\,200$$

und dadurch zum Ausdruck bringen, daß, wenn 12 g Kohlenstoff mit 32 g Sauerstoff verbrannt werden, und 44 g Kohlendioxyd entstehen, 97 200 Grammkalorien entwickelt werden. Das Gramm als Gewichts- und die Grammkalorie als Wärmeeinheit sind jedoch nur in wissenschaftlichen Laboratorien gebräuchlich, für technische Zwecke gibt man die Gewichte in Kilogramm und die Wärmemengen dementsprechend in Kilogrammkalorien an. Dementsprechend unterscheidet man auch „kleine" und „große" Kalorien und bezeichnet diese kurz als cal. bzw. Kal. oder WE. (Wärmeeinheit). Ostwald gebraucht in seinen thermo-chemischen Tabellen die Schreibweise $(C, O_2) = 972$ K., wo K eine größere Wärmeeinheit = 100 g-Kal. und die Gewichte g sind. Berthelot schreibt $(C, O_2) = 97{,}2$. Die Gewichte sind wiederum g, die Wärme Kilogrammkalorien. Diese beiden Ausdrucksweisen können leicht zu Verwechslungen Anlaß geben. Der Verfasser findet es am zweckmäßigsten, nach dem Vorgang der älteren Thermochemiker (Heß, Naumann) die größeren Zahlen zu benutzen, also 97 200, die dann Grammkalorien bedeuten, wenn die Gewichte in Gramm, dagegen Kilogrammkalorien, wenn die Gewichte in Kilogramm angegeben sind[1]).

Auf den folgenden Seiten sind alle wichtigen thermochemischen Daten zusammengestellt, die für chemische und metallurgische Rechnungen von Bedeutung sind. Alle Zahlen beziehen sich auf 15° C als Anfangs- und Endtemperatur der Reaktionen.

Thermochemische Daten.

Bildungswärmen der Oxyde.

Formel	Molekulargewicht	Molekulare Bildungswärme	In verdünnter Lösung
(Mg, O)	24 + 16 = 40	143 400	148 800
(Ba, O)	137 + 16 = 153	133 400	161 500
(Ca, O)	40 + 16 = 56	131 500	149 600
(Sr, O)	87 + 16 = 103	131 200	158 400
(Al_2, O_3)	54 + 48 = 102	392 600	—
(Na_2, O)	46 + 16 = 62	100 900	155 900
(K_2, O)	78 + 16 = 94	98 200	165 200
(Si, O_2)	28 + 32 = 60	180 000	—
(Mn, O)	55 + 16 = 71	90 900	—
(B_2, O_3)	22 + 48 = 70	272 600	279 900
(Zn, O)	65 + 16 = 81	84 800	—

[1]) Die britische Wärme-Einheit „British Thermal Unit" (B. T. U.) ist diejenige Wärmemenge, welche 1 Pfund Wasser um 1° Fahrenheit erhöht. Da 1° C = $^9/_5$° F ist, so ergibt sich: $(C, O_2) = (97\,200 \times {}^9/_5) = 174\,960$ B. T. U für die in Pfund ausgedrückte Gewichtsmenge.

Formel	Molekulargewicht	Molekulare Bildungswärme	In verdünnter Lösung
(Mn_3, O_4)	165 + 64 = 229	328 000	—
(P_2, O_5)	62 + 80 = 142	365 300	—
(Sn, O)	118 + 16 = 134	70 700	—
(Sn, O_2)	118 + 32 = 150	141 300	—
(CO, O)	28 + 16 = 44	68 040	73 940
(H_2, O)	2 + 16 = 18	70 400 fest 69 000 flüssig 58 060 Gas	
(Fe_3, O_4)	168 + 64 = 232	270 800	—
(Cd, O)	112 + 16 = 128	66 300	—
(Fe, O)	56 + 16 = 72	65 700	—
(Fe_2, O_3)	112 + 48 = 160	195 600	—
(Co, O)	59 + 16 = 75	64 100	—
(Mn, O_2)	55 + 32 = 87	125 300	—
(Ni, O)	58,5 + 16 = 74,5	61 500	—
(Sb_2, O_3)	240 + 48 = 288	166 900	—
(As_2, O_3)	150 + 48 = 198	156 400	148 900
(Pb, O)	207 + 16 = 223	50 800	—
(C, O_2)	12 + 32 = 44	97 200 Gas	103 100
(Bi_2, O_3)	416 + 48 = 464	139 200	—
(Sb_2, O_5)	240 + 80 = 320	231 200	—
(As_2, O_5)	150 + 80 = 230	219 400	225 400
(Cu_2, O)	127,2 + 16 = 143,2	43 800	—
(Tl_2, O)	408 + 16 = 424	42 800	39 700
(Cu, O)	63,6 + 16 = 79,6	37 700	—
(Ba, O_2)	137 + 32 = 169	145 500	—
(S, O_2)	32 + 32 = 64	69 260 (Gas)	77 600
(Pb, O_2)	207 + 32 = 239	63 400	—
(S, O_3)	32 + 48 = 80	91 900	141 000
(Tl_2, O_3)	408 + 48 = 456	87 600	—
(C, O)	12 + 16 = 28	29 160 (Gas)	—
(Hg_2, O)	400 + 16 = 416	22 200	—
(Hg, O)	200 + 16 = 216	21 500	—
(Te, O_2)	125,5 + 32 = 157,5	—	78 300
(Pd, O)	106 + 16 = 122	21 000	—
(Pt, O)	195 + 16 = 211	17 000 (?)	—
(Ag_2, O)	216 + 16 = 232	7 000	—
(Au_2, O_3)	394 + 48 = 442	— 11 500	—

Bildungswärmen der Hydroxyde.

(Li, O, H)	7 + 16 + 1 = 24	112 300	118 100
(Mg, O_2, H_2)	24 + 32 + 2 = 58	217 800	

Formel	Molekulargewicht	Molekulare Bildungswärme	In verdünnter Lösung
(Sr, O_2, H_2)	87 + 32 + 2 = 121	217 300	227 400
(Ca, O_2, H_2)	40 + 32 + 2 = 74	215 600	219 500
(K, O, H)	39 + 16 + 1 = 56	104 600	117 100
(Na, O, H)	23 + 16 + 1 = 40	102 700	112 500
(N, H_5, O)	14 + 5 + 16 = 35	88 800	90 000
(Al, O_3, H_3)	27 + 48 + 3 = 78	301 300	—
(H, O, H)	1 + 16 + 1 = 18	70 400 (fest)	—
		69 000 (flüssig)	—
		58 060 (Gas)	—
(Tl, O, H)	204 + 16 + 1 = 221	57 400	54 300
(Bi, O_3, H_3)	208 + 48 + 3 = 259	171 700	—
(Zn, O_2, H_2)	65 + 32 + 2 = 99	83 500	—
(Te, O_2, H_2)	127 + 32 + 2 = 161	78 300	—
(Te, O_3, H_3)	127 + 48 + 3 = 178	—	99 500
(Se, O_2, H_2)	79 + 32 + 2 = 113	52 400	51 500
(Se, O_3, H_3)	79 + 48 + 3 = 130	—	79 300
(Tl, O_3, H_3)	204 + 48 + 3 = 255	43 800	—

Bildungswärmen der Sulfide.

(Li_2, S)	14 + 32 = 46	—	115 400
(K_2, S)	78 + 32 = 110	103 500	113 500
(Ba, S)	137 + 32 = 169	102 900	109 800
(Sr, S)	87 + 32 = 119	99 300	106 700
(Ca, S)	40 + 32 = 72	94 300	100 600
(Na_2, S)	46 + 32 = 78	89 300	104 300
(Mg, S)	24 + 32 = 56	79 400	—
(K, S_2)	39 + 64 = 103	59 300	59 700
(Na, S_2)	23 + 64 = 87	49 500	54 400
(Mn, S)	55 + 32 = 87	45 600	—
(Zn, S)	65 + 32 = 97	43 000	—
(Al_2, S_3)	54 + 96 = 150	126 400	—
(N, H_5, S)	14 + 5 + 32 = 51	40 000	36 700
(Cd, S)	112 + 32 = 144	34 400	—
(B_2, S_3)	22 + 96 = 118	75 800	—
(Fe, S)	56 + 32 = 88	24 000	—
(Co, S)	59 + 32 = 91	21 900	—
(Tl_2, S)	204 + 32 = 236	21 600	—
(Cu_2, S)	127,2 + 32 = 159,2	20 300	—
(Pb, S)	207 + 32 = 239	20 200	—
(Si, S_2)	28 + 64 = 92	40 000	—
(Ni, S)	58,5 + 32 = 90,5	19 500	—
(Sb_2, S_3)	240 + 96 = 336	34 400	—

Formel	Molekulargewicht	Molekulare Bildungswärme	In verdünnter Lösung
(Hg, S)	200 + 32 = 232	10 600	—
(Cu, S)	63,6 + 32 = 95,6	10 100	—
(H_2, S)	2 + 32 = 34	4 800 (Gas)	9 500
(Ag_2, S)	216 + 32 = 248	3 000	—
(C, S_2)	12 + 64 = 76	— 25 400 (Gas)	—
		— 19 000 (flüssig)	—
(J, S)	127 + 32 = 159	0 000	—

Bildungswärmen der Selenide.

(Li_2, Se)	14 + 79 = 93	83 000	93 700
(K_2, Se)	78 + 79 = 157	79 600	87 900
(Ba, Se)	137 + 79 = 216	69 900	—
(Sr, Se)	87 + 79 = 166	67 600	—
(Na_2, Se)	46 + 79 = 125	60 900	78 600
(Ca, Se)	40 + 79 = 119	58 000	—
(Zn, Se)	65 + 79 = 144	30 300	—
(Cd, Se)	112 + 79 = 191	23 700	—
(Mn, Se)	55 + 79 = 134	22 400	—
(N, H_5, Se)	14 + 5 + 79 = 98	17 800	12 800
(Cu, Se)	63,6 + 79 = 142,6	17 300	—
(Pb, Se)	207 + 79 = 286	17 000	—
(Fe, Se)	56 + 79 = 135	15 200	—
(Ni, Se)	58,5 + 79 = 137,5	14 700	—
(Co, Se)	59 + 79 = 138	13 900	—
(Tl_2, Se)	408 + 79 = 487	13 400	—
(Cu_2, Se)	127,2 + 79 = 206,2	8 000	—
(Hg, Se)	200 + 79 = 279	6 300	—
(Ag_2, Se)	216 + 79 = 295	2 000	—
(H_2, Se)	2 + 79 = 81	— 25 100 (Gas)	— 15 800
(N, Se)	14 + 79 = 93	— 42 300	—

Bildungswärmen der Telluride.

(Zn, Te)	65 + 126 = 191	31 000	—
(Cd, Te)	112 + 126 = 238	16 600	—
(Co, Te)	59 + 126 = 185	13 000	—
(Fe, Te)	56 + 126 = 182	12 000	—
(Ni, Te)	58,5 + 126 = 184,5	11 600	—
(Tl_2, Te)	408 + 126 = 534	10 600	—
(Cu_2, Te)	127,2 + 126 = 253,2	8 200	—
(Pb, Te)	207 + 126 = 333	6 200	—
(H_2, Te)	2 + 126 = 128	—34900 (Gas)	—

Bildungswärmen der Arsenide.

Formel	Molekulargewicht	Molekulare Bildungswärme	In verdünnter Lösung
(H_3, As)	3 + 75 = 78	—44 200 (Gas)	—

Bildungswärmen der Antimonide.

(H_3, Sb)	3 + 120 = 123	— 86 800 (Gas)	—

Bildungswärmen der Phosphide.

(Mn_3, P_2)	165 + 62 = 227	70 900	—
(H_3, P)	3 + 31 = 34	4 900 (Gas)	—
(Fe, P)	56 + 31 = 87	beinahe 0	—

Bildungswärmen der Nitride.

(H_3, N)	3 + 14 = 17	12 200 (Gas) 16 600 (flüssig)	21 000
(Ba_3, N_2)	411 + 28 = 439	149 400	—
(Li_3, N)	21 + 14 = 35	49 500	—
(K, H_3, N)	39 + 3 + 14 = 56	30 700	—

Bildungswärmen der Metallhydride.

(Sr, H_2)	87 + 2 = 89	38 400	—
(Ba, H_2)	137 + 2 = 139	37 500	—
(Pt_{10}, H)	1950 + 1 = 1951	14 200	—
(Pd_{15}, H)	1590 + 1 = 1591	4 600	—
(Si, H_4)	28 + 4 = 32	— 6 700 (Gas)	—

Bildungswärmen der Kohlenwasserstoffe.

(Im Gaszustande, wenn nicht anders angegeben.)

Name	Formel	Molekulargewicht	Molekulare Bildungswärme
Methan (Sumpfgas)	(C, H_4)	12 + 4 = 16	22 250
Äthan	(C_2, H_6)	24 + 6 = 30	26 650
Propan	(C_3, H_8)	36 + 8 = 44	33 850
Äthylen	(C_2, H_4)	24 + 4 = 28	— 11 250
Propylen.	(C_3, H_6)	36 + 6 = 42	— 6 050
Toluol	(C_7, H_8)	84 + 8 = 92	5 650 (flüssig)
Benzol.	(C_6, H_6)	72 + 6 = 78	— 750 (flüssig) — 7 950 (Gas)
Terpentin	(C_{10}, H_{16})	120 + 16 136	7 550 (flüssig) — 1 850 (Gas)
Naphthalin. . . .	(C_{10}, H_8)	120 + 8 = 128	— 19 450 (fest) — 24 050 (flüssig)
Anthracen	(C_{14}, H_{10})	168 + 10 = 178	— 39 050 (fest)

Name	Formel	Molekulargewicht	Molekulare Bildungswärme
Azetylen	(C_2, H_2)	24 + 2 = 26	— 54 750
Methylalkohol . .	(C, H_4, O)	12 + 4 + 16 = 32	65 050 (flüssig) 56 650 (Gas)
Äthylalkohol . . .	(C_2, H_6, O)	24 + 6 + 16 = 46	73 250 (flüssig) 63 150 (Gas)
Azeton.	(C_3, H_6, O)	36 + 6 + 16 = 58	69 650 (flüssig) 62 150 (Gas)

Bildungswärmen der Karbide.

Formel	Molekulargewicht	Molekulare Bildungswärme	In verdünnter Lösung
(Al_4, C_3)	108 + 36 = 144	232 000	—
(Mn, C_2)	55 + 24 = 79	114 400 (Ponthière)	—
(Mn, C_3)	55 + 36 = 91	9 900 (Berthelot)	—
(Mn_3, C)	165 + 12 = 177	10 400 (Le Chatelier)	—
(Fe_3, C)	168 + 12 = 180	8 460	—
(Ca, C_2)	40 + 24 = 64	— 6 250	—
(Na, C)	23 + 12 = 35	— 4 400	—
(Li, C)	7 + 12 = 19	— 5 750	—
(N_2, C_2)	28 + 24 = 52	— 73 000 (Gas)	— 67 100
(Ag, C)	108 + 12 = 120	— 43 575	—

Bildungswärmen der Silizide.

(Mn_7, Si_2)	385 + 56 = 441	47 400	—
(H_4, Si)	4 + 28 = 32	— 6 700 (Gas)	—

Bildungswärmen der Fluoride.

(Sr, F_2)	87 + 38 = 125	224 020	—
(Ba, F_2)	137 + 38 = 175	224 000	221 500
(Li, F)	7 + 19 = 26	—	116 880
(K, F)	39 + 19 = 58	110 000	113 600
(Ca, F_2)	40 + 38 = 78	216 450	—
(Mg, F_2)	24 + 38 = 62	209 500	—
(Na, F)	23 + 19 = 42	109 720	109 120
(N, H_4, F)	14 + 4 + 19 = 37	101 250	99 750
(Al, F_3)	27 + 57 = 84	—	275 220
(B, F_3)	11 + 57 = 68	—	219 345
(Mn, F_2)	55 + 38 = 93	—	153 310
(Zn, F_2)	65 + 38 = 103	—	138 220
(Si, F_4)	28 + 76 = 104	275 920 (Gas)	—
(Fe, F_2)	56 + 38 = 94	—	125 220
(Cd, F_2)	112 + 38 = 150	—	121 720
(Co, F_2)	59 + 38 = 97	—	120 340

Formel	Molekulargewicht	Molekulare Bildungswärme	In verdünnter Lösung
(Ni, F_2)	58,5 + 38 = 96,5	—	118 980
(Fe, F_3)	56 + 57 = 113	—	164 940
(Tl, F)	204 + 19 = 223	—	54 405
(Pb, F_2)	207 + 38 = 245	101 600	—
(H, F)	1 + 19 = 20	38 500 (Gas)	50 300
(Sb, F_3)	120 + 57 = 177	—	136 680
(Cu, F_2)	63,6 + 38 = 101,6	—	88 160
(Ag, F)	108 + 19 = 127	22 070	25 470

Bildungswärmen der Chloride.

(K, Cl)	39 + 35,5 = 74,5	105 700	101 200
(Be, Cl_2)	9 + 71 = 80	155 000	199 500
(Ba, Cl_2)	137 + 71 = 208	197 100	198 300
(Na, Cl)	23 + 35,5 = 58,5	97 900	96 600
(Li, Cl)	7 + 35,5 = 42,5	93 900	102 300
(Sr, Cl_2)	87 + 71 = 158	184 700	195 850
(Ca, Cl_2)	40 + 71 = 111	169 900	187 400
(N, H_4, Cl)	14 + 4 + 35,5 = 63,5	76 800	72 800
(Mg, Cl_2)	24 + 71 = 95	151 200	187 100
(Al, Cl_3)	27 + 106,5 = 133,5	161 800	238 100
(Mn, Cl_2)	55 + 71 = 126	112 000	128 000
(Zn, Cl_2)	65 + 71 = 136	97 400	113 000
(Tl, Cl)	204 + 35,5 = 239,5	48 600	38 400
(Cd, Cl_2)	112 + 71 = 183	93 700	96 400
(Pb, Cl_2)	207 + 71 = 278	83 900	77 900
(Fe, Cl_2)	56 + 71 = 127	82 200	100 100
(Sn, Cl_2)	118 + 71 = 189	80 900	—
(Co, Cl_2)	59 + 71 = 130	76 700	95 000
(Ni, Cl_2)	58,5 + 71 = 129,5	74 700	93 000
(Cu, Cl)	63,5 + 35,5 = 99	35 400	—
(Sn, Cl_4)	118 + 142 = 260	129 800 (flüssig)	—
(Fe, Cl_3)	56 + 106,5 = 162,5	96 150	127 850
(Hg, Cl)	200 + 35,5 = 235,5	31 320	—
(Sb, Cl_3)	120 + 106,5 = 226,5	91 400	—
(Bi, Cl_3)	208 + 106,5 = 314,5	90 800	—
(Si, Cl_4)	28 + 142 = 170	128 800 (Gas)	—
(B, Cl_3)	11 + 106,5 = 117,5	89 100 (Gas)	—
(Ag, Cl)	108 + 35,5 = 143,5	29 000	—
(Hg, Cl_2)	200 + 71 = 271	53 300	50 300
(Cu, Cl_2)	63,6 + 71 = 134,6	51 400	62 500
(As, Cl_3)	75 + 106,5 = 181,5	71 500	—
(H, Cl)	1 + 35 5 = 36,5	22 000	39 400

Formel	Molekulargewicht	Molekulare Bildungswärme	In verdünnter Lösung
(Sb, Cl_5)	120 + 177,5 = 297,5	104 500 (flüssig)	—
(Pd, Cl_2)	106 + 71 = 177	40 500	—
(Pt, Cl_4)	195 + 142 = 337	60 200	79 800
(Au, Cl_3)	197 + 106,5 = 303,5	22 800	27 200
(Au, Cl)	197 + 35,5 = 232,5	5 800	—
	Bildungswärmen der Karbonate.		
(Ba, C, O_3)	137 + 12 + 48 = 197	286 300	—
(K_2, C, O_3)	78 + 12 + 48 = 138	282 100	288 600
(Sr, C, O_3)	87 + 12 + 48 = 147	281 400	—
(Ca, C, O_3)	40 + 12 + 48 = 100	273 850	—
(Na_2, C, O_3)	46 + 12 + 48 = 106	273 700	279 300
(Mg, C, O_3)	24 + 12 + 48 = 84	269 900	—
(Mn, C, O_3)	55 + 12 + 48 = 115	210 300	—
(N, H_5, C, O_3)	14 + 5 + 12 + 48 = 79	208 600	202 300
(Zn, C, O_3)	65 + 12 + 48 = 125	197 500	—
(Fe, C, O_3)	56 + 12 + 48 = 116	187 800	—
(Cd, C, O_3)	112 + 12 + 48 = 172	183 200	—
(Pb, C, O_3)	207 + 12 + 48 = 267	170 000	—
(Cu, C, O_3)	63,6 + 12 + 48 = 123,6	146 100	—
(Ag_2, C, O_3)	216 + 12 + 48 = 276	123 800	—
	Bildungswärmen der Bikarbonate.		
(K, H, C, O_3)	39 + 1 + 12 + 48 = 100	233 300	228 000
(Na, H, C, O_3)	23 + 1 + 12 + 48 = 84	227 000	222 700
	Bildungswärmen der Nitrate.		
(K, N, O_3)	39 + 14 + 48 = 101	119 000	110 700
(Na, N, O_3)	23 + 14 + 48 = 85	110 700	106 000
(Zn, N_2, O_6)	65 + 28 + 96 = 187	—	131 700
(Pb, N_2, O_6)	207 + 28 + 96 = 331	105 400	98 200
(Cu, N_2, O_6)	63,5 + 28 + 96 = 187,5	—	81 300
(H, N, O_3)	1 + 14 + 8 = 63	34 400 (Gas)	48 800
(Ag, N, O_3)	108 + 14 + 48 = 170	28 700	23 000
	Bildungswärmen der Phosphate.		
(Ca_3, P_2, O_8)	120 + 62 + 128 = 310	919 200	—
(Mg_3, P_2, O_8)	72 + 62 + 128 = 262	910 600	—
(Na_3, P, O_4)	69 + 31 + 64 = 164	452 400	—
	Bildungswärmen der Silikate.		
(Ba, Si, O_3)	137 + 28 + 48 = 213	328 100	—
(Ca, Si, O_3)	40 + 28 + 48 = 116	329 350	—

Formel	Molekulargewicht	Molekulare Bildungswärme	In verdünnter Lösung
(Ca_2, Si, O_4)	80 + 28 + 64 = 172	471 300	—
(Ca_3, Si, O_5)	120 + 28 + 80 = 228	603 050	—
(Sr, Si, O_3)	87 + 28 + 48 = 163	329 100	—
(Al_2, Si_2, O_7)	54 + 56 + 112 = 222	767 500	—
(Li_2, Si, O_3)	14 + 28 + 48 = 90	347 100 (?)	—
(Na_2, Si, O_3)	46 + 28 + 48 = 122	326 100	—
(Ca_3,Al_2,Si_2,O_{10})	120+54 + 56 + 160 = 390	1 195 550	—
(H_4,Al_2,Si_2,O_9)	4+54 + 56 + 144 = 258	927 420	—
(Mn, Si, O_3)	55 + 28 + 48 = 131	276 300	—
(Fe, Si, O_3)	56 + 28 + 48 = 132	254 600	—

Bildungswärmen der Aluminate.

(Ca, Al_2, O_4)	40 + 54 + 64 = 158	524 550	—
(Ca_2, Al_2, O_5)	80 + 54 + 80 = 214	658 900	—
(Ca_3, Al_2, O_6)	120 + 54 + 96 = 270	789 050	—

Bildungswärmen der Sulfate.

(K_2, S, O_4)	78 + 32 + 64 = 174	344 300	337 700
(Ba, S, O_4)	137 + 32 + 64 = 233	339 400	—
(Li_2, S, O_4)	14 + 32 + 64 = 110	333 500	339 600
(Sr, S, O_4)	87 + 32 + 64 = 183	330 200	—
(Na_2, S, O_4)	46 + 32 + 64 = 142	328 100	328 500
(Ca, S, O_4)	40 + 32 + 64 = 136	317 400	321 800
(Mg, S, O_4)	24 + 32 + 64 = 120	300 900	321 100
(Al_2, S_3, O_{12})	54 + 96 + 192 = 342	—	879 700
(N_2, H_8, S, O_4)	28 + 8 + 32 + 64 = 132	283 500	281 100
(Mn, S, O_4)	55 + 32 + 64 = 151	249 400	263 200
(Zn, S, O_4)	65 + 32 + 64 = 161	229 600	248 000
(Fe, S, O_4)	56 + 32 + 64 = 152	—	234 900
(Co, S, O_4)	59 + 32 + 64 = 155	—	228 900
(Ni, S, O_4)	58,5 + 32 + 64 = 154,5	—	228 700
(Fe_2, S_3, O_{12})	112 + 96 + 192 = 400	—	650 500
(Tl_2, S, O_4)	408 + 32 + 64 = 504	221 800	213 500
(Cd, S, O_4)	112 + 32 + 64 = 208	219 900	231 600
(Pb, S, O_4)	207 + 32 + 64 = 303	215 700	—
(H_2, S, O_4)	2 + 32 + 64 = 98	192 200	210 200
(Cu, S, O_4)	63,6 + 32 + 64 = 159,6	181 700	197 500
(Hg_2, S, O_4)	400 + 32 + 64 = 496	175 000	—
(Ag_2, S, O_4)	216 + 32 + 64 = 312	167 100	162 600
(Hg, S, O_4)	200 + 32 + 64 = 296	165 100	—

Bildungswärmen der Bisulfate.

Formel	Molekulargewicht	Molekulare Bildungswärme	In verdünnter Lösung
(K, H, S, O_4)	39 + 1 + 32 + 64 = 136	276 100	272 900
(Na, H, S, O_4)	23 + 1 + 32 + 64 = 120	269 100	268 300
(N, H_5, S, O_4)	14 + 5 + 32 + 64 = 115	244 600	245 100
(H_2, S, O_4)	2 + 32 + 64 = 98	192 200	210 200

Bildungswärmen der Borate.

(Na_2, B_4, O_7)	46 + 44 + 112 = 202	748 100	758 300

Bildungswärmen der Zyanide.

(Ca, C_2, N_2)	40 + 24 + 28 = 92	—	41 650
(K, C, N)	39 + 12 + 14 = 65	33 450	30 250
(Na, C, N)	23 + 12 + 14 = 49	25 950	25 450
(K, Ag, C_2, N_2)	39 + 108 + 24 + 28 = 199	13 700	5 350
(Fe_7, C_{18}, N_{18})	392 + 216 + 252 = 860	— 256 700	—
(Zn, C_2, N_2)	65 + 24 + 28 = 117	— 24 550	—
(Cd, C_2, N_2)	112 + 24 + 28 = 164	— 31 850	—
(Cu, C, N)	63,6 + 12 + 14 = 89,6	— 20 375	—
(Pd, C_2, N_2)	106 + 24 + 28 = 158	— 49 250	—
(H, C, N)	1 + 12 + 14 = 27	— 27 150 (Gas)	— 21 050
(Hg, C_2, N_2)	200 + 24 + 28 = 252	— 59 150	—

Bildungswärmen der Zyanate.

(K, C, N, O)	39 + 12 + 14 + 16 = 81	105 850	100 650
(Na, C, N, O)	23 + 12 + 14 + 16 = 65	105 050	100 250
(Ag, C, N, O)	108 + 12 + 14 + 16 = 150	26 450	—

Bildungswärmen der Ferrozyanide.

(K_4, Fe, C_6, N_6)	156 + 56 + 72 + 84 = 368	157 300	145 300
(H_4, Fe, C_6, N_6)	4 + 56 + 72 + 84 = 216	— 102 000	— 101 500
(K_3, Fe, C_6, N_6)	117 + 56 + 72 + 84 = 329	129 600	100 800
(H_3, Fe, C_6, N_6)	3 + 53 + 72 + 84 = 215	—	— 127 400

Bildungswärmen der Amalgame.

(Hg_{12}, K)	2400 + 39 = 2439	34 600	25 600
(Hg_4, K)	800 + 39 = 839	29 700	25 600
(Hg_6, Na)	1200 + 23 = 1223	21 900	19 000
(Hg_x, Au)	x + 197 = 197 + x	—	2 580
(Hg_x, Ag)	x + 108 = 108 + x	—	2 470

Bildungswärmen der Legierungen.

Formel	Molekulargewicht	Molekulare Bildungswärme	In verdünnter Lösung
(Cu, Zn_2)	63,6 + 130 = 193,6	10 143	—
(Cu, Zn)	63,6 + 65 = 128,6	5 783	—
(Cu_3, Al)	190,8 + 27 = 217,8	26 910	—
(Cu_2, Al)	127,2 + 27 = 154,2	21 278	—
(Cu_3, Al_2)	190,8 + 54 = 244,8	17 395	—
(Cu, Al)	63,6 + 27 = 90,6	1 887	—
(Cu_2, Al_3)	127,2 + 81 = 208,2	10 196	—
(Cu, Al_2)	63,6 + 54 = 117,6	− 6 738	—

Für manche Zwecke ist es bequemer die Bildungswärmen in anderer Weise zu berechnen, nämlich auf die Einheit (z. B. 1 kg) der Base, oder eines beliebigen Bestandteils oder der Verbindung anstatt auf das Molekulargewicht der Verbindung. Nachstehende Tabellen enthalten die in dieser Weise berechneten Bildungswärmen der wichtigsten Verbindungen.

Bildungswärmen der Oxyde.

	Wasserfrei Berechnet für die Einheit			In verdünnten Lösungen Berechnet für die Einheit		
	Base	Sauerstoff	Verbindung	Base	Sauerstoff	Verbindung
MgO	5 975	8963	3585	6 200	9 300	3720
BaO	974	8338	872	1 179	10 938	1051
CaO	3 288	8219	2348	3 740	9 350	2671
SrO	1 508	8200	1274	1 821	9 900	1538
Al_2O_3	7 270	8179	3849	—	—	—
Na_2O	2 193	6306	1627	3 389	9 744	2515
K_2O	1 259	6138	1045	2 118	10 325	1758
SiO_2	—	—	—	—	—	—
MnO	1 653	5681	1280	—	—	—
B_2O_3	12 391	5679	3894	12 723	5 831	3999
ZnO	1 305	5300	1058	—	—	—
Mn_3O_4	1 988	5125	1434	—	—	—
P_2O_5	5 895	4566	2572	—	—	—
BaO_2	1 062	4542	861	—	—	—
SnO	599	4419	527	—	—	—
SnO_2	1 197	4416	942	—	—	—
CO_2 (aus CO · O)	2 430	4253	1546	2 641	4621	1680
H_2O(fest)	35 200	4400	3911	—	—	—
H_2O (flüssig)	34 500	4313	3833	—	—	—
H_2O (Dampf)	29 030	3629	3226	—	—	—
Fe_3O_4	1 612	4231	1167	—	—	—
CdO	592	4144	518	—	—	—
FeO	1 173	4106	913	—	—	—
Fe_2O_3	1 746	4075	1223	—	—	—
CoO	1 086	4006	855	—	—	—

Bildungswärmen der Oxyde (Fortsetzung).

	Wasserfrei Berechnet für die Einheit			In verdünnten Lösungen Berechnet für die Einheit		
	Base	Sauerstoff	Verbindung	Base	Sauerstoff	Verbindung
MnO_2	2 278	3916	1440	—	—	—
NiO	1 051	3844	826	—	—	—
Sb_2O_3	695	3479	580	—	—	—
As_2O_3	1 043	3258	790	993	3 102	752
PbO	245	3175	228	—	—	—
CO_2 (aus C)	8 100	3038	2209	8 592	3 222	2243
Bi_2O_3	335	2900	300	—	—	—
Sb_2O_5	963	2890	723	—	—	—
As_2O_5	1 463	2743	954	1 503	2 818	980
Cu_2O	344	2738	306	—	—	—
Tl_2O	105	2675	101	97	2 481	94
CuO	593	2356	474	—	—	—
SO_2 (Gas)	2 164	2164	1082	2 425	2 425	1213
PbO_2	306	1981	265	—	—	—
SO_3	2 872	1915	1149	4 406	2 938	1763
Tl_2O_3	215	1825	192	—	—	—
CO (Gas)	2 430	1823	1041	—	—	—
SO_3 (aus $SO_2 + O$) .	354	1415	283	991	3 963	793
Hg_2O	56	1388	53	—	—	—
HgO	108	1344	100	—	—	—
TeO_2	—	—	—	624	2 447	497
PdO	198	1313	177	—	—	—
PtO	87	1063	81	—	—	—
PbO_2 (aus PbO + O)	56	788	53	—	—	—
BaO_2 (aus BaO + O)	79	756	72	—	—	—
Ag_2O	32	438	30	—	—	—
Au_2O_3	— 29	—240	— 26			

Bildungswärmen der Hydrate aus metallischen Oxyden und Wasser.

	Wasserfrei Berechnet für die Einheit			In verdünnter Lösung Berechnet für die Einheit		
	Oxyd	Wasser	Hydrat	Oxyd	Wasser	Hydrat
$MgO \cdot H_2O$	135	300	93	—	—	—
$SrO \cdot H_2O$	166	950	141	264	1511	225
$CaO \cdot H_2O$	270	839	204	323	1006	245
$K_2O \cdot H_2O$	447	2333	375	713	3722	598
$Na_2O \cdot H_2O$	573	1972	444	887	3056	688
$Al_2O_3 \cdot 3\,H_2O$ . . .	29	56	19	—	—	—
$SO_3 \cdot H_2O$	391	1739	319	616	2739	503
$N_2O_5 \cdot H_2O$	9	56	8	—	—	—
$Tl_2O \cdot H_2O$	7	167	7	—	—	—
$Bi_2O_3\ {}_3H_2O$	—6	—52	—5	—	—	—

Bildungswärmen der Sulfide.

	Wasserfrei Berechnet für die Einheit			In verdünnter Lösung Berechnet für die Einheit		
	Base	Schwefel	Sulfid	Base	Schwefel	Sulfid
Li_2S	—	—	—	8244	3606	2509
K_2S	1327	3234	941	1455	3547	1032
BaS	751	3216	609	801	3431	650
SrS	1141	3103	834	1226	3334	897
CaS	2358	2947	1310	2515	3144	1397
Na_2S	2152	2791	1145	2267	3259	1337
MgS	3308	2481	1418	—	—	—
MnS	829	1425	524	—	—	—
ZnS	662	1344	443	—	—	—
Al_2S_3	2341	1317	843	—	—	—
CdS	307	1075	239	—	—	—
FeS	428	750	273	—	—	—
CoS	371	685	241	—	—	—
Tl_2S	106	675	92	—	—	—
Cu_2S	160	634	127	—	—	—
PbS	98	631	85	—	—	—
SiS_2	1429	625	435	—	—	—
NiS	333	609	215	—	—	—
Sb_2S_3	143	358	102	—	—	—
HgS	53	331	46	—	—	—
CuS	159	316	106	—	—	—
H_2S (Gas)	2400	150	141	4750	297	279
Ag_2S	14	94	12	—	—	—
CS_2 (Gas)	—2117	—397	—334	—	—	—

Bildungswärmen der Fluoride.

	Wasserfrei Berechnet auf die Einheit			In verdünnter Lösung Berechnet auf die Einheit		
	Base	Fluor	Verbindung	Base	Fluor	Verbindung
SrF_2	2575	5898	1792	—	—	—
BaF_2	1635	5895	1280	1617	5829	1266
LiF	—	—	—	16696	6151	4496
KF	2821	5789	1897	2913	5979	1959
CaF_2	5411	5696	2775	—	—	—
MgF_2	8729	5513	3379	—	—	—
NaF	4770	5775	2612	4744	5743	2598
NH_4F	5625	5329	2736	5542	5250	2696
AlF_3	—	—	—	10193	4828	3276
BF_3	—	—	—	19940	3848	3226
MnF_2	—	—	—	2787	4034	1648
ZnF_2	—	—	—	2127	3637	1342
SiF_4	9854	3631	2653 (Gas)	—	—	—

Bildungswärmen der Fluoride (Fortsetzung).

	Wasserfrei Berechnet auf die Einheit			In verdünnter Lösung Berechnet auf die Einheit		
	Base	Fluor	Verbindung	Base	Fluor	Verbindung
FeF_2	—	—	—	2236	3295	1332
CdF_2	—	—	—	1087	3203	811
CoF_2	—	—	—	2040	3167	1241
NiF_2	—	—	—	2034	3131	1233
FeF_3	—	—	—	2947	2894	1460
TlF	—	—	—	267	2863	244
PbF_2	491	2674	415	—	—	—
HF	38500	2026	1925 (Gas)	50300	2647	2515
SbF_3	—	—	—	1139	2398	772
CuF_2	—	—	—	1386	2320	868
AgF	204	1162	174	236	1341	201

Bildungswärmen der Chloride.

	Wasserfrei Berechnet auf die Einheit			In verdünnter Lösung Berechnet auf die Einheit		
	Base	Chlor	Verbindung	Base	Chlor	Verbindung
KCl	2710	2977	1419	2595	2879	1358
$BeCl_2$	17222	2183	1938	22167	2810	2494
$BaCl_2$	1439	2776	948	1447	2793	953
NaCl	4257	2758	1674	4200	2721	1651
LiCl	13414	2645	2209	14614	2882	2407
$SrCl_2$	2123	2601	1169	2251	2758	1240
$CaCl_2$	4248	2393	1531	4685	2639	1688
NH_4Cl	4267	2192	1209	4044	2051	1146
$MgCl_2$	6300	2129	1592	7796	2635	1969
$AlCl_3$	5993	1519	1212	8819	2236	1784
$MnCl_2$	2037	1577	889	2327	1803	1016
$ZnCl_2$	1498	1372	716	1738	1592	831
TlCl	238	1369	203	188	1082	1060
$CdCl_2$	837	1320	512	861	1358	527
$PbCl_2$	405	1182	302	376	1097	280
$FeCl_2$	1468	1158	647	1788	1410	788
$SnCl_2$	686	1139	428	—	—	—
$CoCl_2$	1300	1080	590	1610	1338	731
$NiCl_2$	1277	1052	577	1605	1323	725
CuCl	557	997	358	—	—	—
$SnCl_4$	1100	914	499(flüss.	—	—	—
$FeCl_3$	1717	903	592	2283	1200	787
HgCl	157	882	133	—	—	—
$SbCl_3$	762	858	404	—	—	—
$BiCl_3$	437	853	289	—	—	—
$SiCl_4$	4600	907	758(Gas)	—	—	—
BCl_3	8100	837	758(Gas)	—	—	—

Bildungswärmen der Chloride (Fortsetzung).

	Wasserfrei Berechnet auf die Einheit			In verdünnter Lösung Berechnet auf die Einheit		
	Base	Chlor	Verbindung	Base	Chlor	Verbindung
AgCl	269	817	202	—	—	—
$HgCl_2$	267	751	197	252	708	185
$CuCl_2$	808	724	382	983	880	464
$AsCl_3$	953	671	394	—	—	—
HCl	22000	620	603	39400	1100	1080
$SbCl_5$	871	589	351 (flüss.	—	—	—
$PdCl_2$	382	570	229	—	—	—
$PtCl_4$	308	424	179	409	562	237
$AuCl_3$	116	214	75	138	255	90
AuCl	29	163	25	—	—	—

Bildungswärmen der Karbonate.

	Wasserfrei Berechnet auf die Einheit			In verdünnter Lösung Berechnet auf die Einheit		
	Base	Säure	Verbindung	Base	Säure	Verbindung
$BaO \cdot CO_2$	364	1266	282	—	—	—
$K_2O \cdot CO_2$	922	1970	628	216	461	147
$SrO \cdot CO_2$	515	1205	361	—	—	—
$CaO \cdot CO_2$	806	1026	451	—	—	—
$Na_2O \cdot CO_2$	1219	1718	713	328	461	192
$MgO \cdot CO_2$	733	666	349	—	—	—
$MnO \cdot CO_2$	313	505	193	—	—	—
$ZnO \cdot CO_2$	191	352	124	—	—	—
$FeO \cdot CO_2$	346	566	215	—	—	—
$CdO \cdot CO_2$	154	448	115	—	—	—
$PbO \cdot CO_2$	99	500	83	—	—	—
$CuO \cdot CO_2$	140	255	91	—	—	—
$Ag_2O \cdot CO_2$	82	445	71	—	—	—

Bildungswärmen der Nitrate.

	Wasserfrei Berechnet auf die Einheit			In verdünnter Lösung Berechnet für die Einheit		
	Base	Säure	Verbindung	Base	Säure	Verbindung
$K_2O \cdot N_2O_5$	1500	1306	698	294	256	137
$Na_2O \cdot N_2O_5$	1963	1127	716	443	255	162
$ZnO \cdot N_2O_5$	—	—	—	226	169	97
$PbO \cdot N_2O_5$	250	517	168	84	174	57
$CuO \cdot N_2O_5$	—	—	—	188	139	80
$H_2O \cdot N_2O_5$	56	9	8	—	—	—
$Ag_2O \cdot N_2O_5$	222	478	152	45	96	31

Bildungswärmen der Phosphate.

	Wasserfrei Berechnet für die Einheit			In verdünnter Lösung Berechnet für die Einheit		
	Base	Säure	Verbindung	Base	Säure	Verbindung
$3\,CaO \cdot P_2O_5$	949	1123	514	—	—	—
$3\,MgO \cdot P_2O_5$	959	811	439	—	—	—
$3\,Na_2O \cdot P_2O_5$ . . .	1273	1668	722	—	—	—

Bildungswärmen der Silikate.

	Wasserfrei Berechnet für die Einheit			In verdünnter Lösung Berechnet auf die Einheit		
	Base	Säure	Verbindung	Base	Säure	Verbindung
$BaO \cdot SiO_2$	96	245	69	—	—	—
$CaO \cdot SiO_2$	319	298	154	—	—	—
$2\,CaO \cdot SiO_2$	253	472	165	—	—	—
$3\,CaO \cdot SiO_2$ . . .	170	476	125	—	—	—
$SrO \cdot SiO_2$	174	298	110	—	—	—
$Al_2O_3 \cdot 2\,SiO_2$ . . .	146	124	67	—	—	—
$Na_2O \cdot SiO_2$	729	753	371	—	—	—
$3\,CaO \cdot Al_2O_3 \cdot 2\,SiO_2$	288 (CaO) 475 (Al_2O_3)	404	124	—	—	—
$2\,H_2O \cdot Al_2O_3 \cdot 2\,SiO_2$	1023 (H_2O) 361 (Al_2O_3)	307	143	—	—	—
$MnO \cdot SiO_2$	76	90	41	—	—	—
$FeO \cdot SiO_2$	124	148	67	—	—	—

Bildungswärmen der Aluminate.

	Wasserfrei Berechnet für die Einheit			In verdünnter Lösung Berechnet für die Einheit		
	Base	Säure	Verbindung	Base	Säure	Verbindung
$CaO \cdot Al_2O_3$	8	4	3	—	—	—
$2\,CaO \cdot Al_2O_3$ . . .	29	32	15	—	—	—
$3\,CaO \cdot Al_2O_3$ . . .	12	19	7	—	—	—

Bildungswärmen der Sulfate.

	Wasserfrei Berechnet für die Einheit			In verdünnter Lösung Berechnet für die Einheit		
	Base	Säure	Verbindung	Base	Säure	Verbindung
$K_2O \cdot SO_3$	1640	1925	886	335	394	181
$BaO \cdot SO_3$	746	1426	490	—	—	—
$SrO \cdot SO_3$	1040	1339	585	—	—	—
$Na_2O \cdot SO_3$	2182	1891	953	510	395	226
$CaO \cdot SO_3$	1679	1175	692	557	390	229
$MgO \cdot SO_3$	1640	820	547	783	391	261
$Al_2O_3 \cdot 3\,SO_3$	—	—	—	2073	880	619
$MnO \cdot SO_3$	938	833	441	1133	1005	533
$ZnO \cdot SO_3$	653	661	328	880	891	442
$FeO \cdot SO_3$	—	—	—	392	353	185
$CoO \cdot SO_3$	—	—	—	317	298	153
$NiO \cdot SO_3$	—	—	—	352	328	170
$Fe_2O_3 \cdot 3\,SO_3$	—	—	—	199	133	80
$Tl_2O \cdot SO_3$	206	1087	174	77	410	65
$CdO \cdot SO_3$	482	771	296	577	917	352
$PbO \cdot SO_3$	327	913	558	—	—	—
$H_2O \cdot SO_3$	1606	374	295	2606	599	679
$CuO \cdot SO_3$	655	651	328	852	848	427
$Hg_2O \cdot SO_3$	146	761	122	—	—	—
$Ag_2O \cdot SO_3$	294	853	217	275	797	203
$HgO \cdot SO_3$	239	646	174	—	—	—

Bildungswärmen der Borate.

$Na_2O \cdot (B_2O_3)_2$	1645	729	505	687	304	211

Bildungswärmen der Amalgame.

	Berechnet auf die Einheit			Verdünntes Amalgam Berechnet auf die Einheit		
	Metall	Quecksilber	Amalgam	Metall	Quecksilber	Amalgam
$Hg_{12}K$	14	887	14	11	656	10
Hg_4K	37	762	35	32	656	31
Hg_6Na	8	952	18	16	826	16
Hg_4Au	—	—	—	—	13	—
Hg_4Ag	—	—	—	—	23	—

Bildungswärmen der Legierungen.

	Berechnet für die Einheit					
	Metall	Metall	Legierung			
$CuZn_2$	160	78	52	—	—	—
$CuZn$	91	89	45	—	—	—
Cu_3Al	141	997	124	—	—	—

Bildungswärmen der Legierungen (Fortsetzung).

	Berechnet für die Einheit					
	Metall	Metall	Legierung			
Cu_3Al	167	788	138	—	—	—
$CuAl_2$	91	322	71	—	—	—
CuAl	30	70	21	—	—	—
Cu_2Al_3	80	126	49	—	—	—
$CuAl_2$	106	124	57	—	—	—

Drittes Kapitel.

Die Benutzung der thermochemischen Daten.

Einfache Fälle.

Wenn es sich nur um die Berechnung der Wärme handelt, die bei der Verbindung einer gegebenen Gewichtsmenge eines Elementes mit einem anderen Element entwickelt wird, so findet man durch Division der betreffenden thermochemischen Zahl durch das Atomgewicht die Wärmemenge für die Gewichtseinheit und daraus den Wärmebetrag für die gegebene Gewichtsmenge.

Beispiel:

In dem in Übungsbeispiel 3 behandelten Falle ist die Gesamtwärme zu berechnen.

Im Bessemerkonverter werden oxydiert:

100 kg Kohlenstoff zu Kohlendioxyd,
200 „ Kohlenstoff „ Kohlenoxyd,
50 „ Mangan „ MnO,
150 „ Silizium „ SiO_2,
500 „ Eisen „ FeO.

Die Wärmen sind:

$$\frac{97\,200}{12} \cdot 100 = 8100 \cdot 100 = 810\,000 \text{ Kal.}$$

$$\frac{29\,160}{12} \cdot 200 = 2430 \cdot 200 = 486\,000 \text{ „}$$

$$\frac{90\,900}{55} \cdot 50 = 1653 \cdot 50 = 82\,650 \text{ „}$$

$$\frac{180\,000}{28} \cdot 150 = 6429 \cdot 150 = 964\,350 \text{ „}$$

$$\frac{65\,700}{56} \cdot 500 = 1173 \cdot 500 = 586\,500 \text{ „}$$

Im ganzen 2 929 500 Kal.

Verwickeltere Fälle.

Auch wenn die Reaktion nicht mehr nur in der Verbindung einzelner Elemente, sondern in der Vereinigung chemischer Verbindungen zu solchen von komplizierterer Zusammensetzung besteht, bilden die Molekulargewichte und die thermochemischen Daten die Grundlage der Berechnung.

Wenn wir im vorigen Falle außer den Oxydationswärmen auch noch die bei der Bildung von Silikaten (Schlacke) aus MnO bzw. FeO und SiO_2 entwickelten Wärmen berücksichtigen wollen, so finden wir diese in folgender Weise:

$$\begin{array}{lrr}
(Mn, Si, O_3) = & & 276\,300 \text{ Kal.} \\
\text{Aber } (Mn, O) = & 90\,900 \text{ Kal.} & \\
\text{und } (Si, O_2) = & 180\,000 \text{ ,,} & 270\,900 \text{ ,,} \\
\hline
\text{für } (MnO, SiO_2) \text{ bleibt also . .} & & 5\,400 \text{ ,,}
\end{array}$$

$$\text{oder für 1 kg MnO } \frac{5400}{71} = 76 \text{ Kal.}$$

Für die Verschlackung von FeO ergibt sich ganz ähnlich:

$$\begin{array}{lrr}
(Fe, Si, O_3) = & & 254\,600 \text{ Kal} \\
(Fe, O) = & 65\,700 \text{ Kal.} & \\
(Si, O_2) = & 180\,000 \text{ ,,} & 245\,700 \text{ ,,} \\
\hline
& (FeO, SiO_2) = & 8\,900 \text{ Kal.}
\end{array}$$

$$\text{für 1 kg FeO } \frac{8900}{72} = 124 \text{ Kal.}$$

Die Gesamtwärme bei der Bildung der Schlacke ist dann:

$$\begin{array}{lr}
\text{Gewicht des MnO} = 64{,}5 \text{ kg} \cdot 76 = & 4\,902 \text{ Kal.} \\
\text{Gewicht des FeO} = 642{,}8 \text{ kg} \cdot 124 = & 79\,707 \text{ ,,} \\
\hline
& 84\,609 \text{ Kal.}
\end{array}$$

Ganz ähnlich lassen sich alle sauerstoffhaltigen Salze behandeln. Wenn wir z. B. von der Bildungswärme irgend eines Sulfates die Bildungswärme des Metalloxydes und ebenso die von SO_3 abziehen, so erhalten wir die Wärmemenge, die bei der Vereinigung des Metalloxyds mit dem Säureanhydrid entwickelt wird — bezogen auf die Formelgewichte dieser Stoffe. Die Berechnungsweise in allen solchen Fällen läßt sich durch die folgenden schematischen Gleichungen ausdrücken, in denen MO irgend ein Metalloxyd bezeichnet.

$$\begin{array}{lll}
\text{Silikat:} & (MO, SiO_2) & = (M, Si, O_3) - (M, O) - (Si, O_2) \\
\text{Sulfat:} & (MO, SO_3) & = (M, S, O_4) - (M, O) - (S, O_3) \\
\text{Karbonat:} & (MO, CO_2) & = (M, C, O_3) - (M, O) - (C, O_2) \\
\text{Phosphat:} & (3\,MO, P_2O_5) & = (M_3, P_2, O_8) - 3\,(M, O) - P_2, O_5)
\end{array}$$

usw.

Beispiel:

Welche Wärmemenge muß beim Brennen von Kalkstein zugeführt werden?

$$(CaO, CO_2) = (Ca, C, O_3) - (Ca, O) - (C, O_2)$$
$$273\,850 - 131\,000 - 97\,200 = 45\,150 \text{ Kal}$$

Diese Wärmemenge ist nötig, um $CaCO_3$ (100 Teile) in CaO (56 Teile) und CO_2 (44 Teile) zu zerlegen.

Demnach für 1 kg $CaCO_3$: 45 150 : 100 = 451,5 Kal.
oder für 1 kg entwickelte CO_2: 45 150 : 44 = 1026 Kal.
oder für 1 kg gebildetes CaO: 45 150 : 56 = 806 Kal.

Doppelte Umsetzungen.

Wenn der chemische Vorgang in der Zerlegung eines oder mehrerer Stoffe, unter gleichzeitiger Bildung anderer, besteht, so muß man sich unter Zugrundelegung der Reaktionsgleichung von allen Energieänderungen Rechenschaft geben, die mit dem Übergang der Ausgangsstoffe in die Reaktionsprodukte verbunden sind.

Diese Rechnung läßt sich bei jeder chemischen Gleichung durchführen, vorausgesetzt, daß die Bildungswärmen aller in der Gleichung auftretenden Verbindungen bekannt sind. Wir finden die Energieänderung, die mit einer Reaktion verknüpft ist, indem wir vorerst annehmen, daß alle Ausgangsstoffe in ihre Elemente zerlegt werden, und dann, daß die Reaktionsprodukte sich aus eben denselben Elementen bilden. Wir haben also die Bildungswärmen aller Ausgangsstoffe (unter Berücksichtigung der Vorzeichen) zu addieren. Diese Summe, mit dem entgegengesetzten Vorzeichen gerechnet, ist die Wärmemenge, die nötig ist, um die Stoffe in ihre Elemente zu zerlegen. Darauf addieren wir die Bildungswärmen aller Reaktionsprodukte. Wir erhalten dann zwei Wärmesummen und durch Addition unter Berücksichtigung der Vorzeichen den Energiebetrag der Reaktion. Selbstverständlich ist die Zahl der Moleküle bei jedem Stoffe in der Gleichung zu beachten, da die in den Tafeln angegebenen thermochemischen Zahlen sich nur auf ein Molekül beziehen.

Beispiele:

a) Welche Wärmemenge entwickelt sich, wenn trocknes Eisenoxyd durch Aluminium (Thermitprozeß nach Goldschmidt) reduziert wird?

$$Fe_2O_3 + 2\,Al = Al_2O_3 + 2\,Fe.$$
$$-195\,600 \quad | \quad +392\,600$$
$$+197\,000 \text{ Kal.}$$

b) Wenn Natriummetall mit überschüssigem Wasser reagiert, ist der Vorgang folgender:

$$\begin{array}{lllll} 2\,H_2O & +\,2\,Na & = & 2\,NaOH \;+\; H_2 + aq & \text{(Wasser im Überschuß)} \\ -\,(2\cdot 69\,000) & & \vert & +\;2\cdot 112\,500 & \\ \hline -\,138\,000 & & \vert & +\;25\,000 & \\ \hline & +\;87\,000\text{ Kal.} & & & \end{array}$$

c) Wenn Kalziumkarbid mit Wasser Azetylen entwickelt, haben wir:

$$\begin{array}{lllll} CaC_2 & +\,2\,H_2O & = & Ca(OH)_2 & +\,C_2H_2 \\ -\,(-\,6250) & -\,138\,000 & \vert & +\,215\,600 & +\,(-\,54\,750) \\ \hline & -\,131\,750 & \vert & +\,160\,850 & \\ \hline & & +\,29\,100\text{ Kal.} & & \end{array}$$

Hierbei ist die geringe Wärmemenge vernachlässigt, die sich beim Lösen des $Ca(OH)_2$ in Wasser entwickelt. Da Kalziumhydroxyd schwer löslich ist, wird unter gewöhnlichen Umständen nur ein sehr kleiner Anteil in Lösung gehen. Würden wir soviel Wasser anwenden, daß alles $Ca(OH)_2$ sich löst, so hätten wir statt 215 600 Kal. die Bildungswärme des Kalziumhydroxyds in verdünnter Lösung, 219 500 Kal., einzusetzen, und das Endresultat würde + 33 000 Kal. sein. Das Beispiel ist auch dadurch noch besonders lehrreich, daß an der Reaktion zwei Stoffe (Kalziumkarbid und Azetylen) sich beteiligen, deren Bildungswärmen negativ sind (endotherme Verbindungen). Bei der Zerlegung von Karbid in Ca und C_2 wird deshalb Wärme entwickelt, bei der Bildung von Azetylen aus den Elementen wird Wärme aufgenommen.

d) Wie groß ist die Verbrennungswärme der in den gewöhnlichen Brennstoffen enthaltenen gasförmigen Kohlenwasserstoffe, auf 1 cbm des Gases bezogen und unter der Voraussetzung, daß das gebildete Wasser als Dampf vorhanden bleibt?

Wir finden wie oben aus der Verbrennungsgleichung und den Bildungswärmen der Stoffe die Verbrennungswärme, auf das Formelgewicht bezogen; erinnern wir uns weiter, daß das Kilogramm-Molekül eines Gases 22,22 cbm einnimmt, so ergibt sich der gesuchte Wert durch einfache Division.

Methan:

$$\begin{array}{lllll} CH_4 & +\,2\,O_2 & = & CO_2 & +\;2\,H_2O \\ -\,22\,250 & & \vert & +\,97\,200 & +\,2\cdot 58\,060 \\ \hline & & +\,191\,070 & & \end{array}$$

$$\frac{191\,070}{22{,}22} = 8598\text{ Kal. für 1 cbm } CH_4.$$

Äthan:

$$\begin{array}{lcccc} 2\,C_2H_6 & +7\,O_2 & = & 4\,CO_2 & +\ 6\,H_2O \\ -(2\cdot 26\,650) & & | & 4\cdot 97\,200 & +\ 6\cdot 58\,060 \\ \hline & & +\,683\,860 & & \end{array}$$

$$\frac{683\,860}{2\cdot 22{,}22} = 15\,387 \text{ Kal. für 1 cbm } C_2H_6$$

Propan:

$$\begin{array}{lcccc} C_3H_8 & +5\,O_2 & = & 3\,CO_2 & +\ 4\,H_2O \\ -33850 & & | & +\,3\cdot 97\,200 & +\ 4\cdot 58\,060 \\ \hline & & +\,489\,990 & & \end{array}$$

$$\frac{489\,990}{22{,}22} = 22\,050 \text{ Kal. für 1 cbm } C_3H_8.$$

Durch Anwendung dieses Verfahrens auf alle Kohlenwasserstoffe, deren Bildungswärmen oben in den Tafeln gegeben sind, erhalten wir die folgende sehr nützliche Tabelle. Das Wasser ist dabei als nichtkondensiert und als kalt angenommen.

Kohlenwasserstoff	Molekulare Verbrennungswärme Kal.	Verbrennungswärme[1]) für 1 cbm Kal.
Methan (Gas)	191 070	8 598
Äthan (Gas)	341 930	15 387
Propan	489 900	22 050
Äthylen (Gas)	321 770	14 480
Propylen (Gas)	471 830	21 232
Toluol (flüssig)	906 990	—
Benzol (flüssig)	758 130	—
„ (Gas)	765 330	34 440
Terpentin (flüssig)	1 428 930	—
„ (Gas)	1 438 330	64 725
Naphthalin (fest)	1 223 690	—
„ (flüssig)	1 228 290	—
Anthrazen (fest)	1 690 150	—
Azetylen (Gas)	365 270	16 437
Methylalkohol (flüssig)	148 270	—
„ (Gas)	156 670	7 050
Äthylalkohol (flüssig)	295 330	—
„ (Gas)	305 430	13 744
Azeton (flüssig)	396 130	—
„ (Gas)	403 630	18 361

[1]) Die Verbrennungswärme für 1 cbm in Kal. multipliziert mit 0,11233 gibt die Verbrennungswärme in B. T. U. für 1 Kubikfuß.

Für drei weitere wichtige Bestandteile gasförmiger Brennstoffe mögen noch die Zahlen hinzugefügt werden:

Kohlenoxyd (Gas)	68 040	3 062
Wasserstoff (Gas)	58 060	2 613
Schwefelwasserstoff (Gas)	122 520	5 513

Heizwert der Brennstoffe.

Mit Hilfe der oben dargelegten Grundsätze können wir den Heizwert jedes beliebigen Brennstoffes berechnen, wenn wir einige einfache Annahmen machen. In Bezug auf das gebildete Wasser werden wir bei allen gewöhnlichen heiztechnischen und metallurgischen Berechnungen voraussetzen, daß es als Dampf vorhanden bleibt, also in demselben Zustande wie die übrigen Verbrennungsprodukte. Nur in seltenen Ausnahmefällen, wo die Verbrennungsprodukte tatsächlich so weit abgekühlt werden, daß sich das Wasser verdichtet, wird es angezeigt sein, die höhere Verbrennungswärme des wasserstoffhaltigen Brennmaterials einzuführen, um eine genauere Wärmebilanz des Ofenganges zu erhalten. Ein Beispiel einer solchen Ausnahme ist die unvollständige Verbrennung in einem Gaserzeuger, dessen Heizgas nachträglich zwecks Abscheidung von Ammoniak usw. gekühlt wird, wie dies beim Mondgas-Verfahren geschieht. Dann ist es möglich, daß ein Teil des bei der unvollständigen Verbrennung gebildeten Wassers sich verdichtet, und es ist, um eine richtige Wärmebilanz aufzustellen, nötig, auch diese Wärme als Gewinn bei der Verbrennung anzusehen. Solche Fälle kommen in der praktischen Metallurgie aber selten vor, und es ist deshalb zu empfehlen, immer die niedrigere Verbrennungswärme (Wasser als Dampf) einzusetzen und die Kondensationswärme als nicht vorhanden anzunehmen, wenn nicht die Bedingungen des betreffenden Falles offenkundig das Gegenteil erkennen lassen. Es würde ebenso falsch sein, die Kondensationswärme des Wasserdampfes beim Betriebe eines Ofens in Rechnung zu setzen, wie die Kondensationswärme des gebildeten Kohlendioxyds in Betracht zu ziehen, wenn die Bedingungen bei technischer Arbeit so liegen, daß keiner von diesen beiden Wärmebeträgen in nutzbringender Weise verwertet werden kann. Zählt man die Verdampfungswärme des bei der Verbrennung gebildeten Wassers zur Wärmeerzeugung im Ofen hinzu, so muß man auch notwendig den entsprechenden Betrag als Wärmeverlust bei den Abgasen einsetzen. Beides sind Wärmemengen, die in der großen Mehrzahl der Fälle nicht ausgenutzt werden können. Eine solche unnatürliche Vermehrung der fühlbaren Wärme in den Abgasen führt selbstverständlich zu einer falschen Wertung der Wärmefortleitung und -ausnutzung, weil die so errechneten (unvermeidlichen) Verluste notwendigerweise die Bedeutung anderer Werte entsprechend vermindern. Diese Verhältnisse wurden deshalb so ausführlich besprochen, weil sie große Bedeutung gewinnen, sobald es sich um stark wasserstoffhaltige Heizgase handelt. In solchen Fällen würde man durch Hinzuzählen der latenten Kondensationswärme des Wasserdampfes in den Abgasen einen scheinbaren Verlust im Schornstein von doppelter Größe und völlig entstellte Werte für die Wärmeausnutzung erhalten. Was wir ermitteln wollen, sind die tatsächlichen Verhältnisse in Bezug auf die Arbeit eines Ofens oder auf die Durchführung eines Verfahrens. Zu dem Zwecke müssen wir die Arbeit mit der theoretisch vollkommenen vergleichen, keineswegs aber mit einer theoretisch unmöglichen, d. h. unser Maßstab muß ein solcher sein, daß er unter den bestehenden praktischen Bedingungen theoretisch zu erreichen ist. Eine durchgreifende Reform in der Behandlung von Verbrennungsvorgängen wäre gerade in Bezug auf eine richtigere Wertung der latenten Verdampfungswärme des Wassers sehr notwendig.

Übungsbeispiel 4.

Naturgas aus Kokomo, Indiana, enthielt nach Analyse:

CH_4 94,16%, H_2 1,42%, C_2H_4 0,30%, CO_2 0,27%,
CO 0,55%, O_2 0,32%, N_2 2,80%, H_2S 0,18%.

Aufgabe:

Zu berechnen ist:

1) Der praktische Heizwert des Gases für 1 Kubikmeter.
2) Die Menge des Gases, die denselben Heizwert besitzt wie 1 Tonne (1000 kg) Kohle, wenn der Heizwert der letzteren zu 8000 Kal. für 1 Kilogramm angenommen wird.
3) Wenn das Gas 2,2 Pf. für 1 cbm kostet, welcher Preis darf für die Tonne Kohle gezahlt werden, damit die Heiz-Leistung der beiden Brennstoffe gleich viel kostet?

Lösung.

1) Die Verbrennungswärme eines Kubikmeters ist:

CH_4:	$0{,}9416 \cdot 8598$	=	8095,9 Kal.
H_2:	$0{,}0124 \cdot 2613$	=	37,1 „
C_2H_4:	$0{,}0030 \cdot 14480$	=	43,4 „
CO:	$0{,}0055 \cdot 3062$	=	16,8 „
H_2S:	$0{,}0018 \cdot 5513$	=	9,9 „
		Summe	8203,1 Kal.

2) $$\frac{8000 \cdot 1000}{8203{,}1} = 975 \text{ cbm.}$$

3) $$975 \cdot 0{,}022 = 21{,}45 \text{ M.}$$

Die Dulongsche Regel.

Der Heizwert eines festen oder flüssigen kohlenstoffhaltigen Brennmaterials kann entweder durch Verbrennung im Kalorimeter direkt bestimmt oder aus der chemischen Analyse des Brennstoffes berechnet werden. — Bei der kalorimetrischen Bestimmung, die bei sorgfältiger Ausführung die genaueren Werte gibt, muß man noch — entweder gleichzeitig oder durch einen besonderen Versuch — das für die Gewichtseinheit Brennstoff gebildete Wasser ermitteln und dessen latente Verdampfungswärme von dem kalorimetrisch gefundenen Heizwert abziehen, um den praktischen Heizwert zu erhalten.

Beispiel:

Eine Kohle ergab im Kalorimeter 9215 cal. für 1 Gramm, und die Verbrennungsprodukte enthielten 0,45 g flüssiges Wasser. Wie hoch ist der praktische Heizwert der Kohle?

Wenn die Verbrennungsprodukte auf Zimmertemperatur abgekühlt sind, kann man für die Kondensationswärme des Wasserdampfes den von Regnault ermittelten Wert 606,5 cal. für 1 g benutzen. Der kalorimetrische Wert ist daher um

$$606{,}5 \cdot 0{,}45 = 273 \text{ cal.}$$

höher, als wenn die Produkte ebenfalls kalt, das Wasser aber als Dampf zugegen wäre.

Der praktische Heizwert der Kohle ist demnach für 1 kg

$$9215 - 273 = 8942 \text{ cal.}$$

Als Dulongsche Regel bezeichnet man die Methode, den Heizwert eines Brennstoffes aus dem Gehalt an Kohlenstoff, Wasserstoff und Sauerstoff zu berechnen unter der Annahme, daß aller Kohlenstoff in freiem Zustande, der Sauerstoff mit Wasserstoff zu Wasser verbunden und der Rest des Wasserstoffes ebenfalls in freiem Zustande vorhanden sei[1]).

---

[1]) Die Dulongsche Regel nimmt also unter Verwendung der vorher angegebenen Verbrennungswärmen folgende Gestalt an:

$$\text{Heizwert} = \frac{8100\,C + 34\,400\left(H - \frac{O}{8}\right) + 2196\,S - 306{,}5\,W}{100}.$$

W ist die Menge des gebildeten Wasserdampfes in Prozenten.

Der Ausdruck $\left(H - \frac{O}{8}\right)$ bedarf vielleicht noch einer Erläuterung. Man setzt voraus, daß aller im Brennstoff vorhandene Sauerstoff an Wasserstoff gebunden wird, und nur der übrig bleibende, sog. „disponible Wasserstoff" bei der Verbrennung zur Wärmeentwicklung beiträgt.

Da die obige Formel doch nur Annäherungswerte geben kann, weil die Verbrennungswärmen für die freien Elemente C, H, S eingesetzt sind, so benutzt

Beispiel:

Die bituminöse Kohle des Übungsbeispiels 1 enthielt: Kohlenstoff 73,60%, Wasserstoff 5,30%, Stickstoff 1,70%, Schwefel 0,75%, Sauerstoff 10,00%, Feuchtigkeit 0,60%, Asche 8,05%. Der Heizwert dieser Kohle berechnet sich für 1 kg wie folgt:

Kohlenstoff . . . . $0{,}7360 \cdot 8\,100 = 5962$ Kal.

Wasserstoff . . . . . $0{,}0530 - \frac{0{,}1000}{8} = 0{,}0405 \cdot 34\,400 = 1397$ „

Schwefel . . . . $0{,}0075 \cdot 2\,196 = 17$ „

Summe 7376 Kal.

Diese Berechnung setzt indessen voraus, daß in den Verbrennungsprodukten alles Wasser in flüssiger Form vorhanden ist, also nicht nur das durch Verbrennung des freien Wasserstoffs entstandene, sondern auch das in der Kohle aus Sauerstoff und Wasserstoff vorgebildete, ebenso das als Feuchtigkeit tatsächlich vorhandene. Um den praktischen Heizwert zu erhalten, haben wir von dem obigen Wert die latente Wärme des gesamten Wasserdampfes in den Verbrennungsgasen abzuziehen.

Der Wasserdampf beträgt für 1 kg Kohle:

Feuchtigkeit	0,0060 kg
aus Wasserstoff und Sauerstoff vorgebildet	0,1125 „
aus Wasserstoff durch Verbrennung	0,3645 „
zusammen	0,4830 kg

Die latente Wärme ist $606{,}5 \cdot 0{,}4830 = 293$ Kal. Der praktische Heizwert ist also $7376 - 293 = 7083$ Kal.

Die in dieser Weise berechneten Werte stimmen befriedigend mit den im Laboratorium ermittelten, sowie mit den praktisch gefundenen Heizwerten überein.

---

man für technische Zwecke bei uns meist eine abgerundete Formel, die sog. „Verbandsformel", festgestellt vom Verein Deutscher Ingenieure; diese ist zunächst für die Heizwertberechnung von Steinkohlen bestimmt; sie lautet

$$\text{Heizwert} = 81\,C + 290\left(H - \frac{O}{8}\right) + 25\,S - 6\,W.$$

W bedeutet dabei Prozente Feuchtigkeit in der Kohle.

Rhodin hat nun kürzlich gefunden, daß die Dulongsche Formel bei kohlenstoffreichen Brennstoffen zu niedrige Werte gibt, bei wasserstoffreichen Brennstoffen (Ölen) aber höhere Werte liefert, als bei der direkten kalorimetrischen Bestimmung erhalten werden. Er leitet deshalb aus Korrekturen der spez. Wärmen von C, H, S folgende verbesserte Formel ab:

$$\text{Heizwert} = \frac{8143\,C + 34\,416\left(H - \frac{O}{8}\right) + 2526\,S - 539\,W}{100}.$$

Die Übersetzer.

Die theoretische Temperatur der Verbrennung.

Wenn wir von kaltem Brennstoff und kalter Luft ausgehen, ist die zu erzielende Höchsttemperatur diejenige Temperatur, auf welche die Verbrennungsprodukte durch die bei der Verbrennung entwickelte Wärme gebracht werden können. Wenn wir vorerst annehmen, daß kein Anteil dieser Wärme irgendwie in latenter Form in den Verbrennungsprodukten auftritt, so ist die Temperatur sofort zu berechnen, sobald wir die mittlere spezifische Wärme der Verbrennungsprodukte und die Menge derselben kennen.

Die spezifischen Wärmen der Gase bei hohen Temperaturen waren bis vor wenigen Jahren unbekannt. Temperaturberechnungen unter der Annahme, daß die bei gewöhnlicher Temperatur bestimmten spezifischen Wärmen unveränderlich seien, führten zu ganz falschen Resultaten. Man erhielt Werte, die in vielen Fällen um Hunderte, in einigen sogar um Tausende von Graden zu hoch waren. Die zuverlässigsten Bestimmungen der spezifischen Wärmen verschiedener Gase, sowie des Wasserdampfes und des Kohlendioxyds sind von Mallard und Le Chatelier festgestellt worden. Durch Anwendung dieser Werte ist die Frage nach den theoretischen Verbrennungstemperaturen völlig gelöst und der bisherige schroffe Widerspruch zwischen Theorie und Erfahrung beseitigt. Die spezifischen Wärmen der genannten Gase nehmen mit steigender Temperatur zu. Die spezifische Wärme S eines Kubikmeters Gas (unter Normalbedingungen gemessen) ist bei der Temperatur t:

Für N_2, O_2, H_2, CO: $S = 0{,}303 + 0{,}000\,054\,t$
„ CO_2: $S = 0{,}37 + 0{,}000\,44\,t$
„ Wasserdampf: $S = 0{,}34 + 0{,}000\,30\,t$.

Um die Wärmemenge zu berechnen, die zur Erhöhung der Temperatur des Gases von 0^0 auf t^0 nötig ist, bedürfen wir der mittleren spezifischen Wärme, Sm, zwischen 0^0 und t^0. Diese ist für jedes Gas gleich der obigen Konstante, vermehrt um den halben Zuwachs, also

für N_2, O_2, H_2, CO: $Sm = 0{,}303 + 0{,}000\,027\,t$
„ CO_2: $Sm = 0{,}37 + 0{,}000\,22\,t$
„ Wasserdampf: $Sm = 0{,}34 + 0{,}000\,15\,t$.

Die Wärmemenge Q, die nötig ist, um 1 cbm des Gases (unter Normalbedingungen) von 0^0 auf t^0 zu erwärmen, ist dann

für N_2, O_2, H_2, CO: $Q\,(0 - t) = 0{,}303\,t + 0{,}000\,027\,t^2$
„ CO_2: $Q\,(0 - t) = 0{,}37\,t + 0{,}000\,22\,t^2$
„ Wasserdampf: $Q\,(0 - t) = 0{,}34\,t + 0{,}000\,15\,t^2$.

Die Wärmemenge endlich, die zur Erhöhung der Temperatur eines Kubikmeters Gas von t auf t′ nötig ist, bezeichnen wir mit $Q\,(t' - t)$, sie ergibt sich zu:

Für N_2, O_2, H_2, CO: $Q\,(t' - t) = 0{,}303\,(t' - t) + 0{,}000\,027\,(t'^2 - t^2)$

„ CO_2: $Q\,(t' - t) = 0{,}37\,(t' - t) + 0{,}000\,22\,(t'^2 - t^2)$

„ Wasserdampf: $Q\,(t' - t) = 0{,}34\,(t' - t) + 0{,}000\,15\,(t'^2 - t^2)$.

Die mittlere spezifische Wärme für das Temperaturgebiet zwischen t und t', Sm (t' - - t), finden wir durch Division der Wärmemenge durch die Temperaturerhöhung $= \frac{Q\,(t' - t}{(t' - t)}$

Wir erhalten dann:

Für N_2, O_2, H_2, CO: $Sm\,(t' - t) = 0{,}303 + 0{,}000\,027\,(t' + t)$

„ CO_2: $Sm\,(t' - t) = 0{,}37 + 0{,}000\,22\,(t' + t)$

„ Wasserdampf: $Sm\,(t' - t) = 0{,}34 + 0{,}000\,15\,(t' + t)$.

Beispiele:

1) Wie hoch ist die Temperatur im heißesten Teil der Knallgasflamme?

Nach der Gleichung $2\,H_2 + O_2 = 2\,H_2O$ bildet der Wasserstoff bei der Verbrennung sein gleiches Volum Wasserdampf (gleiche Anzahl Moleküle in der Gleichung). Die Verbrennungswärme eines Kubikmeters Wasserstoff zu Wasserdampf = 2613 Kal. Die Frage ist also einfach die: auf welche Temperatur vermag diese Wärmemenge ein Kubikmeter Wasserdampf zu erhitzen? Wir haben

$$Q\,(0 - t) = 0{,}34\,t + 0{,}000\,15\,t^2 = 2613^0.$$

Nach t aufgelöst gibt dies $t = 3191^0$.

2) Wie hoch ist die Höchst-Temperatur einer Wasserstoffflamme, die in trockener Luft brennt?

Die Wärmeentwicklung eines Kubikmeters Wasserstoff ist wie im vorigen Fall 2613 Kal.; es wird auch hier 1 cbm Wasserdampf gebildet. Außerdem aber enthalten die Verbrennungsprodukte den Stickstoff, welcher den zur Verbrennung nötigen (0,5 cbm) Sauerstoff begleitet. 0,5 cbm Sauerstoff ist in $\frac{0{,}5}{0{,}208} = 2{,}4$ cbm Luft enthalten. Der Stickstoff beträgt dann 2,4 — 0,5 = 1,9 cbm. Da sowohl der Wasserdampf als auch der Stickstoff auf die Temperatur der Flamme erhitzt wird, so haben wir:

$$Q\,(0 - t) = (0{,}34\,t + 0{,}000\,15\,t^2) + 1{,}9\,(0{,}303\,t + 0{,}000\,027\,t^2) = 2613.$$

$$= 0{,}916\,t + 0{,}000\,201\,3\,t^2 = 2613.$$

Woraus $t = 2010^0$.

3) Welche Temperatur hat die Flamme, wenn Wasserstoff mit trockener Luft im Gebläse verbrannt und dabei 25% mehr Luft als notwendig zugeführt wird?

Die Verhältnisse unterscheiden sich vom vorigen Beispiel nur dadurch, daß hier zur Verbrennung von 1 cbm Wasserstoff nicht 2,4 cbm Luft, sondern noch ein Überschuß von $0{,}25 \cdot 2{,}4 = 0{,}6$ cbm zugeführt wird. In den Verbrennungsprodukten hat man außer 1,9 cbm Stickstoff auch noch 0,6 cbm Luft, die erhitzt werden müssen. Wegen der Gleichheit der spezifischen Wärmen von Sauerstoff und Stickstoff hat auch Luft dieselbe spezifische Wärme.

Der Ansatz ist also:

$$Q(0-t) = (0{,}34\,t + 0{,}000\,15\,t^2) + 2{,}5\,(0{,}303\,t + 0{,}000\,027\,t^2) = 2613.$$

Woraus $t = 1764^0$.

Das Beispiel zeigt sehr deutlich die ungünstige Wirkung eines Überschusses an Luft. Der Überschuß geht unbenutzt in die Verbrennungsprodukte über und erniedrigt deren Temperatur. Die Höchsttemperatur ist nur zu erreichen, wenn die Menge des zugeführten Sauerstoffs oder der Luft im Verhältnis genau der Menge des brennbaren Gases entspricht. Luftüberschuß wie Luftmangel setzen die Temperatur herab.

Verbrennung unter Vorwärmung des Heizgases oder der Luft.

Wird das Heizgas oder die Verbrennungsluft vorgewärmt angewandt, so addiert sich die in einem der Gase bzw. in beiden aufgespeicherte fühlbare Wärme einfach zu der durch die Verbrennung erzeugten Wärme und ergibt mit dieser die in den Verbrennungsprodukten enthaltene fühlbare Gesamtwärmemenge. Die Vorwärmung wirkt genau so, als wenn man die Verbrennungswärme um die im Heizgas oder in der Luft aufgespeicherte Wärme vermehrt.

Beispiel:

Wie hoch ist der pyrometrische Wärmeeffekt (die theoretische Höchsttemperatur) bei der Verbrennung von Kohlenoxydgas mit Luft?

a) wenn Gas und Luft beide kalt sind;

b) wenn das Gas kalt, die Luft auf 700^0 vorgewärmt ist;

c) wenn Gas und Luft beide auf 700^0 vorgewärmt sind.

a) Verbrennt 1 cbm Kohlenoxyd, so ist der Heizwert 3062 Kal. Zur Verbrennung ist 0,5 cbm Sauerstoff = 2,404 cbm Luft nötig. Die Verbrennungsprodukte bestehen aus 1 cbm Kohlendioxyd und 1,904 cbm Stickstoff. Wenn t die gesuchte Temperatur ist und die Wärme in

$$1 \text{ cbm } CO_2 = 0{,}37\,t + 0{,}000\,22\,t^2,$$
$$1{,}904 \text{ cbm } N_2 = 0{,}577\,t + 0{,}000\,0514\,t^2,$$

in den Verbrennungsprodukten demnach:

$$0{,}947\,t + 0{,}000\,271\,4\,t^2 = 3062 \text{ Kal.}$$

dann ist $t = 2050^0$.

b) Wenn die 2,404 cbm Luft auf 700^0 vorgewärmt sind, so ist die aufgespeicherte Wärme

$$Q\,(0 - 700) = 2{,}404\,[0{,}303 \cdot 700 + 0{,}000\,027 \cdot (700)^2] = 552 \text{ Kal.},$$

die Gesamtwärme in den Produkten = 3062 + 552 = 3614 Kal., und wir haben

$$3614 = 0{,}947\,t + 0{,}000\,271\,4\,t^2$$

oder

$$t = 2189^0.$$

c) Wenn das Kohlenoxydgas auch vorgewärmt ist, wird weiter an aufgespeicherter Wärme zugeführt

$$Q\,(0 - 700) = 0{,}303 \cdot 700 + 0{,}000\,027 \cdot (700)^2 = 225 \text{ Kal.}$$

Die Gesamtwärme in den Verbrennungsprodukten steigt auf 3614 + 225 = 3839 Kal.

$$3839 = 0{,}947\,t + 0{,}000\,271\,4\,t^2,$$

$$t = 2284^0.$$

Durch Vorwärmung von Gas und Luft auf 700^0 steigt die theoretische Temperatur von 2050^0 auf 2284^0 oder um 234^0.

Übungsbeispiel 5.

Naturgas aus Kokomo, Ind. (vgl. Beispiel 4), enthält (in Volumprozenten): Methan 94,16 %, Äthylen 0,30 %, Wasserstoff 1,42 %, Kohlenoxyd 0,55 %, Kohlendioxyd 0,27 %, Sauerstoff 0,32 %, Stickstoff 2,80 %, Schwefelwasserstoff 0,18 %.

Der praktische Heizwert des Gases wurde im Übungsbeispiel 4 zu 8203 Kal. für 1 cbm gefunden.

Aufgabe:

Zu berechnen ist:

1) Die höchste Flammentemperatur, wenn das kalte Gas mit der theoretisch nötigen Menge kalter trockner Luft verbrennt.
2) Der pyrometrische Wärmeeffekt, wenn das Gas kalt, die Luft aber auf 1000^0 vorgewärmt ist.
3) Der pyrometrische Wärmeeffekt, wenn das Gas kalt, die Luft auf 1000^0 vorgewärmt ist und letztere in einem Überschuß von 25 % der theoretisch notwendigen Menge zugeführt wird.

Das Gas selbst gelangt immer kalt zur Verbrennung; beim Vorwärmen würde es sich zersetzen und in den Wärmespeichern Kohlenstoff abscheiden.

Lösung:

1) Zuerst haben wir die Volumina der Produkte zu berechnen, die sich bei der Verbrennung von 1 cbm Gas bilden. Mit Hilfe der Verbrennungsgleichungen finden wir:

1 cbm Gas		Sauerstoff nötig cbm	Verbrennungs-Produkte cbm			
			CO_2	H_2O	SO_2	N_2
CH_4	0,9416	1,8832	0,9416	1,8832	—	—
C_2H_4	0,0030	0,0090	0,0060	0,0060	—	—
H_2	0,0142	0,0071	—	0,0142	—	—
CO	0,0055	0,00275	0,0055	—	—	—
CO_2	0,0027	—	0,0027	—	—	—
O_2	0,0032	0,0032	—	—	—	—
N_2	0,0280	—	—	—	—	0,0280
H_2S	0,0018	0,0027	—	0,0018	0,0018	—
		1,90155	0,9558	1,9052	0,0018	0,0280

A Luft sind nötig 9,14 cbm, die an Stickstoff enthalten 7,238

Gesamt-N_2 = 7,266

Die durch die Verbrennung erzeugte Wärme ist in den Verbrennungsprodukten CO_2, H_2O, N_2 und SO_2 aufgespeichert. Die mittlere spezifische Wärme von SO_2 ist bei gewöhnlicher Temperatur 0,444. Für hohe Temperaturen liegen keine Bestimmungen vor Wir wollen annehmen, daß SO_2 sich ähnlich verhält wie das analog zusammengesetzte CO_2 in bezug auf Zuwachs der spezifischen Wärme mit der Temperatur und setzen für SO_2: $Sm(0-t) = 0{,}444 + 0{,}000\,27\,t$ und $Q\,(0-t) = 0{,}444\,t + 0{,}000\,27\,t^2$.

Die gesuchte Verbrennungstemperatur sei t; die Produkte enthalten dann die folgenden Wärmemengen:

$$\begin{aligned} N_2 &= 7{,}266\,(0{,}303\,t + 0{,}000\,027\,t^2) \\ H_2O &= 1{,}9052\,(0{,}34\,t + 0{,}000\,15\,t^2) \\ CO_2 &= 0{,}9558\,(0{,}37\,t + 0{,}000\,27\,t^2)\ ^{1)} \\ SO_2 &= 0{,}0018\,(0{,}444\,t + 0{,}000\,27\,t^2) \end{aligned}$$

$$\text{Summe} = 3{,}2044\,t + 0{,}000\,740\,57\,t^2 = 8203\ \text{Kal.}$$

woraus folgt: $t = 1806^0$.

2) 1 cbm auf 1000⁰ vorgewärmte Luft enthält

$$0{,}303 \cdot 1000 + 0{,}000\,027 \cdot (1000)^2 = 330\ \text{Kal.}$$

und folglich 9,14 cbm von 1000^0 = 3016 Kal. Wir haben also

$$3{,}2044\,t + 0{,}000\,740\,57\,t^2 = 8203 + 3016\ \text{Kal},$$

$$t = 2288^0.$$

[1]) Diese und einige der folgenden Aufgaben wurden unter Benutzung dieses Wertes für die spez. Wärme ausgerechnet. Später hat Verf. einen etwas niedrigeren Wert für CO_2 (0,37 + 0,00022 t) gebraucht, welchen er jetzt als den richtigen ansieht.

3) Der Luftüberschuß beträgt $0{,}25 \cdot 9{,}14 = 2{,}285$ cbm. Die in $9{,}14 + 2{,}285 = 11{,}425$ cbm Luft von 1000° aufgespeicherte Wärme $= 11{,}425 \cdot 330 = 3770$ Kal.

Die gesamte Wärme in den Verbrennungsprodukten ist

$$8203 + 3770 \text{ Kal.}$$

Davon entfällt auf den Luftüberschuß bei der gesuchten Temperatur t:

$$2{,}285\,(0{,}303\,t + 0{,}000\,027\,t^2) = 0{,}6924\,t + 0{,}000\,061\,70\,t^2$$

Dieser Betrag ist zu der früheren

Summe $\quad 3{,}2044\,t + 0{,}000\,740\,57\,t^2$

zu addieren und wir erhalten: $\quad 3{,}8968\,t + 0{,}000\,802\,27\,t^2$

$$= 8203 + 3770 \text{ Kal.}$$

woraus folgt: $\quad t = 2134^0.$

Der Verbrennungsprozeß nach Eldred.

Eldred hat zur Regulierung der Verbrennungstemperatur folgende Hilfsmittel vorgeschlagen[1]). Man mischt der Verbrennungsluft vor der Verwendung einen bestimmten Prozentsatz Verbrennungsprodukte bei. Den Zweck dieses Vorschlages sieht man leicht ein, wenn man sich die theoretische Berechnung der Flammentemperatur vergegenwärtigt. Wenn fester Brennstoff zur Verwendung kommt, wird die Temperatur stellenweise oft zu hoch steigen, wodurch ein Ausbrennen des Rostes, übermäßige Erhitzung des Mauerwerks oder örtliche Überhitzung des mit dem Brennmaterial gemischten Reaktionsgemisches eintreten kann. Wenn die Luft mit Verbrennungsprodukten verdünnt ist, wird die theoretische Anfangstemperatur erniedrigt, und die erwähnten Übelstände können vermieden werden. Wird fester Brennstoff angewandt, so nimmt dieser eine gewisse Wärmemenge auf, ehe er in Brand gerät; diese Wärme ist der durch Verbrennung erzeugten hinzuzurechnen, wenn man die Temperatur an den heißesten Stellen des Feuers berechnen will.

Beispiele:

1) Wie hoch ist die Höchsttemperatur in einem mit Luft gespeisten Holzkohlenfeuer bei vollständiger Verbrennung ohne Luftüberschuß?

Wenn wir die Holzkohle als reinen Kohlenstoff ansehen und weiter annehmen, daß sie im Feuer durch Verbrennung der Nachbarschichten auf die Höchsttemperatur t erhitzt wird, ehe sie selbst brennt,

---

[1]) Carlton Ellis, Electrochem. and Metall. Industry, Dez. 1904.

so ergibt sich für die gesamte zur Temperatursteigerung verfügbare Wärme für 1 kg Kohle:

Verbrennungswärme eines Kilogramms Kohlenstoff		8100 Kal.
Aufgespeicherte Wärme in 1 kg Kohlenstoff bei t^0	$0{,}5\,t - 120$	,,
	zusammen	$7980 + 0{,}5\,t$ Kal.

Verbrennungsprodukte: CO_2 1,85 cbm,
N_2 7,04 cbm.

Wärme in den Verbrennungsprodukten bei t^0

$$\begin{aligned} CO_2&: 1{,}85\ (0{,}37\ t + 0{,}000\,22\ t^2) \\ N_2&: 7{,}04\ (0{,}303\ t + 0{,}000\,027\ t^2) \\ \text{zusammen}&\ 2{,}81\ t + 0{,}000\,60\ t^2. \end{aligned}$$

Wir haben dann

$$2{,}81\ t + 0{,}000\,60\ t^2 = 7980 + 0{,}5\ t$$

oder

$$t = 2199^0.$$

2) Wie hoch wird dagegen die Temperatur sein, wenn die Luft mit dem gleichen Volum der obigen Verbrennungsprodukte verdünnt wird?

Die verfügbare Wärme ist wie oben $7980 + 0{,}5\ t$ Kal. Da die gemischte Luft aber nur halb so viel Sauerstoff im Kubikmeter enthält, so werden die Mengen der Verbrennungsprodukte für 1 kg Kohlenstoff doppelt so groß sein wie oben, und wir haben

$$2\,(2{,}81\ t + 0{,}000\,60\ t^2) = 7980 + 0{,}5\ t.$$

$$t = 1213^0.$$

Die Temperatur wird also durch die genannte Operation fast auf die Hälfte erniedrigt.

3) Wir werden nun die von Ellis (a. a. O.) erwähnten Fälle betrachten.

Ohne Beimischung von Schornsteingasen zur Luft enthielten die Verbrennungsprodukte 15% Sauerstoff und 6% Kohlendioxyd. Wenn die Luft fortlaufend mit dem halben Volum Schornsteingase verdünnt wurde, so wurde schließlich eine Zusammensetzung der unter den Rost tretenden Gase von 15% Sauerstoff und 6% Kohlendioxyd erreicht; die Verbrennungsgase zeigten dann dauernd 9% Sauerstoff und 12% Kohlendioxyd. Wir wollen in beiden Fällen die höchste erreichbare Temperatur ausrechnen.

1. Fall. Luft allein.

Die für die Temperaturerhöhung verfügbare Wärme ist wie früher $7980 + 0{,}5\ t$ Kal. Bei der Verbrennung von 1 kg Kohlenstoff bilden sich aus 1,85 cbm Sauerstoff 1,85 cbm Kohlendioxyd (Normalbedingungen). Das Kohlendioxyd macht 6% der Verbrennungsgase aus. Für 1 kg Kohle bestehen diese folglich aus 1,85 cbm CO_2, 4,62 cbm O_2 und 24,36 cbm N_2, und die Wärme in den Gasen ist:

in CO_2:	$1{,}85\,(0{,}37\ t + 0{,}000\,27\ t^2)$
,, $O_2 + N_2$:	$28{,}98\,(0{,}303\ t + 0{,}000\,027\ t^2)$
zusammen:	$9{,}46\ t + 0{,}001\,28\ t^2$,

demnach
$$9{,}46\ t + 0{,}001\,28\ t^2 = 7980 + 0{,}5\ t$$
und
$$t = 800^0.$$

2. Fall. Luft + Rauchgase.

Verfügbare Wärme unverändert = 7980 + 0,5 t Kal. CO_2 im zugeführten Luftgemisch 6%, in den Verbrennungsprodukten 12%. Die hinzugekommenen 6% machen für 1 Kilogramm verbrannter Kohle 1,85 cbm aus. Demnach bestehen die Verbrennungsprodukte für 1 kg Kohlenstoff aus 3,70 cbm CO_2, 2,77 cbm O_2 und 24,36 cbm N_2. Und die Wärme in den Gasen ist:

in CO_2:	$3{,}70\,(0{,}37\ t + 0{,}000\,27\ t^2)$
,, $N_2 + O_2$:	$27{,}13\,(0{,}303\ t + 0{,}000\,027\ t^2)$
zusammen:	$9{,}09\ t + 0{,}001\,73\ t^2$,

demnach:
$$9{,}09\ t + 0{,}001\,73\ t^2 = 7980 + 0{,}5\ t$$
und
$$t = 764^0.$$

Folgerungen:

Durch diese Berechnungen übei den Eldred-Prozeß haben wir folgendes dargetan, was in der gedruckten Beschreibung der Methode nicht erwähnt wird: wenn die Verbrennung so geführt wird, daß kein Sauerstoff bzw. sehr wenig unbenutzt in den Schornstein geht, dann wird die Temperatur durch die Verdünnung der Luft stark herabgedrückt, weil viel mehr des Gas-Luftgemisches für die Gewichtseinheit Brennstoff nötig ist. Wenn aber ein großer Überschuß an Sauerstoff unbenutzt durch die Feuerung geht, dann ist die Verdünnung fast ohne Einfluß auf die Temperatur, weil es nur wenig Unterschied macht, ob der Brennstoff überschüssigen Sauerstoff erhitzt oder ein Gemisch aus diesem und Kohlendioxyd, solange überhaupt nur mehr Sauerstoff als nötig für die Verbrennung vorhanden ist. Nur deshalb, weil die spezifische Wärme des Kohlendioxyds höher ist als die des Sauerstoffs, fanden wir im 2. Fall die Temperatur um den kleinen Betrag von 36° niedriger als im ersten. Die Verdünnung der Luft ergibt im Beispiel 3 zwar einen geringeren Wärmeverlust in den Abgasen; aber derselbe Vorteil wäre auch einfach durch einen verminderten Luftüberschuß ohne Verdünnung zu erreichen.

Die Temperatur im Thermitprozeß.

Das von Goldschmidt angegebene Verfahren zur Reduktion von Metalloxyden mit Aluminiumpulver durch einfaches Anzünden der kalten Mischung ist, soweit die Berechnung der Temperatur in Frage kommt, nur ein Spezialfall unserer allgemeinen Regel. Die gesamte verfügbare Wärme ist die durch die chemische Reaktion entwickelte, und die gesuchte Temperatur ist die Temperatur, auf welche diese Wärmemenge die Reaktionsprodukte erhitzt. Die Produkte sind Aluminiumoxyd und reduziertes Metall. Die in geschmolzenen Metallen enthaltene Wärme ist in. vielen Fällen genau bekannt. Sie läßt sich am einfachsten als die Summe zweier Wärmemengen ansehen, nämlich der Wärmemenge im geschmolzenen Metall gerade bei der Schmelztemperatur (welche leicht kalorimetrisch zu bestimmen ist) und der Wärme, die das flüssige Metall bei der Erhitzung vom Schmelzpunkt bis zur Endtemperatur t weiter aufnimmt. Die letztere Wärmemenge ist = spez. Wärme des flüssigen Metalls (t — Schmelztemperatur).

Die Zahlen sind für viele Metalle bekannt. Bei anderen können annähernde Werte aus allgemeinen Gesetzmäßigkeiten solcher Werte abgeleitet werden. Die Wärme im geschmolzenen Aluminiumoxyd scheint nicht kalorimetrisch bestimmt worden zu sein.

Im festen Zustande kann nach Bestimmungen im Laboratorium des Verfassers die in der Gewichtseinheit bei der Temperatur t aufgespeicherte Wärmemenge durch

$$0{,}2081\ t + 0{,}000\,087\,6\ t^2$$

ausgedrückt werden.

Bei dem wahrscheinlichen Schmelzpunkt des Aluminiumoxyds, 2200°, gibt dies für das Kilogramm 881,8 Kal. Die molekulare Schmelzwärme ist sehr wahrscheinlich = 2,1 T, wo T die absolute Schmelztemperatur bezeichnet. Für 1 kg wird dann die Schmelzwärme:

$$\frac{2{,}1\ (2200 + 273)}{102} = \frac{5193}{102} = 50{,}9 \text{ Kal.}$$

Die spezifische Wärme im flüssigen Zustand ist wahrscheinlich gleich der spezifischen Wärme in festem Zustande in der Nähe des Schmelzpunktes: $0{,}2081 + 0{,}000\,175\,2 \cdot 2200 = 0{,}5935$. Demnach erhalten wir für die im geschmolzenen Aluminiumoxyd bei der Temperatur t enthaltene Wärme:

Wärme im festen Oxyd beim Schmelzpunkt	881,8 Kal.
Schmelzwärme	50,9 „
Wärme im flüssigen Oxyd oberhalb des Schmelzpunktes bis t	0,5935 (t — 2200) „
Zusammen	932,7 + 0,5935 (t — 2200)

oder für das Molekulargewicht (102 kg):

$$95\,135 + 60{,}54\,(t - 2200)\ \text{Kal.}$$

Beispiele:

1) Wie hoch ist die Temperatur bei der Reduktion von Kupferoxyd durch Aluminiumpulver?

Die Reaktion ist

$$\begin{array}{ccc} 3\,CuO + 2\,Al & = & Al_2O_3 + 3\,Cu \\ -3 \cdot 37\,700 & | & +392\,600 \\ \hline & +279\,500 & \end{array}$$

Die Produkte werden durch die Reaktionswärme auf eine solche Temperatur erhitzt, daß sie 279 500 Kal. enthalten. Die Wärme in einem Molekulargewicht Aluminiumoxyd haben wir schon gefunden. Für Kupfer ist die in einem Kilogramm bei t^0 enthaltene Wärme nach den Bestimmungen des Verfassers:

Im flüssigen Kupfer beim Schmelzpunkt = 162 Kal.

Im flüssigen Kupfer oberhalb des Schmelzpunktes (1065°)

$$0{,}1318\,(t - 1065)\ \text{Kal.}$$

Im ganzen $162 + 0{,}1318\,(t - 1065)$ Kal.

Oder für das Atomgewicht (63,6 kg) Kupfer

$$= 10\,303 + 8{,}3825\,(t - 1065)\ \text{Kal.}$$

Wir finden dann aus der Gleichung:

$$95\,135 + 60{,}54\,(t - 2200) + 3\,[10\,303 + 8{,}3825\,(t - 1065)] = 279\,500,$$

$$t = 3670^0.$$

Wie eine kurze Rechnung zeigt, ist annähernd $\frac{1}{3}$ der Wärme im Kupfer, $\frac{2}{3}$ im geschmolzenen Aluminiumoxyd enthalten.

2) Wie hoch ist die Temperatur, wenn reines Eisenoxyd Fe_2O_3 nach dem Thermitprozeß durch Aluminiumpulver reduziert wird?

Die Reduktionsgleichung und die entwickelte Wärme ist schon früher (S. 34) gegeben. Wir fanden, daß auf 1 Molekulargewicht (102 kg) Aluminiumoxyd 2 Atomgewichte (112 kg) reduzierten Eisens kommen, wobei 197 000 Kal. frei werden. Die Wärme in 1 kg reinem Eisen beim Schmelzpunkt (1600°) ist 300 Kal. Die Schmelzwärme ist annähernd 69 Kal. und die spezifische Wärme im flüssigen Zustande 0,25. Die Gesamtwärme in 1 kg flüssigem Eisen bei t^0 ist dann

$$369 + 0{,}25\,(t - 1600)\ \text{Kal.}$$

oder für das Atomgewicht (56 kg):

$$20\,664 + 14\,(t - 1600)\ \text{Kal.}$$

Aus der Gleichung:

$$95\,135 + 60{,}54\,(t - 2200) + 2\,[20\,664 + 14\,(t - 1600)] = 197\,000$$

finden wir $t = 2694^0.$

Wenn wir eine ähnliche Rechnung für die Reduktion von MnO mit der theoretischen Menge Aluminiumpulver durchführen, so finden wir eine Temperatur, die unter dem Schmelzpunkt des Aluminiumoxyds liegt. Unter diesen Bedingungen ist also ein Zusammenschmelzen der Masse zu einer flüssigen Schlacke gar nicht möglich. Man kann diesen Übelstand dadurch umgehen, daß man einen Überschuß von MnO anwendet. Alles Aluminium wird zur Reduktion verbraucht, so daß keine Spur davon in das reduzierte Mangan übergeht, und das überschüssige MnO bildet mit Al_2O_3 eine Schlacke von Manganaluminat, die schon bei der Reduktionstemperatur flüssig ist. Ohne diesen Kunstgriff ist keine flüssige Schlacke zu erhalten.

Reduziert man Eisen oder Mangan durch Silizium aus den Oxyden, so zeigen die Rechnungen ähnliche Verhältnisse. Die Temperatur steigt nicht hoch genug, um das gebildete SiO_2 zu verflüssigen. Wenn aber Metalloxyde im Überschuß angewandt werden, so bilden sich Ferro- bzw. Manganosilikate, die schon bei den erreichbaren Temperaturen flüssig sind.

Viertes Kapitel.

Thermochemie hoher Temperaturen.

Wenn wir die Wärmemenge kennen, die bei der Bildung einer Verbindung aus den Elementen oder bei einer doppelten Umsetzung entwickelt (oder aufgenommen) wird, vorausgesetzt, daß sowohl die reagierenden Stoffe als die Produkte gewöhnliche Temperatur besitzen, wie groß ist dann die entwickelte oder aufgenommene Wärme in jedem der folgenden Fälle:

a) wenn die Ausgangsstoffe kalt, aber die Produkte heiß sind,
b) wenn die Ausgangsstoffe heiß und die Produkte ebenfalls heiß sind,
c) wenn die Ausgangsstoffe heiß, aber die Produkte kalt sind?

Von diesen 3 Fällen stellt Fall b den allgemeinsten Fall vor; in dieser Form tritt uns die Aufgabe in der metallurgischen Praxis oft entgegen, ganz besonders in der Elektrometallurgie. Fall a ist weniger allgemein und erfordert weniger Tatsachen zur Lösung; wir treffen ihn aber oft bei der Frage nach dem Wärmebedarf eines metallurgischen Prozesses an. Der Fall c ist sofort zu lösen, wenn alle Tatsachen für die Berechnung von b vorhanden sind, er kommt aber in der Praxis so selten vor, daß von der ausführlichen Erörterung abgesehen werden kann.

Durch Benutzung der früher angegebenen thermochemischen Daten können wir bei jeder chemischen Reaktion die Wärme berechnen, wenn die reagierenden Stoffe vor der Reaktion gewöhnliche Temperatur besitzen und die Produkte nach der Reaktion ebenfalls auf diese Temperatur abgekühlt werden. Der Ausdruck (Zn, O) = 84 800 Kal. besagt: wenn 65 kg festes Zink und 16 kg Sauerstoffgas, beide von Zimmertemperatur, zur Reaktion gebracht und die gebildeten 81 kg Zinkoxyd ebenfalls auf Zimmertemperatur abgekühlt werden, dann wird eine Gesamtwärme von 84 800 Kal. entwickelt.

Wenn wir noch die Tatsache (C, O) = 29 160 Kal. heranziehen, können wir die thermochemischen Verhältnisse bei der Reduktion von Zinkoxyd durch Kohle in folgender Weise ausdrücken:

$$\begin{array}{c} ZnO + C = Zn + CO \\ -84\,800 \quad | \quad +29\,160 \\ \hline -55\,640 \end{array}$$

wobei kalte Ausgangsstoffe und kalte Produkte vorausgesetzt sind. Um aus 81 kg Zinkoxyd 65 kg Zink zu erhalten, müssen 55 640 Kal. zugeführt werden. Dieser Wert entspricht aber keinem der obigen 3 Fälle a, b oder c. Er stellt vielmehr nur eine kalorimetrische Bestimmung im Laboratorium dar und läßt sich auf die Ausführung der Reduktion unter praktischen Bedingungen nicht unmittelbar übertragen.

Fall a. Wenn wir von den reagierenden Stoffen in kaltem Zustand ausgehen und wenn die Produkte bei irgend einer Temperatur t den Ofen heiß verlassen, so können wir die notwendige Wärmezufuhr auf zweierlei Weise berechnen. Der erste Weg ergibt sich dadurch, daß wir dem Verlauf der Reaktion folgen, d. h. wir denken uns, daß die kalten Ausgangsstoffe zuerst auf t^0 erhitzt werden, und daß dann die Reaktion bei dieser Temperatur verläuft. Die zur Erhitzung der Stoffe notwendige Wärme ist aus den spez. Wärmen (unter Berücksichtigung der zwischen 0 und t^0 eventuell eintretenden physikalischen Änderungen wie Schmelzen, Verdampfen usw.) leicht zu finden. Der zweite Betrag ist die Wärme, die mit der betreffenden Reaktion verknüpft ist, wenn sie bei t^0 beginnt und endet. Dieser Betrag würde sich sofort berechnen lassen, wenn wir thermochemische Daten für die Bildungswärmen der Verbindungen bei t^0 besitzen würden, also ähnliche Werte für höhere Temperaturen, wie wir sie oben in den Tabellen für 15^0 als Anfangs- und Endtemperatur mitgeteilt haben. Die Frage nach der Reaktionswärme bei höherer Temperatur bildet aber gerade den Inhalt von Fall b (heiße Ausgangsstoffe, heiße Produkte), der später behandelt wird. Die Lösung von a auf diesem Weg setzt also die Lösung von b voraus und wird daher auf später verschoben. Der zweite Weg zur Lösung von a besteht darin, daß wir zunächst annehmen, die Reaktion gehe von kalten Stoffen aus und führe zu kalten Produkten. Dann ist die Reaktionswärme aus den Bildungswärmen der Stoffe bei 15° zu finden. Nachher denken wir uns die Reaktionsprodukte auf t° erhitzt. Die dazu nötige Wärme ergibt sich aus den spez. Wärmen dieser Produkte. Dieser zweite Weg entspricht zwar nicht dem wirklichen Verlauf der Reaktion, gibt uns aber trotzdem genau die Wärme, die mit der Umwandlung der kalten Ausgangsstoffe in die heißen Produkte verknüpft ist und die wir ermitteln wollen. Die Wärme einer Umwandlung ist durch den Anfangs- und Endzustand vollständig bestimmt. Wenn diese gegeben sind, können wir den Vorgang auf ganz beliebige Weise in Stufen zerlegen oder uns zerlegt denken, ohne daß die Gesamtwärme sich ändert, die sich als Summe der Wärmemengen aller Stufen ergibt.

Beispiel:

Wenn eine Retorte für Zinkdestillation mit einem Gemisch von Zinkoxyd und Kohlenstoff in dem Verhältnis ZnO : C = 81 kg : 12 kg bei gewöhnlicher Temperatur beschickt wird, wieviel Wärme ist nötig, um die Beschickung in Zinkdampf und Kohlenoxydgas zu verwandeln, welche die Retorte mit 1300° verlassen?

Nach dem ersten Verfahren haben wir zunächst die Wärme zu berechnen, die zur Erhitzung von ZnO und C auf 1300° nötig ist. Sie ergibt sich aus der mittleren spez. Wärme zwischen 0 und 1300 × Temperatur × Gewicht der Stoffe wie folgt:

Für 81 kg ZnO[1]) $= 81 \cdot [0{,}1212 \cdot 1300 + 0{,}000\,031\,5 \cdot (1300)^2]$
$= 17\,075$ Kal.

12 kg C[1]) $= 12 \cdot [0{,}5 \cdot 1300 - 120] = 6\,360$,,

Zusammen $= 23\,435$ Kal.

Hierzu kommt noch die Wärme der Reaktion: ZnO + C = Zn + CO, wenn sowohl Ausgangsstoffe wie Produkte die Temperatur 1300° haben. Diese Wärmemenge kann nur durch Lösung des allgemeinen Falles b für diese bestimmte Reaktion gefunden werden. Hier nehmen wir als Resultat der Berechnung voraus, daß die Reaktionswärme bei 1300° — 80 166 Kal. beträgt, wonach die gesamte zuzuführende Wärme

$$= 23\,435 + 80\,166 = 103\,601 \text{ Kal.}$$

wird.

Viel einfacher ist die Lösung nach der zweiten Methode. Dann haben wir zur Reaktionswärme bei 0° [2]), — 55 640 Kal., die Wärme

---

[1]) 1 kg Zinkoxyd enthält bei t°: $0{,}1212\,t + 0{,}000\,031\,5\,t^2$ Kal. (Bestimmung des Verf.). — Die Wärme in 1 kg Kohlenstoff oberhalb 1000° = $0{,}5\,t - 120$ ist aus den Bestimmungen Webers abgeleitet.

[2]) Die Bildungswärme bei 0° ist von der Bildungswärme bei 15° nur äußerst wenig verschieden. — Ebenfalls hat es praktisch nur geringen Einfluß auf das Resultat, ob man bei der Erhitzung als Anfangstemperatur 0° statt Zimmertemperatur voraussetzt. D. Übers.

hinzuzuzählen, die zur Erhitzung von 65 kg Zink und 28 kg = 22,22 cbm Kohlenoxyd von 0 auf 1300° nötig ist.

Für CO ist diese Wärme sehr einfach zu finden:

$$22{,}22 \cdot [0{,}303 \cdot 1300 + 0{,}000\,027 \cdot (1300)^2] = 9766 \text{ Kal.}$$

Für Zink wird die Berechnung umständlicher

Zur Erhitzung von festem Zink bis zum Schmelzpunkt (420°) ist nötig:

$65 \cdot [0{,}090\,58 \cdot 420 + 0{,}000\,044 \cdot (420)^2]$	=	2 977 Kal.
Latente Schmelzwärme 22,61 · 65.	=	1 470 „
Zur Erhitzung des flüssigen Zinks vom Schmelzpunkt bis zum Siedepunkt (930°): $65 \cdot [0{,}090\,58 + 0{,}000\,088 \cdot 420] \cdot (930-420)$	=	4 228 „
Latente Verdampfungswärme (nach der Troutonschen Regel) 23 · (930 + 273).	=	27 670 „
Zur Erhitzung des (einatomigen) Zinkdampfes von 930 bis 1300° 5 · (1300 − 930)	=	1 850 „
Summe	=	38 195 Kal.

Die zur Erhitzung der Produkte nötige Wärme beträgt also 9766 + 38 195 = 47 961 Kal. Wird zu diesem Betrag der Wärmeverbrauch der Reaktion bei 0° 55 640 Kal. hinzugezählt, so erhalten wir **103 601 Kal.** als Wärmebedarf der Reduktion, welche von kalten Ausgangsmaterialien ausgeht und mit heißen Produkten von 1300° endet.

[Um ganz genau zu verfahren, wäre an diesem Resultat noch eine Korrektur anzubringen. Die Berechnung setzt nämlich voraus, daß alle Stoffe unter dem Druck einer Atmosphäre stehen, während in dem Gemisch aus Zinkdampf und Kohlenoxyd jeder Stoff nur eine Tension von 0,5 Atm. besitzt. Da von jedem Bestandteil ein Molekulargewicht vorhanden, beträgt die äußere Arbeit, die in der Berechnung mit enthalten ist, 2 · 2 T = 2 · 2 · (1300 + 273) = 6292 Kal., während sie in Wirklichkeit nur die Hälfte oder 3146 Kal. ausmacht. Von der gefundenen Gesamtwärme waren also 3146 Kal. abzuziehen, wodurch der korrigierte Wert 103 601 − 3146 = 100 455 Kal. oder pro Kilogramm Zink 1545 Kal. sein würde. Diese Zahl stellt den genauen Wärmebedarf für die Erzeugung von Zink aus Zinkoxyd und Kohle dar und wäre zu benutzen, um bei elektrothermischer Reduktion die elektrische Energie oder bei hüttenmännischer Zinkgewinnung etwa den Wirkungsgrad des Ofens zu berechnen.]

Fall b. Um die Wärme einer chemischen Reaktion zu finden, die von Anfang bis zu Ende bei irgend einer Temperatur t verläuft, stehen wiederum zwei Wege zur Verfügung.

Die allgemeinste und übersichtlichste Methode ist folgende: Man berechnet die Bildungswärme jeder in der Reaktionsgleichung auftretenden Verbindung bei der Temperatur t, d. h. die Wärme, die auftritt, wenn sich Elemente von der Temperatur t miteinander verbinden und die Verbindung auf t abgekühlt wird. Wenn wir für alle Verbindungen in der betreffenden Gleichung die Bildungswärmen bei t gefunden haben, können wir die Reaktionswärme bei t in genau derselben Weise ermitteln, wie wir früher aus den Bildungswärmen bei 0^0 die Reaktionswärme bei 0^0 berechneten. Um nun aus der Bildungswärme bei 0^0 die Bildungswärme bei t abzuleiten, müssen wir folgende Überlegung anstellen. Wenn wir die gebildete Verbindung nur auf t statt auf 0^0 abkühlen, verlieren wir die Wärme, die sie bei t mehr enthält als bei 0^0, d. h. die Wärme, die zur Erhitzung der Verbindung von 0^0 auf t nötig ist. Andererseits haben die Elemente schon vor Beginn der Reaktion einen aufgespeicherten Wärmevorrat, nämlich die Wärme. die sie bei der Erhitzung von 0^0 auf t aufnehmen. Durch Berücksichtigung von Gewinn und Verlust bei Ausführung der Reaktion bei t gegenüber der Reaktion bei 0^0 finden wir die

Bildungswärme bei t = Bildungswärme bei 0^0 + Wärme in den Elementen bei t − Wärme in der Verbindung bei t.

Beispiel:

Als Beispiel nehmen wir Zinkoxyd. Die Bildungswärme bei 0^0 = 84 800 Kal. Wenn wir das gebildete ZnO nur bis 1300^0 abkühlen, verlieren wir seinen Wärmeinhalt bei dieser Temperatur, den wir unter a zu 17 075 Kal. fanden. Der Unterschied 84 800 — 17 075 = 67 725 Kal. würde bei der Vereinigung von kaltem Zn und O zu ZnO von 1300^0 entwickelt werden, Wenn Zink und Sauerstoff vor der Reaktion auf 1300^0 erhitzt sind, ist in ihnen aufgespeichert:

Wärme in 65 kg Zn bei 1300^0 (unter a berechnet) . .	= 38 195 Kal.
Wärme in 16 kg (11,11 cbm) O = $11{,}11\,[0{,}303 \cdot 1300 + 0{,}000\,027 \cdot (1300)^2]$	= 4 884 „
Summe	= 43 079 Kal.

Die Bildungswärme von ZnO bei 1300^0, wir wollen sie mit $(Zn, O)_{1300}$ bezeichnen, ist dann

$$(Zn, O)_{1300} = 84\,800 + 43\,079 - 17\,075 = 110\,804 \text{ Kal.}$$

Die Bildungswärme von CO bei 1300^0 finden wir in ähnlicher Weise:

Bildungswärme bei 0^0 (C, O).		= 29 160 Kal.
Fühlbare Wärme in CO ($0-1300^0$) oben berechnet . .		= 9 766 „
Wenn C und O kalt sich zu CO von 1300^0 vereinigen, wird entwickelt		= 19 304 „
Fühlbare Wärme in C ($0-1300^0$) . . .	= 6360 Kal.	
Fühlbare Wärme in O ($0-1300^0$) . . .	= 4884 „	= 11 244 „
Bildungswärme von CO bei 1300^0 $(C, O)_{1300}$		= 30 638 Kal.

Aus den Bildungswärmen für ZnO und CO bei 1300° läßt sich der Wärmeverbrauch bei der Reduktion von Zinkoxyd durch Kohle bei 1300° berechnen:

$$\begin{array}{ccc} ZnO + C & = & Zn + CO \\ -110\,804 & | & +30\,638 \\ \hline & -80\,166. & \end{array}$$

Die Reduktion erfordert also bei 1300° 24 526 Kal. mehr als bei 0°, was einem Mehraufwand von über 42 % entspricht. Wenn wir zu der Reaktionswärme bei 1300°, = 80 166 Kal., noch die Wärme hinzuzählen, die zur Erhitzung von ZnO und C auf 1300° nötig ist (unter a = 23 435 Kal. gefunden), so erhalten wir den gesamten Wärmebedarf 103 601 Kal. für den praktischen Fall, daß kaltes ZnO und C in Zn und CO von 1300° verwandelt werden. Dieser Betrag ist natürlich gleich dem Wärmebedarf der Reaktion bei 0°, 55 640 Kal., vermehrt um die in Zn und CO von 1300° enthaltene Wärme, die wir schon zu 47 691 Kal. fanden. Die Summe beider ist wiederum = 103 601 Kal.

Wir werden nun eine zweite Methode zur Lösung des Falles b besprechen, also zur Berechnung der Wärme einer Reaktion zwischen Ausgangsstoffen von der Temperatur t, wenn die Produkte nur bis auf t abgekühlt werden. Das Prinzip dieser Methode ist uns schon oben bei der Berechnnug der Bildungswärme bei t begegnet.

Wir fanden:

Bildungswärme bei t = Bildungswärme bei 0° + Wärme in den Elementen bei t — Wärme in der Verbindung bei t.

Nun ist die Bildungswärme ja auch eine Reaktionswärme; nur ist die Reaktion dadurch besonders einfach, daß die Ausgangsstoffe sämtlich Elemente sind. Die Überlegung, die wir oben zur Ableitung der Bildungswärme bei t aus der Bildungswärme bei 0° anstellten, können wir daher auf beliebige Reaktionen ausdehnen. Die Reaktionswärme bei t unterscheidet sich von der Reaktionswärme bei 0° erstens dadurch, daß die Wärme in Abzug kommt, die in den Produkten bei t enthalten ist und durch ihre Abkühlung von t auf 0 zu gewinnen wäre. Und zweitens kommt die Wärme hinzu, die in den Ausgangsstoffen durch ihre Erhitzung auf t von der Reaktion aufgespeichert wird.

Wir haben folglich:

Reaktionswärme bei t = Reaktionswärme bei 0° + Wärme in den Ausgangsstoffen bei t — Wärme in den Produkten bei t.

Beispiel:

Wir wählen wieder als Beispiel die Reduktion des Zinkoxyds durch Kohle bei 1300°.

Die Reaktionswärme bei 0°		= — 55 640 Kal.
Davon ist abzuziehen:		
Wärme im Zinkdampf bei 1300°	= 38 195	
Wärme im Kohlenoxyd bei 1300° . . .	= 9 766	47 691 „
	Differenz	= — 103 601 Kal.
Und hinzuzurechnen:		
Wärme in ZnO bei 1300°	= 17 075	
Wärme in C bei 1300°	= 9 766	23 435 Kal.
Reaktionswärme bei 1300°		= — 80 166 Kal.

Diese Rechnung ist einfacher als die erste Methode, welche die Bildungswärmen der Verbindungen bei t ermitteln mußte, weil hier weniger Tatsachen nötig sind. Wir kommen mit den spez. Wärmen derjenigen Stoffe aus, die direkt in der Reaktionsgleichung auftreten, (ZnO, C, Zn, CO) brauchen dagegen nicht die der Elemente, aus denen die Stoffe zusammengesetzt sind, zu kennen. In obigem Falle ist z. B. die Kenntnis der spez. Wärme des Sauerstoffs entbehrlich.

Fall c. Heiße Ausgangsstoffe, kalte Produkte. Dieser Fall bedarf kaum einer besonderen Besprechung, da er sofort zu berechnen ist, wenn wir die für b nötigen Tatsachen besitzen. Wenn wir nämlich zur Reaktionswärme bei t noch die bei weiterer Abkühlung der Produkte von t auf 0° zu gewinnende Wärme hinzuzählen, haben wir die gesuchte Reaktionswärme bei heißen Ausgangsstoffen und kalten Produkten. Noch einfacher und mit weniger Tatsachen ist der Fall c zu berechnen, wenn wir von der Reaktionswärme bei 0° ausgehen und die zur Erhitzung der Ausgangsstoffe auf t nötige Wärme hinzurechnen.

Beispiel:

Für unser Beispiel, Reduktion von ZnO durch C, ergaben sich demnach folgende Lösungen:

Reaktionswärme bei 1300°.	80 166 Kal.
Wärme in den Produkten bei 1300° . . .	47 961 „
Summe	— 32 205 Kal.

oder

Reaktionswärme bei 0°	— 55 640 Kal.
Wärme in den Ausgangsstoffen bei 1300°	23 435 „
Summe	— 32 205 Kal.

Allgemeine Bemerkungen.

Aus den ganzen obigen Darlegungen geht hervor, daß für viele praktische Zwecke die Berechnung nach a genügt, um den gesamten Energiebedarf mancher metallurgischen Prozesse zu finden. Rechnerisch erhalten wir den Gesamtbetrag als Summe aus zwei Einzelbeträgen, nämlich aus dem Wärmebedarf wenn die Reaktion zwischen kalten Ausgangsstoffen erfolgt und zu kalten Produkten führt, und aus dem Wärmebetrag, der in den heißen Produkten aufgespeichert ist wenn sie den Ofen verlassen. Dagegen ist es klar, daß diese Rechnung uns nicht die einzelnen Beträge gibt, wie sie sich im Ofen tatsächlich verteilen. Dort setzt sich vielmehr die gesamte Energie zusammen aus der zur Erhitzung der Ausgangsstoffe auf die Reaktionstemperatur nötigen Wärme und aus dem Energiebedarf der Reaktion bei dieser Temperatur. Die unter b behandelten Methoden gestatten, diese tatsächlichen Einzelbeträge zu ermitteln.

Es ist einleuchtend, daß die Bearbeitung der Thermochemie hoher Temperaturen die Benutzung aller zugänglichen Tatsachen in bezug auf spez. Wärme von Elementen und Verbindungen im festen, flüssigen und gasförmigen Zustand und ebenfalls oft ihre latenten Schmelz- und Verdampfungswärmen erfordert. Wenn die nötigen Daten aber bekannt sind — oder eventuell mit annähernder Genauigkeit geschätzt werden können —, steht uns der Weg zu vielen Berechnungen offen, die für die praktische Metallurgie und die technische Chemie von der größten Wichtigkeit sind. Die Bildungswärmen bei bestimmten höheren Temperaturen, die oft von denjenigen bei 0° sehr verschieden sind und folglich auch zu einander in anderem Verhältnis stehen können als bei 0°, werden noch viele bisher wenig verständliche und anscheinend widersprechende Reaktionen aufklären können. Derartige Berechnungen werden uns auch erklären, warum viele Reaktionen nur bei höherer Temperatur stattfinden; sie geben uns die Möglichkeit, festzustellen, ob eine Reaktion bei der betreffenden höheren Temperatur in Wirklichkeit exotherm oder endotherm ist. Die berechneten Reaktionswärmen können wir weiter mit den aus der Verschiebung des chemischen Gleichgewichtes mit der Temperatur sich ergebenden Folgerungen in bezug auf die Wärme der Reaktion vergleichen.

Ein Beispiel wird genügen, um das große Feld anzudeuten, das sich hier der wissenschaftlichen Behandlung eröffnet.

G. Preuner[1]) hat eine ausführliche, sorgfältige Untersuchung über das Gleichgewicht der Reaktion

$$Fe_3O_4 + 4\,H_2 \rightleftarrows 3\,Fe + 4\,H_2O$$

veröffentlicht. Er findet das Gleichgewicht von der Temperatur unabhängig und berechnet aus diesem Wert bei 960° unter Benutzung der Formel von van't Hoff die Wärme der Reduktion bei dieser Temperatur zu — 11 900 Kal., während aus den gewöhnlichen Bildungswärmen sich der Wert zu (— 270 800 + 4 · 58 060) = — 38 560 ergibt. Aus diesem Mangel an Übereinstimmung wird gefolgert, daß van't Hoffs

[1]) Zeitschr. für phys. Chemie, März 1904, S. 385.

Formel bei Reaktionen dieser Art falsche Resultate liefere. In Wirklichkeit liegt aber die Ursache der Unstimmigkeit weder an Preuners Beobachtungen nach an der van't Hoffschen Formel, sondern daran, daß die Reaktionswärme von — 38 560 Kal. nur für 0° als Anfangs- und Endtemperatur gilt. Die Thermochemie gestattet uns, die Reaktionswärme bei 960° wie folgt zu berechnen.

Reaktionswärme bei 0° . . . . — 38 560 Kal.

Wärme in den Produkten bei 960°:

$3\,Fe = 3 \cdot 56 \cdot [0{,}218 \cdot 960 - 39]$ (nach Pionchon) . . . . $= 28\,560$

$4\,H_2O = 4 \cdot 22{,}22\,[0{,}34 \cdot 960 + 0{,}00015 \cdot (960)^2] = 41\,300$ 69 860 Kal.

Wärme in den Ausgangsstoffen bei 960°:

$Fe_3O_4 =$

$232 \cdot [0{,}1447 \cdot 960 + 0{,}000\,187\,8 \cdot (960)^2]$ [1]) $= 72\,384$

$4\,H_2 =$

$4 \cdot 22{,}22 \cdot [0{,}303 \cdot 960 + 0{,}000\,027 \cdot (960)^2] = 28\,075$ 100 459 Kal.

Die Reaktionswärme bei 960° ist also nach unserer Methode b $-38\,560 - 69\,860 + 100\,459 = -7961$ Kal.

Die Unstimmigkeit war also größtenteils durch die falsche Annahme verursacht, daß der thermochemische Wert einer Reaktion bei 0° auch für jede andere Temperatur gelten müsse: durch richtige thermochemische Berechnung verschwindet die Abweichung.

Um die in diesem Kapitel dargelegten Grundsätze der Thermochemie hoher Temperaturen anwenden zu können, haben wir zweierlei Art von Daten nötig. Erstens thermochemische Daten, wie sie durch Versuche im Laboratorium bei gewöhnlicher Temperatur ermittelt werden. Zweitens physikalische Daten der Elemente und Verbindungen wie spez. Wärme, latente Schmelzwärme und Verdampfungswärme. Die thermochemischen Daten sind schon früher im dritten Kapitel gegeben, wenigstens soweit sie wichtigere in der Metallurgie vorkommende Verbindungen betreffen. Im folgenden werden wir die physikalischen Daten zuerst allgemein erörtern und dann die Daten selbst, soweit sie bekannt sind, mitteilen.

Die spezifische Wärme der Elemente.

Das Gesetz von Dulong und Petit besagt, daß für die Elemente im festen Zustande das Produkt aus spez. Wärme und Atomgewicht nahezu konstant sei. Der Wert dieses Produktes, der sogenannten Atomwärme, liegt zwischen 6 und 7 und beträgt durchschnittlich 6,4.

---

[1]) Nach einer in des Verf. Laboratorium kürzlich ausgeführten angenäherten Bestimmung für Fe_3O_4, $Q = 0{,}1447\,t + 0{,}0001878\,t^2$.

Diese Gesetzmäßigkeit wurde hauptsächlich aus Bestimmungen der spez. Wärme bei Metallen abgeleitet, und zwar für Temperaturen etwa zwischen 100° und 10—15°, wie sie z. B. Regnault mit großer Genauigkeit durchgeführt hat. Fast die einzigen Elemente, die größere Abweichungen von dem Gesetz zeigen, sind Kohlenstoff, Bor und Silizium, die eine viel zu niedrige Atomwärme haben. In Lehrbüchern findet man sehr oft die Bemerkung, daß bei höherer Temperatur auch diese Elemente sich mehr und mehr dem Gesetz nähern, weil eben ihre spez. Wärmen mit der Temperatur stark zunehmen. So ist die spez. Wärme des Kohlenstoffs bei 1000° = 0,5, die Atomwärme also 0,5 · 12 = 6. Wenn man in dieser Art die Ausnahmen beseitigen will, übersieht man aber, daß die spez. Wärmen fast aller festen Elemente mit der Temperatur zunehmen, und zwar durchschnittlich um etwa 0,04 % für jeden Grad, so daß die Atomwärmen der Mehrzahl der Elemente, die bei gewöhnlicher Temperatur um 6,4 liegen, bei 1000° einen um etwa 40 % höheren Wert annehmen, vorausgesetzt, daß die Elemente bei dieser Temperatur noch nicht schmelzen. Wenn es sich darum handelt, die spez. Wärme eines festen Elementes bei einer höheren Temperatur t zu schätzen, für die keine Bestimmungen vorliegen, werden wir uns zweckmäßig dieser Zunahme von 0,04 % für jeden Grad bedienen. Für die mittlere spez. Wärme zwischen 0° und t wird dann die Zunahme halb so groß.

Die spez. Wärme im flüssigen Zustand ist nur für wenige Elemente bestimmt worden. Allgemein gilt, daß sie höher liegt als die spez. Wärme des festen Elementes bei gewöhnlicher Temperatur; sie scheint vielmehr sehr nahe gleich zu sein der spez. Wärme im festen Zustand gerade unterhalb des Schmelzpunktes, und diesen Wert wollen wir benutzen, wenn keine Bestimmungen vorliegen. Weiter scheint sie mit der Temperatur nicht merklich veränderlich, so daß wir sie als konstant annehmen werden.

Die spez. Wärmen gasförmiger Elemente sind nur für diejenigen Elemente bestimmt, die bei gewöhnlicher Temperatur in Gasform auftreten. Bei den Metallen, die, soweit bekannt, einatomige Dämpfe liefern, sollte die Atomwärme des Dampfes bei konstantem Druck theoretisch = 5 Kal. sein. Da die Atomgewichtsmenge — unter Normalbedingungen gedacht — einen Raum von 22,22 cbm einnimmt, so ist die spez. Wärme für 1 Kubikmeter = 0,225. Bei der Schätzung der spez. Wärme der Metalldämpfe werden wir diese Annahme benutzen.

Die latente Schmelzwärme der Elemente.

Der Übergang aus dem festen in den flüssigen Zustand ist immer mit Wärmeaufnahme verknüpft, deren Betrag von ein paar Kalorien bis hinauf zu 100 Kal. für 1 Kilogramm wechseln kann. Bestimmt wird diese latente Schmelzwärme meistens so, daß man kalorimetrisch die Wärme mißt, die die Gewichtseinheit eines geschmolzenen Elementes gerade bei der Temperatur des Schmelzpunktes abgibt, wenn es auf gewöhnliche Temperatur abgekühlt wird; von diesem Betrag wird dann noch die Wärme abgezogen, die der feste Stoff eben beim Erstarrungspunkt enthält. Diese letztere Wärmemenge finden wir am genauesten durch Extrapolation der mittleren spez. Wärme der festen Form bis hinauf um Schmelzpunkt.

Läßt man einen Tiegel mit flüssigem Metall abkühlen, so wird die Temperatur im Metall gleichmäßig sinken bis der Schmelzpunkt erreicht ist; dann bleibt sie während des Erstarrens für einige Zeit konstant, um nachher wieder gleichmäßig zu fallen. Durch Vergleich der Abkühlungsgeschwindigkeit oberhalb und unterhalb des Schmelzpunktes mit der Zeitdauer der konstanten Temperatur erhält man ein Maß für die latente Schmelzwärme im Verhältnis zur spez. Wärme der festen und flüssigen Form beim Schmelzpunkte.

Die latenten Schmelzwärmen der Elemente zeigen, wenn sie wie gewöhnlich auf die Gewichtseinheit bezogen werden, keine Regelmäßigkeit. Wenn wir aber die latente Schmelzwärme für die Atomgewichtsmenge (aus latenter Schmelzwärme für die Gewichtseinheit × Atomgewicht) berechnen, treten Regelmäßigkeiten hervor. Diese Atomschmelzwärmen sind umso größer, je höher die Schmelzpunkte der Elemente liegen, und zwar besteht zwischen beiden Größen annähernde Proportionalität. Wenn wir daher die Abhängigkeit graphisch zum Ausdruck bringen, indem wir die Schmelztemperaturen als Abszissen, die Atomschmelzwärmen als Ordinaten auftragen, so erhalten wir eine fast gerade Linie. Zahlenmäßig finden wir die Atomschmelzwärme durchschnittlich = 2,1 × absoluter Schmelztemperatur, so daß wir umgekehrt dies Verhältnis benutzen können, um die unbekannte Schmelzwärme eines Elementes abzuleiten.

Im Anschluß an diese allgemeine Regel sei noch eine zweite erwähnt, die ebenfalls vom Verf. aufgefunden wurde[1]). Diese Regel besagt daß das Produkt aus Atomschmelzwärme × linearem Ausdehnungskoeffizienten × der dritten Wurzel des Atomvolums konstant ist. Unter Atomvolum verstehen wir bekanntlich das Verhältnis $\frac{\text{Atomgewicht}}{\text{spez. Gewicht}}$. Wenn wir den linearen Ausdehnungskoeffizienten zwischen 0 und 100° benutzen, so beträgt die Konstante 0,095; wenn wir die Ausdehnung der Längeneinheit zwischen 0 und 100° einführen, 9,5.

Die Regel stimmt in befriedigender Weise für alle Elemente, deren latente Schmelzwärmen bekannt sind, und erlaubt uns umgekehrt,

---

[1]) Journal of the Franklin Institute, Mai 1897.

Schlüsse auf unbekannte latente Schmelzwärmen aus Ausdehnungskoeffizient und spez. Gewicht der Elemente zu ziehen, ähnlich wie die vorige Regel aus der Schmelztemperatur.

Die latente Verdampfungswärme der Elemente.

Diese Größe ist nur für sehr wenige Elemente bestimmt. In bezug auf den Molekularzustand in der Gasform verhalten sich die Elemente verschieden. Einige Metalloide, wie Schwefel, Phosphor, Arsen, bilden unmittelbar oberhalb des Siedepunktes Dämpfe, deren Dichte und Molekulargewichte den Formeln S_6, P_4, As_4 entsprechen. Die Metalle dagegen, z. B. Na, K, Zn, Cd, bilden, soweit die Untersuchungen reichen, einatomige Dämpfe. Für den letzteren Fall können wir auf theoretischer Grundlage folgende Regel aufstellen: Die latente Verdampfungswärme der Atomgewichtsmenge ist der absoluten Siedetemperatur unter Atmosphärendruck proportional und sie ist ungefähr gleich dem 23 fachen Betrage dieser Temperatur (oder dem 21 fachen, wenn die äußere Arbeit zur Überwindung des Atmosphärendruckes nicht mit einbegriffen ist). Mittels dieser Regel können wir die latenten Verdampfungswärmen aller Metalle schätzen, deren Siedepunkte unter Atmosphärendruck bekannt sind.

Beispiele:

Der Siedepunkt des Kohlenstoffs unter Atmosphärendruck ist 3700° C. Wenn der Dampf als einatomig angenommen wird, ergibt sich die latente Verdampfungswärme eines Atomgewichts Kohlenstoff (C = 12) zu

$$23 \cdot (3700 + 273) = 92\,080 \text{ Kal.}$$

oder 7673 Kal. für 1 kg.

Ist der Dampf zweiatomig, also aus Molekülen C_2 bestehend, dann gilt die obige Verdampfungswärme für 24 Gewichtsteile Kohlenstoff, und der Wert für 1 kg wird 3837 Kal.

Anderweitige Erwägungen aus der Thermochemie lassen den letzteren Wert als den wahrscheinlicheren erscheinen.

Der Siedepunkt des Kadmiums ist 772° und der Dampf ist einatomig. Wie groß ist die latente Verdampfungswärme? Das Atomgewicht des Cd ist 112, und die Verdampfungswärme dieser Menge ist

$$23 \cdot (772 + 273) = 24\,035 \text{ Kal.}$$

oder 215 Kal. für 1 kg.

Es sei nochmals hervorgehoben, daß die Regel den Siedepunkt unter Atmosphärendruck voraussetzt und nicht etwa irgend eine andere Temperatur, bei welcher die Spannung des Dampfes nur ein kleiner Bruchteil einer Atmosphäre ist.

Thermophysik der Elemente.

Nachdem wir so die für diese Erscheinungen geltenden Gesetze und empirischen Regeln dargelegt haben, gehen wir jetzt an die Erörterung der einzelnen Daten für die gewöhnlichen Elemente. Dabei werden wir sowohl die experimentell ermittelten Zahlen geben, als auch, wo solche nicht vorliegen, die auf den oben besprochenen Grundlagen geschätzten Werte mitteilen. Die Reihenfolge der Elemente ist die nach wachsenden Atomgewichten.

In jedem Falle ist die wirklich gemessene mittlere spez. Wärme angegeben. Bei Gasen ist darunter die mittlere spez. Wärme bei konstantem Druck verstanden. Um daraus die mittlere spez. Wärme bei konstantem Volum zu finden hat man die äußere Arbeit, in Kalorien umgerechnet, abzuziehen.

Diese beträgt 2 Kal. für 1^0 und für das Kilogrammolekül, oder 0,09 $\left(= \frac{2}{22,22}\right)$ für das Kubikmeter, oder $\frac{2}{\text{Molekulargewicht}}$ für das Kilogramm des Gases.

Um aus der für die mittlere spez. Wärme zwischen 0^0 und t gegebenen Formel die mittlere spez. Wärme zwischen irgend welchen Temperaturen t und t' zu finden, hat man (nach S. 41) nur zu beachten, daß dieser Wert gleich ist der mittleren spez. Wärme zwischen 0 und (t + t'). Wenn also Sm (0^0 bis t) = 0,303 + 0,000 027 t, so ist Sm (t bis t') = 0,303 + 0,000 027 (t + t'). — Wenn man weiter die spez. Wärme bei irgend einer bestimmten Temperatur t kennen lernen will, beachte man, daß sie gleich ist der mittleren spez. Wärme zwischen 0 und 2 t. Im obigen Beispiel ist S (bei einer beliebigen Temperatur t) = 0,303 + 0,000 027 · 2 t = 0.303 + 0,000 054 t. Im folgenden sind die gewöhnlichen Temperaturen in Centigraden mit t, die absoluten Temperaturen mit T (= 273 + t) bezeichnet

Wasserstoff.

Aus den Versuchen von Mallard und Le Chatelier folgt:

Sm (0—t) 1 kg (bis 2000^0) . . . . = 3,370 + 0,0003 t Kal.
1 cbm (bis 2000^0) . . . = 0,303 + 0,000 027 t Kal.

Für höhere Temperaturen 2000—4000^0, wie sie im elektrischen Ofen vorkommen, erhalten wir aus Versuchen von Berthelot und Vieille die Werte

Sm (0—t) 1 kg . . . . = 2,75 + 0,0008 t Kal.
1 cbm . . . . = 0,2575 + 0,000 072 t Kal.

Lithium.

Sm (26—100^0) (fest) . . . . = 0,9408 (Regnault),
Schmelzpunkt . . . . = 180^0 C,
Latente Schmelzwärme (1 kg) . = 73 Kal. (berechnet),
S (flüssig) . . . . = 0,975 Kal. (berechnet),
Siedepunkt . . . . = 500^0 (geschätzt),
Latente Verdampfungswärme . . = 2,54 Kal. (berechnet),
S (Gas) 1 kg . . . . = 0,714 „ („),
1 cbm . . . . = 0,225 „ (angenommen).

Beryllium.

Sm (fest) . . . . = 0,3756 + 0,001 06 t (Humpidge)

Bor.

Sm (fest) . . . . = 0,22 + 0,000 35 t (Weber).

Kohlenstoff.

Sm (amorph) (t unter 250^0) . . = 0,1567 + 0,000 36 t,
(250^0—1000^0) . . = 0,2142 + 0,000 166 t,
t über 1000^0. . . = $0,5 - \frac{120}{t}$.
Sm (Graphit) . . . . = annähernd wie für amorphen Kohlenstoff,
Siedepunkt . . . . = 3700^0 C,
Latente Verdampfungswärme . . = 23 T = 92 080 Kal. für 1 Kilomol,
= 3837 Kal. = für 1 kg, wenn der Dampf aus Molekülen C_2 besteht,
S (Dampf) 1 cbm . . . . = 0,27 Kal. (wenn zweiatomig)
1 kg . . . . = 0,25 „ („ „)

Stickstoff.

Sm (0—t) 1 kg (bis 2000^0) . . = 0,2405 + 0,000 021 4 t Kal.
1 cbm (bis 2000^0) . = 0,303 + 0,000 027 t „
Für Temperaturen von 2000^0—4000^0 gelten folgende Werte:
Sm (0—t) 1 kg . . . . . . = 0,2044 + 0,000 057 t Kal.
1 cbm . . . . . . = 0,2575 + 0,000 072 t „

Sauerstoff.

Sm (0—t) 1 kg (bis 2000^0) . . = 0,2104 + 0,000 018 7 t Kal.
1 cbm (bis 2000^0) . = 0,303 + 0,000 027 t „
1 kg (2000—4000^0) . = 0,1788 + 0,000 05 t „
1 cbm (2000—4000^0) = 0,2575 + 0,000 072 t „

Natrium.

Sm (— 38 bis + 10°) . . . . . = 0,293 (Regnault),
(0—t) (fest) . . . . = 0,2932 + 0,000 19 t (Bernini),
Schmelzpunkt . . . . = 96,5° C,
Latente Schmelzwärme . . . . = 31,7 Kal. (Johannis)
= 730 Kal. für 1 Kilomol,
S (flüssig) 98—100° . . . . . . = 0,333 (Bernini),
Siedepunkt . . . . = 742° C,
Latente Verdampfungswärme . . = 23 T = 23 345 für 1 kg-Atom,
= 1,015 Kal. für 1 kg,
S (Dampf) 1 kg . . . . = 0,2174 Kal. (berechnet),
1 cbm . . . . = 0,225 „

Magnesium.

Sm (fest) 22—98° . . . . = 0,25 (Regnault),
Schmelzpunkt . . . . = 750° C (annähernd),
Latente Schmelzwärme . . . . = 58 Kal. (berechnet),
Siedepunkt . . . . = 1100° C (Ditte),
Latente Verdampfungswärme . . = 31 580 Kal. für 1 kg-Atom,
= 1315 Kal. für 1 kg,
S (Dampf) 1 cbm . . . . = 0,225 Kal. } Dampf einatomig.
1 kg . . . . = 2084 Kal. }

Aluminium.

Sm (0—t) (fest) . . . . = 0,2220 + 0,000 05 t (Richards),
Schmelzpunkt . . . . = 625°,
Wärme im festen Metall bei 625° = 158,3 Kal. (Richards),
Wärme im flüssigen Metall bei 625° = 258,3 „ („),
Latente Schmelzwärme . . . . = 100 „ („),
S flüssig (konstant bis 800°) . . . = 0,308 (Pionchon),
Siedepunkt . . . . = 2300° (geschätzt),
Latente Verdampfungswärme . . = 61 480 Kal. für 1 kg-Atom
(Al = 27) (berechnet)
= 2277 Kal. für 1 kg,
S (Dampf) 1 cbm . . . . = 0,225 Kal.
1 kg . . . . = 0,1852 „

Silizium.

Sm (0—t) (fest) . . bis 234° . . = 0,17 + 0,000 09 t (Weber),
Schmelzpunkt . . . . = 1430° (Elihu Thompson),
Latente Schmelzwärme . . . . = 3576 Kal. für 1 kg-Atom (Si=28)
(berechnet),
= 127,7 Kal. für 1 kg

Siedepunkt	= 2800° (geschätzt),
Latente Verdampfungswärme . .	= 70 680 Kal. für Si = 28 (berechn.)
	= 2524 Kal für 1 kg (Dampf einatomig)
	= 1262 Kal. für 1 kg (Dampf zweiatomig),
S (Dampf) 1 cbm	= 0,225 Kal. (Dampf = Si),
1 cbm	= 0,205 „ (Dampf = Si_2),
1 kg	= 0,107 „ (Dampf = Si_2).

Phosphor.

Sm (fest) (— 20 bis + 7°) . . .	= 0,1788,
Schmelzpunkt	= 44°,
Latente Schmelzwärme . . .	= 156 Kal. für P = 31
	= 5,03 Kal. für 1 kg,
S (flüssig) (44—51°)	= 0,2045,
Siedepunkt	= 287°,
Latente Verdampfungswärme . .	= 23 T = 12 880 Kal für 1 Molekül = P_4
	= 104 Kal. für 1 kg,
S (Dampf) 1 cbm	= 0,36 Kal. (geschätzt),
1 kg	= 0 064 Kal. (geschätzt).

Schwefel.

Sm (fest) (15—97°)	= 0,1844 (Regnault),
Schmelzpunkt	= 114°,
Latente Schmelzwärme	= 9,37 Kal. (Person),
S (flüssig) (119—147°)	= 0,2346 („),
Siedepunkt	= 444,5°,
Latente Verdampfungswärme . .	= 72 Kal. für 1 kg
	= 13 825 Kal. für S_6 = 192,
S (Dampf) 1 cbm	= 0,50 für S_6 bis 500°,
1 cbm	= 0,315 für S_2 oberhalb 800°.

Chlor.

Sm (Gas) 13—202° (b. konstantem Druck):

1 kg	= 0,1241 Kal. (Regnault),
1 cbm	= 0,40 „

Kalium.

Sm (fest) (— 78 bis + 23°) . . .	= 0,1602 (Schuz),
(fest) 0—t	= 0,1858 + 0,000 08 t (Bernini),
Schmelzpunkt	= 58°,

Latente Schmelzwärme . . . . = 15,7 Kal (Johannis)
= 612 Kal. für K = 39,
Sm (flüssig) 58—98° . . . . = 0,25 (Johannis)
= 0,2137 (Bernini),
Siedepunkt . . . . = 730° (Carnelley u. Williams),
Latente Verdampfungswärme . . = 23 T = 23 069 Kal. für K = 39
= 592 Kal. für 1 kg (berechnet),
S (Dampf) 1 cbm . . . . = 0,225 Kal. (angenommen),
1 kg . . . . = 0,128 „

Kalzium.

Sm (fest) (0—100°) . . . . = 0,1704 (Bunsen),
Schmelzpunkt . . . . = 780°,
Latente Schmelzwärme . . . . = 2,1 T = 2106 Kal. für Ca = 40
= 52,6 Kal. für 1 kg.

Titan.

Sm (fest) (0—400°) . . . . = 0,0978 + 0,000 147 t (Nilson und Pettersson).

Vanadium.

Sm (fest) (0—100°) . . . . = 6,4 für V = 51 (angenommen)
= 0,125 Kal. für 1 kg.

Chrom.

Sm (15—60°) . . . . = 0,100 (Kopp) (unsicher),
(0—t°) (bis 600°). . . . . . . = 0,1039 + 0,000 000 08 t (Adler).

Mangan.

Sm (14°—97°) . . . . = 0,1217 (Regnault) (unsicher).

Eisen.

Die Bestimmungen Pionchons an dem weichen Eisen von „Berry“ sind die besten.

Sm 0—t (bis 660°) . . . . = 0,110 12 + 0,000 025 t
+ 0,000 000 054 7 t²,
Latente Wärme der Zustandsän derung . . . . = 5,3 Kal. (wird zwischen 660° und 720° aufgenommen),
Sm (0—t) 720°—1000° . . . . . = $0{,}218 - \frac{39}{t}$,
Latente Wärme der Zustandsänderung . . . . = 6,0 Kal. (wird zwischen 1000° und 1050° aufgenommen),

Sm (0—t) (1050°—1160°) . . . . $= 0{,}198\,87 - \frac{22 \cdot 44}{t}$,
Schmelzpunkt . . . . = 1600° [1]) (Roberts - Austen),
Latente Schmelzwärme . . . . = 70 Kal. (berechnet aus 2,1 T)
= 69 „ (berechnet nach der zweiten Regel),
Wärme im festen Eisen beim Schmelzpunkt . . . . = 300 Kal. (berechnet),
Wärme im flüssigen Eisen beim Schmelzpunkt . . . . = 370 „ („),
S (flüssig)[2]) . . . . = 0,22 (geschätzt).

Nickel.

Pionchon erhielt folgende Werte:
Sm 0—t bis 230° . . . . $= 0{,}10\,836 + 0{,}000\,022\,33\ t$,
Latente Wärme der Zustandsänderung . . . . = 4,64 Kal. (wird zwischen 230° und 400° aufgenommen),
Sm (0—t) (440°—1050°) . . . . $= 0{,}099 + 0{,}000\,033\,75\ t + \frac{6{,}55}{t}$,
Schmelzpunkt . . . . = 1450°,
Latente Schmelzwärme . . . . = 62 Kal. (berechnet aus 2,1 T),
= 68 „ (berechnet aus der zweiten Regel).

Kobalt.

Sm (0—t) (bis 900°) . . . . $= 0{,}105\,84 + 0{,}000\,022\,87\ t + 0{,}000\,000\,022\ t^2$ (Pionchon)

[1]) Durch neuere Untersuchungen sind einige der oben angegebenen Zahlen anders bestimmt worden. Zunächst liegt der Schmelzpunkt des reinen Eisens als Mittel aus Bestimmungen verschiedener Forscher bei 1505° (Carpenter, Metall. 1908, S. 679). Die latente Schmelzwärme hat Brisker (Metall. 1908, S. 183) zu 31,646 g/cal berechnet. Oberhoffer und Mauthen haben (Metall. 1908, S. 173) die spez. Wärme des Eisens zwischen 0° und 650° bestimmt. Sie beträgt für Eisen mit

0 % C	. . .	0,1432
0,5 „ „	. . .	0,1443
1,0 „ „	. . .	0,1454
1,5 „ „	. . .	0,1465
2,0 „ „	. . .	0,1476
2,5 „ „	. . .	0,1487
3,0 „ „	. . .	0,1498
3,5 „ „	. . .	0,1509

Die Übersetzer.

[2]) Einige weitere neuere Bestimmungen finden sich am Schlusse dieses Kapitels (S. 89).

Sm (0—t) (über 900°) . . . . = $0{,}124 + 0{,}000\,04\,t - \frac{14{,}8}{t}$
(Pionchon),
Latente Schmelzwärme . . . = 68 Kal. (berechnet).

Kupfer.

Sm (0—t) . . . . = 0,0939 + 0,000 017 78 t
(Frazier u. Richards),
Schmelzpunkt . . . . = 1085°,
Wärme im flüssigen Kupfer beim
Schmelzpunkt . . . . = 162 Kal. (Frazier u. Richards),
Latente Schmelzwärme . . . . = 43,3 „
= 44,8 „ (berechnet aus 2,1 T)
= 46,2 „ (berechnet nach der zweiten Regel)
S (flüssig) . . . . = 0,133, für 1 kg (geschätzt),
Siedepunkt . . . . = 2100° Féry),
Latente Verdampfungswärme . . = 23 T = 2373 · 23 = 54 579 Kal. für Cu = 63,6,
= 858 Kal. für 1 kg.

Zink.

Sm 0—t . . . . = 0,0906 + 0,000·044 t,
Schmelzpunkt . . . . = 420°,
Wärme im festen Zink beim
Schmelzpunkt . . . . = 45,2 Kal.
Wärme im flüssigen Zink beim
Schmelzpunkt . . . . = 67,8 „ (Person),
Latente Schmelzwärme . . . = 22,6 „ (beobachtet),
= 22,4 „ (berechnet aus 2,1 T)
= 24,6 „ (berechnet nach der zweiten Regel),
S (flüssig) . . . . = 0,1275 (berechnet aus spez. Wärme vor dem Schmelzen),
Siedepunkt . . . . = 930°,
Latente Verdampfungswärme . . = 23 T = 27 670 Kal. für Zn = 65,
= 425 Kal. für 1 kg,
S (Dampf) 1 cbm . . . . = 0,225 Kal. (angenommen),
1 kg . . . . = 0,076 Kal.

Gallium.

Sm (12°—23°) . . . . = 0,079 (Bettendorf),
Schmelzpunkt . . . . = 30°,
Latente Schmelzwärme . . . . = 19,1 Kal. (Berthelot),
Sm (flüssig) (30°—119°) . . . . = 0,0802 Kal. (Berthelot).

Arsen.

Sm (amorph) (21^0-65^0) . . . . = 0,0758 (Bettendorf u. Wüllner),
Sm (kristallisiert) (21^0-65^0) . . = 0,083 („ „),
Sublimationstemperatur . . . . = 450^0 Dampf = As_4,
Latente Sublimationswärme . . = 25 T = 18 075 Kal. für As_4 = 300
= 60 Kal. für 1 kg.

Selen.

Sm (60^0-250^0) . . . . = 0,084 (Bettendorf u. Wüllner),
Schmelzpunkt . . . . = 125^0,
Latente Schmelzwärme . . . . = 13 Kal. für 1 kg (berechnet nach der zweiten Regel),
Siedepunkt . . . . = 690^0 (Berthelot),
Latente Verdampfungswärme . . = 22 150 (berechnet für Se_2 = 158)
= 140 Kal. für 1 kg.

Brom.

Sm (fest) (-10^0 bis -77^0) . = 0,0843 (Regnault),
Schmelzpunkt . . . . = -7^0,
Latente Schmelzwärme . . . . = 16,2 Kal. (Regnault),
Sm (flüssig) (-6^0 bis $+58^0$) . . = 0,105 + 0,0011 t,
Siedepunkt . . . . = 58^0,
Latente Verdampfungswärme . . = 43,75 Kal. (Berthelot u. Gier),
S (Dampf) 1 kg . . . . = 0,0555 „
1 cbm . . . . = 0,80 „

Strontium.

Sm (fest) (0^0-100^0 . . . . . . = 6,4 Kal. für Sr = 87 (angenomm.)
= 0,0735 Kal. für 1 kg,
Schmelzpunkt . . . . = helle Rotglut.

Zirkon.

Sm (0^0-100^0) . . . . = 0,0662 (Mixter u. Dana).

Niob.

Sm (0^0-100^0) . . . . = 6,4 Kal. für Nb = 94 (angenomm.),
= 0,068 Kal. für 1 kg,
Schmelzpunkt nicht bekannt.

Molybdän.

Sm (5^0-15^0) . . . . = 0,0659 Kal (De la Rive u. Marcet).

Palladium.

Sm (0—t) . . . . = 0,0582 + 0,000 01 t (Violle),
Schmelzpunkt . . . . = 1500°,
Wärme im festen Metall beim
Schmelzpunkt . . . . = 109,8 Kal. (Violle),
Wärme im flüssigen Metall beim
Schmelzpunkt . . . . = 14 1 „ („),
Latente Schmelzwärme . . . . = 36,3 „ für 1 kg (beobachtet)
= 36,1 „ (berechnet nach der zweiten Regel).

Silber.

Sm (0—t) (bis 400°) . . . . . . = 0,0555 + 0,000 009 43 t,
(oberhalb 400°) . . . = 0,057 58 + 0,000 004 4 t + 0,000 000 006 t^2 (Pionchon)
Schmelzpunkt . . . . = 962°,
Wärme im festen Metall beim
Schmelzpunkt . . . . = 64,8 Kal. (Pionchon),
Wärme im flüssigen Metall beim
Schmelzpunkt . . . . = 89,15 „ („),
Latente Schmelzwärme . . . . = 24,35 Kal. (Pionchon),
= 23,5 Kal. (berechnet nach der zweiten Regel,
S (flüssig) (962°—1020°) . . . . = 0,0748 Kal. (Pionchon),
= 0,0782 (berechnet aus S (fest) beim Schmelzpunkt,
Siedepunkt (annähernd) . . . . = 1600° (V. Meyer),
Latente Verdampfungswärme 23 T = 43 080 Kal. für Ag = 108
= 397 Kal. für 1 kg,
S (Dampf) 1 cbm . . . . = 0,225 Kal. (Dampf einatomig angenommen),
1 kg . . . . = 0,046 Kal.

Kadmium.

Sm (0—t) . . . . = 0,0546 + 0,000 012 t (Naccari),
Schmelzpunkt . . . . = 321,7°,
Wärme im festen Metall beim
Schmelzpunkt . . . . = 18,81 Kal. (Naccari),
Wärme im flüssigen Metall beim
Schmelzpunkt . . . . = 31,83 Kal. (Person),
Latente Schmelzwärme . . . . = 13,02 Kal. pro Kilogramm,
S (flüssig) . . . . = 0,0623 Kal. (berechnet aus S (fest) beim Schmelzpunkt,

Siedepunkt . . . . = 778° (Berthelot),
Wärme im flüssigen Metall beim
Siedepunkt . . . . = 50,26 Kal. (berechnet),
Latente Verdampfungswärme . . = 23 T = 24 173 Kal. für Cd = 112,
= 216 Kal. für 1 kg,
S (Dampf) 1 cbm . . . . = 0,225 Kal. (angenommen),
1 kg . . . . = 0,0446 Kal.

Zinn.

Sm (0—t) . . . . = 0,0560 + 0,000 044 t (Bede u. Regnault),
Wärme im festen Metall beim
Schmelzpunkt . . . . = 14,34 Kal. (aus obiger Formel),
Wärme im flüssigen Metall beim
Schmelzpunkt . . . . = 28,16 ,, (Richards),
Latente Schmelzwärme . . . . = 13,82 ,, für 1 Kilogramm
. = 13,7 ,, (berechnet nach Reg. 2),
Sm (0—t) (232°—1000°) . . . . = 0,061 29 — 0,000 010 474 t

$$+ 0{,}000\,000\,010\,345\, t^2 + \frac{14{,}37}{t}$$

(Pionchon),
S (flüssig) (250°—340°) . . . . . = 0,0637 (Person),
Siedepunkt (annähernd) . . . . = 1550° (Carnelly),
Wärme im flüssigen Metall beim
Siedepunkt . . . . = 159 Kal. (Pionchons Formel),
Latente Verdampfungswärme . . = 23 T = 31 930 Kal. für Sn = 118
= 271 Kal. für 1 kg,
S (Dampf) 1 cbm . . . . = 0,225 Kal. (angenommen),
1 kg . . . . = 0,0424 Kal.

Antimon.

Sm (0—t) . . . . = 0,048 64 + 0,000 008 4 t (Naccari),
Schmelzpunkt . . . . = 632°,
Wärme im festen Metall beim
Schmelzpunkt . . . . = 34,1 Kal. (nach obiger Formel),
Wärme im flüssigen Metall beim
Schmelzpunkt . . . . = 74,3 ,, (Richards),
Latente Schmelzwärme . . . . = 40,2 ,, für 1 kg (Richards)
= 15,8 ,, (berechnet aus 2,1 T)
= 16,0 ,, (berechnet nach der zweiten Regel).

Der Unterschied zwischen der experimentell ermittelten und der berechneten Schmelzwärme ist überaus groß. Ein Fehler in der Bestimmung könnte entweder darauf zurückzuführen sein, daß der Verf. einen zu großen Wert für die Wärme im flüssigen Metall erhalten hat, oder daß Naccaris Bestimmung der Wärme im festen Metall zu niedrig ausgefallen ist. Indessen hat Verf. später den Wert von Naccari bestätigen können Die Anomalie bleibt also bestehen. Möglicherweise wird das erhitzte Metall im Kalorimeter vom Wasser oxydiert.

S (flüssig) (632°–830°) . . . . . = 0,0605 (Richards),
Siedepunkt . . . . = 1600° (Biltz u. V. Meyer),
Wärme im flüssigen Metall beim
Siedepunkt . . . . = 131,4 (berechnet),
Latente Verdampfungswärme . = 23 T = 43 080 Kal. für Sb = 120
= 359 Kal. für 1 kg,
S (Dampf) 1 cbm . . . . = 0,225 Kal. (Dampf einatomig angenommen),
1 kg . . . . = 0,0416 Kal.

Tellur.

Sm (fest) (15°–100°). . . . . . = 0,0525 Kal. (Fabre),
Schmelzpunkt . . . . = 455° (Richards),
Wärme im festen Tellur beim
Schmelzpunkt . . . . = 27,3 Kal. (Richards),
Wärme im flüssigen Tellur beim
Schmelzpunkt . . . . = 46,3 „ („),
Latente Schmelzwärme . . . . = 19,0 „ („),
= 17,0 „ (berechnet nach der zweiten Regel).

Jod.

Sm (fest) (9°–98°). . . . . . . = 0,054 12 (Regnault),
Schmelzpunkt . . . . = 114°,
Latente Schmelzwärme . . . . = 11,7 Kal. (Person),
Siedepunkt . . . . = 183°,
Latente Verdampfungswärme . . = 23,95 Kal. für 1 kg (Fabre u. Silbermann),
S (Dampf) 1 kg . . . . = 0,034 89 (für J_2 unter konst. Druck
1 cbm . . . . = 0,4088,
S (Dampf) (über 1200°) 1 kg . . = 0,0394 (für J),
1 cbm . . = 0,225,
Latente Wärme der Dissoziation
$J_2 = 2\,J$ . . . . = 7240 Kal. für $J_2 = 254$,
= 28,5 „ für 1 kg Dampf.

Baryum

Sm (0°—100°) . . . . = 0,05 (Mendelejew).

Tantal.

Sm (0°—100°) . . . . = 6,4 für Ta = 183
= 0,035 Kal. für 1 kg.

Wolfram.

Sm (6°—15°). . . . . = 0,035 Kal. für 1 kg (De la Rive u. Marcet).

Iridium.

Sm (0—t) . . . . = 0,0317 + 0,000 006 t (Violle),
Schmelzpunkt . . . . = 1950° (Violle),
Latente Schmelzwärme . . . . . = 2,1 T = 4668 Kal. für Ir = 193
= 24,2 Kal. für 1 kg,
= 28,0 „ (berechnet nach der zweiten Regel),
S (flüssig) . . . . = 0,055 (berechnet aus S (fest) beim Schmelzpunkt).

Platin.

Sm (0—t) . . . . = 0,0317 + 0,000 006 t (Violle),
Schmelzpunkt . . . . = 1775° (Violle),
Wärme im festen Metall beim Schmelzpunkt . . . . = 75,2 Kal. für 1 kg (Violle),
Wärme im flüssigen Metall beim Schmelzpunkt . . . . = 102,4 „ „ „ „
Latente Schmelzwärme . . . . = 27,2 „ „ „ „
= 26,3 „ (berechnet nach der zweiten Regel),
S (flüssig) . . . . = 0,053 Kal. (berechnet aus S (fest) beim Schmelzpunkt).

Gold.

S (0°—600°) . . . . = 0,0316 konstant (Violle),
Wärme im festen Metall bei 600°
600 · 0,0316 . . . . = 18,96,
Sm (0—t) (600° bis Schmelzpunkt) = $0{,}0289 + 0{,}000\,004\,5\,t + \frac{18{,}96}{t}$ (Violle),
Wärme im festen Metall beim Schmelzpunkt . . . . = 34,63 Kal. (nach obiger Formel),

Wärme im flüssigen Metall beim Schmelzpunkt . . . . = 50,93 Kal. (Roberts-Austen),
Latente Schmelzwärme . . . . = 16,3 „ für 1 kg
= 15,5 „ (berechnet nach der zweiten Regel)
= 14,4 Kal. (berechnet nach der ersten Regel),
S (flüssig) . . . . = 0,0358 Kal. (berechnet aus S (fest) beim Schmelzpunkt).

Quecksilber.

S (fest) (bei -59^0) . . . . = 0,0319 (Regnault),
Sm (flüssig) (-36 bis 0^0) . . . = 0,0333 (Pettersson),
Sm $(0-t)$ (0^0 bis 250^0) . . . . . = $0{,}033\,37 - 0{,}000\,002\,75\,t$, $+ 0{,}000\,000\,066\,7\,t^2$ (Naccari),
Schmelzpunkt . . . . = -40^0,
Latente Schmelzwärme . . . . = 2,84 Kal. für 1 kg (Person),
Siedepunkt . . . . = 356^0,
Latente Verdampfungswärme . . = 67,8 Kal. für 1 kg (Kurbatoff)
= 72,5 Kal. (berechnet aus 23 T),
S (Dampf) 1 cbm . . . . = 0,225 Kal.
1 kg . . . . = 0,025 „

Thallium.

Sm (17^0-100^0) . . . . = 0,033 55 (Regnault),
Schmelzpunkt . . . . = 290^0,
Latente Schmelzwärme . . . . = 2,1 T = 1182 Kal. für Tl = 204
= 5,8 Kal. für 1 kg
= 5,8 Kal. für 1 kg (berechnet nach der zweiten Regel),
Siedepunkt (annähernd) . . . . = 1700^0 (Biltz u. V. Meyer),
Latente Verdampfungswärme . . = 23 T = 45 380 Kal. für Tl = 204
= 222,4 Kal. für 1 kg,
S (Dampf) 1 cbm . . . . = 0,225 Kal. (wenn einatomig),
1 kg . . . . = 0,024 „

Blei.

Sm $(0-t)$ . . . . = $0{,}029\,25 + 0{,}000\,019\,t$ (Bede u. Regnault),
Schmelzpunkt . . . . = 326^0,
Wärme im festen Metall beim Schmelzpunkt . . . . = 11,6 Kal. (nach obiger Formel)
= 11,6 „ (beobacht. Le Verrier),

Wärme im flüssigen Metall beim
Schmelzpunkt . . . . = 15,6 Kal. (Person),
Latente Schmelzwärme . . . . = 4,0 „
S (flüssig) (335^0-430^0) . . . . . . = 0,0402 Kal. (Person),
= 0,0418 „ (berechnet aus S (fest) beim Schmelzpunkt).

Wismut.

Sm (0—t) . . . . = 0,0285 + 0,000 02 t (Bede u. Regnault),
Schmelzpunkt . . . . = 267^0,
Wärme im festen Metall beim
Schmelzpunkt . . . . = 9,0 Kal. (aus obiger Formel),
Wärme im flüssigen Metall beim
Schmelzpunkt . . . . = 21,0 „ (Person),
Latente Schmelzwärme . . . . = 12,0 „ („),
Sm (flüssig) (280^0-360^0) . . . . = 0,0363 Kal. (Person).

Thorium.

Sm (0^0-100^0) . . . . = 0,0276 (Nilson),

Uran.

Sm (0^0-100^0) . . . . = 0,028 (Blümcke).

Ehe wir die obigen thermophysikalischen Daten der Elemente noch durch die entsprechenden der Legierungen und Verbindungen ergänzen, wird es zweckmäßig sein, auf einige einfache Anwendungen des schon gegebenen Tatsachenmaterials hinzuweisen. Als Beispiele können die Operationen dienen, bei denen Metalle geschmolzen oder verflüchtigt werden. Zunächst empfiehlt es sich aber, mit einigen Worten klarzustellen, was unter Nutzeffekt oder Wirkungsgrad eines Ofens (Schmelzapparates) zu verstehen ist.

Absoluter und relativer Nutzeffekt von Öfen.

Je nach dem Zweck der Erhitzung können wir zweierlei unterscheiden. Entweder soll die Erhitzung nur dazu dienen, eine bestimmte Temperatur während einer bestimmten Zeit aufrecht zu erhalten, oder aber der Zweck der Erhitzung ist, eine bestimmte, in Kalorien meßbare thermische Arbeit zu leisten. In beiden Fällen ist der Nutzeffekt umso höher, mit je weniger Brennstoff man auskommen kann. Im ersten Falle lassen sich jedoch nur Vergleiche ziehen zwischen verschiedenen Öfen in bezug auf den Brennstoffverbrauch für eine gegebene Leistung; der Nutzeffekt, den wir ermitteln, ist also ein relativer. Im zweiten Falle, wo die Erhitzung bestimmte physikalische oder chemische Änderungen hervorruft und thermische Arbeit leistet, läßt sich auch ein absoluter Nutzeffekt berechnen.

Wenn wir ein Metall schmelzen wollen, um Guß daraus herzustellen, müssen wir ihm eine bestimmte Wärmemenge einverleiben; das Verhältnis zwischen dem Wärmevorrat in dem fertig geschmolzenen Metall und dem theoretischen Heizwert des für die Schmelzung aufgewendeten Brennstoffes ist der Nutzeffekt. Bei einem elektrischen Ofen haben wir anstatt des theoretischen Heizwertes den theoretischen Wärmewert der zugeführten elektrischen Energie zu setzen. Wenn neben der Erhitzung auch noch mit Wärmeverbrauch verknüpfte chemische Reaktionen stattfinden, ist dieser Betrag ebenfalls als ausgenutzte Wärme einzusetzen. Beim Hochofen, der aus Eisenerz flüssiges Roheisen liefert, ist der für den Nutzeffekt maßgebende Betrag die Summe der zur chemischen Zerlegung des Eisenoxydes nötigen und der im flüssigen Roheisen enthaltenen Wärme.

Im Gegensatz zu diesen Fällen stehen die Fälle, in denen nur von einem relativen Nutzeffekt die Rede sein kann, indem praktisch die gesamte erzeugte Wärme durch Leitung und Strahlung verloren geht, oder in denen sie als nicht nutzbare Wärme mit den Abgasen den Ofen verläßt. Dies trifft immer zu, wenn eine gegebene Temperatur eine bestimmte Zeit hindurch dauernd aufrecht zu erhalten ist, wenn also die Zeit als maßgebender Faktor auftritt, ohne daß ein bestimmter Betrag an thermischer Arbeit zu leisten ist. Die Beispiele sind zahlreich: ein Glühofen, in dem Stahlguß einen oder zwei Tage lang auf Rotglut gehalten wird, ein Ziegeleiofen, der ein langsames Brennen viele Tage hindurch erfordert, oder ein Puddelofen, in welchem Eisen eine oder zwei Stunden lang im Schmelzen gehalten werden muß, damit die Verunreinigungen sich oxydieren. In solchen Fällen können wir zwar sagen, daß der eine Ofen seinen Inhalt während einer bestimmten Zeit mit so und soviel Brennstoff auf der richtigen Temperatur erhält, während ein anderer Ofen dasselbe leistet mit 10 oder 25 % weniger Brennstoff und deshalb einen um 10 oder 25 % höheren Nutzeffekt hat; aber es ist einleuchtend, daß von einem absoluten Nutzeffekt nicht gesprochen werden kann, eben weil der Ofen keine bestimmte, in Kalorien meßbare Erhitzungsarbeit leistet, die mit dem Heizwert des Brennstoffes verglichen werden könnte.

In vielen Fällen haben wir gleichzeitig mit beiden Arten von Nutzeffekt zu tun und können dann für einen Teil der Operation den absoluten Nutzeffekt herausrechnen. Wenn z. B. 50 t Guß kalt in den Glühofen gesetzt und im Laufe von 24 Stunden auf die gewünschte Glühhitze gebracht werden, dann ist für diesen Teil der Erhitzung der absolute Nutzeffekt gleich der vom Guß aufgenommenen Wärme, verglichen mit dem Heizwert des während dieser Zeit verbrauchten Brennstoffs. Für den zweiten Teil der Operation, wo die einmal erreichte Temperatur einfach aufrecht erhalten wird, kann nur von einem relativen Nutzeffekt gesprochen werden, im Vergleich zu irgend einem anderen Ofen, der dasselbe leistet.

Übungsbeispiel 6.

Die Rockwall Engeneering Co. gibt an, daß in ihrem Regenerativofen mit Ölfeuerung 45 kg Kupfer mit weniger als 5,7 l Ölverbrauch geschmolzen werden können.

Aufgabe:

Wenn wir den Verbrauch genau mit 5,7 l einsetzen und weiter annehmen, daß das Kupfer von 25° C Anfangstemperatur auf 100° oberhalb des Schmelzpunktes erhitzt wird, wie hoch ist dann der (absolute) Nutzeffekt des Ofens?

Lösung:

5,7 l Öl wiegen durchschnittlich 5,1 kg, und der Heizwert ist 11 000 Kal. für 1 kg. Die durch die Verbrennung von 5,1 kg Öl erzeugte Wärme ist 11 000 · 5,1 = 56 100 Kal. Die im fertig geschmolzenen Kupfer enthaltene Wärme läßt sich unter Benutzung der vorstehenden Daten folgendermaßen berechnen:

Wärme in 1 kg flüssigem Kupfer beim Schmelzpunkt .	162	Kal.
Wärme in 1 kg Kupfer (fest) bei 25° $= 0{,}0939 \cdot 25 + 0{,}000\,017\,78 \cdot (25)^2$	2,36	„
Um 1 kg Kupfer zu schmelzen, sind als nötig	159,64	„
Zur Überhitzung von 1 kg Kupfer um 100° $0{,}133 \cdot 100$	13,3	„
Im ganzen braucht man für 1 kg Kupfer	172,94	„

oder für 45 kg 45 173 = 7785 Kal.

Der Nutzeffekt des Ofens ist $\frac{7785}{56\,100} = 0{,}14 = 14\,\%$.

Obwohl dieser Nutzeffekt niedrig erscheinen mag, ist er doch erheblich besser als der, welchen man in einfachen Schmelzgruben oder in Windöfen erreicht. Die Rechnung zeigt indessen, daß selbst bei den verhältnismäßig besten metallurgischen Öfen noch ein sehr weiter Spielraum für weitere Verbesserungen übrig bleibt.

Übungsbeispiel 7.

Bei der Destillation von Silberamalgam aus eisernen Retorten werden 1000 kg Amalgam, die 200 kg Silber enthalten, mit einem Brennstoffverbrauch von 550 kg Holz durchgesetzt. Die Quecksilberdämpfe gegen durchschnittlich bei 450° über, und am Schluß der Operation wird das Silber auf 800° erhitzt, um die letzten Anteile Quecksilber auszutreiben. Der Heizwert des Holzes wird zu 3000 Kal. angenommen.

Aufgabe:

Der Nutzeffekt des Ofens ist zu berechnen.

Lösung:

Der Gesamtheizwert des Holzes ist $3000 \cdot 550 = 1\,650\,000$ Kal. Die im Ofen ausgenutzte Wärme setzt sich zusammen aus 1.) der zur Zerlegung des Amalgams nötigen Wärme, 2.) der im Quecksilberdampf von 450° enthaltenen und 3.) der im Silberrückstand von 800° vorhandenen Wärme; sie läßt sich wie folgt berechnen:

Zur Zerlegung des Silberamalgams sind für 108 kg Silber 2470 Kal. nötig, folglich für 200 kg Silber $200 \cdot \frac{2470}{108} = 200 \cdot 22{,}9 = 4580$ Kal.

Die Wärme im Silberrückstand, 200 kg, bei 800° ist nach Pionchons Formel $= 800\,[0{,}057\,58 + 0{,}000\,004\,4\,(800) + 0{,}000\,000\,006\,(800)^2] \cdot 200 = 10\,390$ Kal.

Die Wärme in 800 kg Quecksilberdampf von 450° ist:

a) Wärme im flüssigen Quecksilber beim Siedepunkt nach der Formel von Naccari
$356\,[0{,}033\,37 - 0{,}000\,002\,75\,(356) + 0{,}000\,000\,066\,7\,(356)^2]\,800$ . . . $= 14\,699$ Kal.

b) Verdampfungswärme: $67{,}8 \cdot 800$ . . . . $= 54\,240$ „

c) Zur Überhitzung des Quecksilberdampfes von 356 auf 450°: $0{,}025\,(450-356)\,(800)$ . . . . . $= 1\,880$ „

Gesamtwärme im Quecksilberdampf $= 70\,819$ Kal.

Die ausgenutzte Wärme wird also

Zur Zerlegung des Amalgams	=	4 580 Kal.
Im Quecksilberdampf	=	70 819 „
Im Silberrückstand	=	10 390 „
Summe	=	85 789 Kal.

Der Nutzeffekt des Ofens $= \frac{85\,789}{1\,650\,000} = 0{,}052 = 5{,}2\,\%$.

Übungsbeispiel 8.

In einer Zinkhütte, wo unreines Zink durch Umdestillieren aus feuerfesten Tonretorten raffiniert wird, liefert eine Retortenreihe 970 kg Zink bei einem Verbrauch von 912 kg Anthrazit-Kohlenklein. Wir nehmen an, daß die Zinkdämpfe die Muffeln mit einer Temperatur von 930° (Siedepunkt des Zinkes) verlassen.

Aufgabe:

Zu berechnen sind:

1) Der Nutzeffekt des Ofens.
2) Die elektrische Energie in PS-Stunden, die für dieselbe Leistung nötig sein würde, wenn der Nutzeffekt des elektrischen Ofens zu 75 % veranschlagt wird.

Lösung:

1) Der Heizwert des Anthrazitkleins wird zu 7850 Kal. angenommen. Die gesamte entwickelte Wärme bei der Verbrennung $= 7850 \cdot 912 = 7\,159\,200$ Kal. Die Wärme in 1 kg Zink in Dampfform beim Siedepunkt ist:

a) Wärme im festen Zink beim Schmelzpunkt (420°)	= 45,2 Kal.
b) Latente Schmelzwärme	= 22,6 „
c) Wärme im flüssigen Zink bis hinauf zum Siedepunkt = 0,1275 (930 — 420)	= 65,0 „
d) Latente Verdampfungswärme	= 425,0 „
Zusammen	= 557,8 Kal.

Für 970 kg Zink sind nötig $557{,}8 \cdot 970 = 541\,066$ Kal. Der Nutzeffekt des Ofens $= \frac{541\,066}{7\,159\,200} = 0{,}076 = 7{,}6\,\%$.

2) Die elektrische PS-Stunde = 636 Kal. oder bei einem Nutzeffekt des elektrischen Ofens von 75 % $636 \cdot 0{,}75 = 477$ Kal. Zur Destillation von 970 kg Zink ist an elektrischer Energie aufzuwenden

$$\frac{541\,066}{477} = 1134 \text{ Ps-Stunden.}$$

Um die Wirtschaftlichkeit beider Erhitzungsarten zu vergleichen, müssen wir noch folgende Überschlagsrechnung anstellen:

Für die Tonne = 1000 kg Zink ist an elektrischer Energie nötig $\frac{1134}{0{,}970} = 1169$ PS-Stunden. Wenn wir den Preis des PS-Jahres $= 8760$ PS-Stunden $= 80$ M. annehmen, werden die Kraftkosten für 1 t Zink $= \frac{80 \cdot 1169}{8760} = 10{,}68$ M.

Für die Tonne Zink ist an Anthrazitklein nötig $\frac{912}{0{,}970} = 940$ kg.

Die elektrische Energie, die eine Tonne Kohle ersetzen könnte, würde nach unseren Annahmen kosten:

$$\frac{10{,}68}{0{,}940} = 11{,}36 \text{ M.}$$

Diesen Beispielen könnten noch viele andere angereiht werden; aber das Gesagte wird genügen, um die Anwendungsweise der thermophysikalischen Daten der Elemente zu technischen Berechnungen zu zeigen.

Wenn man mit den gewöhnlichsten metallurgischen Operationen wie Schmelzen und Destillieren von Metallen vertraut ist, wird man oft mit Erstaunen bemerken, wie wenig Aufmerksamkeit dem wirklichen Nutzeffekt der Öfen geschenkt wird, und auch wie gering die Kenntnisse in dieser Beziehung sind. Der Praktiker schmilzt vielleicht 100 kg Metall mittels 150 kg Kohle. Er baut einen neuen Ofen und findet, daß er jetzt dasselbe schon mit 100 kg Koks erreicht, wobei er auch unstreitig besser fährt. Aber wie selten weiß er, daß er im ersten Fall vielleicht 7 und im zweiten, sagen wir, 10 % seines Brennstoffes ausnutzt. Die Kenntnis der absoluten Nutzeffekte belehrt den Praktiker am eindringlichsten, was er tatsächlich erreicht, und wie viel noch zu verbessern übrig bleibt.

Thermophysik der Legierungen.

Die technische Literatur enthält nur wenig Daten dieser Art. Der metallurgischen Forschung liegt hier ein großes und interessantes Feld offen, dessen Bearbeitung sowohl theoretisch wie praktisch Resultate von größter Bedeutung verspricht. Was uns fehlt, sind vollständige Daten der spez. Wärmen der Legierungen in fester und flüssiger Form, sowie der latenten Schmelzwärmen. Diese Daten, mit der Kenntnis der Legierungswärmen verbunden, würden uns für eine praktische Theorie der Legierungen eine sichere Grundlage geben und daneben der praktischen Arbeit auf diesem Gebiet die Möglichkeit zur Feststellung des Nutzeffektes der Öfen oder ganz allgemein zur exakten wissenschaftlichen Beurteilung der technischen Arbeit bieten.

Legierungen aus Zinn und Blei.

% Zinn		Sm	Latente Schmelzwärme
4,8	$Pb_{16}Sn$	—	5,5 Kal. (Mazotto),
10,2	Pb_5Sn	—	8,0 „ bei 307° (Spring),
12,5	Pb_4Sn	—	8,3 „ „ 292° („),
16,0	Pb_3Sn	—	9,1 „ „ 289° („),
22,2	Pb_2Sn	—	9,5 „ „ 270° („),
			7,9 „ (Mazotto),
36,3	PbSn	0,040 73 (12° — 99°)	11,6 „ bei 241° (Spring),
		(Regnault)	9,4 „ (Mazotto),
50,0			Wärme in 1 kg flüssigem Metall bei 202° (von 0° gerechnet) = 18,0 Kal. (Ledebur),

53,3 $PbSn_2$	(10⁰—99⁰) 0,045 07 (Regnault)	10,5 Kal. bei 197⁰ (Mazotto)
63,1 $PbSn_3$	—	15,5 „ „ 179⁰ (Spring),
69,5 $PbSn_4$	—	17,0 „ „ 188⁰ („),
83,0		Wärme in 1 kg flüssigem Metall bei 205⁰ = 21,5 Kal. (Ledebur),
90,1 $PbSn_{16}$	—	12,9 Kal. (Mazotto).

Legierungen aus Zinn und Wismut.

% Zinn	Sm	Latente Schmelzwärme
6,7 (Bi_8Sn)	—	11,4 Kal. (Mazotto),
22,1 (Bi_2Sn)	—	11,2 „ („)
36,2 (BiSn)	(20⁰—9) = 0,0400 (Regnault)	11,6 „ („),
53,1 ($BiSn_2$)	fest = 0,0450 (Regnault) flüssig = (146⁰—275⁰) 0,0454 (Person),	11,6 „ („),
69,1 ($BiSn_4$)	—	11,1 „ bei 140⁰ (Mazotto),
82,7 ($BiSn_8$)	—	12,6 „ (Mazotto),
90,1 ($BiSn_{16}$)	—	12,8 „ („).

Legierungen aus Zinn und Zink.

% Zinn	Sm	Latente Schmelzwärme
78,4 ($ZnSn_2$)	—	23,5 Kal. (Mazotto),
92,7 ($ZnSn_7$)	—	16,2 „ bei 197⁰ (Mazotto),
95,6 ($ZnSn_{12}$)	—	16,3 „ (Mazotto),
97,3 ($ZnSn_{20}$)	—	15,1 „ („).

Legierungen aus Zinn und Kupfer.

Glockenmetall (20 % Sn):

Sm (14⁰—98⁰) . . . . = 0,0862 (Regnault).

Bronze (15 % Sn):

Wärme im flüssigen Metall (von 0⁰ ab) . = 130 Kal. (Ledebur).
Wenn stark überhitzt . . . . = 143,5 „ („),

Legierungen aus Zinn und Antinom.

Britanniametall mit 90 % Sn schmilzt bei 236⁰. Um 1 kg kalte Legierung bis zum Schmelzpunkt zu erhitzen und in flüssige Form zu bringen, sind 28,0 Kal. nötig;

Britanniametall mit 82 % Sn schmilzt bei 205⁰. Die entsprechende Verflüssigungswärme = 25,7 Kal. (Ledebur).

Legierung aus Zinn, Wismut und Antinom.

Bi 34,3 %, Sn 41,9 %, Sb 23,8 % ($BiSn_2Sb$):

Sm (15°—100°) . . . . = 0,0462 (Regnault).

Legierung aus Zinn, Wismut, Antinom und Zink.

Bi 29,8 %, Sn 34,0 %, Sb 17,3 %, Zink 18,9 % ($BiSn_2SbZn_2$):

Sm (15°—100°) . . . . = 0,0566 (Regnault).

Legierungen aus Blei und Wismut.

% Blei	Sm	Latente Schmelzwärme
11,1 ($PbBi_8$)	—	10,2 Kal. (Mazotto),
33,2 ($PbBi_2$)	—	6,4 „ („),
39,9 (Pb_2Bi_3)	fest (16°—99°) = 0,031 65 (Person), flüssig (144°—358°) = 0,035 00 (Person),	
42,7 (Pb_3Bi_4)	—	4,7 Kal. bei 127° (Mazotto),
49,9 (PbBi)	—	4,0 „ (Mazotto),
66,6 (Pb_2Bi)	—	3,6 „ („),
88,8 (Pb_8Bi)	—	4,9 „ („).

Legierungen aus Blei und Antinom.

Mit 63,0 % Pb:

Sm (10°—98°) . . . . = 0,0388 (Regnault).

Mit 82,0 % Pb:

Wärme in 1 kg flüssigem Metall . = 15,6 Kal. (Ledebur).

Mit 90,0 % Pb:

Wärme in 1 kg flüssigem Metall . = 13,8 Kal. (Ledebur).

Legierungen aus Blei, Zinn und Wismut.

D'Arcets Metall (32,5 % Pb, 18,5 % Sn, 48,7 % Bi):

Sm (fest) (5°—65°). . . . . . . = 0,0372 (Mazotto),
(12°—50°) . . . . = 0,049 (Person),
(14°—80°) . . . . = 0,060 („),
Sm (flüssig) (107°—136°) . . . . = 0,047 („),
(120°—150°) . . . . = 0,0399 (Mazotto),
(136°—300°) . . . . = 0,0360 (Person)
Latente Schmelzwärme . . . . . = 5,96 Kal. bei 96° (Person),
= 5,77 „ „ 99° (Mazotto).

Roses Metall (24,0 % Pb, 27,3 % Sn, 48,7 % Bi):

Sm (fest) (5°—65°). . . . . . . = 0,0375 (Mazotto),
Sm (flüssig) (119°—338°) . . . . = 0,0422 (Person).
Latente Schmelzwärme . . . . . = 6,85 Kal. bei 99° (Mazotto).

Legierung aus 31,8 % Pb, 36,2 % Sn, 32,0 % Bi:

Sm (fest) (18⁰—52⁰) . . . . . . = 0,0423 (Person),
(11⁰—98⁰) . . . . . . = 0,0448 (Regnault),
Sm (flüssig) (143⁰—330⁰) . . . . = 0,0460 (Person),
Latente Schmelzwärme . . . . . = 7,63 Kal. bei 145⁰ (Person).

Woods Metall (25,8 % Pb, 14,7 % Sn, 52,4 % Bi, 7 % Cd):

Sm (fest) (5⁰—50⁰). . . . . . . = 0,0352 (Mazotto),
Sm (flüssig) (100⁰—150⁰) . . . . = 0,0426 (Mazotto),
Latente Schmelzwärme . . . . . = 7,78 Kal. bei 75⁰ (Mazotto).

Lipowitz-Metall (25,0 % Pb, 14,2 % Sn, 50,7 % Bi, 10,1 % Cd):

Sm (fest) (5⁰—50⁰). . . . . . . = 0,0345 (Mazotto),
Sm (flüssig) (100⁰—150⁰) . . . . = 0,0426 („),
Latente Schmelzwärme . . . . . = 8,40 Kal. bei 75⁰ (Mazotto).

Legierungen aus Kupfer und Zink.

Messing (rot) 85 % Cu:

S (bei 0⁰) . . . . = 0,0899 (Lorenz),
(bei 50⁰) . . . . = 0,0924 („),
(bei 75⁰) . . . . = 0,0940 („).

Messing (gelb) 65 % Cu:

S (bei 0⁰) . . . . = 0,0883 (Lorenz),
(bei 50⁰) . . . . = 0,0922 („),
(bei 75⁰) . . . . = 0,0927 („).
Wärme in 1 kg flüssigem Messing,
etwas überhitzt . . . . = 130 Kal. (Ledebur)

Legierungen aus Kupfer, Zink und Nickel.

Neusilber (74,0 % Cu, 20,0 % Zn, 6 % Ni):

Sm (0—t) . . . . = 0,0941 + 0,000 005 3 t ((Tomlinson).

Legierung aus Kupfer und Aluminium.

Mit 88,7 % Cu:

Sm (20⁰—100⁰) . . . . = 0,104 32 (Luginin).

Legierung aus Silber und Platin.

Mit 66,7 % Ag:

Sm (0 — t) . . . . = 0,047 26 + 0,000 013 8 t (Tomlinson).

Legierungen aus Quecksilber und Zinn.

37,1 % Sn (HgSn):

Sm -30^0 bis 15^0) . . . . . . = 0,040 83 (Schütz),
(-25^0 „ 15^0) . . . . = 0,042 18 („),
($+22^0$ „ 99^0) . . . . = 0,072 94 (Regnault).

54,1 % Sn ($HgSn_2$):

Sm (25^0 bis 99^0). . . . . = 0,065 91 (Regnault).

74,7 % Sn ($HgSn_5$):

Sm (-16^0 bis 15^0) . . . . . . = 0,050 39 (Schütz).

Legierungen aus Quecksilber und Blei.

50,9 % Pb (PbHg):

Sm (-69^0 bis 20^0) . . . . . . = 0,034 58 (Schütz),
Sm (23^0 bis 99^0) . . . . = 0,038 27 (Regnault).

67,4 % Pb (Pb_2Hg):

Sm (-72^0 bis 20^0) . . . . . . = 0,033 48 (Schütz).

Legierung aus Kadmium und Zinn.

67,8 % Sn ($CdSn_2$):

Sm (-77^0 bis 20^0) . . . . . . = 0,055 37 (Schütz).

Woraus abzuleiten:

Sm (0—t) . . . . = 0,0557 + 0,000 003 66 t (Schütz).

Legierungen aus Eisen und Kohlenstoff.

Weicher Stahl (0,15 % C):

Sm (20^0—98^0) . . . . = 0,1165 (Regnault).

Harter Stahl (1,00 % C):

Sm (20^0—98^0) . . . . = 0,1175 (Regnault).
Wärme in 1 kg flüssigem Stahl bei
1350^0 . . . . = 300 Kal. (Ledebur).

Gußeisen (4 % C):

Sm (0^0—1200^0) . . . . = 0,175,
Sm (0—t) . . . . = 0,12 + 0,000 046 t,
Wärme in 1 kg flüssigem Gußeisen
bei 1200^0 . . . . = 245 Kal. (Ledebur),
Wärme in 1 kg Gußeisen, wie es
aus dem Hochofen kommt . . = 250—325 Kal. (Akerman).

Übungsbeispiel 9.

Ein Tiegel zum Stahlschmelzen nimmt 55 kg Stahl auf; zum Einschmelzen dieser Stahlmenge im Windofen sind 75 kg Koks nötig.

Angenommen, der Koks enthalte 90 % Kohlenstoff, und der Stahl werde auf 100^0 oberhalb des Schmelzpunktes erhitzt, wie hoch ist der Nutzeffekt des Ofens?

Der Heizwert des Kokses sei 90 % von der Verbrennungswärme des reinen Kohlenstoffs.

Die Feuerung entwickelt:

$$75 \cdot 8100 \cdot 0{,}9 = 75 \cdot 7290 = 546\,750 \text{ Kal.}$$

Wärme im Stahl beim Schmelzpunkt =

55 · 300 (Ledebur) . . . . = 16 500 Kal.

Zur Überhitzung um 100°:

55 · 100 · 0,15 (angenommen) . . . . . . = 825 „

17 325 Kal.

$$\text{Der Nutzeffekt} = \frac{17\,325}{546\,750} = 0{,}032 = \mathbf{3{,}2}\ \%.$$

Übungsbeispiel 10.

Ein Regenerativofen nach Siemens wird zum Schmelzen von Tiegelstahl benutzt. Der Ofen enthält 18 Tiegel mit je 50 kg Stahl. Zum Heizen dient Naturgas mit einem Heizwert von 8200 Kal. für 1 cbm. Der Nutzeffekt des Ofens sei zu 5 % angenommen.

Aufgabe:

Zu berechnen ist: Die Anzahl Kubikmeter Gas, die für eine Ofenhitze = 900 kg Stahl nötig sind, wenn die Überhitzung wie oben 100° beträgt.

Lösung:

Wärme im Stahl

$$900 \cdot 315 = 283\,500 \text{ Kal.}$$

Das Gas hat zu erzeugen

$$\frac{283\,500}{0{,}05} = 5\,770\,000 \text{ Kal.}$$

$$\text{Anzahl Kubikmeter Gas} = \frac{5\,770\,000}{8200} = \mathbf{703{,}7\ cbm.}$$

Für die Tonne Stahl also $\frac{703{,}7}{0{,}9} = 782{,}0$ cbm. Bei einem Preis von 1,12 M. für 100 cbm würden die Gaskosten für die Tonne Stahl $= \frac{1{,}12 \cdot 782}{100} = \mathbf{8{,}45\ M.}$ **sein.**

Übungsbeispiel 11.

In einer Gießerei für schmiedbaren Guß wird das Roheisen in einem Flammofen eingeschmolzen, 3000 kg in 2 Stunden, mit einem Verbrauch von 1200 kg bituminöser Kohle, deren Heizwert 8500 Kal. für 1 kg beträgt.

Aufgabe:

Der Nutzeffekt des Ofens ist zu berechnen.

Lösung:

Gesamtheizwert der Kohle = 1200 · 8500 = 10 200 000 Kal.
Wärme in der gußfertigen Charge:

$$3000 \cdot 250 = 750\,000 \text{ Kal.}$$

$$\text{Nutzeffekt des Ofens} = \frac{750\,000}{10\,200\,000} = 0{,}0735 = \mathbf{7{,}35}\ \%.$$

Übungsbeispiel 12.

Im Kupolofen einer Gießerei werden in 1 Stunde 14 t Roheisen geschmolzen unter Verbrauch von 1,5 t Koks von 90 % C. Die Ofengase enthalten 13 % CO, 13 % CO_2, 74 % N_2 (Volumprozente) und verlassen den Ofen mit 500°. Der Ofenschacht hat einen äußeren Durchmesser von 1,5 m und 4 m Höhe.

Aufgabe:

Zu berechnen ist:

1) Der Nutzeffekt des Ofens.
2) Die Wärmeverluste
   a) durch die fühlbare Wärme in den Gasen,
   b) durch die unvollständige Verbrennung des Kokses,
   c) durch Strahlung von Boden und Wänden des Ofens.
3) Der Betrag an Wärme, der durchschnittlich für jeden Quadratmeter äußerer Fläche des Ofens in einer Minute ausgestrahlt wird.

Lösung:

1) Gesamtheizwert des Kokses 1500 · 0,9 · 8100 = 10 935 000 Kal
Wärme im flüssigen Eisen 14 000 · 250 = 3 500 000 Kal.

$$\text{Nutzeffekt des Ofens} = \frac{3\,500\,000}{10\,935\,000} = 0{,}32 = \mathbf{32}\ \%.$$

2a) Die Gase enthalten den gesamten Kohlenstoff des Kokses = 1500 · 0,9 = 1350 kg C. Das Volum von CO + CO_2 in den Gasen $= \frac{1350}{0{,}54} = 2500$ cbm (da 1 cbm CO ebenso wie 1 cbm CO_2 0,54 kg Kohlenstoff enthält).

$$\text{Gesamtvolum des Gases} = \frac{2500}{0{,}13 + 0{,}13} = 9615 \text{ cbm.}$$

Volum des Stickstoffs durch Differenz

$$9615 - 2500 = 7115 \text{ cbm.}$$

Fühlbare Wärme im Stickstoff und Kohlenoxyd bei 500°

$= (7115 + 1250) \cdot [0,303\,(500)$

$+ 0,000\,027\,(500)^2] = 1\,323\,760$ Kal.

Fühlbare Wärme im Kohlendioxyd bei 500°

$1250 \cdot [0,37\,(500) + 0,000\,22\,(500)^2]$. . . . = **300 000 Kal.**

Gesamtwärme in den Gasen. . . . . . . = **1 623 760 Kal.**

Von dem Heizwert des Kokses geht dadurch verloren

$$\frac{1\,623\,760}{10\,935\,000} = 0,1485 = \mathbf{14,85\ \%}.$$

2b) Volum des Kohlenoxyds in den Gasen = 1250 cbm. Heizwert (3062 Kal. für 1 Kubikmeter) = $1250 \cdot 3062 = 3\,827\,500$ Kal. Durch unvollständige Verbrennung geht vom Heizwert des Kokses verloren:

$$\frac{3\,827\,500}{10\,935\,000} = 0,35 = 35\ \%.$$

2c) Wärme im flüssigen Roheisen. . . . . . = 3 500 000 Kal.
Wärme in den Gasen . . . . = 1 623 760 „
Verlust durch unvollständige Verbrennung = 3 827 500 „
Summe = 8 951 260 Kal.
Gesamtheizwert des Kokses . . . . . . = 10 935 000
Verlust durch Strahlung, Differenz . . . = 1 983 740 Kal.
oder vom Heizwert des Kokses

$$\frac{1\,983\,740}{10\,935\,000} = 0,1815 = \mathbf{18,15\ \%}.$$

3) Bodenfläche des Ofens $d^2 \frac{\pi}{4} = (1,5)^2 \cdot 0,7854$ . . = 1,77 qm
Seitenfläche des Ofens $\pi\, d\, h = 3,14 \cdot 1,5 \cdot 4$ . . . = 18,85 „
Gesamte strahlende Fläche . . . . = 20,62 qm

Durch diese Fläche findet in einer Stunde der ganze Verlust von 1 983 740 Kal. statt.

$$\text{Durchschnittlicher Verlust für 1 qm} = \frac{1\,983\,740}{20,62} = 96\,200\ \text{Kal.}$$

$$\text{und für 1 qm in einer Minute } \frac{96\,200}{60} = 1603\ \text{Kal.}$$

Zusammenfassend können wir sagen, daß der Nutzeffekt je nach den benutzten Hilfsmitteln sehr verschieden ausfällt. 2—3 % beim Schmelzen in Tiegeln im Windofen, 10—15 % in Flammöfen, 20 bis 30 % in Regenerativöfen (Siemens-Martin-Öfen), 30—50% in Schachtöfen, wo der Brennstoff sich in unmittelbarer Berührung mit dem zu erhitzenden Material befindet, 50—75 % bei Dampfkesseln und Gebläseöfen mit heißem Wind und 60—85 % in großen elektrischen Öfen.

Wärme-Inhalt in reinem Eisen.

Sehr genaue Bestimmungen über den Wärmeinhalt im reinen Eisen bis 1500° hat P. Oberhoffer gemacht[1]). Die Werte sind von J. W. Richards auf Grund gewisser Annahmen bis 2000° ergänzt[2]).

Für Q zwischen 0° und t ergeben sich folgende Werte:

t	Q	t	Q
250	30,5	1200	200,0
300	37,7	1250	208,3
350	45,0	1300	216,1
400	52,2	1350	224,2
450	60,3	1400	233,1
500	68,3	1450	241,4
550	76,7	1500	250,0
600	85,0	1550	258,3
650	95,1	1600 fest[3])	266,7
700	111,8	1600 flüssig	336,0
750	125,6	1650	346,0
800	135,8	1700	356,0
850	144,4	1750	366,0
900	152,8	1800	376,0
950	160,4	1850	386,0
1000	167,8	1900	396,0
1050	175,4	1950	406,0
1100	183,0	2000	416,0
1150	191,7		

Eine Betrachtung dieser Zahlen zeigt, daß zwischen 650 und 700° ein Wärmebetrag von etwa 10 Kal. latent gebunden wird; bei etwa 850° findet wahrscheinlich ebenfalls eine Aufnahme von 2 Kal. statt. Über 900° ist die spez. Wärme fast konstant = 0,167.

Sm (0°—t) für t zwischen 1000° und 1500° = 0,167. Für flüssiges Eisen ist S = 0,20 angenommen.

[1]) Metallurgie 22. Juni, 8. u. 22. Juli 1907.

[2]) Electrochemical and Metallurgical Industry 1907, p. 366.

[3]) Vergleiche die Fußnote auf S. 68. Hiernach müssen in obiger Tabelle die Zahlen um den Schmelzpunkt des Eisens (1505°) herum in folgender Weise geändert werden:

t	Q
1500	250
1510	319
1550	327
1660	336

D. Übers.

Fünftes Kapitel.

Thermophysik der chemischen Verbindungen.

Auf den folgenden Seiten werden für die verschiedenen Klassen von Verbindungen die thermophysikalischen Daten gegeben, soweit sie bekannt sind. Wir stellen die Klasse der Oxyde voran, weil unter diesen die in metallurgischer Hinsicht wichtigsten Verbindungen enthalten sind, so vor allem die Oxyde der Metalle, dann die Oxyde des Kohlenstoffs und des Wasserstoffs, die bei der Verbrennung entstehen, sowie die Oxyde des Schwefels, Arsens und Antimons, die sich bei Röstprozessen bilden. Die Bezeichnungen sind dieselben wie früher: Sm ist die mittlere spezifische Wärme in dem beigefügten Temperaturintervall, S die spezifische Wärme bei einer bestimmten, angegebenen Temperatur; Q bezeichnet die Wärmemenge, die aufgenommen wird, etwa beim Schmelzen oder Verdampfen oder wenn die Temperatur um eine bestimmte Anzahl Grade erhöht wird. Alle Wärmemengen sind in großen Kalorien angegeben. Die Temperaturen sind Celsiusgrade. Gasvolumina beziehen sich, wenn nichts anderes angegeben ist, auf Normalbedingungen von 0^0 und 760 mm Druck.

Oxyde.

Wasserstoffoxyd H_2O (Wasser).

Eis.	Sm ($-78-0^0$)	= 0,463 (Regnault),
	($-30-0^0$)	= 0,505 (Person).
Wasser.	Sm (0^0-100^0)	= 1 + 0,000 15 t (Pfaundler),
	S (15^0)	= 1,0045 (Pfaundler),
	S (0^0)	= 1,0000 (Einheit).

Bei allen technischen Rechnungen genügt es, die spezifische Wärme des Wassers bei gewöhnlicher Temperatur als Einheit zu nehmen. Wenn 1 kg Wasser von 0^0 auf 100^0 erhitzt wird, werden 101,5 Kal. aufgenommen.

Dampf. Sm (0—t):

1 cbm bis 2000^0	= 0,34 + 0,000 15 t Kal. (Mallard u. Le Chatelier),
1 cbm 2000^0-4000^0	= 0,48 + 0,000 17 t Kal. (Vieille),
1 kg bis 2000^0	= 0,42 + 0,000 185 t Kal.,
1 kg 2000^0-4000^0	= 0,59 + 0,000 21 t „ .

Diese Zahlen gelten für Wasserdampf, der weit von seinem Sättigungspunkt entfernt ist und sich deshalb als wahres Gas verhält.

Der bei metallurgischen Operationen auftretende Wasserdampf entspricht fast immer diesen Bedingungen. Wenn es sich um gesättigten Dampf handelt, wie etwa im Dampfkessel, empfiehlt es sich, in Tabellen die Gesamtwärme nachzuschlagen, die der Dampf von der Temperatur t^0 abgibt, wenn er zu flüssigem Wasser von 0^0 verdichtet wird, oder für diese Wärme die Formel von Regnault

$$Q = 606{,}5 + 0{,}305\ t\ \text{Kal.}$$

zu benutzen. Q ist die Wärmemenge, die zugeführt werden muß, um 1 kg Wasser von 0^0 in gesättigten Dampf von t^0 umzuwandeln. Eine Überlegung zeigt, daß diese Formel auf die Benutzung der spezifischen Wärme des gesättigten Dampfes unter gleichmäßig zunehmendem Druck hinausläuft. Um 1 kg gesättigten Dampf von 0^0 in gesättigten Dampf von t^0 (bei dem entsprechend höheren Sättigungsdruck) zu überführen, bedarf es der Wärmemenge

$$Q = 0{,}305\ t\ \text{Kal.},$$

und es ist

$$\text{Sm für 1 kg bei wachsendem Druck} = 0{,}305\ \text{Kal.}$$

oder

$$\text{für 1 cbm} = 0{,}81\ \text{kg Druck} = 0{,}247\ \text{Kal.}$$

Diese Zahlen beziehen sich nur auf die Verhältnisse im Dampfkessel. In den Fällen, wo Wasser bei 100^0 oder einer niederen Temperatur verdampft und nachher in (ungesättigten) Dampf von hoher Temperatur verwandelt wird, empfiehlt es sich, zuerst die Wärme einzusetzen, die zur Bildung von gesättigtem Dampf von 0^0 nötig ist (606,5 Kal.) und nachher den Dampf als wahres Gas nach den Formeln von Mallard und Le Chatelier zu behandeln. Dadurch wird der Wasserdampf von Anfang an den anderen Gasen gleichgestellt, und die Rechnungen werden sehr vereinfacht, ohne irgend welche unnötigen Fehler einzuführen.

Latente Schmelzwärme	=	80	Kal. (Bunsen),
Latente Verdampfungswärme	=	606,5	,, bei 0^0 (Regnault),
	=	600,0	,, ,, 10^0,
	=	537,0	,, ,, 100^0,
Gesamtwärme im gesättigten Dampf	=	606,5 + 0,305 t	(Regnault).

Bei den meisten heiztechnischen und metallurgischen Operationen, bei welchen die Feuchtigkeit der Brennstoffe oder der Erze in Dampf verwandelt wird, findet dieser Vorgang weit unter 100^0 statt durch heiße, trockne Gase, denen sich der gebildete Dampf beimischt mit einem Partialdruck, der nur einen kleinen Bruchteil einer Atmosphäre ausmacht. Um die zur Verdampfung nötige Wärme zu berechnen, können wir zunächst in Tabellen die Temperatur aufsuchen, bei welcher der Sättigungsdruck esd Wasserdampfes diesem Partialdruck gleich ist. Diese

Temperatur, in die Formel von Regnault eingesetzt, gibt uns die Wärme, die nötig ist, um die Feuchtigkeit in gesättigten Dampf von dieser Temperatur zu verwandeln. Nachher können wir die Wärme hinzu addieren, die nach den Formeln von Mallard und Le Chatelier verbraucht wird, um den Wasserdampf auf die höhere Temperatur der heißen Gase zu bringen.

Beispiel:

Nasser Torf wird in einem Trockenofen durch heiße Luft getrocknet. Die austretende feuchte Luft hat 50° C und einen Wasserdampfdruck von 25 mm. Wieviel Wärme wird verbraucht, um 1 kg Wasser zu verdampfen? Wieviel entfällt auf die latente Verdampfungswärme und wieviel auf die fühlbare Wärme im Dampf?

Lösung:

25 mm ist der Sättigungsdruck des Wasserdampfes bei 26° (Dampfdrucktabellen). Um 1 kg Wasser von 0° in gesättigten Dampf von 26° zu verwandeln, sind nach Regnaults Formel nötig

$$606{,}5 + 0{,}305 \cdot 26 = 614 \text{ Kal.}$$

(Da zur Erhitzung des Wassers von 0° auf 26° 26 Kal. nötig sind, ist die latente Verdampfungswärme bei 26° = 614 − 26 = 588 Kal.)

Die Verdampfung von 1 kg Wasser im Ofen erfordert dann:

Wärme zur Bildung von gesättigten Dampf von 25 mm (26°) 614 Kal.
Wärme, um den Dampf von 26° auf 50° (bei konstantem Druck) zu erhitzen $= [0{,}42 + 0{,}000\,185\,(50 + 26)]\,(50-26) = 10{,}4$ „

Zusammen 624,4 Kal.

In den meisten Fällen wird die Rechnung genügend genau auch unter der Annahme, daß die Bildung des gesättigten Dampfes bei 0° stattfindet (Verdampfungswärme 606,5 Kal.) und der Dampf dann als Gas auf die Endtemperatur gebracht wird. Die Unterschiede gegenüber der obigen Rechnungsweise sind klein, wenn die Endtemperatur niedrig (unter 100°) und der Druck des Wasserdampfes gering ist. Bei hohen Endtemperaturen und größerer Konzentration des Wasserdampfes in den Gasen sollte das genauere Verfahren benutzt werden. Um dies zu erleichtern, seien die Drucke des gesättigten Wasserdampfes für Temperaturen bis 100° nachstehend angegeben:

Temp.	Druck des gesätt. Dampfes (mm Hg)	Temp.	Druck des gesätt. Dampfes (mm Hg)
0°	4,6	25°	23,5
5°	6,5	30°	31,5
10°	9,1	35°	41,8
15°	12,7	40°	54,9
20°	17,4	45°	71,4

Temp.	Druck des gesätt. Dampfes (mm Hg)	Temp.	Druck des gesätt. Dampfes (mm Hg)
50°	92,0	80°	354,9
55°	117,5	85°	433,2
60°	148,9	90°	525,5
65°	187,1	95°	633,7
70°	233,3	100°	760,0
75°	288,8		

Berylliumoxyd Be_2O_3.

Sm (0—100°) . . . . = 0,2471 (Nilson u. Pettersson).

Bortrioxyd B_2O_3.

Sm (16°—98°). . . . . = 0,2374 (Regnault).

Kohlenoxyd CO.

Sm (0—t) 1 cbm bis 2000° . . . . = 0,303 + 0,000 027 t Kal. (Mallard u. Le Chatelier

1 cbm 2000°—4000° . . = 0,2575 + 0,000 072 t Kal. (Berthelot),

1 kg bis 2000° . . . . = 0,2405 + 0,000 021 4 t Kal.,

1 kg 2000°—4000°. . . = 0,2044 + 0,000 057 t Kal.

Kohlendioxyd CO_2.

Die spezifische Wärme war lange Zeit hindurch unsicher, obschon mehrere Forscher gerade dieser Bestimmung besondere Aufmerksamkeit widmeten. Neuerdings haben Mallard und Le Chatelier bei der Verbrennung von CO zu CO_2 mittels Luft die Temperatur von 2050° direkt beobachtet Der Ausdruck für die mittlere spezifische Wärme, der bisher als der zuverlässigste angesehen wurde, Sm (1 cbm) = 0,37 + 0,000 27 t, führt auf die Verbrennungstemperatur 1947°. Nach wiederholter Erwägung der ganzen Angelegenheit glaubt der Verfasser dem unten gegebenen Ausdruck, der direkt auf die Temperatur 2050° führt, den Vorzug geben zu müssen, und diese Werte sind in der vorliegenden Schrift überall benutzt (vgl. S. 45, Fußnote). Für Temperaturen über 2000° sind ausschließlich die Werte von Berthelot und Vieille zu benutzen.

Sm (0—t) 1 cbm bis 2050°. . . . = 0,37 + 0,000 22 t Kal. (von Richards berechnet),

1 cbm 2000°—4000°. . = 0,815 + 0,000 067 5 t (Vieille),

1 kg bis 2050° . . . . = 0,19 + 0,000 11 t Kal.,

1 kg 2000°—4000° . . = 0,42 + 0,000 034 t Kal.

Stickstoffdioxyd NO_2.

Sm (27°—280°) 1 cbm . . . . . . = 1,35 Kal. (Berthelot u. Ogier),

1 kg . . . . . . = 0,65 Kal.

Magnesiumoxyd MgO.

Sm (24⁰—100⁰) . . . . = 0,2440 (Regnault),
Sm (0—t) . . . . = 0,2420 + 0,000 016 t (angenommen),
$Mg(OH)_2$ Sm (19⁰—50⁰) . . . . . = 0,312 (Kopp).

Aluminiumoxyd Al_2O_3, Tonerde, Korund.

Sm (0—t) . . . . = 0,2081 + 0,000 087 6 t,
(Die Konstante ist von Regnault, der Temperaturkoeffizient von Richards durch Versuche an einem Korundkristall bis hinauf zu 1200⁰ ermittelt.)
Schmelzpunkt . . . . = ca. 2200⁰,
Latente Schmelzwärme . . . . . = 2,1 T = 5193 Kal. für Al_2O_3 = 102
= 50,9 Kal. für 1 kg,
Wärme im festen Oxyd bei 2200⁰ = 932 Kal. (aus obiger Formel),
Wärme im flüssigen Oxyd . . . . = 1390 Kal.,
S (flüssig) . . . . = 0,593 = S (fest) beim Schmelzpunkt).

Siliziumdioxyd SiO_2. (Quarz).

Sm (0—t) . . . . = 0,1833 + 0,000 077 t,
(Die Konstante nach Regnault; der Temperaturkoeffizient von Richards an wasserhellem Quarz bis 1200⁰ bestimmt.)
Schmelzpunkt . . . . = 1900⁰ (Boudouard),
Latente Schmelzwärme . . . . . = 2,1 T = 4563 Kal. für SiO_2 = 60,
= 76,1 Kal. für 1 kg,
= 135 Kal. (Voigt) (bei 1750⁰),
Wärme im festen Oxyd bei 1900⁰ = 626 Kal. (aus der Formel für Sm),
Wärme im flüssigen Oxyd . . . . = 761 Kal.,
S (flüssig) . . . . = 0,476 = S (fest) beim Schmelzpunkt,

Schwefeldioxyd SO_2.

Sm (16⁰—202⁰) 1 cbm . . . . . . = 0,4447 (Regnault),
1 kg . . . . = 0,1544.

Wenn wir die Molekularwärme des Schwefeldioxyds (spez. Wärme × Molekulargewicht) = 8 Kal. setzen (nach der Regel, daß die Molekularwärme eines Gases bei konstantem Druck = 5 + n ist, wo n die

Anzahl Atome im Molekül bezeichnet), so finden wir S bei 0°

$$1 \text{ cbm} = \frac{8}{22{,}22} = 0{,}36 \text{ Kal.}$$

Aus dieser Zahl, in Verbindung mit der Bestimmung **Regnaults**, läßt sich für Sm die Formel ableiten:

$$\text{Sm } (0-t) \ 1 \text{ cbm} = 0{,}36 \ + 0{,}0003 \text{ t},$$
$$1 \text{ kg} \ = 0{,}125 + 0{,}0001 \text{ t}.$$

Diese Werte sind wahrscheinlich genau genug für Berechnungen an Öfen. Sie sind sehr nützlich beim Rösten sulfidischer Erze sowie beim direkten Verschmelzen geschwefelter Kupfererze auf Kupferstein (Pyritschmelzprozeß). Es wäre allerdings wünschenswert, direkte Bestimmungen solcher wichtigen Größen zu besitzen; solange aber keine solchen vorliegen, muß es zulässig sein, abgeleitete Annäherungswerte zu benutzen.

Schwefeltrioxyd SO_3.

Die spez. Wärme ist nicht gemessen worden. Als Annäherungswerte dürfen wir annehmen:

S (bei 0°) für das Molekül	= 9,0	Kal.	(aus 5 + n),
„ 1 cbm	= 0,405	„	,
„ 1 kg	= 0,10	„	.

Um einen Annäherungswert für Sm zu erhalten, dürfen wir den t-Koeffizienten gleich demjenigen des NH_3 annehmen, das eine analoge Formel mit der gleichen Anzahl Atome im Molekül besitzt, und haben dann

Sm (0—t) für das Molekül	= 9,0	+ 0,0036 t,
„ 1 cbm	= 0,405	+ 0,00017 t,
„ 1 kg	= 0,100	+ 0,00004 t.

Kalziumoxyd CaO, Kalk.

Auch hier liegen keine Bestimmungen vor. Aus der Analogie mit MgO können wir einen Annäherungswert ableiten, wenn wir annehmen, daß beide Verbindungen die gleiche Molekularwärme besitzen. Für MgO ist diese Größe $0{,}2440 \cdot 40 = 9{,}76$.

Für CaO ergibt sich dann

$$\text{Sm } (24^0-100^0) = \frac{9{,}76}{56} = 0{,}1743,$$

und wenn wir auch für den t-Koeffizienten einen bei diesem Verbindungstypus öfters vorkommenden Wert einführen, erhalten wir

Sm (0—t) . . . . = 0,1715 + 0,000 07 t.

Titandioxyd TiO_2.
S (bis 200°) . . . . = 0,1790 (Nilson u. Pettersson),
Q (0°—200°) . . . . = 35,8 Kal.,
Q (0 — t) für t über 200° . . . . = 35,8 + 0,1790 (t — 200) + 0,000 055 (t — 200)².

Chromoxyd Cr_2O_3.
Sm (10°—99°) . . . . = 0,1796 (Regnault).

Manganoxyde.
MnO Sm (13°—98°) . . . . = 0,1570 (Regnault),
Mn_2O_3 Sm (15°—99°) . . . . = 0,1620 (Oeberg),
Manganit $Mn_2O_3 \cdot H_2O$ Sm (21° —52°) . . . . = 0,1760 (Kopp),
Pyrolusit MnO_2 Sm (17°—48°) = 0,1590 (Kopp).

Eisenoxyde.
Fe_2O_3 Sm (0 — t) . . . . = 0,1456 + 0,000 188 t (Regnault u. Richards),
Fe_3O_4 Sm (0 — t) . . . . = 0,1447 + 0,000 188 t (Regnault u. Richards).

Nickeloxyd NiO.
Sm (13°—98°) . . . . = 0,1588 (Regnault).

Kupferoxyde.
Cu_2O Sm (19°—51°) . . . . = 0,1110 (Oeberg),
CuO Sm (12°—98°) . . . . = 0,1420 (Regnault).

Zinkoxyd ZnO.
Sm (0 — t) bis 1000° . . . . . . = 0,1212 + 0,000 031 5 t (Richards).

Arsentrioxyd As_2O_3.
Sm (13°—97°) . . . . = 0,1276 (Regnault).

Zirkoniumoxyd ZrO_2.
Sm (0°—100°) . . . . = 0,1076 (Nilson u. Pettersson).

Niobpentoxyd Nb_2O_5.
Sm (0 — t) . . . . = 0,1037 + 0,000 070 t (Krüß u. Nilson).

Molybdäntrioxyd MoO_3.
Sm (21°—52°) . . . . = 0,1540 (Kopp).

Zinndioxyd SnO_2.
Sm (16°—98°) . . . . = 0,0936 (Regnault),
Sm (0 — t) . . . . = 0,1050 + 0,000 006 t (Richards).

Antimontrioxyd Sb_2O_3.
Sm (18⁰—100⁰) . . . . = 0,0927 (Neumann).

Wolframtrioxyd WoO_3.
Sm (8⁰—98⁰) . . . . = 0,0798 (Regnault).

Quecksilberoxyd HgO.
Sm (5⁰—98⁰) . . . . = 0,0518 (Regnault).

Bleioxyd PbO.
Sm (22⁰—98⁰) . . . . = 0,0512 (Regnault).

Wismutoxyd Bi_2O_3.
Sm (20⁰—98⁰) . . . . = 0,0605 (Regnault).

Thoriumoxyd Th_2O_3.
Sm (0⁰—100⁰) . . . . = 0,0548 (Nilson u. Pettersson).

Für diejenigen Metalloxyde, deren spez. Wärmen nicht ermittelt sind, lassen sich Annäherungswerte folgendermaßen ableiten. Man legt in der Formel des Oxydes jedem Metallatom die Atomwärme 6,4, jedem Sauerstoffatom die Atomwärme 3,6 bei. Durch Addition aller Atomwärmen erhält man die Molekularwärme des Oxydes und durch Teilung dieser Zahl durch das Molekulargewicht die spez. Wärme. Weiter können wir als rohe Annäherung annehmen, daß die mittlere spez. Wärme zwischen 0^0 und t^0 für jeden Grad Temperatursteigerung um 0,04 % zunimmt. Wenn wir die oben gefundene spez. Wärme als die mittlere zwischen 0^0 und 100^0 ansehen, so können wir die spez. Wärme bei 0^0 ausrechnen und folglich auch den Temperaturkoeffizienten für S und Sm.

Beispiel:

Welches ist der wahrscheinlichste Wert der spez. Wärme von CaO?

Das Molekulargewicht ist 56, die Molekularwärme wird zu 6,4 + 3,6 = 10,0 Kal. angenommen, und die mittlere spez. Wärme 0^0-100^0 $= \frac{10,0}{56} = 0,1786$ Kal. für 1 kg. S bei 0^0 wird $\frac{0,1786}{1,04} = 0,1717$, und wir erhalten die Formeln:

$$Sm = 0,1717 + 0,000\,071\,t,$$
$$S = 0,1717 + 0,000\,142\,t,$$
$$Q = 0,1717 + 0,000\,071\,t^2.$$

Übungsbeispiel 13.

Das Verfahren von Jacobs zur Erzeugung von künstlichem Schmirgel besteht darin, daß unreiner Bauxit in einem elektrischen Ofen geschmolzen wird, worauf man die Masse abkühlen läßt. Wir nehmen an, daß der Bauxit vorher gebrannt ist und die folgende Zusammensetzung hat:

Tonerde Al_2O_3	88%
Eisenoxyd Fe_2O_3	5%
Kieselsäure SiO_2	5%
Titandioxyd TiO_2	2%
	100%.

Aufgabe:

Zu berechnen ist:

1) Die erforderliche Wärme, um 1 Tonne = 1000 kg dieses Materials bei 2000° eben zu schmelzen.
2) Die theoretisch erforderliche elektrische Energie.
3) Die praktisch notwendige elektrische Energie.

Lösung:

1) Wegen der anwesenden Verunreinigungen schmilzt die Tonerde leichter als in reinem Zustande. Wir haben also die Wärme in der bei 2000° eben flüssigen Tonerde zu berechnen. Bei den anderen Bestandteilen, die sämtlich niedriger schmelzen, berechnen wir die Wärme bei den normalen Schmelzpunkten und fügen die im flüssigen Zustand weiter zugeführte Wärme hinzu.

Wärme in 1 kg Al_2O_3:

$$Q\,(0^0-2000^0) = 0{,}2081\ (2000) + 0{,}000\,0876\ (2000)^2 = 767 \text{ Kal.}$$

$$\text{Latente Schmelzwärme bei } 2000^0 = \frac{2{,}1\ (2000 + 273)}{102} = 47 \text{ ,,}$$

$$\text{Zusammen} = 814 \text{ Kal.}$$

Wärme in 1 kg Fe_2O_3:

$$Q\,(0^0-1600^0) = 0{,}1447\ (1600) + 0{,}000\,188\ (1600)^2 \ldots = 713 \text{ Kal.}$$

Angenommene Schmelztemperatur = 1600°.

$$\text{Latente Schmelzwärme bei } 1600^0 = \frac{2{,}1\ (1600 + 273)}{160} \ldots = 25 \text{ ,,}$$

$$\text{Wärme im flüssigen } Fe_2O_3\text{: } 0{,}59\ (2000-1600) \ldots = 236 \text{ ,,}$$

$$\text{Zusammen} = 974 \text{ Kal.}$$

Wärme in 1 kg SiO_2:

$$Q\,(0^0-1900^0) = 0{,}1833\ (1900) + 0{,}000\,077\ (1900^0) \ldots = 626 \text{ Kal.}$$

$$\text{Latente Schmelzwärme (Voigt)} \ldots = 135 \text{ ,,}$$

$$Q\ (\text{flüssig})\ (1900^0-2000^0) = 0{,}476 \cdot 100 \ldots = 48 \text{ ,,}$$

$$\text{Zusammen} = 809 \text{ Kal.}$$

Wärme in 1 kg TiO_2:

$$Q\,(0^0-2000^0) = 35{,}8 + 0{,}1790\ (1800) + 0{,}000\,055\ (1800)^2 = 536 \text{ Kal.}$$

$$\text{Latente Schmelzwärme } \frac{2{,}1\ (2000 + 273)}{80} \ldots = 59 \text{ ,,}$$

$$\text{Zusammen} = 595 \text{ Kal.}$$

Zum Schmelzen von 1000 kg sind nötig:

Für 880 kg Al_2O_3:	$880 \cdot 814 =$	716 320 Kal.
„ 50 kg Fe_2O_3:	$50 \cdot 974 =$	48 700 „
„ 50 kg SiO_2:	$50 \cdot 809 =$	40 450 „
„ 20 kg TiO_2:	$20 \cdot 595 =$	11 900 „
	Im ganzen	817 370 Kal.

2) 1 Kilowattstunde = 859 Kal.

Die theoretisch erforderliche elektrische Energie ist demnach:

$$\frac{817\,370}{859} = 951{,}5 \text{ KW.-Stunden.}$$

3) Bei einem Nutzeffekt des Ofens von 50% ist die praktisch notwendige elektrische Energie = 1903 KW.-Stunden.

Wenn der Wirkungsgrad der Dynamomaschine 95% ist, hat die Kraftmaschine (Turbine, Gas- oder Dampfmaschine) zu leisten:

$$\frac{1903}{0{,}95} = 2000 \text{ KW.-Stunden.}$$

Übungsbeispiel 14.

Im Hochofen aufgegebenes Eisenoxyd wird bei 900° durch Kohlenoxyd reduziert nach der Gleichung:

$$Fe_2O_3 + 9\,CO + (17{,}15\,N_2) = 2\,Fe + 3\,CO_2 + 6\,CO + (17{,}15\,N_2).$$

Aufgabe:

Zu berechnen ist:

1) Die Reaktionswärme bei 900°.

2) Die Temperatur der Produkte nach der Reaktion.

Lösung:

1) Die in der Gleichung auf beiden Seiten stehenden 6 CO + 17,15 N_2 können unberücksichtigt bleiben.

Bei gewöhnlicher Temperatur würde die Reaktionswärme für 1 Mol = 160 kg Fe_2O_3 sein:

Zerlegung von	Fe_2O_3	=	— 195 600 Kal.
„ „	3 CO	=	— 87 480 „
Bildung „	3 CO_2	=	+ 291 600 „
Reaktionswärme		=	+ 8 520 Kal.

Um die Reaktionswärme bei 900° zu finden, haben wir zu der Reaktionswärme bei gewöhnlicher Temperatur die Wärme in den Ausgangsstoffen bei 900° hinzuzuzählen, die Wärme in den Produkten bei 900° abzuziehen.

Zu addieren:

Wärme in 160 kg Fe_2O_3 bei 900° =
160 [0,1447 (900) + 0,000 188 (900)²] = 45 200 Kal.
Wärme in 3 CO = 66,66 cbm bei 900° =
66,66 [0,303 (900) + 0,000 027 (900)²] = 19 640 „
Zusammen = 64 840 Kal.

Abzuziehen:

Wärme in 2 Fe = 112 kg bei 900° =
112 (0,218 t − 39) = 17 585 Kal.
Wärme in 3 CO_2 = 66,66 cbm bei 900° =
66,66 [0,37 (900) + 0,000 22 (900)²] = 34 080 „
Zusammen = 51 665 Kal.

Die Reaktionswärme bei 900° ist dann

$$8520 + 64\,840 - 51\,665 = +\,\mathbf{21\,695\ Kal.}$$

2) Diese Wärme wird die Temperatur aller Produkte: 2 Fe, 3 CO_2, 6 CO und 17,15 N_2 über 900° hinaus weiter erhöhen.

Bei der Erhitzung von 900° auf t nehmen die einzelnen Stoffe an Wärme auf:

2 Fe	=	112 [0,218 (t − 900)]
3 CO_2	=	66,66 [0,37 (t − 900) + 0,000 22 ($t^2 - 900^2$)]
6 CO	=	133,33 [0,303 (t − 900) + 0,000 027 ($t^2 - 900^2$)]
17,15 N_2	=	381,07 [0,303 (t − 900) + 0,000 027 ($t^2 - 900^2$)]
Summe	=	$0{,}028\,555\,t^2 + 204{,}94\,t - 207\,571 = 216\,95.$

Woraus $t = \mathbf{983^0}$

Aus vorstehendem folgt, daß die Reduktion des Fe_2O_3 durch CO bei 900° eine exotherme Reaktion ist. Wenn die Reaktion einmal im Gange ist, geht sie von selbst weiter. Bei FeO würden die Verhältnisse wahrscheinlich ähnlich sein. Die genaue Rechnung läßt sich jedoch in diesem Falle nicht durchführen, da wir die spez. Wärme von FeO nicht kennen.

Übungsbeispiel 15.

Eisenoxyd wird im Hochofen durch festen Kohlenstoff bei 900° reduziert nach der Gleichung

$$4\,Fe_2O_3 + 9\,C = 3\,CO_2 + 6\,CO + 8\,Fe.$$

Aufgabe:

Es ist zu berechnen:

1) Die Reaktionswärme bei 900°.
2) Die Temperatur der Produkte.

Lösung:

1) Bei gewöhnlicher Temperatur ist die Reaktionswärme:

Zerlegung von 4 Fe_2O_3 = 4 · 195 600 = — 782 400 Kal.
Bildung von 3 CO_2 = 3 · 97 200 = + 291 600 Kal.
„ „ 6 CO = 6 · 29 160 = + 174 960 + 466 560 Kal.
die Reaktionswärme = — 315 840 Kal.

Um die Reaktionswärme bei 900° zu finden, ist zu addieren:

Wärme in 4 Fe_2O_3 (640 kg) bei 900°
= 4 · 45 200 = + 180 800 Kal.
Wärme in 9 C = 108 kg bei 900°
= 108 [0,2142 (900) + 0,000 166 (900)²] = + 35 340 „
Zusammen = 216 140 Kal.

Und abzuziehen:

Wärme in 8 Fe (448 kg) bei 900°
= 17 585 · 4 = — 70 340 Kal.
Wärme in 3 CO_2 (66,66 cbm) bei 900° = — 34 080 „
Wärme in 6 CO (133,33 cbm) bei 900°
= 133,33 [0,303 (900) + 0,000 027 (900)²] = — 39 275 „
Zusammen = — 143 695 Kal.

Für die in der Gleichung auftretenden Mengen wird die Reaktionswärme bei 900°

= — 315 840 + 216 140 — 143 695 = — 243 395 Kal.

oder für ein Molekül Fe_2O_3 = — 60 850 Kal.

Die Reaktion ist also stark endotherm, und der abkühlende Einfluß wirkt hemmend.

2) Wenn Fe_2O_3 und C am Anfang der Reaktion 900° besäßen, dann würden die Produkte nach Ablauf der Reaktion weniger wie 900° haben, da sie auch noch die Reaktionswärme liefern müßten.

Durch Abkühlen von 900° auf t würden die Produkte an Wärme hergeben:

4 Fe_2 = 4 · 112 [0,218 (900 — t)]
3 CO_2 = 66,66 [0,37 (900 — t) + 0,000 22 (900² — t²)]
6 CO = 133,33 [0,303 (900 — t) + 0,000 027 (900² — t²)]
Summe = 0,0183 t² — 162,73 t + 161 250 = 243 395 Kal.

Woraus t = — 537°

Die Berechnung setzt voraus, daß diese endotherme Reaktion vollständig verläuft, ohne von selbst zum Stillstand zu kommen. Das widersinnige Ergebnis der Berechnung ist eben nur ein Ausdruck dafür, daß die Reaktion, wenn sie tatsächlich einträte, bald wieder durch Temperaturerniedrigung zum Stillstand kommen würde.

Außer den oben erwähnten Verbindungen gibt es noch einige, deren thermophysikalische Daten bestimmt sind; aber ihre Zahl ist sehr gering gegenüber denjenigen, die noch keine Bearbeitung erfahren haben. Für viele für die Metallurgie äußerst wichtige Verbindungen kennen wir nicht einmal die spez. Wärme, geschweige denn die latente Schmelzwärme usw. Die ausgedehnte Anwendung des elektrischen Ofens macht die Kenntnis der latenten Verdampfungswärmen und der spezifischen Wärmen bei hohen Temperaturen sehr erwünscht; aber diese Daten fehlen vollständig. Wir können ihre Werte nur schätzen. Es wäre zu wünschen, daß viele wissenschaftliche Laboratorien angeregt werden möchten, dies stark vernachlässigte Gebiet in Angriff zu nehmen und zahlenmäßige Daten zu beschaffen, die von größtem theoretischen und praktischen Wert sein würden. Als Vorbild solcher Untersuchungen ist die unlängst veröffentlichte Arbeit von Prof. J. H. L. Vogt in Christiania über Silikatschmelzlösungen zu nennen, in der die Schmelzpunkte und Schmelzwärmen vieler einfacher und komplexer Silikate zum ersten Male bestimmt sind. Wir möchten voraussagen, daß die Zahlen und Folgerungen Prof. Vogts dem Physiker, Chemiker, Metallurgen und Geologen sowohl in praktischer als theoretischer Hinsicht von großem Wert sein werden.

Bei der Zusammenstellung der noch übrigen zugänglichen Daten ist es schwer zu entscheiden, was unmittelbares metallurgisches Interesse besitzt und was nicht. Besonders die Elektrometallurgie beschäftigt sich mit der Behandlung und Zersetzung so vieler Verbindungen, die bisher außerhalb des metallurgischen Interessenkreises zu liegen schienen, daß nunmehr fast alle gewöhnlichen chemischen Verbindungen für den Metallurgen gegenwärtiges oder künftiges Interesse besitzen.

Thermophysik der Chloride.

Wasserstoff: HCl (Gas):

Sm 1 kg (22°–214°) . . . . . . = 0,1867 Kal. (Regnault),
1 cbm (22°–214°) . . . . . = 0,3067 „ („).

Lithium: $LiCl$ (fest):

Sm 1 kg (13°–97°) . . . . . . = 0,2821 Kal. (Regnault).

Kohlenstoff: CCl_4 (flüssig):

Latente Verdampfungswärme bei 0° = 52,0 Kal. (Regnault).

Ammonium: NH_4Cl (fest):

Sm 1 kg (23°–100°) . . . . . . = 0,3908 Kal. (Neumann).

Natrium: $NaCl$ (fest):

Sm 1 kg (15°–98°) . . . . = 0,2140 Kal. (Regnault).

Magnesium: $MgCl_2$ (fest):
Sm 1 kg (24°—100°) . . . . . . = 0,1946 Kal. (Regnault).

Silizium: $SiCl_4$ (flüssig):
Sm 1 kg (10°—15°) . . . . . . = 0,1904 Kal. (Regnault).

$SiCl_4$ (Gas):
Sm 1 kg (90°—234°) . . . . . = 0,1322 „ („).
1 cbm (90°—234°) . . . . = 1,0113 „ („).

Kalium: KCl (fest):
Sm 1 kg (14°—99°) . . . . = 0,1730 Kal. (Regnault).

Kalzium: $CaCl_2$ (fest):
Sm 1 kg (23°—99°) . . . . = 0,1642 Kal. (Regnault).

Titan: $TiCl_4$ (fest):
Sm 1 kg (13°—99°) . . . . = 0,1881 Kal. (Regnault),

$TiCl_4$ (Gas):
Sm 1 kg (163°—271°) . . . . . = 0,1290 „ („).

Chrom: $CrCl_2$ (fest):
Sm 1 kg (?) . . . . = 0,1430 Kal. (Kopp).

Mangan: $MnCl_2$ (fest):
Sm 1 kg . . . . = 0,1425 Kal. (Regnault),
Latente Verdampfungswärme . . = 49,37 Kal. (Ogier)

Kupfer: CuCl (fest):
Sm 1 kg (17°—98°) . . . . = 0,1383 Kal. (Regnault).

Zink: $ZnCl_2$ (fest): . .
Sm 1 kg (21°—99°) . . . . = 0,1362 Kal. (Regnault).

Arsen: $AsCl_3$ (fest):
Sm 1 kg (14°—98,3°) . . . . . . = 0,0896 Kal. (Regnault),

$AsCl_3$ (Gas):
Sm 1 kg (159°—268°) . . . . . . = 0,1122 „ („),
Latente Verdampfungswärme . . = 69,74 „ („).

Strontium: $SrCl_2$ (fest):
Sm 1 kg (13°—98°) . . . . = 0,1199 „ („).

Silber: AgCl (fest):
Sm 1 kg (15°—98°) . . . . = 0,0911 Kal. (Regnault).
(160°—380°) . . . . . . = 0,0978 „ (Ehrhardt).

Zinn: $SnCl_2$ (fest):
Sm 1 kg (20°—99°) . . . . = 0,1016 Kal. (Regnault).

$SnCl_4$ (flüssig):
Sm 1 kg (14°—98°) . . . . = 0,1476 Kal. (Regnault).

$SnCl_4$ (Gas):
Sm 1 kg (149°—273°) . . . . . = 0,0939 Kal. (Regnault).
Verdampfungswärme bei 112° . . = 46,84 Kal. („).

Baryum: $BaCl_2$ (fest):
Sm 1 kg (14°—98°) . . . . = 0.0896 Kal. (Regnault).

Quecksilber: HgCl (fest):
Sm 1 kg (7°- 99°) . . . . = 0,0521 Kal. (Regnault).

$HgCl_2$ (fest):
Sm 1 kg (13°—98°) . . . . = 0,0689 Kal. (Regnault).

Blei: $PbCl_2$ (fest):
Sm 1 kg (20°—100°) . . . . = 0,0651 Kal. (Luginin),
(160°—380°) . . . . = 0,0707 „ (Ehrhardt).

$PbCl_2$ (flüssig):
Sm 1 kg oberhalb 485° . . . . . . = 0,1035 Kal. (Ehrhardt).
Latente Schmelzwärme bei 485° = 20,90 Kal. („).

Thermophysik der Bromide.

Wasserstoff: HBr (Gas):
Sm 1 kg (11°—100°) . . . . = 0,0820 Kal. (Strecker),
1 cbm (11°—100°) . . . . . = 0,2989 Kal. („).

Natrium: NaBr (fest):
Sm 1 kg (?) . . . . = 0,1384 Kal. (Regnault),

Kalium: KBr (fest):
Sm 1 kg (16°—98°) . . . . = 0,1132 Kal. (Regnault).

Silber: AgBr (fest):
Sm 1 kg (15°—98°) . . . . = 0,0739 Kal. (Regnault).

Blei: $PbBr_2$ (fest):
Sm 1 kg (16°—98°) . . . . = 0,0532 Kal. (Regnault).
(190°—430°) . . . . = 0,0532 Kal. (Ehrhardt).
Latente Schmelzwärme bei 490° . = 12,34 Kal. („).

Thermophysik der Jodide.

Wasserstoff: HJ (Gas):
Sm 1 kg (21°—100°) . . . . = 0,0550 Kal. (Strecker),
1 cbm (21°—100°) . . . . . = 0,3168 Kal. („).

Natrium: NaJ (fest):
Sm 1 kg (16°—99°) . . . . = 0,0868 Kal. (Regnault).

Kalium: KJ (fest):
Sm 1 kg (20°—99°) . . . . = 0,0819 Kal. (Regnault).

Kupfer: CuJ (fest):
Sm 1 kg (18⁰—99⁰) . . . . = 0,0687 Kal. (Regnault).

Silber: AgJ (fest):
Sm 1 kg (15⁰—264⁰) . . . . = 0,0577 Kal. (Bellati u. Romanese).

Quecksilber: HgJ (fest):
Sm 1 kg (17⁰—99⁰) . . . . = 0,0395 Kal. (Regnault).

HgJ_2 (fest):
Sm 1 kg (18⁰—99⁰) . . . . = 0,0420 Kal. (Regnault).

Blei: PbJ_2 (fest):
Sm 1 kg (14⁰—98⁰) . . . . = 0,0427 Kal. (Regnault),
(160⁰—315⁰) . . . . = 0,0430 Kal. (Ehrhardt),

PbJ_2 flüssig:
Oberhalb 375⁰ . . . . = 0,0645 Kal. (Ehrhardt),
Latente Schmelzwärme bei 375⁰ . = 11,50 Kal. (Ehrhardt)

Thermophysik der Fluoride.

Natrium-Aluminium: $3\,NaF \cdot AlF_3$:
Sm 1 kg (16⁰—99⁰) . . . . = 0,2522 Kal. (Olberg).
(Kryolith.)

Kalzium: Flußspat CaF_2:
Sm 1 kg (15⁰—99⁰) . . . . = 0,2154 Kal. (Regnault).

Thermophysik der Sulfate.

Wasserstoff: H_2SO_4:
Sm 1 kg (5⁰—22⁰) . . . . = 0,332 Kal. (Cattones),
Latente Verdampfungswärme bei 326⁰ . . . . = 122,1 Kal. (Person).

Natrium: Na_2SO_4:
Sm 1 kg (17⁰—98⁰) . . . . = 0,2312 Kal. (Regnault).

Magnesium: $MgSO_4$:
Sm 1 kg (25⁰—100⁰) . . . . = 0,2250 Kal. (Pape).

Kalium: K_2SO_4:
Sm 1 kg (15⁰—98⁰) . . . . = 0,1901 Kal. (Regnault).

$KHSO_4$: .
Sm 1 kg (19⁰—51⁰) . . . . = 0,2440 Kal. (Kopp).

Kalzium: $CaSO_4$:
Sm 1 kg (13⁰—98⁰) . . . . = 0,1965 Kal. (Regnault).

Mangan: $MnSO_4$:
Sm 1 kg (21⁰—100⁰) . . . . = 0,1820 Kal. (Pape).

Nickel: $NiSO_4$:
Sm 1 kg (15⁰—100⁰) . . . . . . = 0,2160 Kal. (Pape).

Kupfer: $CuSO_4$:
Sm 1 kg (23⁰—100⁰) . . . . . = 0,1840 Kal. (Pape).

Zink: $ZnSO_4$:
Sm 1 kg (22⁰—100⁰) . . . . . . = 0,1740 Kal. (Pape).

Strontium: $SrSO_4$:
Sm 1 kg (22⁰—99⁰) . . . . = 0,1428 Kal. (Regnault).

Baryum: $BaSO_4$:
Sm 1 kg (10⁰—98⁰) . . . . = 0,1128 Kal. (Regnault).

Blei: $PbSO_4$:
Sm 1 kg (20⁰—99⁰) . . . . = 0,0827 Kal. (Regnault).

Thermophysik der Nitrate.

Wasserstoff: HNO_3:
Latente Verdampfungswärme . . = 115,1 Kal. (Person).

Ammonium: NH_4NO_3:
Sm 1 kg (14⁰—31⁰) . . . . = 0,4550 Kal. (Kopp).

Natrium: $NaNO_3$:
Sm 1 kg (14⁰—98⁰) . . . . = 0,2782 Kal. (Regnault),

$NaNO_3$ (flüssig):
Sm 1 kg (320⁰—430⁰) . . . . . . = 0,4130 Kal. (Person).
Latente Schmelzwärme bei 305,5⁰ = 64,87 Kal. („).

Kalium: KNO_3: . . . =
Sm 1 kg (13⁰—98⁰) . . . . = 0,2387 Kal. (Regnault).

KNO_3 (flüssig):
Sm 1 kg (350⁰—435⁰) . . . . . . = 0,3319 Kal. (Person),
Latente Schmelzwärme bei 333,5⁰ = 48,90 Kal. („).

Kalium — Natrium: (K,Na) NO_3:
Sm 1 kg (15⁰—100⁰) . . . . . . = 0,2350 Kal. (Person).

Strontium: $Sr(NO_3)_2$:
Sm 1 kg (17⁰—47⁰) . . . . = 0,1810 Kal. (Kopp).

Silber: $AgNO_3$:
Sm 1 kg (16⁰—99⁰) . . . . = 0,1435 Kal. (Regnault).

Baryum: $Ba(NO_3)_2$:
Sm 1 kg (13⁰—98⁰) . . . . = 0,1523 Kal. (Regnault).

Blei: $Pb(NO_3)_2$:
Sm 1 kg (17⁰—100⁰) . . . . . . = 0,1173 Kal. (Neumann).

Thermophysik der Karbonate.

Natrium: Na_2CO_3:
Sm 1 kg (16⁰—98⁰) . . . . = 0,2728 Kal. (Regnault).

Kalium: K_2CO_3 . . . .
Sm 1 kg (23⁰—99⁰) . . . . = 0,2162 Kal. (Regnault).

Kalzium: Kalkspat $CaCO_3$:
Sm 1 kg (20⁰—100⁰) . . . . = 0,2086 Kal. (Regnault).

Aragonit $CaCO_3$:
Sm 1 kg (18⁰—99⁰) . . . . = 0,2085 Kal. (Regnault).

Marmor $CaCO_3$:
Sm 1 kg (23⁰—98⁰). . . . . = 0,2099 Kal. (Regnault).

Kalzium-Magnesium: $CaMg(CO_3)_2$:
Sm 1 kg (20⁰—100⁰) . . . . = 0,2179 Kal. (Regnault).

Magnesium-Eisen: $Mg_7Fe_2(CO_3)_9$:
Sm 1 kg (17⁰—100⁰) . . . . = 0,2270 Kal. (Neumann).

Eisen: Eisenspat $FeCO_3$:
Sm 1 kg (9⁰—98⁰) . . . . = 0,1935 Kal. (Regnault).

Strontium: $SrCO_3$:
Sm 1 kg (8⁰—98⁰) . . . . = 0,1475 Kal. (Regnault).

Baryum: $BaCO_3$:
Sm 1 kg (11⁰—99⁰) . . . . = 0,1104 Kal. (Regnault).

Blei: Cerussit $PbCO_3$:
Sm 1 kg (16⁰—47⁰) . . . . = 0,0791 Kal. (Kopp).

Thermophysik der Chromate.

Kalium: K_2CrO_4:
Sm 1 kg (19⁰—98⁰) . . . . = 0,1851 Kal. (Regnault).

$K_2Cr_2O_7$:
Sm 1 kg (16⁰—98⁰) . . . . = 0,1894 Kal. (Regnault).

Blei: $PbCrO_4$:
Sm 1 kg (19⁰—50⁰) . . . . = 0,0900 Kal. (Kopp).

Chromeisenstein $FeCr_2O_4$:
Sm 1 kg (19⁰—50⁰) . . . . = 0,1590 Kal. (Kopp).

Thermophysik der Borate.

Natrium: $Na_2B_2O_4$:
Sm 1 kg (17⁰—97⁰) . . . . = 0,2571 Kal. (Regnault).

$Na_2B_4O_7$:
Sm 1 kg (16⁰—98⁰) . . . . = 0,2382 Kal. (Regnault).

Kalium: $K_2B_2O_4$:

Sm 1 kg (16°—98°) . . . . = 0,2048 Kal. (Regnault).

$K_2B_4O_7$:

Sm 1 kg (18°—99°) . . . . = 0,2198 Kal. (Regnault).

Blei: PbB_2O_4:

Sm 1 kg (15°—98°) . . . . = 0,0905 Kal. (Regnault).

PbB_4O_7:

Sm 1 kg (16°—98°) . . . . = 0,1141 Kal. (Regnault).

Thermophysik der Phosphate.

Natrium: $Na_4P_2O_7$:

Sm 1 kg (17°—98°) . . . . = 0,2283 Kal. (Regnault).

Kalium: $K_4P_2O_7$:

Sm 1 kg (17°—98°) . . . . = 0,1901 Kal. (Regnault).

Kalizum: CaP_2O_6:

Sm 1 kg (15°—98°) . . . . = 0,1992 Kal. (Regnault).

Apatit $3\,Ca_3P_2O_8 \cdot CaF_2$:

Sm 1 kg (15°—99°) . . . . = 0,1903 Kal. (Olberg).

Silber: Ag_3PO_4:

Sm 1 kg (19°—50°) . . . . = 0,0898 Kal. (Kopp).

Blei: $Pb_2P_2O_7$:

Sm 1 kg (11°—98°) . . . . = 0,0821 Kal. (Regnault).

$Pb_3P_2O_8$:

Sm 1 kg (11°—98°) . . . . = 0,0798 Kal. (Regnault).

Thermophysik der Aluminate usw.

Spinell: $MgAl_2O_4$:

Sm 1 kg (15°—47°) . . . . = 0,1940 Kal. (Kopp).

Chrysoberyll: $BeAl_2O_4$:

Sm 1 kg (0°—100°) . . . . = 0,2004 Kal. (Nilson u. Petterson).

Ilmenit: $FeTiO_3$:

Sm 1 kg (15°—50°) . . . . = 0,177 Kal. (Kopp).

Wulfenit: $PbMoO_4$:

Sm 1 kg (15°—50°) . . . . = 0,083 Kal. (Kopp).

Scheelit: $CaWoO_4$:

Sm 1 kg (15°—50°) . . . . = 0,097 Kal. (Kopp).

Wolframit: $Fe(Mn)WoO_4$:

Sm 1 kg (15°—50°) . . . . = 0,098 Kal. (Kopp).

$KMnO_4$:
Sm 1 kg (15°–50°) . . . . = 0,179 Kal. (Kopp).
$KClO_3$:
Sm 1 kg (10°–100°). . . . . . . = 0,210 Kal. (Regnault).

Verschiedenes.

Glas: CaK-Silikat:
Sm 1 kg (14°–99°) . . . . = 0.1977 Kal. (Regnault),
Sm 1 kg (0°–300°) . . . . = 0,190 Kal. (Dulong u. Petit).

Flintglas:
Sm 1 kg (10°–50°) . . . . = 0,117 Kal. (H. Meyer).

Kronglas:
Sm 1 kg (10°–50°) . . . . = 0,161 Kal. (H. Meyer).

Paraffin, fest:
Sm 1 kg (10°–15°) . . . . = 0,562 Kal. (Batelli),
Sm 1 kg (35°–40°) . . . . . . = 0,622 Kal. (Batelli).

Paraffin, flüssig:
Sm 1 kg (52°–63°) . . . . = 0,706 Kal. (Batelli).

Bienenwachs, fest:
Sm 1 kg (26°–42°) . . . . = 0,820 Kal. (Person),
Sm 1 kg (42°–58°) . . . . = 1,720 Kal. (Person).

Bienenwachs, flüssig:
Sm 1 kg (65–°100°). . . . . . . = 0,499 Kal. (Person).

Vulkanit:
Sm 1 kg (20°–100°). . . . . . . = 0,331 Kal. (A. M. Meyer).

Weicher Parakautschuk:
Sm 1 kg (0°–100°) . . . . = 0,481 Kal. (H. Gee u. Terry).

Ammoniakgas: NH_3:
Sm (0–t) 1 cbm . . . . = 0,38 + 0,000 16 t Kal. (Le Chatelier).

Methan: CH_4:
Sm (0–t) 1 cbm . . . . = 0,38 + 0,000 22 t Kal.

Äthylen C_2H_4:
Sm (0–t) 1 cbm . . . . = 0,46 + 0,000 3 t Kal. (Le Chatelier).

Thermophysik der Sulfide.

Wasserstoff: H_2S (Gas):
Sm 1 kg (20°–206°). . . . . . . = 0,2451 Kal. (Regnault),
Sm 1 cbm (20°–206°) . . . . . . = 0,3750 Kal. Regnault).
1 cbm (0 – t) . . . . = 0,34 + 0,000 15 t.

Kohlenstoff: CS_2, flüssig:
Sm 1 kg (14°–29°) . . . . = 0,2468 Kal. (Person).

Gas:
Sm 1 kg (86°–190°). . . . . . . = 0,1596 Kal. (Regnault),
Sm 1 cbm (86°–190°) . . . . . . = 0,5458 Kal. (Regnault).
Lat. Verdampfungswärme b. 46° = 83,8 Kal. (Wirtz).

Mangan: MnS:
Sm 1 kg (10°–100°). . . . . . . = 0,1392 Kal. (Sella).

Eisen: FeS:
Sm 1 kg (17°–98°) . . . . = 0,1357 Kal. (Regnault).

Magnetkies Fe_7S_8:
Sm 1 kg (20°–100°). . . . . . . = 0,1602 Kal. (Regnault).

Pyrit FeS_2:
Sm 1 kg (19°–98°) . . . . = 0,1301 Kal. (Regnault).
Zersetzt sich unter Abgabe von Schwefel bei 565° (L.-U.-Laboratorium).

Nickel: NiS:
Sm 1 kg (15°–98°) . . . . = 0,1281 Kal. (Regnault).

Kobalt: CoS:
Sm 1 kg (15°–98°) . . . . = 0,1251 Kal. (Regnault).

Kupfer: Cu_2S:
Sm 1 kg (9°–97°). . . . . = 0,1212 Kal. (Regnault).
Sm 1 kg (0°–t°) . . . . = 0,1126 + 0,000 09 t Kal.
(Bellati u. Lussana).

Zink: ZnS:
Sm 1 kg (15°–98°) . . . . = 0,1230 Kal. (Regnault).

Arsen: AsS:
Sm 1 kg (20°–100°). . . . . . . = 0,1111 Kal. (Neumann).

As_2S_3:
Sm 1 kg (20°–100°). . . . . . . = 0,1132 Kal. (Neumann).

Molybdän: MoS_2:
Sm 1 kg (20°–100°). . . . . . . = 0,1233 Kal. (Regnault).

Silber: Ag_2S:
Sm 1 kg (7°–98°). . . . . = 0,0746 Kal. (Regnault u. Sella).
Sm 1 kg (0°–t°) . . . . = 0,0685 + 0,000 05 t Kal.
(Bellati u. Lussana).

Zinn: SnS:
Sm 1 kg (13°–98°) . . . . = 0,0837 Kal. (Regnault).

SnS_2:
Sm 1 kg (12°–95°) . . . . = 0,1193 Kal. (Regnault).

Antimon: Sb_2S_3:

Sm kg (23°—99°) . . . . = 0,0840 Kal. (Regnault).

Quecksilber: HgS:

Sm 1 kg (14°—98°) . . . . = 0,0512 Kal. (Regnault).

Blei PbS:

Sm 1 kg (16°—98°) . . . . = 0,0509 Kal. (Regnault).

Q (geschmolzen, bei 1050°) . . . = 104 Kal. (Laboratorium der Lehigh-Universität).

Wismut: Bi_2S_3:

Sm 1 kg (11°—99°) . . . . = 0,0600 Kal. (Regnault).

Thermophysik der zusammengesetzten Sulfide.

Buntkupferkies Cu_3FeS_3:

Sm 1 kg (10°—100°). . . . . . . = 0,1177 Kal. (Sella).

Kupferkies $CuFeS_2$:

Sm 1 kg (14°—98°) . . . . = 0,1310 Kal. (Kopp).

Zersetzt sich unter S-Abgabe bei 720° (Lab. der Lehigh-Universität).

Fahlerz (Tetraëdrit) $Cu_4Sb_2S_7$:

Sm 1 kg (10°—100°). . . . . . . = 0,0987 Kal. (Sella).

Bournonit $PbCuSbS_3$:

Sm 1 kg (10°—100°). . . . . . . = 0,0730 Kal. (Sella).

Mißpickel FeAsS:

Sm 1 kg (10°—100°). . . . . . . = 0,1030 Kal. (Sella).

Glanzkobalt CoAsS:

Sm 1 kg (15°—99°) . . . . = 0,0991 Kal. (Sella).

Proustit Ag_3AsS_3:

Sm 1 kg (10°—100°). . . . . . . = 0,0807 Kal. (Sella).

Pyrargyrit Ag_3SbS_3:

Sm 1 kg (10°—100°). . . . . . . = 0,0757 Kal. (Sella).

Thermophysik der Arsenide und Antimonide.

Löllingit $FeAs_2$:

Sm 1 kg (10°—100°). . . . . . . = 0,864 Kal. (Sella).

Speiskobalt $CoAs_2$:

Sm 1 kg (10°—100°). . . . . . . = 0,0830 Kal. (Sella).

Domeykit Cu_3As:

Sm 1 kg (10°—100°). . . . . . . = 0,0949 Kal. (Sella).

Antimonsilber (Diskrasit) Ag_3Sb:

Sm 1 kg (10°—100°). . . . . . . = 0,0558 Kal. (Sella).

Thermophysik der Silikate.

Magnesium (Olivin) Mg_2SiO_4:

Sm (0°—100°) . . . . = 0,2200 Kal. (Vogt),
Schmelzpunkt . . . . = 1400° (Vogt),
Latente Schmelzwärme . . . . . = 130 Kal. (Vogt),
Q (fest, 0°—1400°) . . . . = 520 Kal. (Vogt).

Magnesium (Enstatit) $MgSiO_3$ (mit ein wenig Ca anstatt Mg):

Sm (0°—100°) . . . . = 0,206 Kal. (Vogt),
Sm (0°—1200°) . . . . = 0,301 Kal. (Vogt),
Schmelzpunkt . . . . = 1300° (Vogt),
Q (fest) (0°—1300°) . . . . = 403 Kal. (Vogt),
Latente Schmelzwärme . . . . . = 125 Kal. (Vogt).

Aluminium (Topas) $Al_2Si(F)O_5$:

Sm (12°—100°) . . . . = 0,1997 Kal. (Joly).

Aluminium-Beryllium (Beryll) $BeAl_2Si_2O_8$:

Sm (12°—100°) . . . . = 0,2066 Kal. (Joly).

Kalium-Aluminium (Mikroklin) $KAlSi_3O_8$ (triklin):

Sm (20°—100°) . . . . = 0,197 Kal. (Bogajawlensky).
Schmelzpunkt . . . . = 1170° (Vogt),
Latente Schmelzwärme . . . . . = 83 Kal. (Vogt).

Kalium-Aluminium (Orthoklas) $KAlSi_3O_8$ (monoklin):

Sm (20°—100°) . . . . = 0,1877 Kal. (Olberg),
Schmelzpunkt . . . . = 1200° (Vogt),
Latente Schmelzwärme . . . . . = 100 Kal. (Vogt).

Kalzium-Aluminium (Anorthit) $CaAl_2Si_2O_8$:

Sm (0°—100°) . . . . = 0,189 Kal. (Vogt),
Sm (0°—1200°) . . . . = 0,294 Kal. (Vogt).
Schmelzpunkt . . . . = 1220° (Vogt),
Q (fest) (0°—1220°) . . . . = 358 Kal. (Vogt),
Latente Schmelzwärme . . . . . = 100 Kal. (Vogt).

Kalzium (Wollastonit) $CaSiO_3$:

Sm (0°—100°) . . . . = 0,179 Kal. (Vogt),
Sm (0°—1200°) . . . . = 0,288 Kal. (Vogt).
Schmelzpunkt . . . . = 1250° (Vogt),
Q (fest) (0°—1250°) . . . . = 360 Kal. (Vogt),
Latente Schmelzwärme . . . . . = 100 Kal. (Vogt).

Kalzium-Magnesium (Malakolith) $Ca_3MgSi_4O_{12}$:

Sm (0°—100°) . . . . = 0,186 Kal. (Vogt),
Sm (0°—1200°) . . . . = 0,26 Kal. (Vogt).

Schmelzpunkt . . . . = 1200° (Vogt).
Q (fest) (0°—1200°) . . . . = 319 Kal. (Vogt).
Latente Schmelzwärme . . . . . = 94 Kal. (Vogt).

Kalzium-Magnesium (Diopsid) $CaMgSi_2O_6$:
Sm (0°—100°) . . . . = 0,194 Kal. (Vogt),
Sm 0°—1200°) . . . . = 0,281 Kal. (Vogt)
Schmelzpunkt . . . . = 1225° (Vogt).
Q (fest) (0°—1225°) . . . . = 344 Kal. (Vogt),
Latente Schmelzwärme . . . . . = 100 Kal. (Vogt).

Eisen (Fayalit) Fe_2SiO_4:
Sm (0°—100°) . . . . = 0,1700 Kal. (Vogt),
Q (fest) (0°—1040°) . . . . = 310 Kal. (Vogt),
Latente Schmelzwärme . . . . . = 85 Kal. (Vogt).

Eisen-Aluminium (Granat) $Fe_3Al_2Si_3O_{12}$:
Sm (16°—100°) . . . . = 0,1758 Kal. (Olberg),
Schmelzpunkt . . . . = 1145° (Joly).

Zirkonium: Zirkon $ZrSiO_4$:
Sm (15°—100°) . . . . = 0,1456 Kal. (Regnault),
Schmelzpunkt . . . . = 1760° (Joly).

Bimsstein:
Sm (10°—100°) . . . . = 0,240 (Dunn).

Lava vom Ätna, 1669:
Sm (0°—500°) . . . . = 0,182 + 0,000 155 t (Bartoli).
Sm (500°—800°) . . . . = 0,270 Kal. (Bartoli).

Kristallinische Schlacke:
Sm (14°—99°) . . . . = 0,1888 Kal. (Olberg).

Glasige Schlacke:
Sm (15°—99°) . . . . = 0,1865 Kal. (Olberg).

Bessemer-Schlacke:
Sm (14°—99°) . . . . = 0,1691 Kal. (Olberg).

Basalt:
Sm (20°—470°) . . . . = 0,1990 (Roberts-Austen).

Granit:
Sm (20°—524°) . . . . = 0,2290 (Bartoli).

Die spezifischen Wärmen der Silikate zeigen im allgemeinen ziemlich gute Übereinstimmung mit den Werten, die sich aus ihrer prozentischen Zusammensetzung unter Einführung der spezifischen Wärmen der einzelnen das Silikat konstituierenden Oxyde im freien Zustande berechnen.

Das gilt für die folgenden Oxyde, deren spezifische Wärmen bei 0° bekannt sind.

SiO_2 = 0,1833 (Richards),
Al_2O_3 = 0,2081 (Richards),
Fe_2O_3 = 0,1456 (Richards),
MgO = 0,2420 (Regnault).
CaO = 0,1779 (berechnet).

Die nachstehenden Oxyde, für die die spezifischen Wärmen nicht bekannt sind, würden sich der Regel fügen unter Annahme folgender Werte:

FeO = 0,1460 (Vogt),
MnO = 0,1511 (Vogt),
K_2O = 0,1390 (Vogt),
Na_2O = 0,2256 (Vogt),
Li_2O = 0,4430 (Vogt).

Unter Benutzung dieser Zahlen können wir die spezifische Wärme S des Silikates bei 0° aus der Zusammensetzung berechnen. Für höhere Temperaturen kann mit ziemlicher Annäherung angenommen werden, daß S mit 0,078% für jeden Grad zunimmt. Wenn wir die spezifische Wärme bei 0° mit S_0 bezeichnen, haben wir also:

$$S = S_0 (1 + 0{,}000\,78\, t),$$
$$Sm = S_0 (1 + 0{,}000\,39\, t),$$
$$Q\,(0^0 - t^0) = Sm \cdot t.$$

Neben der obigen Verallgemeinerung, die die Berechnung der im festen Silikat beim Schmelzpunkt (wenn letzterer bekannt ist) enthaltenen Wärme ermöglicht, hat Vogt nachgewiesen, daß die latente Schmelzwärme zu 20—25% (im Mittel etwa 22,5%) der zur Erhitzung des Silikates von — 273° bis zum Schmelzpunkt nötigen Wärme angenommen werden kann. Dadurch ist eine Möglichkeit zur annähernden Berechnung der Schmelzwärme gegeben.

Für viele Silikatschlacken hat Akerman die in 1 kg geschmolzener Schlacke beim Schmelzpunkt enthaltene Gesamtwärme bestimmt. Diese Wärmen liegen zwischen 347 und 530 Kal., wobei die Unterschiede wesentlich durch die Höhe des Schmelzpunktes bedingt sind. Die Ergebnisse der Untersuchung Akermans nach der Größe des Wärmebetrags in der eben geschmolzenen Schlacke geordnet, sind nachstehend wiedergegeben.

Kalorien	% SiO_2	% CaO	% Al_2O_3
347.	59	36	5
	39	42	19

Kalorien	% SiO_2	% CaO	% Al_2O_3
	63	35	2
	58	35	7
	58	37	5
	53	37	10
350	41	42	17
	38	47	15
	39	43	19
	37	40	23
	66	32	2
	59	38	5
	48	42	10
	40	48	12
360	34	48	18
	31	37	32
	46	37	17
	58	32	10
	58	27	15
	62	37	1
380	38	52	10
	25	34	41
	44	33	23
	60	20	20
	65	35	0
400	41	52	7
	37	53	10
	21	32	47
	43	30	27

Die obigen Zahlen umfassen die meisten sauren und basischen Hochofenschlacken. Für andere in die Metallurgie des Eisens oder der übrigen Metalle fallende Schlacken fehlen die Daten fast gänzlich. Hier bleibt ein weites Feld für metallurgische Untersuchungen. Die Zahlen würden unmittelbar für praktische Berechnungen von Nutzen sein.

Sechstes Kapitel.

Die Heizgase.

Es gibt sehr viele verschiedene Formen von Gaserzeugern. Für unseren Zweck, um Berechnungen anzustellen, erscheint eine Einteilung in folgende vier Gruppen zweckmäßig:

1. Luftgas[1])-Erzeuger. Diese werden mit gewöhnlichen Brennstoffen wie Holz, Torf, Braunkohle, Steinkohle oder Anthrazit betrieben, und sie erhalten keine Zufuhr von Wasser oder Wasserdampf, abgesehen von dem im Heizmaterial enthaltenen Wasser und der normalen Feuchtigkeit der Luft.
2. Mischgas-Erzeuger. In diese Apparate wird mit der Verbrennungsluft Wasserdampf eingeführt, aber nur in solcher Menge, daß er beim Passieren der Brennstoffschicht vollständig zersetzt wird.
3. Mondgas-Erzeuger. Zu einem besonderen Zwecke wird hier mehr Wasserdampf zugeführt, als der Erzeuger zersetzen kann; diese Gaserzeuger liefern deshalb ein sehr nasses Gas.
4. Wassergas-Erzeuger. Ein und derselbe Apparat wird hier abwechselnd mit Luft und Dampf gespeist. Die Luft dient zum Heizen des Erzeugers, der Dampf liefert das Wassergas.

Für die Berechnungen, die wir anstellen wollen, besteht der wesentliche Unterschied der vier Klassen in dem wechselnden Betrag an Wasserdampf, der während der Gaserzeugung unter der Brennstoffschicht eingeführt wird, nämlich von Luft allein bei der ersten Art bis zu Dampf allein bei der vierten Art.

Die Berechnungen, welche an und für sich von großem Interesse und für den Hüttenmann unmittelbar von Wert sind, beziehen sich auf das Gasvolum, das für die Gewichtseinheit Brennstoff erzeugt werden kann; auf den Heizwert des Gases, verglichen mit dem des Brennstoffs, aus dem das Gas erzeugt ist; weiter auf die Wärmeverluste, die mit der Umwandlung des festen Brennstoffes in gasförmige Produkte verknüpft sind: ferner auf die Rolle des Dampfes in den Gaserzeugern; auf die Frage nach der oberen Grenze, bis zu welcher die Zuführung von Dampf statthaft ist; auf die Zunahme an pyrometrischem Effekt des Gases durch nachfolgendes Trocknen; und schließlich auf die Vorteile in bezug auf den Gesamteffekt, die bei der Vergasung des Brennstoffes im Gegensatz zu seiner direkten Verbrennung erreicht werden können.

Wer sich eingehender über Bau und Betrieb der Gaserzeuger unterrichten will, sei auf Werke wie Sextons oder Weyers „Producer Gas" und Groves u. Thorps „Chemical Technology, Bd. V, Fuels" verwiesen. Auch Geschäftsbroschüren und Kataloge, wie z. B. die von R. D. Wood & Co. über „Gas Producers", von De la Vergue Machine Co. über „Körting Gas Engines and Gas Producers", enthalten eine große Menge exaktes und wertvolles Wissen und sind gewöhnlich umsonst zu haben. Die Monographie Jüptners und Toldts „Generatoren und Martinöfen"

[1]) Luftgas ist eine andere Bezeichnung für das eigentliche Generatorgas.

(Felix, Leipzig 1900) beschäftigt sich ausschließlich mit kalorimetrischen Berechnungen über Erzeugung von Heizgas und seine Verwendung in Regenerativöfen[1]).

1. Luftgas-, (Generatorgas-)Erzeuger.

In diesen wird eine hohe Brennstoffschicht durch Luft vergast, die von unten eingeführt, eventuell durch einen Ventilator hineingepreßt wird, wobei nur gerade soviel Feuchtigkeit zugeführt wird, wie die Luft enthält. Das aufgegebene Brennmaterial wird zuerst durch die heißen Gase getrocknet, erleidet dann eine trockene Destillation, verkokt und wird schließlich unten durch die einströmende Luft verbrannt. Der Rückstand der Verbrennung ist eine Asche, die oft mit mehr oder weniger unverbranntem Kohlenstoff durchsetzt ist, und die am Boden des Gaserzeugers herausgeschafft wird bzw. durch den Rost in den Aschenraum fällt. Große Brennstoffverluste können bisweilen durch den hohen Kohlenstoffgehalt der Asche entstehen. Die abziehenden Gase haben eine Temperatur von 300° bis hinauf zu 1000° und entführen dem Erzeuger viel Wärme.

Die Berechnungen über das aus der Gewichtseinheit Brennstoff erhaltene Gasquantum sind ausschließlich unter Zugrundelegung des Kohlenstoffs auszuführen. Aus einer sorgfältigen Analyse des Gases ist die in einem gegebenen Gasvolum enthaltene Gewichtsmenge Kohlenstoff leicht zu ermitteln. (Eine andere Möglichkeit der Kohlenstoffbestimmung besteht darin, daß ein genau gemessenes Gasvolum, mit überschüssigem Sauerstoff gemischt, in einer Gaspipette zur Explosion gebracht und das Volum des gebildeten Kohlendioxyds gemessen wird, woraus sich das Gewicht des Kohlenstoffs in der Gasprobe direkt berechnen läßt.) Die Berechnung des erzeugten Gasvolums gestaltet sich nun sehr einfach. Der Kohlenstoff in der Gewichtseinheit Brennstoff, vermindert um den Kohlenstoff der Asche, gibt den vergasten Kohlenstoff. Dieser, durch das Kohlenstoffgewicht in der Volumeinheit des Gases geteilt, liefert uns das für die Gewichtseinheit Brennstoff erzeugte Gasvolum.

Beispiel:

Der benutzte Brennstoff enthalte 12% Asche und 72% Kohlenstoff. Der Verbrennungsrückstand, die technische „Asche“, enthalte 20% un-

[1]) Von anderen deutschen Büchern, welche eingehendere Angaben über die Konstruktionen, den Betrieb oder die Vorgänge in Gaserzeugern enthalten, seien folgende Werke genannt: F. Fischer, Kraftgas. (O. Spamer, Leipzig 1911.) — Schmatolla, Gaserzeuger und Gasfeuerungen. (Jänecke, Hannover 1908.) — Waldeck, Generatorbetrieb. (Knapp, Halle 1910.) — Dichmann, Der basische Herdofenprozeß. (J. Springer Berlin 1910.) — Kietaibl, Generatorgas. (Hartleben, Wien 1910.) — v. Ihering, Gasmaschinen, Bd. I. Generatoren. (Engelmann, Leipzig 1907.) Die Übersetzer.

verbrannten Kohlenstoff. Das erzeugte Gas enthalte nach Analyse und Berechnung 163 g Kohlenstoff für den cbm, gemessen bei 16° und 746 mm. Wie groß ist das aus einer Tonne des Brennstoffes erzeugte Gasvolum, ebenfalls unter obigen Bedingungen gemessen?

(Unter Asche wird zweierlei verstanden. Erstens die analytische Asche als Bezeichnung für die mineralischen Stoffe, die bei der vollständigen Verbrennung eines Heizmaterials bei der chemischen Analyse übrig bleiben, dann zweitens die technische Asche als Bezeichnung für die noch kohlenstoffhaltigen Rückstände einer Feuerung. Asche im letzteren Sinne ist dann die analytische Asche + unverbrannter Kohlenstoff. Wir wollen im folgenden, um Zweideutigkeit zu vermeiden, die technische „Asche" als „Verbrennungsrückstand" bezeichnen.)

Die Berechnung gestaltet sich wie folgt.

Asche in einer Tonne Brennstoff $0{,}12 \cdot 1000$	= 120 kg
Der entsprechende Verbrennungsrückstand (mit 80% Asche 20% Kohlenstoff) beträgt $\frac{120}{0{\cdot}8}$	= 150 kg
Darin Kohlenstoff $150 \cdot 0{,}20$	= 30 kg
Kohlenstoff im Brennstoff $1000 \cdot 0{,}72$ . . .	= 720 kg
Kohlenstoff im Gas (vergaster Kohlenstoff) $720-30$	= 690 kg
In 1 cbm Gas ist vorhanden	= 0,163 kg

Somit ist das aus einer Tonne Brennstoff erzeugte Gasvolum $\frac{690}{0{,}163}$ = **4233** cbm.

Es ist selbstverständlich, daß diese Berechnung die Kenntnis des gesamten Kohlenstoffs im Brennmaterial verlangt. Die Bestimmung geschieht einfach durch Verbrennung einer genau gewogenen Menge Brennstoff im erhitzten Rohr in strömendem Sauerstoff oder kohlensäurefreier Luft. Die aus dem Rohr entweichenden Gase werden getrocknet, dann beim Durchgange durch einen gewogenen, mit konzentrierter Kalilauge beschickten Apparat von Kohlensäure vollständig befreit und das Gewicht der Kohlensäure aus der Gewichtszunahme des Absorptionsapparates ermittelt.

Nicht brauchbar für obige Berechnung ist dagegen die Bestimmung des festen Kohlenstoffs und der flüchtigen Produkte eines Brennmaterials, wie sie bisweilen für sonstige Zwecke als Annäherungsmethode benutzt wird. Der Gehalt der flüchtigen Produkte an Kohlenstoff ist sehr wechselnd.

Der Heizwert des Gases für 1 cbm läßt sich aus der Analyse berechnen unter Benutzung der Heizwerte der einzelnen brennbaren

Bestandteile, wie sie in unseren Tabellen enthalten sind. Der Heizwert des Gases für 1 cbm, mal dem Gasvolum aus der Gewichtseinheit Brennstoff, gibt den gesamten Heizwert des Gases. Die Differenz gegenüber dem Heizwert des verbrauchten Brennstoffes stellt die mit der Gaserzeugung verknüpften Verluste dar, einschließlich des Verlustes durch unverbrannten Kohlenstoff im Verbrennungsrückstand.

Die Wärmebilanz setzt sich also aus folgenden Posten zusammen:

Heizwert des Brennstoffs für die Gewichtseinheit
— Heizwert des Gases aus der Gewichtseinheit Brennstoff
= Wärmeverlust der Gaserzeugung.

Die Verluste setzen sich zusammen aus:

Verlust durch unverbrannten Kohlenstoff im Rückstand, fühlbarer Wärme der abziehenden heißen Gase, Wärmeverlust durch Leitung in den Untergrund, Wärmeverlust durch Strahlung in die Luft.

An dieser Berechnungsweise können jedoch verschiedene Änderungen notwendig werden. Wenn die zugeführte Luft heißer ist als die Außentemperatur, dann ist ihre fühlbare Wärme über diesen Punkt hinaus dem Heizwert des Brennstoffes hinzuzuaddieren, denn um diesen Betrag wird die disponible Wärme vermehrt. Wenn der Verbrennungsrückstand noch in heißem Zustand entfernt wird, also ohne daß er durch die einströmende Luft vollständig abgekühlt ist, muß die fühlbare Wärme des Rückstandes als Wärmeverlust eingesetzt werden. Wenn die eingeführte Luft feucht ist, wird diese Feuchtigkeit im Gaserzeuger in Wasserstoff und Sauerstoff zersetzt. Die dazu verbrauchte Wärme ist aber **kein** Verlust, denn sie erscheint wieder als vermehrter Heizwert im Gas infolge des höheren Wasserstoffgehaltes. Wenn der Brennstoff naß ist, wird ein erheblicher Wärmebetrag zur Verdampfung des Wassers verbraucht, dieser Betrag ist aber wiederum *nicht* als Verlust anzusehen, vorausgesetzt, daß als Heizwert des Brennstoffes der *praktische* Heizwert benutzt wird, der das Wasser in den Verbrennungsprodukten in Dampfform voraussetzt. Denn in diesem Fall ist die zur Verdampfung des Wassers im Brennstoff nötige Wärme schon berücksichtigt. In analoger Weise wird ein kleiner Wärmebetrag erforderlich sein, um eine bituminöse Kohle so aufzulockern und auseinanderzutreiben, daß die gasförmigen Produkte entweichen können. Auch dieser Betrag sollte nicht als Wärmeverlust eingesetzt werden, denn eine kurze Überlegung macht es klar, daß er schon in der Bestimmung oder Berechnung des Heizwertes Berücksichtigung gefunden hat. *Jüptner* und *Toldt* bezeichnen diesen Wärmebetrag als „Vergasungswärme“ und führen ihn in allen ihren Berechnungen auf, aber erstens dürfte es zweifelhaft sein, ob er überhaupt eine merkbare Größe erreicht, und selbst wenn das der Fall sein sollte, sollte er nicht als Verlust im Erzeuger aufgefaßt werden.

Übungsbeispiel 16.

Jüptner und Toldt betrieben einen Gaserzeuger mit Braunkohle folgender Zusammensetzung:

Kohlenstoff	69,83 %
Wasserstoff	4,33 ,,
Stickstoff	0,50 ,,
Sauerstoff	12,38 ,,
Feuchtigkeit	7,25 ,,
Asche	5,71 ,,

Kohlenverbrauch während 8 Stunden 50 Minuten 3214 kg. Das erzeugte Gas hatte trocken folgende Zusammensetzung in Volumprozenten:

Kohlendioxyd	CO_2	5,21 %
Kohlenoxyd	CO	23,99 ,,
Sauerstoff	O_2	0,63 ,,
Methan	CH_4	0,25 ,,
Wasserstoff	H_2	10,64 ,,
Stickstoff	N_2	59,28 ,, .

Der Verbrennungsrückstand betrug 22,23 kg aus 100 kg Kohle und enthielt 68,76 % unverbrannten Kohlenstoff. Der Heizwert der Kohle, in der kalorimetrischen Bombe bestimmt (in komprimiertem Sauerstoff, das gebildete Wasser kondensiert), war 6949 cal. für 1 g. Die Temperatur der abziehenden Gase im Erzeuger war 282°, die Temperatur der Luft 9°, der Sättigungsgrad der Luft an Wasserdampf 76 %, der Luftdruck 712 mm.

Aufgabe:

Es sind zu berechnen:

1) das erzeugte Gasvolum für 1 t (1000 kg) Kohle, gemessen bei 0° und 760 mm;
2) der Heizwert der Kohle für 1 kg ,wobei das bei der Verbrennung gebildete Wasser als Dampf angenommen wird;
3) der Prozentsatz vom Heizwert der Kohle, der bei der Verbrennung des Gases entwickelt wird;
4) der gesamte Wärmeverlust bei der Umwandlung;
5) der Verlust durch unverbrannten Kohlenstoff im Rückstand;
6) der Verlust durch fühlbare Wärme in den Gasen,
7) der Verlust durch Leitung und Strahlung
   a) auf die Einheit verbrannter Kohle berechnet,
   b) für 1 Minute;
8) das zur Vergasung nötige Luftvolum für 1 kg Kohle unter den angegebenen atmosphärischen Bedingungen

Lösung:

1) Das Gas enthält an Kohlenstoff im Kubikmeter unter Normalbedingungen:

Kohlenstoff in CO_2:	$0{,}0521 \cdot 0{,}54$	
„ „ CO:	$0{,}2399 \cdot 0{,}54$	
„ „ CH_4:	$0{,}0025 \cdot 0{,}54$	
Summe =	$0{,}2946 \cdot 0{,}54$	= 0,1590 kg.

Der aus 1000 kg Kohle vergaste Kohlenstoff beträgt:

Kohlenstoff in der Kohle	= 689,3 kg
Kohlenstoff im Rückstand $222{,}3 \cdot 0{,}6876$ . .	= 152,8 „
Vergaster Kohlenstoff	= 545,5 kg

$$\text{Gasvolum (trocken)} = \frac{545{,}5}{0{,}1590} = \mathbf{3430}\ \text{cbm} \qquad (1)$$

2) Von dem gegebenen Heizwert der Kohle ist der Betrag abzuziehen, der zur Umwandlung des gesamten nach der Verbrennung in der Bombe vorhandenen Wassers in Wasserdampf von 0° nötig ist. An Wasser bildet sich für 1 kg Kohle:

aus der Feuchtigkeit der Kohle	0,0725 kg
aus dem Wasserstoff $0{,}0433 \cdot 9$	0,3897 „
Summe	0,4622 kg.

Um diese Wassermenge in theoretischen Wasserdampf von 0° zu verwandeln (wodurch der Wasserdampf den übrigen Verbrennungsprodukten CO_2 und N_2 gleichgestellt wird), ist nötig:

$$0{,}4622 \cdot 606{,}5\ (\text{Regnault}) = 280\ \text{Kal.}$$

Daraus folgt der praktische Heizwert der Kohle:

$$6949 - 280 = \mathbf{6669}\ \text{Kal.} \qquad (2)$$

3) Der Heizwert eines Kubikmeter trockenen Gases (unter Normalbedingungen gemessen) ist:

CO	$= 0{,}2399\ \text{cbm} \cdot 3062 =$	734,6 Kal.
CH_4	$= 0{,}0025\ \text{cbm} \cdot 8598 =$	21,5 „
H_2	$= 0{,}1064\ \text{cbm} \cdot 2613 =$	278,0 „
	Summe =	**1034,1** Kal.

1 kg Kohle liefert 3,43 cbm Gas.

Der Heizwert dieses Gasvolums ist $1034{,}1 \cdot 3{,}43 = 3547{,}0$ Kal.

$$= \frac{3547}{6669} = \mathbf{53{,}2}\,\%\ \text{vom Heizwert der Kohle.} \qquad (3)$$

4) Der Verlust bei der Umwandlung beträgt $100 - 53{,}2 = 46{,}8\,\%$ des Heizwertes der Kohle oder für 1 kg Kohle

$$\mathbf{6669 - 3547 = 3122}\ \text{Kal.}$$

5) Wärmeverlust durch unverbrannten Kohlenstoff in der Asche: $0{,}1528 \cdot 8100 = 1237{,}7$ Kal. für 1 kg Kohle = 18,6 %.

6) Die abgehenden Gase enthalten im Kubikmeter, trocken gemessen, an fühlbarer Wärme (Volum × mittlere spez. Wärme (0—282°) = Wärmekapazität für jeden Grad)

$$\begin{array}{ll} CO_2: & 0{,}0521 \cdot 0{,}432 = 0{,}0225 \\ CH_4: & 0{,}0025 \cdot 0{,}428 = 0{,}0011 \\ \left.\begin{array}{l} CO \\ O_2 \\ H_2 \\ N_2 \end{array}\right\} & 0{,}9454 \cdot 0.311 = 0{,}2940 \\ & \text{Summe} = 0{,}3176. \end{array}$$

Fühlbare Wärme: $0{,}3176 \cdot 282 = 89{,}56$ Kal. für 1 cbm, oder für 1 kg Kohle: $89{,}56 \cdot 3{,}43 = 307$ Kal.

$$\frac{307}{6669} = 4{,}6\,\% \text{ des Heizwertes der Kohle.}$$

An dem obigen Ergebnis ist indessen eine kleine Korrektur anzubringen, weil etwas von der Feuchtigkeit der Kohle sich unzersetzt dem Gas beimischt und deshalb in der Analyse des trocknen Gases nicht erscheint.

Der Betrag dieser Feuchtigkeit kann mit genügender Genauigkeit ermittelt werden, wenn einerseits das durch Verbrennung des trocknen Gases aus einem Kilogramm Kohle gebildete Wasser und andererseits das durch direkte Verbrennung von 1 kg Kohle entstehende Wasser bestimmt wird. Die gesuchte Menge ist dann eben die Differenz beider Größen. Durch Verbrennung eines Kubikmeter Gas wird an Wasserdampf gebildet

$$\begin{array}{ll} \text{aus } CH_4: & 0{,}0025 \cdot 2 = 0{,}0050 \text{ cbm} \\ \text{,, } H_2: & 0{,}1064 \cdot 1 = 0{,}1064 \text{ ,,} \\ & \text{Summe} = 0{,}1114 \text{ cbm.} \end{array}$$

oder für 1 kg Kohle $0{,}1114 \cdot 3{,}43 = 0{,}3821$ cbm.

Das Gewicht des Wasserdampfes durch direkte Verbrennung eines Kilogramms Kohle haben wir schon in (2) gefunden = 0,4622 kg, dessen Volum = 0,4622 : 0,81 = 0,5706 cbm.

Es begleiten also 0,5706—0,3821 = 0,1885 cbm Wasserdampf die 3,43 cbm (trockenes) Gas. An fühlbarer Wärme würde diese Dampfmenge bei 282° enthalten:

$$0{,}1885 \cdot 0{,}382 \cdot 282 = 20{,}3 \text{ Kal.,}$$

wodurch die Gesamtwärme in den Gasen auf

$$307 + 20{,}3 = 327{,}3 \text{ Kal.} = 4{,}9\,\% \qquad (6)$$

anwachsen würde.

Streng genommen, wäre überdies noch wegen der Feuchtigkeit der Luft eine Korrektur anzubringen; denn diese Feuchtigkeit wird ebenfalls bei der Verbrennung des Gases zum Vorschein kommen.

Aus der bekannten Luftmenge, Temperatur und Sättigungsgrad ist die Korrektur leicht zu finden. Der Druck des Wasserdampfes in der Luft bei 9° (7 mm) und einem Sättigungsgrad von 76% beträgt $7 \cdot 0{,}76 = 5{,}3$ mm. Bei einem Luftdruck von 712 mm beträgt das Volum des Dampfes 0,7% des Luftvolums oder praktisch 0,9% des Stickstoffvolums der Luft. Da nun das Stickstoffvolum des Gases dem der benutzten Luft fast genau gleich ist, wird die in Rede stehende Dampfmenge $0{,}5929 \cdot 0{,}009 = 0{,}0053$ cbm für 1 cbm Gas betragen, oder 0,0182 cbm für 1 kg verbrannter Kohle. Die Menge ist im vorliegenden Fall zu klein, um das Resultat der Rechnung zu beeinflussen; aber bei heißer und feuchter Luft wäre diese Korrektur zu berücksichtigen.

7) Der Gesamtverlust bei der Umwandlung betrug 3122 Kal.

Davon entfiel auf unverbrannten Kohlenstoff	1237,7 Kal.
und auf fühlbare Wärme in den Gasen (einschließlich Feuchtigkeit)	327,3 „
Summe	1565,0 Kal.
Als Verlust durch Leitung und Strahlung bleibt	1557,0 Kal. (7a)

In 8 Stunden 50 Minuten werden 3214 kg Kohle verbrannt. Der Verlust in der Minute durch Leitung und Strahlung beträgt demnach

$$\frac{1557 \cdot 3214}{530} = 9442 \text{ Kal.} \tag{7b}$$

8) Die feuchte Luft enthält unter den gegebenen Bedingungen 0,7 Vol.% Feuchtigkeit. Ihre Zusammensetzung ist also:

Wasserdampf	0,70 Vol.-%
Sauerstoff	20,65 „
Stickstoff	79,65 „

Das aus 1 kg Kohle erzeugte Gasvolum beträgt 3,43 cbm, wovon 59,28 Vol.-% = 2,0333 cbm oder $2{,}0333 \cdot 1{,}26 = 2{,}562$ kg Stickstoff sind. Davon stammen 0,0050 kg aus der Kohle selbst und 2,512 kg oder $2{,}512 : 1{,}26 = 1{,}9921$ cbm aus der Luft. Diese Stickstoffmenge ist in $1{,}9921 : 0{,}7965 = 2{,}5011$ cbm der feuchten Luft unter Normalbedingungen enthalten. Bei 9° und 712 mm ist das für 1 kg Kohle verbrauchte Luftvolum

$$2{,}5011 \cdot \frac{273 + 9}{273} \cdot \frac{760}{712} = 2{,}76 \text{ cbm} \tag{8}$$

Man darf nun nicht etwa glauben, daß die Leistung dieses Gaserzeugers praktisch gut zu nennen sei. In Wirklichkeit ist die Leistung vielmehr als sehr schlecht zu bezeichnen, denn manche Erzeuger liefern Gas mit 75—90% vom Heizwert der Kohle. Die Verluste durch unverbrannten Kohlenstoff, Leitung und Strahlung sind also in dem oben berechneten Fall außergewöhnlich hoch. Das Beispiel wurde hauptsächlich gewählt, weil alle zur Durchrechnung nötigen Daten von Jüptner und Toldt mit großer Sorgfalt zusammengetragen wurden, und weil es zur Darlegung des bei solchen Rechnungen zu befolgenden Verfahrens sehr geeignet erscheint.

Übungsbeispiel 17.

Ein in Schweden betriebenener Gaserzeuger verarbeitet Sägemehl der folgenden Zusammensetzung

Wasser	27,0%
Asche	0,5 „
Kohlenstoff	37,0 „
Wasserstoff	4,4 „
Sauerstoff	30,6 „
Stickstoff	0,5 „

Nehmen wir an, daß er mit trockner Luft arbeitet und nur 0,5% Rückstand gibt. Das Gas, vor der Analyse getrocknet, enthält:

Kohlendioxyd	CO_2	6,0 Vol.-%
Kohlenoxyd	CO	29,8 „
Äthylen	C_2H_4	0,3 „
Methan	CH_4	6,9 „
Wasserstoff	H_2	6,5 „
Stickstoff	N_2	50,5 „

Das Gas wird vor der Verwendung in einem Oberflächenkondensator durch kaltes Wasser auf 29° abgekühlt und zugleich teilweise von Wasserdampf befreit, wodurch sein pyrometrischer Heizeffekt erhöht wird.

Aufgabe:

Zu berechnen sind:

1) das durch die Abkühlung verdichtete Wasser:

2) der pyrometrische Heizeffekt des feuchten Gases, wenn es auf 800° vorgewärmt mit der theoretischen Menge Luft, ebenfalls auf diese Temperatur vorgewärmt, zur Verbrennung gelangt;

3) der pyrometrische Heizeffekt des getrockneten Gases unter denselben Bedingungen.

Lösung:

1) Zunächst ist das Gewicht oder Volum des Wasserdampfes im Gas vor der Kondensation zu bestimmen, dann die Feuchtigkeit im Gas beim Austritt aus dem Kondensator. Ersteres ist aus dem im Brennstoff enthaltenen Wasserstoff und dem im (getrockneten) Gas vorhandenen Wasserstoff zu finden. Die Differenz gibt den vor der Ausführung der Analyse beseitigten Wasserstoff, d. h. den als Feuchtigkeit im Gas anwesenden.

Zunächst ist das aus 1 kg Brennstoff erzeugte Volum des (trocknen) Gases zu berechnen·

Kohlenstoff in 1 kg Brennstoff . . . . = 0,370 kg
Kohlenstoff in 1 cbm Gas = $CO_2 + CO + CH_4 + 2\,C_2H_4$ =
(0,060 + 0,298 + 0,069 + 0,006) · 0,54 . . . . = 0,2338 „
Volum des trocknen Gases für 1 kg =

$$\frac{0{,}370}{0{,}2338} = 1{,}5825 \text{ cbm}.$$

Dann ist das bei der Verbrennung von 1 kg Brennmaterial gebildete Wasser zu berechnen:

Wasser als solches im Brennstoff		0,270 kg
Wasser, aus dem Wasserstoff gebildet,	0,044 · 9 =	0,396 „
	Summe	0,666 kg

Volum unter Normalbedingungen

$$= \frac{0{,}666}{0{,}810} = 0{,}8222 \text{ cbm}.$$

Hiervon ist das Wasser abzuziehen, das sich bei der Verbrennung von 1,5825 cbm des trocknen Gases bilden würde:

Wasser aus Äthylen	0,003 · 2 · 1,5825
„ „ Methan	0,069 · 2 · 1,5825
„ „ Wasserstoff	0,065 · 1 · 1,5825
	= 0,209 · 1,5825 = 0,3307 cbm.

Die Differenz ist das Wasser, welches 1,5825 cbm trocknes Gas begleitet:

$$0{,}8222 - 0{,}3307 = 0{,}4915 \text{ cbm},$$

oder für 1 cbm trocknes Gas:

$$\frac{0{,}4915}{1{,}5825} = 0{,}3106 \text{ cbm}.$$

Diese Menge ist mit der Feuchtigkeit zu vergleichen, die 1 cbm Gas (trocken gedacht) beim Austritt aus dem Kondensator mit sich führt. Das austretende Gas wird bei 29° mit Feuchtigkeit gesättigt sein, also einen Wasserdampfdruck von 30 mm (Tabellen) besitzen. Unter der Voraussetzung eines normalen Barometerstandes von 760 mm werden die Partialdrucke von Wasserdampf und Gas in dem Verhältnis $30 : 760 - 30 = \frac{30}{730}$ stehen. Da die Volumina (jedes für sich unter Normalbedingungen gemessen) in demselben Verhältnis stehen, finden wir, daß 1 cbm Gas (trocken) von $\frac{30}{730} = 0{,}0411$ cbm unkondensierter Feuchtigkeit begleitet ist.

Die Dampfmengen, die 1 cbm trockenes Gas vor bzw. nach dem Durchgang durch den Kondensator begleiten, sind also 0,3106 und 0,0411 cbm. Daraus folgt, daß 13,5% der Feuchtigkeit der Kondensation entgeht und somit

86,5% der Feuchtigkeit verdichtet wird. (1)

2) Das feuchte Gas hat (auf 1 cbm des analysierten trocknen Gases gerechnet) einen Heizwert von:

CO	0,298 · 3 062	=	912,5 Kal.
C_2H_4	0,003 · 14 480	=	43,4 ,,
CH_4	0,069 · 8 598	=	593,3 ,,
H_2	0,065 · 2 613	=	169,8 ,,
	Summe	=	1719,0 Kal.

Hinzuzufügen ist noch die fühlbare Wärme im Gas bei 800° und ebenso die in der Verbrennungsluft bei 800°. Die Wärme im Gas ist:

CO, H_2, N_2 = 0,630 cbm	· 0,3246	= 0,2045	Kal. für	1°
CO_2 = 0,060 ,,	· 0,5460	= 0,0328	,, ,,	1°
CH_4 = 0,069 ,,	· 0,4485	= 0,0309	,, ,,	1°
C_2H_4 = 0,003 ,,	· 0,50	= 0,0015	,, ,,	1°
H_2O = 0,3106 ,,	· 0,460	= 0,1429	,, ,,	1°
Wärmekapazität		= 0,4126	Kal. für	1°

Fühlbare Wärme = 0,4126 · 800 = 330,1 Kal.

Das theoretische Luftvolum beträgt:

für CO	0,298 cbm	= 0,1490 cbm	Sauerstoff	
,, C_2H_4	0,003 ,,	= 0,0090 ,,	,,	
,, CH_4	0,069 ,,	= 0,1380 ,,	,,	
,, H_2	0,065 ,,	= 0,0325 ,,	,,	
Summe		= 0,3285 cbm	Sauerstoff	= 1,58 cbm Luft.

Fühlbare Wärme in der Luft bei 800°:

$$1{,}58 \cdot 0{,}3246 \cdot 800 = 410{,}3 \text{ Kal.}$$

Die Gesamtwärme in den Verbrennungsprodukten beträgt:

durch die Verbrennung entwickelt	1719,0 Kal.
fühlbare Wärme im Gas	30,1 ,,
fühlbare Wärme in der Luft	410,3 ,,
Summe	2459,4 Kal.

Die Verbrennungsprodukte bestehen aus CO_2, H_2O und N_2 in folgenden Mengen:

CO_2: 0,060 (im Gas) + 0,298 (aus CO) + 0,006 (aus C_2H_4) + 0,069 (aus CH_4) = 0,433 cbm.

H_2O: 0,311 (im Gas) + 0,006 (aus C_2H_4) + 0,138 (aus CH_4) + 0,065 (aus H_2) = 0,520 cbm.

N: 0,505 (im Gas) + [1,58 — 0,33 = 1,25] (in der Luft) = 1,755 cbm

Die Temperatur t, auf welche die obige Wärme von 2459,4 Kal. die Produkte erhitzen wird, ergibt sich nunmehr leicht wie folgt:

Wärmekapazität des CO_2: 0,433 (0,37 + 0,000 22 t)
,, ,, H_2O: 0,520 (0,34 + 0,000 15 t)
,, ,, N_2: 1,755 (0,303 + 0,000 027 t)
Wärmekapazität der Produkte: 0,8688 + 0,000 220 65 t,

und aus der Gleichung

$$2459{,}4 = 0{,}8688\, t + 0{,}000\,220\,65\, t^2$$

finden wir

$$t = 1907^0 \qquad (2)$$

3) Wenn das getrocknete Gas unter den gleichen Bedingungen zur Verbrennung gelangt, so besteht der einzige Unterschied darin, daß jetzt sowohl im Gas wie in den Produkten die durch Kondensation beseitigten 0,2695 cbm Wasserdampf in Wegfall kommen.

Dadurch wird einerseits die verfügbare Gesamtwärme um die fühlbare Wärme dieses Wasserdampfes bei 800° vermindert: 0,2695 · 0,460 · 800 = 99,2 Kal. Anderseits nimmt aber auch die Wärmekapazität der Produkte um 0,2695 (0,34 + 0,000 15 t) ab. Unsere Gleichung wird dann

$$2360{,}2 = 0{,}7772\, t + 0{,}000\,180\,23\, t^2,$$

woraus

$$t = 2056^0 \qquad (3)$$

Die gesteigerte Leistung des getrockneten Gases gegenüber dem nicht getrockneten in bezug auf die erreichbare Temperatur ist augenfällig. Der Unterschied beträgt in unserem Fall rund 150°.

2. Mischgas-Erzeuger.

Zu dieser Gruppe gehören die am meisten benutzten Gaserzeuger. Hier wird gleichzeitig mit der Luft ein mäßiger Betrag an Wasserdampf in die Feuerung eingeführt, wo er durch den glühenden Brennstoff zu Kohlenoxyd und Wasserstoff umgesetzt wird nach der Gleichung

$$\underset{18}{\overset{1\text{ Vol.}}{H_2O}} + \underset{12}{C} = \underset{28}{\overset{1\text{ Vol.}}{CO}} + \underset{2}{\overset{1\text{ Vol}}{H_2}}.$$

Diese Gleichung besagt: 1 Volum Dampf gibt 1 Volum Kohlenoxyd und 1 Volum Wasserstoff oder: 18 Gewichtsteile Wasserdampf reagieren mit 12 Gewichtsteilen Kohlenstoff unter Bildung von 28 Gewichtsteilen Kohlenoxyd und 2 Gewichtsteilen Wasserstoff. Wenn unter „Gewichtsteilen" Kilogramm verstanden wird, ist jedes „Volum" = 22,22 cbm.

Die Zuführung des Wasserdampfes kann selbsttätig geschehen, wie bei den alten Siemensschen Generatoren, wo in den Aschenfall Wasser gegeben wurde, welches dann durch die strahlende Hitze vom Rost und durch hineinfallende heiße Asche verdampfte. Auch die modernen Gaserzeuger mit Wasserverschluß am Boden, bei denen die Asche in einer großen Schale auf Wasser ruht und durch Kapillarwirkung dauernd mit Wasser getränkt bleibt, besorgen die Dampfbildung selbsttätig. Bei anderen Gaserzeugern wird der Wasserdampf von außen unter den Rost eingeblasen, entweder als einfacher Dampfstrahl oder vorteilhafter durch einen Injektor, der gleichzeitig die nötige Luft hineinpreßt. In diesem Falle kann das Verhältnis zwischen Luft und Dampf genau geregelt werden, und man wird praktisch unabhängig vom Schornsteinzug. Außerdem wirkt der Dampf auflockernd auf die Asche, verhindert das Ansetzen von Schlacken am Rost und erleichtert die Beseitigung der Rückstände.

Der Dampf setzt die Temperatur im Gaserzeuger herunter und bewirkt die Bildung eines wasserstoffreichen Gases von höherem Heizwert. Dadurch werden unnötige Wärmeverluste im Gaserzeuger vermieden, und die Heizwirkung des Gases wird erhöht. Die Wirkung des Dampfes erklärt sich sehr einfach aus der Thermochemie der Reaktion, nach welcher der Dampf wie folgt zersetzt wird:

$$\begin{array}{l} H_2O + C = CO + H_2 \\ -\,69\,000 \qquad +\,29\,160 = -\,39\,840 \text{ Kal.} \end{array}$$

Dies würde den mit der Zersetzung von 18 kg Wasser (in flüssiger Form) verbundenen Wärmeverbrauch darstellen. Wenn das Wasser indessen als Dampf von 100° benutzt wird, enthält jedes Kilogramm 637 Kal. fühlbare Wärme 18 kg also 18 · 637 = 11 466 Kal., wodurch die Wärmebindung der Reaktion auf 28 374 Kal. herabgesetzt wird, d. h. auf

1576 Kal. für 1 kg zersetzten Dampfes oder

2364 Kal. für 1 kg umgesetzten Kohlenstoffs.

Man mag vielleicht gegen diese Berechnung einwenden, daß der benutzte Dampf oft 3 oder 4 Atmosphären Überdruck und dementsprechend eine Temperatur von über 100° besitzt. Es darf aber nicht übersehen werden, daß sich der Dampf plötzlich auf Atmosphärendruck ausdehnt und dadurch auf eine dem Überdruck annähernd entsprechende Temperatur abkühlt, so daß er nach der Expansion auf Atmosphärendruck gewöhnlich eine Temperatur hat, die sehr nahe bei 100° liegt. Wenn der Dampf mit Luft gemischt wird, hat das Gemisch gewöhnlich eine Temperatur von weniger als 100°, etwa 40—50°, und unter diesen Bedingungen kann möglicherweise eine teilweise Verdichtung des Dampfes zu Nebel stattfinden, aber es darf nicht vergessen werden, daß die dabei entwickelte Kondensationswärme zur Erhöhung der Temperatur der beigemischten Luft beiträgt und daher als fühlbare Wärme in die Brennstoffschicht eintritt. Für unseren Zweck der Berechnung kommen wir deshalb der Wirklichkeit sehr nahe, wenn wir voraussetzen, daß wir es immer mit Dampf von 100° zu tun haben, und daß der oben berechnete Wärmeverbrauch ausgeglichen werden muß, damit die Zersetzung dauernd vor sich geht.

Es ist klar, daß die für diesen Zweck nötige Wärme im Gaserzeuger nur als fühlbare Wärme in der heißen Kohle vorhanden sein kann. Wenn nicht in dieser Weise ausgenutzt, geht diese Wärme verloren, teils als fühlbare Wärme in den erzeugten Gasen, teils durch Leitung und Strahlung des Gaserzeugers. Der grundlegende Vorgang für die Arbeit des Gaserzeugers ist die Verbrennung des Kohlenstoffs zu Kohlenoxyd, wodurch für 1 kg Kohlenstoff 2430 Kal. oder $\frac{2430}{8100} =$ genau 30 % vom Heizwert des Kohlenstoffs frei werden. Wenn kein Wasserdampf zugeführt wird, ist diese Wärme, wie schon erwähnt, zum großen Teil als direkter Verlust anzusehen. So fanden wir im Übungsbeispiel 16, daß durch fühlbare Wärme im Gas und durch Leitung und Strahlung 28,25 % vom Heizwert der Kohle verloren gingen. Während nun kleine Gaserzeuger diesen großen Wärmebetrag nötig haben, um die Arbeitstemperatur aufrecht zu erhalten, brauchen große Gaserzeuger tatsächlich sehr viel weniger und gehen deswegen viel zu heiß, wenn keine Zufuhr von Wasserdampf stattfindet. In den größten Erzeugertypen übersteigen die Verluste durch Leitung und Strahlung und durch fühlbare Wärme in den Gasen nicht 10 % vom Heizwert des Brennstoffes. Von den 30 % des Heizwertes, die durch die Verbrennung zu CO entwickelt werden, bleiben nach Deckung der Verluste noch 20 % zur Zersetzung von Dampf übrig. Wir haben demnach

für 1 kg vergasten Kohlenstoff:

entwickelte Wärme	2430 Kal.
notwendiger Verlust in einem großen Gaserzeuger	810 „
nutzbar zur Dampfzersetzung	1620 Kal.

Um 1 kg Dampf von 100° zu zersetzen, sind notwendig (69 000 — 11 466) : 18 = 3196 Kal. Höchstens läßt sich also

$$\frac{1620}{3186} = 0{,}507 \text{ kg.}$$

Dampf zersetzen.

Die Berechnung zeigt, daß bei der Verbrennung eines Gewichtsteils Kohlenstoff zu Kohlenoxyd höchstens etwa ein halber Gewichtsteil Wasserdampf zersetzt werden kann, wenn die zweckmäßige Arbeitstemperatur des Gaserzeugers erhalten bleiben soll. Dies entspricht

0,088 kg Dampf für 1 kg Luft,
0,114 kg Dampf für 1 cbm Luft.

Die Rechnung setzt voraus, daß sowohl die Brennstoffschicht, wie deren Temperatur, stets so hoch ist, daß der ganze Kohlenstoffgehalt zu Kohlenoxyd verbrennt. Das sind aber ideale Bedingungen, die nicht zu verwirklichen sind; durch ungleichmäßiges Aufschütten und Niedergehen des Brennstoffs wird immer neben Kohlenoxyd etwas Kohlendioxyd gebildet, und das beste in normalem Betriebe erzeugte Gas enthält gewöhnlich 1—5 % CO_2, entsprechend etwa 3—20 % vom gesamten oxydierten Kohlenstoff. Unter der Annahme, daß durchschnittlich 10 % des Kohlenstoffs zu CO_2 verbrannt werden, läßt sich die höchste noch zersetzbare Dampfmenge ebenfalls leicht berechnen. Für jedes Kilogramm Kohlenstoff gibt dann 0,1 kg Kohlenstoff die höhere Wärme von 8100 Kal. für 1 kg, anstatt 2430 bei der Verbrennung zu Kohlenoxyd, wodurch im Gaserzeuger ein Mehrbetrag an Wärme von 0,1 · (8100 — 2430) = 567 Kal. für 1 kg Kohlenstoff gegenüber der ausschließlichen Verbrennung zu Kohlenoxyd entwickelt wird. Für die Dampfzersetzung haben wir dann 1620 + 567 = 2187 Kal. zur Verfügung, wodurch

$$\frac{2187}{3196} = 0{,}684 \text{ kg Dampf}$$

zersetzt werden können. Auf die Luftmenge umgerechnet, erhalten wir

0,108 kg Dampf für 1 kg Luft,
0,140 kg Dampf für 1 cbm Luft.

Diese Zahlen können praktisch nicht überschritten werden, wenn man ein möglichst kohlensäurearmes Gas erstrebt.

[Bei verhältnismäßig kaltem Gange des Gaserzeugers unter Zuführung eines Überschusses an Wasserdampf werden weit größere Mengen Kohlendioxyd gebildet, und es können somit entsprechend größere Dampfmengen zersetzt werden. Diese Arbeitsweise ist aber nicht die normale; sie kommt aber doch in der Praxis in Einzelfällen vor und soll deshalb im nächsten Abschnitt bei „Mondgas" näher besprochen werden.]

Bei irgend einem Gas mit gegebenem Volum-Verhältnis von $CO_2 : CO$, stellt diese Zahl gleichzeitig das Verhältnis der Gewichte Kohlenstoff dar, die zu CO_2 bzw. CO oxydiert werden, und wir können durch Anwendung des oben dargelegten Verfahrens in jedem Falle berechnen, wieviel Dampf für die Gewichtseinheit oxydierten Kohlenstoffs zersetzt werden kann unter entsprechender Berücksichtigung der Verluste durch Strahlung usw.

Beispiel.

Ein Siemensscher Gaserzeuger mit Schornsteinzug lieferte Gas mit 4,3 Vol.-% CO_2 und 25,6 Vol.-% CO. Wieviel Dampf könnte für 1 kg Luft zugesetzt werden, wenn wir annehmen, daß 50 % der durch die Verbrennung entwickelten Wärme zum Betrieb des Gaserzeugers nötig sind.

Von dem Kohlenstoff wird zu CO_2 verbrannt:

$$\frac{4,3}{4,3 + 25,6} = 14,4\ \%.$$

An Wärme wird entwickelt für 1 kg Kohlenstoff

durch Verbrennung von C zu CO_2: $0,144 \cdot 8100 = 1166$ Kal.
„ „ „ C „ CO: $0,856 \cdot 2430 = 2080$ „
Summe 3246 Kal.

Hiervon geht durch Strahlung usw. verloren 50 % = 1623 Kal. Zur Dampfzersetzung verfügbar = 1623 Kal.

$$\text{Zersetzbare Dampfmenge } \frac{1623}{3196} = 0,508 \text{ kg}.$$

Die für 1 kg Kohlenstoff nötige Luft finden wir aus dem zur Bildung von CO und CO_2 erforderlichen Sauerstoff.

Sauerstoff für C zu $CO_2 = 0,144 \cdot {}^8/_3 = 0,384$ kg
„ „ C zu CO $= 0,856 \cdot {}^4/_3 = 1,141$ „
Summe = 1,525 kg = 6,608 kg Luft.

$$\text{Luftvolum} = \frac{6,608}{1,293} = 5,11 \text{ cbm}.$$

$$\text{Dampf für 1 cbm Luft: } \frac{0,508}{5,11} = 0,099 \text{ kg}$$

$$\text{Dampf für 1 kg Luft: } \frac{0{,}508}{6{,}608} = 0{,}077 \text{ kg}$$

$$\text{Luft für 1 kg Dampf: } \frac{6{,}608}{0{,}508} = 13{,}0 \text{ kg.}$$

Es ist leicht einzusehen, daß die gesamte bei der Dampfzersetzung gebundene Wärme wiedergewonnen wird, wenn der erzeugte Wasserstoff verbrennt und Wasserdampf sich zurückbildet. Wenn es also in irgend einem Falle möglich ist, durch Dampfzersetzung eine Wärmemenge entsprechend etwa 20 % vom Heizwert des Brennstoffs zu binden, so heißt das, daß 20 % weniger Wärme durch die Umwandlung des Brennstoffs in Gas verloren gehen, und 20 % mehr bei der Verbrennung des Gases erhalten werden gegenüber der Vergasung ohne Dampf. Hieraus gehen die großen Vorteile der Mitbenutzung von Dampf im Gaserzeuger klar hervor.

Übungsbeispiel 18.

R. W. Hunt. & Co. teilen die nachstehende Untersuchung aus dem Betrieb eines kontinuierlichen Gaserzeugers, Bauart Morgan, mit.

Die benutzte Kohle war eine grubenfeuchte Kohle von „New Kentucky", Illinois, und hatte folgende Zusammensetzung:

Fester Kohlenstoff	50,87 %
Flüchtige Stoffe	37,32 „
Feuchtigkeit	5,08 „
Asche	6,73 „
	100,00 %

Die Elementaranalyse ergab:

Gesamter Kohlenstoff	69,72 %
Wasserstoff	5,60 „
Stickstoff	2,00 „
Gesamtschwefel	0,94 „
Sauerstoff	11,00 „
Feuchtigkeit	5,08 „
Anorganischer Rest (außer (Schwefel)	6,66 „

Die nach vollständiger Verbrennung verbleibende Asche enthält 1,12% ihres Gewichtes Schwefel (als FeS). Der Verbrennungsrückstand aus dem Gaserzeuger enthält 4,66 % unverbrannten Kohlenstoff.

Die Zusammensetzung des getrockneten Gases in Vol.-% war:

Kohlenoxyd	(CO)	24,5 %
Methan	(CH_4)	3,6 „
Äthylen	(C_2H_4)	3,2 „
Kohlendioxyd	(CO_2)	3,7 „

Wasserstoff	(H_2)	17,8 %
Sauerstoff	(O_2)	0,4 „
Stickstoff	(N_2) durch Differenz .	46,8 „ .

[Die Feuchtigkeit und Schwefelverbindungen im Gase, die nicht bestimmt sind, können wir berechnen, und zwar dürfen wir den Schwefel im Gas als H_2S annehmen und diesen von dem Wasserstoffgehalt abziehen. Wir wollen weiter voraussetzen, daß die gesamte Feuchtigkeit der Kohle unverändert in das Gas geht und daß der angewendete Dampf vollständig zersetzt wird. Von den 0,94 % Schwefel in der Kohle gehen 0,86 % in das Gas, da $6{,}73 \cdot 0{,}0112 = 0{,}08$ % in der Asche als Ferrosulfid zurückbleiben.

0,86 kg S geben 0,91 kg H_2S = 631 l, somit für 1 kg verbrannter Kohle 6,3 l. Da nun, wie wir später sehen werden, 1 kg Kohle 3,36 cbm Gas gibt, so ist der Schwefelwasserstoffgehalt des Gases $= \frac{6{,}3}{3360} = 0{,}2\%$. Der Wasserstoffgehalt des Gases vermindert sich dadurch auf $17{,}8 - 0{,}2 = 17{,}6$ %.]

Aufgabe:

Auf Grundlage der obigen Zahlen und Annahmen sind zu berechnen:

1.) das für 1 kg Brennstoff erzeugte Gasvolum;
2.) das Gewicht des benutzten Dampfes für 1 cbm (trockne) Luft;
3.) die zur Dampfzersetzung ausgenutzte Wärme in Prozenten der Gesamtwärme im Gaserzeuger;
4.) die durch den Dampf erreichte bessere Ausnutzung in Prozenten vom Heizwert der Kohle;
5.) der Verlust an Heizwert durch unverbrannten Kohlenstoff in der Asche;
6.) der Heizwert des Gases, kalt verbrannt, verglichen mit dem der verbrauchten Kohle.

Lösung:

1.) Für 1 kg verbrannte Kohle bleibt ein Rückstand an unverbranntem Kohlenstoff

$$0{,}0673 \cdot \frac{0{,}0466}{0{,}9534} = 0{,}0033 \text{ kg}.$$

Vergast werden somit

$$0{,}6972 - 0{,}0033 = 0{,}6939 \text{ kg}.$$

1 cbm Gas enthält an Kohlenstoff:

C	in CO.	$0{,}245 \cdot 0{,}54$ kg
C	„ CH_4	$0{,}036 \cdot 0{,}54$ „
C	„ C_2H_4:	$0{,}064 \cdot 0{,}54$ „
C	„ CO_2:	$0{,}037 \cdot 0{,}54$ „
	Summe	$0{,}382 \cdot 0{,}54 = 0{,}2063$ kg.

Gasvolum für 1 kg Kohle bei 0°

$$\frac{0{,}6939}{0{,}2036} = \mathbf{3{,}36\ cbm.} \qquad (1)$$

2) Wenn wir annehmen, daß alle Feuchtigkeit der Kohle unverändert als solche in das Gas übergeht, muß der gesamte Wasserstoff des Gases entweder aus dem Wasserstoff der Kohle oder aus dem zersetzten Dampf herrühren. Der Wasserstoffgehalt der Kohle ist mit 5,60 % gegeben. Der Wasserstoff im Gas läßt sich folgendermaßen berechnen (kg für 1 cbm):

$$\begin{array}{lll} H_2 \text{ in } H_2 & = 0{,}176 \cdot 0{,}09 \text{ kg} & \\ H_2 \text{ ,, } H_2S & = 0{,}002 \cdot 0{,}09 \text{ ,,} & \\ H_2 \text{ ,, } CH_4 & = 0{,}036 \cdot 0{,}18 \text{ ,,} & \\ H_2 \text{ ,, } C_2H_4 & = 0{,}032 \cdot 0{,}18 \text{ ,,} & \\ \hline \text{Summe} & 0{,}314 \cdot 0{,}09 = 0{,}028\,26 \text{ kg.} & \end{array}$$

Wasserstoff im Gas aus 1 kg Kohle

$$0{,}028\,26 \cdot 3{,}36 = 0{,}095 \text{ kg.}$$

Davon stammt von der Zersetzung des Wasserdampfes

$$0{,}095 - 0{,}056 = 0{,}039 \text{ kg.}$$

Das Gewicht des zersetzten Dampfes für 1 kg Kohle ist

$$0{,}039 \cdot 9 = 0{,}351 \text{ kg.}$$

Um die Dampfmenge auf die eingeblasene Luft beziehen zu können, ist die Luftmenge für 1 kg Kohle zu berechnen:

Stickstoff in 1 cbm Gas:

0,468 · 14 · 0,09 . . . . 0,5897 kg

Stickstoff in 1 kg Kohle:

0,5897 · 3,36 . . . . 1,9814 kg

davon Stickstoff aus der Kohle . . . . 0,0200 kg

Bleibt für Stickstoff aus der Luft . . . . 1,9614 kg

$$\text{Gewicht der Luft } 1{,}9614 \cdot \frac{13}{10} = 2{,}55 \text{ kg.}$$

$$\text{Volum der Luft } \frac{2{,}550}{1{,}293} = 1{,}97 \text{ cbm.}$$

$$\text{Dampf für 1 cbm Luft } \frac{0{,}351}{1{,}97} = \mathbf{0{,}177} \text{ kg} \qquad (2)$$

3) Die durch Zersetzung von 1 kg Dampf von 100° nutzbar gebundene Wärme haben wir früher = 3196 Kal. gefunden. Für 1 kg Kohle gibt dies 3196 · 0,351 = 1122 Kal.

Diese Wärmemenge haben wir jetzt zu vergleichen mit der gesamten im Gaserzeuger entwickelten Wärme. Letztere ist auf zwei Wegen zu berechnen.

1. Wenn wir vom Heizwert der Kohle den gesamten Heizwert des Gases und den Heizwert des unverbrannt gebliebenen Kohlenstoffs abziehen, erhalten wir den reinen Betrag der Wärme, die im Gaserzeuger entwickelt wird, d. h. die Gesamtwärme nach Abzug der für die Dampfzersetzung verbrauchten. Durch Hinzuaddieren der letztgenannten Wärmemenge erhalten wir die Gesamtwärme;
2. Wir können die Bildungswärmen von CO und CO_2 im Gas berechnen und diese als die Gesamtwärme im Gaserzeuger annehmen.

Der zweite Weg ist weniger genau als der erste.

Der Heizwert der Kohle ist praktisch gegeben = 7747 Kal. für 1 kg (das gebildete Wasser verdichtet). Wenn das Wasser dampfförmig bleibt, vermindert sich dieser Wert um die Verdampfungswärme = 606,5 · [0,056 · 9 + 0,0508] = 337 Kal., wodurch der praktische Heizwert = 7410 Kal. wird.

Der Heizwert des getrockneten Gases für 1 cbm ist:

CO:	0,245 · 3 062	=	750,2 Kal.
CH_4:	0,036 · 8 598	=	309,5 „
C_2H_4:	0,032 · 14 480	=	463,4 „
H_2:	0,176 · 2 613	=	459,9 „
H_2S:	0,002 · 5 513	=	11,0 „
	Summe	=	1994,0 Kal.

Für 1 kg Kohle 1994 · 3,36	= 6700 Kal.
Heizwert des unverbrannten Kohlenstoffs in der Asche:	
0,0033 · 8100	= 27 „
Summe	= 6727 Kal.
Heizwert für 1 kg Kohle	= 7410 „
Verlust bei der Vergasung	= 683 Kal.
durch Dampfzersetzung nutzbar gebunden	= 1122 „
Gesamtwärme im Gaserzeuger	= 1805 Kal.,

wovon zur Dampfzersetzung nutzbar gemacht wird

$$\frac{1122}{1805} = 62{,}2\ \% \qquad (3)$$

4) Das Ergebnis können wir auch so formulieren:

Vom Heizwert der Kohle wird im Erzeuger entwickelt $\frac{1805}{7410}$ = 24,4 %. Davon werden $\frac{1122}{7410}$ = 15,25 % zur Dampfzersetzung nutzbar gemacht, während 24,4—15,25 = 9,15 % durch Leitung und Strahlung sowie als fühlbare Wärme im Gas verloren gehen.

Der Heizwert des Gases beträgt $\frac{6700}{7410} = 90{,}50\ \%$ vom Heizwert der Kohle. Davon sind die 15,25 % reiner Gewinn durch Anwendung von Dampf. (4)

5) Der Verlust an Heizwert durch unverbrannten Kohlenstoff in der Asche beträgt 27 Kal. für 1 kg Kohle oder $\frac{27}{7410} = 0{,}36\ \%$ (5)

Dieser Verlust ist außergewöhnlich niedrig. Man vergleiche ihn mit dem analogen Verlust von 18,6 % in dem Übungsbeispiel 16.

6) Die Antwort ist in (4) gegeben als

$$\frac{6700}{7410} = 90{,}50\ \%,$$

unter der Voraussetzung, daß das Gas kalt verbrannt wird. Auch wenn das Gas heiß zur Verbrennung gelangt, ist die Frage nach dem Heizwert leicht zu beantworten. Wenn das Gas den Gaserzeuger beispielsweise bei 649° verläßt und bei 548° verbrennt, dann ist einfach die fühlbare Wärme im Gas bei 548° zu den obigen Heizwert (in kaltem Zustand) hinzuzufügen. Die fühlbare Wärme im Gas ist nach dem in dem Übungsbeispiel 17 (2) angegebenen Verfahren zu berechnen.

Unter solchen Umständen kann der gesamte Nutzeffekt des Gas erzeugers etwa 95 % des Heizwertes der Kohle erreichen.

Um ganz gewissenhaft zu handeln, ist auch noch die zur Dampferzeugung nötige Kohle zu berücksichtigen. Für 1 kg Kohle im Gaserzeuger wird ein wenig mehr als $\frac{1}{3}$ kg Dampf gebraucht. Bei gewöhnlichen Dampfkesseln ist dazu $\frac{1}{3} \cdot \frac{1}{8} = \frac{1}{24}$ kg Kohle erforderlich oder etwa 4 % vom Kohlenverbrauch des Gaserzeugers. Wenn der Dampf einem Dampfkessel entnommen wird, vermindert sich somit der oben berechnete Nutzeffekt von 90,50 % auf

$$\frac{90{,}50}{1{,}04} = 87\ \%. \qquad (6)$$

Wenn man zur Dampferzeugung die (sonst nicht verwerteter) Gichtgase eines Hochofens oder z. B. die fühlbare Wärme des Gaserzeugers selbst (wenn das Gas kalt verbrannt wird) ausnutzen kann, ist keine solche Reduktion des Nutzeffektes nötig. Es ist klar, wenn die Erhöhung des Nutzeffektes um 15,25 % durch einen Mehrverbrauch von 4 % Kohle erkauft wird, dann bleibt für den Gewinn an Nutzeffekt nur 11,25 %. Aber auch unter diesen Umständen erscheint die Benutzung von Dampf vorteilhaft wegen der größeren Heizkraft des Gases, wegen der Benutzung des Dampfes zum Einblasen der Luft, sowie wegen der günstigen Wirkung in bezug auf die Auflockerung der Schlacken.

3. Mondgas.

Bei dem Gaserzeuger nach Mond wird gleichzeitig mit der erhitzten Verbrennungsluft ein Überschuß an Dampf eingeführt. Dieser Gaserzeuger arbeitet daher bei weit niedrigerer Temperatur als die gewöhnlichen Gaserzeuger und das Gas zeigt eine wesentlich andere Zusammensetzung als die bisher besprochenen Heizgase. Es enthält viel Kohlendioxyd (10—20 %), sehr viel Wasserstoff (20—30 %), wenig Kohlenoxyd (10—15 %), verhältnismäßig wenig Stickstoff (40—50 %) und eine außerordentlich große Menge unzersetzten Wasserdampf. Als Brennstoff dient geringwertiger bituminöser Kohlengrus. Der Zweck der starken Dampfzuführung ist der, die Temperatur im Gaserzeuger so niedrig zu halten, daß ein möglichst großer Teil vom Stickstoff der Kohle als Ammoniak entweicht. Das Gas wird durch Wassersprühregen auf gewöhnliche Temperatur abgekühlt, wodurch die Feuchtigkeit des Gases bis auf einen kleinen Rest verdichtet wird, dann wird Ammoniak durch verdünnte Schwefelsäure entfernt, und das kalte, fast trockne Gas für Gasmaschinen oder in Öfen verwandt. Der Heizwert des Gases ist nicht niedrig, weil durch den hohen Gehalt an Wasserstoff der geringe Gehalt an Kohlenoxyd ausgeglichen wird. Die durch weitgehende Bildung von CO_2 bedingte starke Wärmeentwicklung wird zum großen Teil durch Zersetzung von Wasserdampf nutzbar gemacht und ist im Gas im Wasserstoff aufgespeichert.

Übungsbeispiel 19.

In den Mondgaserzeugern einer mit Gasmaschinen betriebenen Kraftzentrale wurde geringwertiges Kohlenklein folgender Zusammensetzung benutzt:

Feuchtigkeit	8,60 %
Kohlenstoff	62,69 „
Wasserstoff	4,57 „
Sauerstoff	10,89 „
Stickstoff	1,40 „
Asche	10,42 „

Der Heizwert, in der kalorimetrischen Bombe bestimmt (Wasser verdichtet), betrug 6,786 Kal. für 1 kg getrockneten Brennstoff. Der Verbrennungsrückstand betrug 120 kg für 1 t feuchten Gruses und enthielt 12 % Kohlenstoff.

Die Verbrennungsluft wird durch die Abhitze der Generatorgase auf 300° erhitzt und führt dem Generator $2\frac{1}{2}$ t Wasserdampf (von derselben Temperatur) für die Tonne verbrauchten Brennstoff zu. Der Dampf wird einem durch die Auspuffgase der Gasmaschinen betriebenen Röhrenkessel entnommen und nachträglich von 100° auf 300° überhitzt, ebenfalls durch die Abhitze der Generatorgase. Diese entweichen aus dem Gaserzeuger mit 350°. Die Zusammensetzung der aus den Kondensatoren mit 15° austretenden Gase ist:

Kohlenmonoxyd (CO)	11,0 %
Wasserstoff (H_2)	27,5 %
Methan (CH_4)	2,0 %
Kohlendioxyd (CO_2).	16,5 %
Stickstoff (N_2)	41,3 %
Wasserdampf (H_2O).	1,7 %
	100,0 %

Wir nehmen an, daß der gesamte Stickstoff der Kohle als Ammoniak (NH_3) entweicht.

Aufgabe:

Zu berechnen sind:

1) der Heizwert des Mondgases,
2) das Gasvolum für 1 t Kohle,
3) der Nutzeffekt des Gaserzeugers,
4) das Gewicht des zersetzten Wasserdampfes,
5) der Betrag an Heizwert, der durch die Wasserdampfzersetzung dem Gas erhalten bleibt, in Prozenten vom Heizwert der Kohle,
6) dieselbe Größe in Prozenten der Gesamtwärme im Gaserzeuger,
7) der Verlust durch Leitung und Strahlung des Erzeugers in Prozenten vom Heizwert der Kohle.

Lösung:

1) Der Heizwert eines Kubikmeters Gas von 0° (Wasser nicht kondensiert) ist:

CO	$0{,}110 \cdot 3062 =$	336,8	Ka.
H_2	$0{,}275 \cdot 2613 =$	718,6	,,
CH_4	$0{,}020 \cdot 8598 =$	172,0	,,
	Summe $=$	1227,4	Kal.

Wenn das Gas bei 15° gemessen wird, vermindert sich der Heizwert entsprechend dem Faktor $\frac{273}{273 + 15}$ und wird =

1163 Kal. für 1 cbm. (1)

2) Kohlenstoff in 1 cbm Gas bei 0°:

$$
\begin{array}{lll}
 & \text{in CO} & 0{,}110 \cdot 0{,}54 \text{ kg} \\
 & \text{,, } CH_4 & 0{,}020 \cdot 0{,}54 \text{ ,,} \\
 & \text{,, } CO_2 & 0{,}165 \cdot 0{,}54 \text{ ,,} \\
\hline
\text{Summe} = & & 0{,}295 \cdot 0{,}54 = 0{,}1593 \text{ kg.}
\end{array}
$$

Für 1 kg Kohle wird an Kohlenstoff vergast:

Kohlenstoff in der Kohle	0,6269 kg
Kohlenstoff im Rückstand $\frac{120}{1000} \cdot 0{,}12$	0,0144 ,,
Kohlenstoff im Gas	0,6125 kg

Gasvolum bei 0° aus 1 kg Kohle:

$$\frac{0{,}6125}{0{,}1593} = 3{,}845 \text{ cbm.}$$

Gasvolum aus 1 t Kohle 3845 cbm.

Gasvolum bei 15°:

$$3845 \frac{273 + 15}{273} = \mathbf{4055\ cbm.} \qquad (2)$$

3) Der Heizwert der getrockneten Kohle ist mit 6786 Kal. für 1 kg gegeben (Wasser kondensiert). Da 1 kg des nassen Kohlengruses 100 — 8,60 = 91,40 % getrockneter Kohle entspricht, so ist der Heizwert von 1 kg nasser Kohle (Wasser kondensiert) = 6786 · 0,9140 = 6202 Kal.

Aber 1 kg nasser Kohle würde bei der Verbrennung

$$0{,}0860 + 9 \cdot 0{,}0457 = 0{,}4973 \text{ kg Wasser}$$

geben, welche bei 15° in Dampfform

$$0{,}4973 \cdot 596 = 296 \text{ Kal.}$$

als Verdampfungswärme enthalten würden.

Der technische Heizwert der nassen Kohle wird dann

$$6202 - 296 = 5906 \text{ Kal.}$$

Die aus 1 kg nasser Kohle erzeugten 3,845 cbm Gas haben, im kalten Zustand verbrannt, einen Heizwert von

$$3{,}845 \cdot 1227{,}4 = 4719 \text{ Kal.}$$

Der Nutzeffekt des Generators ist dann

$$\frac{4719}{5706} = 0{,}799 = \mathbf{79{,}9\ \%} \qquad (3)$$

Dieser Wert gilt nur unter der Voraussetzung, daß der Dampf durch Abhitze erzeugt wird und keinen Brennstoff erfordert.

4) Das Gas enthält an Wasserstoff (frei und als CH_4) im Kubikmeter:

als H_2:	0,275 · 0,09	= 0,02475 kg
„ CH_4:	0,040 · 0,09	= 0,00360 „
	Summe	= 0,02835 kg.

Für 1 kg nasse Kohle:

0,02835 · 3,845 . . . . = 0,1090 kg.

Im Ammoniak ist an Wasserstoff vorhanden $0{,}0140 \cdot \frac{3}{14}$ = 0,0010 kg

Im ganzen (ausschließlich H als Wasser)	= 0,1100 kg
Wasserstoff in 1 kg Kohle	= 0,0457 „
Wasserstoff durch Dampfzersetzung	= 0,0643 kg.

Für 1 kg Kohle wird im Gaserzeuger an Wasserdampf zersetzt:

$$0{,}0634 \cdot 9 = \mathbf{0{,}5787\ kg.} \qquad (4)$$

Im ganzen wird auf 1 kg Kohle zugeführt 2,5 kg Dampf. Zersetzt wird davon nur $\frac{0{,}5787}{2{,}5} = 0{,}2315 = 23{,}15\ \%$.

[Nach Ansicht des Verf. können die übrigen 76,85 % des Dampfes, die den Gaserzeuger unverändert durchstreichen, nur zur Beseitigung der fühlbaren Wärme, somit zur Erniedrigung der Temperatur dienen. Die Verwendung von Dampf zu diesem Zweck muß aber als sehr unökonomisch bezeichnet werden. Wenn die 2 kg Dampf ausschließlich als Absorptionsmittel für die fühlbare Wärme anzusehen sind, können sie wahrscheinlich auch durch Verbrennungsgase der Gasmaschine oder eines Gasflammofens ersetzt werden. Die Verbrennungsprodukte des obigen Gases würden annähernd enthalten:

Stickstoff	68,7 %
Kohlendioxyd	14,7 „
Wasserdampf	16,6 „

Wenn der wirkliche Verbrauch des Gaserzeugers an Wasserdampf (0,5 kg) auf diese Art gedeckt werden sollte, wäre für 1 kg Kohle zuzuführen:

Wasserdampf $\frac{0{,}5}{0{,}81}$	= 0,617 cbm
Stickstoff $0{,}617 \cdot \frac{68{,}7}{16{,}6}$	= 2,55 „
Kohlendioxyd $0{,}617 \cdot \frac{14{,}7}{16{,}6}$	= 0,547 „

Wenn das Kohlendioxyd beim Durchgang durch den Gaserzeuger zu Kohlenoxyd reduziert wird, wie es wahrscheinlich der Fall ist, so würde das Generatorgas aus dieser Quelle erhalten:

Stickstoff	= 2,55 cbm
Wasserstoff	= 0,617 „
Kohlenoxyd $2 \cdot 0,547 + 0,617$	= 1,711 „

Dadurch würde man vollwertiges Gas in bezug auf Heizwert erhalten, während die Wärmebindung durch Bildung von CO aus CO_2 für die Kühlung des Feuers ebenso wirksam sein würde wie der sonst benutzte Dampfüberschuß.]

5) Der im Gaserzeuger zersetzte Dampf, 0 5787 kg für 1 kg Kohle, wird beim Eintritt in die Heizschicht annähernd 100° besitzen, er erfordert also zur Zersetzung 3196 Kal. für 1 kg. Die Wärme, die dadurch im Gaserzeuger gebunden und im Gase als Heizwert aufgespeichert wird, ist

$$3196 \cdot 0,5787 = 1850 \text{ Kal.}$$

oder in Prozenten vom Heizwerte der Kohle

$$\frac{1850}{5906} = 0,313 = \mathbf{31,3}\ \% \qquad (5)$$

6) Die im Generator erzeugte Wärme ist gleich dem Heizwert der Kohle abzüglich des Verlustes durch unverbrannten Kohlenstoff, ferner abzüglich des Heizwertes des Gases, aber zuzüglich der durch die Dampfzersetzung gebundenen Wärme.

Der Verlust durch Kohlenstoff in der Asche beträgt

$$0,12 \cdot 0,12 \cdot 8100 = 117 \text{ Kal.}$$

Die im Generator erzeugte Wärme ist dann

$$5906 - 117 - 4719 + 1850 = 2920 \text{ Kal.}$$

oder in Prozenten vom Heizwert der Kohle

$$\frac{2920}{5906} = 49,4\ \%.$$

Davon werden zur Zersetzung von Dampf 1850 Kal. nutzbar gemacht,

$$\text{das sind } \frac{1850}{2920} = \mathbf{63,4}\ \% \qquad (6)$$

der gesamten Wärmeerzeugung.

7) Im Generator werden im ganzen **2920** Kal. erzeugt, wovon 1850 Kal. durch Dampfzersetzung gebunden werden, so daß 2920 — 1850 = 1070 Kal. auf die Verluste durch Leitung und Strahlung und auf die fühlbare Wärme in den Gasen entfallen. Hierzu ist noch weiter die fühlbare Wärme in der Luft und im Wasserdampf hinzuzuzählen,

die beim Einströmen in den Gaserzeuger auf 300° vorgewärmt worden sind.

Die für 1 kg Kohle aufgewandte Luft läßt sich aus dem Stickstoffgehalt des Generatorgases finden.

Stickstoff im Kubikmeter Gas . . . . = 0,413 cbm

Stickstoff in 3,845 cbm . . . . = 1,58 „

$$\text{Zugeführte Luft} = \frac{1,58}{0,792} \ldots\ldots = 2,00 \text{ „}$$

$$\text{Angewandter Dampf} = \frac{2,5}{0,81} \ldots\ldots = 3,09 \text{ „}$$

Die fühlbare Wärme in Luft und Dampf bei 300° (von 15° ab) beträgt:

Luft 2,00 · 0,3116 · 285 . . . . = 177,6 Kal.

Dampf 3,09 · 0,3872 · 285 . . . . . . = 340,8 „

Summe = 518,4 Kal.

Gesamtverlust durch Leitung und Strahlung und in den heißen Generatorgasen:

$$1070 + 518,4 = 1588,4 \text{ Kal.}$$

Die Gase haben beim Verlassen des Generators 350°, ihre fühlbare Wärme (oberhalb 15°) beträgt für 1 cbm:

CO	0,110 · 0,313 · 335	} = 83,7 Kal.
H_2	0,275 · 0,313 · 335	
N_2	0,413 · 0,313 · 335	
CO_2	0,165 · 0,450 · 335	= 24,9 „
CH_4	0,020 · 0,460 · 335	= 3,1 „
	Summe	= 111,7 Kal.

Fühlbare Wärme in den Gasen aus 1 kg Kohle 111,7 · 3,845 = 450 Kal.

Dazu kommt noch die fühlbare Wärme im unzersetzten Wasserdampf der Gase:

Angewandter Dampf für 1 kg Kohle	2,5 kg
davon wird zersetzt	0,58 „
bleibt in den Gasen	1,92 kg
Feuchtigkeit in der Kohle	0,086 „
Im ganzen	2,006 kg

$$\text{Volum} = \frac{2,006}{0,81} = 2,48 \text{ cbm},$$

Fühlbare Wärme bei 350°

$$2,48 \cdot 0,395 \cdot 335 = 328 \text{ Kal.},$$

Gesamte fühlbare Wärme in den Gasen:

$$450 + 328 = 778 \text{ Kal.}$$

Somit beträgt der Verlust durch Leitung und Strahlung: **1588,4** — 778 = 810,4 Kal., oder in Prozenten vom Heizwert der Kohle:

$$\frac{810{,}4}{5906} = 0{,}137 = \mathbf{13{,}7}\ \% \qquad (7)$$

Wenn Mondgas im Wärmespeicher eines Martinofens erhitzt wird, ändert sich seine Zusammensetzung erheblich, wie aus den nachstehenden Analysen von J. H. Darby hervorgeht. Vor der Analyse wurde das Gas getrocknet.

		Vor dem Regenerator	Hinter dem Regenerator
Kohlendioxyd	CO_2	17,8	10,5
Kohlenoxyd	CO	10,5	21,6
Äthylen	C_2H_4	0,7	0,4
Methan	CH_4	2,6	2,0
Wasserstoff	H_2	24,8	17,7
Stickstoff	N_2	43,6	47,8
		100,0	100,0

Diese Änderungen sind sehr interessant und verdienen eine eingehendere Besprechung.

Vor dem Erhitzen brennt das Gas mit nicht leuchtender, nach dem Erhitzen mit glänzend weißer Flamme.

Wir wollen uns fragen:

1. Welche chemische Änderung tritt durch das Erhitzen ein?
2. Wie verhalten sich die Volumina des Gases vor und nach dem Erhitzen?
3. Welche Änderung des Heizwertes bewirkt die Erhitzung?

1) Wie ein Blick auf die Analysen zeigt, vermag das Kohlendioxyd bei der hohen Temperatur und bei Anwesenheit der großen Menge Wasserstoff nicht allen Sauerstoff festzuhalten, und es findet eine Umsetzung in folgender Weise

$$\underset{1\ \text{Vol.}}{CO_2} + \underset{1\ \text{Vol.}}{H_2} = \underset{1\ \text{Vol.}}{CO} + \underset{1\ \text{Vol.}}{H_2O}$$

statt. Die Analysenzahlen der beiden Proben entsprechen einander nicht völlig.

Entsprechende Zahlen für die einzelnen Bestandteile lassen sich leicht finden durch Umrechnung der Analysenzahlen für das erhitzte Gas auf dieselbe Menge Stickstoff wie im nicht erhitzten, weil eben der Stickstoff keine Änderung erleidet. Wir finden dann:

	Vor dem Erhitzen	Nach dem Erhitzen	Zu- bezw. Abnahme
CO_2	17,8	9,6	− 8,2
CO	10,5	19,7	+ 9,2
H_2	24,8	16,1	− 8,7
N_2	43,6	43,6	0,0

Nach der oben gegebenen Reaktionsgleichung muß die Menge des CO um ebensoviel zunehmen, wie H_2 bzw. CO_2 abnehmen. Die Zahlen der letzten Reihe müßten also alle gleich sein, und innerhalb der wahrscheinlichen Fehlergrenzen ist das tatsächlich der Fall. Wir können in diesen Zahlen einen Beweis dafür erblicken, daß die erwähnte Umsetzung wirklich stattfindet.

Die Abscheidung von leuchtenden Kohlenstoffteilchen ist vermutlich einer Zersetzung des Äthylens zuzuschreiben.

Die Volumina des erhitzten und des nichterhitzten Gases werden sich umgekehrt wie ihre Gehalte an Stickstoff verhalten (weil dieses Gas unverändert bleibt), d. h. = 47,8 : 43, oder = 100 : 91,2. Die Kontraktion um 8,8 Teile entspricht wiederum fast genau dem Volum an Wasserdampf, der sich nach der vorher angegebenen Reaktion bilden müßte, und gibt uns einen weiteren Beweis für das tatsächliche Eintreten dieser Reaktion.

Der Heizwert des ursprünglichen Gases für 1 cbm ist:

CO	0,105 · 3062	=	321,5 Kal.
C_2H_4	0,007 · 14 480	=	101,4 „
CH_4	0,026 · 8598	=	223,5 „
H_2	0,248 · 2613	=	648,0 „
	Summe	=	1294,4 Kal.

Der Heizwert des erhitzten Gases für 1 cbm ist:

CO	0,216 · 3 062	=	661,4 Kal.
C_2H_4	0,004 · 14 480	=	57,9 „
CH_4	0,020 · 8 598	=	172,0 „
H_2	0,177 2 613	=	462,5 „
	Summe	=	1353,8 Kal.

Für 0,912 cbm = 1234 Kal.

Als Endresultat entnehmen wir also, daß das erhitzte Gas (abgesehen von seiner fühlbaren Wärme) bei seiner Verbrennung weniger Wärme entwickelt, auf 1 kg vergaste Kohle gerechnet, als das nicht erhitzte Gas. Der Unterschied beträgt aber nur etwa 5 %. Andrerseits ist die Wärmeentwicklung für 1 cbm beim erhitzten Gase um etwa 5 % größer als beim nicht erhitzten. Das erhitzte Gas wird deshalb auch die höhere Temperatur geben, ganz abgesehen von dem Einfluß der fühlbaren Wärme im erhitzten Gas auf die Verbrennungstemperatur.

4. Wassergas.

Dies Gas wird nicht in ununterbrochenem Betriebe erzeugt. Zuerst wird ein Teil des Brennstoffes durch Luft verbrannt, bis der Brennstoff in starke Glut gekommen ist (Periode des „Heißblasens"), dann wird die Luft abgestellt und darauf gesättigter oder überhitzter Dampf zur Bildung von Wassergas nach der Reaktion

$$\underset{\text{1 Vol.}}{C + H_2O} = \underset{\text{1 Vol.}}{CO} + \underset{\text{1 Vol.}}{H_2}$$

(Periode des „Gasmachens") eingeblasen.

Wenn die Reaktion vollständig verliefe und als Brennstoff nur Kohlenstoff anwesend wäre, so würde das Gas theoretisch aus gleichen Volumteilen CO und H_2 bestehen, und zwar hätte jedes Gas das gleiche Volum wie der angewandte Dampf, bei derselben Temperatur und demselben Druck gemessen.

In der Praxis ist ein Wassergas von dieser idealen Zusammensetzung nicht zu erhalten, weil unzersetzter Dampf in das Gas übergeht, und weil auch CO_2 und N_2, die vom Heißblasen her noch im Generator nachgeblieben sind, sich besonders dem zuerst gebildeten Wassergase beimischen. Endlich enthält das Gas Kohlenwasserstoffe, Teer und Ammoniak von der trocknen Destillation der Kohle. Die typische Zusammensetzung eines Wassergases zeigt die nachstehende von W. E. Case mitgeteilte Analyse:

Wasserstoff	(H_2)	48,0 %
Kohlenoxyd	(CO)	38,0 „
Methan	(CH_4)	2,0 „
Kohlendioxyd	(CO_2)	6,0 „
Stickstoff	(N_2)	5,5 „
Sauerstoff	(O_2)	0,5 „

Die Herstellung des Wassergases ist teurer als die der übrigen Heizgase wegen der unbedingt erforderlichen großen Dampfmenge, wegen des großen Wärmeverlustes beim Heißblasen und wegen des eigentümlichen nicht ununterbrochen fortlaufenden Betriebes. Der wesentlichste Vorzug des Wassergases ist der hohe Gehalt an brennbaren Bestandteilen (bis 90 %) und der damit zusammenhängende hohe pyrometrische Heizeffekt.

(Das Wassergas ist, wie bekannt, ein wertvolles Heizmaterial, ebenso ein Beleuchtungsmittel, wenn man Glühstrümpfe verwendet. Karburiertes Wassergas bildet einen großen Teil des heute verbrauchten Leuchtgases und wird zu diesem Zwecke in riesigen Mengen hergestellt. Nachstehend ist Wassergas nur in Bezug auf seine Verwendbarkeit für metallurgische Zwecke behandelt.)

Was nun die technische Herstellung des Gases betrifft, so besteht die erste Phase des Verfahrens immer in der Erhitzung des Brennstoffes auf hohe Temperatur, in dem sogenannten „Heißblasen". Das geschieht stets dadurch, daß man Luft durch den Brennstoff preßt; hierbei kann man aber zwei verschiedene Wege einschlagen. Das ältere Verfahren arbeitet mit ziemlich niedrigem Druck, so daß die Luft mit mäßiger Geschwindigkeit die Brennstoffschicht durchströmt, wobei im wesentlichen ein gewöhnliches Luftgas entsteht. Dieses Gas wird entweder verloren gegeben, oder als Heizgas in zweckentsprechenden Öfen verwandt, oder endlich in Wärmespeichern verbrannt, deren Wärme zur Überhitzung des Dampfes für das Gasmachen ausgenutzt wird.

Das neuere Verfahren benutzt zum Heißblasen stark gepreßte Luft. Dadurch wird die Kohle im wesentlichen zu CO_2 verbrannt; die große Wärmemenge wird im übrigen Brennstoff aufgespeichert und bringt ihn in intensive Glut. Die fühlbare Wärme des hier nicht brennbaren Gases wird in Rekuperatoren oder Regeneratoren zur Überhitzung von Dampf für die zweite Phase des Betriebes ausgenutzt. Die zweite Arbeitsweise braucht weniger Brennstoff zum Heißblasen und führt diesen — unproduktiven — Teil des Verfahrens in kürzerer Zeit durch, so daß für das Gasmachen verhältnismäßig mehr Zeit übrig bleibt. Die Temperatur am Schluß des Heißblasens ist praktisch wohl durchschnittlich 1500°. Wir können den Nutzeffekt beim Heißblasen, d. h. das Verhältnis zwischen der in der Kohle aufgespeicherten Wärme und der gesamten durch die Verbrennung entwickelten Wärme, berechnen, wenn wir die Brennstoffmenge im Generator, die durchgeblasene Luft, die Zusammensetzung des gebildeten Gases und die durchschnittliche Temperatur in der Brennstoffschicht kennen Da das Heißblasen aber nur ein Hilfsverfahren bei der eigentlichen Wassergaserzeugung ist, so werden wir zuerst die Berechnungen über die letztere, nämlich über die Operation des „Kaltblasens" oder des „Gasmachens" vornehmen.

Während des Dampfeinblasens wird zur Zersetzung des Dampfes Wärme verbraucht, und der Gaserzeuger kühlt sich rasch ab. Das Gasmachen wird fortgeführt, bis die Temperatur auf etwa 800° gefallen ist; dann muß man aber aufhören, weil zwischen 800° und 600° die Reaktion zwischen Dampf und Kohle größtenteils nach der Gleichung

$$C + 2\,H_2O = CO_2 + 2\,H_2$$

verläuft, wodurch das Kohlendioxyd des Wassergases rasch zunehmen würde. Die zur Dampfzersetzung nötige Wärme wird teils durch die Oxydation der Kohle zu CO, teils durch die im heißen Brennstoff aufgespeicherte Wärme geliefert. Da die spez. Wärme des Kohlenstoffs oberhalb 1000° = 0,5 beträgt, so können wir leicht berechnen, wieviel Dampf zersetzt werden kann, bis die Temperatur auf 800° gefallen ist.

Übungsbeispiel 20.

Ein Wassergaserzeuger nach Dellwick - Fleischer enthält 3 t Koks (90 % Kohlenstoff), die auf 1500° erhitzt sind. Dampf auf 300° überhitzt, wird 8 Minuten lang hindurchgeblasen, bis die Temperatur der abziehenden Gase auf 700°, die der Brennstoffschicht auf 800° gefallen ist.

Die Zusammensetzung des Gases ist:

Wasserstoff	50,0 %
Kohlenoxyd	40,0 ,,
Kohlendioxyd	5,0 ,,
Sauerstoff	1,0 ,,
Stickstoff	4,0 ,,

Der Verlust durch Leitung und Strahlung wird zu 9000 Kal. in der Minute angenommen.

Aufgabe:

Zu berechnen sind:

1) die in 8 Minuten verbrauchte Dampfmenge,
2) das in derselben Zeit erzeugte Gasvolum.

Lösung:

1) Die Dampfmenge ist durch die zur Zersetzung verfügbare Wärme bestimmt.

Wärmeliefernd sind:

a) die Oxydation von C zu CO,
b) die Oxydation von C zu CO_2,
c) die fühlbare Wärme in der Kohle und im Verbrennungsrückstand,
d) die fühlbare Wärme im Dampf.

Demgegenüber wird Wärme verbraucht durch

e) die Zersetzung von Dampf,
f) die fühlbare Wärme in den Gasen,
g) die Leitung und Strahlung.

Um zu einer Lösung der Aufgabe zu gelangen, sind zunächst einige Annahmen zu machen. Wir nehmen als mittlere Temperatur der Kohlenschicht 1000°, als durchschnittliche Temperatur der entweichenden Gase (1500 + 700) : 2 = 1100°, die durchschnittliche spez. Wärme des Kohlenstoffs zwischen 1000—1500° zu 0,5, und die spez. Wärme der Asche zu 0,25 an.

Den Dampfverbrauch in Kilogramm während 8 Minuten bezeichnen wir mit x.

a) Aus der Analyse der Gase geht hervor, daß 8 mal soviel Kohle zu CO wie zu CO_2 verbrannt wurden. Die Reaktion zwischen Kohle und Dampf können wir demnach schreiben:

$$9\,C + 10\,H_2O = 8\,CO + CO_2 + 10\,H_2.$$

Dem Gewicht nach werden auf $8 \cdot 12 = 96$ Teile C, die zu CO verbrennen, $10 \cdot 18 = 180$ Teile Wasserdampf gebraucht oder 0,533 Teile C für 1 Teil Dampf. Die während der ganzen Zeit von 8 Minuten durch Verbrennung von C zu CO erzeugte Wärmemenge ist

$$0{,}533 \cdot x \cdot 2430 = 1296\,x \text{ Kal.}$$

b) Nur $^1/_8$ der genannten Kohlenstoffmenge verbrennt zu CO_2, und diese Wärmemenge ist:

$$\frac{0{,}533}{8} \cdot x \cdot 8100 = 540\,x \text{ Kal.}$$

c) 3000 kg Brennstoff = 2700 kg Kohlenstoff + 300 kg Asche kühlen sich von 1500° auf 1000° ab und liefern dadurch

$$\begin{aligned} 2700 \cdot 0{,}50 \cdot 500 &= 675\,000 \text{ Kal.} \\ 300 \cdot 0{,}25 \cdot 500 &= \underline{37\,500 \quad ,,} \\ \text{Summe} &= 712\,500 \text{ Kal.} \end{aligned}$$

d) Das Volum des Dampfes unter Normalbedingungen ist $\frac{x}{0{,}81}$ cbm, und die fühlbare Wärme bei 300°:

$$\frac{x}{0{,}81} \cdot 0{,}385 \cdot 300 = 93{,}5\,x \text{ Kal.}$$

Die gesamte Wärmelieferung aus a) + b) + c) + d) ist also:

$$1929{,}5\,x + 712\,500 \text{ Kal.}$$

e) Zur Zersetzung des Dampfes ist nötig (wobei sowohl der Dampf wie die Zersetzungsprodukte als kalt angenommen sind):

$$\frac{x}{9} \cdot 29\,042 = 3227\,x \text{ Kal.}$$

f) Da das Gas 50 % Wasserstoff enthält, und da das Volum des letzteren gleich dem Volum des Dampfes ist, so ergibt sich das Gasvolum zu $2 \cdot \frac{x}{0{,}81}$, und die fühlbare Wärme des Gases (aus Volum × mittlere spez. Wärme (0°—1100°) × Temperatur) zu:

$$2 \cdot \frac{x}{0{,}81} \cdot 0{,}347 \cdot 1100 = 942{,}5\,x \text{ Kal.}$$

g) Verlust durch Strahlung und Leitung:

$$9000 \cdot 8 = 72\,000 \text{ Kal.}$$

Der gesamte Wärmeverbrauch aus e) + f) + g) ist

$$4169,5\,x + 72\,000 \text{ Kal.}$$

Durch Gleichsetzen der Wärmelieferung und des Wärmeverbrauches findet man den Wert von x:

$$1929,5\,x + 712\,500 = 4169\,x + 72\,000$$

$$x = 286 \text{ kg.} \qquad (1)$$

2) Das Volum dieser Dampfmenge unter Normalbedingungen ist

$$\frac{286}{0,81} = 353 \text{ cbm.}$$

Und das Volum des Gases (50 % Wasserstoff)

$$353 \cdot 2 = 706 \text{ cbm.}$$

Diese Zahlen stellen die theoretische Höchstleistung dar, wobei vorausgesetzt ist, daß genügende Wärme zur Dampferzeugung zur Verfügung steht, daß die Kohle kleinstückig zur Anwendung kommt, und daß die Füllung des Generators so gleichmäßig ist, daß die Vergasung über die ganze Fläche der Kohlenschicht gleichmäßig erfolgt. Die in der Praxis erreichten Resultate bleiben bedeutend hinter diesen Zahlen zurück, doch ist es immerhin von Wert, die erreichbare Höchstleistung zu kennen.

Übungsbeispiel 21.

Bei einem Wassergaserzeuger nach Dellwick-Fleischer dauert das Heißblasen 2 Minuten. Die Luft wird mittels eines Root-Gebläses durch ein Rohr von 241,3 mm Durchmesser unter einem Überdruck von 482,6 mm Wassersäule eingepreßt. Lufttemperatur 15°. Die abziehenden Gase enthalten:

Kohlendioxyd	17,9 %
Kohlenoxyd	1,8 „
Stickstoff	78,6 „
Sauerstoff	1,7 „

Temperatur der Gase 900°. Verlust durch Leitung und Strahlung 9000 Kal. in der Minute. Der Gaserzeuger enthält 3000 kg Koks (90 % C, 10 % Asche).

Aufgabe:

Zu berechnen sind:

1) die durchschnittliche Temperaturerhöhung der Koksschicht;
2) die im Koks aufgespeicherte Wärme in Prozenten der gesamten im Generator erzeugten Wärme;
3) die in der Minute zuzuführenden Kilogramm Dampf, wenn angenommen wird, das Gasmachen dauere 8 Minuten, und für jedes Kilogramm Dampf werden dem Koks 2500 Kal. entzogen,

4) das Verhältnis zwischen Luftvolum beim Heißblasen und Dampfgewicht beim Gasmachen.

Lösung:

1) Zuerst ist die Luftmenge zu bestimmen, die das Gebläse liefert. Zu diesem Zwecke benutzen wir den bekannten Ausdruck für die Ausnußgeschwindigkeit $v = \sqrt{2\,g\,h}$. Für die Druckhöhe h ist hier die Lufthöhe einzusetzen. Luft ist bei 0° 772 mal leichter als Wasser; einem Druck von 0,482 m Wassersäule entspricht eine Luftsäule von $0{,}482 \cdot 772 = 372$ m. Bei 15° ist die Luft aber leichter als bei 0° in dem Verhältnis $\frac{288}{273}$, und wir erhalten für die Luftsäule

$$372 \cdot \frac{288}{273} = 392 \text{ m.}$$

Die Geschwindigkeit der Luft durch die Düse ist

$$V = \sqrt{2 \cdot 9{,}81 \cdot 392} = 88 \text{ m in der Sekunde.}$$

Und das in der Minute einströmende Volum:

$$\pi \cdot \frac{d^2}{4} \cdot 88 \cdot 60 = 241{,}7 \text{ cbm,}$$

oder als Luft von 0° gerechnet:

$$241{,}7 \cdot \frac{273}{288} = 228 \text{ cbm.}$$

Das Volum der Gase, die in den 2 Minuten des Heißblasens erzeugt werden, läßt sich aus dem Stickstoffgehalt der Gase (78,6 %) verglichen mit dem der Luft (79,2 %) finden:

$$228 \cdot 2 \cdot \frac{79{,}2}{78{,}6} = 459{,}5 \text{ cbm.}$$

Von den einzelnen Bestandteilen enthält das Gas:

Kohlendioxyd	$0{,}179 \cdot 459{,}5$	= 82,25 cbm
Kohlenoxyd	$0{,}018 \cdot 459{,}5$	= 8,27 „
Sauerstoff	$0{,}017 \cdot 459{,}5$	= 7,81 „
Stickstoff	$0{,}786 \cdot 459{,}5$	= 361,15 „
	Summe	= 459,48 cbm.

An Kohlenstoff wird zu CO_2 und CO verbrannt:

C zu CO_2:	$82{,}25 \cdot 0{,}54$	= 44,42 kg
C zu CO:	$8{,}27 \cdot 0{,}54$	= 4,47 „
	Summe	= 48,89 kg.

Und dabei wird an Wärme erzeugt:

$$
\begin{aligned}
C \text{ zu } CO_2 &= 44{,}42 \cdot 8100 = 359\,800 \text{ Kal.} \\
C \text{ zu } CO &= 4{,}47 \cdot 2430 = 10\,860 \quad ,, \\
\text{Summe} &= 370\,660 \text{ Kal.}
\end{aligned}
$$

Um die Wärme zu finden, die nach Ablauf der 2 Minuten des Heißblasens im Generator aufgespeichert ist, sind hiervon abzuziehen: der Verlust durch Leitung und Strahlung

$$2 \cdot 9000 = 18\,000 \text{ Kal.},$$

die fühlbare Wärme in den Gasen bei einer durchschnittlichen Temperatur von 900°:

$$
\begin{aligned}
CO, O_2, N_2\text{:} \quad 377{,}25 \cdot 0{,}327 \cdot 885 &= 109\,150 \text{ Kal.} \\
CO_2\text{:} \quad 82{,}25 \cdot 0{,}571 \cdot 885 &= 41\,565 \quad ,, \\
\text{Summe} &= 150\,715 \text{ Kal.}
\end{aligned}
$$

Im Generator ist aufgespeichert:

$$370\,660 - 18\,000 - 150\,715 = 201\,945 \text{ Kal.}$$

Wärmekapazität der Koksschicht für jeden Grad:

$$
\begin{aligned}
\text{Kohlenstoff: } 3000 \cdot 0{,}9 \cdot 0{,}5 &= 1350 \text{ Kal.} \\
\text{Asche: } 3000 \cdot 0{,}1 \cdot 0{,}25 &= 75 \quad ,, \\
\text{Summe} &= 1425 \text{ Kal.}
\end{aligned}
$$

Temperaturerhöhung der Koksschicht:

$$201\,945 : 1425 = 142^0 \qquad (1)$$

2) Die aufgespeicherte, ausnutzbare Wärme beträgt in Prozenten der gesamten Wärmeentwicklung im Generator während des Heißblasens:

$$\frac{201\,945}{370\,660} = 0{,}545 = 54{,}5\,\% \qquad (2)$$

3) Beim Gasmachen kann im ganzen an Dampf zersetzt werden:

$$\frac{201\,945}{2500} = 80{,}8 \text{ kg in 8 Minuten} = \mathbf{10{,}1\ kg\ in\ 1\ Minute}. \qquad (3)$$

4) Zugeführte Luft während 2 Minuten = 456 cbm. Dampf während 8 Minuten = 80,8 kg. Verhältnis:

$$\frac{80{,}8}{456} = \mathbf{0{,}177\ kg} \text{ Dampf auf 1 cbm Luft.} \qquad (4)$$

Siebentes Kapitel.

Kaminzug und künstlicher Zug.

Bei allen Verbrennungsprozessen muß die zur Verbrennung nötige Luft entweder durch Saugwirkung oder durch Druck zugeführt werden. Das ursprüngliche und noch am meisten angewendete Hilfsmittel hierzu ist der Schornsteinzug, das zuverlässigere der künstliche Zug. Oft werden beide mit sehr gutem Erfolg kombiniert.

Jeder metallurgische Prozeß und jeder arbeitende Ofen liefert gewöhnlich eine bedeutende Abhitze. Die meisten Öfen müssen bis über Rotglut geheizt werden, und die Gase gehen aus dem Ofen direkt in den Schornstein. In solchen Fällen ist dieser als zweckmäßige Zugvorrichtung am Platze, weil er den Auftrieb der heißen Gase, wenn auch in wenig wirtschaftlicher Weise, ausnutzt und sonst verlorene Energie verwertet. In anderen Fällen ist es möglich, die Wärme der Verbrennungsgase zur Dampferzeugung auszunutzen, indem man die Gase auf dem Weg zum Schornstein durch Dampfkessel streichen läßt; hierbei werden die Gase so weit abgekühlt, daß sie nicht mehr den ganzen erforderlichen Zug im Kamin bewirken können. In diesem Falle wird ein kleiner Teil des erzeugten Dampfes in einer Dampfmaschine oder Dampfturbine zum Betrieb eines Ventilators verwendet, um den noch nötigen Zug hervorzubringen, während der übrige Dampf für andere Zwecke verfügbar bleibt. In dieser Weise läßt sich eine vorteilhafte Ausnutzung der Abhitze der Gase erzielen.

Kaminzug.

Die theoretischen Grundlagen der Zugwirkung sind klar und einfach. Die gesamte Saugwirkung des Schornsteins wird durch den Auftrieb der heißen Gase bedingt. Das Maß des Auftriebs ist der Unterschied an Gewicht, den das Gasvolum des Schornsteins besitzt, je nachdem es aus heißen Verbrennungsgasen oder aus kalter Luft von Außentemperatur besteht.

Beispiel:

Ein Kamin hat einen quadratischen, in der ganzen Höhe gleichen Querschnitt von 1,83 m Seitenlänge und ist 30,48 m hoch. Die Temperatur der Verbrennungsgase ist im Mittel 260° und ihr spez. Gewicht 1,06 (Luft = 1). Die Außentemperatur beträgt 27°. Wie groß ist der Auftrieb der heißen Gase insgesamt in Kilogramm, in Gramm pro Quadratzentimeter und in Millimeter Wassersäule?

Das Volum des Schornsteins beträgt

$$[1,83]^2 \cdot 30,48 = 102,108 \text{ cbm}.$$

Dies Volum wiegt, wenn aus Luft von 0^0 bestehend:

$$102{,}108 \cdot 1{,}293 = 132{,}026 \text{ kg.}$$

Und wenn die Luft 27^0 besitzt

$$132{,}026 \cdot \frac{273}{273 + 27} = 120{,}14 \text{ kg.}$$

Dasselbe Volum der Verbrennungsgase von 260^0 wiegt

$$132{,}026 \cdot 1{,}06 \cdot \frac{273}{273 + 260} = 71{,}29 \text{ kg.}$$

Die heißen Gase im Schornstein, die 71,29 kg wiegen, verdrängen 120,14 kg kalte Luft und werden sich daher aufwärts bewegen mit einer Kraft von

$$120{,}14 - 71{,}29 = 48{,}85 \text{ kg.}$$

In anderen Worten: wenn wir uns unten am Boden des Schornsteins einen luftdicht schließenden, reibungslos beweglichen Stempel denken, so muß dieser ein Gewicht von 48,85 kg besitzen, damit er nicht aufsteigt. Die gesamte aufwärtsbewegende Kraft oder Saugwirkung des Schornsteins ist somit 48,85 kg. Da diese Kraft auf eine Fläche von $183 \cdot 183 = 33\,489$ qcm verteilt ist, wird die Wirkung auf 1 qcm $= 1{,}459$ g oder $= 14{,}59$ mm Wassersäule. In ähnlicher Weise läßt sich die gesamte Saugwirkung eines jeden Schornsteins von gegebener Höhe bei gegebener Temperatur der Gase und der Außenluft berechnen. Wenn die Saugwirkung in Gramm für 1 qcm oder in Millimeter Wassersäule ausgedrückt wird, ist sie durch die genannten drei Größen vollständig bestimmt und von der Größe des Kaminquerschnittes naturgemäß unabhängig.

Die oben ohne Rücksicht auf die Reibung der Gase berechnete Saugwirkung wollen wir als die Gesamt-Saugwirkung des Schornsteins bezeichnen. Gewöhnlich wird diese Größe nicht in Wasser, sondern in Luft von 0^0 angegeben. Luft von 0^0 ist 772 mal leichter als Wasser. Eine Saugwirkung von 14,59 mm Wassersäule entspricht daher

$$14{,}59 \cdot 772 = 11\,263 \text{ mm} = 11{,}26 \text{ m Luft.}$$

Aus der Höhe des Schornsteins, der Temperatur innen und außen und dem spez. Gewicht der Gase (Luft $= 1$) läßt sich die gesamte Saugwirkung nach der folgenden Formel finden:

$$h_0 = H \frac{(1 - D) + \alpha (t - D t')}{(1 + \alpha t')(1 + \alpha t)}.$$

Es sind

h_0 = gesamte Saugwirkung in Metern Luft,
t = Temperatur im Schornstein,
t' = Temperatur der Außenluft,

D = spez. Gewicht der Gase (Luft = 1),
H = Höhe des Schornsteins in Meter,
α = Ausdehnungskoeffizient der Gase = $^1/_{273}$.

Verf. ist kein Freund von Formeln, wenn sie nicht unbedingt nötig sind. Die obige Formel ist aber der kürzeste mathematische Ausdruck der dargelegten Berechnung. Es ist aber dringend anzuraten, bei der Behandlung eines speziellen Falles von den Grundprinzipien der Rechnung auszugehen, wie sie oben entwickelt wurden. Die Formeln sind dann zu entbehren.

Die oben berechnete Saugwirkung ist die theoretisch für alle Leistungen des Schornsteins verfügbare Energie. Ebenso wie der Druck auf den Kolben einer Lokomotive teils zur Überwindung der Reibung in der Maschine, teils zum Fortbewegen der Lokomotive selbst, und der Rest zum Fortbewegen der angehängten Wagen dient, so wird ein Teil der gesamten Saugwirkung zur Überwindung der Reibung der Gase an den Wandungen des Schornsteins verbraucht; ein anderer Teil gibt den Gasen eine gewisse Geschwindigkeit, mit der sie oben den Schornstein verlassen, und der Rest stellt die zum Hindurchsaugen der Gase durch Rost, Ofen und Kanäle bis zum Fuße des Schornsteins verfügbare Saugwirkung dar.

Wenn der Schornstein für einen Augenblick unten am Fuße vollkommen verschlossen und die Gase zur Ruhe gebracht werden könnten, würde ein in der Nähe des Bodens angebrachter Druckmesser die gesamte Saugwirkung anzeigen. Wenn dann die Schieber der Ofenkanäle geöffnet würden, kämen die Gase in aufsteigende Bewegung, und der Druckmesser würde soviel Unterdruck weniger anzeigen, als zur Fortbewegung der Gase und zur Überwindung der Reibung nötig ist.

Die auf die Ausströmungsgeschwindigkeit der Gase entfallende Saugwirkung hängt nur von der Geschwindigkeit der Gase beim Ausströmen und ihrer Temperatur ab. Der hydraulische Druckunterschied, der nötig ist, um einem strömenden Fluidum die Geschwindigkeit V zu erteilen, ist gleich der Höhe, aus der ein frei fallender Körper fallen muß, um dieselbe Geschwindigkeit zu erlangen, d. h.

$$h = \frac{V^2}{2\,g},$$

wo g die Beschleunigung der Schwerkraft = 9,8 m bezeichnet. Wenn wir daher die Geschwindigkeit, mit der die Gase den Schornstein verlassen, kennen, oder wenn wir sie berechnen oder schätzen können, dann läßt sich h finden. Praktisch bewegen sich diese Geschwindigkeiten in verhältnismäßig engen Grenzen. In den Schornsteinen der Wohnhäuser dürften sie kaum 1 m überschreiten, bei Schornsteinen der Kesselfeuerungen etwa 1,80—3,60 m und bei Schmelzöfen 3,60—6 m betragen. Die Temperaturen der Gase sind

bei kleinen Schornsteinen	100—200°
„ Kesselfeuerungen	100—300°
„ Schmelzöfen	300—1000°.

Wenn wir in dieser Weise h berechnen, dürfen wir nicht übersehen, daß der Druckunterschied h sich auf die entweichenden heißen Gase bezieht, so daß wir nachträglich, um h mit h_0 vergleichen zu können, auf den äquivalenten Druckunterschied, auf kalte Luft bezogen, umrechnen müssen. Das ist sehr einfach zu machen, wenn wir berücksichtigen, daß das spez. Gewicht eines Gases sich umgekehrt wie dessen absolute Temperatur verhält. Wenn D die relative Dichte des Gases, bezogen auf Luft, bei gleicher Temperatur bedeutet, so ist

$$h_0^{\text{Geschw.}} = h \cdot \frac{D}{1 + \alpha t} = \frac{V^2}{2g} \cdot \frac{D}{1 + \alpha t}.$$

Beispiel:

Angenommen, die Geschwindigkeit der Gase beim Austritt aus dem Schornstein eines Schmelzofens ist 4,50 m, die Temperatur 260°, die Dichte 1,06 (Luft = 1), wie groß ist die Saugwirkung h auf Luft von 0° bezogen, die dieser Geschwindigkeit entspricht?

Auf heiße Gase von 260° bezogen ist die Saugwirkung

$$h = \frac{V_0}{2g} = \frac{[4,50]^2}{19,6} = 1,033 \text{ m}.$$

auf Luft von 260° bezogen:

$$1,033 \cdot 1,06 = 1,09 \text{ m},$$

auf Luft von 0°:

$$1,09 \cdot \frac{273}{273 + 260} = 0,56 \text{ m}.$$

Von der gesamten Saugwirkung dieses Schornsteins, sagen wir 11,26 m, entfallen also 0,56 m = 5,2 % auf die Geschwindigkeit der ausströmenden Gase, so daß 10,70 m für die Reibung der Gase und den Zug durch Ofen und Kanäle übrig bleiben. Wir werden nunmehr auf den durch die Reibung im Schornstein entstandenen Verlust an Saugwirkung näher eingehen.

Verlust an Saugwirkung durch Reibung.

Dieser hängt von der Glätte bzw. der Rauhheit der Innenflächen des Schornsteins ab und ist für die Luft bei verschiedenen Geschwindigkeiten experimentell bestimmt worden.

Der Reibungsverlust wird als Funktion der zur Erreichung einer bestimmten Gasgeschwindigkeit (bei reibungsloser Bewegung) nötigen

Saugwirkung angegeben. Wenn wir wie im obigen Beispiel die Gasgeschwindigkeit = 4,50 m in der Sekunde und die dazu nötige Saugwirkung = 0,56 m Luftsäule haben, so ist der Reibungsverlust

$$h_{Reibung} = 0,56 \cdot \frac{H}{d} \cdot K \cdot$$

Der Reibungsverlust ist also der Höhe des Schornsteins direkt, dem Durchmesser (oder bei quadratischem Querschnitt der Seitenlänge) umgekehrt proportional und außerdem von dem experimentell ermittelten Koeffizienten K abhängig. Nach den Untersuchungen Grashofs liegt K zwischen 0,05 bei glatten Innenflächen und 0,12 bei rauhen und beträgt im Durchschnitt 0,08.

Beispiel:

Wenn die Höhe des Schornsteins = 30,48 m, der quadratische Querschnitt von 1,83 m Seitenlänge, K = 0,08 und die für die Gasgeschwindigkeit nötige Saugwirkung = 0,56 m kalter Luft ist, wie groß ist dann der Reibungsverlust im Schornstein?

Das Verhältnis $\frac{H}{d} = \frac{30,48}{1,83} = 16,66$ das mit K multipliziert 1,66 gibt. Das heißt: es ist ein 1,33 mal größerer Betrag an Saugwirkung zur Überwindung der Reibung verbraucht, als zur Erteilung der vorausgesetzten Geschwindigkeit ohne Reibung nötig wäre.

$$h_{Reibung} = 1,33 \cdot 0,56 = 0,7448 \text{ m.}$$

Eine andere, bisweilen nützliche Art, den Reibungsverlust mit Hinsicht auf die Schornsteinhöhe zu ermitteln, besteht darin,

$$h_{Reibung} = 0,025 \text{ H},$$

d. h. also, den Reibungsverlust gleich $^1/_{40}$ der Höhe des Schornsteins zu setzen.

Wenn wir von der gesamten Saugwirkung die zur Geschwindigkeitserteilung und die zur Überwindung der Reibung verbrauchten Anteile abziehen, erhalten wir die für Arbeiten außerhalb des Schornsteins nutzbare Saugwirkung.

In unserem speziellen Falle haben wir:

h_0 = gesamte Saugwirkung	11,26 m	100 %
$h_{geschw.}$ = für die Gasgeschwindigkeit verbrauchte Saugwirkung	0,56 „	5 %
$h_{Reibung}$ = durch Gasreibung verbrauchte Saugwirkung	0,74 „	7 %
$h_{nutzbar}$ = nutzbare Saugwirkung	9,94 „	88 %

Nutzbare Saugwirkung eines Schornsteins.

Im obigen Beispiel beträgt die nutzbare Saugwirkung 88 % der gesamten oder theoretischen Wirkung. Wenn wir Grenzwerte für die praktisch vorkommenden Arbeitsbedingungen des Schornsteins einführen, können wir Grenzwerte für die nutzbare Saugwirkung ableiten. Wir bezeichnen im folgenden als I und II Fälle mit kleinstem bzw. größtem Verbrauch für innere Arbeitsleistungen im Schornstein, die praktisch vorkommen können. Wir haben:

	Fall I	Fall II
Temperatur der ausströmenden Gase	100°	1000°
Geschwindigkeit der ausströmenden Gase in der Sekunde	1 m	7 m
Verhältnis $\frac{H}{d}$	10	50
Der Koeffizient K	0,05	0,12
Spez. Gewicht der Gase (Luft = 1)	1,00	1,06
Zur Geschwindigkeitserteilung wird an Saugwirkung verbraucht	0,04 m	0,56 m
Zur Überwindung der Reibung	0,02 „	3,36 „
Im Schornstein im ganzen verbraucht	0,06 „	3,92 „
In Millimeter Wassersäule	0,1	5,0

Die nutzbare Saugwirkung wird gefunden, wenn von der Gesamtsaugwirkung die Gesamtverluste im Schornstein, die im Höchstfalle 3,9 m Luft oder 5 mm Wasser betragen können, in Abzug gebracht werden. Unter gewöhnlichen Umständen würde schon die Hälfte dieses Betrages als ein ziemlich hoher Schornsteinverlust anzusehen sein.

Für den Hüttenmann wird es sich hauptsächlich darum handeln, die Höhe eines Schornsteins zu bestimmen, damit dieser einen bestimmten, durch die Praxis als notwendig erkannten Zug hervorbringt. So hat man, um auf irgend einem Rost eine bestimmte Menge Kohle in der Stunde verbrennen zu können, einen bestimmten Zug nötig. Mit der Stärke des Zuges nimmt die Kohlenmenge zu und umgekehrt.

Bei Kesselfeuerungen stellt die Verbrennung von 90 kg Kohle für den qm und Stunde eine sehr wirtschaftliche Heizung dar und erfordert einen Zug von 10—20 mm Wassersäule, je nach der Kohlensorte. Bei metallurgischen Öfen ist der stündliche Kohlenverbrauch für 1 qm Rostfläche größer, aber gleichzeitig ist auch die Temperatur im Schornstein entsprechend höher. Um die erforderliche Höhe eines Schornsteins zu berechnen, sind Annahmen zu machen über die Temperatur im Schornstein, die notwendige Zugstärke und den durchschnittlichen Verlust im Schornstein.

Übungsbeispiel 22.

Für einen Puddelofen ist der Schornstein zu entwerfen. Der Rost des Ofens ist $1{,}22 \cdot 1{,}83$ m. Der Ofen ist für einen Verbrauch von 146,3 kg Steinkohle für 1 qm Rostfläche berechnet. Beim Eintritt in den Schornstein haben die Gase eine Temperatur von 1200° beim Austritt oben 1000°. Das spez. Gewicht der Gase = 1,03 (Luft = 1). Der notwendige Zug beträgt 15 mm Wassersäule. Temperatur der Außenluft 30°.

Lösung:

Die mittlere Temperatur der Gase im Schornstein können wir mit 1100° annehmen. Die Gasgeschwindigkeit wird sehr hoch sein, und wir können den Verlust im Schornstein auf wenigstens 2,5 mm Wassersäule schätzen. Als gesamte Saugwirkung erhalten wir $15 + 2{,}5 = 17{,}5$ mm Wassersäule oder

$$h_0 = 17{,}5 \cdot 772 = 13{,}51 \text{ m kalte Luft},$$

entsprechend einem Gesamtauftrieb von

$$13{,}51 \cdot 1{,}293 = 17{,}47 \text{ kg auf 1 qm.}$$

Die Außenluft von 30° wiegt für 1 cbm

$$1{,}293 \cdot \frac{273}{273 + 30} = 1{,}165 \text{ kg.}$$

Die Schornsteingase von 1100° wiegen für 1 cbm

$$1{,}293 \cdot 1{,}03 \cdot \frac{273}{273 + 1100} = 0{,}2648 \text{ kg.}$$

Wenn die Höhe des Schornsteins mit H, der Querschnitt mit S bezeichnet werden, dann ist das Volum des Schornsteins $= H \cdot S$ und das Gewicht der heißen Gase

$$(H \cdot S) \cdot 0{,}2648 \text{ kg.}$$

Das gleiche Volum der Außenluft wiegt

$$(H \cdot S) \cdot 1{,}165 \text{ kg.}$$

Und der Gesamtauftrieb wird

$$(H \cdot S) \cdot (1{,}165 - 0{,}2648) \text{ kg.}$$

Nach den Voraussetzungen ist der nötige Gesamtauftrieb

$$17{,}47 \cdot S$$

und wir haben

$$(H \cdot S)\ (1{,}1650 - 0{,}2648) = 17{,}47\ S,$$

woraus sich ergibt

$$H = 19{,}41 \text{ m.}$$

Was den Querschnitt des Schornsteins betrifft, würde es aus Rücksicht auf die Standfestigkeit nicht ratsam sein, den Durchmesser kleiner als $^1/_{50}$ der Höhe zu wählen, besser wäre $^1/_{25}$.

Aus letzterem Verhältnis folgt für den obigen Schornstein als Durchmesser 0,78 m. In anderer Weise läßt sich noch der Durchmesser finden, wenn man das Volum der heißen aufsteigenden Gase berechnet und, unter Annahme einer Höchstgeschwindigkeit von, beispielsweise, 6 m, den geringsten, den Gasstrom eben noch bewältigenden Querschnitt herausrechnet, etwa folgendermaßen:
Kohlenverbrauch in der Stunde:

$$1{,}22 \cdot 1{,}83 \cdot 146{,}3 = 326{,}25 \text{ kg}.$$

theoretische Luftmenge für Steinkohle mittlerer Zusammensetzung (vgl. Übungsbeispiel 1):

$$326{,}25 \cdot 7{,}7 = 2512{,}12 \text{ cbm}.$$

Volum der Verbrennungsprodukte unter Normalbedingungen (vgl. Übungsbeispiel 1):

$$326{,}25 \cdot 8 = 2610 \text{ cbm}.$$

Volum der Gase bei 1100^0:

$$2610 \cdot \frac{1100 \cdot 273}{273} = 13115 \text{ cbm}.$$

Gasvolum in jeder Sekunde:

$$\frac{13115}{3600} = 3{,}64 \text{ cbm}.$$

Bei der angenommenen Geschwindigkeit von 6 m wird der Querschnitt des Schornsteins wenigstens

$$\frac{3 \cdot 64}{6} = 0{,}607 \text{ qm}$$

sein müssen, oder bei kreisförmigem Querschnitt der Durchmesser = 0,87 m. Der Schornstein würde besser und mit viel geringerem Reibungsverlust arbeiten, wenn der Durchmesser um 25 % größer als das oben berechnete Minimum, also etwa 1,07 m, genommen würde. Der Querschnitt wird dann um etwa 50 % größer und ist noch bei einer Gasgeschwindigkeit von 4 m in der Sekunde ausreichend.

Übungsbeispiel 23.

Bei dem Puddelofen des Übungsbeispiels 22 nehmen wir an, daß die heißen Gase, anstatt direkt in den Schornstein zu gehen, zuerst durch die Flammrohre eines auf dem Ofen aufgestellten Dampfkessels geführt werden und dann an einer 4,57 m höher liegenden Stelle in den Schorn-

stein einströmen. Der innere Durchmesser des Schornsteins sei 1,07 m, die Höhe 19,66 m über dem Ofenkanal, und wir nehmen an, daß die Gase, die jetzt um 4,57 m höher in den Schornstein gehen, an dieser Stelle eine Temperatur von 350⁰ haben und bis zur Mündung auf 250⁰ abgekühlt werden. Die Flammrohre des Kessels bewirken einen vermehrten Reibungsverlust, entsprechend 2,54 mm Wassersäule. Der Kessel erzeugt Dampf mit einem Nutzeffekt von 45 %. Die Dampfmaschine besitzt einen mechanischen Nutzeffekt von 20 %, und ein Ventilator erzeugt die nötige Pressung bei einem mechanischen Nutzeffekt von 25 %.

Aufgabe:

Es sind zu berechnen:

1.) die gesamte Saugwirkung des Schornsteins bei direktem Einströmen der Gase, wenn die mittlere Temperatur im Schornstein 1100⁰ beträgt, und das spez. Gewicht der Gase 1,03 (Luft = 1) ist;

2.) der Verlust an Saugwirkung durch die Geschwindigkeit der ausströmenden Gase;

3.) der Verlust durch Reibung im Schornstein;

4.) die für den Puddelofen nutzbare Saugwirkung;

5.) die gesamte Saugwirkung des Schornsteins, wenn die Gase 4,57 m über dem früheren Kanal einströmen und eine mittlere Temperatur von 300⁰ besitzen;

6.) der Verlust an Saugwirkung durch die ausströmenden Gase, die in diesem Fall 250⁰ haben;

7.) der Verlust durch Reibung im Schornstein;

8.) die zum Ansaugen der Gase nutzbare Saugwirkung;

9.) der Fehlbetrag an Saugwirkung, der durch Unterwind unter dem Rost des Puddelofens ersetzt werden muß;

10.) Kraftverbrauch des Ventilators in Pferdestärken;

11.) die Leistung in Pferdestärken der durch den Dampf des Kessels betriebenen Dampfmaschine;

12.) der Überschuß an Kraft, der durch die getroffene Anordnung gespart und für sonstige Zwecke verfügbar wird.

Lösung:

1.) Querschnitt des Schornsteins:

$$d^2 \frac{\pi}{4} = (1,07)^2 \cdot 0,7854 = 0,900 \text{ qm.}$$

Volum des Schornsteins:

$$19.66 \cdot 0,900 = 17,69 \text{ cbm.}$$

Gewicht der Gase im Schornstein:

$$17{,}69 \cdot 1{,}293 \cdot 1{,}03 = 23{,}53 \text{ kg}.$$

Gewicht der Gase bei 1100°:

$$23{,}53 \cdot \frac{273}{273 + 1100} = 4{,}706 \text{ kg}.$$

Das gleiche Volum der äußeren Luft von 30° wiegt:

$$17{,}69 \cdot 1{,}293 \cdot \frac{273}{273 + 30} = 20{,}52 \text{ kg}$$

Gewichtsunterschied = Gesamtauftrieb

$$20\,52 - 4{,}706 = 15{,}814 \text{ kg}.$$

Für 1 qm:

$$\frac{15{,}814}{0{,}900} = 17{,}57 \text{ kg}$$

Gesamt-Saugwirkung in Metern Luft von 0°

$$\frac{17{,}57}{1{,}293} = \mathbf{13{,}58 \text{ m}} \qquad (1)$$

In Millimeter Wassersäule:

$$\frac{13{,}58}{772} = \mathbf{17{,}57 \text{ mm.}} \qquad (1)$$

2.) Im Übungsbeispiel 22 haben wir das Volum der Verbrennungsgase in der Stunde = 2610 cbm (0°) gefunden.
Volum bei 1000°:

$$2610 \cdot \frac{273 + 1000}{273} = 12162{,}6 \text{ cbm}.$$

Geschwindigkeit des Gasstromes im Schornstein in m/Sec:

$$\frac{12162{,}6}{3600 \cdot 0{,}900} = 3{,}75 \text{ m}.$$

Durch die Gasgeschwindigkeit verlorene Saugwirkung:
auf heiße Gase von 1000° bezogen:

$$\frac{(3{,}75)^2}{2\,g} = 0{,}716 \text{ m}$$

auf Gase von 0° bezogen:

$$0{,}716 \cdot \frac{273}{273 + 1000} = 0{,}16 \text{ m},$$

und auf Luft von 0° bezogen:

$$0{,}16 \cdot 1{,}03 = \mathbf{0{,}165} \text{ m}, \qquad (2)$$

in Millimeter Wassersäule:

$$\frac{165}{772} = \mathbf{0{,}21\ mm.} \qquad (2)$$

3.) Wir nehmen für den Reibungskoeffizienten K den Wert **0,08** an und erhalten die Formel:

$$h_0 \text{ (Reibung)} = \frac{V^2}{2\,g} \cdot \frac{273}{273 + t} \cdot \frac{H}{d} \cdot K \cdot d.$$

In abgekürzter Form enthält diese Formel alle unter (2) ausgeführten rechnerischen Operationen, unter Berücksichtigung von Höhe Durchmesser und Reibung.

Die Geschwindigkeit in der Sekunde ist

$$V = 2610 \cdot \frac{1100 + 273}{273} : 3600 : 0{,}900 = 4{,}05 \text{ m},$$

entsprechend einem Verlust an Saugwirkung in Meter Luft von 0°:

$$(4{,}05)^2 : 19{,}60 \cdot \frac{273}{273 + 1000} \cdot 1{,}03 = 0{,}17 \text{ m}.$$

Der Reibungsverlust beträgt auf den Verlust durch Gasgeschwindigkeit bezogen:

$$\frac{H}{d} \cdot K = \frac{19{,}66}{1{,}07} \cdot 0{,}08 = 1{,}47.$$

Durch Reibung verlorene Saugwirkung:

$$0{,}17 \cdot 1{,}47 = \mathbf{0{,}25} \text{ m}. \qquad (3)$$

In Millimeter Wassersäule:

$$\frac{250}{772} = \mathbf{0{,}32\ mm.} \qquad (3)$$

4.)

	Luft von 0° m	Wassersäule mm
Gesamtsaugwirkung	13,58	17,57
durch Gasgeschwindigkeit verloren	0,165	0,21
durch Reibung verloren	0,25	0,32
für den Ofen nutzbar	**13,165**	**17,04** (4)

5.) Volum der Gase im Schornstein:

$$(19{,}66 - 4{,}57) \cdot 0{,}900 = 13{,}58 \text{ cbm};$$

Gewicht der Verbrennungsgase bei 300° (spez. Gewicht = 1,03):

$$13{,}58 \cdot 1{,}293 \cdot 1{,}03 \cdot \frac{273}{273 + 300} = 8{,}50 \text{ kg}.$$

Das gleiche Volum der äußeren Luft bei 30° wiegt:

$$13{,}58 \cdot 1{,}293 \cdot \frac{273}{273 + 30} = 15{,}08 \text{ kg}.$$

Auftrieb für 1 qm:

$$\frac{15{,}08 - 8{,}50}{0{,}9} = 8{,}11 \text{ kg}.$$

Gesamtsaugwirkung auf Luft von 0° bezogen

$$\frac{8{,}11}{1{,}293} = 6{,}28 \text{ m} \qquad (5)$$

oder auf Wasser bezogen:

$$\frac{6{,}28 \cdot 1000}{772} = 8{,}11 \text{ mm}. \qquad (5)$$

6.) Geschwindigkeit der ausströmenden Gase in der Sekunde bei 250°:

$$2610 \cdot \frac{273 + 250}{273} : 3600 : 0{,}900 = 1{,}54 \text{ m}$$

Entspricht einem Verlust an Saugwirkung in Luft von 0°:

$$\frac{(1{,}54)^2}{2g} \cdot \frac{273}{273 + 250} \cdot 1{,}03 = 0{,}067 \text{ m} \qquad (6)$$

in Millimeter Wassersäule:

$$\frac{0{,}067 \cdot 1000}{772} = 0{,}087 \text{ mm}. \qquad (6)$$

7.) Mittlere Geschwindigkeit der Schornsteingase in der Sekunde bei 300°:

$$\frac{2610}{3600} \cdot \frac{300 + 273}{273} \cdot \frac{1}{0{,}900} = 1{,}72 \text{ m}.$$

Durch Reibung verlorene Saugwirkung, auf Luft von 0° bezogen:

$$\frac{(1{,}72)^2}{2g} \cdot \frac{273}{273 + 300} \cdot 1{,}03 \cdot \frac{15{,}09}{1{,}07} \cdot 0{,}08 = 0{,}083 \text{ m} \qquad (7)$$

in Millimeter Wassersäule:

$$\frac{0{,}083 \cdot 1000}{772} = 0{,}10 \text{ mm}. \qquad (7)$$

8.)

	Luft von 0° m	Wassersäule mm
Gesamtsaugwirkung	6,28	8,11
Durch Gasgeschwindigkeit verloren	0,06	0,076
Durch Reibung verloren	0,083	0,10
Für den Ofen nutzbar	6,130	7,934
9.) Für den Ofen ist nötig s. Antwort (4)	13,165	17,04
Für den Kessel ist nötig	1,961	2,54
Insgesamt für beide	15,126	19,58

Der Schornstein liefert an nutzbarer Saugwirkung	6,130	7,93
Fehlbetrag durch den Ventilator zu erzeugen	8,996	11,65

10.) 11,65 mm Wassersäule entsprechen 11,65 kg auf 1 qm. Für die Verbrennung nötiges Luftvolum bei 30° in der Sekunde (s. Übungsgabe 22):

$$\frac{2512{,}12}{3600} \cdot \frac{273 + 30}{273} = 0{,}76 \text{ cbm in der Sekunde}$$

Leistung des Ventilators in der Sekunde:

$$0{,}76 \cdot 11{,}65 = 8{,}854 \text{ kgm.}$$

Kraftverbrauch des Ventilators (Nutzeffekt 25 %):

$$\frac{8{,}854}{0{,}25 \cdot 75} = 0{,}47 \text{ PS.}$$

11.) Der Dampfkessel empfängt die Gase mit 1200° und entläßt sie mit 350°. In der Stunde strömen 2610 cbm Gase (unter Normalbedingungen gemessen) durch den Kessel. Die Zusammensetzung der Gase ist nicht gegeben, doch können wir aus dem spez. Gewicht 1,03 schließen, daß sie ca. 10 % CO_2 enthalten (Verbrennungsgase mit dem Höchstbetrage an CO_2, etwa 20 %, würden ein spez. Gewicht von 1,06 (Luft = 1) besitzen).

Als Zusammensetzung der Gase können wir annehmen:

CO_2	10 %
H_2O	10 %
CO, N_2, O_2	80 %.

Ihre mittlere Wärmekapazität für 1 cbm zwischen 350 und 1200° ist:

CO_2	$= 0{,}1 \cdot [0{,}37 + 0{,}000\,22\,(350 + 1200)]$	$= 0{,}0711$ Kal.
H_2O	$= 0{,}1 \cdot [0{,}34 + 0{,}000\,15\,(350 + 1200)]$	$= 0{,}0573$ „
CO, N_2, O_2 . .	$= 0{,}8\,[0{,}303 + 0{,}000\,027\,(350 + 1200)]$	$= 0{,}0310$ „
	Summe	$= 0{,}1594$ Kal.

Abgegebene Wärme für 1 cbm:

$$0{,}1594 \cdot (1200 - 350) = 125{,}5 \text{ Kal.}$$

In der Stunde nimmt der Kessel auf

$$125{,}5 \quad 2610 = 327\,555 \text{ Kal.}$$

In dem in 1 Stunde erzeugten Dampf (Nutzeffekt des Kessels 0,45) ist enthalten

$$327\,555 \cdot 0{,}45 = 147\,400 \text{ Kal.}$$

Davon wird durch die Dampfmaschine (Nutzeffekt 0,20) in 1 Stunde in mechanische Energie umgesetzt

$$147\,400 \cdot 0.20 = 29\,480 \text{ Kal.}$$

1 PS-Stunde entspricht 635 Kal.
Leistung der Maschine:

$$\frac{29480}{635} = 46,4 \text{ PS.} \tag{11}$$

Nach Abzug des Kraftverbrauchs für den Ventilator bleibt für sonstige Verwendung verfügbar:

$$46,4 - 0,5 = 45,9 \text{ PS.} \tag{12}$$

Achtes Kapitel.

Wärmeleitung und Wärmestrahlung.

Für den Hüttenmann sind diese zwei Faktoren von der größten Bedeutung, aber trotzdem ist der Praktiker gerade auf diesen Gebieten gewöhnlich sehr wenig unterrichtet. Es kommt öfters vor, wenn ein Ofen von dem doppelten Fassungsraum seines Vorgängers oder seiner Nachbarn erbaut wird, daß der Betriebsleiter ganz unerwartet die angenehme Erfahrung macht, daß der neue Ofen eine gleichmäßigere Hitze bei bedeutend weniger als dem doppelten Kohlenverbrauch gibt. Zwei Ursachen wirken hier mit. Erstens werden die Wände stärker genommen, um den schwereren Ofenaufbau zu tragen, wodurch sie gleichzeitig schlechtere Wärmeleiter werden. Zweitens nimmt der Fassungsraum mit der dritten Potenz der linearen Ausdehnung zu, während die strahlende Oberfläche nur mit der zweiten Potenz wächst. Dadurch wird bei den größeren Öfen die Strahlung geringer als der zweifache Betrag des kleineren Ofens.

Dieses praktische Resultat wird vielen Männern der Praxis geläufig sein, ohne daß sie über die Ursachen, warum das so ist, recht im klaren sind. Mit Erfolg arbeiten ist gut; durch gründliches Verständnis den Erfolg beherrschen ist noch besser.

Grundsätze der Wärmeleitung.

Es ist wohl bekannt, daß die Fähigkeit der Metalle, die Wärme zu leiten, fast ebenso groß ist wie ihre Fähigkeit zur Leitung der Elektrizität. Die Reihenfolge der Metalle in beiden Beziehungen ist fast identisch. Dazu kommt, daß die spez. Wärmeleitfähigkeit weitgehende Analogie mit der spez. Leitfähigkeit für Elektrizität zeigt. Genau so wie wir sagen, daß der elektrische Widerstand eines Leiters der Länge direkt, dem Querschnitt umgekehrt proportional ist, können wir die gleichen Feststellungen auch in bezug auf den Wärmewiderstand machen. Ebenso wie wir die elektrischen Widerstände addieren können, wenn mehrere Leiter hintereinander geschaltet sind, dagegen die elektrischen Leitfähigkeiten addieren müssen, wenn die Leiter parallel geschaltet sind, ganz in der gleichen Weise können wir auch die Wärmewiderstände addieren, wenn wärmeleitende Körper hintereinander angeordnet sind und müssen Wärmeleitfähigkeiten addieren, wenn die Körper nebeneinander liegen.

Die Einheit des elektrischen Widerstandes ist das Ohm, und ein Körper besitzt eine Einheit des spez. Widerstandes, wenn ein Würfel von 1 cm Seitenlänge diesen Widerstand hat. Dann wird ein Potentialgefälle von 1 Volt zwischen den entgegengesetzten Seitenflächen die Elektrizitätsmenge von 1 Coulomb in der Sekunde durch den Würfel schicken. Da die Leitfähigkeit nur eine dem spez. Widerstand reziproke Eigenschaft darstellt, so kann diese in genau derselben Weise definiert werden; die Leitfähigkeit eines Stoffes läßt sich also auch in so und soviel reziproken Ohm angeben.

Wenn wir nun thermischen Widerstand anstatt elektrischen, Temperaturgrade anstatt Volt, und Grammkalorien anstatt Coulombs setzen, so haben wir die entsprechende Einheit des spez. thermischen Widerstandes. Ein Stoff besitzt demnach die Einheit an Wärmeleitfähigkeit, wenn ein Würfel von 1 cm Seitenlänge bei einer Temperaturdifferenz zwischen den gegenüberliegenden Flächen von 1^0 C während 1 Sekunde eine Grammkalorie hindurchläßt. Viele Forscher haben ein wenig abweichende Einheiten eingeführt, wie z. B. 1 kg-Kal. für 1 cbm und Stunde bei 1^0 Temperaturunterschied, doch sind diese nur ein Vielfaches bzw. Brüche der eben definierten Gramm-Zentimeter-Sekunden-Einheit.

Beispiel:

Wenn die thermische Leitfähigkeit des Kupfers = 0,92 ist, wieviel Wärme würde ein 1 mm starkes Blech von 1 qm Fläche in der Stunde durchlassen, wenn zwischen beiden Seiten eine konstante Temperaturdifferenz von 1^0 C besteht?

Lösung:

Die thermische Leitfähigkeit 0,92 besagt, daß ein Kupferwürfel von 1 cm Länge und 1 qcm Querschnitt bei einer Temperaturdifferenz von 1^0 C zwischen den Endflächen 0,92 Kal. in der Sekunde durchfließen läßt.

Ein Blech von nur $^1/_{10}$ dieser Stärke und 10 000 mal größeren Flächen wird in der Stunde bei 1^0 Temperaturunterschied durchlassen:

$$0{,}92 \cdot \frac{10}{1} \cdot \frac{10\,000}{1} \cdot 3600 = 331\,200\,000 \text{ cal} = 331\,200 \text{ Kal.}$$

Solche Berechnungen sind natürlich sehr brauchbar, um Platten aus verschiedenem Material und verschiedener Stärke in bezug auf

Wärmedurchlässigkeit zu vergleichen. Durch einige kleine Änderungen werden sie auch für die tatsächliche Wärmeübertragung durch solche Wände hindurch von einem Fluidum auf der einen auf ein Fluidum auf der andern Seite, verwendbar. Zu diesem Zwecke müssen wir einen Begriff einführen, der dem des „Übergangswiderstandes" bei der elektrolytischen Leitung analog ist. Wenn wir den spez. thermischen Widerstand (in CGS-Einheiten) eines Materials mit R bezeichnen, so ist der thermische Widerstand einer Scheidewand von der Dicke d Zentimeter und der einseitigen Oberfläche S Quadratzentimeter

$$\frac{R \cdot d}{S}$$

und die thermische Leitfähigkeit

$$\frac{S}{R \cdot d} = k.$$

Neben diesem Widerstand in der Masse der Scheidewand sind an den beiden Oberflächen Übergangswiderstände vorhanden, deren Größe von der Natur der wärmeabgebenden bzw. wärmeaufnehmenden Fluida und ihren Geschwindigkeiten abhängt. Diese Widerstände können in so und soviel Einheiten auf den Quadratzentimeter angegeben werden, wobei die Einheiten von derselben Art sind wie R, nur mit dem Unterschiede, daß sie keine Dicke aufweisen, sondern lediglich eine Oberflächenwirkung bezeichnen. Wenn wir den spez. Übergangswiderstand zwischen dem inneren Fluidum und der inneren Oberfläche mit R_1, die entsprechende Größe für die äußere Oberfläche mit R_2 bezeichnen, so können wir diese drei Widerstände als hintereinander geschaltet betrachten und den Ausdruck des thermischen Gesamtwiderstandes, der bei einer Wärmeübertragung von dem inneren Fluidum auf das äußere zu überwinden ist, schreiben

$$\frac{R \cdot d}{S} + \frac{R_1}{S} + \frac{R_2}{S}.$$

Die thermische Leitfähigkeit des Systems ist dann:

$$\frac{S}{R \cdot d + R_1 + R_2} = k.$$

Die folgende Tabelle enthält die spezifischen thermischen Widerstände verschiedener Metalle und Legierungen in CGS (Gramm-Kalorie-Einheiten), daneben die spez. thermischen Leitfähigkeiten in Einheiten, die denen des Widerstandes reziprok sind.

Die zuletzt aufgeführte Legierung, Wismut mit nur 1 % Zinn, zeichnet sich durch außerordentlich niedrige Wärmeleitfähigkeit aus, weniger als $^1/_{100}$ des Kupfers. Sie hat auch unter allen Legierungen die niedrigste elektrische Leitfähigkeit. Durch diese Eigenschaften dürfte die Legierung für gewisse besondere Zwecke wertvoll sein.

Material	Spez. Leitfähigkeit in reziproken Widerstandseinheiten	Spez. Widerstand cgs (g-cal-Einheiten)
Silber (0°)	1,10	0,91
Kupfer (0°—30°)	0,92	1,09
Handelskupfer	0,82	1,22
Kupfer, phosphorhaltig	0,72	1,39
Magnesium	0,38	2,63
Aluminium (0°)	0,34	2,94
Aluminium (100°)	0,36	2,75
Zink (15°)	0,30	3,33
Messing, gelb (0°)	0,20	5,00
„ „ (100°)	0,25	4,00
„ rot (0°)	0,25	4,00
„ „ (100°)	0,28	3,57
Kadmium (0°)	0,20	5,00
Zinn (15°)	0,15	6,67
Schmiedeisen (0°)	0,21	4,76
„ „ (100°)	0,16	6,25
„ „ (200°)	0,14	7,14
Weicher Stahl	0,11	9,01
Harte „	0,06	16,67
Neusilber (0°)	0,07	14,28
„ (100°)	0,09	11,11
Blei (0°)	0,084	11,90
„ (100°)	0,076	13,16
Antimon (0°)	0,044	22,73
Quecksilber (0°)	0,015	66,67
„ (50°)	0,019	52,63
„ (100°)	0,024	41,67
Wismut (0°)	0,018	55,55
Woods Metall (7°)	0,032	31,25
Legierung 1 % Sn, 99 % Bi	0,008	125,00

Durch die obigen Daten sind wir imstande die Geschwindigkeit zu berechnen, mit welcher die Wärme durch eine metallische Scheidewand fließt, wenn die Temperaturen an beiden Oberflächen bekannt sind. Dies ist eine sehr nützliche Berechnung, denn in vielen Fällen ist die Temperatur auf der Innenseite einer Scheidewand oder eines Rohres bekannt oder leicht zu bestimmen; ist auch die Temperatur an der Außenfläche zu bestimmen, so ist die Berechnung sofort möglich. Temperaturbestimmungen an der Außenfläche einer Trennungswand oder eines Rohres lassen sich auf mehrfache Art ausführen,

z. B. durch Anlegen von (zu diesem Zwecke besonders angefertigten) Thermometern mit stark abgeplatteter Kugel, oder durch Anlegen der Schweißstelle eines Thermoelementes, wobei dieselbe mit etwas Lehm oder Kitt zu bedecken ist. Ein drittes Verfahren besteht darin, daß man Metalle oder Legierungen von bekanntem Schmelzpunkt anlegt und beobachtet, welches Metall durch die Berührung der heißen Fläche schmilzt. Die einzige Unsicherheit in der Berechnung wird durch die etwaige Veränderlichkeit der Leitfähigkeit mit der Temperatur bewirkt. In den meisten Fällen sinkt die Leitfähigkeit mit steigender Temperatur, in einigen nimmt sie aber auch zu. Hier ist noch ein großes Feld für Versuche zur Ermittlung der Wärmeleitfähigkeit von Metallen, Legierungen und feuerfesten Materialien bei hohen Temperaturen.

Beispiel:

Ein eisernes Rohr von 6 cm äußerem und 5 cm innerem Durchmesser ist mit Wasser von 10° gefüllt und allseitig von heißen Gasen von 198° umgeben. Aus der Temperaturerhöhung des Wassers ist bekannt, daß für 1 qcm der äußeren Oberfläche in der Sekunde 0,084 g-cal fließen. Wenn die thermische Leitfähigkeit des Eisens (K) = 0,14 angenommen wird, wie groß ist der Temperaturunterschied der äußeren und inneren Fläche des Rohres?

Lösung:

Die Wandstärke des Rohres ist $\frac{6-5}{2} = 0{,}5$ cm. Wenn die Wandstärke 1 cm wäre, würde bei 1° Temperaturdifferenz 0,14 Kal. durchfließen, bei 0,5 cm somit 0,28 Kal. Der Temperaturunterschied der beiden Oberflächen wird demnach

$$\frac{0{,}084}{0{,}28} = 0{,}3^0\ \mathrm{C}.$$

Selbstverständlich können solche Berechnungen umgekehrt werden: Wenn die Temperaturen beider Oberflächen bekannt sind, kann der Wärmefluß berechnet werden, oder wenn die Temperaturen beider Flächen und der Wärmefluß bekannt sind, kann die thermische Leitfähigkeit berechnet werden, oder endlich, wenn die Temperaturen der beiden Oberflächen, die thermische Leitfähigkeit der Wand und die Temperaturen der Fluida auf beiden Seiten bekannt sind, läßt sich der thermische Übergangswiderstand zwischen Oberfläche und Fluidum auf jeder Seite berechnen.

Beispiel:

Im vorigen Beispiel hatten die heißen Gase eine Temperatur von 198°, während das von den Gasen umspülte Rohr praktisch nur 10°

warm war. Welches ist der spezifische thermische Übergangswiderstand zwischen Gas und Metall?

Lösung:

Der spez. thermische Widerstand ist der reziproke Wert der thermischen Leitfähigkeit, und ebenso ist der thermische Übergangswiderstand der reziproke Wert der Anzahl Grammkalorien, die in der Sekunde von den heißen Gasen auf 1 qcm der Rohroberfläche für jeden Grad Temperaturdifferenz übergehen. Es handelt sich hier um einen Oberflächenwiderstand, es tritt also keine etwa die Dicke der Schicht darstellende Dimension in dem Ausdrucke auf.

Auf jeden Quadratzentimeter der Oberfläche geht in der Sekunde 0,084 cal über, wobei die als treibende Kraft wirkende Temperaturdifferenz $198 - 10 = 188^0$ ist. Die thermische Leitfähigkeit dieses Überganges, K, wird daher

$$0{,}084 : 188 = 0{,}00045,$$

und der spez. thermische Übergangswiderstand ist der reziproke Wert, d. h. = 2222. Da nun der thermische Widerstand der eisernen Rohrwandung für 1 qcm $= \frac{1}{0{,}28} = 3{,}57$ ist, so folgt, daß die Berührungsfläche $2222 : 3{,}57 = 622$ mal soviel Widerstand dem Wärmefluß bietet als das Metall selbst. Aus diesem Beispiel geht klar hervor, daß der Übergang der Wärme von den Gasen auf die äußere Wandung des Rohres von ausschlaggebendem Einfluß auf die ganze Wärmebewegung ist, da diese Bewegung durch die ganze Dicke der Metallwandung 622 mal leichter erfolgt.

Daraus ist die praktisch wichtige Folgerung zu ziehen, daß es ohne Bedeutung ist, ob die Metallwand etwas stärker oder dünner ist, oder ob Eisen mit dem besser leitenden Kupfer vertauscht wird. Praktisch wird hierdurch keine Änderung in dem thermischen Widerstand des ganzen Systems hervorgebracht.

Wenn sich das Rohr hingegen durch längeren Gebrauch mit einer festhaftenden Kesselsteinschicht überzieht, dann wird der thermische Widerstand des Rohres bzw. des ganzen Systems wesentlich beeinflußt. Eine Untersuchung über den spez. thermischen Widerstand verschiedener Kesselsteine wäre praktisch von großer Bedeutung, ist aber bis heute, soviel bekannt ist, noch nicht ausgeführt worden. Angenommen, die Schicht hätte eine Dicke von 0,5 cm und besäße die thermische Leitfähigkeit des Gipses $K = 0{,}0013$, so würde der spez. thermische Widerstand der Schicht $= \frac{0{,}14}{0{,}0013} = 108$ mal größer als der des Eisens sein. 0,5 cm dieser Schicht würde somit dieselbe Wirkung üben wie eine Eisenwandung von 54 cm Dicke. Die thermischen Widerstände wären in diesem Fall, von dem Übergangswiderstand Wasser/Steinschicht abgesehen, folgende:

Übergangswiderstand Gas/Eisenrohr	= 2222	= 85 %
Widerstand in 0,5 cm Eisen $\frac{0,5}{0,14}$	= 3,6	= 0 %
Widerstand in 0,5 cm Steinschicht $\frac{0,5}{0,0013}$	= 384,4	= 15 %
Summe	= 2610	100 %

Wir sehen also, daß durch die Bildung einer Kesselsteinschicht von 5 mm Dicke der thermische Gesamtwiderstand um 15 % des ursprünglichen Wertes vermehrt wird, und um ebensoviel würde bei einem Dampfkessel der Heizeffekt für diesen Teil der Heizfläche sinken.

Derartige Erwägungen sind von größter Wichtigkeit und zwar nicht allein für den Dampfkessel-Ingenieur; sie ergeben die wesentlichen Gesichtspunkte für den Nutzeffekt von Dampfüberhitzern, Speisewasser- und Winderhitzern, Wassermänteln und von den luftgekühlten Teilen der Öfen.

Grundsätze des Wärmeüberganges.

Von dem Übergang der Wärme von einem Fluidum auf einen festen Körper und umgekehrt haben wir schon gesprochen, und in einem speziellen Fall konnten wir für den spez. Übergangswiderstand zwischen heißen Gasen und der Oberfläche eines eisernen Rohres die Zahl 2222 ableiten. Diesen Widerstand haben wir so aufzufassen, daß in der Sekunde durch jeden Quadratzentimeter der Berührungsfläche 0,00045 g-cal durchgehen, wenn der Temperaturunterschied beider Medien 1° C beträgt. Weitere Untersuchungen über den Wärmeübergang an derartigen Kontaktflächen zwischen Gasen oder Flüssigkeiten und festen Körpern haben gelehrt, daß der spez. Übergangswiderstand von der Natur sowohl des festen Körpers als auch des Fluidums abhängt, jedoch in weit höherem Maße von dem letzteren als von ersterem, und weiter, daß der Widerstand in hohem Grad durch die Umlaufgeschwindigkeit des Fluidums, also durch die Schnelligkeit, in der es erneuert wird, kurz durch seine Strömungsgeschwindigkeit beeinflußt wird.

Durch verschiedene Versuche seitens der Physiker ist erwiesen, daß die spez. Übergangsleitfähigkeit sich annähernd wie die zweite Wurzel der Geschwindigkeit des Fluidums ändert.

Für den Übergang zwischen Metall und Luft oder ähnlichen Gasen kann der spez. Übergangswiderstand R annähernd durch den Ausdruck

$$R = \frac{36\,000}{2 + \sqrt{v}}$$

wiedergegeben werden. Hier ist v die Geschwindigkeit in cm/sec, R bezieht sich, wie schon hervorgehoben, auf Grammkalorien für 1 qcm.

Die Übergangsleitfähigkeit wird dann

$$K = 0{,}000\,028\,(2 + \sqrt{v}).$$

Für den Übergang zwischen heißem Wasser und Metall gelten ganz ähnliche Beziehungen, nur ist die Leitfähigkeit weit besser. Die Versuche haben folgende Werte ergeben:

$$K = 0{,}000\,028\,(300 + 180\,\sqrt{v})$$

$$R = \frac{36\,000}{300 + 180\sqrt{v}}$$

Beispiel:

Bei dem eisernen Rohr des vorigen Beispiels ist der Temperaturunterschied zwischen dem Wasser im Rohr und der inneren Rohrwand zu berechnen, wenn das Wasser mit einer Geschwindigkeit von 4 cm/sec durch das Rohr strömt.

Unter Benutzung der eben gegebenen Formel würde der Wärmeübergang zwischen Metallwand und Wasser bei 1^0 Temperaturunterschied

$$0{,}000\,028\,(300 + 100\,\sqrt{4}) = 0{,}0185 \text{ cal}$$

betragen und um einen Übergang von 0,084 cal zu bewirken, ist ein Temperaturunterschied von

$$\frac{0{,}084}{0{,}0185} = 4{,}6^0$$

nötig. Die innere Wandung des Rohres wird dauernd um $4{,}6^0$ wärmer sein als das Wasser, es wird also $14{,}6^0$ haben, und die äußere Wandung wird dauernd um $0{,}3^0$ wärmer sein als die innere oder praktisch 15^0 warm sein.

Beispiel:

Der Radiator einer Zimmerheizung, dessen Oberfläche eine Temperatur von etwa 100^0 hat, erzeugte einen aufsteigenden Luftstrom von 10 cm/sec Geschwindigkeit, der aber zum Warmhalten des Zimmers nicht genügte. Durch einen elektrischen Ventilator wurde deshalb ein Luftstrom von 300 cm/sec Geschwindigkeit gegen den Radiator geblasen, wodurch das Zimmer angenehm warm wurde. In welchem Verhältnis stehen die vom Radiator abgegebenen Wärmemengen in beiden Fällen?

Die thermischen Leitfähigkeiten stehen in dem Verhältnis:

$$2 + \sqrt{10} : 2 + \sqrt{300}$$

oder

$$= 5 : 16.$$

In dem letzteren Fall lieferte die Heizung somit in der Zeiteinheit mehr als dreimal soviel Wärme wie im ersteren.

Das Beispiel zeigt dem Hüttenmann, wie die Wirksamkeit der Luftkühlung gesteigert werden kann, wenn die Luft gegen die zu kühlenden Flächen geblasen wird, anstatt daß sie nur durch ihren natürlichen Auftrieb sich in Bewegung setzt.

Übungsbeispiel 24.

Heiße Luft, 33 000 cbm in der Stunde, strömt durch ein in freier Luft befindliches eisernes Rohr von 30 m Länge und 1,5 m innerem Durchmesser. Das Rohr hat eine Wandstärke von 1 cm und ist innen mit einer 5 cm starken Ausmauerung aus feuerfestem Material versehen. Die eintretende heiße Luft habe 1000°, die äußere Luft 3°. Die spez. Leitfähigkeit des inneren Überganges sei $0{,}000\,28\,(2 + \sqrt{v})$, die der Ausmauerung 0,0014, des Eisens 0,14 und des äußeren Überganges $0{,}000\,028\,(2 + \sqrt{v})$. In der äußeren Luft herrsche eine Windgeschwindigkeit von 10 km in der Stunde.

Aufgabe:

Zu berechnen ist die Temperatur der heißen Luft beim Austritt aus dem Rohr.

Lösung:

Von der mittleren Temperatur im Rohre hängt sowohl die mittlere Geschwindigkeit des Gasstromes als die Schnelligkeit des Wärmeflusses nach außen ab. Wir gelangen am einfachsten in folgender Weise zur Lösung, wenn wir die zunächst unbekannte mittlere Temperatur mit t bezeichnen.

Luftvolum in der Stunde (0°) 33 000 cbm
„ „ „ Sekunde (0°) 9 167 cbm
„ „ „ „ (t°) $9\,167 \cdot \frac{273 + t}{273}$

Innerer Querschnitt des Rohres:

$$(1{,}5 - 0{,}1)^2 \cdot 0{,}7854 = 1{,}54 \text{ qm}.$$

Geschwindigkeit der Luft im Rohr bei t°:

$$9{,}167 \left(\frac{273 + t}{273}\right) : 154 = 5{,}95 \cdot \left(\frac{273 + t}{273}\right) \text{m/sec}$$

$$= 5{,}95\,(1 + \alpha\, t) \text{ m/sec}$$

$$= 595\,(1 + \alpha\, t) \text{ cm/sec}.$$

Leitfähigkeit des inneren Überganges:

$$0{,}000\,028\,(2 + \sqrt{595\,(1 + \alpha\, t)}).$$

Leitfähigkeit der Ausmauerung (5 cm):

$$0{,}0014 : 5 = 0{,}000\,28.$$

Leitfähigkeit der Eisenwand (1 cm)

$$0{,}14 : 1 = 0{,}14.$$

Leitfähigkeit des äußeren Überganges:

$$\left(v = \frac{10\,000 \cdot 100}{3600} = 278 \text{ cm/sec}\right)$$

$$0{,}000\,028\,(2 + \sqrt{278}) = 0{,}000\,515.$$

gesamte Temperaturerniedrigung der Luft im Rohr = 2 (1000—t).
Endtemperatur der Luft:

$$1000 - 2\,(1000 - t) = 2\,t - 1000.$$

Mittlere spez. Wärme der Luft für 1 cbm zwischen 1000° und der Endtemperatur t:

$$0{,}303 + 0{,}000\,027\,(2\,t).$$

Von der Luft abgegebene Wärme in der Stunde:

$$33\,000 \cdot 2\,(1000-t) \cdot [0{,}303 + 0{,}000\,027\,(2\,t)]$$
$$= 19\,998\,000 - 16\,414\,t - 3{,}564\,t^2 \text{ Kal.}$$

Diese Wärmemenge wird in der Stunde durch die Wandung des Rohres fließen. Wir nehmen die äußere Oberfläche als leitende Oberfläche an, weil der größere Teil des Leitungswiderstandes hier auftreten wird. Wenn wir genauer verfahren wollten, wären die Werte für die mittlere Fläche des Eisens, der Ausmauerung und der inneren Oberfläche jedes für sich zu ermitteln.

Der äußere Durchmesser ist 152 cm, die Länge des Rohres 30 m, die äußere Oberfläche ist 1,52 · 3,1416 · 30 = 142,3 qm = 1 423 000 qcm. Die gesamte treibende Kraft des Wärmeflusses ist der Temperaturunterschied zwischen innen und außen = t — 3, der gesamte thermische Widerstand ist die Summe der vier hintereinander geschalteten thermischen Widerstände, nämlich:

1.) Widerstand Luft/Ausmauerung:

$$\frac{1}{0{,}000\,028\,(2 + \sqrt{595\,(1 + \alpha t)}}.$$

2.) Widerstand der Ausmauerung selbst:

$$\frac{1}{0{,}000\,28}$$

3.) Widerstand der Eisenwandung:

$$\frac{1}{0{,}14}$$

4.) Widerstand Eisen/Luft:

$$\frac{1}{0{,}000\,515}$$

Der reziproke Wert der Summe dieser vier Widerstände ist die thermische Leitfähigkeit des Systems für 1 qcm, welche, mit der Größe der leitenden Oberfläche 1 423 000 qcm, und mit dem Temperaturunterschied t — 3 multipliziert, die gesamte in der Sekunde durchfließende Wärmemenge in Grammkalorien ergibt. Indem wir die von der heißen Luft in der Sekunde abgegebene Wärmemenge in Grammkalorien

$$\frac{1000 \cdot (19\,998\,000 - 16\,414\,t - 3564\,t^2)}{3600}$$

der in der Sekunde durchfließenden Wärmemenge gleichsetzen, erhalten wir die Endgleichung:

$$\frac{1000}{3600}(19\,998\,000 - 16414\,t - 3564\,t^2)$$
$$= \frac{1}{\frac{1}{0{,}000\,028\,\left(2 + \sqrt{595\,(1 + \alpha t)}\right)} + \frac{1}{0{,}000\,28} + \frac{1}{0{,}000\,515}}$$
$$\cdot\, 1\,423\,000 \cdot (t - 3),$$

woraus $t = 965{,}5^0$.

Und die Temperatur der Luft beim Austritt aus dem Rohr ergibt sich in:

$$2\,t - 1000 = 931^0. \tag{1}$$

Es ist noch von Interesse, die Temperatur der inneren und äußeren Oberfläche des Rohres zu vergleichen.

Die mittlere Temperatur der Luft im Rohr ist 965⁰. Die in der Sekunde durchfließende Wärmemenge ist 0,1574 g-cal auf 1 qcm der äußeren Oberfläche, deren thermische Leitfähigkeit = 0,000 515 ist. Die äußere Oberfläche muß daher um

$$\frac{0{,}1574}{0{,}000\,515} = 306^0$$

wärmer sein als die umgebende Luft, d. h. eine Temperatur von 309⁰ haben. Die Wärmeabgabe durch Strahlung von der äußeren Oberfläche wird bei dieser niedrigen Temperatur nur gering sein, die ist bei der Durchrechnung der Aufgabe nicht berücksichtigt worden.

Für derartige metallurgische Berechnungen haben wir die Daten der thermischen Leitfähigkeit oder des spez. thermischen Widerstandes für die gewöhnlichen Ofenmaterialien nötig. Sie sind nur in wenigen Fällen bestimmt worden, und meistens nicht bei den hohen Temperaturen, bei denen die Öfen praktisch arbeiten. Über diesen Gegenstand ist eine vollständige Reihe physikalisch-metallurgischer Untersuchungen dringend nötig. Die folgende Tabelle enthält wahrscheinlich alle Werte, die bis jetzt veröffentlicht sind. K ist hier wie bei den Metallen in CGS-Grammkalorien-Einheiten gegeben.

	K
Eis (die Zahl ist wertvoll bei Kühlanlagen, wo die Rohrleitungen sich mit Eis belegen, wie z. B. bei Gayleys Verfahren zum Trocknen des Gebläsewindes)	0,005 00
Schnee	0,000 50
Glas (10°—15°)	0,001 50
Wasser	0,001 20
Quarzsand (18°—98°)	0,000 60
Karborund gepulvert (18°—98°)	0,000 50
Silikatemaille (20°—98°) (erklärt die geringe Leitfähigkeit emaillierter Eisenwaren)	0,000 40
Schamotte, fein gepulvert (20°—98°)	0,000 28
Retortengraphit, gepulvert (20°—100°) (die Zahl ist nützlich, wo Gegenstände in schlecht leitendem Material eingebettet werden)	0,000 40
Kalk (20°—98°) (diese Größe würde von Wert sein bei den mit Knallgasflamme arbeitenden Platinschmelzöfen, wenn sie bei hohen Temperaturen bekannt wäre)	0,000 29
Magnesitsteine gepulvert (20°—100°)	0,000 50
Gebrannter Magnesit, griechisch, gekörnt (20°—100°)	0,000 45
gewöhnliches Mauerwerk . . . . 0,0036—0,0058	
Wasser (nicht zirkulierend) . . . . . . 0,0012—0,0016	
Gebrannter Magnesit, steirischer, gekörnt (20°—100°)	0,000 34
Gebrannter Magnesit leicht, porös (20°—100°)	0,000 16
Kieselgur (17°—98°)	0,000 13
Infusorienerde (0°—650°)	0,000 38
Klinker, kleinkörnig (0°—700°)	0,001 10
Gewöhnlicher Backstein, grob gepulvert (0°—100°)	0,000 39
Kreide (0°—100°)	0,000 28
Holzasche (0°—100°)	0,000 17
Holzkohle, gepulvert (0°—100°)	0,000 22
Koks, gepulvert (0°—100°)	0,000 44
Retortengraphit, kompakt (0°—100°)	0,014 77
Zement (0°—700°)	0,000 17
Tonerdesteine (0°—700°)	0,002 04
Magnesiasteine (0°—1300°)	0,006 20
Schamottesteine (0°—1300°)	0,003 10
Schamottesteine (0°—500°)	0,001 40

	K
Marmor, weiß (0°)	0,001 70
Bimsstein	0,000 60
Gips	0,001 3
Filz	0,000 087
Papier	0,000 40
Baumwolle	0,000 040
Wolle	0,000 035
Schiefer	0,000 81
Lava	0,000 08
Kork	0,000 72
Fichtenholz	0,000 47
Eichenholz	0,000 60
Kautschuk	0,000 47

Eine Betrachtung dieser Tabelle wird in vielen Fällen lehren, in welcher Weise und bis zu welchem Grad die Wärmeleitung eingeschränkt werden kann. Die benutzten Stoffe müssen die Temperatur aushalten können, ohne zerstört zu werden: in vielen Fällen wird es möglich sein, innen, wo die Hitze am stärksten ist, ein feuerfestes, wenn auch verhältnismäßig gut leitendes Material zu verwenden, dagegen außen, wo die Temperatur weit niedriger ist, ein Material von weit geringerer Leitfähigkeit. Solche zusammengesetzten Bekleidungen können sehr vorteilhaft sein. Infusorienerde ist bei mäßigen Temperaturen einer der allerbesten Isolatoren, über Rotglut hinaus büßt sie aber diese Eigenschaft zum großen Teil wieder ein und ist dann kaum besser als gepulverte Schamotte.

Wärmestrahlung.

Ein Körper, der sich in einem Vakuum ohne Berührung mit wägbarer Materie befindet, gibt durch Strahlung Wärme an die Umgebung ab. Soweit die Versuche reichen, zeigen sie die Zuverlässigkeit des Stefanschen Gesetzes, daß nämlich die ausgestrahlte Energie proportional ist der Differenz zwischen den vierten Potenzen der absoluten Temperaturen des Körpers und der Umgebung. Peclet hat für den Fall, daß der heiße Körper die Temperatur 100°, die Umgebung die Temperatur 0° besitzt, Bestimmungen ausgeführt, deren Werte wir unten mitteilen, und zwar in CGS-Grammkalorien-Einheiten, d. h. die Anzahl Grammkalorien, die für 1 qcm Oberfläche in der Sekunde bei der Temperaturdifferenz 0°—100° ausgestrahlt werden. Wir möchten noch ausdrücklich darauf hinweisen, daß die Zahlen nur für das Temperaturgebiet 0°—100° gelten; für andere Temperaturgebiete ist das

Stefansche Gesetz unter Zugrundelegung dieser Zahlen anzuwenden. Die Wärme, die bei 0^0-100^0 ausgestrahlt wird, entspricht einer Differenz der vierten Potenzen der absoluten Temperaturen 273 und 373 von $13{,}8 \cdot 10^9$, und für irgend eine andere Differenz zwischen den vierten Potenzen der betreffenden absoluten Temperaturen ist dann die ausgestrahlte Wärme durch Proportionalitätsrechnung zu finden.

Poliertes Silber	0,000 54
Versilbertes Papier	0,001 77
Poliertes Messing	0,001 08
Kupfer	0,000 68
Zink	0,001 02
Zinn	0,000 90
Poliertes Schwarzblech	0,001 89
Verbleites Schwarzblech	0,002 73
Gewöhnliches Schwarzblech	0,011 64
Russisches Schwarzblech	0,014 10
Neues Gußeisen	0,013 32
Oxydiertes Gußeisen	0,0 4 10
Glas	0,012 22
Papier	0,015 83
Lampenruß	0,016 84
Baustein	0,015 00
Gips	0,015 00
Holz	0,015 00

Wir geben hier noch einige auf Grundlage der Pecletschen Werte (diese = 1 gesetzt) für andere Temperaturgebiete berechneten Strahlungswärmen:

100° auf 0° (Umgebung)	1,0
150° „ 0°	2,0
200° „ 0°	3,3
300° „ 0°	7,0
400° „ 0°	12,0
500° „ 0°	18,3
600° „ 0°	26,0
700° „ 0°	35,0
800° „ 0°	45,3
900° „ 0°	57,0
1000° „ 0°	70,0

Auf diese Weise ist es möglich, die von einer heißen Oberfläche ausgestrahlte Wärme zu berechnen und zu der durch Berührung mit der Luft abgegebenen hinzuzufügen. Praktisch ist der gesamte Wärmeverlust an der äußeren Oberfläche gleich der durch Leitung von innen zugeführten Wärme. Diese wird, an der Oberfläche angelangt, an die Luft übergehen, teils durch Berührung, wofür wir oben die Gesetze kennen lernten, und teils durch Strahlung. Wenn die Temperatur der Oberfläche sorgfältig ermittelt wird, können beide Beträge und somit der ganze durch die Ofenmauer hindurch stattfindende Wärmeverlust berechnet werden.

Übungsaufgaben zum I. Teile.

Übungsbeispiel 25.

1.) Es sind die Verbrennungsgleichungen der folgenden Körper aufzustellen unter Angabe der Gewichtsverhältnisse und (bei den Gasen) der entsprechenden Volumina.

Methan	CH_4
Azetylen	C_2H_2
Äthylen	C_2H_4
Äthan	C_2H_6
Allylen	C_3H_4
Propylen	C_3H_6
Propan	C_3H_8
Benzol	C_6H_6
Terpentin (flüssig)	$C_{10}H_{16}$
Naphthalin (flüssig)	$C_{10}H_8$

2.) Die molekularen Verbrennungswärmen für die Verbrennung nachstehender Gase zu CO_2 und flüssigem Wasser sind nach Berthelot:

für CH_4	213 500 Kal.
„ C_2H_2	315 700 „
„ C_2H_4	341 100 „
„ C_2H_6	372 300 „
„ C_3H_4	473 600 „
„ C_3H_6	499 300 „
„ C_3H_8	528 400 „
„ C_6H_6	784 100 „
„ $C_{10}H_{16}$ (flüssig)	1 490 800 „
„ $C_{10}H_8$ (flüssig)	1 241 800 „

Aufgabe:

Zu berechnen sind:

a) die molekularen Verbrennungswärmen bei der Verbrennung zu CO_2 und H_2O (Dampf);

b) die molekularen Bildungswärmen der Kohlenwasserstoffe unter Benutzung der Werte $(C, O_2) = 97\,200$ Kal. und $(H_2, O) = 69\,000$ Kal. (flüssig) oder 58 060 (Gas);

c) die Verbrennungswärme eines Kubikmeters eines jeden Gases;

Lösungen (die römischen Ziffern bezeichnen Volumina):

1.)	I		II		I		II
	CH_4	+	$2\ O_2$	=	CO_2	+	$2\ H_2O$
	16		64		44		36
	II		V		IV		II
	$2\ C_2H_2$	+	$5\ O_2$	=	$4\ CO_2$	+	$2\ H_2O$
	52		160		176		36
	I		III		II		II
	C_2H_4	+	$3\ O_2$	=	$2\ CO_2$	+	$2\ H_2O$
	28		96		88		36
	II		VII		IV		VI
	$2\ C_2H_6$	+	$7\ O_2$	=	$4\ CO_2$	+	$6\ H_2O$
	60		224		176		108
	I		IV		III		II
	C_3H_4	+	$4\ O_2$	=	$3\ CO_2$	+	$2\ H_2O$
	40		128		132		36
	II		IX		VI		VI
	$2\ C_3H_6$	+	$9\ O_2$	=	$6\ CO_2$	+	$6\ H_2O$
	84		288		264		108
	I		V		III		IV
	C_3H_8	+	$5\ O_2$	=	$3\ CO_2$	+	$4\ H_2O$
	44		160		132		72
	II		XV		XII		VI
	$2\ C_6H_6$	+	$15\ O_2$	=	$12\ CO_2$	+	$6\ H_2O$
	156		480		528		108
	I		XIV		X		VIII
	$C_{10}H_{16}$	+	$14\ O_2$	=	$10\ CO_2$	+	$8\ H_2O$
	136		448		440		144
	I		XII		X		IV
	$C_{10}H_8$	+	$12\ O_2$	=	$10\ CO_2$	+	$4\ H_2O$
	128		384		440		72

	Molekulare Bildungswarme (C amorph)	Molekulare Verbrennungswärme H_2O (Dampf)	Verbrennungswärme von 1 cbm (Kal.)
CH_4	+ 21 700	+ 191 620	+ 8 623
C_2H_2	− 52 300	+ 304 760	+ 13 714
C_2H_4	− 8 700	+ 319 220	+ 14 365
C_6H_6	+ 29 100	+ 339 480	+ 15 277
C_3H_4	− 44 000	+ 451 720	+ 20 327
C_3H_6	− 700	+ 466 480	+ 20 992
C_3H_8	+ 39 200	+ 486 640	+ 21 899
C_6H_6	+ 6 100	+ 751 280	+ 33 808
$C_{10}H_{16}$ (flüssig)	+ 33 200	+ 1 403 280	—
$C_{10}H_{16}$ (Gas) . .	+ 23 800	+ 1 412 680	+ 63 570
$C_{10}H_8$ (flüssig)	+ 6 200	+ 1 198 040	—

Übungsbeispiel 26.

Die folgenden typischen Analysen sind aus Poole: The Calorific Power of Fuels.

	Steinkohle „Carnegie, Pa"	Heizöl „Lima, O"	Naturgas „Findlay, O"	
Kohlenstoff	77,20 %	80,2 %	H_2	1,64 %
Wasserstoff	5,10 %	17,1 %	CH_4	93,35 %
Sauerstoff	7,22 %	1,3 %	C_2H_4	0,35 %
Stickstoff	1,68 %	1,4 %	CO_2	0,25 %
Schwefel	1,42 %	—	CO	0,41 %
Feuchtigkeit	1,45 %	—	O_2	0,39 %
Asche	5,93 %	—	N_2	3,41 %
			H_2S	0,20 %

Aufgabe:

Zu berechnen ist:

1.) der praktische Heizwert

a) der Kohle (für 1 kg) . . . . Lösung: 7 447 Kal.

b) des Öles (für 1 kg) . . . . „ 11 393 „

c) des Gases (für 1 cbm) . . . . „ 8 143 „

Übungsbeispiel 27.

Die Zusammensetzung einiger Heizgase gibt Wyer (Treatise on Producer-Gas and Gas Producers, p. 50) wie folgt an:

	H_2	CH_4	C_2H_4	N_2	CO	O_2	CO_2
Naturgas (Pittsburg)	3,0	92,0	3,0	2,0	—	—	—
Ölgas	32,0	48,0	16,5	3,0	—	0,5	—
Steinkohlengas (aus Retorten) . . .	46,0	40,0	5,0	2,0	6,0	0,5	0,5
Koksofengas . . .	50,0	36,0	4,0	2,0	6,0	0,5	1,5
Karburiertes Wassergas	40,0	25,0	8,5	4,0	19,0	0,5	3,0
Wassergas	48,0	2,0		5,5	38,0	0,5	6,0
Generatorgas (Hartkohle, Dampf benutzt)	20,0	—	—	49,5	25,0	0,5	5,0
Generatorgas (Weichkohle) .	10,0	3,0	0,5	58,0	23,0	0,5	5,0

Aufgabe:

Für jedes Gas ist zu berechnen:

1.) das zur Verbrennung theoretisch notwendige Volum Luft;

2.) das Volum der Verbrennungsprodukte;

3.) der Heizwert für 1 cbm Gas;

4.) die theoretisch erreichbare Temperatur, wenn sowohl Gas als Luft kalt zur Verbrennung kommen (pyrometrischer Heizeffekt).

Lösung:

	Volum Luft für 1 cbm Gas	Volum der Produkte für 1 cbm Gas	Heizwert für 1 cbm Kal.	Temperatur
Naturgas	9,35	10,33	8423	1852°
Ölgas	7,74	8,58	7350	1915°
Steinkohlengas	5,79	6,50	5550	1896°
Koksofengas	5,36	6,08	5159	1892°
Karburiertes Wassergas	5,06	5,77	5008	1914°
Wassergas	2,24	2,81	2590	1928°
Generatorgas mit D pf	1,06	1,73	1290	1676°
Generatorgas(gewöhnl.)	1,13	1,98	1300	1555°

Übungsbeispiel 28.

Anthrazitkohle von der Zusammensetzung

Kohlenstoff. . . .	89 %
Wasserstoff . . .	3 %
Sauerstoff	1 %.
Asche	7 %

wird zur Heizung eines Dampfkessels benutzt und hinterläßt 10 % des Kohlegewichts an (trocknem) Rückstand. Die Rauchgase enthalten, getrocknet, 15,3 % CO_2, 3,5 % O_2, 81,2 % N_2. Auf jeden Kubikmeter des getrockneten Gases wurden 25,9 g Wasser erhalten.

Aufgabe:

Zu berechnen ist:

1.) das für 1 kg Kohle gebildete Volum Rauchgas, trocken gemessen . . . . Lösung: 10,41 cbm;

2.) das für 1 kg Kohle verbrauchte Luftvolum, trocken und unter Normalbedingungen . . . . 10,67 cbm;

3.) das Gewicht dieser Luft . . . . 13,80 kg;

4.) das zur vollständigen Verbrennung eines Kilogramms Kohle theoretisch nötige Volum trockner Luft . . . . . . 8,72 cbm;

3.) der Luftüberschuß in Prozenten der theoretischen Menge . . . . 22,36 %;

4.) das Volum der Schornsteingase, unter Normalbedingungen, für 1 kg Kohle . . . . 10,74 cbm.

Übungsbeispiel 29.

Eine Anthrazitkohle von der Zusammensetzung

Kohlenstoff. . . .	89 %
Wasserstoff . . .	3 %
Sauerstoff	1 %
Asche	7 %

wird auf einem Rost verbrannt unter Verwendung von 15 % mehr Luft, als theoretisch zur vollständigen Verbrennung nötig ist. Der Rückstand beträgt 10 kg für 100 kg Kohle.

Aufgabe:

Zu berechnen ist:

1.) das Volum der für 1 kg Kohle angewandten Luft (trocken und unter Normalbedingungen) . . . . Lösung: 9,71 cbm;

2.) die prozentische Zusammensetzung der Rauchgase (nach Volum), vorausgesetzt, daß sie keinen Ruß und kein unverbranntes Gas enthalten, N_2 77,9, CO_2 16,1, O_2 2,6, H_2O 3,4;

3.) die prozentische Zusammensetzung der Gase, nachdem sie getrocknet sind, ... N_2 80,6, CO_2 16,7, O_2 2,7;

4.) die Feuchtigkeit (in Gramm), die 1 cbm des getrockneten Gases begleitet . . . . 28,4 g;

5.) das Volum der Schornsteingase für 1 kg Kohle unter Normalbedingungen und bei dampfförmigem Wasser . . 9,85 cbm;

6.) das Volum der Gase bei 350° und 700 mm Druck . . 24,4 cbm.

Übungsbeispiel 30.

Eine Steinkohle enthält

Kohlenstoff. . . .	75 %
Wasserstoff . . .	5 %
Sauerstoff	10 %
Asche	10 %.

Die Kohle wird gemahlen und in einen Zementofen mit 25 % mehr Luft als zur vollständigen Verbrennung theoretisch nötig ist, eingeblasen.

Die Tagesproduktion des Ofens beträgt 200 Faß Zement bei einem Kohlenverbrauch von 56,70 kg Kohle für 1 Faß. Die Temperatur der Luft sei 0°, und die Gase gehen mit 819° in den Schornstein. Von der Berechnung des Wasserdampfes und des Kohlendioxydes, die von der Beschickung abgegeben werden, ist abzusehen.

Aufgabe:

Zu berechnen ist:

1.) das Luftvolum, das der Ventilator in der Minute zu liefern hat Lösung: 75,67 cbm;
2.) das Volum der heißen Verbrennungsprodukte in der Minute, wie sie in den Schornstein gehen . . . . Lösung 312,766 cbm.

Übungsbeispiel 31.

Die Steinkohle der vorigen Aufgabe wird unter einem Dampfkessel verbrannt mit 25 % mehr Luft als theoretisch nötig ist. Die Verbrennung sei vollständig, und im Rückstand sei kein Kohlenstoff vorhanden. Der Dampf enthält 3 % mitgerissenes Wasser. Für 1 kg Kohle werden 8,82 kg Wasser verdampft. Der Dampf hat 6 Atmosphären effektiven Druck. Die Außenluft habe 0°, das Speisewasser 10°, die abgehenden Rauchgase 310°.

Aufgabe:

Zu berechnen ist:

1.) der Heizwert der Kohle (Wasser in Dampfform gedacht) . . . . Lösung 7096 Kal.;
2.) die Verteilung des Heizwertes nach Prozenten . . .
   a) auf den erzeugten trocknen Dampf . . . . 78 %;
   b) auf das mitgerissene Wasser . . . . 0,6 %;
   c) auf die fühlbare Wärme in den Schornsteingasen . 14,5 %;
   d) auf Verlust durch Leitung und Strahlung . . . . 6,9 %.
3.) Welche Erhöhung des Nutzeffektes (2a) ist mittels eines Speisewasservorwärmers zu erzielen, der den Rauchgasen 60 % ihrer fühlbaren Wärme entzieht (alle übrigen Bedingungen bleiben unverändert)? . . . . 8,6 %.

Übungsbeispiel 32.

Gepulverte Kohle von der in den Übungsbeispielen 30 und 31 gegebenen Zusammensetzung wird durch stark gepreßte Luft in einen Drehrohrofen geblasen. Das Gebläse liefert nur 14,9 % der zur Verbrennung nötigen Luft, so daß in der Nähe des Brenners eine leuchtende Flamme entsteht, die von einer Hülle von Hilfsluft umgeben ist, welche durch Injektorwirkung des Kohlenstaub-Luftstromes mit eingesaugt wurde. Wir nehmen an, daß in der inneren Flammenzone nur der Wasserstoff der Kohle verbrennt und daß die Kohlenstoff- und Aschenteile die Flamme leuchtend machen. Die mittlere spez. Wärme des Kohlenstoffs wird $= 0{,}5 - \frac{120}{t}$ und die der Asche $= 0{,}25$ gesetzt.

Aufgabe:

Zu berechnen ist:

Lösung:

1.) die theoretische Temperatur der inneren Zone . . 1140° C.
2.) die Temperatur, wenn die zum Einblasen des Kohlenstaubes benutzte Luft bis auf die zur vollständigen Verbrennung er forderliche Menge gesteigert wird . . . . 1671°.

Übungsbeispiel 33.

Die erreichbare Höchsttemperatur in der Formebene eines Hochofens ist zu berechnen,

Lösung:

1.) wenn trockne, kalte Luft benutzt wird . . . . 1683°;
2.) bei trockner, auf 700° erhitzter Luft . . . . 2272°;
3.) bei feuchter Luft von 700°; der Feuchtigkeitsgehalt entspreche der Sättigung bei 37° . . . . 1947°;
4.) bei kalter Luft von diesem Feuchtigkeitsgrad . . . . 1367°.

Übungsbeispiel 34.

In einem Zementbrennofen wird gepulverte Kohle folgender Zusammensetzung verbrannt:

Kohlenstoff	73,60 %
Wasserstoff	5,30 %
Stickstoff	1,70 %
Schwefel	0,75 %
Sauerstoff	10,00 %
Asche	8,05 %
Feuchtigkeit	0,60 %.

Die feingemahlene Kohle wird mit Luft von 20° und 760 mm Druck verbrannt. Die Verbrennungsprodukte, mit dem aus der Beschickung stammenden Kohlendioxydgas zusammen, gehen mit 820° in den Schornstein.

Die Analyse des (getrockneten) Gases ergab in Vol.-%:

Kohlendioxyd	25,9 %
Sauerstoff	3,1 %
Kohlenoxyd	0,2 %
Schwefeldioxyd	nicht bestimmt
Stickstoff	Differenz.

Von dem Kohlendioxyd stammen 40 % aus den Karbonaten der Beschickung. Wir nehmen an, daß die Beschickung kein Wasser abgibt und daß die Luft von 20° mit Feuchtigkeit gesättigt ist (Dampfdruck 22 mm Quecksilber).

Aufgabe:

Zu berechnen ist:

Lösung:

1.) der theoretische Heizwert der Kohle . . . . . . 7525 Kal.;
2.) die theoretische Temperatur im heißesten Teil der Flamme 1593°;
3.) die durch die heißen Gase abgeführte Wärme in Prozenten des Heizwertes . . . . 50,4 %;
4.) der Luftüberschuß in Prozenten der theoretisch nötigen Luftmenge . . . . 16,4 %.

Übungsbeispiel 35.

Der Zug eines Schornsteins, am Fuße gemessen, ist sowohl in Millimeter Wassersäule als in Meter Luft von 0° zu berechnen. Der Schornstein hat runden Querschnitt, 1,83 m Durchmesser und eine Höhe von 36,576 m. Die Gase haben unten 300°, oben 200° und ein spez. Gewicht = 1,03 (Luft = 1). Der Schornstein nimmt in der Sekunde 5,6 cbm Gase (bei 0°, 760 mm gemessen) auf. Der innere Durchmesser ist unten und oben gleich, die innere Oberfläche ziemlich glatt. K wird = 0,04 angenommen. Außentemperatur 0°. Lösung: 23 mm; 18,05 m.

Übungsbeispiel 36.

Ein kupferner Zylinder von 22,092 g Gewicht wurde in einer kleinen eisernen Büchse am Ende eines Eisenstabes angebracht und während einiger Minuten in die Heißwindleitung eines Hochofens gehalten. Nach dem Herausnehmen wurde der Zylinder sofort in ein Kalorimeter mit 301,3 g Wasser geworfen. In 3 Minuten stieg die Temperatur um 4,183°. Aus früheren Versuchen mit demselben Kalorimeter war bekannt, daß es in 3 Minuten dem Wasser 30 g-Kal. für 1° Temperaturanstieg entzieht. Wenn die mittlere spez. Wärme des Kupfers zwischen 0 und t 0,093 93 + 0,000 017 78 t beträgt, wie hoch war die Temperatur des Windes?

[NB. Es ist der theoretische Temperaturanstieg im Kalorimeterwasser zu berechnen, unter der Voraussetzung, daß das Kalorimeter selbst keine Wärme aufgenommen hätte, und diese Temperatur ist bei der Ausrechnung als Endtemperatur zu benutzen.] Lösung: 618°.

Übungsbeispiel 37.

Ein Stück Zinnstein (Kassiterit SnO_2) aus Bolivia wurde zur Bestimmung der spez. Wärme benutzt. In zwei Versuchen wurde es auf verschiedene Temperaturen erhitzt (mit Le Chateliers Pyrometer gemessen) und in ein Kalorimeter geworfen. Die Korrekturen wegen der Kalorimeterverluste wurden auf die im Journal of the Franklin

Institute August 1901 beschriebene Art ausgeführt. Die Beobachtungen waren:

	Versuch I	Versuch II
Gewicht des Zinnsteins	12,765 g	12,765 g
Temperatur	476°	1018°
Wasser im Kalorimeter	299,4 g	300,7 g
Anfangstemperatur	16,527°	18,705°
Endtemperatur (nach 3 Minuten)	18,444°	22,986°
Wasserwert des Kalorimeters für 3 Min. für 1° Anstieg	30 Kal.	30 Kal.

Aufgabe:

Aus diesen Tatsachen ist ein Ausdruck von der Form $Sm = \alpha + \beta t$ für das betreffende Stück Kassiterit zu berechnen.

Lösung:

$$0{,}1050 + 0{,}000\,0061\ t.$$

Übungsbeispiel 38.

Die Verbrennungsgase einer Kesselfeuerung gehen mit 400° in den Schornstein. Die Zusammensetzung ist:

Kohlendioxyd	15,0 %
Sauerstoff	5,9 %
Stickstoff	79,1 %.

Aufgabe:

Welche Ersparnis in Prozenten vom Heizwert des benutzten Kokses ist durch Anbringen eines Speisewasservorwärmers zu erzielen, wenn dieser die Temperatur der Gase auf 200° herabsetzt und 75 % der aufgenommenen Wärme in dem Speisewasser dem Kessel zuführt?

Lösung: 7,92 %.

Übungsbeispiel 39.

Ein Hochofengas enthält in Vol.-%:

Kohlenoxyd	23 %
Kohlendioxyd	12 %
Wasserstoff	2 %
Methan	2 %
Wasserdampf	3 %
Stickstoff	58 %.

Die Temperatur ist 20°. Das Gas wird mit der zur vollständigen Verbrennung theoretisch nötigen Menge trockner Luft einer Gasmaschine zugeführt und vor der Zündung auf 4 Atmosphären Druck zusammengedrückt. Die bei der Kompression entwickelte Wärme bleibt unberücksichtigt; die Temperatur im Augenblick der Zündung sei zu 20° angenommen. Weiter nehmen wir an, daß während der Verbrennung noch keine Expansion stattfindet, so daß die spez. Wärme bei konstantem Volum zur Anwendung kommt. [Spez. Wärme bei konstantem Volum für 1 cbm = spez. Wärme bei konstantem Druck — 0,09.]

Aufgabe:

Zu berechnen ist:

1.) der Heizwert des Gases für 1 cbm bei konstantem Druck und bei konstantem Volum . . . . Lösung: 928,5 Kal. 925,5 Kal.;
2.) die theoretische Temperatur sofort nach der Zündung
Lösung: 1592° C;
3.) der maximale Druck . . . . 22⅔ Atm.;
4.) das für 1 PS-Stunde nötige Gasvolum, bei einem mechanisch-thermischen Nutzeffekt der Gasmaschine von 30 %
Lösung: 2,81 cbm von 20°.

Übungsbeispiel 40.

Mit Steinkohle von der Zusammensetzung

Kohlenstoff	78 %
Wasserstoff	5 %
Sauerstoff	8 %
Asche	8 %
Wasser	1 %

wird ein Gaserzeuger betrieben. Der Heizwert der Kohle sei 7480 Kal. (Wasser als Dampf). Verbrennungsrückstand 12 %. Das Gas, das mit 600° C aus dem Gaserzeuger abzieht, hat die Zusammensetzung:

Kohlenoxyd	35 %
Kohlendioxyd	5 %
Methan	5 %
Wasserstoff	5 %
Stickstoff	50 %

Aufgabe:

Zu berechnen ist:

Lösung:

1.) das Gasvolum für 1 kg verbrannte Kohle . . . . 3,045 cbm
2.) der Heizwert des Gases für 1 cbm . . . . 1633 Kal.
3.) die durch Verbrennung des Gases entwickelte Wärme in Prozenten vom Heizwert der Kohle . . . . 66,5 %
4.) der mit der Vergasung verknüpfte Verlust ebenfalls in Prozenten vom Heizwert der Kohle (wenn das Gas kalt zur Verbrennung kommt) . . . . 33,5 %

Übungsbeispiel 41.

Generatorgas von der Zusammensetzung

Kohlenoxyd	28 %
Kohlendioxyd	4 %
Wasserstoff	4 %
Methan	2 %
Wasserdampf	1 %
Stickstoff	61 %

wird mit 10 % mehr Luft als theoretisch notwendig, verbrannt. Sowohl Gas als Luft sind auf 1000° vorgewärmt.

Zu berechnen ist die theoretische Höchsttemperatur.

Lösung: 1600° C.

Übungsbeispiel 42.

Livländischer Torf, getrocknet, enthielt

Kohlenstoff.	49,70 %
Wasserstoff	5,33 %
Sauerstoff	30,76 %
Stickstoff	1,01 %
Asche	13,23 %

Der ausgegrabene nasse Torf enthielt 75 % Wasser, an der Luft getrocknet 20 % und nach dem Trocknen im Trockenofen war er, wie die Analyse zeigt, wasserfrei.

Der lufttrockene Torf wird im Trockenofen durch einen heißen Luftstrom getrocknet, der mit 150° in den Ofen eintrit, mit dem frisch beschickten Torf in Berührung kommt, und am anderen Ende mit 50° austritt. Die Außentemperatur sei 0°, die Außenluft trocken. Der Trockenofen verliert durch Strahlung 10 % der fühlbaren Wärme der heißen Luft. Der Rest der zugeführten Wärme ist als fühlbare Wärme in der austretenden warmen, feuchten Luft und im getrockneten Torf enthalten oder durch Verdampfen des Wassers gebunden. Die Vorwärmung der Luft erfolgt im Röhrenerhitzer durch Verbrennung von getrocknetem Torf. 75 % des Heizwertes geht auf die Luft über. Die mittlere spez. Wärme des getrockneten Torfes ist 0,25.

Aufgabe:

Zu berechnen ist:

1.) der praktische Heizwert des nassen, des lufttrocknen und des im Ofen getrockneten Torfes

Lösung: 607 Kal., 3278 Kal., 4249 Kal.

2.) das zum Trocknen einer Tonne (lufttrocknen Torfes) nötige Volum Luft (unter Normalbedingungen) . . . . **5122 cbm**

3.) der Sättigungsgrad der auftretenden Luft an Feuchtigkeit Lösung: 35,4 %

4.) die für das Erhitzen der Luft erforderliche Menge im Ofen getrockneten Torfes:

a) für 1 t lufttrocknen Torfes . . . . 70,5 kg

b) in Prozenten der Gesamtproduktion . . . . 9,25 %

Übungsbeispiel 43.

Eine Batterie von 4 Koksöfen liefert in der Stunde 283,16 cbm Gas (bei 15,6°° gemessen) von der Zusammensetzung:

H_2	64,3 %
CO	20,7 %
CH_4	5,4 %
C_2H_4	0,5 %
C_6H_6	0,5 %
CO_2	2,0 %
O_2	1,0 %
N_2	5,6 %.

Die Gase verlassen die Öfen mit 1593°. Während der ersten 30 Minuten jeder Stunde werden die Gase im Rekuperator mit der theoretischen Menge Luft verbrannt und die Verbrennungsprodukte gehen mit 1038° zuerst unter Dampfkessel, wo ihre Temperatur auf 260° sinkt und dann zum Schornstein. Während der übrigen 30 Minuten gehen die Gase ohne beigemischte Luft durch die Rekuperatoren, werden auf 1038° erhitzt, gehen dann unter Dampfkessel, wo sie mit der theoretischen Menge Luft verbrennen; die Verbrennungsprodukte ziehen mit 260° in den Schornstein.

Aufgabe:

Zu berechnen ist:

1.) die Leistung der Kessel in Pferdestärken während der ersten 30 Min. 1 PS entspricht der Verdampfung von 34,5 kg Wasser von 100° in der Stunde, wobei angenommen ist, daß die Kessel 50 % der zugeführten Wärme zur Verdampfung ausnutzen (Nutzeffekt der Kessel 50 %). Lösung: 23,4 PS;

2.) dasselbe während der letzten 30 Minuten. 57,0 PS.

Übungsbeispiel 44.

Eine Koksofenanlage mit Nebenprodukt-Gewinnung verarbeitet Steinkohle von 76 % Kohlenstoff und 9000 Kal Heizwert, und erzeugt Koks mit einem durchschnittlichen Kohlenstoffgehalt von 86 %

und einem Heizwert von 7000 Kal., während der als Nebenprodukt erhaltene Teer 20 % Kohlenstoff enthält.

Die Koksausbeute beträgt 70 %, der Teer 5 % der angewandten Kohle. Die Zusammensetzung der (getrockneten) Gase war im Mittel für den Monat Januar 1904:

Kohlendioxyd		3,00 %
Sauerstoff		0,50 %
Kohlenoxyd		5,10 %
Methan		35,00 %
Schwere Kohlenwasserstoffe	C_2H_4	2,13 %
	C_3H_8	1,06 %
	C_6H_6	1,06 %
Wasserstoff		40,00 %
Stickstoff		12,15 %

Aufgabe:

Zu berechnen ist: **Lösung:**

1.) das Gasvolum bei (15,6° und 760 mm) für 1 t Kohle 503 cbm;
2.) Heizwert des Kokses und der Gase, beides in Prozenten vom Heizwert der angewandten Kohle 54,4 %, 27,4 %:
3.) Wenn die Hälfte der Gase in Gasmaschinen (Nutzeffekt 25 %) verbraucht wird, wie viele PS-Stunden sind für 1 kg verkokte Kohle zu gewinnen? . . . . 0,485 PS-Stunden.

Übungsbeispiel 45.

Ein Gaserzeuger wird mit Kohle folgender Zusammensetzung betrieben:

Gesamt-Kohlenstoff	75,68 %
Sauerstoff	12,70 %
Wasserstoff	4,50 %
Asche	7,12 %

Der Verbrennungsrückstand enthält 21,07 % unverbrannten Kohlenstoff. Das Gas enthält (auf 1 cbm getrocknetes Gas bezogen) 30,4 g Feuchtigkeit.

Zusammensetzung des trocknen Gases:

Kohlendioxyd	5,7 %
Kohlenoxyd	22,0 %
Methan	2,6 %
Äthylen	0,6 %
Wasserstoff	10,5 %
Sauerstoff	0,4 %
Stickstoff	58,2 %.

Durch ein Dampfstrahlgebläse wird äußere Luft eingepreßt, die im Kubikmeter, bei 20° und trocken gemessen, 15 g Wasser mitführt.

Aufgabe:

Zu berechnen ist:

1.) das für 1 kg Kohle erzeugte Gasvolum (trocken gemessen) Lösung: 4,337 cbm
2.) die durch das Gebläse zugeführte Dampfmenge in Kilogramm für jedes Kilogramm Kohle . . . . 0,2691 kg
3.) Gewicht und Volum der eingeblasenen Luft für 1 kg Dampfverbrauch des Gebläses . . . . 15,5 kg 12,95 cbm;
4.) der Prozentsatz vom eingeblasenen Dampf, welcher im Generator nicht zersetzt wird. Dabei wird die gesamte Feuchtigkeit im Gas (nicht ganz richtig) als von unzersetztem Gebläsedampf herrührend angesehen. . . . . 49,3 %
5.) der mechanische Nutzeffekt des Gebläses, wenn es, mit Dampf von 4 Atmosphären effektiven Druckes betrieben, im Aschenfall des Gaserzeugers einen Überdruck von 10 mm Wasser erzeugt . . . . 4,67 %.

Übungsbeispiel 46.

Das Gas des Übungsbeispiels 45 werde durch stündlichen Verbrauch von 1000 kg Kohle erzeugt und in einem Ofen mit einem solchen Luftüberschuß verbrannt, daß die Verbrennungsgase enthalten:

Kohlendioxyd	12,7 %
Stickstoff	80,6 %
Sauerstoff	6,7 %.

Der Feuchtigkeitsgehalt der Verbrennungsluft sei wie oben 15 g im Kubikmeter, trocken gemessen bei 20°. Die Verbrennungsgase gehen mit 500° in den Schornstein und treten mit 350° oben aus. Beim Einströmen haben sie eine Geschwindigkeit von 4 m/sec. Die Außenluft habe 20°. Der wirksame Zug betrage 2,5 cm Wassersäule, am Fuße des Schornsteins gemessen, er sei gleich 90 % der gesamten Saugwirkung angenommen.

Aufgabe:

Zu berechnen ist:

1.) der Durchmesser und die Höhe des Schornsteins, wenn der Querschnitt kreisförmig und in der ganzen Höhe gleich angenommen wird. Lösung: 1,52 m, 41,3 m.;
2.) die Leistung des Schornsteins in PS. . . . . 2,6 PS;
3.) der Energienutzeffekt des Schornsteins, d. h. die Leistung in Prozenten des mechanischen Äquivalents der dem Schornstein zugeführten Wärme . . . . 0,079 %.

Übungsbeispiel 47.

Der Schornstein des Übungsbeispiels 46 sei aus feuerfesten Steinen bei einer mittleren Wandstärke von 60 cm gebaut. Das Gasvolum in 1 Stunde sei 1586 cbm Stickstoff und Luft, 315 cbm Kohlendioxyd und 234 cbm Wasserdampf. Die Temperatur der Gase sei unten 500°, oben 350°, die Geschwindigkeit am Fuße 4 m/sec; der Durchmesser des Schornsteins 1,52 m, die Höhe 41,3 m. Die spez. Leitfähigkeit der Wärmeübergänge Gas/Stein und Stein/Luft sei $\frac{2 \cdot 100 \sqrt{v}}{36\,000}$ (CGS-Einheiten), und die Windstärke außen sei 20 km/Stunde.

Aufgabe:

Zu berechnen ist:

die Wärmeleitfähigkeit des feuerfesten Mauerwerks in CGS-Einheiten . . . . Lösung: 0,31.

Zweiter Teil

Eisen und Stahl

Neuntes Kapitel.

Die Stoffbilanz im Hochofen.

Der Eisenhochofen überragt alle anderen Öfen und metallurgischen Apparate an Bedeutung. Es ist deshalb angezeigt, die Erläuterung der metallurgischen Grundsätze und Berechnungen in ihrer Anwendung auf die Eisengewinnung mit einer Betrachtung des Hochofens einzuleiten. Da diese Erörterung, wenn sie irgendwie vollständig sein soll, eine große Zahl von Gegenständen umfassen muß, fangen wir zunächst mit dem einfachsten an, mit der Bilanz der Stoffe, die dem Ofen zugeführt werden und die ihn verlassen. Im weiteren Verlauf der Erörterung werden wir die Wärmebilanz des Ofens, die chemischen Reaktionen, die Wirkung des heißen und des getrockneten Windes, die Berechnung der richtigen Zusammensetzung der Beschickung, die Temperatur vor den Formen, die in den Gichtgasen vorhandene Energie, den Wirkungsgrad der Winderhitzer und andere Faktoren, die für den Hochofenbetrieb von Interesse und Wert sind, behandeln.

Für die Betrachtung des Hochofens können wir verschiedene Gesichtspunkte wählen. Davon seien hier zwei genannt.

Wir können erstens den Hochofen als einen gewaltigen Gaserzeuger betrachten, der mit heißer gepreßter Luft betrieben wird, und in dem die unverbrennlichen Bestandteile (mit ein wenig unverbranntem Kohlenstoff) zu flüssigem Metall und flüssiger Schlacke niedergeschmolzen werden und unten abfließen, während die gasförmigen Produkte durch die 15—30 m hohe Beschickungssäule aufsteigen und oben entweichen. Die Gase haben in der Hauptsache die Zusammensetzung des Generatorgases, nur ist ein Teil CO durch den Sauerstoff der Beschickung in CO_2 umgewandelt und eine gewisse Menge CO_2 ist aus den Karbonaten der Beschickung aufgenommen worden. Außerdem haben die Gase aus der Beschickung etwas Feuchtigkeit und eventuell aus dem Brennmaterial flüchtige Destillationsprodukte aufgenommen. Von dieser Seite gesehen ist der Hochofen ein mächtiger Gasgenerator, der sehr große Massen eines, allerdings ziemlich geringwertigen, Gases liefert und nebenbei noch Eisenerz und Zuschlag (Kalkstein) in flüssiges Eisen und flüssige Schlacke verwandelt. Die Betrachtung des Hochofens als metallurgischer Apparat kann demnach ganz wie die eines

Gaserzeugers durchgeführt werden, unter Berücksichtigung der durch die reduzierbaren Bestandteile der Beschickung bewirkten Änderung in der Zusammensetzung der Gase.

Von dem zweiten Gesichtspunkt aus ist der Hochofen hauptsächlich als Vorrichtung zur Reduktion von Eisenerz anzusehen. Das Erz wird mit einer genügenden Menge kohlenhaltigen Brennstoffs zusammengebracht und zwar aus zweierlei Gründen, nämlich: 1.) um den reduzierbaren Metalloxyden den gesamten Sauerstoff zu entziehen und 2.) um genügende Hitze zu erzeugen, damit das gebildete Roheisen und die Schlacke (Verbindungen der nicht reduzierbaren Metalloxyde) zu überhitzten Flüssigkeiten schmelzen. Nach dieser Betrachtungsweise hat der Brennstoff die Reduktionsenergie und die zum Schmelzen nötige Wärme aufzubringen, ersteres durch Einwirkung auf die Metalloxyde bei Rot- bis Weißglut, wobei er ihnen den Sauerstoff entzieht, letzteres dadurch, daß er im untersten Teil des Ofens durch erhitzte Preßluft („Wind“) verbrennt und dadurch die zum Schmelzen der schon reduzierten Materialien erforderliche hohe Temperatur erzeugt.

Eingeführte und austretende Stoffe.

Die dem Hochofen zugeführten Stoffe können wir in 4 Gruppen teilen:

Brennmaterial, Eisenerz, Zuschläge } an der Gicht aufgegeben,
Wind, durch die Formen eingeblasen.

Die aus dem Ofen austretenden Stoffe lassen sich ebenfalls in 4 Gruppen scheiden:

Roheisen, Schlacke } werden unten abgestochen,
Gase, Staub } strömen oben ab.

Wir wollen nun für jedes aufgegebene Material die Verteilung auf die vier Abgangsmöglichkeiten etwas eingehender erörtern.

Brennmaterial.

Als Brennstoff wird bisweilen Holzkohle benutzt; in der großen Mehrzahl der Fälle kommt jedoch Koks zur Anwendung, manchmal mit etwas unverkokter Steinkohle oder Anthrazit vermengt, selten wird Steinkohle allein gebraucht.

Diese Brennstoffe bestehen aus flüchtigen Verbindungen, festem Kohlenstoff, Feuchtigkeit, Schwefel und Asche. Die letztere enthält Kieselsäure, Kalk, Eisen, Tonerde und Alkalien als Bestandteile.

Die Feuchtigkeit wird oben in der Nähe der Gicht ausgetrieben und geht in die Gase über. Die flüchtigen Bestandteile des Brennstoffs werden ebenfalls unterhalb der Gicht abgegeben und gehen ebenfalls zum größten Teil unverändert in die Gase. Doch können die ausgetriebenen Kohlenwasserstoffe zum Teil zersetzt werden, wodurch fein verteilter Kohlenstoff sich auf das umgebende Erz niederschlägt. Dieser Kohlenstoff wird jedoch in tieferen Schichten des Ofens Sauerstoff aus der Beschickung aufnehmen und CO oder CO_2 bilden. Wir können somit ohne Fehler annehmen, daß alle flüchtigen Bestandteile des Brennstoffs in die Gase übergehen; dabei bleibt es aber einigermaßen unsicher, in welchen Verbindungen diese flüchtigen Bestandteile auftreten. Wenn wir den Inhalt der flüchtigen Verbindungen an Kohlenstoff, Wasserstoff, Sauerstoff, Stickstoff, Schwefel usw. kennen, sind wir berechtigt, diese Elemente als solche den Gasen zuzuzählen.

Der feste Kohlenstoff wird in letzter Linie entweder im Gichtstaub oder in den Gasen als CO, CO_2, CH_4, HCN bzw. Alkalizyanid wiedergefunden. Eine Ausnahme bildet nur der Anteil, welcher vom Roheisen aufgenommen wird. Wird dieser Betrag von der Gesamtmenge des festen Kohlenstoffs im Brennmaterial abgezogen, so kann man annehmen, daß der Rest mit Sicherheit sich in den Gasen oder in dem von den Gasen mitgerissenen Staube befindet.

Das Schicksal des Schwefels im Brennstoff ist etwas verwickelter. Soweit der Schwefel als Pyrit zugegen ist, mengt sich ein Teil desselben als Schwefeldampf den Gasen bei und bildet dann bei der Verbrennung der Gase SO_2. Ein anderer Teil des Pyritschwefels wird aber im Ofen selbst zu SO_2 oxydiert und erscheint in dieser Form in den Gasen. Der noch übrige Rest neben dem organischen Schwefel geht entweder in die Schlacke oder ins Roheisen. In die Schlacke scheint der Schwefel als Kalziumsulfid, CaS, einzugehen, welches etwa durch folgende Umsetzung gebildet wird:

$$CaO + C + FeS = CaS + CO + Fe$$

oder, wenn der Schwefel als Gips im Brennstoff vorhanden ist,

$$CaSO_4 + 4\,C = CaS + 4\,CO.$$

In welcher Menge der Schwefel in das Roheisen übergeht, hängt lediglich von der Leichtigkeit ab, mit der er von der Schlacke aufgenommen wird. Bei sehr hoher Temperatur vor den Formen und ganz besonders bei niedrigem Kieselsäuregehalt der Schlacke geht der Schwefel in diese über und bleibt aus dem Eisen. Unter solchen Bedingungen kann die Schlacke 10—20 mal mehr Schwefel enthalten als das Eisen. Niedrige Temperatur und kieselsäurereiche Schlacke haben die entgegengesetzte Wirkung. Hohe Temperatur und hoher Kalkgehalt der Schlacke sind die Hilfsmittel des Betriebsführers, um schwefelarmes Eisen zu erhalten. Hohe Gehalte an Tonerde oder Magnesia wirken ähnlich. Was nun die Bilanz des Schwefels betrifft, so können wir bei Anwendung von Koks oder Holzkohle annehmen, daß der gesamte Schwefel entweder ins Eisen oder in die Schlacke geht. Wenn durch Analyse die Schwefelmenge im erzeugten Roheisen bekannt ist, dann können wir den Rest als CaS in der Schlacke annehmen. Wenn unverkokte Kohle zur Anwendung kommt, bleibt es unsicher, wie viel Schwefel in die Gase geht; in diesem Falle ist neben der Schwefelbestimmung im Eisen noch eine Bestimmung der Schwefelmenge in der Schlacke oder in den Gasen erforderlich, um die Verteilung des Schwefels auf die Produkte festzustellen.

Die Asche des Brennstoffes ist den übrigen unverbrennlichen Bestandteilen der Beschickung beizuzählen. Von der Kieselsäure mag etwas zu Silizium, von dem Kalk ein Teil zu metallischem Kalzium reduziert werden, das dann mit Schwefel CaS bildet. Der Eisengehalt der Asche wird größtenteils in das Roheisen gehen. Da es in den meisten Fällen unsicher bleibt, ob der Siliziumgehalt des Roheisens überhaupt aus der Asche stammt, so ist es üblich, den Kieselsäuregehalt des Erzes als dessen Quelle anzunehmen. Bezüglich des Eisens der Asche ist es aber am zweckmäßigsten, anzunehmen, daß es vollständig zu Metall reduziert wird, was wahrscheinlich auch immer geschieht.

Neben allen diesen Möglichkeiten für den Abgang der Brennstoffbestandteile haben wir manchmal noch zu berücksichtigen, daß die abziehenden Gase feine Teilchen von unveränderter Kohle mitreißen. Diese Kohle, durch Analyse des Staubes zu bestimmen, ist von der gesamten aufgegebenen Kohle abzuziehen, und nur der Rest ist in der oben dargelegten Weise zu verteilen.

Beispiel:

Im Hochofen werden der Beschickung für je 1000 kg erzeugtes Roheisen 925 kg Koks zugeführt. Der Koks enthält:

festen Kohlenstoff	86 %
flüchtigen Kohlenstoff	2 %
Wasserstoff	1 %
Sauerstoff	0,5 %
Stickstoff	0,5 %
Schwefel	1 %
Eisen	2 %
Kieselsäure	5 %
Kalk	1 %
Feuchtigkeit	1 %.

Das Roheisen enthält 3,5 % C und 0,1 % S. Mit dem Staube werden für jede t Roheisen 15 kg trockner Koks fortgeführt.

Aufgabe:

Es ist die Verteilung der Koksbestandteile im Ofen für 1 t Roheisen zu berechnen.

Lösung:

	Beschickung	Roheisen	Schlacke	Gase	Staub
Koks	925 kg	—	—	—	—
Staub	15 „	—	—	—	Koks 15 kg
Fester C	782,6 „	C 35,0	—	C 747,6	—
Flüchtiger C	18,2 „	—	-	C 18,2	—
H	9,1 „	—	—	H 9,1	—
O	4,5 „	—	—	O 4,5	-
N	4,5 „	—	—	N 4,5	—
S	9,1 „	S 1,0	S 8,1	—	—
Fe	18,2 „	Fe 18,2	—	—	—
SiO_2	45,5 „	—	SiO_2 45,5	—	—
CaO	9,1 „	—	CaO 9,1	—	—
H_2O	9,3 „	—	—	H_2O 9,3	—

Erz.

Auch wenn verschiedene Erzsorten gattiert werden so ist es immer möglich, die durchschnittliche Zusammensetzung der Beschickung zu kennen. Wenn überdies noch das Erzgewicht für 1 t erzeugtes Roheisen bekannt ist, läßt sich die Verteilung des Erzes zwischen Roheisen, Schlacke. Gase und Staub berechnen.

Zuerst ist wiederum zu berücksichtigen, daß durch den heißen Gasstrom bis zu 25 % des beschickten Erzes als Staub fortgeführt werden können. Dieser Betrag ist deshalb zuerst als trocknes Erz in Abzug zu bringen, und der Rest ist auf Roheisen, Schlacke und Gase zu verteilen. Hinsichtlich der Feuchtigkeit des Erzes und ebenso der Kohlensäure der Karbonate können wir die Annahme machen, daß sie unverändert in die Gase übergehen. Der Schwefel kann, wenn als Pyrit vorhanden, zum Teil in die Gase gehen. Diese Menge ist durch eine Schwefelbestimmung in den Gasen zu ermitteln. Größtenteils geht der Schwefel jedoch in die Schlacke als CaS. Eine kleine Menge wird auch noch vom Eisen aufgenommen. Von den Eisenoxyden müssen wir annehmen, daß soviel davon zu Metall reduziert wird, als dem Eisengehalte des Roheisens entspricht. Wenn noch ein Überschuß bleibt, wird er als FeO in der Schlacke angesehen. Der gesamte abgegebene Sauerstoff (aus der Differenz zwischen Eisenoxyd im Erz und der Summe aus metallischem Eisen im Roheisen und FeO in der Schlacke zu ermitteln) wird den Gasen zugezählt. Wenn das Eisen im Erz für das Eisen im Roheisen nicht ausreichen sollte, dann wird so gerechnet, als ob kein Eisen in die Schlacke gegangen wäre.

Die Manganoxyde des Erzes liefern das Mangan im Roheisen-der Überschuß geht in die Schlacke als Manganoxydul MnO, der Sauerstoff (durch Differenz zu finden) in die Gase. Es wird um so mehr Manganoxyd zu Metall reduziert, je heißer der Ofen geht und je weniger Kieselsäure die Schlacke enthält. Die reduzierte Menge kann nur aus der Analyse des Roheisens gefunden werden.

Zink im Erz geht zum Teil als ZnO in die Schlacke, teils auch in die Gase als weißer Rauch von Zinkoxyd, welcher sich in den Staubkammern absetzt bzw. von den Gasen weiter bis in die Winderhitzer oder unter die Dampfkessel fortgeführt wird. Die Verteilung des Zinks auf Gase und Schlacke läßt sich am besten durch Analyse der letzteren feststellen.

Kupfer, Silber, Gold, Nickel, Kobalt, Phosphor, Antimon und Arsen werden fast vollständig reduziert und vom Eisen aufgenommen. Eine sorgfältige Analyse des Roheisens gibt Aufschluß, bis zu welchem Grade eine Reduktion stattgefunden hat; in Ermangelung einer genauen Bestimmung kann jedoch ein vollständiger Übergang dieser Elemente in das Eisen angenommen werden. Blei wird meistens als Rauch fortgeführt, ein kleiner Betrag geht ins Roheisen. Wenn das Erz größere Mengen Blei enthält, kann sich metallisches Blei unter dem Roheisen sammeln und, wenn es Gelegenheit findet, in die Fundamente des Ofens eindringen.

Die Tonerde geht für gewöhnlich vollständig und unverändert in die Schlacke. Bei sehr tonerdereicher Schlacke und sehr heißem Wind kann das Eisen bis zu 1 % Aluminium enthalten. Der entsprechende Sauerstoff geht dann in die Gase. Magnesia geht vollständig in die Schlacke; Reduktion findet nicht statt. Kalk geht in die Schlacke bis auf eine nicht unbedeutende Menge, die, durch Kohle bei Gegenwart von Schwefelverbindungen reduziert, CaS bildet, wobei der Sauerstoff in die Gase geht. Eine sehr geringe Menge kann als Kalzium in das Roheisen gehen. Die Alkalien gehen zum Teil in die Schlacke, zum Teil als Alkalizyanide in die Gase. Titanoxyd, Wolframoxyd, Chromoxyd und die Oxyde von Molybdän, Uran und Vanadium werden bisweilen in kleinen Mengen reduziert, besonders bei heißem Gang des Ofens und stark basischer Schlacke; die Hauptmengen dieser Oxyde gehen jedoch in die Schlacke, und zwar in der Gestalt der niedrigsten Oxydationsstufen.

Die Kieselsäure geht größtenteils in die Schlacke; ein gewisser Anteil wird jedoch immer zu Silizium reduziert und vom Roheisen aufgenommen. Diese Menge ist um so größer, je heißer der Ofen geht, je langsamer er betrieben wird und je kieselsäurereicher die Schlacke ist. In einigen Fällen kann bis zu $\frac{1}{4}$ der gesamten Kieselsäure reduziert werden. Die Reduktion findet wahrscheinlich im unteren Teil des

Ofens statt, durch Kohlenstoff, der im Eisen aufgelöst ist. Der Sauerstoff der reduzierten Kieselsäure geht in die Gase.

Beispiel:

Ein Hochofen verbraucht für jede Tonne erzeugtes Roheisen 1956,8 kg Erz. Das Erz enthält:

Fe_2O_3	71,43 %
SiO_2	14,24 %
CaO	2,05 %
MgO	1,51 %
MnO_2	4,15 %
SO_3	1,40 %
H_2O	5,00 %
Cu_2O	0,22 %

Das Roheisen enthält:

Fe	93,03 %
C	3,27 %
Mn	1,20 %
S	0,08 %
Cu	0,40 %
Si	2,02 %

Der trockene Erzstaub betrage 4 % von dem aufgegebenen Erz, und die Gase enthalten keinen Schwefel. Der gesamte Schwefel im Roheisen stamme aus dem Brennmaterial.

Aufgabe:

Es ist die Verteilung des Erzes aufzustellen.

Lösung:

Beschickung		Roheisen	Schlacke	Gase	Staub
Erz	1956,8 kg	—	—	—	—
Staub	78,1 „	—	—	—	Erz 78,1
Fe_2O_3	1339,2 „	Fe 930,3	FeO 9,1	O 499,8	—
SiO_2	267,0 „	Si 20,2	SiO_2 223,6	O 22,2	—
MnO_2	77,8 „	Mn 12,0	MnO 48,0	O 17,8	—
Cu_2O	4,1 „	Cu 3,6	—	O 0,5	—
CaO	38,4 „	—	CaO 20,1	—	—
			Ca 13,1	O 5,2	—
MgO	28,3	—	MgO 28,3	—	—
SO_3	26,3 „	—	S 10,5	O 15,8	—
H_2O	97,6 „	—	—	H_2O 97,6	—

Zur Ausführung dieser Berechnung bemerken wir noch folgendes.

Der trockne Staub beträgt 4 % vom Gewicht des Erzes = 78,1 kg, entsprechend 82 kg des feuchten Erzes. Zur Verteilung bleiben 1874.8 kg feuchtes-Erz + 3,9 kg Wasser aus dem Staub. Die 1874,8 kg enthalten die in der ersten Kolonne aufgeführten Mengen der einzelnen Bestandteile nach der Analyse des Erzes. Die 1339,2 kg Fe_2O_3 geben 937,3 kg Eisen. Im Roheisen sind aber nur 930,3 kg Eisen, somit gehen 7,0 kg Eisen $= 7{,}0 \cdot \frac{72}{56} = 9{,}1$ kg FeO in die Schlacke. Der Sauerstoff des Erzes, der in die Gase geht, beträgt $1339{,}2 - (930{,}3 + 9{,}1) = 499{,}8$ kg.

Die in der Beschickung vorhandenen 267,0 kg SiO_2 enthalten 124,6 kg Si. Im Eisen sind nur 20,2 kg Si; der Rest 104,4 kg Si bleibt unreduziert und geht in die Schlacke als $104{,}4 \cdot \frac{60}{28} = 223{,}6$ kg SiO_2, während der Sauerstoff im Betrag von $267 - (20{,}2 + 223{,}6) = 22{,}2$ kg in die Gase geht. In anderer Weise ist die Verteilung des SiO_2 zu finden, wenn man sagt: Im Eisen sind 20,2 kg Si entsprechend $20{,}2 \cdot \frac{60}{28} = 42{,}4$ kg SiO_2. Der Sauerstoff beträgt $42{,}4 - 20{,}2 = 22{,}2$ kg. Von SiO_2 bleiben unreduziert $267{,}0 - 42{,}4 = 223{,}6$ kg.

Die 12,0 kg Mangan im Eisen sind durch Reduktion von $12{,}0 \cdot \frac{87}{55} = 19{,}0$ kg MnO_2 entstanden, wodurch $19{,}0 - 12{,}0 = 7{,}0$ kg Sauerstoff für die Gase frei werden. An MnO_2 bleiben noch $77{,}8 - 19{,}0 = 58{,}8$ kg, die als MnO in die Schlacke gehen. 58,8 kg MnO_2 geben $58{,}8 \, \frac{71}{87} = 48{,}0$ kg MnO (für die Schlacke) und $58{,}8 - 48{,}0 = 10{,}8$ kg O für die Gase. Im ganzen aus dem MnO_2 $10{,}8 + 7{,}0 = 17{,}8$ kg Sauerstoff.

Die 4,1 kg Cu_2O geben 3,6 kg Cu, die vollständig in das Roheisen, und 0,5 kg O, die in die Gase gehen.

Die 38,4 kg CaO müssen genügend Ca hergeben, um mit dem S des SO_3 CaS zu bilden. Der S beträgt $26{,}3 \cdot \frac{32}{80} = 10{,}5$ kg. Es sind also $10{,}5 \cdot \frac{40}{32} = 13{,}1$ kg Ca nötig. Diese Menge Ca wird aus $13{,}1 \cdot \frac{56}{32} = 18{,}3$ kg CaO erhalten, wobei gleichzeitig $18{,}3 - 13{,}1 = 5{,}2$ kg Sauerstoff für die Gase entstehen. Für die Schlacke bleibt an CaO übrig $38{,}4 - 18{,}3 = 20{,}1$ kg. MgO geht direkt in die Schlacke. Der Sauerstoff des SO_3 $26{,}3 - 10{,}5 = 15{,}8$ kg geht in die Gase. Die Feuchtigkeit, 5 % der ganzen Erzmenge, geht in die Gase.

Zuschläge.

Die Zuschläge haben den Zweck, mit den schlackebildenden Bestandteilen des Erzes und des Brennmaterials eine schmelzflüssige Schlacke zu bilden. Aus der schon oben gegebenen Verteilung der Erz- und Brennstoffbestandteile ist ersichtlich, daß das zu verschlackende Material im wesentlichen aus Kieselsäure neben kleineren Mengen

FeO, MnO, CaO, MgO und CaS besteht. Um Kieselsäure zu verschlacken ist Kalkstein das billigste und am leichtesten zugängliche Material. Die gebildete Schlacke besteht aus Silikaten des Kalks, der Magnesia und der Tonerde mit geringeren Mengen anderer basischer Oxyde und etwas CaS. An dieser Stelle soll noch nicht auf die eigentliche Möllerberechnung eingegangen werden, da eine Frage von so grundlegender Bedeutung für den richtigen Betrieb des Hochofens eine gesonderte Behandlung erfordert. Hier sei nur bemerkt, daß genügend Flußmittel vorhanden sein müssen, um eine leicht schmelzbare flüssige Schlacke zu liefern, die soviel Kalk, Magnesia und Tonerde enthalten muß, daß sie die Hauptmenge des Schwefels bindet, und daß ein schwefelarmes Roheisen entstehen kann.

Die Zuschläge enthalten gewöhnlich CaO, MgO, Al_2O_3, SiO_2, FeO, CO_2 und H_2O.

H_2O und CO_2 werden in dem oberen Drittel des Ofens ausgetrieben und gehen unverändert in die Gase. FeO kann bei sehr reiner Schlacke reduziert werden; unter gewöhnlichen Umständen ist es jedoch ganz der Schlacke zuzuzählen, wenn es nicht in übergroßer Menge vorhanden ist, weil der Eisengehalt im Roheisen gewöhnlich durch das Eisen im Erz und im Brennstoff vollständig gedeckt wird. Von der Kieselsäure und der Tonerde und auch von MgO kann man annehmen, daß sie unverändert in die Schlacke gehen. Der Kalk dagegen darf in vielen Fällen nicht ohne weiteres so behandelt werden, weil ziemlich oft Kalk aus dem Zuschlag für die Bildung von CaS erforderlich ist. In dem oben angeführten Brennstoff ist beispielsweise nicht genug Kalk vorhanden, um alles zur Schwefelbindung erforderliche Ca zu liefern, weshalb der Rest an Ca aus dem CaO der Zuschläge zu decken ist. In einem solchen Falle können wir entweder das CaO des Brennstoffs ganz für die Bildung von CaS in Anspruch nehmen und den Rest an CaO aus den Zuschlägen herübernehmen, oder wir können die ganze Menge CaO für die Schwefelbindung den Zuschlägen entnehmen und das CaO des Brennstoffs unverändert der Schlacke beizählen. Das letztere Verfahren wird rechnerisch etwas einfacher.

Beispiel:

Ein Hochofen erhält als Zuschlag für jede Tonne erzeugtes Roheisen 503 kg Kalkstein von folgender Zusammensetzung:

CaO	29,68 %
MgO.	20,95 %
SiO_2.	3,07 %
Al_2O_3	2,66 %
FeO	0,48 %
CO_2	42,66 %
H_2O.	0,50 %

Im Brennstoff sind 8,1 kg S enthalten, für den der Zuschlag den nötigen Kalk zu liefern hat.

Aufgabe:

Die Verteilung des Zuschlags ist zu berechnen, unter der Voraussetzung, daß keine Staubbildung stattfindet.

Lösung:

Beschickung		Roheisen	Schlacke		Gase	
Zuschlag	503,0 kg	—	—		—	
CaO	149,3 „	—	Ca	10,1 kg	O	4,1 kg
			CaO	135,1 „		—
MgO	105,4 „	—	MgO	105,4 „		—
SiO_2	15,4 „	—	SiO_2	15,4 „		—
Al_2O_3	13,4 „	—	Al_2O_3	13,4 „		—
FeO	2,4 „	—	FeO	2,4 „		—
CO_2	214,6 „	—	—		CO_2	214,6 „
H_2O	2,5 „	—	—		H_2O	2,5 „

Die einzige Berechnung, die dabei nötig wird, ist die, daß 8,1 kg Schwefel zur Bildung von CaS $8{,}1 \cdot \frac{40}{32} = 10{,}1$ kg Ca brauchen, entsprechend $10{,}1 \; \frac{56}{40} = 14{,}2$ kg CaO, wobei 4,1 kg Sauerstoff in die Gase und 135,1 kg CaO unverändert in die Schlacke gehen.

Wind.

Zur Vervollständigung der Stoffbilanz im Hochofen haben wir auch noch den Wind zu betrachten. Eine ungefähre Schätzung der Windmenge kann aus dem Hubvolum der Gebläsemaschine unter Annahme eines Koeffizienten für das in den Ofen einströmende Volum erhalten werden. Da der Wirkungsgrad des Gebläses nicht bekannt ist und zwischen 0,5 und 0,95 liegen kann, so bleibt die Schätzung eine sehr rohe. Ein anderes Verfahren um einen Annäherungswert zu erhalten, besteht in der Beobachtung von Druck und Temperatur des Windes und vom Gegendruck des Ofens. Aus dem Gesamtquerschnitt der Formen unter Einführung eines Koeffizienten für die Kontraktion des heißen Luftstromes ist dann die Windmenge zu bestimmen. Auch hier treten viele unsichere Faktoren auf, und der Koeffizient kann zwischen 0,9 und 0,98 variieren. Berechnungen auf dieser Grundlage werden also sehr ungenau.

Das einzige befriedigende Verfahren, die Windmenge zu ermitteln, besteht in der sorgfältigen Analyse der Gase, d. h. der Bestimmung ihres Gehalts an Kohlenstoff, Sauerstoff und Stickstoff. Da der gesamte Kohlenstoff aus der Beschickung stammt, läßt sich die Gasmenge für die Tonne Roheisen berechnen und somit auch die in ihr enthaltenen Mengen an Sauerstoff und Stickstoff. Durch Abzug des aus der Beschickung stammenden Sauerstoffs bzw. Stickstoffs sind die mit dem Wind zugeführten Mengen von Sauerstoff und Stickstoff zu finden. Der Sauerstoff des Windes, minus $^3/_{10}$ des Stickstoffs, ergibt den als Wasserdampf eintretenden Sauerstoff. Diese letztere Berechnung ist aber weniger genau als jene, unter Beobachtung der gerade herrschenden atmosphärischen Bedingungen, Luft und Feuchtigkeit aus dem Stickstoff der Gase zu berechnen.

Der Wind enthält Sauerstoff, Stickstoff und Feuchtigkeit. Alle diese Bestandteile gehen in die Gase über. Nur bleibt unbekannt, wieviel Wasserstoff der Feuchtigkeit als freier Wasserstoff und wieviel als Wasserdampf in den Gasen vorhanden ist. Argon und die anderen seltenen Gase werden als Stickstoff gerechnet. Das Kohlendioxyd ist in so geringer Menge in der Luft enthalten, daß es bei gewöhnlichen Berechnungen vernachlässigt werden darf.

Übungsbeispiel 48.

Ein Hochofen zu Herrang, Schweden, wird mit Briketts betrieben, die aus feinem Erzschlich durch Pressen und Brennen hergestellt sind. Briketts, Holzkohle und Kalksteinzuschlag hatten folgende Zusammensetzung[1]):

	Briketts %		Kalkstein %		Holzkohle %
Fe_2O_3	85,93		0,18		0,32
FeO	3,96		—	C	80,31
SiO_2	5,50		3,14		0,19
MnO	0,63		—	N	0,08
Al_2O_3	0,76		0,32	O	3,54
CaO	2,23		53,74		0,89
MgO	0,97		0,17		0,10
P_2O_5	0,006		0,006		0,0068
S	0,010		0,001		0,017
Cu	0,007	CO_2	42,42	H_2O	14,04
				K_2O	0,50

Das Roheisen hat die Zusammensetzung:

P	0,012 %
S	0,007 %
Mn	0,025 %
Si	0,60 %
C	2,70 %
Fe	96,656 %

[1]) Journal Iron and Steel Institute 1904, I.

Die Beschickung besteht aus:

Briketts	1190 kg
Kalkstein	90 „
Holzkohle	530 „

Der Brennstoffverbrauch beträgt 682 kg Holzkohle für 1000 kg Roheisen.

Die (getrockneten) Gichtgase enthalten (Rinman):

N_2	57,3 %
CO	23,1 %
CO_2	14,8 %
H_2	4,3 %
CH_4	0,5 %

Der Wind wird trocken angenommen. Der Staub in den Gasen wird vernachlässigt.

Aufgabe:

Es ist 1.) die Bilanz aller dem Ofen zugeführten und von ihm abgegebenen Stoffe für 1000 kg erzeugtes Roheisen aufzustellen;

2.) die Mengen Eisen, Mangan, Silizium, Schwefel und Phosphor im Roheisen in Prozenten der in der Beschickung enthaltenen Mengen dieser Stoffe anzugeben.

Lösung:

1.) Stoffbilanz für 1000 Roheisen.

Beschickung		Roheisen		Schlacke		Gase	
Erz	1530,2						
Fe_2O_3	1314,9	Fe	920,4	—		O	394,5
FeO	60,6	Fe	46,2	FeO	1,2	O	13,2
SiO_2	84,2	Si	6,0	SiO_2	69,6	O	8,6
MnO	9,6	Mn	0,25	MnO	9,3	O	0,1
Al_2O_3	11,6	—		Al_2O_3	11,6	—	
CaO	34,1	—		CaO	34,1	O	0,03
MgO	14,8	—		MgO	14,8	—	
P_2O_5	0,092	P	0,04	—		O	0,05
S	0,153	S	0,07	CaS	0,19	—	
Cu	0,11	Cu	0,11	—		O	0,01
Kalkstein	115,8						
Fe_2O_3	0,2			FeO	0,2	O	0,02
SiO_2	3,6			SiO_2	3,6	—	
Al_2O_3	0,4			Al_2O_3	0,4	—	
CaO	62,2			CaO	62,2	—	
MgO	0,2			MgO	0,2	—	

Beschickung		Roheisen		Schlacke		Gase	
P_2O_5	0,007	P	0,003	—		O	0,00
S	0,001	—		CaS	0,0	—	
CO_2	49,1	—		—		CO_2	49,1
Holzkohle	**682,0**						
C	547,7	C	27,0	—		C	520,7
N	0,5	—		—		N	0,5
O	24,1	—				O	24,1
Fe_2O_3	2,2	—		FeO	2,0	O	0,2
SiO_2	1,3	—		SiO_2	1,3	—	
CaO	6,1	—		CaO	5,9	O	0,06
MgO	0,7	—		MgO	0,7	—	
P_2O_5	0,046	P	0,02			O	0,03
S	0,116	—		CaS	0,25	—	
K_2O	3,4	—		K_2O	3,4	—	
H_2O	95,8	—		—		H_2O	95,8
Wind	2416,8						
O_2	557,7	—		—		O_2	557,7
N_2	1859,1	—		—		N_2	1859,1
Im ganzen	4744,0		1000,0		220,8		3523,8

2.) Gesamteisen in der Beschickung = 969,7 kg. Im Roheisen 966,6 kg. Reduziert sind 99,7 %. Mangan in der Beschickung = $9{,}6 \cdot \frac{55}{71} = 7{,}4$ kg, wovon das Roheisen nur 0,25 kg = 3,4 % enthält.

Die Kieselsäure der Beschickung beträgt 89,1 kg = 41,6 kg Si; davon im Roheisen 6,0 kg = 14,4 %.

Schwefel in der Beschickung 0,270 kg, im Eisen 0,07 = 25,9 %.

Phosphor in der Beschickung 0,063 ßg. Das Eisen enthält nach der Analyse 0,12 kg. Daraus folgt, daß der gesamte Phosphor ins Roheisen geht. Wenn die Analyse noch mehr Phosphor im Roheisen ergibt, als die Beschickung enthält, so ist das offenbar einer zufälligen Konzentration des Phosphors in der betreffenden Analysenprobe zuzuschreiben.

Bemerkungen zur Stoffbilanz.

Das Fe_2O_3 des Erzes wird als vollständig reduziert aufgeführt, weil die 920,4 kg Eisen, die es enthält, weniger betragen als die 966,6 kg Eisen im Roheisen. Das FeO kann nicht als völlig reduziert angesehen werden, da es 47,1 kg Fe liefern würde, während für die Eisenmenge des Roheisens nur noch 966,6 — 920,4 = 46,2 kg erforderlich sind. Diese 46,2 kg gehen also ins Roheisen und die noch übrigen

0,9 kg Eisen = 1,2 kg FeO werden der Schlacke zugezählt. Da auf diese Weise dem gesamten Eisen im Roheisen Rechnung getragen ist, so muß alles im Kalkstein und Brennstoff enthaltene Fe_2O_3 der Schlacke zugezählt werden, in die es als FeO eintritt.

Die 6 kg Silizium im Roheisen werden bei der Berechnung dem SiO_2 des Erzes entnommen, von dem 14,6 kg demnach reduziert werden und die übrigen 15,6 kg als solche in die Schlacke gehen. SiO_2 aus dem Kalkstein und Brennstoff tritt dann völlig in die Schlacke ein.

0,25 Mangan im Roheisen erfordern 0,35 MnO des Erzes und lassen 9,3 MnO für die Schlacke übrig.

Al_2O_3 und MgO aus der ganzen Beschickung gehen in die Schlacke. Der Schwefel des Erzes 0,153 kg ist mehr als den 0,07 kg S des Roheisens entspricht. Nach Abzug von 0,07 kg bleibt als Rest 0,083 kg, die in Form von CaS in die Schlacke eintreten. Zur Bildung von Ca für CaS ist 0,14 kg CaO nötig, welche Menge dem CaO-Gehalt des Erzes (34,1 kg) abzuziehen ist. Der Sauerstoff aus den 0,14 kg CaO wird den Gasen beigezählt.

Die 0,092 kg P_2O_5 im Erz entsprechen nur 0,04 kg P, das Roheisen enthält aber 0,12 kg, es geht also aller Phosphor ins Roheisen über. Das gleiche gilt für das P_2O_5 des Zuschlags und des Brennstoffs. Alles zusammen macht noch etwas weniger aus als der Phosphor im Roheisen beträgt, weshalb vollständige Reduktion des P_2O_5 angenommen werden kann. Das Kupfer geht vollständig in das Roheisen über, obschon es nicht in dessen Analyse vorkommt.

Das Fe_2O_3 des Kalksteins und des Brennstoffs wird ganz als FeO der Schlacke zugerechnet, da die gesamte Eisenmenge schon aus dem Erz gedeckt ist. Das gleiche gilt für SiO_2 und S im Kalkstein und Brennstoff. Die Schwefelmenge des Kalksteins ist so gering, daß das gebildete CaS nicht in Zahlen angegeben zu werden braucht, ebenso die zugehörigen Mengen CaO und O. Der Vollständigkeit halber sind auch diese Beträge in der Aufstellung namhaft gemacht, aber mit 0,00 aufgeführt um ihren unbedeutenden Wert zu kennzeichnen. Der Kohlenstoff des Brennmaterials liefert den Kohlenstoff des Roheisens und der Rest geht in die Gase. Der Wind wurde folgendermaßen berechnet:

Kohlenstoff im CO_2 des Kalksteins $49{,}1 \cdot \frac{12}{44}$ . . . . . . = 13,39 kg

Kohlenstoff in den Gasen, aus dem Brennstoff herrührend = 520,70 „

Kohlenstoff in den Gasen = 534,09 kg

Kohlenstoff in 1 cbm Gas:

$$(0{,}231 + 0{,}148 + 0{,}005)\,0{,}54 = 0{,}207\,36 \text{ kg}.$$

Gasvolum für 1000 kg Roheisen:

$$\frac{534{,}09}{0{,}20736} = 2575{,}6 \text{ cbm.}$$

Stickstoff darin 2575,6 · 0,573 = 1475,9 cbm.

Gewicht des Stickstoffs = 1475,9 · 1,26	= 1859,6 kg
Stickstoff aus dem Brennmaterial	= 0,5 „
Stickstoff aus dem Wind	= 1859,1 kg

Sauerstoff aus dem Wind:

$$1859{,}1 \cdot 0{,}3 = 557{,}7 \text{ kg.}$$

Zehntes Kapitel.

Berechnung der Beschickung für den Hochofen.

Im vorigen Kapitel wurde die Bilanz der dem Ofen zugeführten und ihm entzogenen Stoffe erörtert und die Verteilung der einzelnen Bestandteile der Beschickung auf die verschiedenen Produkte und Nebenprodukte gezeigt. Wir gingen dort nicht auf die Frage ein, wie der Hüttenmann die Bestandteile der Beschickung: Erz, Brennstoff und Zuschläge bemißt. Nur wenige Faktoren lassen sich hierbei einigermaßen beliebig ändern. Der Hochofen reduziert praktisch alles Eisen des Erzes zu Roheisen, und wenn das Erz z. B. 50, das Roheisen 90 % Fe enthält, sind 90 : 0,50 = 180 Teile Erz nötig, um 100 Teile Roheisen zu erhalten. Die Erzmenge für die Einheit Roheisen ist somit durch den Eisengehalt des Erzes gegeben und läßt sich nicht ändern. Das Gewicht an Brennmaterial ist zwar nicht wie das des Erzes schon von vornherein festgelegt, es wird aber durch den Wärmebedarf des arbeitenden Ofens beherrscht. Wenn Roheisen und Schlacke zu kalt fallen, so muß mehr Wärme entweder dem Ofen zugeführt oder in ihm erzeugt werden, und der Betriebsleiter kommt dem sofort nach, entweder indem er die Temperatur des Windes erhöht (wenn er das kann), oder indem er die Menge des Brennstoffs vermehrt (was immer möglich ist). Je nach dem Verhältnis zwischen Erz und Zuschlag (der „Erzgicht“) einerseits und der Brennstoffmenge (Koksgicht) andererseits unterscheidet man schwere Gichtsätze (mit wenig Brennstoff) und leichte Gichtsätze (mit viel Brennstoff). In der Praxis macht man es so, daß die Menge des auf einmal aufgegebenen Brennstoffes, die Brennstoffgicht, festgelegt ist und dann der Möller, die Erzgicht, je nach dem Wärmebedarf des Ofens geändert wird, bis aus der Temperatur des Eisens und der Schlacke gefolgert werden kann, daß die Beschickung die richtige Schwere besitzt. Die Menge des Windes auf die Einheit erzeugten Roheisens ist ebenfalls festgelegt. Wird mehr Win gegeben, so steigt die Roheisenerzeugung; wird der Wind abgestellt, der Ofen stillgesetzt, so hört die Eisenerzeugung auf. Es trifft annähernd zu, wenn auch nicht genau, daß die Leistung des Ofens der Windmenge proportional ist. Durch Änderung der Temperatur des Windes gegestalten sich die Verhältnisse wesentlich anders, worauf wir später noch näher eingehen werden.

Die Menge der Zuschläge ist in Wirklichkeit der einzige Faktor, der dem Betriebsleiter größere Freiheit gestattet. Die Menge der Zuschläge wird durch sehr viel Umstände bestimmt und kann sich innerhalb ziemlich weiter Grenzen bewegen, ohne daß der Gang des Ofens in erheblichem Maße gestört wird. Die Zuschläge müssen in solcher Menge zugegen sein, daß sie mit den nicht reduzierten Bestandteilen des Erzes und der Brennstoffasche eine Schlacke bilden, die bei der Temperatur des Ofens gut flüssig ist. Außerdem muß die Schlacke eine erhebliche Menge Schwefel (wenn viel davon vorhanden ist) aufnehmen können und sie darf die Zustellung des Ofens nicht angreifen. Diese Gesichtspunkte sind so wichtig und oft so wenig verstanden, daß wir sie in etwas größerer Breite erörtern wollen.

Berechnung der Zuschläge und der Schlacke.

Aus der Stoffbilanz im Übungsbeispiel 48 geht hervor, daß bei dem schwedischen Hochofen zu Herrang für 1000 kg Roheisen 1530,2 kg Erz, 115,8 kg Kalkstein und 682 kg Holzkohle verbraucht und 2416,8 kg heißer Wind eingeblasen wurden. Es ist mit Sicherheit anzunehmen, daß der Kohlenverbrauch das Mindestmaß darstellt, das erfahrungsgemäß zur Erhaltung der Ofentemperatur noch ausreicht, und viele amerikanische Eisenhüttenleute werden sich gewiß über den niedrigen Kohlenverbrauch wundern. Die Erzmenge ist durch das zu erzeugende Eisengewicht vorgeschrieben. Die benutzte Windmenge stellt wahrscheinlich den Höchstbetrag dar, der aus dem betreffenden Gebläse herausgeholt werden konnte. Und die Zuschläge stellen den zur Erlangung der richtigen Schlacke erforderlichen Betrag dar. Wir wollen jetzt der Frage etwas näher treten, wie dieser Betrag bestimmt wurde, und wodurch sich die richtige Schlacke kennzeichnet.

Die Bestandteile der Schlacke waren:

	Aus dem Erz	Aus den Zuschläge	Aus dem Brennstoff	Summe
SiO_2	69,6	3,6	1,3	74,5
Al_2O_3	11,6	0,4	—	12,0
CaO	34,0	62,2	5,9	102,1

	Aus dem Erz	Aus den Zuschlägen	Aus dem Brennstoff	Summe
MgO	14,8	0,2	0,7	15,7
FeO	1,2	0,2	2,0	3,4
MnO	9,3	—	—	9,3
K_2O	—	—	3,4	3,4
CaS	0,2	—	0,25	0,45
	140,7	66,6	13,55	220,85

Die prozentische Zusammensetzung der Schlacke ergibt sich daraus zu:

SiO_2	33,73 %	FeO	1,54 %
Al_2O_3	5,43 %	MnO	4,21 %
CaO	26,23 %	K_2O	1,54 %
MgO	7,11 %	CaS	0,20 %

Es ergibt sich nun von selbst die Frage: Welche Gesichtspunkte waren maßgebend für die Wahl gerade der angewandten Menge Kalkstein und für die Erzeugung einer Schlacke gerade von der obigen Zusammensetzung? Die Beantwortung dieser Frage wird die ganze Praxis der Schlackenberechnung klarlegen.

Den wichtigsten Anhaltspunkt bietet die frühere Erfahrung, wie sie in den Analysen von anerkannt gut arbeitenden Schlacken uns entgegentritt. Derartige Analysen sind seit hundert Jahren gemacht und ausgiebig veröffentlicht worden; sie zeigen, welche Zusammensetzung der Schlacken für den Hochofenbetrieb besonders brauchbar und zweckmäßig ist. Die Analysen unterrichten uns über die wechselnden Mengen von SiO_2, Al_2O_3, CaO, MgO, FeO, MnO usw., welche die Schlacke bei flottem Betriebe enthalten kann, sie bilden dadurch für den Hüttenmann die Richtlinien, wie er die Zuschläge zu bemessen hat, um ebenfalls eine gute Schlacke zu erhalten. Bei genauerem Studium dieser Analysen finden wir, daß Kieselsäure und Kalk die wichtigsten Bestandteile sind, und zwar aus dem einfachen Grunde, weil die Kieselsäure in erster Linie das zu verschlackende Material in der Beschickung darstellt, und weil der Kalk (aus Kalkstein) das billigste Material ist. um die Kieselsäure zu verschlacken und mit ihr eine gut flüssige Schlacke zu bilden. Die Analysen zahlreicherHochofenschlacken weisen folgende Grenzwerte auf:

SiO_2	25—65 %	FeO	0— 6 %
Al_2O_3	3—30 %	MnO	0—14 %
TiO_2	0—10 %	K_2O }	0— 3 %
CaO	12—50 %	Na_2O }	
MgO	0—18 %	CaS	0— 9 %

Die Grenzwerte kommen selbstverständlich niemals gleichzeitig in ein und derselben Schlacke vor.

Gewöhnlich hält sich die Zusammensetzung der Hochofenschlacken (nach Ledebur) in folgenden Grenzen:

Bei der Herstellung von	SiO_2	Al_2O_3	$CaO + MgO$
grauem Roheisen mit Holzkohle	45—65	10— 5	45—25
grauem Roheisen mit Koks	30—35	15—10	50—55
weißem Roheisen mit Holzkohle	45—50	10— 5	45—50
weißem Roheisen mit Koks	30—40	10— 5	60—55
Spiegeleisen	30	10	55—45

Im letzten Falle enthält die Schlacke noch 5—15 % MnO.

Unter diesen Schlacken sind welche mit ganz verschiedener Schmelzbarkeit vertreten; auch sind sie nicht alle gleich geeignet für den Hoch ofenbetrieb.

Am leichtesten schmelzbar sind die Schlacken, die 35 % Kalk und, wenn Tonerde vorhanden, für jedes Prozent von dieser noch außerdem 0,5 % Kalk enthalten. Nach dieser Regel wird gute Schlacke erhalten bis hinauf zu 65 % Kalk + Tonerde. Nach einer anderen Beobachtung ist es bei einer Schlacke von 33—40 % Kalk und etwa 60—70 % Kieselsäure + Tonerde möglich, ohne wesentliche Änderung der Schmelzbarkeit das Verhältnis zwischen Kieselsäure und Tonerde in weiten Grenzen zu ändern, etwa von 40—50 Kieselsäure auf 20 Tonerde bis 25—35 Kieselsäure auf 25 Tonerde. Andererseits ist es bei einem niedrigen Kieselsäuregehalt, sagen wir 30—40 %, möglich, das Ver hältnis zwischen Kalk und Tonerde innerhalb weiter Grenzen zu variieren, z. B. von 50 Kalk auf 15 Tonerde bis auf 35 Kalk und 35 Tonerde, ohne daß dadurch die Sc melzbarkeit wesentlich beeinflußt wird. Je nach der Zusammensetzung der Beschickungsmaterialien entscheidet sich der Hüttenmann über die Art der Schlacke, die er erzeugen will, auf Grund eines der folgenden Erfahrungssätze:

1.) Wenn wenig Tonerde und praktisch keine Magnesia vorhanden ist, wählt er für die Schlacke ein bestimmtes Gewichtsverhältnis von Kieselsäure und Kalk und berechnet danach die Menge des Zuschlags. In Holzkohlenöfen, wo die Beschickung praktisch schwefelfrei ist, kann das Gewicht der Kieselsäure das 1,5—2fache des Kalks betragen. Bei Kokshochöfen, wo viel Schwefel zu beseitigen ist, wird gewöhnlich ein Verhältnis von 0,5 — 1 gewählt.

Beispiel:

Wenn ein Eisenerz 150 kg Kieselsäure in 1 t enthält, wieviel Kalkstein (als praktisch reines Kalziumkarbonat angenommen) ist zur Verschlackung anzuwenden? Der Zuschlag für die Brennstoffasche wird vernachlässigt.

Lösung.

Reiner Kalkstein ist $CaCO_3$ oder $CaO \cdot CO_2$ und besteht aus 56 % Kalk, welcher in die Schlacke geht, und aus 44 % Kohlendioxyd, das als Gas entweicht. Von x kg Kalkstein gehen demnach 0,56 x in die Schlacke. Wenn wir das Verhältnis Kieselsäure/Kalk für einen Kokshochofen = 1, für einen Holzkohlenofen = 1,75 annehmen, so erhalten wir:

$$\text{im Kokshochofen: } \frac{150}{0{,}56\,x} = 1; \quad x = 268 \text{ kg}$$

$$\text{im Holzkohlenofen: } \frac{150}{0{,}56\,x} = 1{,}75; \quad x = 153 \text{ kg.}$$

2.) Wenn eine erhebliche Menge Magnesia zugegen ist, wird sie gewöhnlich entweder wie gleichviel Kalk gerechnet, oder aber es wird die Menge Kalk berechnet, die der Magnesia chemisch äquivalent ist, und diese Menge wird dann mit dem wirklich vorhandenen Kalk zusammen als „Gesamtkalk" bezeichnet. Das Verhältnis Kieselsäure/Kalk wird dann entweder auf Kalk + Magnesia oder auf den Gesamtkalk bezogen.

Bei größeren Mengen Magnesia sollte immer auf Kalk umgerechnet werden. Kleine Mengen MnO, FeO, K_2O Na_2O werden ebenfalls auf Kalk umgerechnet und summiert. Die Umrechnung beruht darauf, daß 1 Mol eines basischen Oxyds mit einem Atom Sauerstoff jedem anderen ähnlichen Mol in bezug auf die Verschlackung gleichwertig gesetzt wird. So sind CaO, MgO, FeO, MnO, K_2O, Na_2O gleichwertig. Das äquivalente Verschlackungsvermögen bezieht sich demnach auf folgende Gewichte der verschiedenen Oxyde:

CaO	56
MgO	40
FeO	72
MnO	71
K_2O	94
Na_2O	62.

Wenn 40 Teile Magnesia 56 Teilen Kalk äquivalent sind, so ist irgend eine Menge Magnesia $\frac{56}{48}$ ihres Gewichtes an Kalk äquivalent. In ähnlicher Weise finden wir das Kalkäquivalent bei den anderen Oxyden wie folgt:

$$1\ CaO \text{ ist äquivalent } = \frac{56}{50} \cdot \text{Gewicht } MgO$$

$$\text{,, ,, ,, } = \frac{56}{72} \cdot \text{ ,, } FeO$$

$$\text{,, ,, ,, } = \frac{56}{71} \cdot \text{ ,, } MnO$$

$$\text{,, ,, ,, } = \frac{56}{94} \cdot \text{ ,, } K_2O$$

$$\text{,, ,, ,, } = \frac{56}{62} \cdot \text{ ,, } Na_2O.$$

Beispiel:

Von einem Eisenerz gehen 350 kg SiO_2, 12 kg FeO und 60 kg MnO in die Schlacke. Zur Verschlackung ist Kalkstein zu verwenden von der Zusammensetzung: 38,1 % CaO, 13,6 % MgO, 3,4 % SiO_2 und 44,9 % CO_2. Wieviel Kalkstein ist nötig, um ein Verhältnis Kieselsäure/Gesamtkalk = 0,8 zu erhalten?

Lösung:

Wir bezeichnen die fragliche Anzahl Kilogramm Kalkstein mit x. Die Bestandteile der Schlacke sind:

$$\begin{aligned} SiO_2 &= 350 + 0{,}034\,x \\ CaO &= 0{,}381\,x \\ MgO &= 0{,}136\,x \\ FeO &= 12 \\ MnO &= 60. \end{aligned}$$

Diesen Mengen MgO, FeO, MnO sind an Kalk äquivalent:

$$\begin{aligned} &MgO \quad 0{,}136\,x \cdot \frac{56}{40} = 0{,}1904\,x \\ &FeO \quad 12 \cdot \frac{56}{72} = 9{,}33 \\ &MnO \quad 60 \cdot \frac{56}{71} = 47{,}32 \\ &\text{Dazu } CaO \ \ldots\ldots = 0{,}381\,x \\ &\text{Gesamtkalk} \quad 0{,}5714\,x + 56{,}65. \end{aligned}$$

Das Verhältnis von

$$\frac{\text{Kieselsäure}}{\text{Gesamtkalk}} = \frac{350 + 0{,}034\,x}{56{,}65 + 0{,}5714 \cdot x} = 0{,}8,$$

woraus x = 720 kg.

Es ist leicht einzusehen, daß dieses Verfahren, die gesuchte Menge Flußmittel = x zu setzen, um dann das Gewicht jedes Bestandteils der Schlacke und das Gewicht der ganzen Schlacke mittels x auszudrücken, ganz allgemein für irgend welche Schlackenzusammensetzung anwendbar ist.

3.) Wenn unter den Schlackenbildnern des Erzes Tonerde vorhanden ist, dann kann diese in verschiedener Weise in Rechnung gesetzt werden. Sie kann mit ihrem vollen Gewicht entweder der Kieselsäure oder dem Kalk zugezählt werden. Oder aber die Tonerde kann, auf die äquivalente Menge Kieselsäure oder Kalk umgerechnet, „zur „Gesamtkieselsäure“ summiert bzw. in den Gesamtkalk einbezogen werden. Wir kommen hier auf eine Frage zu sprechen, welche die Eisenhüttenleute und die Theoretiker während eines Menschenalters beschäftigt hat: Ist die Tonerde in der Schlacke als basischer oder saurer Bestandteil anzusehen? Soll sie dem Kalk oder der Kieselsäure zugezählt werden? Es wäre anmaßend, ein Urteil fällen zu wollen in einer von einigen der ersten Sachverständigen so lange und so gründlich erörterten Streitfrage; wir glauben jedoch der Wahrheit einigermaßen nahe zu kommen, wenn wir annehmen, daß die Tonerde, was die Beseitigung des Schwefels betrifft, in kieselsäurearmen Schlacken sich wie Kalk verhält, allerdings nicht nach Maßgabe ihres Kalkäquivalents

$$\frac{3 \cdot 56}{102} \cdot \text{Gewicht des } Al_2O_3,$$

sondern eher ihrem direkten Gewicht nach. In bezug auf die Schmelzbarkeit der Schlacke wirkt die Tonerde bei kieselsäurereichen Schlacken bis zu einem bestimmten Prozentgehalte förderlich, über diesen hinaus aber erschwerend. Die Tonerde zeigt also in dieser Beziehung ein ähnliches Verhalten wie Kalk und kann den Basen zugerechnet werden. In kieselsäurearmen Schlacken, unter 45 % SiO_2, wirkt die Tonerde, wenn in erheblicher Menge vorhanden, wie Kieselsäure, in geringerer Menge wie Kalk. In einer Schlacke mit wenig Kalk und viel Tonerde können Kieselsäure und Tonerde innerhalb weiter Grenzen vertauscht werden, ohne daß der Flüssigkeitsgrad der Schlacke wesentlich beeinflußt würde. In einer Schlacke mit viel Kalk und viel Tonerde können diese beiden Bestandteile sich gegenseitig vertreten, ohne eine merkliche Veränderung auf den Schmelzpunkt der Schlacke auszuüben. Um es kurz zu fassen: In Schlacken mit wenig Kieselsäure (30—35 %) verstärkt die Tonerde die entschwefelnde Wirkung der Basen. Auf die Schmelzbarkeit wirkt sie wie Kieselsäure bei kieselsäure- und kalkarmen Schlacken, wie Kalk bei allen andern Hochofenschlacken.

Beispiel:

Ein Eisenerz enthält 10 % Kieselsäure und 6 % Tonerde. Der zur Verfügung stehende Kalkstein enthält 37,3 % CaO, 13,3 % MgO, 3,3 % SiO_2, 44 % CO_2 und 2,1 % Al_2O_3. Wieviel Kalkstein ist nötig für 1000 kg Erz, um a) eine Schlacke von 49 % Kieselsäure + Tonerde, b) eine solche von 33 % Kieselsäure und c) eine Schlacke mit Gesamtkieselsäure = Gesamtkalk zu erhalten?

Lösung:

a)

Gewicht von SiO_2 in der Schlacke	=	100 + 0,033 x
„ „ Al_2O_3 „ „ „		60 + 0,021 x
„ „ CaO „ „ „		0,373 x
„ „ MgO „ „ „		0,133 x
Gewicht der Schlacke	=	160 + 0,560 x

Kieselsäure + Tonerde zusammen betragen

$$160 + 0{,}054\,x,$$

und es ist

$$160 + 0{,}054\,x = 0{,}49\,(160 + 0{,}560\,x),$$

woraus x = 370 kg.

b) Ähnlich wie oben ist

$$100 + 0{,}033\,x = 0{,}33\,(160 + 0{,}560\,x)$$

$$x = 313 \text{ kg}.$$

c)

Kieselsäure	=	100 + 0,033 x
Kieselsäureäquivalent der Tonerde. . .	=	$\frac{180}{204}(60 + 0{,}021\,x)$
Gesamtkieselsäure	=	153 + 0,0515 x
Kalk	=	0,373 x
Kalkäquivalent der Magnesia	=	$\frac{56}{40} \cdot 0{,}133\,x$
Gesamtkalk	=	0,5592 x.

Es ist

$$153 + 0{,}0515\,x = 0{,}5592\,x,$$

woraus

$$x = 300.$$

Wir greifen wieder auf die Schlacke des Übungsbeispiels 48 zurück, welche folgende Zusammensetzung hatte:

SiO_2	33,74 %	FeO	1,54 %
Al_2O_3	5,43 %	MnO	4,21 %
CaO	46,23 %	K_2O	1,54 %
MgO	7,11 %	CaS	0,20 %.

Die Schlacke hat niedrigen Kieselsäuregehalt und ist daher zur Erzeugung von schwefelarmem Roheisen geeignet. Sie hat wenig Tonerde, wodurch der Flüssigkeitsgrad der Schlacke erhöht wird, während derselbe sonst wegen des hohen Kalkgehaltes und der verhältnismäßig erheblichen Mengen anderer Basen ziemlich mangelhaft sein würde.

In einer solchen Schlacke ist die Tonerde den Basen zuzurechnen.

$$\text{Das Verhältnis} \frac{\text{Kieselsäure}}{\text{Basen}} \text{ ist } \frac{33{,}74}{66{,}06} = 0{,}516.$$

$$\text{Das Verhältnis} \frac{\text{Kieselsäure}}{\text{Kalk u. Magnesia}} \text{ ist } \frac{33{,}74}{53{,}33} = 0{,}632.$$

Der Gesamtkalk ist

CaO als solches			$= 46{,}33$
CaO Äquivalent des	Al_2O_3	$\frac{158}{102} \cdot 5{,}43$	$= 8{,}94$
CaO „ „	MgO	$\frac{56}{40} \cdot 7{,}11$	$= 9{,}95$
CaO „ „	FeO	$\frac{56}{72} \cdot 1{,}54$	$= 1{,}20$
CaO „ „	MnO	$\frac{56}{71} \cdot 4{,}21$	$= 3{,}32$
CaO „ „	K_2O	$\frac{56}{94} \cdot 1{,}54$	$= 0{,}92$
		Gesamtkalk	70,56

$$\text{Das Verhältnis} \frac{\text{Kieselsäure}}{\text{Gesamtkalk}} = \frac{33{,}74}{70{,}56} = 0{,}478.$$

Übungsbeispiel 49.

Von einer Hochofenbeschickung, von welcher 1530,2 kg Erz und 682 kg Holzkohle auf 1000 kg erzeugtes Roheisen entfallen, wissen wir aus der Stoffbilanz, daß sie die folgenden Mengen Schlackenbildner enthält (s. Übungsbeispiel 48):

SiO_2	70,9 kg	FeO	3,2 kg
Al_2O_3	11,6 „	MnO	9,3 „
CaO	39,9 „	K_2O	3,4 „
MgO	15,5 „	CaS	0,4 „

Der zur Verfügung stehende Kalkstein enthält:

CaO	53,74 %	Al_2O_3	0,32 %
MgO	0,17 %	Fe_2O_3	0,18 %
SiO_2	3,14 %	CO_2	42,42 %

Aufgabe:

Es ist die erforderliche Menge Kalkstein zu berechnen:

1.) zur Bildung einer Schlacke mit 33,74 % SiO_2;

2.) zur Bildung einer Schlacke, in der das Verhältnis $\frac{\text{Kieselsäure}}{\text{Basen}}$ $= 0{,}516$ ist;

3.) zur Bildung einer Schlacke mit dem Verhältnis $\frac{\text{Kieselsäure}}{\text{Gesamtkalk}}$ $= 0{,}478$.

Lösung:

Diese Aufgabe hat die Form, in der sie dem Hüttenmann entgegentritt, wenn es sich darum handelt, die für einen gegebenen Hochofen notwendigen Zuschläge zu berechnen.

Bestandteil der Schlacke.

	Aus Erz und Brennstoff	Aus dem Zuschlag	Zusammen
SiO_2	70,9	0,0314 x	70,9 + 0,0314 x
Al_2O_3	11,6	0,0032 x	11,6 + 0,0032 x
CaO	39,9	0,5374 x	39,9 + 0,5374 x
MgO	15,5	0,0017 x	15,5 + 0,0017 x
FeO	3,2	$\frac{144}{160} \cdot 0{,}0018$ x	3,2 + 0,0016 x
MnO	9,3	—	9,3
K_2O	3,4	—	3,4
CaS	0,4	—	0,4
	154,2	0,5753 x	154,2 + 0,5753 x

1.) Zur Bildung einer Schlacke mit 33,74 % SiO_2 ist nötig

$$70{,}9 + 0{,}0314\,x = 0{,}3374\,(154{,}2 + 0{,}5753\,x),$$

woraus $x = 116$ **kg Kalkstein.**

2.) Zur Bildung einer Schlacke mit dem Verhältnis $\frac{\text{Kieselsäure}}{\text{Basen}}$ $= 0{,}516$ ist nötig

$$70{,}9 + 0{,}0314\,x = 0{,}516\,(82{,}9 + 0{,}5439\,x)$$

oder $x = 116$ **kg Kalkstein.**

3.) Der Gesamtkalk beträgt

CaO als solches . . . . $= 39{,}9 + 0{,}5374\,x$

CaO-Äquivalent des Al_2O_3:

$\frac{168}{102}\,(11{,}6 + 0{,}0032\,x)$ . . . . $= 19{,}1 + 0{,}0053\,x$

CaO-Äquivalent des MgO:

$\frac{56}{40}\,(15{,}5 + 0{,}0017\,x)$ . . . . $= 21{,}7 + 0{,}0024\,x$

CaO-Äquivalent des FeO:

$$\frac{56}{72}(3{,}2 + 0{,}0016\,x) \ldots\ldots = 2{,}5 + 0{,}0012\,x$$

CaO-Äquivalent des MnO:

$$\frac{56}{71}\cdot 9{,}3 \ldots\ldots = 7{,}3$$

CaO-Äquivalent des K_2O:

$$\frac{56}{94}\cdot 3{,}4 \ldots\ldots = 2{,}0$$

$$\text{Gesamtkalk} = 92{,}5 + 0{,}5463\,x$$

Zur Bildung einer Schlacke mit dem Verhältnis $\frac{\text{Kieselsäure}}{\text{Gesamtkalk}}$ $= 0{,}478$ ist nötig

$$70{,}9 + 0{,}0314\,x = 0{,}478\,(92{,}5 + 0{,}5463\,x)$$

woraus $x =$ **116 kg Kalkstein.**

Vergleich verschiedener Brennstoffe, Zuschläge und Erze.

Durch passende Anwendung der vorstehenden Grundsätze wird es möglich, verschiedene Arten von Brennstoffen, Zuschlägen oder Erzen untereinander zu vergleichen und ihren relativen Wert für den Ofen zu bestimmen, soweit dieser Wert aus der chemischen Zusammensetzung gefolgert werden kann. Einige der nachstehenden Verfahren sind einem Aufsatz A. W. Gordons[1]) entnommen.

Vergleich von Brennstoffen.

Wenn verschiedene Brennstoffe zur Verfügung stehen, läßt sich rechnerisch ermitteln, welches der geeignetste Brennstoff für den Ofen ist. Nur der feste Kohlenstoff wird im Ofen ausgenutzt, und auch dieser nicht vollständig, weil die Asche des Brennstoffes verschlackt und ein gewisser Betrag an festem Kohlenstoff verbrannt werden muß, um diese Schlacke zu schmelzen. Dann sind die Kosten des Kalksteins zur Verschlackung der Asche zu berücksichtigen, und endlich ist ein Teil der Arbeitslöhne für den Ofenbetrieb auf Rechnung dieser Schlacke zu setzen.

In dieser Weise können wir für einen beliebigen Brennstoff den Preis für die Einheit ausnutzbaren Kohlenstoffs herausrechnen und dadurch die Grundlage für einen Vergleich mit anderen Brennstoffen gewinnen.

---

[1]) Trans. Am. Institute Mining Eng. 1892 p. 61.

Beispiel:

Für einen Hochofen stehen zwei Kokssorten folgender Zusammensetzung zur Verfügung:

	I	II
Fester Kohlenstoff	84 %	90 %
Flüchtige Stoffe	2 %	1 %
Feuchtigkeit	5 %	3 %
Asche	9 %	6 %
Preis für 1 t ist	M. 18,90	M. 23,10

Die Asche enthält:

	I	II
SiO_2	55 %	25 %
Al_2O_3	25 %	5 %
CaO	15 %	50 %
MgO	5 %	10 %
Fe_2O_3	0 %	10 %.

Zur Verschlackung wird der Kalkstein der vorigen Aufgabe benutzt, dessen Preis für 1 t M. 4,20 sei. Die Schlacke soll 40 % $SiO_2 + Al_2O_3$ enthalten. Weiter nehmen wir an, daß 0,228 Teile fester Kohlenstoff nötig sind, um 1 Teil Schlacke zu schmelzen, und daß die von der Schlacke zu tragenden Herstellungskosten M. 4,20 für die Tonne betragen.

Aufgabe:

Welches sind die Wertverhältnisse der beiden Kokssorten?

Lösung.

Die für 100 Teile Brennstoff erforderliche Menge an Zuschlag x ist wie folgt zu finden:

	Schlacke I	Schlacke II
SiO_2	4,95 + 0,0314 x	1,50 + 0,0314 x
Al_2O_3	2,25 + 0,0032 x	0,30 + 0,0032 x
CaO	1,35 + 0,5374 x	3,00 + 0,5374 x
MgO	0,45 + 0,0017 x	0,60 + 0,0017 x
FeO	0,0016 x	0,54 + 0,0016 x
Gewicht der Schlacke	9,00 + 0,5753 x	5,94 + 0,5753 x

Für Fall I ist

$$7{,}20 + 0{,}0346 = 0{,}40\ (9{,}00 + 0{,}5753\ x),$$

woraus $x = 18{,}4$ kg Kalkstein.

Für Fall II ist

$$1{,}80 + 0{,}0346 = 0{,}40\ (5{,}94 + 0{,}5753\ x)$$

und $x = -2{,}9$ kg Kalkstein.

Der negative Wert besagt, daß die Asche basischer ist als die Schlacke, die erstrebt wird, daß sie deswegen keinen Kalkstein braucht, sondern im Gegenteil selbst wie ein basischer Zuschlag wirkt. Für die Tonne Brennstoff ist nötig 0,184 bzw. — 0,029 t Kalkstein, und das Gewicht der Schlacke ist 0,196 bzw. 0,0427 t (aus dem obigen Ausdruck für das Gewicht der Schlacke durch Einsetzung der Werte von x zu finden). An festem Kohlenstoff ist zum Schmelzen der Schlacken erforderlich:

Im Fall I $0{,}196 \cdot 0{,}228 = 0{,}0447$ t
„ „ II $0{,}0427 \cdot 0{,}228 = 0{,}0097$ t.

Von dem festen Kohlenstoff bleibt für den Ofen ausnutzbar:

Im Fall I $0{,}84 - 0{,}0447 = 0{,}7953$ t
„ „ II $0{,}90 - 0{,}0097 = 0{,}8903$ t.

Aus diesen Zahlen lassen sich die Kosten für 1 t nutzbaren Kohlenstoff unter Berücksichtigung der Kosten für Kalkstein und die auf die Schlacke entfallenden Unkosten folgendermaßen ableiten:

Fall I. Unkosten für Koks $18{,}90 : 0{,}7953 = 23{,}64$ M

„ „ Kalkstein $\frac{4{,}20 \cdot 0{,}184}{0{,}7953} = 0{,}97$ „

Herstellungskosten für Schlacke:

$$\frac{4{,}20 \cdot 0{,}196}{0{,}7953} = 1{,}03 \text{ „}$$

Für 1 t nutzbaren Kohlenstoff = 25,64 M.

Fall II. Unkosten für Koks $24{,}10 : 0{,}8903 = 25{,}94$ M.

„ „ Kalkstein $\frac{4{,}20(-0{,}029)}{0{,}8903} = -0{,}14$ „

Herstellungskosten der Schlacke:

$$\frac{4{,}20 \cdot 0{,}0427}{0{,}8903} = 0{,}13 \text{ „}$$

Für 1 t nutzbaren Kohlenstoff . . = 25,93 M.

Die Kokssorte I stellt sich somit etwas günstiger als II.

Das zur Lösung angewandte rechnerische Verfahren läßt sich für irgendwelche Zusammensetzung sowohl der Schlacke als auch des Kalksteins anwenden. Der Preis für 1 t nutzbaren Kohlenstoff ist nicht allein für das Wertverhältnis verschiedener Brennstoffe von Wichtigkeit, sondern derselbe ist auch für den Vergleich verschiedener Zuschläge und Erze in wirtschaftlicher Beziehung von Wert.

Vergleich der Zuschläge.

Wenn verschiedene Sorten von Zuschlägen zur Verfügung stehen, ist es sehr angenehm, entscheiden zu können, welches Material sich am wirtschaftlichsten stellt. Alle sauren Bestandteile setzen den Wirkungsgrad der Zuschläge als Verschlackungsmittel empfindlich herunter, weil sie durch die basischen Bestandteile des Zuschlages selbst, bis zu dem gleichen Verhältnis zwischen Säure und Base wie in der Hauptmenge der Schlacke, abgesättigt werden müssen. Die aus den Verunreinigungen des Zuschlags gebildete Schlacke muß dann noch geschmolzen werden und verursacht dadurch weitere Unkosten. Die beste Grundlage für einen Vergleich der verschiedenen Zuschläge erhält man, wenn man die Kosten auf die Einheit an nutzbarem reinen Kalk bzw. Gesamtkalk berechnet, ganz analog wie oben bei den Brennstoffen die Kosten auf die Einheit an nutzbarem Kohlenstoff bezogen wurden.

Beispiel:

Für einen Hochofen stehen zwei Sorten Kalkstein zur Verfügung von folgender Zusammensetzung:

	I	II
CaO	53,74 %	47,80 %
MgO	0,17 %	4,61 %
SiO_2	3,14 %	5,12 %
Al_2O_3	0,32 %	3,36 %
Fe_2O_3	0,18 %	1,10 %
CO_2	42,42 %	37,55 %
Preis für 1 t	4,20 M.	3,36 M.

Wir nehmen an, daß zum Schmelzen Koks zu 25,64 M. für 1 t nutzbaren festen Kohlenstoff (s. voriges Beispiel) verwendet wird, und daß 0,228 t Kohlenstoff für 1 t Schlacke nötig sind, ferner, daß die von der Schlacke verursachten Herstellungskosten 4,20 M. für 1 t betragen und endlich, daß in der Schlacke das Verhältnis: Gesamtkieselsäure = Gesamtkalk sein soll.

Aufgabe:

Es ist das Wertverhältnis der beiden Kalksteinsorten zu bestimmen.

Lösung:

Wir wollen die Berechnung auf die Kosten für 1 t nutzbaren Gesamtkalk beziehen. Gesamtkalk und Gesamtkieselsäure sind

	Kalkstein I	Kalkstein II
Gesamtkalk	0,5411	0,5502
Gesamtkieselsäure	0,0342	0,0808
Überschuß an Gesamtkalk	0,5069	0,4694

Das Gewicht der aus den Verunreinigungen gebildeten Schlacke ist

	I	II
CaO (vorhandener Kalk, abzüglich Überschuß an Gesamtkalk)	0,0305	0,0086
MgO	0,0017	0,0461
FeO	0,0016	0,0099
SiO_2	0,0314	0,0512
Al_2O_3	0,0032	0,0336
Summe	0,0684	0,1494

Die Kosten für eine Tonne reinen nutzbaren Kalk stellen sich nunmehr wie folgt:

Kalkstein I.

Unkosten für Kalkstein $\frac{4,20}{0,5069}$ . . . . $= 8,28$ M.

Unkosten für Kohlenstoff zum Schmelzen

$$\frac{25,64 \cdot 0,228 \cdot 0,0684}{0,5069} \qquad = 0,78 \text{ ,,}$$

Unkosten für Herstellung der Schlacke:

$$4,20 \cdot 0,0684 : 0,5069 \qquad = 0,56 \text{ ,,}$$

Summe $= 9,62$ M.

Kalkstein II.

Unkosten für Kalkstein 3,36 : 0,4694 . . . . $= 7,22$ M.

Unkosten für Kohlenstoff zum Schmelzen:

$$\frac{25,64 \cdot 0,228 \cdot 0,1494}{0,4694} \qquad = 1,86 \text{ ,,}$$

Unkosten für Herstellung der Schlacke:

$$4,20 \cdot 0,1494 : 0,4694 \qquad = 1,34 \text{ ,,}$$

Summe $= 10,42$ M.

Das Resultat zeigt, daß der unreinere, billigere Kalkstein in Wirklichkeit für 1 t nutzbaren Kalk 0,80 M. mehr kostet, also um 8,3 % teurer zu stehen kommt, wie die reinere Sorte II.

Das angewandte rechnerische Verfahren ist allgemein anwendbar für irgend welche Zusammensetzung des Kalksteins oder eines anderen Zuschlags und für irgend welche an die Schlacke zu stellenden Bedingungen.

Vergleich von Erzen.

Um die zur Verfügung stehenden Erze in bezug auf ihre Wirtschaftlichkeit zu vergleichen, können wir ein ähnliches Verfahren anwenden wie oben bei den Brennstoffen und Zuschlägen. Wir können die Menge reinen Kalks berechnen, die nötig ist, um die Fremdbestandteile in einer Tonne Erz zu verschlacken, dann die Menge reinen Kohlenstoffs zum Schmelzen dieser Schlacke und endlich die der Schlacke zur Last fallenden sonstigen Unkosten. Diese drei Beträge können dann auf eine Tonne reines Eisenoxyd im Erz umgerechnet werden, und wenn zu ihrer Summe die Unkosten für Erz für 1 t reines Fe_2O_3 hinzugefügt werden, dann haben wir die Gesamtkosten für 1 t Fe_2O_3, und damit die Grundlage für einen Vergleich der verschiedenen Erze. Es ist noch zu beachten, daß verschiedene Erze häufig auch eine verschiedene Schlackenzusammensetzung verlangen; so wird ein Erz mit viel Schwefel eine basischere Schlacke erfordern als ein schwefelarmes Erz und damit einen höheren Verbrauch an Zuschlägen.

Beispiel:

Die Erzbriketts des Übungsbeispiels 48 enthalten:

Fe_2O_3	85,93 %
FeO	3,96 %
SiO_2	5,50 %
MnO	0,63 %
Al_2O_3	0,76 %
CaO	2,23 %
MgO	0,97 %.

Wenn wir annehmen, daß 1 t dieser Briketts 18,50 M. kostet, daß im Hochofen eine Schlacke mit dem Verhältnis $\frac{\text{Kieselsäure}}{\text{Basen}} = 0{,}516$ fällt, und daß 0,3 % des Eisens, 82,7 % der Kieselsäure und 96,6 % des Mangans verschlackt werden, wie hoch stellen sich dann die Kosten für 1 t reines Fe_2O_3 in den Briketts? Die Tonne reinen Kalkes setzen wir mit 9,62 M. ein, die Tonne reinen Kohlenstoffs zum Schmelzen mit 25,64 M., die Menge Kohlenstoff für 1 t Schlacke mit 0,228 t, und die Herstellungskosten der Schlacke mit 4,20 M.

Lösung:

Die schlackenbildenden Bestandteile in einer Tonne Erz sind

$$\text{FeO}\ 0{,}003 \cdot \frac{72}{56}\left[\left(0{,}8593 \cdot \frac{112}{160}\right) + \left(0{,}0396 \cdot \frac{56}{72}\right)\right] = 0{,}0024 \text{ Tonnen}$$

FeO	. . . .	= 0,0024 t
MnO	0,966 · 0,0063	= 0,0061 t
CaO	. . . .	= 0,0223 t
MgO	. . . .	= 0,0097 t
Al_2O_3	. . . .	= 0,0076 t
SiO_2	0,0550 · 0,827	= 0,0455 t
		0,0936 t

Zur Sättigung aller Kieselsäure sind an Basen nötig	
0,0455 : 0,516	= 0,0882 t
An Basen sind anwesend	= 0,0482 t
Durch reines CaO zu ergänzen	= 0,0400 t
Gesamtgewicht der Schlacke	= 0,1336 t
In 1 t Erz sind an Fe_2O_3 enthalten	= 0,8593 t
Dazu die dem reduzierten FeO äquivalente Menge Fe_2O_3	
$\frac{160}{144}$ (0,0396—0,0024)	= 0.0413 t
Insgesamt Fe_2O_3	= 0,9006 t

Die Tonne reines Fe_2O_3 in diesen Briketts kostet also:

Unkosten für Erz 18,50 : 0,9006	= 20,54 M.
Unkosten für Kalk 9,62 · 0,0400 : 0,9006	= 0,43 „
Unkosten für Kohle zum Schmelzen der Schlacke:	
25,64 · 0,228 · 0,1336 : 0,9006	= 0,87 „
Herstellungskosten der Schlacke:	
4,20 · 0,1336 : 0,9006	= 0,62 „
Summe	= 22,46 M.

Eine ähnliche Berechnung ist bei irgend einem Erz von beliebiger Zusammensetzung bei irgend welcher Qualität der Schlacke ausführbar. Die Kosten für 1 t reines Eisenoxyd in den verschiedenen Erzen geben die entsprechenden Kosten des aus ihnen dargestellten Eisens und bilden somit einen Maßstab für den Wert der Erze im Hochofenbetrieb.

Übungsbeispiel 50.

Das Erz des vorigen Beispiels, wovon die Tonne reinen Fe_2O_3 22,46 M. kostet, wird im Hochofen verschmolzen. Der benutzte Koks kostet für 1 t reinen Kohlenstoffs 25,64 M.; zum Reduzieren und Schmelzen sowie zur Kohlung des Eisens werden 0,66 t reiner Kohlenstoff für 1 t Roheisen mit 96,656 % Fe verbraucht. Die Betriebskosten betragen 8,40 M. für 1 t Roheisen, ausschließlich der auf die Schlacke entfallenden Kosten.

Aufgabe:

Die Selbstkosten für 1 t Roheisen sind zu berechnen.

Lösung:

Fe_2O_3 für 1 t Roheisen: $\frac{160}{112} \cdot 0{,}96\,656$	= 1,3808 t
Unkosten für Erz: 22,46 · 1,3808	= 31,00 M.
Unkosten für Brennstoff 25,64 · 0,66	= 16,92 „
Betriebskosten (auf das Roheisen entfallend)	= 8,40 „
Gesamtkosten	= 56,32 M.

Elftes Kapitel.

Die Ausnutzung des Brennstoffs im Hochofen.

Wie schon erwähnt, kann der Hochofen als ein gewaltiger Gaserzeuger angesehen werden, der in der Umgebung der Windformen aus festem Kohlenstoff und heißer Luft gewöhnliches Generatorgas macht. Während des Aufstiegs im Ofen wird das Gas durch den Sauerstoff der Beschickung, dessen Menge für die Tonne Roheisen fast konstant ist, teilweise oxydiert und nimmt außerdem aus den Karbonaten der Beschickung Kohlendioxyd auf. Trotzdem enthalten aber die nicht oxydierten, noch brennbaren Bestandteile der entweichenden Gase einen sehr großen, oft auch den größten Teil des gesamten Heizwertes des Brennstoffs.

Übungsbeispiel 51.

Ein Hochofen verbraucht für 1 t erzeugtes Roheisen mit 4 % C 1 t Koks von 90 % festem Kohlenstoff und 160 kg Kalkstein mit 10 % Kohlenstoff (als CO_2). Die Gase enthalten

CO	24 %
CO_2	12 %
H_2	2 %
CH_4	2 %
N_2	60 %.

Aufgabe:

Es sind zu berechnen:

1.) das Gasvolum für 1 t Roheisen;
2.) der Heizwert des Gases;
3.) die im Ofen selbst entwickelte Wärme in Prozenten vom Gesamtheizwert des Kokses.

Lösung:

1.) Kohlenstoff in den Gasen = Kohlenstoff im Koks — Kohlenstoff im Roheisen + Kohlenstoff in den Karbonaten der Beschickung.

Kohlenstoff im Koks 1000 · 0,90	= 900 kg
„ in der Karbonaten 160 · 0,10	= 16 „
Insgesamt in den Beschickung	= 916 kg
Kohlenstoff im Roheisen 1000 · 0,04	= 40 kg
Kohlenstoff in den Gasen	= 876 kg

Kohlenstoff in 1 cbm Gas:

$$\begin{array}{ll} \text{in } CO & 0{,}240 \cdot 0{,}54 \\ ,,\ CO_2 & 0{,}120 \cdot 0{,}54 \\ ,,\ CH_4 & 0{,}020 \cdot 0{,}54 \\ \hline \text{Summe} & 0{,}380 \cdot 0{,}54 = 0{,}2052 \text{ kg.} \end{array}$$

Gasvolum für 1 t Roheisen:

$$876 : 0{,}2052 = \mathbf{4269} \text{ cbm.} \qquad (1)$$

2.) Heizwert von 1 cbm Gas:

$$\begin{array}{lrl} CO: & 0{,}24 \cdot 3062 = & 734{,}9 \text{ Kal.} \\ H_2: & 0{,}02 \cdot 2613 = & 52{,}3 \ ,, \\ CH_4: & 0{,}02 \cdot 8598 = & 172{,}0 \ ,, \\ \hline & \text{Summe} = & 959{,}2 \text{ Kal.} \end{array}$$

Heizwert von 4269 cbm =

$$\mathbf{4\,094\,825} \text{ Kal.} \qquad (2)$$

3.) Der Heizwert des Kokses ist, vorausgesetzt, daß letzterer an brennbaren Bestandteilen nur 90 % festen Kohlenstoff enthält:

$$8100 \cdot 0{,}90 = 7290 \text{ Kal.}$$

Die Gegenwart von CH_4 in den Gasen zeigt indessen an, daß der Koks wahrscheinlich etwas Wasserstoff enthalten hat, wodurch der Heizwert erhöht wird. Eine bessere Annäherung an den wirklichen Heizwert erhalten wir, wenn wir annehmen, daß der Koks wenigstens soviel disponiblen Wasserstoff enthält, als dem Wasserstoff des CH_4 entspricht.

CH_4 in 4269 cbm = 4269 · 0,02 . . . . = 85,38 cbm
Gewicht des CH_4 85,38 · 0,09 · 8 . . . . = 61,47 kg
Wasserstoff = 61,47 · 4 : 16 . . . . = 15,38 ,,

Der Koks enthält an disponiblem Wasserstoff 15,38 : 1000 = 1,54 %. Durch den Wasserstoff wird der Heizwert vermehrt um 0,0154 · 29 030 = 447 Kal. für 1 kg Koks.

Der Heizwert für 1 kg Koks:

$$7290 + 447 = 7737 \text{ Kal.}$$

Gesamtheizwert für 1 t Roheisen (1000 kg Koks) = 7 737 000 Kal.
Heizwert der Gase . . . . = 4 094 825 ,,

Im Ofen entwickelt . . . . = 3 642 175 Kal.
= 47,1 %.

Hierbei ist aber nicht berücksichtigt, daß der vom Eisen aufgenommene Kohlenstoff der Verbrennung entzogen wird. Dadurch vermindert sich die im Ofen entwickelte Wärme um

$$1000 \cdot 0{,}04 \cdot 8100 = 324\,000 \text{ Kal.}$$

und wird $3\,642\,175 - 324\,000 = 3\,318\,175$ Kal.

$$= 42{,}9\,\%. \qquad (3)$$

Von dem Heizwert des zugeführten Brennstoffs ist also im Durchschnitt nur etwa 43 % auf Rechnung der Wärmeerzeugung im Hochofen selbst zu setzen, während mehr als die Hälfte des Heizwertes als ausnutzbare Verbrennungsenergie in den abziehenden Gasen enthalten ist. Vor 50 Jahren oder mehr, als noch die Gase an der Gicht unbenutzt verbrannten, war der Hochofen ein großer Brennstoffverschwender. Die Ausnutzung der Gase zur Winderhitzung war schon eine Verbesserung, und ein großer Teil der vorher verloren gehenden Energie wurde für den Hochofen wenigstens bis zu einem gewissen Grade wieder nutzbar gemacht.

Übungsbeispiel 52.

Von den Gichtgasen des vorigen Übungsbeispiels wird ein Drittel in Winderhitzern verbrannt, wodurch die Temperatur des Windes auf 450° gebracht wird.

Aufgabe:

Zu berechnen sind:

1.) die Windmenge für 1 t Roheisen;
2.) die im Wind aufgespeicherte Wärme;
3.) der Nutzeffekt des Winderhitzers;
4.) die durch die Winderhitzung erzielte Verbesserung der Wärmeausnutzung in bezug auf den ganzen Hochofenprozeß.

Lösung:

1.) Volum der (trockenen) Gase für 1 t Roheisen . = 4269 cbm
Darin Stickstoff 60 % . . . . = 2561 „

$$\text{entsprechend } \frac{2561}{0{,}792} = 3234 \text{ cbm Luft} \qquad (1)$$

Dies ist das Volum des Windes für 1 t Roheisen unter der Voraussetzung, daß kein Stickstoff aus dem Koks herrührt, und daß der Wind trocken ist. Bei feuchtem Wind von bekannter Temperatur und bekanntem Sättigungsgrad läßt sich das Volum ebenfalls berechnen.

2.) Die Erhitzung der obigen Windmenge auf 450° erfordert

$$3234 \cdot [0{,}303 + 0{,}000\,027 \cdot 450]\,450 = 458\,640 \text{ Kal.} \qquad (2)$$

3.) Die Winderhitzer empfangen ein Drittel der gesamten Gichtgase, mit einem Heizwert von $4\,094\,825 : 3 = 1\,364\,940$ Kal.

Der Nutzeffekt der Winderhitzer:

$$\frac{458\,640}{1\,364\,940} = 33{,}6\,\%. \qquad (3)$$

4.) Ohne Ausnutzung der Gase gingen 57,1 % vom Heizwert des Brennstoffes verloren, davon waren 4,2 % unvermeidlicher Verlust durch die Kohlenstoffaufnahme des Roheisens und 52,9 % Verlust in Form von Verbrennungsenergie in den Abgasen. Wenn ein Drittel dieser Gase in Winderhitzern vollständig verbrannt wird, dann wird im ganzen System (Ofen + Winderhitzer) 17,6 % mehr vom Heizwert des Kokses nutzbar gemacht als früher, somit jetzt 42,9 + 17,6 = 60,5 %, während noch 39,5 % verloren gehen. (4)

[Die durch Benutzung von Winderhitzern wiedergewonnene Wärme $\frac{1}{3} \cdot 33{,}6 = 11{,}2$ % vom Heizwert der Gase oder $0{,}112 \cdot 52{,}9 = 5{,}9$ % vom Heizwert des Kokses wird dem Ofen wieder zugeführt. Dadurch steigt die im Ofen ausnutzbare Wärmemenge auf $42{,}9 + 5{,}9 = 48{,}8$ % vom Heizwert des Kokses, was gegen früher eine Zunahme von $\frac{5{,}9}{42{,}9} = 13{,}7$ % bedeutet.]

Zusammenfassend können wir sagen, daß im Hochofen selbst nicht viel mehr wie 40 % vom Heizwert des Brennstoffes entwickelt werden, und daß beinahe 60 % aus dem Ofen abziehen. Durch teilweise Benutzung der Abgase zur Winderhitzung wird ein Teil dieser Wärme, entsprechend etwa 5—10 % vom Heizwert des Brennstoffs, dem Ofen wieder zugeführt, wodurch die für die Vorgänge im Ofen verfügbare Wärme im Höchstfall auf etwa 50 % vom Heizwert des Brennstoffs steigt. Der Nutzeffekt, mit dem der Hochofen diese 50 % zum Reduzieren und Schmelzen verwendet, ist eine Frage für sich.

Übungsbeispiel 53.

Bei dem Hochofen der Übungsbeispiele 51 und 52 werden zwei Drittel der Gichtgase unter Dampfkesseln verbrannt, die den Dampf zum Betriebe des Gebläses, der Aufzüge und Pumpen liefern, im ganzen 10 PS für die in einem Tage erzeugte Tonne Roheisen.

Aufgabe:

Zu berechnen sind:

1.) die Wärmeerzeugung im ganzen System (Ofen, Winderhitzer, Dampfkessel), bezogen auf den Heizwert des Brennstoffs;

2.) der thermo-mechanische Nutzeffekt von Kesseln und Maschinen;

3.) die Leistung, die erzielt werden kann, wenn das Gas anstatt zur Dampferzeugung direkt in Gasmaschinen, die einen thermo-mechanischen Nutzeffekt von 25 % haben, verwandt wird.

Lösung:

1.) Da das eine Drittel der Gase in den Winderhitzern, die zwei übrigen unter den Dampfkesseln verbrennen, so wird die ganze Verbrennungsenergie der Gase im System entwickelt und der einzige Betrag vom Heizwert des Kokses, welcher unbenutzt bleibt, sind die 4,9 % Kohlenstoff im Roheisen. Im ganzen System werden somit 95,1 % vom Heizwert der Kokse entwickelt.

2.) Für 1 t Roheisen ist die den Kesseln zugeführte Wärme = $\frac{2}{3}$ des Heizwertes der Gase:

$$4\,094\,825 \cdot \tfrac{2}{3} = 2\,729\,880 \text{ Kal.}$$

Dadurch werden 10 PS-Tage erzeugt

$$= 10 \cdot 75 \cdot 60 \cdot 60 \cdot 24 = 64\,800\,000 \text{ kgm.}$$

1 Kal. = 425 kgm.

10 PS-Tage entsprechen somit

$$\frac{64800000}{425} = 152470 \text{ Kal.}$$

Der thermo-mechanische Nutzeffekt von Kessel und Maschine zusammen ist:

$$\frac{152470}{2729880} = 0{,}0557 = \mathbf{5{,}57}\ \%. \qquad (2)$$

3.) Gasmaschinen mit einem thermo-mechanischen Nutzeffekt von 25 % würden für die Tonne Roheisen mechanische Energie liefern entsprechend

$$2\,729\,800 \cdot 0{,}25 = 682\,450 \text{ Kal.}$$

$$= 682\,450 \cdot 425 = 290\,041\,000 \text{ kgm}$$

oder

$$\frac{290041000}{75 \cdot 60 \cdot 60 \cdot 24} = 44{,}9 \text{ PS-Tage.} \qquad (3)$$

Aus dem Nutzeffekt der Dampfanlage ergibt sich die Lösung weit schneller:

$$10 \cdot \frac{25}{5{,}57} = 44{,}9 \text{ Ps Tage.} \qquad (3)$$

Die Gasmaschinen ergeben also für 1 t tägliche Roheisenerzeugung eine Mehrleistung von 34,9 PS.

Aus den vorstehenden Aufgaben geht klar hervor, daß nur ein verhältnismäßig geringer Anteil vom Heizwert des Brennstoffs im Hochofen zur Ausnutzung kommt; im gewöhnlichen Betrieb sind das etwa 40 bis höchstens 50 %. Eine weitere Überlegung wird nun auch zeigen, warum das so ist.

Der Anteil des Heizwertes, der im Ofen zur Wirkung kommt, wird ausschließlich dadurch bestimmt, wieviel vom Brennstoff zu CO_2 und wieviel zu CO verbrennt. Wenn aller Kohlenstoff zu CO_2 verbrannt werden könnte, würde praktisch der gesamte Heizwert im Ofen zur Entwickelung kommen, wenn dagegen die Verbrennung ausschließlich zu CO stattfindet, dann wird nur $\frac{2430}{8100} = 0{,}30 = 30\,\%$ des Heizwertes frei. Wenn der Hochofen ausschließlich mit Koks beschickt würde, und Wind würde, wie üblich, durch die Formen eingeblasen, so würde nur CO entstehen, und nur 30 % vom Heizwert würden für den Bedarf des Ofens verfügbar werden. Bei dem in der gewöhnlichen Weise mit Erz und Koks beschickten Hochofen ist der gesamte Gewinn über diesen Betrag hinaus der nachträglichen Oxydation des CO durch den Sauerstoff der Beschickung, mit anderen Worten dem Reduktionsprozesse, zuzuschreiben. Von diesem Gesichtspunkt aus erscheint es erstrebenswert, die Reduktion im Hochofen soweit wie möglich durch Kohlenoxyd zu bewirken, weil dadurch die gesamte Wärmeerzeugung im Ofen sich dem möglichen Höchstwert nähert. Dieser Gesichtspunkt, aus einem gegebenen Gewicht Brennstoff die höchste Wärmeentwicklung im Ofen zu erhalten, war auch für Grüner maßgebend, als er seinen Satz von der „idealen Arbeitsweise" des Hochofens aufstellte.

Grüners „Ideale Arbeitsweise".

Nach Grüner sollte der gesamte Kohlenstoff im Ofen vor den Formen zu CO verbrannt und die Reduktion oberhalb der Formen ausschließlich durch CO bewirkt werden, wodurch es in CO_2 übergeht.

Der Satz ist hier zwar nicht mit Grüners eigenen Worten, jedoch dem Sinne nach richtig wiedergegeben; von den oben angegebenen Gesichtspunkten aus ist Grüners Satz richtig. Es handelt sich darum, vor den Formen 30 % vom Heizwert zu entwickeln und den Rest weiter oben im Ofen durch Oxydation von CO zu CO_2 durch gleichzeitige Reduktion der Beschickung zu gewinnen. Wenden wir nun den Grünerschen Satz auf die in dem Übungsbeispiel 51 gegebenen Verhältnisse an, so ergibt sich folgendes: Der im Ofen oxydierte Kohlenstoff beträgt:

Kohlenstoff im Koks	900 kg
„ im Roheisen	40 „
Im Ofen oxydiert	860 kg.

Um diesen Kohlenstoff vor den Formen zu CO zu verbrennen, wäre an Sauerstoff nötig

$$860 \cdot {}^4/_3 = 1146{,}7 \text{ kg Sauerstoff.}$$

Wir fanden nun (Übungsbeispiel 52), daß die Windmenge 3234 cbm betrug und somit das Gewicht des Sauerstoffes

$$3234 \cdot 0{,}208 \cdot 1{,}44 = 968{,}6 \text{ kg.}$$

Dieser Sauerstoff kann vor den Formen

$$968{,}6 \cdot 0{,}75 = 726{,}4 \text{ kg Kohlenstoff}$$

zu CO verbrennen.

Von dem gesamten Kohlenstoff wird also vor den Formen verbrannt

$$\frac{726{,}4}{860} = 0{,}844 = 84{,}4\ \%.$$

Wenn wir die ideale Arbeitsweise Grüners als Maßstab anlegen, dann erreicht der genannte Ofen 84,4 % jenes Ideals. Er entwickelt vor den Formen 84,4 % der Wärme, die nach der idealen Arbeitsweise hätte erzeugt werden müssen.

Es ist in der oben dargelegten Weise bei jedem Ofen leicht zu ermitteln, wieviel Kohlenstoff vor den Formen und wieviel in höheren Schichten des Ofens verbrennt, und dadurch ist leicht zu bestimmen, bis zu welchem Grade der Gang des Ofens sich dem Grünerschen Ideal nähert. Der so ermittelte Prozentsatz wird zwar nicht notwendigerweise die Wirtschaftlichkeit des Ofens in bezug auf Brennstoffverbrauch für die Tonne Roheisen zum Ausdruck bringen; die Zahl gibt direkt nur an, wieviel von dem Heizwert des Brennstoffs vor den Formen zur Wirkung kommt, aber in 9 von 10 Fällen ist die Zahl auch ein Maß für den tatsächlichen Brennstoffverbrauch des Ofens.

Es wird nun nützlich sein, zu fragen: Unter welchen Umständen entspricht die ideale Arbeitsweise nicht dem Höchstwerte an Wirtschaftlichkeit im Brennstoffverbrauch, und woher kommt es, daß eine solche Übereinstimmung gewöhnlich aber vorhanden ist?

Diese Fragen sind leicht zu beantworten. Wenn aller Kohlenstoff an den Formen zu CO verbrannt wird, so kommen hier 30 % vom Heizwert zur Entfaltung, also mehr als die Hälfte der gesamten im Ofen erzeugten Wärme. Dazu ist noch die im heißen Wind enthaltene Wärme hinzuzurechnen, welche etwa 5,9 % (Übungsbeispiel 52) vom Heizwert des Brennstoffs beträgt, wodurch im ganzen etwa 35 % vom Heizwert vor den Formen zur Wirkung kommen, gegenüber etwa 50 % im Ofen überhaupt. Wenn indessen der Wind auf sehr hohe Temperatur erhitzt, oder besonders wenn er getrocknet wird, oder wenn Erze und Brennstoff sehr rein sind, so daß zum Schmelzen der Schlacke vor den Formen weniger Wärme erforderlich ist, dann kann es vorkommen, daß die gesamte Wärmemenge, die nach der idealen Arbeitsweise vor den Formen entwickelt wird, an dieser Stelle nicht benötigt wird und daß sie deshalb als eine Brennstoffverschwendung anzusehen wäre. Wenn in solchem Falle ein Teil des Brennstoffs erst in höheren Schichten des Ofens zur Verbrennung kommt, dann ist zwar die Wärmeentwicklung für die Einheit Brennstoff etwas geringer, aber durch die bessere Verteilung der Wärme ist es möglich, daß der Brennstoffverbrauch geringer wird als bei der idealen Arbeitsweise.

Beispiel:

In dem Übungsbeispiel 52 wurde vorausgesetzt, daß durch den auf 450° erhitzten Wind 84,4 % des gesamten Kokses vor den Formen verbrennt, wodurch Roheisen und Schlacke in befriedigender Weise niedergeschmolzen und die Temperatur an den Formen auf passender Höhe erhalten wurde. Wenn die Temperatur des Windes auf 900° erhöht wird, um wieviel größer wird die in der Formebene verfügbare Wärmemenge sein?

Wir haben schon gefunden, daß der auf 450° erhitzte Wind dem Ofen 458 640 Kal. = 5,9 % vom Heizwert des Kokses zuführt. Bei 900° würde die Wärme sein

$$3234\,[0{,}303 + 0{,}000\,027 \cdot 900]\,900 = 952\,640 \text{ Kal.}$$

$$= \frac{952640}{7737000} = 0{,}123 = 12{,}3\,\%$$

vom Heizwert des Kokses, was einen Wärmegewinn für die Formebene von 6,4 % vom Heizwert des Kokses gegenüber den früheren Bedingungen mit Wind von 450° bedeutet. Dadurch wird aber die Schmelzleistung des Ofens in hohem Grade erhöht, so daß nunmehr viel weniger Brennstoff vor den Formen erforderlich ist.

Ein Bild von der erhöhten Schmelzleistung des Ofens gewinnen wir durch einen Vergleich der Wärmemengen, die in beiden genannten Fällen an den Formen verfügbar werden.

Fall I (Wind von 450°)

Wärmeentwicklung durch Verbrennung von Kohlenstoff zu CO vor den Formen: 726,4 · 2430 .	= 1 765 150 Kal.
Wärme im Wind bei 450°	= 458 640 „
Summe	= 2 223 790 Kal.

Fall II (Wind von 900°).

Wärmeentwicklung durch Verbrennung von C zu CO wie oben	= 1 765 150 Kal.
Wärme im Wind bei 900°	= 952 640 „
Summe	= 2 717 790 Kal.

Im Fall II ist die verfügbare Wärme vor den Formen um 494 000 Kal. größer als im Fall I, was einer Steigerung um 22,2 % entspricht. Um diesen Betrag ist die Schmelzleistung des Ofens gewachsen. Wenn die 2 223 790 Kal. im Fall I genügten, um Roheisen und Schlacke in normaler Weise zu schmelzen, so kann das Mehr an Wärme im Fall II zum Schmelzen von 22 % mehr Roheisen und Schlacke ausgenutzt werden. Wir können somit in Fall II bei unveränderter Koksgicht den Ersatz um 22 % größer nehmen, oder aber bei unverändertem Ersatz die Koksgicht um etwa 18 % vermindern.

Wenn im gewöhnlichen Betriebe die Erzsätze vergrößert werden und gleichzeitig steigert man die Windtemperatur, so wird dadurch erreicht, daß immer weniger Brennstoff vor den Formen, dagegen immer mehr und mehr oberhalb derselben oxydiert wird. Dadurch wird die Wärmeentwicklung durch Oxydation des Kohlenstoffs im Ofen zwar geringer, aber dieser Nachteil wird durch den Mehrbetrag an Wärme im erhitzten Wind ausgeglichen. Wir können die Sache auch in anderer Weise ausdrücken: Unter sonst gleichen Verhältnissen ist bei Verwendung von sehr heißem Wind dieselbe Hitze vor den Formen auch dann zu erhalten, wenn hier weniger Kohlenstoff verbrennt. Wenn also auch in diesem Fall ein beträchtlicher Teil des Kohlenstoffs erst oberhalb der Formen zur Verbrennung gelangt, so ist es trotzdem möglich, eine wirtschaftlichere Ausnutzung des Brennstoffs zu erzielen als bei weniger heißem Wind.

Die geringste für den Hochofen notwendige Kohlenstoffmenge.

Von vielen Autoren ist angenommen worden, daß die Reduktion des Eisenoxyds durch Kohlenoxyd nach der Gleichung

$$Fe_2O_3 + 3\,CO = 2\,Fe + 3\,CO_2$$

erfolgt. Wenn dies richtig wäre, würde nur die Verbrennung von 3 C = 36 Teilen Kohlenstoff zu CO vor den Formen nötig sein, um aus Fe_2O_3 112 Teile Eisen zu reduzieren. Die Reaktion geht aber nicht in der erwähnten Weise vor sich; denn CO_2 wirkt oxydierend auf Fe, und zwar in solchem Maße, daß die Reduktion durch CO aufhört, wenn neben 1 Mol CO 1 Mol CO_2 zugegen ist, auch wenn die Gase langsam durch das warme Erz strömen.

Die Reduktion durch CO wird daher besser wiedergegeben durch die Gleichung

$$Fe_2O_3 + 6\,CO = 2\,Fe + 3\,CO + 3\,CO_2,$$

nach welcher 6 C = 72 Teile Kohlenstoff vor den Formen zu CO verbrannt werden müssen, damit das Gas zur Reduktion von 1 Fe_2O_3 = 112 Teilen Eisen ausreicht. Das aus den Karbonaten der Beschickung entweichende CO_2 wird das Reduktionsvermögen des CO ebenfalls heruntersetzen und so die zur Reduktion theoretisch nötige Menge an Kohlenoxyd vergrößern. Der notwendige Mindestbetrag an Kohlenstoff im Hochofen ist dadurch festgelegt, daß er neben der nötigen Menge CO für die Reduktion auch noch den Kohlenstoff für das Roheisen zu liefern hat. Für 100 Teile Roheisen mit 93 % Fe und 3 % C wäre an Koks mit 90 % festem Kohlenstoff theoretisch nötig:

Kohlenstoff vor den Formen zu verbrennen, 72·93 : 112	= 59,8 Teile,
Kohlenstoff im Roheisen	3,0 „
Fester Kohlenstoff	= 62,8 Teile,
Koks, um diesen zu liefern, 62,8 : 0,90	= 69,8

Aus dieser Rechnung geht hervor, daß, wenn „Grüners ideale Arbeitsweise" praktisch soweit durchgeführt werden sollte, daß die Reduktion ausschließlich durch CO erfolgte und keine Verbrennung von Kohlenstoff oberhalb der Formen stattfände, dann wären, um 100 Teile Roheisen zu erzeugen, ungefähr 63 Teile fester Kohlenstoff nötig, entsprechend etwa 70—80 Teilen Brennstoff, je nach dem Inhalt an festem Kohlenstoff (90—80 %). Im praktischen Betrieb wird bekanntlich in der Regel mehr Kohlenstoff gebraucht, weil die Menge des unausgenutzten CO in den Gasen größer ist, als oben angenommen wurde. Aber auch mit weniger Brennstoff ist ein regelmäßiger Betrieb durchgeführt worden, woraus hervorgeht, daß eine wirtschaftliche Ausnutzung des Brennstoffes auch ohne Einhalten der „idealen Arbeitsweise" möglich ist, ja sogar, auch wenn man gegen diese Regel soweit wie möglich verstößt. Die hierbei in Betracht kommenden Verhältnisse treten am klarsten hervor, wenn wir die nötige Menge Kohlenstoff für den Fall berechnen, daß der ganze Wärmebedarf des Ofens auf elektrischem Wege erzeugt wird. Damit fällt die Notwendigkeit der Anwendung von Wind und überhaupt jede Möglichkeit für eine andere Art der Oxydation des Kohlenstoffs als durch den Sauerstoff der Beschickung fort. Wir nehmen an, daß die entstehenden Gase dieselbe Zusammensetzung in bezug auf CO und CO_2 (1 Vol. CO auf 1 Vol. CO_2) besitzen wie oben. Da in diesem Falle der gesamte Sauerstoff dem Erz entnommen wird, so ist die Reaktion

$$Fe_2O_3 + 2\,C = 2\,Fe + CO + CO_2.$$

Diese Gleichung stellt die Ausnutzung des Kohlenstoffs in einem elektrisch erhitzten Ofen dar und verlangt auf 100 Teile Roheisen mit 93 % Fe und 3 % C:

Kohlenstoff zur Reduktion 24 · 93 : 112	19,9
Kohlenstoff im Roheisen	3,0
Gesamter fester Kohlenstoff	22,9

oder nur wenig mehr als ein Drittel des notwendigen Mindestsatzes im Hochofen.

Diese Verhältnisse sind nun nicht auf den elektrischen Ofen beschränkt, sondern gelten allgemein. Wenn fester Kohlenstoff oberhalb der Formen durch den Sauerstoff der Erze oxydiert wird, hat er die dreifache Reduktionswirkung gegenüber dem vorher vor den Formen zu CO verbrannten Kohlenstoff. Für jedes Kilogramm Sauerstoff, das dem Erz entzogen wird, ist nur ⅓ soviel Kohlenstoff in fester Form nötig, als wenn der Kohlenstoff als CO wirkt, oder: Jedes Kilogramm festen Kohlenstoffs entzieht dem Erz dreimal soviel Sauerstoff als wie 1 kg Kohlenstoff, welcher zunächst vor den Formen zu CO verbrannt wird.

Der gewöhnliche Hochofen muß, um die nötige Wärme zum Schmelzen aufzubringen, mehr CO erzeugen, als zur vollständigen Reduktion der Beschickung nötig ist. Unter solchen Umständen ist es wirtschaftlich unvorteilhaft, überhaupt Kohlenstoff oberhalb der Formen zu oxydieren. In Ausnahmefällen, bei reinen Erzen, wenig Schlacke, reinem Brennstoff, sehr heißem oder getrocknetem Wind, kann allerdings die nötige Wärme auch erzeugt werden, ohne daß genug CO für die Reduktion gebildet wird. Unter diesen Bedingungen erfolgt die Reduktion aber mehr oder weniger durch festen Kohlenstoff, und zwar, wie oben dargelegt, mit größter Wirtschaftlichkeit in bezug auf die Menge des Kohlenstoffs. Dies sind die Bedingungen, unter welchen — wenn der Wendepunkt überschritten ist — die Ausnutzung des Brennstoffs umso vorteilhafter wird, je weiter man sich von der „idealen Arbeitsweise“ Grüners entfernt.

Zwölftes Kapitel.

Die Wärmebilanz des Hochofens.

Vor 28 Jahren stellte Sir Lothian Bell zum erstenmal eine befriedigende Wärmebilanz für einen Hochofen auf. Seine Beobachtungen waren zum großen Teil, seine Erfahrungen ausschließlich auf die Reduktion des Toneisensteins im Cleveland-Bezirk, England, beschränkt, und obschon er vielfach versuchte, aus dem vorhandenen Tatsachenmaterial allgemein gültige Schlußfolgerungen auf die Eisengewinnung überhaupt zu ziehen, sind doch seine Resultate zum großen Teil nur für die besonderen Erze und Arbeitsverfahren dieses Bezirkes zutreffend.

Trotzdem kann eine Behandlung dieses Gegenstandes nicht anders als auf Bells Untersuchungen gegründet werden, unter Befolgung der Grundlinien, die er in den „Principles of the Manufacture of Iron and Steel“ aufstellte.

Zugeführte und entwickelte Wärme.

Auf dieser Seite der Bilanz sind folgende Beträge zu berücksichtigen:

1.) Verbrennung des Kohlenstoffs zu Kohlenoxyd CO,

2.) Verbrennung des Kohlenstoffs zu Kohlendioxyd CO_2,

3.) Fühlbare Wärme im heißen Wind,
4.) Bildungswärme des Roheisens aus seinen Bestandteilen,
5.) Bildungswärme der Schlacke aus ihren oxydischen Bestandteilen.

1. und 2. Die Verbrennung des Kohlenstoffs im Hochofen.

Die aus dieser Quelle herrührende Wärme ist nur auf einem einzigen Wege mit genügender Schärfe zu bestimmen. Aus der Stoffbilanz ergibt sich die Menge des in die Gase übergehenden Kohlenstoffs, aus der Analyse der Gase berechnet sich die Kohlenstoffmenge für 1 cbm Gas. Aus diesen Größen wird durch Division das Gasvolum für die Einheit des erzeugten Roheisens erhalten. Die Menge von CO und CO_2 läßt sich aus der Zusammensetzung des Gasgemisches leicht entnehmen. Wenn davon die aus der festen Beschickung direkt aufgenommenen Mengen dieser Gase abgezogen werden, so erhält man die durch Verbrennung im Ofen gebildeten Mengen CO und CO_2; aus diesen ist die Wärmeentwicklung bei ihrer Bildung leicht zu berechnen.

Beispiel:

Im Übungsbeispiel 48 berechneten wir, daß für 1000 kg Roheisen 534,09 kg Kohlenstoff in die Gase übergingen. Die Analyse der Gase ergab für 1 cbm Gas 0,207 36 kg Kohlenstoff; als Quotient dieser Größen erhielten wir das Gasvolum für 1000 kg Roheisen = 2575,6 cbm. Nach der Analyse war davon

$$2575{,}6 \cdot 0{,}231 = 595{,}0 \text{ cbm CO und}$$
$$2575{,}6 \cdot 0{,}148 = 381{,}2 \text{ ,, } CO_2,$$

deren Gewichte sind:

$$595{,}0 \cdot 1{,}26 = 749{,}7 \text{ kg CO und}$$
$$381{,}2 \cdot 1{,}98 = 754{,}8 \text{ ,, } CO_2.$$

Die Stoffbilanz zeigt, daß 49,1 kg CO_2 in dem benutzten Kalkstein enthalten sind und daß dieses CO_2 sich direkt den Gasen beimischt. Wenn wir diese Menge abziehen, erhalten wir das im Ofen durch Verbrennung von Kohlenstoff entstandene Gasgemisch, bestehend aus 705,7 kg CO_2 neben 749,7 kg CO, die an Kohlenstoff enthalten:

$$705{,}7 \cdot \frac{12}{44} = 192{,}5 \text{ kg C in } CO_2.$$

und

$$749{,}7 \cdot \frac{12}{28} = 321{,}3 \text{ kg C in CO}$$

Die Wärmeentwicklung im Ofen durch die Verbrennung von Kohlenstoff beträgt

$$\begin{array}{rlr} 192{,}5 \cdot 8100 & = & 1\,559\,250 \text{ Kal.} \\ 321{,}3 \cdot 2430 & = & 780\,760 \text{ ,,} \\ \hline 513{,}8 & \text{Summe} & 2\,340\,010 \text{ Kal.} \end{array}$$

Wenn der gesamte Kohlenstoff zu CO_2 hätte verbrannt werden können, wäre die Wärmeentwicklung

$$513{,}8 \cdot 8100 = 4\,161\,780 \text{ Kal.}$$

gewesen, woraus hervorgeht, daß nur 56 % vom Heizwert des Kohlenstoffs im Ofen zur Entfaltung kamen, während die übrigen 44 % als aufgespeicherter Heizwert in den Gasen vorhanden waren, wovon ein Teil dem Ofen wieder als fühlbare Wärme im heißen Winde zugeführt wurde.

Es bestehen einigermaßen Zweifel, wie das CH_4 im Gas zu behandeln ist, nämlich, ob seine Bildungswärme dem Ofenprozesse zugute kommt oder nicht. Die Bildungswärme ist $(C, H_4) = 22\,250$ oder 1854 Kal. für 1 kg Kohlenstoff im Methan. Das Gas entsteht wahrscheinlich größtenteils durch trockne Destillation des Brennstoffs bei hoher Temperatur, und es erscheint wohl möglich, daß die Wärme, welche zur Entbindung des Methans aus dem Brennstoff verbraucht wird, ebensoviel beträgt als die Bildungswärme des Gases aus Kohlenstoff und Wasserstoff. Wir kommen daher vielleicht der Wahrheit sehr nahe, wenn wir das Methan ganz vernachlässigen. Wenn es im obigen Beispiel berücksichtigt werden soll, sind die Zahlen:

Volum des CH_4 2575,6 · 0,005	= 12,88 cbm
Gewicht des Methankohlenstoffs 12,88 · 0,54	= 6,9 kg
Bildungswärme: 6,9 · 1854	= 12 793 Kal.

Es ist hervorzuheben, daß bei dieser Berechnung der Verbrennungswärme des Kohlenstoffs gar keine Voraussetzung darüber gemacht ist, wo im Ofen die Oxydation stattfindet. Vor allen Dingen begehe man nicht den Irrtum, anzunehmen, daß die aus der Bildung von CO herrührenden 780 760 Kal. etwa die Wärmeentwicklung vor den Formen darstellen. Nichts würde der Wirklichkeit weniger entsprechen. Ein großer Teil des Kohlenstoffs wird vor den Formen zu CO verbrannt, ein weiterer Teil noch oberhalb der Formen, ein wesentlicher Teil dieses CO wird aber nachträglich durch den Sauerstoff der Beschickung zu CO_2 oxydiert. Es ist auch angängig, die durch Oxydation des Kohlenstoffs im Ofen entwickelte Wärme in zwei Teile zu zerlegen, indem wir nämlich annehmen, daß der gesamte Kohlenstoff zunächst CO bildet, von welchem nachträglich ein Teil weiter zu CO_2 oxydiert wird, entsprechend der im Ofen gebildeten Menge des letzteren Gases.

Auf unser Beispiel angewandt, erhalten wir

513,8 kg C zu CO	= 5,138 · 2430	=	1 248 535 Kal.
449,2 kg CO zu CO_2	= 449,2 · 2430	=	1 091 475 „
			2 340 010 Kal.

Wir sehen daraus, daß von der gesamten durch Oxydation des Kohlenstoffs erzeugten Wärme etwa die Hälfte auf die Oxydation zu CO entfällt und die andere Hälfte auf die weitere Oxydation von CO zu CO_2, und wir wissen bereits, daß der erstere Vorgang hauptsächlich vor den Formen, der letztere dagegen während der Reduktion der Beschickung in den oberen Teilen des Ofens stattfindet.

Wenn wir nun die Menge des zugeführten Windes oder vielmehr die Sauerstoffmenge im Wind kennen oder durch Rechnung ermittelt haben, dann ist die vor den Formen durch Kohlenstoffoxydation erzeugte Wärme zu berechnen. Für das obige Beispiel entnehmen wir gleichfalls dem Übungsbeispiel 48, daß der Sauerstoff im Wind 557,7 kg beträgt. Diese Sauerstoffmenge genügt, um $557{,}7 \cdot 0{,}75 = 418{,}3$ kg Kohlenstoff zu CO zu verbrennen, wodurch

$$418{,}3 \cdot 2430 = 1\,016\,410 \text{ Kal.}$$

erzeugt werden oder 44 % der gesamten Wärmeentwicklung im Ofen, wohingegen 1 323 600 Kal. oberhalb der Formen durch den Sauerstoff der Beschickung entwickelt werden.

Diese Zahlen zeigen uns für diesen besonderen Ofen, wo und wie die hauptsächliche Wärmeentwicklung stattfindet, und eine ähnliche Rechnung läßt sich bei jedem Hochofen durchführen, wenn wir die nötigen Daten besitzen.

3. Fühlbare Wärme im heißen Wind.

Um diese Berechnung auszuführen, müssen wir das Gewicht oder das Volum der verschiedenen Bestandteile des Windes sowie dessen Temperatur kennen. Zunächst entsteht die Frage, welche Ausgangstemperatur bei der Berechnung zu wählen ist. Am bequemsten ist es, 0^0 zu wählen, weil unsere mittleren spez. Wärmen von 0^0 aus gezählt sind, und da die mittlere Temperatur in den großen eisenerzeugenden Ländern um höchstens 15^0 von 0^0 verschieden ist, fällt der Fehler durch Anwendung von 0^0 als Basis nicht ins Gewicht. Natürlich kann auch jede andere gerade herrschende Temperatur als Ausgangstemperatur benutzt werden, wenn man die mit der Umrechnung der spez. Wärmen verbundene Rechnung nicht scheut.

Die Temperatur des Windes sollte möglichst nahe den Formen gemessen werden, um der Abkühlung des Windes in den Leitungen durch Strahlung und Ausdehnung Rechnung zu tragen. Die Bestandteile des Windes sind Luft und Feuchtigkeit. Die mittlere spez. Wärme der ersteren zwischen 0 und t ist $0{,}303 + 0{,}000\,027\ t$ für 1 cbm, der letzteren $0{,}34 + 0{,}000\,15\ t$. Die Feuchtigkeit kann unter Umständen bis 5 % des Windes ausmachen, und ihre fühlbare Wärme sollte daher für sich berechnet werden.

Beispiel:

Bei einer Außentemperatur von 30° und bei Verwendung von Luft, die mit Feuchtigkeit gesättigt ist (Regen), ist die fühlbare Wärme im Wind zu berechnen, wenn der Wind dem Ofen 1859,1 kg Stickstoff zuführt und 600° heiß ist. Der Luftdruck sei 720 mm. Die Wärmen werden von 0° aus gerechnet.

Lösung:

Der von dem Zylindergebläse angesaugte Wind enthält im Kubikmeter soviel Feuchtigkeit, als er überhaupt aufnehmen kann. Der Druck des Wasserdampfes ist somit 31,5 mm. Der auf die eigentlichen Luftbestandteile entfallende Druck ist dann 720 — 31,5 = 688,5 mm. 1 cbm feuchte Luft enthält infolgedessen:

$$\frac{31,5}{720} = 0,0438 \text{ cbm Wasserdampf und}$$

$$\frac{688,5}{720} = 0,9562 \text{ cbm (trockene) Luft.}$$

Dieses Verhältnis bleibt das gleiche, welche Temperatur das Gemisch auch über 30° hinaus annehmen mag. Bei 0° würde die Feuchtigkeit größtenteils verdichtet werden, aber für den Zweck der Berechnung können wir die feuchte Luft bei 0° ohne Kondensation von Wasserdampf annehmen. Dasjenige Volum des feuchten Windes, welches bei 0° und 760 mm 1 cbm entspricht, würde bei 600° an Wärme enthalten:

H_2O	$0,0438\,[0,34 + 0,000\,15 \cdot 600]\,600 =$	11,3 Kal.
Luft	$0,9562\,[0,303 + 0,000\,027 \cdot 600]\,600 =$	179,7 ,,
	Summe	191,0 Kal.

In diesem Volum ist an Stickstoff vorhanden:

$$0,9562 \cdot 1,293 \cdot \frac{10}{13} = 0,9511 \text{ kg.}$$

Mit den 1859,1 kg Stickstoff wird an Wärme dem Ofen zugeführt:

$$191,0 \cdot \frac{1859,1}{0,9511} = 373\,344 \text{ Kal.}$$

also mehr als ein Drittel der durch Kohlenstoffverbrennung vor den Formen erzeugten Wärme.

4. Bildungswärme des Roheisens aus seinen Bestandteilen.

Das Roheisen enthält mehrere Prozent, im ganzen etwa 5—10 %, Fremdbestandteile, nämlich Kohlenstoff, Silizium, Mangan, Phosphor, Schwefel und andere Elemente. Die Wärme, die bei ihrer Verbindung mit dem Eisen auftritt ist einigermaßen unbestimmt, auf keinen Fall aber beträchtlich. Berthelot hat die Verbindungswärme von Kohlenstoff und Eisen (Fe_3, C) = 8460 Kal. bestimmt oder 705 Kal. für 1 kg Kohlenstoff, und ein anderer Forscher (Ponthière) hat für die Verbindungswärme von Phosphor und Eisen den Wert 0 gefunden. Bei der gegenwärtigen Unsicherheit ist es kaum angängig, für andere Elemente als den Kohlenstoff die Verbindungswärme zu berücksichtigen.

5. Bildungswärme der Schlacke aus ihren oxydischen Bestandteilen.

Die hier auftretenden Wärmemengen sind beträchtlicher als beim Roheisen, aber leider bis jetzt nicht mit hinreichender Genauigkeit bekannt. Die Hauptbestandteile der Schlacke sind SiO_2, Al_2O_3, CaO, MgO und CaS, welche aus dem Ton, Kalkstein und Eisensulfid stammen. Wenn wir auf der anderen Seite der Bilanz die Wärmemengen berücksichtigen, die zur Dehydratisierung des Tones, zum Austreiben des Kohlendioxydes aus den Karbonaten, zur Zersetzung des Eisensulfids, und zur Reduktion des zur Bildung von CaS nötigen Kalziums verbraucht werden, dann sind wir auch berechtigt, unter den wärmegebenden Prozessen die Verbindungswärmen von CaO und MgO mit Tonerdesilikaten, die Bildungswärme von CaS und seine Lösungswärme in der Schlacke aufzuführen. Die Bildungswärme von CaS ist 94 300 Kal. oder 2947 Kal. für 1 kg Schwefel. Die Lösungs- bzw. Verbindungswärme des CaS mit der Silikatschlacke ist unbekannt. Die Verbindungswärme des Kalks mit Tonerdesilikaten ist nur für das Verhältnis 3 CaO auf $Al_2Si_2O_7$, d. h. für 168 Teile CaO auf 222 Teile Tonerdesilikat bestimmt worden. Der in Le Chateliers Laboratorium ermittelte Wert ist (3 CaO, $Al_2Si_2O_7$) = 33 500 Kal. d. h. 200 Kal. für 1 kg CaO oder 150 Kal. für 1 kg $Al_2O_3 + SiO_2$. Für andere Verhältnisse wäre die Berechnung nach Maßgabe des Gehaltes an Kalk (+ Kalkäquivalent der Magnesia) vorzunehmen, wenn dieser niedriger als 168 : 222 ist, und auf Grundlage des Gehaltes an Kieselsäure + Tonerde, wenn ihr Verhältnis zum Gesamtkalk niedriger als 222 : 168 ist. Es ist wahrscheinlich, daß wir in absehbarer Zeit genauere Werte für diese Wärmemengen besitzen werden.

Eine weitere Wärmequelle im Hochofen ist noch nicht berücksichtigt, die allerdings meistens nicht in Betracht kommt und deshalb auch oben in der Bilanz nicht aufgeführt wurde. Es ist dies die Wärme in der heißen Beschickung. Es kommen jedoch nur sehr selten geröstete Erze in heißem Zustand auf den Ofen; in diesem Falle ist natürlich die fühlbare Wärme der Beschickung als Einnahme in Rechnung zu setzen.

Absorbierte und abgegebene Wärme.

Auf dieser Seite der Bilanz kommen folgende Wärmemengen in Betracht:

1.) fühlbare Wärme der Abgase, einschließlich des darin anwesenden Wasserdampfes;
2.) fühlbare Wärme in der ausfließenden Schlacke;
3.) Fühlbare Wärme in dem abgestochenen Roheisen.
4.) Wärmeabgabe durch Leitung in den Untergrund;
5.) Wärmeabgabe durch Leitung und Strahlung in die Luft;
6.) Wärmeabgabe an das Kühlwasser der Formen usw;
7.) Wärme zum Dehydratisieren der Beschickung;
8.) Wärme zum Verdampfen des Wassers aus der Beschickung;
9.) Wärme zur Zersetzung der Karbonate;
10.) Bei der Reduktion der Eisenoxyde gebundene Wärme;
11.) Bei der Reduktion anderer Metalloxyde gebundene Wärme;
12.) Bei der Zersetzung der Feuchtigkeit des Windes gebundene Wärme.

1. Fühlbare Wärme in den Abgasen.

Die Menge der Gase ist nur aus dem Kohlenstoffinhalt in 1 cbm und den bekannten Gewichtsmengen Kohlenstoff, die dem Ofen zugeführt werden und ihm entströmen, zu berechnen. Wenn die Gase viel Koksstaub aus dem Ofen mitführen, so ist dieser Kohlenstoff als Kohlenstoff, der in fester Form abgegeben wird, zu berücksichtigen. Die Gase werden gewöhnlich trocken gemessen und analysiert; wenn sie ungetrocknet zur Analyse kämen, würde ein unbestimmter Betrag an Feuchtigkeit kondensiert werden. Die Menge der Feuchtigkeit in den Gasen wird entweder gleich der aus der Beschickung ausgetriebenen angenommen, oder sie wird direkt bestimmt, indem man ein gemessenes Volum der Gase durch ein gewogenes Chlorkalziumrohr oder eine andere Trockenvorrichtung streichen läßt. Um einen guten Durchschnittswert zu erhalten, sind viele Bestimmungen nötig, denn unmittelbar nach dem Begichten sind die Gase viel feuchter als kurz vorher. Der Staub muß vor dem Trockenapparat zurückgehalten werden, z. B. durch ein trocknes Asbestfilter. Die Temperatur der Gase ist als Mittelwert während einer längeren Zeit zu bestimmen; ein Thermoelement im Gasabzugsrohr gibt gleichmäßigere und genauere Werte, als wenn es im Ofen selbst über der Beschickungsoberfläche eingeführt ist.

Das Gewicht der Feuchtigkeit in Kilogramm für 1 cbm wird dann auf Volumverhältnisse unter Normalbedingungen, durch Division durch 0,81 (1 cbm = 0,81 kg), umgerechnet. Mit Hilfe der mittleren spez. Wärme für 1 cbm wird die fühlbare Wärme der Gase von 0^0 aus berechnet. Der Wasserdampf wird dabei einfach als Gas behandelt und sein Wärme über derjenigen von 0° als fühlbare Wärme berechnet. Dabei ist die latente Verdampfungswärme dieses Wassers als besondere Wärmemenge (606,5 Kal.), d. h. als für die Reaktionen im Ofen verbrauchte Wärme, zu berücksichtigen, wobei mit dem Wasserdampf in genau derselben Weise verfahren wird wie mit dem Kohlendioxyd, das, aus den Karbonaten im Ofen ausgetrieben, sich den Gasen beimischt. Durch dieses Vorgehen wird viel Unsicherheit bezüglich der Wärme im Wasserdampf beseitigt.

Wenn die Menge des Gichtstaubes irgendwie beträchtlich ist, ist sie zu bestimmen und seine fühlbare Wärme der des feuchten Gases hinzuzufügen. Die fühlbare Wärme im Staub ist aus seinem Gehalt an Kohlenstoff, Eisenoxyd und Kieselsäure, der durch Analyse zu ermitteln ist, zu berechnen.

2. Fühlbare Wärme in der ausfließenden Schlacke.

Das Gewicht der Schlacke wird selten direkt bestimmt, kann aber aus der Stoffbilanz mit aller erforderlichen Genauigkeit berechnet werden. Sowohl die Temperatur der Schlacke und ihre mittlere spez. Wärme im festen und flüssigen Zustand als ihr Schmelzpunkt und ihre latente Schmelzwärme sind leider fast immer unbekannt. Die einzige Größe, die für den vorliegenden Zweck nötig ist, ist die Gesamtwärme in der Gewichtseinheit Schlacke, wie sie aus dem Ofen fließt. Sie ist leicht zu bestimmen; ein einfaches Kalorimeter mit einem genauen Thermometer genügt dazu. Das Kalorimeter wird mit einer genau gewogenen Menge Wasser beschickt, und man läßt nun etwas flüssige Schlacke direkt einlaufen. Der Temperaturanstieg wird beobachtet, die Menge der granulierten Schlacke durch nachträgliches Abfiltrieren, Trocknen und Wägen bestimmt und daraus eine befriedigende Angabe über die Gesamtwärme erhalten. Man korrigiert den Wert dann auf 0° durch Einführung einer angenäherten spez. Wärme von etwa 0,20 für das Gebiet zwischen 0° und der Endtemperatur im Kalorimeter. In diesem Zusammenhang ist es wichtig zu bemerken, daß die kalorimetrischen Bestimmungen Akermans sich auf eben geschmolzene Schlacken beziehen, während die aus dem Hochofen ausfließende Schlacke eine Temperatur von etwa 200—500° über dem Schmelzpunkt hat und deshalb 50—150 Kal. mehr enthält als der von Akerman für Schlacke von ähnlicher Zusammensetzung beobachtete Wert. Da die Bestimmungen Akermans zwischen 350 und 400 Kal. liegen, so beträgt die Wärme in der ausfließenden Schlacke etwa 400—550 Kal. Für 30 schwedische Hochöfen hat Akerman selbst im Mittel 530 Kal. als Wärmeinhalt der ausfließenden Schlacke gefunden, und Bell benutzt in den meisten Berechnungen 550 Kal. für die Öfen in Cleveland (England).

3. Wärme in dem abgestochenen Roheisen.

Die Wärme in eben geschmolzenem Roheisen ist offenbar zu niedrig für diese Berechnung. Das um 200—500° über den Schmelzpunkt erhitzte Roheisen, wie es aus dem Ofen fließt, wird für 1 kg 50—100 Kal. mehr enthalten. Da die zuerst angeführte Wärmemenge etwa 245 Kal. beträgt, so erhalten wir für ein Roheisen, wie es direkt aus dem Ofen fließt, 300—350 Kal. Bell benutzt für Cleveland-Öfen 330. Für schwedische Öfen hat Akerman 250—325 festgestellt. Wir können demnach für Hochöfen mit Koks bei kaltem Gang 300, bei sehr heißem Gang 350 rechnen.

4. Wärmeabgabe durch Leitung in den Untergrund.

Dieser Betrag ist sehr unsicher. Er wechselt nach der Beschaffenheit des Untergrundes und ist als eine für die Einheit Roheisen konstante Größe anzusehen. Auf die Einheit Roheisen bezogen ist der Betrag höher für kleine, langsamgehende Öfen als für große, schnellgehende. Unter sonst gleichen Umständen ist er niedriger bei reichen, höher bei armen Erzen. Wir werden den Betrag auf 60—200 Kal. für die Einheit Roheisen zu schätzen haben.

Bell benutzt 169 Kal. bei einem bestimmten Cleveland-Ofen: der Wert ist aber bei einigen HolzkohlenHochöfen, die mit reinem Erz und Brennstoff und demgemäß mit niedrigem Wärmebedarf betrieben werden, sicher kleiner als 100 Kal,

5. Wärmeabgabe durch Leitung und Strahlung in die Luft.

Auch dieser Betrag ist für einen gegebenen Ofen für den ganzen Tag eine annähernd konstante Größe; er ist für die Einheit Roheisen umso niedriger, je flotter der Ofen geht. Der Betrag mag zwischen 60 und 250 Kal. für die Einheit Roheisen liegen, wobei ersterer Wert für Öfen mit niedrigem Wärmebedarf, letzterer bei hohem Wärmebedarf gilt. Wenn der Betrag berechnet werden sollte, würde er proportional der Zeit sein, und er würde die Kenntnis der Temperatur des Ofenmantels sowie der äußeren Luft, der Windgeschwindigkeit und der gesamten äußeren Oberfläche des Ofens fordern. Nach den früher gegebenen Grundsätzen der Wärmeleitung und Wärmestrahlung wäre dann die für 1 Tag abgegebene Wärme zu finden. Diese Rechnung ist bis jetzt für keinen einzigen Ofen ausgeführt worden; vielmehr werden die Wärmebeträge 4 und 5 vereinigt und zusammen aus der Differenz bestimmt. Ihre Summe liegt dann zwischen 100 und 500 Kal. für die Einheit Roheisen, und zwar bei Holzkohlenöfen von niedrigem Wärmebedarf im Mittel etwa bei 100—150, bei Cleveland-Öfen bei 200—450 (Bell) und bei großen modernen Öfen mit dünnen Wänden bei großer Höhe bei 300—500 Kal.

6. Wärmeabgabe an das Kühlwasser.

Bei den altmodischen Hochöfen mit schwerem Mauerwerk und kaltem Wind war dieser Betrag = 0. Mit der Einführung des erhitzten Windes trat auch das zur Kühlung der Formen notwendige Wasser als wärmeverzehrender Faktor auf. Die vom Kühlwasser aufgenommene Wärme ist umso größer, je stärker der Ofen geblasen wird, steigt jedoch nicht im gleichen Maß wie die Leistung.

Der Wärmeverlust im Kühlwasser der Formen mag zwischen 50 und 100 Kal. auf die Einheit Roheisen betragen. Der Verlust durch Kühlung der Rastplatten und des Gestellpanzers bei modernen Öfen kann jeden Wert bis hinauf zu 200 Kal. annehmen. Diese beiden Beträge sind an einem modernen Ofen sehr groß, stellen aber notwendige Wärmeausgaben dar, um den Ofen bei schnellem Gang zu schützen. Bei einem gegebenen Ofen können sie mit aller erforderlichen Genauigkeit aus der Menge des Kühlwassers und dessen Temperatur, vor und nach dem Gebrauch, berechnet werden.

7. und 8. Dehydratisieren und Trocknen der Beschickung.

Die Beschickung enthält sowohl Wasser in Form von Feuchtigkeit, wie auch chemisch gebundenes Wasser.

Bei der Umwandlung der Feuchtigkeit durch einen mäßig warmen Luftstrom in Dampf werden auf 1 kg Wasser 606,5 Kal. gebunden. Dieser Wert bezieht sich ausschließlich auf die Verdampfung im Ofen und nimmt keine Rücksicht auf die fühlbare Wärme, die der Dampf bei der Temperatur der heißen Gase dem Ofen entführt. Dieser letztere Betrag ist schon unter 1 eingerechnet. Das sehr gebräuchliche Verfahren, für die Verdampfung der Feuchtigkeit 637 Kal. zu rechnen, ist falsch, denn dieser Betrag stellt den Wärmeverbrauch dar, um 1 kg Wasser von 0^0 in Dampf von 100^0 zu verwandeln, und enthält somit einen Wärmebetrag, der eigentlich die fühlbare Wärme in den Abgasen darstellt. Auf der anderen Seite ist es ebenso falsch, die Verdampfungswärme der Feuchtigkeit mit in die fühlbare Wärme der Abgase einzubeziehen. Das ist ebenso logisch oder vielmehr unlogisch, als wenn man die latente Verdampfungswärme des CO_2 als fühlbare Wärme in den Gasen rechnen würde. Um aus den hydratisierten Mineralien der Beschickung das Hydratwasser auszutreiben, ist ein weiterer Betrag an chemisch gebundener Wärme nötig. Soweit bekannt, ist diese Wärmemenge bei den hydratisierten Eisenoxyden nur sehr gering, so daß sie vernachlässigt werden darf; zum Dehydratisieren des Tones ist dagegen eine bedeutende Wärme nötig, da ($2\,H_2O$, $Al_2Si_2O_7$) = 22 000 Kal. ist, d. h. 611 Kal. für 1 kg Wasser. Um das ausgetriebene Hydratwasser zu verdampfen, sind weiter 607 Kal. nötig, so daß jedes Kilogramm Wasser, welches an Ton chemisch gebunden ist, im Ofen einen Wärmeverbrauch von 611 + 607 = 1218 Kal. bedingt. (Der Wert gilt natürlich nur für das chemisch gebundene, nicht für das hygroskopische Wasser im Ton.)

Bei stark tonigen Erzen kann dieser Wärmeverbrauch bedeutend werden, und hieraus erklärt sich bis zu einem gewissen Grade die Schwierigkeit beim Verschmelzen solcher Erze. Das Hydratwasser wird zum Teil erst bei Rotglut ausgetrieben, und durch die Wärmebindung werden die heißeren Zonen des Ofens stark gekühlt.

9. Zersetzung der Karbonate.

Roher Kalkstein oder Dolomit bilden das gewöhnliche Zuschlagsmaterial im Hochofen. Sie geben ihr Kohlendioxyd zwischen 600° und 800° ab. Ob nun nachträglich etwas von diesem CO_2 durch Berührung mit Kohlenstoff zu CO reduziert wird, ist für die Wärmebilanz gleichgültig; denn es entweicht in den Abgasen stets mehr CO_2, als den Karbonaten entspricht, und nur die Mengen CO und CO_2 in den Gasen, die nach Abzug des CO_2 der Zuschläge übrig bleiben, werden als im Ofen gebildet angesehen. Bell führte auch den Wärmeverbrauch der Reaktion $CO_2 + C = 2\,CO$ auf. Dies ist aber ein Irrtum; denn erstens ist es zweifelhaft, wieviel von dem CO_2 in dieser Weise umgesetzt wird, und vor allen Dingen ist die ganze Frage nur eine Frage der Wärmeverteilung im Ofen, aber für die gesamte Wärmeentwicklung oder -bindung ohne Bedeutung. Wir können also diese Zersetzung des CO_2 vernachlässigen (in gleicher Weise und aus analogen Gründen wie die mit der Abscheidung von Kohlenstoff im oberen Teil des Ofens verknüpfte Wärmeentwicklung nach der Reaktion $2\,CO = CO_2 + C$) und brauchen nur den mit der Austreibung des CO_2 verbundenen Wärmeverbrauch zu berücksichtigen. Dieser beträgt für die verschiedenen Karbonate

(CaO, CO_2)	= 45 150	Kal.	= 1026	Kal.	für	1 kg CO_2
(MgO, CO_2)	= 29 300	,,	= 666	,,	,,	1 ,, ,,
(MnO, CO_2)	= 22 200	,,	= 500	,,	,,	1 ,, ,,
(FeO, CO_2)	= 24 900	,,	= 566	,,	,,	1 ,, ,,
(ZnO, CO_2)	= 15 500	,,	= 352	,,	,,	1 ,, ,,

Durch Benutzung dieser Zahlen in Verbindung mit der bekannten Zusammensetzung der Erze und Flußmittel ist die zur Zersetzung der Karbonate nötige Wärme leicht zu berechnen.

10. Reduktion der Eisenoxyde.

Die Bildungswärmen sind:

(Fe, O)	= 65 700	Kal.	= 1173	Kal.	für	1 kg Eisen
(Fe_3, O_4)	= 270 800	,,	= 1671	,,	,,	1 ,, ,,
(Fe_2, O_3)	= 195 600	,,	= 1746	,,	,,	1 ,, ,,

Dieselbe Wärme ist nötig, um diese Verbindungen in Eisen und Sauerstoff zu zerlegen. Wenn das Erz als Karbonat vorhanden ist, so kann zuerst die zur Austreibung des CO_2 aus $FeCO_3$ nötige und dann die zur Reduktion von FeO erforderliche Wärme für 1 kg Eisen berechnet werden. Wenn Eisen verschlackt wird, geschieht es immer in der Form von FeO, und wenn das Erz aus Fe_2O_3 oder Fe_3O_4 besteht, ist die Reduktion dieser Verbindungen zu FeO mit einem Wärmeverbrauch von 573 bzw. 498 Kal. für 1 kg Eisen verbunden, wie ohne weiteres aus den Bildungswärmen der drei Oxyde ersichtlich ist.

Für FeS ist die Bildungswärme

$$(Fe, S) = 24\,000 \text{ Kal.} = 429 \text{ Kal. für 1 kg Fe.}$$

Wenn das Eisen teilweise als Silikat z. B. als Puddelschlacke aufgegeben wird, ist noch ein weiterer Wärmebetrag zur Reduktion nötig, entsprechend der Bildungswärme des Eisensilikates aus den Eisenoxyden und Kieselsäure. Nur für das Bisilikat ist dieser Wert bestimmt

$$(FeO, SiO_2) = 9800 \text{ Kal.} = 148 \text{ Kal. für 1 kg } SiO_2.$$

Die aufgegebenen Schlacken sind reicher an Eisen, und der Wärmebetrag wird deshalb zweckmäßig auf die freizumachende Kieselsäure berechnet. Das Gesamtgewicht an Kieselsäure in der Schlacke mit 148 vervielfacht gibt den für die Zerlegung der Schlacke in FeO und SiO_2 anzunehmenden Wärmeverbrauch.

11. Reduktion anderer Metalloxyde.

Im Roheisen ist gewöhnlich Silizium enthalten. Für die Reduktion der Kieselsäure zu Silizium sind nötig

$$(Si, O_2) = 180\,000 \text{ Kal.} = 6413 \text{ Kal. für 1 kg Si.}$$

Es bestehen einige Zweifel über diesen (von Berthelot ermittelten) Wert. Neuere, noch nicht veröffentlichte, Bestimmungen ergaben 196 000 bzw. 7000 Kal.

Mangan ist oft in den Erzen als Mn_2O_3, Mn_3O_4 und MnO_2 vorhanden und geht teilweise als MnO in die Schlacke. Bei der Reduktion der Oxyde zu metallischem Mangan ist der Wärmeverbrauch:

$$\begin{aligned}(Mn, O) &= 90\,900 \text{ Kal.} = 1653 \text{ Kal. für 1 kg Mn}\\ (Mn_3, O_4) &= 328\,000 \text{ ,,} = 1988 \text{ ,, ,, 1 ,, ,,}\\ (Mn, O_2) &= 125\,300 \text{ ,,} = 2278 \text{ ,, ,, 1 ,, ,,}\end{aligned}$$

Für die Reduktion von Mn_3O_4 bzw. MnO_2 zu MnO für die Schlacke wird für 1 kg Mn 335 bzw 625 Kal. verbraucht.

Der Schwefel stammt gewöhnlich aus der Reduktion von FeS, die 667 Kal. für 1 kg S verbraucht. Es ist aber zu beachten, daß diese Wärmemenge nicht doppelt gerechnet wird: Wenn einmal unter

Eisen berücksichtigt, darf sie nicht nochmals unter Schwefel aufgeführt werden.

Phosphor wird bei der Erzeugung von Thomasroheisen in erheblichen Mengen, zum größten Teil wohl aus Kalziumphosphat reduziert. In diesem Falle ist der Wärmeverbrauch zur Reduktion die Summe aus der Bildungswärme des P_2O_5 und der Verbindungswärme von P_2O_5 mit Kalk. Die Werte sind:

(P_2, O_5) = 365 300 Kal. = 5892 Kal. für 1 kg P
$(3\,CaO, P_2O_5)$ = 159 400 „ = 2410 „ „ 1 „ „

Der Wärmeverbrauch, um aus Kalziumphosphat 1 kg P freizumachen unter Hinterlassung von CaO, beträgt somit 8302 Kal. Wenn der Hochofen Roheisen mit mehreren Prozenten Phosphor liefert, kann dieser Wärmeverbrauch auf einen ziemlich großen Betrag kommen.

Kalzium kommt in der Schlacke als CaS vor. Zur Reduktion des Kalkes ist nötig

(Ca, O) = 130 500 Kal. = 3263 Kal. für 1 kg Ca.

Andere Elemente als die obigen treten selten in bemerkenswerten Mengen im Roheisen auf. Wenn vorhanden, sind ihre Reduktionswärmen aus den thermochemischen Tabellen zu ersehen. Diejenigen des Wolframs, Titans, Molybdäns und Chroms sind noch unbekannt.

12. Zersetzung der Feuchtigkeit im Wind.

Die Zersetzungswärme ist auf Wasser als Dampf zu rechnen, sie beträgt:

(H_2, O) Dampf = 58 060 Kal. = 3 226 Kal. für 1 kg H_2O
= 29 030 „ „ 1 „ H_2.

Es ist falsch, an dieser Stelle die fühlbare Wärme des Wasserdampfes im heißen Wind zu berücksichtigen, denn diese Wärme wird auf der anderen Seite der Bilanz als dem Ofen zugeführt in Rechnung gesetzt. Ebensowenig ist es am Platze, hier die Wärme abzuziehen, die durch Verbindung des Sauerstoffs aus dem Wasserdampf mit Kohlenstoff zu CO vor den Formen entwickelt wird. Denn auch dieser Wärmebetrag gehört auf die andere Seite der Bilanz und ist dort als Oxydationswärme des Kohlenstoffs schon berücksichtigt.

Übungsbeispiel 54.

Die Zahlen sind zum Teil einem Artikel des Verf. in Transactions American Institute of Mining Engineers 1905 entnommen. Ein mit Lake Superior-Erz gehender Hochofen erhält folgende Beschickung auf 100 Teile erzeugtes Roheisen:

Hämatiterz: 177,6 Teile, von der Zusammensetzung:

H_2O	10,0 %
SiO_2	10,0 %
Al_2O_3	3,5 %
Fe_2O_3	76,5 %

Kalkstein: 44,4 Teile, von der Zusammensetzung:

SiO_2	5,0 %
MgO	4,8 %
CaO	47,6 %
CO_2	42,6 %

Koks: 95,8 Teile, von der Zusammensetzung:

SiO_2	5,3 %
CaO	5,3 %
H_2O	1,0 %
C	88,0 %

Das erzeugte Roheisen hat die Zusammensetzung:

Si	1,0 %
C	4,0 %
Fe	95,0 %

Die Gichtgase bestehen, im getrockneten Zustand, aus:

CO_2	13,0 %
CO	22,3 %
N_2	64,7 %

Der Wind enthielt 12,84 g Feuchtigkeit im Kubikmeter trockner Luft von 24°.

Die Beschickung besteht aus:

Koks	4890 kg
Erz	9060 ,,
Kalkstein	2265 ,,

Tageserzeugung, Roheisen	358 t
Koksverbrauch für 1 Tag	348 187 kg
Temperatur des Windes	382°
Temperatur der Gichtgase	281°
Hubvolum der Gebläsemaschine in der Minute	1132 cbm
Wärme in 1 kg Roheisen	325 Kal.
Wärme in 1 kg Schlacke	525 ,,
Kühlwassermenge für 1 Tag,, um 50° erwärmt	1300 cbm.

Aufgabe:

Zu berechnen ist:

1.) das Gasvolum für 100 kg Roheisen;

2.) die Stoffbilanz für 100 Teile Roheisen;
3.) Volum und Gewicht des Windes für 100 kg Roheisen;
4.) der Wirkungsgrad des Gebläses;
5.) die Wärmebilanz des Ofens;
6.) der Prozentsatz festen Kohlenstoffes, welcher vor den Formen verbrennt;
7.) die vor den Formen erzeugte Wärme in Prozenten der Gesamtwärme;
8.) die Menge des Eisens, welches aus FeO durch festen Kohlenstoff reduziert wird, in Prozenten des gesamten reduzierten Eisens;
9.) die theoretische Höchsttemperatur vor den Formen;
10.) die theoretische Höchsttemperatur, wenn der Wind von Feuchtigkeit vollständig befreit wäre.

Lösung:

1.) Das Volum der Gase für 100 kg Roheisen ergibt sich wie folgt:

Kohlenstoff im Koks: $95{,}8 \cdot 0{,}88$ . . . . $= 84{,}3$ kg

Kohlenstoff im Kalkstein als CO_2: $44{,}4 \cdot 0{,}426 \cdot \frac{3}{11}$ . . $= 5{,}2$ „

Dem Ofen zugeführt . . . . $= 89{,}5$ kg

Kohlenstoff in 100 kg Roheisen . . . . $4{,}0$ „

Kohlenstoff in den Gasen . . . . $= 85{,}5$ kg

Kohlenoxyd und Kohlendioxyd in den Gasen . . . . $= 35{,}3$ %

Kohlenstoff in 1 cbm getrocknetem Gase: $0{,}54 \cdot 0{,}353 = 0{,}190\,62$ kg

Trocknes Gas für 100 kg Roheisen:

$$\frac{85{,}5}{0{,}19062} = 448{,}5 \text{ cbm} \qquad (1)$$

Trocknes Gas für 1 t Roheisen . . . . $= 4485$ cbm

Trocknes Gas in der Minute:

$$\frac{4485 \cdot 358}{60 \cdot 24} = 1115 \text{ cbm}$$

2.) Stoffbilanz für 100 Teile Roheisen:

	Beschickung		Roheisen		Schlacke		Gase	
Erz 177,6	Fe_2O_3	135,6	Fe	95,0			O	40,7
	H_2O	17 8			—		H_2O	17,8
	SiO_2	17,8	Si	1,0	SiO_2	15,7	O	1,1
	Al_2O_3	6 3	—		Al_2O_3	6,3	—	
Zuschlag 44,4	SiO_2	2,2	—		SiO_2	2,2	—	
	CaO	21,1	—		CaO	21,1	—	
	MgO	2,1	—		MgO	2,1	—	
	CO_2	19,0	—		—		CO_2	19,0

		Beschickung		Roheisen		Schlacke		Gase	
Koks 95,8		C	84,3	C	4,0	–		C	80,3
		SiO_2	5,3	—		SiO_2	5,3	—	
		CaO	5,3	—		CaO	5,3	—	
		H_2O	0,9	—		—		H_2O	0,9
Wind 422,2		O_2	96,4	—		—		O	96,4
		N_2	321,3	—		—		N_2	321,3
		H_2O	4,5	—		—		H	0,5
								O	4,0
		Summe	740,0		100,0		58,0		582

Die Beschickung ist aus den angegebenen Gewichten Erz, Zuschlag und Koks und deren prozentischer Zusammensetzung berechnet. Der Wind ist nach der Lösung 3 berechnet.

1,0 Teil Si für das Roheisen erfordert $\frac{1,0 \cdot 60}{28} = 2,1$ Teile SiO_2. Unreduziert bleiben 15,7 Teile SiO_2. In die Gase gehen 1,1 Teile Sauerstoff.

3.) Aus der Stoffbilanz geht hervor, daß von der festen Beschickung 41,8 Teile O, 19,0 Teile CO_2 und 18,7 Teile H_2O in die Gase gehen. Der Wasserdampf geht als solcher in die Gase, weshalb sein Sauerstoff nicht in der Analyse der getrockneten Gase auftritt. Der Sauerstoff in CO_2 beträgt $19,0 \cdot 32 : 44 = 13,8$ Teile, welche, zu den 41,8 Teilen addiert, 55,6 Teile Sauerstoff ergeben, die als CO und CO_2 in den Gasen sich befinden und aus der festen Beschickung stammen.

Der gesamte Sauerstoff als CO und CO_2 in den Gasen ist aus dem Sauerstoff in der Volumeinheit und dem Gesamtvolum der Gase zu berechnen. 1 cbm Gas enthält an Sauerstoff:

$$\text{O in CO} = 0,223 \cdot \left(0,09 \cdot \frac{28}{2}\right) \cdot \frac{16}{28} = 0,160\,56 \text{ kg}$$

$$\text{O ,, } CO_2 = 0,130 \cdot \left(0,09 \cdot \frac{44}{2}\right) \cdot \frac{16}{44} = 0,187\,20 \text{ ,,}$$

$$0,347\,76 \text{ kg.}$$

Schneller ist der Sauerstoff zu finden, wenn man beachtet, daß CO_2 sein gleiches, CO sein halbes Volum Sauerstoff enthält. Da nun 1 cbm Sauerstoff $0,09 \cdot \frac{32}{2} = 1,44$ kg wiegt, so ergiebt sich:

$$\left(\frac{0,223}{2} + 0,130\right) \cdot 1,44 = 0,347\,76 \text{ kg.}$$

In 448,5 cbm Gas beträgt der Sauerstoff $448,5 \cdot 0,347\,76 =$	156 kg
Nach Abzug der aus der festen Beschickung stammenden	55,6 ,,
verbleiben als aus dem Wind herrührend	100,4 kg.

Wenn der Wind aus vollkommen trockner Luft bestände, würde der Stickstoff betragen

$$100{,}4 \cdot \frac{10}{3} = 334{,}7 \text{ kg}.$$

Das Gewicht des Windes ist:

$$334{,}7 + 100{,}4 = 435{,}1 \text{ kg}.$$

und sein Volum unter Normalbedingungen

$$435{,}1 : 1{,}293 = 336{,}5 \text{ cbm}.$$

Der Wind ist aber nicht trocken, und in den 100,4 kg Sauerstoff ist auch der durch Zersetzung der Feuchtigkeit entstandene mit einbegriffen. Der Wind enthält im Kubikmeter trockner Luft von 24° 0,012 94 kg Wasserdampf, der Sauerstoff im Dampf beträgt:

$$0{,}012\,94 \cdot \frac{8}{9} \ldots\ldots\ldots\ldots = 0{,}0115 \text{ kg}.$$

Der Sauerstoff in 1 cbm trockner Luft von 24° wiegt

$$1{,}293 \cdot \frac{3}{13} \cdot \frac{273}{273 + 24} = 0{,}2743 \text{ kg}.$$

Für 1 cbm trockner Luft von 24° wird im ganzen zugeführt . . . . = 0,2858 kg.

Zu der ganzen Sauerstoffmenge von 100,4 kg gehören dann

$$\frac{100{,}4}{0{,}2858} = 351{,}8 \text{ cbm trockene Luft}.$$

Das Volum des feuchten Windes setzt sich dann einfach zusammen aus dem Volum des trocknen Windes + dem Volum des Wasserdampfes. Letzteres ist für 1 cbm trockner Luft von 24°

$$0{,}01294 : \left(0{,}09 \cdot \frac{18}{2} \cdot \frac{273 \cdot 24}{273}\right) = 0{,}017\,38 \text{ cbm},$$

woraus sich das Volum des feuchten Windes bei 24° zu

$$351{,}8 \cdot 1{,}017\,38 = 357{,}9 \text{ cbm}$$

berechnet.

Die Gewichte an Wasser, Sauerstoff und Stickstoff in dem Wind für 100 kg Roheisen (schon in der Stoffbilanz aufgeführt) sind:

$$H_2O\colon\ 0{,}012\,94 \cdot 351{,}8 = 4{,}52 \text{ kg}$$

$$O_2\colon\ 0{,}2743 \cdot 351{,}8 = 96{,}4 \text{ ,,}$$

$$N_2\colon\ 0{,}2743 \cdot \frac{10}{3} \cdot 351{,}8 = 321{,}3 \text{ ,,}$$

Die entsprechenden Volumina bei 0° und 760 mm sind:

H_2O:	Dampf	4,52 : 0,81	=	5,6 cbm
	Luft	417,7 : 1,293	=	322,8 ,,
				328,4 cbm.

Es gibt auch noch verschiedene andere Möglichkeiten zur Lösung, diese werden sich dem aufmerksamen Leser von selbst bieten. Wenn also auch 5 oder 6 verschiedene Wege gleich richtig sind, ist doch logischerweise demjenigen der Vorzug zu geben, der am leichtesten verständlich ist und am raschesten zum Ziele führt. Auf ein Verfahren, das auf Volumverhältnissen fußt, wollen wir noch aufmerksam machen. Der Wasserdampf nimmt das doppelte Volum wie der in ihm enthaltene Sauerstoff (in freiem Zustand) ein. Die Luft enthält 0,208 Volum Sauerstoff.

1 cbm trockner Luft von 24⁰ ist von

$$0{,}012\,94 : 0{,}81 \cdot \frac{273 + 24}{273} = 0{,}0174 \text{ cbm}$$

Wasserdampf begleitet.

Der Sauerstoff im Kubikmeter trockner Luft beträgt daher

$$\begin{aligned} O \text{ als } H_2O &= 0{,}0174 : 2 &&= 0{,}0087 \text{ cbm} \\ O_2 \text{ als Luft} &= 1{,}0000 \cdot 0{,}208 &&= \underline{0{,}2080} \;\; ,, \\ & && \; 0{,}2167 \text{ cbm} \end{aligned}$$

und sein Gewicht:

$$1{,}44 \cdot \frac{273}{273 + 24} \cdot 0{,}2167 = 0{,}2868 \text{ kg.}$$

Das Volum der trocknen Luft von 24^0 für 100 kg Roheisen ist dann:

$$\frac{100{,}4}{0{,}2868} = 350{,}1 \text{ cbm.}$$

Der Unterschied von etwa 0,4 % zwischen diesem Resultat und dem oben gefundenen ist nur auf die Benutzung von Zahlen mit weniger Dezimalstellen zurückzuführen.

4.) Der Wirkungsgrad des Gebläses wird gefunden als Verhältnis zwischen dem Volum des feuchten Windes in der Minute bei 24^0 und dem Hubvolum des Gebläses (1132 cbm in der Minute).

Volum des feuchten Windes für 100 kg Roheisen 357,9 cbm. Volum im Tage: 357,9 · 3580 = 1 281 282 cbm; in der Minute:

$$\frac{1\,281\,282}{60 \cdot 24} = 889{,}8 \text{ cbm.}$$

Wirkungsgrad =

$$\frac{1132}{889{,}8} = 0{,}785 = 78{,}5\,\%. \qquad (4)$$

5.) Die Wärmebilanz ist aus den Zahlen der Stoffbilanz, den schon ausgeführten Berechnungen, sowie aus den weiteren Angaben des Übungsbeispiels leicht zu finden.

Die Stoffbilanz zeigt, daß 80,3 kg Kohlenstoff im Ofen oxydiert werden. Davon ist in den Gasen als CO vorhanden:

$$C \text{ in } CO = 448{,}5 \cdot 0{,}223 \cdot 0{,}54 = 54{,}0 \text{ kg}$$
$$C \text{ in } CO_2 = 80{,}3 - 54 = 26{,}3 \text{ ,, .}$$

Die Wärme im heißen Wind ist aus seinem Volum bei 0°, das oben zu 322.8 cbm trockner Luft und 5,6 cbm Wasserdampf gefunden wurde, zu berechnen. Die mittleren spez. Wärmen für 1 cbm zwischen 0° und 382° sind 0,313 bzw. 0,40. Die Bildungswärme des Roheisens wird aus dessen Kohlenstoffgehalt unter Einrechnung von 705 Kal. für 1 kg C berechnet. Das Silizium wird vernachlässigt.

Die Bildungswärme der Schlacke mit 29,5 kg Kieselsäure und Tonerde neben 28,5 kg Kalk und Magnesia kann mit 150 Kal. für 1 kg Kieselsäure + Tonerde berechnet werden.

A) Wärme-Einnahme. Auf 100 kg Roheisen werden also im Ofen an Wärme erzeugt oder ihm zugeführt:

Kohlenstoff zu CO oxydiert 54,0 · 2430	= 131 220 Kal.
Kohlenstoff zu CO_2 26,3 · 8100	= 213 030 ,,
Fühlbare Wärme im Wind:	
im Wasserdampf 5,6 · 0,40 · 382 in der Luft 322 · 0,313 · 382	= 39 385 ,,
Lösung des Kohlenstoffs im Eisen 4 · 705	= 2 820 ,,
Bildung der Schlacke 29,5 · 150	= 4 425 ,,
Summe	390 880 Kal.

B) Wärmeverbrauch und Wärmeabgabe. Die einzelnen Posten sind: Fühlbare Wärme im abgestochenen Roheisen, 325 Kal. für 1 kg, in der ausfließenden Schlacke, 525 Kal. für 1 kg, fühlbare Wärme in den Gichtgasen bei 281°, Wärme im Kühlwasser, Verlust durch Leitung und Strahlung (aus der Differenz berechnet), Verdampfung der Feuchtigkeit der Beschickung, Austreibung des Kohlendioxyds aus den Karbonaten, Zersetzung der Feuchtigkeit im Wind, Reduktion des Eisens und Siliziums.

Reduktion des Eisens 95 · 1746	= 165 870 Kal.
,, ,, Siliziums 1 · 7000	= 7 000 ,,
Austreiben des CO_2 aus $CaCO_3$ 16,7 · 1026 ,, ,, ,, ,, $MgCO_3$ 2,3 · 666	= 18 666 ,,
Verdampfen des H_2O 18,7 · 606,5.	= 11 342 ,,
Wärme in den Gichtgasen:	
in N_2 und CO 390 cbm · 0,3106 ,, CO_2 58,3 ,, · 0,446 ,, H_2O 23,1 ,, · 0,382 } · 281	= 43 836 ,,

Zersetzung der Feuchtigkeit im Wind: 4,5 kg · 29 040 : 9	= 14 511 Kal.
Wärme in den Schlacken: 58 · 525	= 30 450 „
Wärme im Roheisen: 100 · 325	= 32 500 „
Wärme im Kühlwasser: $\frac{1300 \text{ cbm} \cdot 1000 \cdot 50^0}{3580}$	= 18 160 „
Verlust durch Leitung und Strahlung (Differenz)	= 48 545 „
Summe	390 880 Kal.

6.) Der vor den Formen verbrannte feste Kohlenstoff ist die Menge, die durch den Sauerstoff des Windes zu CO oxydiert werden kann:

Sauerstoff im Wind	= 100,4 kg
Kohlenstoff zu CO verbrannt $100,4 \cdot \frac{12}{16}$	= 75,3 „
Fester Kohlenstoff in der Beschickung	= 84,3 „
Prozent fester Kohlenstoff vor den Formen verbrannt	= 89,3 %

Richtiger ist es, den an den Formen verbrannten Kohlenstoff nur auf den gesamten festen Kohlenstoff zu beziehen, welcher wirklich oxydiert ist, da der zur Kohlung des Eisens dienende doch nicht verbrennt. Wir erhalten danach:

$$\frac{75,3}{84,3 - 40} = 93,8\,\%, \qquad (6)$$

also eine recht gute Annäherung an die „ideale Arbeitsweise" Grüners.

Wenn wir weiter annehmen, daß die Reduktion des Siliziums notwendigerweise durch festen Kohlenstoff erfolgt, so daß die dafür erforderlichen 0,9 kg C in keinem Fall für die Verbrennung vor den Formen verfügbar sind, so erhalten wir eine noch bessere Annäherung an die ideale Arbeitsweise, nämlich:

$$\frac{75,3}{80,3 - 0,9} = 94,8\,\%.$$

Trotzdem arbeitet aber der Ofen nicht sehr vorteilhaft.

7.) Die vor den Formen erzeugte oder verfügbare Wärme läßt sich wie folgt berechnen:

Verbrennung von C zu CO: 75,3 · 2430	= 182 979 Kal.
Wärme im heißen Wind	= 39 385 „
Lösung von C im Eisen	= 2 820 „
Bildung der Schlacke	= 4 425 „
Summe	229 609 Kal.
Hiervon ist abzuziehen die durch Zersetzung des H_2O im Wind gebundene Wärme	= 14 511 „
Verfügbar bleiben	215 098 Kal.

$$\text{oder } \frac{215\,098}{390\,880} = 55\,\%$$

der gesamten Wärmeerzeugung im Ofen.

Bisweilen wird die obige Rechnung in anderer Weise aufgestellt. Man sagt: Durch Oxydation des Kohlenstoffes zu CO und CO_2 wird eine gewisse Wärme entwickelt (in unserem Fall 346 250 Kal.), davon ein bestimmter Anteil durch Verbrennung vor den Formen zu CO (182 979 Kal.). Als Verhältnis ergibt sich dann

$$\frac{182\,979}{346\,250} = 53\,\%,$$

also fast die gleiche Zahl wie oben. Die wirklichen Bedingungen im Ofen gibt diese Berechnungsweise aber weniger gut wieder, denn auch die Wärme des heißen Windes ist vor den Formen für thermische Arbeit verfügbar.

8.) Der Anteil des Eisens, der durch festen Kohlenstoff aus FeO reduziert wird, läßt sich aus der Kohlenstoffmenge finden, die für diesen Zweck verfügbar bleibt:

Kohlenstoff in der Beschickung	84,3 kg
Davon zur Kohlung	4,0 „
Oxydiert werden	80,3 kg
Davon zu CO vor den Formen	75,3 „
Bleiben zur Oxydation oberhalb der Formen	5,0 kg
zur Reduktion von SiO_2 zu Si (1 kg)	0,9 „
zur Reduktion von FeO	4,1 kg.

Dadurch werden reduziert:

$$4{,}1 \cdot \frac{56}{12} = 19{,}1 \text{ kg Fe}$$

oder

$$\frac{19{,}1}{95} = 20\,\% \text{ von dem Gesamteisen.} \qquad (8)$$

9.) Die theoretische Höchsttemperatur vor den Formen ist die Temperatur, auf welche die Verbrennungsprodukte durch die dort verfügbare Wärme gebracht werden können. Die Berechnung gestaltet sich am einfachsten, wenn wir nur die Verbrennung von 1 kg Kohlenstoff betrachten, wodurch 2430 Kal. entwickelt werden, während die Wärme im glühenden Kohlenstoff (gerade vor der Verbrennung) und die fühlbare Wärme im heißen Wind, alle beide als fühlbare Wärme, in den Verbrennungsprodukten bleiben. Abzuziehen ist von dieser Gesamtwärme die durch Zersetzung der Feuchtigkeit gebundene Wärmemenge.

Für 75,3 kg vor den Formen zu verbrennenden Kohlenstoff werden zugeführt 5,6 cbm Wasserdampf und 322,8 cbm trockne Luft, beide bei 0^0, 760 mm gemessen.

Die Volumina für 1 kg Kohlenstoff sind:

H_2O: 5,6 : 75,3 = 0,0738 cbm = 0,0598 kg,
Luft: 322,8 : 75,3 = 4,2869 „ .

Die Verbrennungsprodukte für 1 kg Kohlenstoff sind:

CO 22,22 : 12	= 1,8519 cbm
N_2 321,3 kg : 1,26 : 75,3	= 3,3865 „
H_2 (= Volum des zersetzten Dampfes) . .	= 0,0738 „
Summe	5,3122 cbm.

Die zur Temperaturerhöhung verfügbare Wärme ist:

Verbrennungswärme von 1 kg Kohlenstoff . . .	= 2430 Kal.
Wärme im heißen Wind 39 385 : 75,3	= 523 „
Wärme in 1 kg glühendem Kohlenstoff bei t^0 . .	= 0,5 t − 120
Summe	2833 + 0,5 t Kal.
Davon ab die durch Dampferzeugung gebundene Wärme 14 511 : 75,3	= 193 Kal.
Bleibt verfügbar	= 2640 + 0,5 t Kal.

Wärme-Inhalt der gasförmigen Produkte bei t:

$$5\,3122\,(0{,}303\,t + 0{,}000\,027\,t^2),$$

also

$$5.3122\,(0{,}303\,t + 0{,}000\,027\,t^2) = 2640 + 0{,}5\,t,$$

woraus

$$t = \mathbf{1910^0} \qquad (9)$$

als theoretische Höchsttemperatur vor den Formen.

10.) Wenn der Wind von Feuchtigkeit vollkommen befreit wäre, würde die verfügbare Wärme sein:

durch Verbrennung von 1 kg Kohlenstoff	= 2430 Kal.
Wärme in 4,4685 cbm trockner Luft bei 382^0 = 4,4685 · 0,313 · 382	= 574 „
Wärme in 1 kg Kohlenstoff bei t	= 0,5 t — 120
Verfügbare Wärme	= 2884 + 0,5 t.

Wärmeinhalt der gasförmigen Produkte bei t^0

$$= 5{,}3976\,(303\,t + 0{,}000\,027\,t^2),$$

also

$$5{,}3976\,(0{,}303\,t + 0{,}000\,027\,t^2) = 2884 + 0{,}5\,t,$$

woraus

$$t = \mathbf{2018^0}. \qquad (10)$$

Es ist bemerkenswert, daß diese Höchsttemperatur bei trocknem Wind um 108° höher ist als bei feuchtem. Wenn auch das durch die Formebene tretende Roheisen und die Schlacke diese Höchsttemperatur nicht erreichen, so kann doch angenommen werden, daß sie mit getrocknetem Wind unter sonst gleichen Bedingungen um annähernd 100° höher erhitzt werden.

Dreizehntes Kapitel.

Heißer Wind und trockner Wind.

Übungsbeispiel 55.

Bei dem Hochofen des Übungsbeispiels 54 wurde der Wind vor dem Erhitzen getrocknet, und zwar bis auf einen Feuchtigkeitsgehalt von 4,00 g im Kubikmeter bei — 5°. Die Zusammensetzung von Erz, Kalkstein und Koks war unverändert, ebenso die des erzeugten Roheisens. Die Beschickung für 100 Teile Roheisen bestand aus 177,6 Erz, 44,4 Zuschlag, 77,0 Koks. Aus dem Wind berechnet sich 76,5 Sauerstoff, 255,0 Stickstoff, 1,0 Feuchtigkeit. Analyse der Gase: CO 19,9 %, CO_2 16,0 %, N_2 64,1 %. Tageserzeugung 447 t Roheisen. Temperatur der Gichtgase 191°, des Windes 465°. Hubvolum des Gebläses 963 cbm in der Minute (die Luft im Gebläse hat — 5°). Der Wärme-Inhalt im Roheisen und in der Schlacke wird mit demselben Betrag wie früher, der Wärmeverlust im Kühlwasser um 20 % höher angenommen.

Aufgabe:

Zu berechnen sind:

1.) das Gasvolum für 100 kg erzeugtes Roheisen (trocken gemessen)

Lösung: 355,9 cbm;

2.) die Stoffbilanz für 100 Teile Roheisen (s. S. 262);

3.) das Volum des Windes für 100 kg Roheisen

Lösung: 252,9 cbm bei — 5°;

4.) der Wirkungsgrad des Gebläses

Lösung: 82,3 %;

5.) die Wärmebilanz des Ofens für 100 kg Roheisen:

A) Erzeugte und zugeführte Wärme:

C zu CO	92 950 Kal.
C zu CO_2	206 955 „
Wärme im Wind	37 850 „
Auflösung von Kohlenstoff im Eisen	2 820 „
Bildung der Schlacke	4 260 „
Summe	344 835 Kal.

B) Verbrauchte und abgegebene Wärme:

Reduktion des Eisens	165 870	Kal.
Reduktion des Siliziums	7 000	„
Austreiben der Kohlensäure	18 666	„
Verdampfen der Feuchtigkeit der Beschickung	11 342	„
Wärme in den Gichtgasen	23 799	„
Zerlegung der Feuchtigkeit im Wind	3 225	„
Wärme in der Schlacke	29 820	„
Wärme im Roheisen	32 500	„
Wärme im Kühlwasser	14 922	„
Verlust durch Leitung und Strahlung (Differenz)	37 791	„
Summe	344 835	Kal.

6.) Es sind die Wärmebeträge bei einem Betrieb mit feuchtem und mit getrocknetem Winde zu vergleichen:

	Feuchter Wind	Getrockneter Wind
Verbrennung von C zu CO	131 220	92 950
Wärme im Gichtgas	43 836	23 799
Zersetzung der Feuchtigkeit im Wind	14 511	3 225
Verlust durch Leitung und Strahlung	48 545	37 791.

Wie man sieht, wird bei feuchtem Wind zuviel Kohlenstoff vor den Formen zu CO verbrannt. Der größte wirtschaftliche Vorteil bei der Benutzung von getrocknetem Wind liegt eben in der Möglichkeit, mit weniger Kohlenstoff auszukommen. Die niedrigere Temperatur der Gichtgase bei getrocknetem Wind erklärt sich aus dem geringeren Gesamtvolum der Gase, insbesondere des Stickstoffs. Der direkte Gewinn durch verminderte Zersetzung von Feuchtigkeit macht wirtschaftlich am wenigsten aus. Die geringeren Verluste durch Leitung und Strahlung sind wesentlich dem schnelleren Gang des Ofens zuzuschreiben, da sie für den Tag annähernd konstant sind. Die Verluste stehen in beiden Fällen in dem Verhältnis 1 : 0,76, während die Eisenerzeugung für den Tag umgekehrt das Verhältnis 0,79 : 1 zeigt.

7.) Der an den Formen verbrannte Kohlenstoff ist zu berechnen und in Prozenten des verfügbaren Kohlenstoffs anzugeben. Die Zahlen bei feuchtem und bei getrocknetem Wind sind zu vergleichen.

	Feuchter Wind	Getrockneter Wind
Kohlenstoff vor den Formen verbrannt	75,3	58,05
Gesamtkohlenstoff in der Beschickung	84,3	67,8
Vor den Formen verbrannt %	89,3	85,6
Wirklich verfügbarer Kohlenstoff	79,4	62,9
Vor den Formen verbrannt %	94,8	92,3

[Bei einigen Holzkohlen-Hochöfen mit geringem Wärmebedarf, d. h. bei reinen Erzen und reinem Brennstoff, kann der vor den Formen verbrannte Kohlenstoff bis auf 37 kg für 100 kg erzeugtes Roheisen sinken, was nur 70—75 % vom verfügbaren Kohlenstoff in diesen Öfen entspricht.]

	Beschickung		Roheisen		Schlacke		Gase	
Erz 177,6	Fe_2O_3	135,7	Fe	95,0	—		O	40,7
	H_2O	17,8	—		—		H_2O	17,8
	SiO_2	17,8	Si	1,0	SiO_2	15,7	O	1,1
	Al_2O_3	6,3	—		Al_2O_3	6,3	—	
Zuschlag 44,4	SiO_2	2,2	—		SiO_2	2,2	—	
	CaO	21,1	—		CaO	21,1	—	
	MgO	2,1	—		MgO	2,1	—	
	CO_2	19,0	—		—		CO_2	19,0
Brennstoff 77,0	C	67,8	C	4,0	—		C	63,8
	SiO_2	4,2	—		SiO_2	4,2	—	
	CaO	4,2	—		CaO	4,2	—	
	H_2O	0,8	—		—		H_2O	0,8
Wind 332,5	O_2	76,5	—		—		O	76,5
	N_2	255,0	—		—		N	255,0
	H_2O	1,0	—		—		H	0,1
							O	0,9
Summe		631,5		100,0		55,8		475,7

8.) Die vor den Formen verfügbare Wärme in Prozenten der gesamten im Ofen auftretenden Wärme Lösung: 53 %.

9.) Das durch Reduktion von FeO durch festen Kohlenstoff erzeugte Eisen in Prozenten der gesamten Eisenreduktion

Lösung: 23.8 %.

10.) Die theoretische Höchsttemperatur vor den Formen

Lösung: 1965°.

Heißer Wind.

Jahrhunderte hindurch wurden die Hochöfen mit Holzkohle als Brennstoff und mit kaltem Wind betrieben. Wie sehr die Temperatur des kalten Windes wechseln kann, ist den Erfahrungen eines Hochofen-Betriebsleiters im Ural zu entnehmen, der im Sommer Lufttemperaturen bis 40°, im Winter solche bis — 60° beobachtete. Unter der Annahme einer mittleren Temperatur von 0° im nicht erhitzten Winde läßt sich die theoretische Höchsttemperatur vor den Formen bei der Verbrennung von C zu CO folgendermaßen berechnen:

Durch Verbrennung erzeugt . . . . 2430 Kal.
Wärme im verbrennenden Kohlenstoff . . . . 0,5t—120Kal.
Volum des gebildeten CO und N_2 . . . . 5,3795 cbm

$$\text{Temperatur} = \frac{2310 + 0{,}5\,t}{5{,}3944\,(0{,}303 + 0{,}000\,027\,t)}$$

woraus

$$t = 1678^0.$$

Das ist natürlich nicht so zu verstehen, als ob das Roheisen und die Schlacke diese Temperatur annehmen. Die heißen Gase CO und N_2 haben vor den Formen diese Temperatur; wenn sie aufsteigen und mit dem niedergehenden Eisen und der Schlacke in Berührung kommen, so werden letztere auf Temperaturen erhitzt, die sich zwar der oben genannten nähern, aber immer niedriger bleiben müssen. Die wirkliche Temperatur des Eisens und der Schlacke wird von dem Verhältnis ihrer Menge zu der Menge des Brennstoffs, sowie von der Geschwindigkeit des Niedergehens abhängen.

Bei erhitztem Wind ist dessen fühlbare Wärme einfach dem Zähler des obigen Ausdrucks hinzuzuaddieren. Es ist leicht zu berechnen, wieviel Wärme die 4,4685 cbm Luft bei einer gegebenen Temperatur t dem Ofen zuführen.

$Q = 4{,}4685\,(0{,}303\,t + 0{,}000\,027\,t^2)$. Durch Einführung der Werte von Q für verschiedene Temperaturen und darauffolgende Auflösung der obigen quadratischen Gleichung erhalten wir folgende Werte:

0^0	0 Kal.	1678^0
100^0	137 „	1762^0
200^0	276 „	1845^0
300^0	417 „	1929^0
400^0	561 „	2012^0
500^0	707 „	2096^0
600^0	856 „	2180^0
700^0	1007 „	2265^0
800^0	1160 „	2350^0
900^0	1316 „	2435^0
1000^0	1475 „	2520^0

Eine Temperaturerhöhung des Windes um je 100^0 bewirkt durchschnittlich eine Erhöhung der ausnutzbaren Höchsttemperatur um 85^0. Hierdurch wird auch die Anzahl der Wärmeeinheiten vergrößert und damit auch das Maß und die Intensität der Erhitzung in der Zone vor den Formen. Von diesen beiden Wirkungen ist die Temperatursteigerung die wichtigste; denn diese regelt die Geschwindigkeit der Wärmeübertragung auf die Beschickung und damit die Schmelzleistung des Ofens.

Getrockneter Wind.

Für jedes Kilogramm zerlegten Wasserdampf werden 29 040 : 9 = 3227 Kal. gebunden. Diese Wärmemenge wäre nicht erforderlich, wenn die dazu nötigen 0,67 kg Kohlenstoff durch Luft anstatt durch Wasserdampf oxydiert würden. Für 1 kg Kohlenstoff, der durch Wasserdampf oxydiert wird, werden 58 080 : 12 = 4840 Kal. gebunden, während durch die gleichzeitige Bildung von CO aus diesem Kilogramm Kohlenstoff nur 2430 Kal. entwickelt werden, so daß insgesamt eine Wärmebindung von 2410 Kal. für 1 kg Kohlenstoff stattfindet. Von diesem Betrage ist noch die fühlbare Wärme in dem verbrennenden Kilogramm Kohlenstoff sowie die fühlbare Wärme im Wasserdampf selbst abzuziehen. Erstere beträgt 0,5 t — 120, die letztere ist aus dem Volum des Wasserdampfes, 1,8519 cbm, leicht zu berechnen. Für verschiedene Temperaturen des Wasserdampfes erhalten wir folgende Werte für die Wärmebindung für 1 kg Kohlenstoff:

Temperatur des Wasserdampfes	Wärme im Dampf	Wärme in den Produkten
100°	66 Kal.	0,5 t—2460 Kal.
200°	137 „	0,5 t—2393 „
300°	214 „	0,5 t—2316 „
400°	296 „	0,5 t—2234 „
500°	384 „	0,5 t—2146 „
600°	478 „	0,5 t—2042 „
700°	577 „	0,5 t—1953 „
800°	682 „	0,5 t—1848 „
900°	792 „	0,5 t—1738 „
1000°	907 „	0,5 t—1623 „

Da die fühlbare Wärme des verbrennenden Kohlenstoffs (0,5 t—120) noch lange nicht den Wert 1623 Kal. erreicht, so sehen wir daraus, daß der Wasserdampf auf alle Fälle die vor den Formen verfügbare Wärme vermindert. Außerdem vermehren die Zersetzungsprodukte $CO + H_2$ das Volum der Gase und tragen dadurch auch noch zur Erniedrigung der erreichbaren Temperatur bei.

Die Feuchtigkeit der Luft wird am besten in der Weise bestimmt, daß man die feuchte Luft durch ein mit konzentrierter Schwefelsäure beschicktes Rohr streichen läßt, die hindurchgegangene trockne Luft mißt und aus der Gewichtszunahme des Rohres die Feuchtigkeit ermittelt. So findet man die Feuchtigkeit, die ein Volum trockene Luft begleitet (nicht aber die in einem Volum feuchter Luft vorhandene Feuchtigkeit). Bestimmungen der Luftfeuchtigkeit durch ein trocknes und nasses Thermometer, durch Psychrometer oder die verschiedenen Hygrometer sind alle miteinander weniger zuverlässig als die obige direkte und sehr einfache Methode. Man kann die Resultate in Milligramm im Liter angeben; für die Berechnungen ist es jedoch zweckmäßiger, die Feuchtigkeit in Kilogramm im Kubikmeter anzugeben, was durch einfache Teilung der Milligramm im Liter durch 1000 erreicht wird.

Die theoretischen Temperaturen, die bei Anwendung von feuchtem Wind mit verschiedenem Gehalt an Feuchtigkeit bei verschiedener Temperatur zu erzielen sind, lassen sich nach obigen Darlegungen leicht finden. Die Temperaturen bei der Verbrennung von Kohlenstoff durch trockne Luft von gegebener Temperatur haben wir schon berechnet. Auch haben wir oben eine Tabelle über den bei der Verbrennung von 1 kg Kohlenstoff mit 1,5 kg Wasserdampf auftretenden Wärmeverlust aufgestellt (wobei je 1,8519 cbm CO und H_2 entstehen). Wir können demnach nunmehr die theoretisch erreichbare Temperatur bei Benutzung von Wind mit beliebigem Feuchtigkeitsgehalte und von beliebiger Temperatur berechnen. Ehe wir die betreffende Tabelle mitteilen, wollen wir an einem Beispiel die Berechnungsweise klar machen.

Beispiel:

Welches ist die theoretische Höchsttemperatur bei Verwendung von Luft, die, im Kubikmeter (trocken) und unter Normalbedingungen gemessen, von 10 g Feuchtigkeit begleitet ist, d. h. Luft, die 10 g Feuchtigkeit auf 1,293 kg trockne Luft enthält, wenn sie von vornherein auf 500° erhitzt ist?

Zur Verbrennung von 1 kg Kohlenstoff zu CO sind 4,4685 cbm Luft (unter Normalbedingungen) nötig. Dabei werden 2430 Kal. entwickelt; in der trocknen Luft von 500° sind 707 Kal., in 1 kg verbrennendem Kohlenstoff 0,5 t — 120 Kal. enthalten, und diese gesamte Wärme steigert die Temperatur der 5,3944 cbm betragenden Produkte auf 2096°, wie aus der Auflösung des Ausdrucks

$$t = \frac{2430 + 707 + (0{,}5\,t - 120)}{5{,}3944\,(0.303 + 0{,}000027\,t)} = 2096^0$$

hervorgeht.

Durch die Feuchtigkeit in der Luft treten nun folgende Änderungen in der Berechnung ein. Die 4,4685 cbm trockner Luft sind von 44,685 g = 0,044 685 kg Feuchtigkeit begleitet, welche $^2/_3$ ihres Gewichtes oder 0,029 79 kg Kohlenstoff oxydieren kann. Diese Oxydation trägt mit 0,029 79 (0,5 t—2146) = (0,015 t—64) Kal. zur verfügbaren Wärme im Zähler des obigen Ausdrucks bei. Gleichzeitig werden aber die Verbrennungsprodukte um die gebildeten Mengen CO und H_2 vermehrt, die zusammen das doppelte Volum des Wasserdampfes oder 2 · 0,044 685 : 0,81

= 0,1102 cbm ausmachen. Die Wärmekapazität dieser Produkte erscheint im obigen Ausdrucke im Nenner. Wir erhalten dann:

$$t = \frac{3017 + 0{,}5\,t + 0{,}015\,t - 64}{5{,}3944 + 0{,}1102)\,(0{,}303 + 0{,}000027\,t)} = 2030^0.$$

Eine andere Art der Lösung, welche von den oben berechneten Tafeln über den Wärmeinhalt der trocknen erhitzten Luft und über die Wärmebindung durch Oxydation des Kohlenstoffs bei Verwendung von erhitztem Dampf keinen Gebrauch macht, sondern von der anfangs erläuterten Rechnungsweise ausgeht, ist die folgende. Die Rechnung ist auf 1 cbm trockner Luft mit der begleitenden Feuchtigkeit bezogen.

Sauerstoff in 1 cbm trockner Luft 1,293 · $^3/_{13}$	= 0,2984 kg
Sauerstoff in der Feuchtigkeit 0,010 · $^8/_9$	= 0,0089 „
Summe	= 0,3073 kg
Oxydierter Kohlenstoff 0,3078 · 0,75	= 0,2305 kg
Volum der Feuchtigkeit 0,010 : 0,81	= 0,0123 cbm
Volum des Sauerstoffs in der trocknen Luft	= 0,2078 „
Volum der Verbrennungsprodukte, die durch Oxydation mit trockner Luft entstehen: 1,0000 + 0,2078. .	= 1,2078 „
Volum der Verbrennungsprodukte, aus dem Wasserdampf gebildet: 2 · 0,0123	= 0,0246 „
Gesamtvolum der Produkte	= 1,2324 cbm

Wärme durch Verbrennung von Kohlenstoff 0,2305 · 2430	= 560 Kal.
Wärme im Kohlenstoff bei t^0 0,2305 (0,5 t — 120) = 0,1152 t	— 28 Kal.
Wärme in der trocknen Luft bei 500^0 1 · [0,303 + 0,000 027 · 500] 500.	= 158 Kal.
Wärme in der Feuchtigkeit bei 500^0 0,0123 [0,34 + 0,000 15 · 500] 500	= 3 „
Wärme, durch Wasserdampfzersetzung gebunden, 0,0123 · 3227	= — 40 „

Hieraus ergibt sich der Ausdruck:

$$t = \frac{0{,}1152\,t + 653}{1{,}2324\,(0{,}303 + 0{,}000\,027\,t)} = 2030^0.$$

Durch Anwendung des einen oder des andren Verfahrens sind die Temperaturen berechnet, die in der nachstehenden Tafel zusammengestellt sind.

Aus der Tabelle geht hervor, daß durch den verschiedenen Feuchtigkeitsgehalt der Luft die Temperatur vor den Formen eine Änderung bis zu 235^0 erfahren kann.

Theoretische Temperaturen vor den Formen.

Temp. des Windes	Feuchtigkeit in g pro cbm							
	5,00	10,00	15,00	20,00	25,00	30,00	35,00	40,00
40°	1678°	1647°	1615°	1573°	1536°	1507°	1471°	1443°
100°	1723	1692	1666	1627	1587	1548	1526	1496
200°	1807	1776	1751	1712	1673	1636	1612	1584
300°	1892	1861	1837	1800	1760	1725	1700	1673
400°	1976	1945	1921	1885	1846	1813	1786	1760
500°	2061	2030	2007	1970	1933	1902	1874	1848
600°	2146	2115	2093	2055	2020	1991	1962	1936
700°	2232	2201	2178	2144	2108	2080	2050	2025
800°	2318	2287	2264	2227	2195	2169	2138	2114
900°	2404	2373	2351	2313	2282	2257	2226	2203
1000°	2490	2459	2437	2399	2369	2345	2314	2292

Vierzehntes Kapitel.

Erzeugung, Erhitzung und Trocknung des Windes.

Das vorliegende Thema ist mit dem Betrieb des Eisenhochofens aufs innigste verknüpft; hat aber daneben auch mehr oder weniger Bedeutung für andere hüttenmännische Verfahren. Die grundlegenden Prinzipien sind physikalischer Art — der Mechanik und der Wärmelehre entnommen — und können auf die verschiedensten hüttenmännischen Fragen Anwendung finden.

Erzeugung des Windes.

Die Kompression der Luft kann auf zweierlei Weise erfolgen, durch Ventilatoren oder durch Zylindergebläse. Ventilatoren arbeiten stetig, Gebläse unstetig. Während der Ventilator die Luft in ununterbrochenem Strom ansaugt und weiter drückt, wird im Zylindergebläse eine bestimmte Luftmenge angesaugt, komprimiert und herausgepreßt. Die bei der Kompression geleistete Arbeit, wie sie sich durch den Unterschied der statischen Bedingungen der Luft vor und nach der Kompression darstellt, ist eine feststehende, berechenbare Größe und von der Art der Maschine unabhängig. Während der Kompression wird Wärme entwickelt, und in der geleisteten mechanischen Arbeit ist das mechanische Äquivalent dieser Wärme mit enthalten. Nach der bekannten Formel der adiabatischen Kompression ist die Arbeit

$$A = \frac{k}{k-1} v_0 p_0 \left[\left(\frac{p_1}{p_0}\right)^{\frac{k-1}{k}} - 1\right].$$

Hier bedeuten

k das Verhältnis $\frac{\text{spez. Wärme der Luft bei konst. Druck}}{\text{spez. Wärme bei konstantem Volum}} = 1{,}408$,

v_0 das Volum der nicht komprimierten Luft,

p_0 den Druck der nicht komprimierten und

p_1 den Druck der komprimierten Luft.

Aus k = 1,408 ergibt sich für $\frac{k}{k-1}$ der Wert 3,45 und für $\frac{k-1}{k}$ 0,29. Wenn wir für die übrigen Größen Kilogramm und Meter als Einheiten nehmen, so erhalten wir die Arbeit in Kilogrammetern.

Die Formel gibt die Arbeit an, die zur Kompression eines bestimmten Luftvolums erforderlich ist, sie enthält aber keine Angaben in bezug auf die Zeit. Wenn wir mit v_0 das von der Maschine in der Minute erzeugte Luftvolum bezeichnen, dann erhalten wir die Arbeit für 1 Minute; wenn v_0 das Luftvolum in der Sekunde darstellt, gibt die Formel die Sekundenarbeit. Letztere läßt sich leicht in Pferdestärken umrechnen, wenn wir beachten, daß 1 PS eine Sekundenarbeit von 75 kg darstellt.

Das Verhältnis $\frac{p_1}{p_0}$ zwischen Anfangs- und Enddruck wird als Kompressionsverhältnis oder Kompressionsgrad bezeichnet. Wenn gewöhnliche Luft von Atmosphärendruck auf 2 Atm. zusammengepreßt wird, ist das Kompressionsverhältnis 2. Wenn die Luft beim Eintritt in die Maschine einen Druck von 2 Atm. besitzt und darin auf 4 Atm. komprimiert wird, ist das Kompressionsverhältnis ebenfalls 2. Aus der obigen Formel ist ersichtlich, daß die Kompressionsarbeit bei einer gegebenen Luftmenge bei gleichem Kompressionsverhältnis sich gleich bleibt und somit von den absoluten Werten des Anfangs- und Enddrucks unabhängig ist. Der effektive Druck der komprimierten Luft, wie er von einem gewöhnlichen Druckmesser angezeigt wird, ist der Unterschied zwischen dem Enddruck und dem Druck der äußeren Luft; er ist also nicht p_1. Um letztere Größe zu finden, ist dem gemessenen Druck der äußere Luftdruck hinzuzuaddieren. Das Volum v_0 der nicht komprimierten Luft ist das Volum bei dem tatsächlich vorhandenen Druck p_0. Wo es bequemer erscheint, können wir auch das Volum unter dem normalen Druck von 760 mm benutzen. Nur haben wir dann in dem Produkt aus Volum und Druck statt des tatsächlich vorhandenen Druckes den Normaldruck 10334 kg auf 1 qm einzuführen. Aus dem Boyle-Mariotteschen Gesetz folgt, daß das Produkt $v_0 p_0$ einer gegebenen Luftmenge für alle zusammengehörenden Werte von Volum und Druck konstant bleibt. Dagegen ist für die Bildung des Kompressionsverhältnisses $\frac{p_1}{p_0}$ immer für p_0 der tatsächlich bestehende Druck der nicht komprimierten Luft zu benutzen.

Übungsbeispiel 56.

Ein Hochofen braucht für 1 t Roheisen 2615 cbm Luft, bei — 5^0 gemessen. Der äußere Luftdruck sei 735 mm, der effektive Druck des Windes 1 kg/qcm, der mechanische Wirkungsgrad des Gebläses 90 %, sein volumetrischer Wirkungsgrad 82,3 % und die Tageserzeugung des Ofens 447 t Roheisen.

Aufgabe:

Zu berechnen ist:

1.) Das Kompressionsverhältnis des Windes.
2.) Das Hubvolum für 1 t Roheisen.
3.) Die Arbeit des Gebläses für 1 t Roheisen.
4.) Die Leistung der Dampfmaschine in Pferdestärken.

Lösung:

1.) Der effektive Arbeitsdruck des Kompressors, 1 kg auf 1 qcm, entspricht

$$\frac{1,0000}{1,0334} \cdot 760 = 735 \text{ mm Quecksilber.}$$

Der Druck der nicht komprimierten Luft ist 735 mm, der Druck nach der Kompression p_1 wird somit 735 + 735 = 1470 mm und

das Kompressionsverhältnis $= \frac{1470}{735} = 2,0$ (1)

2.) Das Hubvolum ist für 1 t Roheisen:

$$\frac{2615}{0,823} = \mathbf{3165\ cbm.} \qquad 2)$$

3.) Dieses Hubvolum muß bei der Berechnung der Kompressionsarbeit zugrunde gelegt werden, da der Luftverlust (100—82,3 = 17,7 %) doch ebenfalls eine von dem Gebläsezylinder zu leistende Arbeit darstellt. Das Volum von 3165 cbm bezieht sich auf — 5^0 und 735 mm Druck. Die Temperatur der angesaugten Luft hat keinen Einfluß auf die Arbeit; um das Produkt aus Volum und Druck zu bilden, können wir nach dem oben Gesagten entweder die wirklichen Werte benutzen:

$$vp = 3165 \cdot \left(10\,334 \cdot \frac{735}{760}\right) = 31\,755\,000$$

oder wir können zuerst das Volum auf den Normaldruck von 760 mm umrechnen und erhalten so

$$v_0\, p_0 = \left(3165 \cdot \frac{735}{760}\right) \cdot 10334 = 31\,755\,000.$$

Die bei der Kompression geleistete Arbeit im Gebläsezylinder ist dann für 1 t Roheisen:

$$\begin{aligned} A &= 3{,}45 \cdot 31\,755\,000 \cdot [2^{0{,}29} - 1] \\ &= 109\,554\,750 \cdot [1{,}2225 - 1] \\ &= \mathbf{24\,326\,800\ kgm.} \end{aligned} \qquad (3)$$

4.) Die Dampfmaschine hat mehr zu leisten, als der Kompressionsarbeit entspricht. Im vorliegenden Fall hatten wir den mechanischen Wirkungsgrad des Gebläses zu 90 %, somit einen mechanischen Verlust von 10 % angenommen. Die von der Dampfmaschine zu leistende Arbeit für 1 t Roheisen ist dann:

$$24\,326\,800 : 0{,}90 = 27\,029\,800 \text{ kgm}$$

oder in Pferdestärken

$$\frac{27\,029\,800 \cdot 447}{60 \cdot 60 \cdot 24 \cdot 75} = \mathbf{1865\ PS}$$

d. h. 4,17 PS für 1 t Roheisen und Tag.

Druckmessung.

Für die Berechnung der zur Winderzeugung nötigen Arbeitsleistung, wie in obiger Aufgabe, ist die richtige Messung des Druckes der komprimierten Luft wichtig. Der Druckmesser zeigt den wirklichen Druck nur dann ohne weiteres an, wenn die Luft relativ ruhig ist, wie etwa in einem Druckausgleichbehälter. Wenn das zum Manometer führende Rohr dagegen mit einer Windleitung verbunden ist, in welcher die Luft mit bedeutender Geschwindigkeit strömt, wird die Angabe des Manometers sehr verschieden ausfallen können, je nach der Lage des Anschlußrohres zur Richtung des Luftstromes. Der Gesamtdruck der strömenden Luft ist gleich dem Druck auf die Wand der Leitung, vermehrt um den zur Erteilung der Strömungsgeschwindigkeit nötigen Druck. Wenn das Anschlußrohr für das Manometer rechtwinklig zur Richtung des Luftstromes in der Windleitung endet, wird das Manometer einen Druck anzeigen, der sogar (wegen der Saugwirkung) niedriger ist als der statische Druck gegen die Wand der Leitung, und der durch die Luftgeschwindigkeit dargestellte Druck kommt nicht zur Geltung. Der einzige Weg, um in einer Leitung den Gesamtdruck des Windes richtig zu messen, besteht darin, daß das in die Leitung hineinragende Ende des Anschlußrohres derart gegen die Richtung des Luftstromes umgebogen wird, daß es der Achse der Leitung parallel zu liegen kommt, Dann wird sowohl der statische als auch der durch die Luftgeschwindigkeit verbrauchte Druck vom Manometer angezeigt.

Indessen ist es, wenn ein Windbehälter vorhanden ist, immer vorzuziehen, den Druckmesser an diesem anzubringen. Hier ist die Luft beinahe ruhig und der durch die Geschwindigkeit dargestellte Druck annähernd Null. Wir erhalten so eine richtigere Druckmessung, und zwar aus dem Grunde, weil die Geschwindigkeit des Luftstromes in der Achse der Leitung am größten, an der Wand am geringsten ist, so daß es schwierig ist. das Manometerrohr so anzubringen, daß es gerade die Stelle der mittleren Geschwindigkeit trifft. Annähernd wird dies erreicht, wenn das umgebogene Ende des Manometerrohrs nicht in der Achse der Leitung, sondern um etwa $\frac{1}{3}$ des Halbmessers von dieser entfernt angebracht wird.

Indikatordiagramme.

Wenn es möglich ist, am Zylinder des Gebläses das Indikatordiagramm aufzunehmen, so bietet sich dadurch eine zweite Methode zur Bestimmung der bei der Winderzeugung geleisteten Arbeit. Durch Integration des Diagrammes wird der mittlere Druck (P) auf den Kolben während des Hubes erhalten. Dieser Druck in Kilogramm/Quadratmeter ausgedrückt, mit der Fläche des Kolbens (O) und der Länge des Zylinders (L) multipliziert, gibt die Arbeit für 1 Hub, und wiederum mit der Anzahl der Hübe in der Minute (N) vervielfacht, die Arbeit in der Minute, woraus die Leistung in Pferdestärken leicht zu erhalten ist. Wir können diese Rechnung in die Formel

$$\text{Arbeit} = P \cdot O \cdot L \cdot N$$

zusammenfassen. Da nun $O \cdot L \cdot N$ das Hubvolum in der Minute darstellt, geht die Formel über in:

$$\text{Arbeit} = P \cdot \text{Hubvolum in der Minute.}$$

In dieser Formel stellt P, was wohl zu beachten ist, den mittleren Druck auf den Kolben während des Hubes dar und ist nicht mit dem manometrisch gemessenen Druck der komprimierten Luft zu verwechseln. Eine solche Formel ist deshalb völlig unbrauchbar, um die Arbeit eines Ventilators oder eines Kapselgebläses zu ermitteln, bei denen nur der Enddruck der komprimierten Luft bekannt ist. Eine derartige falsche Anwendung ist nicht selten. Wenn nur der Enddruck der komprimierten Luft bekannt ist, so ist die Formel der adiabatischen Kompression die einzige, die zu richtigen Resultaten führt.

Es mag nicht überflüssig sein, zu bemerken, daß bei der Benutzung der adiabatischen Formel die Erhöhung des Kompressionsverhältnisses auf die 0,29. Potenz durch Logarithmen ausgeführt werden muß.

$$\log\left[\left(\frac{p_1}{p_0}\right)^{0,29}\right] = \log\left(\frac{p_1}{p_0}\right) \cdot 0,29.$$

Wenn man keine Logarithmentafel zur Hand hat, kann eine befriedigende Annäherung dadurch noch erhalten werden, daß man aus dem Kompressionsverhältnis die dritte Wurzel zieht, denn

$$\sqrt[3]{\left(\frac{p_1}{p_0}\right)} = \left(\frac{p_1}{p_0}\right)^{0,33}.$$

Erhitzen des Windes.

Das Erhitzen des Windes geschieht entweder ununterbrochen durch direkte Wärmeübertragung durch die Wandungen von Rohren aus Metall oder Ton hindurch oder aber unstetig in der Weise, daß feuerfestes Mauerwerk auf hohe Temperatur erhitzt wird, welches dann später die Wärme wieder an hindurchgeleiteten Wind abgibt. Eine Beschreibung der verschiedenen Typen solcher Winderhitzer liegt außerhalb des Rahmens dieser Schrift. Wir werden nur kurz die Grundsätze andeuten, die für die Berechnung der Wirksamkeit solcher Winderhitzer maßgebend sind. Dadurch wird es dem Hüttenmann möglich, zu entscheiden, welche Erhitzer am günstigsten arbeiten, und worin die Vorzüge und Nachteile der verschiedenen Typen bestehen.

Als Nutzeffekt eines Winderhitzers bezeichnen wir das Verhältnis zwischen der auf den Wind übertragenen Wärme und der gesamten dem Erhitzer zugeführten Wärme, sei es, daß letztere als fühlbare Wärme im Brennstoff und in der Luft enthalten ist oder erst durch die Verbrennung erzeugt wird. Der Erhitzer ist ein Ofen, dessen nutzbare Wärme nur diejenige Wärmemenge darstellt, welche auf den Wind übertragen wird, während alle übrigen abgegebenen Wärmebeträge mehr oder weniger unvermeidliche Verluste darstellen. Die Berechnung gestaltet sich am einfachsten bei den Erhitzern des kontinuierlichen (Rekuperator) Systems und bei Verwendung von festem Brennstoff. Dann ist die Wärmezufuhr genau festgelegt als Gesamtheizwert des in einer bestimmten Zeit verbrauchten Brennstoffes. Wenn dagegen der Winderhitzer mit gasförmigem Brennstoff, z. B. mit den Gichtgasen eines Hochofens, betrieben wird, ist die zugeführte Gasmenge meistens sehr unsicher; von dem gesamten Gichtgas wird nur ein kleiner Teil des im Hochofen entstehenden Gases in den Erhitzern verbrannt; die Bestimmung dieses Anteils ist aber schwer durchzuführen.

Das gewöhnliche Verfahren, den Querschnitt der Gasleitung zum Erhitzer mit den Querschnitten der Gasleitungen für Kessel usw. zu vergleichen, gibt naturgemäß nur sehr unsichere Resultate, weil der Zug und somit die Gasgeschwindigkeiten in den verschiedenen Leitungen sehr verschieden sein können. In solchen Fällen müßten neben dem Volum des Gesamtgases nicht nur die Abmessungen der verschiedenen Leitungen, sondern auch die Gasgeschwindigkeiten in ihnen bestimmt werden. Ein anderes Verfahren besteht darin, das Volum der aus dem Erhitzer entweichenden Essengase zu bestimmen (aus dem Querschnitt des Essenkanals, der Temperatur der Gase und der mittleren Geschwindigkeit der Gase). Wenn außerdem noch durch Analyse die Zusammensetzung sowohl der Essengase als der Gichtgase bekannt ist, dann läßt sich aus dem Kohlenstoffgehalt beider Gase das Volum des im Erhitzer verbrannten Gichtgases berechnen.

Übungsbeispiel 57.

Zum Trocknen von Torf in einem Trockenofen wird Luft in einem mit eisernen Röhren ausgerüsteten Erhitzer von 0^0 auf 150^0 erwärmt. Zur Heizung des Lufterhitzers wird getrockneter Torı benutzt von der Zusammensetzung:

Kohlenstoff	49,70 %
Wasserstoff	5,33 %
Sauerstoff	30,76 %
Stickstoff	1,01 %
Asche	13,23 %

Der Heizwert ist 4249 Kal., und durch Verbrennung von 92,5 kg werden 5122 cbm Luft auf die angegebene Temperatur erhitzt. Die Verbrennungsprodukte verlassen den Erhitzer mit 200^0 und enthalten im getrockneten Zustande 14,8 % CO_2 und kein CO, CH_4 oder sonstige kohlenstoffhaltige Gase.

Aufgabe:

Zu berechnen ist:

1.) Die im Erhitzer erzeugte Wärme.
2.) Die in der heißen Luft enthaltene Wärme und der Nutzeffekt des Erhitzers.
3.) Das Volum und die Zusammensetzung der Verbrennungsprodukte.
4.) Die Wärme, welche aus dem Erhitzer in den Schornstein geht.
5.) Die durch Leitung und Strahlung verlorene Wärme.
6.) Der zur Verbrennung des Torfes benutzte Luftüberschuß.

Lösung:

1.) Wärmeentwicklung im Erhitzer:

$$4249 \cdot 92{,}5 = \mathbf{393\,033\ Kal.} \qquad (1)$$

2.) Wärme in der heißen Luft:

$$[0{,}303 + 0{,}000027 \cdot 150]\, 150 \cdot 5122 = 235\,907 \text{ Kal.}$$

Nutzeffekt des Erhitzers:

$$\frac{235\,907}{393\,033} = 60{,}0\ \%. \qquad (2)$$

3.) Volum der Verbrennungsprodukte:

Kohlenstoff im Torf 92,5 · 0,4970 . . . . = 45,97 kg
Volum des CO_2 daraus: 45,97 : 0,54 . . . . = 85,13 cbm
Volum der (getrockneten) Verbrennungsprodukte:
85,13 : 0,148 . . . . = 575,20 „
Volum des N_2 und O_2 in den Produkten: 575,20 − 85,13 = 490,07 „
Volum des Wasserdampfes in den Produkten:
92,5 · 0,0533 · 9 : 0,81 . . . . = 54,78 „

Zusammensetzung der Verbrennungsprodukte:

	Nicht getrocknet:	Getrocknet:
CO_2	13,5 %	14,8 %
$N_2 + O_2$	77,8 %	85,2 %
H_2O	8,7 %	—

Eine getrennte Berechnung des Sauerstoffs und des Stickstoffs würde ziemlich umständlich sein und ist hier nicht nötig, weil beide Gase dieselbe Wärmekapazität für 1 cbm besitzen.

4.) Wärme in den Verbrennungsprodukten bei 200°:

CO_2	85,13 cbm · 0,4140	. . . . =	35,24
N_2 und O_2	490,07 „ · 0,3084	. . . . =	151,14
H_2O	54,78 „ · 0,3700	. . . . =	20,27
			206,65 200

Also beträgt der Verlust in den Produkten 41330 Kal.

oder vom Heizwert des Torfes **10,5 %** (4)

5.) Verlust durch Leitung und Strahlung

$$100 - (60,0 + 10,5) = \mathbf{29,5\ \%} \quad (5)$$

6.) Der Luftüberschuß.

Die gesonderte Berechnung von Sauerstoff und Stickstoff in den Produkten ist nicht leicht. Am einfachsten gestaltet sie sich, wenn man beachtet, daß die oben berechnete Menge $N_2 + O_2$ teils aus dem Stickstoff der zur Verbrennung notwendigen Luft (neben Stickstoff aus dem Torf) besteht und aus dem Luftüberschuß. Aus dem zur Verbrennung nötigen Sauerstoff läßt sich die zuerst genannte Menge Stickstoff berechnen; der Luftüberschuß ergibt sich dann als Differenz gegen die Gesamtmenge $N_2 + O_2$.

Nötiger Sauerstoff zur Verbrennung:

$$C \text{ zu } CO_2 = 45,97 \cdot \frac{32}{12} = 122,59 \text{ kg}$$

$$H \text{ zu } H_2O = 4,93 \cdot 8 = 39,44 \text{ „}$$

$$162,03 \text{ kg}$$

Sauerstoff im Torf 92,5 · 0,3076 = 28,45 „

Durch die Luft zuzuführen . . = 133,58 kg

Begleitender Stickstoff. . . . . = 445,27 „

Notwendige Luft = 578,85 kg

= 447,7 cbm.

Stickstoff im Torf = 92,5 · 0,0101 = 0,93 kg.

Stickstoff im ganzen aus der notwendigen Luft und aus dem Torf

445,27 + 0,93 . . . . . . = 446,2 kg

= 446,2 : 1,26 . . . . . = 354,1 cbm.

Sauerstoff + Stickstoff in den Verbrennungsprodukten betragen 490,1 cbm. Der Luftüberschuß ist somit

$$490{,}1 - 354{,}1 \; . \; . \; . \; . \; . = 136{,}0 \text{ cbm}$$

oder in % von der notwendigen Menge

$$\frac{136{,}0}{447{,}7} = 0{,}303 = \mathbf{30{,}3\,\%} \qquad (6)$$

Übungsbeispiel 58.

Ein Hochofen hat 3 Winderhitzer, von welchen einer immer auf Wind, zwei auf Gas gehen. Für 1000 kg Roheisen bilden sich folgende Mengen Gichtgas, bestehend aus:

Stickstoff	2315,2 cbm
Kohlenoxyd	718,7 „
Kohlendioxyd	577,9 „
Wasserdampf	233,0 „ ,

alles unter Normalbedingungen gemessen. — Für dieselbe Menge Roheisen werden 2614,4 cbm Luft (Normalbedingungen) in den Erhitzern von — 5° auf 465° gebracht. Das heiße Gichtgas hat beim Einströmen in die Erhitzer 175°, es wird mit 10 % überschüssiger Luft von 0° vollständig verbrannt, und die Verbrennungsgase verlassen die Erhitzer mit 120°.

Aufgabe:

Zu berechnen ist:

1. der Nutzeffekt der Erhitzer, wenn sie 25, 30, 35, 40, 45 oder 50 % vom gesamten Gichtgas verbrauchen.
2. Wenn wir annehmen, daß jeder Erhitzer durch Strahlung und Leitung in den Untergrund $1/3$ soviel Wärme verliert als der Hochofen selbst (die Wärmebilanz des Ofens wies einen diesbezüglichen Verlust von 383 972 Kal. f. d. Tonne erzeugtes Roheisen auf), wieviel von dem gesamten Gas wird in den Erhitzern verbraucht, und wie groß ist der Nutzeffekt der Erhitzer?

Lösung:

1. Wir werden zuerst den Nutzeffekt der Erhitzer berechnen, unter der Voraussetzung, daß sie das gesamte Gichtgas verbrauchen. Daraus ist dann leicht der Nutzeffekt zu finden, wenn nur ein bestimmter Teil des Gases in den Erhitzern verbrannt wird.

Wärme im Wind (— 5° bis 465°):

$$2614{,}4\,[0{,}303 + 0{,}000027\,(465 - 5)] \cdot [465 - (-5)]$$
$$= \mathbf{2614{,}4 \cdot 0{,}31542 \cdot 470 = 387\,576\ \text{Kal.}}$$

Die dem Winderhitzer zugeführte Wärme besteht aus der fühlbaren Wärme des heißen Gichtgases und der durch Verbrennung des letzteren erzeugten Wärme.

Fühlbare Wärme im heißen Gas (0 – 175°)

N_2 und CO:	3033,9 · 0,3077	=	933,4 Kal.
CO_2 :	577,9 · 0,4085	=	236,1 „
H_2O :	233,0 · 0,3763	=	87,7 „
	Wärmekapazität für 1°	=	1257,2
Somit für 175°	1257,2 · 175	=	220 010 Kal.

Durch die Verbrennung wird erzeugt:

CO zu CO_3	718,7 · 3062	=	2 200 659 „
Im ganzen den Winderhitzern zugeführt . . .		=	2 420 669 Kal.

Wenn das gesamte Gichtgas in den Winderhitzern verbraucht würde, so ergäbe sich ein Wirkungsgrad von

$$\frac{387\,576}{2\,420\,669} = 0{,}160 = 16{,}0\ \%.$$

Wird nur ein Teil des Gichtgases zur Winderhitzung benutzt, so berechnen sich folgende Werte für den Wirkungsgrad der Wind erhitzer:

Bei Verwendung von	50 %	des Gases ist der Wirkungsgrad	32 0 %	
„ „ „	45 %	„ „ „ „ „	36,0 %	
„ „ „	40 %	„ „ „ „ „	40,0 %	
„ „ „	35 %	„ „ „ „ „	45,7 %	
„ „ „	30 %	„ „ „ „ „	53,3 %	
„ „ „	25 %	„ „ „ „ „	64,0 %	
„ „ „	16 %	„ „ „ „ „	100 %	(1)

Die obige Berechnung zeigt, daß jedenfalls mehr als 16 % von dem gesamten Gichtgas zur Winderhitzung nötig sind. Wenn wir indessen, etwa durch Bestimmung der Querschnitte der verschiedenen Gasleitungen und Messung der Gasgeschwindigkeiten, einen annähernden Wert für den Gasverbrauch der Winderhitzer in Prozent vom Gesamtgas ermitteln, so können wir etwa in gleicher Annäherung den Wirkungsgrad der Erhitzer berechnen. Praktisch werden zwischen 33 und 60 % vom Gas des Hochofens in den Erhitzern verbraucht. Wenn wir im obigen Fall 50 % annehmen wird der Wirkungsgrad der Erhitzer 32 %.

2.) Es gibt noch einen anderen Weg zur Lösung der Aufgabe. Dieser besteht darin, daß zunächst der Wärmeverlust der Erhitzer durch Leitung und Strahlung entweder gemessen, berechnet oder geschätzt wird. Durch Hinzuaddieren der mit den Verbrennungsprodukten verlorenen Wärme sowie der Wärme im heißen Wind erhalten wir die gesamte den Erhitzern zugeführte und in ihnen erzeugte Wärme. Da nun in unserem Fall, wenn alles Gichtgas in den Erhitzern verbrannt wird, die Gesamtwärme 2 420 669 Kal. beträgt, so ist der prozentuale Gasverbrauch der Erhitzer leicht zu berechnen. Wir haben oben die Voraussetzung gemacht, daß die drei Winderhitzer durch Leitung und Strahlung 383 972 Kal. für 1 t erzeugtes Roheisen verlieren, welcher Betrag dem entsprechenden Verlust des Hochofens selbst gleichkommt.

Die in den Essengasen von den Winderhitzern bei 120° enthaltene Wärme ist wie folgt zu berechnen:

Nötiger Sauerstoff (½ CO)	= 359,4	cbm
Nötige Luft	= 1557,4	„
Luftüberschuß	= 155,7	„
Stickstoff in der theoretisch nötigen Luft	= 1198,0	„
Stickstoff im Gas	= 2315,2	„
Stickstoff aus beiden	= 3513,2	„

Die Essengase bestehen aus

CO_2	= 1296,6	„
H_2O	= 233,0	„
N_2	= 3513,2	„
Luftüberschuß	155,7	„

Wärme in den Essengasen:

CO_2	1296,6 · 0,3964	= 513,97	Kal.
H_2O	233,0 · 0,3580	= 83,41	„
N_2 und Luft	3668,9 · 0,3064	= 1124,15	„
	Wärmekapazität für 1 Grad	1721,53	Kal.
	Wärme in den Gasen bei 120°	206 583	Kal.

Wenn alles Hochofengas in den Erhitzern verbrannt wird, entweichen 206583 Kal. mit den Verbrennungsgasen in den Schornstein. Da nun aber nur ein Teil der Gase in dieser Weise benutzt wird, so ist auch der Verlust in den Abgasen nur ein Bruchteil dieses Betrages. Wenn wir den Teil der Hochofengase, die in den Erhitzern verbrannt werden mit x bezeichnen, wird der tatsächliche Wärmeverlust 206583 x. Die Gesamtwärme in den Erhitzern setzt sich zusammen aus:

Wärme im heißen Wind	387 576	Kal.
Wärme in den Essengasen	206 583 x	„
Leitung und Strahlung	383 972	„
Summa	771 548 + 206 583 x.	

Der Bruchteil x der Hochofengase, welcher in den Erhitzern verbrannt werden muß, ergibt sich nunmehr aus folgendem Ausdruck:

$$\frac{771548 + 206583\,x}{2\,420\,669} = x,$$

woraus:

$$x = 0,349 = 34,9\ \% \qquad (2)$$

Und der Wirkungsgrad der Erhitzer ist:

$$\frac{387\,576}{2420669 \cdot 0,349} = 45,9\ \% \qquad (2)$$

Rechnerisch kann die Ermittlung von x vielleicht vereinfacht werden, wenn man berücksichtigt, daß der Wärmeverlust in den Essengasen in jedem Falle 206 583 : 2 420 669 = 0,088 = 8,8 % von der Gesamtwärme in den Erhitzern beträgt. Es bleiben somit 91,2 % für die Erhitzung des Windes und die Verluste durch Leitung und Strahlung.

Diese beiden Wärmemengen betragen nun 771 548 Kal., und die Gesamtwärme in den Erhitzern ist

$$\frac{771\,548}{0,912} = 846\,000 \text{ Kal.}$$

Von den Hochofengasen sind für diese Wärmeerzeugung erforderlich

$$\frac{846\,000}{2\,420\,669} = 0,349 = 34,9\ \%.$$

Der einzige unsichere Faktor in dieser Berechnung ist der Verlust durch Leitung und Strahlung; kleinere Fehler, die wir in der Abschätzung dieser Größe machen, haben jedoch keinen sehr großen Einfluß auf das Resultat, wenn der angenommene Verlust nur einigermaßen dem wirklichen entspricht. Jene Unsicherheit wäre indessen zu beseitigen durch direkte Messung der Verluste. Diese wäre durch Bestimmung der Temperatur des Eisenmantels an der äußeren Oberfläche und Berechnung nach den Gesetzen der Wärmeleitung und -strahlung auszuführen. Um befriedigende Resultate zu erhalten, müßte man allerdings den Mantel in Zonen zerlegen und Temperaturbestimmung und Berechnung der Verluste für jede Zone gesondert durchführen — eine ziemlich umständliche Arbeit, die aber schon der Mühe wert wäre.

Trocknung des Windes.

Die mit dem getrockneten Wind verknüpften Vorteile sind in diesen Berechnungen schon ausführlich besprochen worden. Sie bestehen in erster Linie in der erreichbaren höheren Temperatur. Das Trocknen des Windes wird technisch durch Abkühlung der nicht komprimierten Luft vor dem Eintritt in die Gebläsezylinder bewerkstelligt. Das Speisen des Gebläses mit kalter Luft hat den Vorteil, daß bei gleicher Leistung des Gebläses die Windmenge vermehrt wird; denn letztere ist unter sonst gleichen Bedingungen der absoluten Temperatur der eintretenden Luft umgekehrt proportional.

Beispiel.

Wenn die äußere Luft 30° hat, um wieviel wird bei gleichem Gang der Maschine die Windmenge vergrößert, wenn die Temperatur der angesaugten Luft auf — 5° erniedrigt wird? Und um wieviel langsamer kann die Maschine im letzteren Falle laufen, um dieselbe Windmenge wie ohne Abkühlung zu liefern? Die absoluten Temperaturen sind $273 + 30 = 303^0$, bzw. $273 - 5 = 268^0$. Bei gleicher Geschwindigkeit würden die Maschinen bei gekühlter Luft $303 : 268 = 1{,}13$ soviel Wind geben als ohne Kühlung. Die Geschwindigkeit der Maschinen könnte auf $\frac{268}{303} = 0{,}884$ der früheren oder nur 11,6 % vermindert werden, um die gleiche Windmenge zu liefern. In Wirklichkeit könnten die Maschinen noch etwas langsamer laufen, denn bei langsamerem Gange wird der volumetrische Wirkungsgrad etwas höher.

Die Kühlung der nicht komprimierten Luft hat den Nachteil, daß eine viel kräftigere Abkühlung nötig ist, um einen gegebenen Prozentsatz der Feuchtigkeit zu beseitigen, als wenn die Abkühlung erst nach der Kompression stattfindet. Um fast trockne Luft zu erhalten muß auf Temperaturen unter 0° abgekühlt, die Feuchtigkeit somit durch Ausfrieren beseitigt werden.

Beispiel.

Luft von 30°, mit 85 % Feuchtigkeit gesättigt, soll ohne Kompression soweit abgekühlt werden, daß ihr 95 % der Feuchtigkeit entzogen werden. Auf welche Temperatur ist abzukühlen?

Aus Tabellen finden wir, daß der Höchstdruck des Wasserdampfes bei 30° 31,5 mm beträgt; praktisch will das heißen, daß $\frac{31{,}5}{760}$ cbm Feuchtigkeit $\frac{728{,}5}{760}$ cbm Luft begleiten. Bei einem Sättigungsgrad von 85 % ist diese Luftmenge von

$$\frac{31{,}5}{760} \cdot 0{,}85 = 0{,}0352 \text{ cbm}$$

Feuchtigkeit, oder 1 cbm trockene Luft ist von

$$0{,}0352 : \frac{728{,}5}{760} = 0{,}0368 \text{ cbm}$$

begleitet.

Nach Entfernung von 95 % dieser Menge durch Abkühlung verbleibt im Kubikmeter trockner Luft an Feuchtigkeit

$$0{,}0368 \cdot 0{,}05 = 0{,}00184 \text{ cbm.}$$

Die Partialdrücke von Luft und Feuchtigkeit stehen dann in dem Verhältnis

$$1{,}0000 : 0{,}00184.$$

Da die Summe dieser Drücke in der nicht komprimierten Luft 760 mm beträgt, so berechnen sich die Drücke von Luft und Wasserdampf zu

758,6 und 1,4 mm.

Sollen 95 % der Feuchtigkeit ausgeschieden werden, so muß die Luft auf eine Temperatur abgekühlt werden, bei welcher der Höchstdruck des Wasserdampfes nur 1,4 mm beträgt. Die Dampfspannungstabellen zeigen, daß diese Temperatur weit unter 0 und zwar bei — 15° liegt.

Übungsbeispiel 59.

Luft von 30°, die 85 % der möglichen Feuchtigkeit enthält, wird auf 0° abgekühlt und die Feuchtigkeit zu flüssigem Wasser von dieser Temperatur verdichtet. Luftdruck 760 mm.

Aufgabe:

Zu berechnen ist:

1.) die kondensierte Feuchtigkeit in Prozenten der gesamten Feuchtigkeit;
2.) der Wärmebetrag, der jedem Kubikmeter der ursprünglichen feuchten Luft entzogen werden muß;
3.) die kondensierte Feuchtigkeit in Prozenten der gesamten Feuchtigkeit, wenn die Temperatur auf — 5° erniedrigt wird;
4.) die jedem Kubikmeter ursprünglicher Luft zu entziehende Wärme in letzterem Fall.

Lösung:

1.) Aus dem oben behandelten Beispiel können wir entnehmen, daß 1 cbm trockene Luft von 0,0368 cbm Feuchtigkeit begleitet ist. In der auf 0° gekühlten Luft verhalten sich die Volumina von trockner Luft und Feuchtigkeit wie die entsprechenden Drücke, d. h. wie

755,4 : 4,6

oder

1 : 0,0061.

Die Feuchtigkeit, welche eine gegebene Luftmenge begleitet, ist also von 0,0368 auf 0,0061 vermindert, entsprechend einer Kondensation von 0,0307 oder

$$\frac{0,0307}{0,0368} = 0,834 = 83,4\,\%. \qquad (1)$$

2.) Die feuchte Luft von 30° enthält, wie schon ausgerechnet, Luft und Feuchtigkeit in dem Verhältnis

1 : 0,0368

oder, auf 1 cbm feuchte Luft umgerechnet, in dem Verhältnis

0,9645 : 0,0355.

Wir haben folglich die Wärmen zu berechnen, die 0,9645 cbm Luft bei der Abkühlung von 30° auf 0°, und 0,0355 cbm Wasserdampf bei der gleichen Abkühlung entzogen werden müssen. Dazu kommt noch die Wärme, die 83,4 % der Feuchtigkeit bei der Kondensation bei 0° entwickeln, und die ebenfalls abgeführt werden muß. Unter Berücksichtigung, daß die obigen Volumina sich auf 30° beziehen, erhalten wir

Luft: $0{,}9645 \cdot \frac{273}{303} \cdot 0{,}3038 \cdot 30 \ldots\ldots = 7{,}920$ Kal.

Feuchtigkeit (Abkühlung ohne Kondensation):

$0{,}0355 \cdot \frac{273}{303} \cdot 0{,}3445 \cdot 30 \ldots\ldots = 0{,}332$ „

Kondensationswärme:

$0{,}0355 \cdot 0{,}834 \cdot \frac{273}{303} \cdot 0{,}81 \cdot 606{,}5 \ldots\ldots = 13{,}105$ „

Summe **21,357 Kal.** (2)

3.) Wenn die Temperatur auf — 5° erniedrigt wird, ist der Dampfdruck der übrigbleibenden Feuchtigkeit 3,4 mm, der Partialdruck der Luft selbst somit 756,6 mm, und in demselben Verhältnis stehen die entsprechenden Volumina von Luft und Wasserdampf, d. h. wie

$$756{,}6 : 3{,}4$$

oder

$$1 : 0{,}0045,$$

woraus hervorgeht, daß von 0,0368 cbm Feuchtigkeit, die ursprünglich 1 cbm trockene Luft begleiteten, 0,0323 cbm kondensiert sind, entsprechend

$$\frac{0{,}0323}{0{,}0368} = 0{,}878 = 87{,}8\,\%. \qquad (3)$$

4.) Die Kondensation ist somit um 87,8—83,4 = 4,4 % höher, wenn die Luft auf — 5° statt auf 0° abgekühlt wird. Um diese Wirkung zu erzielen, ist aber bedeutend mehr Wärme zu entziehen als im ersten Fall, weil die Feuchtigkeit bei der Abkühlung auf — 5° als Eis erhalten wird. 1 cbm feuchte Luft von 30° enthält, wie oben berechnet, 0,9645 cbm Luft und 0,0355 cbm Wasserdampf. Vom letzteren werden 87,8 % = 0,031 17 cbm zu Eis kondensiert und 0,00433 cbm verbleiben als Dampf.

Die abzuführende Wärme berechnet sich wie folgt:

Luft 30° bis — 5°:

$0{,}9645 \cdot \frac{273}{303} \cdot 0{,}3037 \cdot 35 \ldots\ldots = 9{,}237$ Kal.

Feuchtigkeit (Abkühlung ohne Kondensation von 30^0 auf -5^0):

$$0{,}0355 \cdot \frac{273}{303} \cdot 0{,}3438 \cdot 35 \ \ldots\ldots\ldots = 0{,}385 \text{ Kal.}$$

Kondensation von 0,031 17 cbm zur Flüssigkeit von -5^0:

$$0{,}031\,17 \cdot \frac{273}{303} \cdot 0{,}81 \cdot 605 \ \ldots\ldots\ldots = 13{,}763 \text{ ,,}$$

Gefrieren des verdichteten Wassers:

$$0{,}031\,17 \cdot \frac{273}{303} \cdot 0{,}81 \cdot 80 \ \ldots\ldots\ldots = 1{,}820 \text{ ,,}$$

Summe 25,208 Kal. (4)

Hieraus ergibt sich, daß eine Verstärkung der Kondensation um 4,4 % eine Vergrößerung der Kühlwirkung um 25,208 – 21,357 = 3,851 Kal. oder um rund 15 % erfordert. In anderer Weise läßt sich der Vergleich aufstellen, wenn wir sagen: Wenn die Feuchtigkeit nicht zum Gefrieren gebracht wird, lassen sich mit einem Aufwand von 1 Kal. Kühlwirkung etwa 4 % der in 1 cbm enthaltenen Feuchtigkeit kondensieren, wohingegen die weitere Beseitigung von Feuchtigkeit durch Abkühlung unterhalb 0^0 für jedes Prozent Feuchtigkeit annähernd eine Kalorie Kühlwirkung erfordert. Hieraus läßt sich praktisch folgern, daß eine Kühlung bis auf 0^0 wirtschaftlich vorteilhaft sein kann, auch wenn die weitere Kühlung unvorteilhaft erscheint.

James Gayley hat, glaube ich, Patentschutz erhalten auf einen Vorschlag, die Abkühlung der Luft in zwei Stufen vorzunehmen. Zuerst wird beinahe auf 0^0 gekühlt und das verdichtete Wasser in flüssiger Form beseitigt, worauf die nunmehr fast trockene Luft stärker abgekühlt und weitere Feuchtigkeit als Eis niedergeschlagen wird. In dieser Weise wird die erforderliche Kühlwirkung um die Gefrierwärme der in flüssiger Form beseitigten Feuchtigkeit vermindert, und die Kühlung unterhalb 0^0 wird vorteilhaft. Der Gewinn beträgt 80 Kal. für 1 kg der bei 0^0 beseitigten Feuchtigkeit, im obigen Beispiel auf 1 cbm feuchte Luft

$$0{,}0216 \cdot 80 = 1{,}728 \text{ Kal.,}$$

wodurch die erforderliche Kühlwirkung von 25,208 auf 23,480 Kal. vermindert wird, so daß die weitere Abkühlung von 4,4 % mit einem Mehrbetrag an Kühlwirkung von nur 2,4 Kal. erreicht wird. Der Vorschlag Gayleys beruht auf wissenschaftlich und technisch richtiger Grundlage.

Der in letzter Zeit hervorgetretene Gedanke, die komprimierte Luft durch mäßig kaltes Wasser zu kühlen, ist ebenfalls eine praktische Idee und wissenschaftlich wohlbegründet. Bei gegebener Temperatur besitzt die Feuchtigkeit einen gewissen Höchstwert der Dampfspannung. Wenn wir demnach mit Feuchtigkeit gesättigte Luft bei gegebener Temperatur auf den doppelten Druck komprimieren und halten die Temperatur konstant, so wird etwa die Hälfte der Feuchtigkeit sich verdichten. Bei gleichzeitiger Anwendung künstlicher Abkühlung wird noch mehr als die Hälfte der Feuchtigkeit in flüssiger Form erscheinen.

Wenn die Luft von vornherein nicht mit Feuchtigkeit gesättigt ist, wird durch Kompression bei gleichbleibender Temperatur der Druck der Feuchtigkeit wachsen, bis die Luft gesättigt ist, worauf bei weiter zunehmendem Druck Kondensation eintritt.

Beispiel.

Luft von 30°, mit 85 % Feuchtigkeit gesättigt, wird komprimiert. Bei welchem effektiven Druck tritt Sättigung ein, wenn die Temperatur während der Kompression konstant bleibt?

Der Dampfdruck der Feuchtigkeit ist 85 % des Höchstdrucks. Damit Sättigung eintritt, muß der Druck in dem Verhältnis 85 : 100 oder 1 : 1,177 vermehrt werden. Der nötige effektive Druck wird somit 1,177—1,000 = 0,177 Atmosphären.

Beispiel.

Wenn Luft von 30° und 85 % Sättigung auf 1 Atmosphäre effektiven Druck komprimiert wird, welcher Bruchteil der Feuchtigkeit wird verdichtet? Vor der Kompression ist der Dampfdruck der Feuchtigkeit 31,5 · 0,85 = 26,8 mm, und die Volumina von Luft und Wasserdampf stehen in dem Verhältnis

$$733{,}2 : 26{,}8$$

oder

$$1 : 0{,}0367.$$

Nach der Kompression steht das Gemisch unter einem Druck von zwei Atmosphären (1520 mm), und die nicht verdichtete Feuchtigkeit besitzt den Höchstdampfdruck von 31,5 mm. Die entsprechenden Volumina von Luft und Wasserdampf verhalten sich wie

$$1488{,}5 : 31{,}5$$

oder

$$1 : 0{,}0212.$$

Von der ursprünglichen Feuchtigkeit ist noch unkondensiert:

$$\frac{0{,}0212}{0{,}0367} = 0{,}578 = 57{,}8\ \%$$

und 42,2 % ist kondensiert.

Übungsbeispiel 60.

Luft von 30° und 85 % Sättigung wird auf eine Atmosphäre effektiven Druck (760 mm Quecksilber) komprimiert und gleichzeitig durch Flußwasser auf 10° gekühlt. Der Luftdruck beträgt 730 mm.

Aufgabe:

Zu berechnen ist:

1.) die kondensierte Feuchtigkeit, in Prozenten der ursprünglichen anzugeben;

2.) das Gewicht der Feuchtigkeit, die noch in der Luft verbleibt, anzugeben in Gramm im Kubikmeter trockner Luft unter Normalbedingungen (d. h. für 1,293 kg).

Lösung:

1.) Druck der ursprünglichen feuchten Luft	730 mm
Dampfdruck der Feuchtigkeit $31{,}5 \cdot 0{,}85$	26,8 ,,
Partialdruck der Luft selbst	703,2 ,,
Volum-Verhältnis von Luft und Feuchtigkeit	1 : 0,0381
Druck der komprimierten feuchten Luft $730 + 760$ . .	1490 mm
Dampfdruck der nicht kondensierten Feuchtigkeit (Höchstdruck bei 10⁰)	9,1 ,,
Partialdruck der Luft nach der Kompression	1480,9 ,,
Volumverhältnis der Luft und der nichtkondensierten Feuchtigkeit nach der Kompression	1 : 0,0061.

Von der Feuchtigkeit ist kondensiert:

$$\frac{0{,}0381 - 0{,}0061}{0{,}0381} = 0{,}84 = 84\%. \tag{1}$$

2.) Die entsprechenden Volumina der Luft und der nicht kondensierten Feuchtigkeit wurden oben gefunden wie

$$1 : 0{,}0061$$

und die spez. Gewichte von Luft und Feuchtigkeit (die Gewichte eines Kubikmeters unter Normalbedingungen) verhalten sich wie

$$1{,}293 : 0{,}81.$$

1 cbm trockene Luft unter Normalbedingungen (1,293 kg) ist folglich von

$$0{,}0061 \cdot 0{,}81 = 0{,}0049 \text{ kg}$$

oder

$$\mathbf{4{,}9\ g} \tag{2}$$

Feuchtigkeit begleitet.

Die ursprüngliche feuchte Luft enthielt, in derselben Weise angegeben,

$$0{,}0381 \cdot 0{,}81 = 0{,}0309 \text{ kg} = 30{,}9 \text{ g}$$

Feuchtigkeit.

Fünfzehntes Kapitel.

Das Bessemerverfahren.

Die Grundzüge dieses bekannten Verfahrens sind jedem Gebildeten bekannt, die mechanischen und chemischen Einzelheiten sind den meisten Technologen geläufig, und trotzdem gibt es nur wenige, die die quantitative Seite der chemischen und physikalischen Operationen vollständig beherrschen.

Kurz gefaßt ist der Vorgang folgender:

In den Konverter wird geschmolzenes Roheisen gegossen und durch das flüssige Metall werden zahlreiche Luftströme gepreßt. Die Verunreinigungen des Eisens, — Kohlenstoff, Silizium, Mangan und, in einem speziellen Fall, Phosphor — werden eher als das Eisen oxydiert. Das Endprodukt ist ein fast reines Eisen, welches nachher durch Rückkohlung mit Spiegeleisen in Stahl verwandelt wird. Während des Verblasens entweicht nur sehr wenig freier Sauerstoff aus dem Konverter. Die Gase bestehen hauptsächlich aus Stickstoff, Kohlenoxyd und etwas Kohlendioxyd. während etwas Wasserstoff durch die Zersetzung der Luftfeuchtigkeit entsteht. Das Silizium bildet Kieselsäure, das Mangan in der Hauptsache Manganoxydul (MnO), Eisen in der Hauptsache Eisenoxydul (FeO), Phosphor Phosphorpentoxyd (P_2O_5), welche in die Schlacke gehen, während ein wenig Fe_2O_3, Mn_3O_4 und SiO_2 als Rauch entweichen. An diesem Prozess lassen sich zahlreiche Berechnungen anstellen, welche von erheblicher Bedeutung sind. Sie umfassen Gegenstände, wie die theoretisch notwendige Luftmenge für die Tonne Eisen, die Abmessungen und Leistungen der Gebläse, das Gewicht der Schlacke, die Stoff- und Wärmebilanz des Konverters, die Strahlungsverluste, die Bedeutung der verschiedenen Verunreinigungen als wärmegebende Agenzien für den Prozeß u. a. m.

Der Luftbedarf.

Wenn wir den Berechnungen die Analyse des benutzten Roheisens zu Grunde legen, und wir setzen voraus, daß das Roheisen auf reines Eisen verblasen wird, so müssen wir noch eine Annahme machen über den wahrscheinlichen Verlust an Eisen durch Oxydation. Dieser ist ganz erheblich und beträgt im gewöhnlichen Großbetriebe 1 bis 10 % vom eingesetzten Roheisen, er kann bei den ganz kleinen Konvertern der Stahlgießereien, besonders bei nachlässiger Arbeit, 20—25 % erreichen. Das Silizium wird ganz zu SiO_2 oxydiert, das Eisen vorwiegend zu FeO, nur ein kleiner Teil, höchstens $^1/_{10}$, zu Fe_2O_3. Das Mangan bildet hauptsächlich MnO, eine kleinere Menge, bis $^1/_4$, kann zu Mn_2O_3

oxydiert werden. Der Phosphor bildet ausschließlich P_2O_5. Der Kohlenstoff wird größtenteils zu CO, zum Teil aber, etwa von $^1/_5$ aufwärts (unter Umständen bis fast zur Hälfte), zu CO_2 verbrannt. Wenn der zur Oxydation erforderliche Sauerstoff berechnet ist, kann die Luftmenge leicht gefunden werden, vorausgesetzt, daß kein freier Sauerstoff aus dem Konverter entweicht. Immer trifft diese Voraussetzung allerdings nicht zu. Bisweilen — aber nur ausnahmsweise — kann $^1/_3$ des zugeführten Sauerstoffs in dieser Weise fortgehen, gewöhnlich beträgt diese Menge weniger als $^1/_5$, und oft ist kein freier Sauerstoff in den Gasen vorhanden.

Übungsbeispiel 61.

Roheisen mit 3,10 % Kohlenstoff, 0,98 % Silizium, 0,40 % Mangan, 0,101 % Phosphor und 0,06 % Schwefel wird in einem Konverter mit saurem Futter verblasen. Das Erzeugnis ist praktisch frei von Kohlenstoff, Silizium und Mangan, dagegen läßt sich der Phosphor und Schwefel des Roheisens nicht entfernen. Um den Mindest- bzw. Höchstbetrag der nötigen Luftzufuhr zu finden, müssen wir zuerst die möglichen Grenzfälle betrachten:

	Fall I	Fall II
Verlust an Eisen durch Oxydation, %	1	15
Eisen zu Fe_2O_3 oxydiert	nichts	$^1/_{10}$
Mangan zu Mn_2O_3 oxydiert	nichts	$^1/_5$
Kohlenstoff zu CO_2 oxydiert	$^1/_5$	$^1/_2$
Vom Sauerstoff geht in die Gase	nichts	$^1/_3$

Aufgabe:

Zu berechnen ist:

Das Gewicht an trockner Luft für 1000 kg Roheisen in beiden Fällen sowie das Volum bei 0°.

Lösung:

Fall I.

Sauerstoffbedarf für 1000 kg Roheisen:

C zu CO_2	$6{,}2 \cdot \frac{32}{12}$	= 16,53 kg
C „ CO	$24{,}8 \cdot \frac{16}{12}$	= 33,07 „
Si „ SiO_2	$9{,}8 \cdot \frac{32}{28}$	= 11,20 „
Mn „ MnO	$4{,}0 \cdot \frac{16}{55}$	= 1,16 „
Fe „ FeO	$10{,}0 \cdot \frac{16}{56}$	= 2,86 „
	Summe	= 64,82 kg

Begleitender Stickstoff	=216,07 kg
Luft	=280,89 kg
Volum bei 0^0	= 217,2 cbm

Fall II.

Sauerstoffbedarf für 1000 kg Roheisen:

C zu CO_2	$15{,}5 \cdot \frac{32}{12}$	= 41,33 kg
C „ CO	$15{,}5 \cdot \frac{16}{12}$	= 20,67 „
Si „ SiO_2	$9{,}8 \cdot \frac{32}{28}$	= 11,20 „
Mn „ MnO	$3{,}2 \cdot \frac{16}{55}$	= 0,93 „
Mn „ Mn_2O_3	$0{,}8 \cdot \frac{48}{110}$	= 0,34 „
Fe „ FeO	$135{,}0 \cdot \frac{16}{56}$	= 38,57 „
Fe „ Fe_2O_3	$15{,}0 \cdot \frac{48}{112}$	= 6,43 „
Unbenutzter Sauerstoff (die Hälfte der obigen Gesamtmenge)		= 59,73 „
	Summe	=179,20 kg

Begleitender Stickstoff	=597,33 kg
Luft	=776,53 kg
Volum bei 0^0	= 600 cbm

Für Lufttemperaturen über 0^0 wird das Volum entsprechend größer. Um aus diesem, dem Konverter zugeführten Luftvolum das Hubvolum des Zylinders zu finden, ist noch der Luftverlust im Gebläse, gewöhnlich 10—20 % (in Ausnahmefällen bis 50 %), zu berücksichtigen. Die oben berechneten Werte sind der niedrigste bzw. der höchste Luftbedarf für diese Roheisensorte beim Verblasen im sauren Konverter; andere Roheisensorten können mehr oder auch weniger erfordern. Beim Verblasen im basischen Konverter ist der Luftbedarf wegen der Oxydation des Phosphors bedeutend größer. Die genauen Berechnungen sind in jedem Einzelfalle leicht auszuführen.

Die Luftzufuhr.

Die Umkehrung der obigen Rechnung besteht darin, daß wir für einen arbeitenden Konverter die wirklich zugeführte Luft berechnen. Dieses Verfahren könnte als Kontrolle des Gebläses dienen; denn die zugeführte Luft, durch das Hubvolumen des Zylinders dividiert, ergibt den volumetrischen Wirkungsgrad des Gebläses. Um eine derartige Berechnung auszuführen, müssen wir das Gewicht und die Zusammensetzung des Roheisens, sowie die des verblasenen Eisens kennen, um die Menge der oxydierten Verunreinigungen zu erhalten. Ebenso muß die Zusammensetzung der entweichenden Gase bekannt sein, um den zu CO_2 verbrannten Anteil des Kohlenstoffs, sowie den unverbrauchten Sauerstoff zu ermitteln. Weiter ist die Kenntnis der Zusammensetzung der Schlacke notwendig, um die Menge des oxydierten Eisens zu finden; auch wenn möglich das Gewicht der Schlacke; letzteres kann indessen bisweilen rechnerisch ermittelt werden. Endlich wäre es nötig, auch die Zusammensetzung und Menge des Rauches, wenn dieser beträchtlich ist, zu kennen. Die Temperatur der vom Gebläse angesaugten Luft, ihr Sättigungsgrad und der Luftdruck sind ebenfalls festzustellen.

Übungsbeispiel 62.

Auf den Werken der Illinois Steel Co. in Süd-Chicago[1]) betrug der Einsatz 10 200 kg und enthielt 2,98 % Kohlenstoff, 0,94 % Silizium, 0,43 % Mangan, 0,10 % Phosphor und 0,06 % Schwefel. Nach einer Blasezeit von 9 Min. 10 Sek. enthielt das Bad 0,04 % Kohlenstoff, 0,02 % Silizium, 0,01 % Mangan, 0,11 % Phosphor und 0,06 % Schwefel. Die gebildete Schlacke enthielt 63,56 % Kieselsäure, 3,01 % Tonerde, 21,39 % FeO, 2,63 % Fe_2O_3, 8,88 % MnO, 0,90 % CaO und 0,36 % MgO. Davon stammen Al_2O_3, CaO, MgO und ein Teil des SiO_2 aus dem Futter. Die trocken analysierten Gase zeigten die durchschnittliche Zusammensetzung:

CO_2	5,20 %
CO	19,91 %
H_2	1,39 %
N_2	73,50 %

und waren frei von Rauchbestandteilen.

Der Hubvolum des Gebläses betrug 5391 cbm. Die Luft im Maschinenraum hatte 36° und war zu 50 % mit Feuchtigkeit gesättigt. Der Luftdruck war 756 mm.

Aufgabe:

Zu berechnen ist:

1.) Das Gewicht des zur Wirkung gekommenen Sauerstoffs und das entsprechende Luftvolum von Normalbedingungen für 1000 kg verblasenes Metall.

---

[1]) Vgl. den Artikel von Howe in Trans. American Institute of Mining Engineers XIX (1890—91), p. 1127.

2.) Das Volum feuchter Luft von den Bedingungen des Maschinenraumes, das dem Konverter zugeführt wird, und den volumetrischen Wirkungsgrad des Gebläses.

3.) Das Gewicht der gebildeten Schlacke und der Gewichtsverlust des Futters.

Lösung:

1) Die Verunreinigungen in dem fertig geblasenen Metall sind so geringfügig, daß wir sie mit denselben Prozentsätzen auf den Einsatz verrechnen dürfen, also ohne den Gewichtsverlust des Einsatzes beim Verblasen zu berücksichtigen. Wir finden dann leicht das Gewicht des oxydierten Kohlenstoffs, Siliziums und Mangans. Dagegen kennen wir nicht die Menge des Eisenabbrandes. Letzterer läßt sich indessen aus der Zusammensetzung der Schlacke ermitteln; denn das Mangan und Eisen der Schlacke stammen ausschließlich aus dem Metallbad, und die Analyse gibt uns das Verhältnis zwischen Eisen und Mangan in der Schlacke. Da wir aber das Gewicht des oxydierten Mangans kennen, so läßt sich das Gewicht des Eisenabbrandes berechnen.

Die Schlacke enthält:

$$MnO\ 8{,}88\ \% = 6{,}88\ \%\ Mn,$$
$$FeO\ 21{,}39\ \% = 16{,}64\ \%\ Fe\ \text{als}\ FeO,$$
$$Fe_2O_3\ 2{,}63\ \% = 1{,}84\ \%\ Fe\ \text{als}\ Fe_2O_3.$$

Der Verlust an Mangan betrug 0,42 % = 10 200 · 0,0042 = 42,84 kg. Der Verlust an Eisen ist somit

$$42{,}84 \cdot \frac{16{,}64}{6{,}88} = 103{,}6\ \text{kg Fe als } FeO,$$

$$42{,}84 \cdot \frac{1{,}84}{6{,}88} = 11{,}5\ \text{kg Fe als } Fe_2O_3,$$

Zu ermitteln bleibt noch die Menge des zu CO_2 bzw. CO oxydierten Kohlenstoffs.

Das Gas enthält 5,20 % CO_2 auf 19,91 % CO, und da gleiche Volumina dieser Gase dasselbe Gewicht Kohlenstoff enthalten, folgt, daß $\frac{5{,}20}{25{,}11}$ des im Gas enthaltenen Gesamtkohlenstoffes als CO_2, der Rest als CO vorhanden ist. Der oxydierte Kohlenstoff beträgt 10 200 · 0,0294 = 299,9 kg, und wir erhalten

$$299{,}9 \cdot \frac{520}{2511} = 62{,}1\ \text{kg C zu } CO_2\ \text{verbrannt}$$

und 237,8 kg C zu CO.

Der von dem Einsatz aufgenommene Sauerstoff beträgt:

$$
\begin{array}{llllcrl}
C & \text{zu} & CO_2 & 62{,}1\ \text{kg} & \cdot \frac{8}{3} & = 165{,}6 & \text{kg} \\
C & ,, & CO & 237{,}8\ ,, & \cdot \frac{4}{3} & = 317{,}1 & ,, \\
Si & ,, & SiO_2 & 93{,}8\ ,, & \cdot \frac{32}{28} & = 107{,}2 & ,, \\
Mn & ,, & MnO & 42{,}8\ ,, & \cdot \frac{16}{55} & = 12{,}5 & ,, \\
Fe & ,, & FeO & 103{,}6\ ,, & \cdot \frac{16}{56} & = 29{,}6 & ,, \\
Fe & ,, & Fe_2O_3 & 11{,}5\ ,, & \cdot \frac{48}{112} & = 4{,}9 & ,, \\
\end{array}
$$

Summe 636,9 kg

Begleitender Stickstoff = 2123,0 kg

Trockne Luft. . . . = 2759,9 kg

Volum bei 0°. . . . = 2134,5 cbm.

Gewicht des Sauerstoffs für 1000 kg Roheisen

= 62,4 kg. (1)

Luftvolum für 1000 kg Roheisen

= 209,2 cbm. (1)

(Diese Zahlen sind mit den in dem Übungsbeispiel 61 gefundenen zu vergleichen.)

2.) Der Stickstoff in den Gasen kann aus deren Kohlenstoffgehalt ermittelt werden; aus dem Stickstoff läßt sich wiederum das Volum des Windes berechnen.

Gewicht des Kohlenstoffs in 1 cbm Gas:

$$(0{,}0520 + 0{,}1991)\ 0{,}54 = 0{,}1356\ \text{kg}.$$

Volum der Gase unter Normalbedingungen:

$$\frac{299{,}9}{0{,}1356} = 2211{,}7\ \text{cbm}.$$

Volum des Stickstoffes unter Normalbedingungen:

$$2211{,}7 \cdot 0{,}7350 = 1625{,}6\ \text{cbm}.$$

Gewicht des Stickstoffs

$$1625{,}6 \cdot 1{,}26 = 2048{,}3\ \text{kg}.$$

Die Frage ist nur noch, wieviel Stickstoff die Luft im Maschinenraum im Kubikmeter enthält. Wenn wir diesen kennen, läßt sich das dem Konverter tatsächlich zugeführte Luftvolum berechnen:

Luftdruck	756 mm
Dampfdruck der Feuchtigkeit 44 · 0,5	22 mm
Partialdruck der Luft	734 mm;

davon entfällt auf den Stickstoff:

$$734 \cdot 0{,}792 = 580 \text{ mm.}$$

Gewicht des Stickstoffs in 1 cbm:

$$1{,}26 \cdot \frac{273}{273 + 36} \cdot \frac{580}{760} = 0{,}8495 \text{ kg.}$$

Volum der dem Konverter zugeführten Luft:

$$\frac{2048{,}3}{0{,}8495} = 2411 \text{ cbm.}$$

Volumetrischer Wirkungsgrad des Gebläses:

$$\frac{2411}{5391} = 0{,}447 = 44{,}7\ \% . \tag{2}$$

3.) Die Schlacke enthält 8,88 % MnO, entsprechend 6,88 % Mn, wie schon oben berechnet.

Nun werden 42,84 kg Mn oxydiert, und das Gewicht der erzeugten Schlacke ist daher

$$42{,}84 : 0{,}0688 = \mathbf{622{,}7\ kg.} \tag{3}$$

Gewicht der Kieselsäure der Schlacke: (622,7 · 0,6356) =	395,8 kg
Davon stammt aus dem Si des Einsatzes (93,8 + 107,2)	201,0 „
Folglich aus dem Futter des Konverters	194,8 kg
CaO, MgO, Al_2O_3 (322,7 · 0,0427)	26,6 „
Gewichtsverlust des Futters	**221,4 kg** (3)

Der Winddruck.

Der Wind für den Bessemerkonverter muß unter einem Druck stehen, der groß genug ist, den statischen Druck des Metallbades mit der gebildeten Schlacke und den Gegendruck im freien Konverterraum zu überwinden und außerdem noch dem Winde die nötige Strömungsgeschwindigkeit durch die Formen zu erteilen, wobei wiederum die Reibung in den letzteren überwunden werden muß.

Wenn die Formen sich nahe der Oberfläche des Metallbades befinden, genügt ein Druck von 0,07—0,14 kg auf 1 qcm, um einen Kleinkonverter zu treiben; der gewöhnliche, mit einem Düsenboden ausgestattete Großkonverter erfordert aber einen Druck von 1,05 bis 2,1 kg auf 1 qcm. Auf diesen letzteren, allgemeineren und etwas verwickelteren Fall werden wir etwas näher eingehen.

Das flüssige Metallbad steht im Konverter 30 bis 60 cm hoch. Da das spez. Gewicht des geschmolzenen Eisens etwa 6,88 ist (Roberts und Wrightson), so ist der statische Druck des Bades praktisch 0,006 88 kg für 1 qcm für jeden Zentimeter der Badtiefe. Die auf dem Bade befindliche Schlacke hat im geschmolzenen Zustande ein spez. Gewicht annähernd halb so groß wie das des Metalles. Das Gewicht der Schlacke beträgt beim sauren Verfahren 5 bis 10 % vom Roheiseneinsatz, beim basischen Verfahren 15 bis 35 %. Die Höhe der flüssigen Schlackenschicht wird wegen des niedrigeren spez. Gewichts der Schlacke beim sauren Konverter 10 bis 20, beim basischen 30 bis 70 % von der des flüssigen Metalles ausmachen. Der statische Druck, der in demselben Verhältnis wie die Gewichte steht, beträgt für die Schlacke nur 5 bis 10 % bzw. 15 bis 35 % von dem des Metalls. Wir können demnach den statischen Druck der Schlacke mit 0,003 44 kg auf 1 qcm für jeden Zentimeter Schlackenschichthöhe ansetzen und für die Höhe der Schichten folgende Grenzwerte annehmen:

	Saures Verfahren	Basisches Verfahren
Tiefe des Metallbades	30—60 cm	30—60 cm
Stärke der Schlackenschicht	3—12 „	9—42 „

Die mutmaßliche Stärke der Schlackenschicht läßt sich in jedem einzelnen Falle berechnen, wenn die Zusammensetzung des Roheisens, die annähernde Tiefe des Metallbades sowie die ungefähre Zusammensetzung der zu bildenden Schlacke bekannt ist.

Der Gegendruck der Gase im Konverter, d. h. ihr statischer Druck, hängt von der Form des Konverters und der Größe der Halsöffnung, durch welche die Gase in die Luft entweichen, ab. Eine Messung in den Werken der Pennsylvania Steel Co. ergab 0,0192 kg/qcm, doch ist nicht angegeben, in welcher Weise die Messung ausgeführt wurde.

Wenn wir das dem Konverter entströmende Gasvolum annähernd kennen und aus der Temperatur, der Zeit und der Größe der Ausströmungsöffnung die Geschwindigkeit der Gase berechnen, ist der statische Druck, der diese Geschwindigkeit erzeugt, nach der Formel

$$h = \frac{v^2}{2\,g}$$

zu berechnen, wobei v die Geschwindigkeit in m/sec und 2 g die doppelte Beschleunigung der Schwere = 19,6 m bedeutet. h ist dann die Geschwindigkeit des heißen Gases in Metern. Aus dem bekannten spez. Gewicht des letzteren (Gewicht eines Kubikmeters in Kilogramm) läßt sich der statische Druck in Kilogramm auf 1 qm finden.

Beispiel:

Die einem Konverter entströmenden Gase betragen 2211,7 cbm (Normalbedingungen) und wiegen 1,2831 kg für 1 cbm (ebenfalls unter

Normalbedingungen). Sie haben eine mittlere Temperatur von 1500°, und die Öffnung des Konverters hat einen Durchmesser von 61 cm. Welches ist der Gegendruck der Gase im Konverter?

Dauer des Blasens 9 Min. 10 Sek.

Volum des Gases bei 1500°

$$2211{,}7 \cdot \frac{1500 + 273}{273} = 14\,364 \text{ cbm.}$$

Volum für 1 Sekunde $\frac{14364}{550} = 26{,}12$ cbm.

Querschnitt der Ausströmungsöffnung:

$$0{,}61 \cdot 0{,}61 \cdot 0{,}7854 = 0{,}2922 \text{ qm.}$$

Geschwindigkeit (der Koeffizient = 0,9 angenommen):

$$\frac{26{,}12}{0{,}9 \cdot 0{,}2922} = 99{,}32 \text{ m.}$$

Statischer Druck der Gase im Konverter, um den heißen Gasen diese Geschwindigkeit zu erteilen:

$$h = \frac{99{,}32 \cdot 99{,}32}{19{,}6} = 503{,}3 \text{ m.}$$

Druck dieser Gassäule auf 1 qm:

$$503{,}3 \cdot \frac{273}{1773} \cdot 1{,}283 = 99{,}44 \text{ kg,}$$

auf 1 qcm 9,94 g.

Bei dieser Rechnung ist ein Umstand unberücksichtigt geblieben: die Geschwindigkeit der Gase im Inneren des Konverterraumes. Bis zu einem gewissen Grade wird dieser Fehler aufgewogen durch die starke Reibung der Gase an der Konverterwand. Bei einem inneren Durchmesser des Konverters von 2,5 m würde die Geschwindigkeit der Gase im Innern nur etwa 6 m in der Sekunde betragen, woraus hervorgeht, daß die obengenannte Korrektur nur den geringen Betrag von etwa 0,4 % des schon gefundenen Ergebnisses ausmacht.

Der Druck, welcher nötig ist, um den Wind durch die Düsen zu pressen, ist in analoger Weise zu berechnen. Der Unterschied ist nur der, daß der Wind bei Temperaturen, die zwischen 100° im Windkasten und etwa 200° beim Eintritt in das Metall liegen, in 50 bis 150 dünne Luftstrahlen von etwa 1 cm Durchmesser zerteilt wird, welche die Düsen von etwa 50 cm Länge durchströmen. Auf diesen Fall läßt sich eine Formel anwenden, welche analog der für den Schornsteinzug oder vielmehr der für den Reibungswiderstand im Schornstein benutzten ist:

$$h = \frac{V^2}{2\,g} \cdot \frac{K\,L}{D}$$

Hier ist h der Druck der heißen Gase in Metern, V die Gasgeschwindigkeit, g die Schwerebeschleunigung, L die Länge der Düsen, D ihr Durchmesser und K der Reibungskoeffizient, dessen Wert für einigermaßen glatte Kanäle nach Grashof 0,05 beträgt, welchen Wert wir hier benutzen werden.

Übungsbeispiel 63.

In dem Konverter des Übungsbeispiels 62 wurden 10 200 kg Roheisen in 9 Min. 10 Sek. verblasen, wobei, wie dort berechnet, 2411 cbm Luft von 36° zugeführt und 622,7 kg Schlacke gebildet wurden. Der innere Durchmesser des Konverters sei 2,133 m, der Boden enthalte 14 Düsen, jede mit 11 Löchern von 12,7 mm Durchmesser. Die Düsen sind 61 cm hoch. Der Gegendruck im Konverter sei 9,94 g für 1 qcm, der Gesamtdruck in der Hauptwindleitung 1,90 kg auf 1 qcm. Die Temperatur der Luft in den Düsen 150°.

Aufgabe:

Zu berechnen ist:

1.) Der Winddruck, der nötig ist, um den statischen Druck von Metall und Schlacke zu überwinden.
2.) Der durch Reibung in den Düsen verbrauchte Druck.
3.) Der zur Erzeugung der Windgeschwindigkeit in den Düsen nötige Druck.
4.) Der Druckverlust von der Hauptwindleitung bis zum Windkasten.
5.) Die Verteilung des Gesamtdrucks.
6.) Die Dauer der Operation, wenn der Gesamtwinddruck auf 1,40 kg/qcm vermindert wird.
7.) Die Dauer der Operation, wenn der Druck von 1,90 kg/qcm beibehalten wird, aber 21 Düsen, jede mit 11 Löchern von 12,7 mm Durchmesser, zur Anwendung kommen.

Lösung:

1) Am Anfang sind 10 200 kg geschmolzenes Roheisen vorhandessen Volum

$$\frac{10200}{6{,}88 \cdot 1000} = 1{,}482 \text{ cbm}$$

beträgt.

Die Tiefe des Metallbades bei einem inneren Durchmesser von 2,133 m ist:

$$\frac{1{,}482}{2{,}133 \cdot 2{,}133 \cdot 0{,}7854} = 0{,}415 \text{ m} = 41{,}5 \text{ cm}.$$

Statischer Druck des Metallbades:

$$0{,}006\,88 \cdot 41{,}5 = 0{,}2855 \text{ kg auf } 1 \text{ qcm}.$$

Die während der ersten Hälfte der Operation gebildete Schlacke wiegt 622,7 kg und hat ein Volum von

$$\frac{622{,}7}{3{,}44 \cdot 1000} = 0{,}181 \text{ cbm.}$$

Die Stärke der Schlackenschicht nach Beendigung der Schlackenbildung ist:

$$\frac{0{,}181}{2{,}133 \cdot 2{,}133 \cdot 0{,}7854} = 0{,}051 \text{ m} = 5{,}1 \text{ cm.}$$

Statischer Druck der Schlacke:

$$0{,}003\,44 \cdot 5{,}1 = 0{,}0175 \text{ kg/qcm.}$$

Der statische Druck ist am Anfang der Operation 0,2855 kg/qcm, steigt während der ersten Hälfte auf 0,3030 und bleibt dann konstant. Als Mittelwert können wir annehmen:

$$\frac{0{,}2855 + 0{,}3030}{2 \cdot 2} + \frac{0{,}3030}{2} = \mathbf{0{,}2986 \text{ kg.}} \qquad (1)$$

2.) Jede der 14 · 11 = 154 Düsenöffnungen empfängt in der Sekunde 2411 : 154 : 550 = 0,0284 cbm Luft von 36°.

Bei 150° ist das Volum:

$$0{,}0284 \cdot \frac{273 + 150}{273 + 36} = 0{,}0389 \text{ cbm}$$

und die Windgeschwindigkeit in den Düsen:

$$0{,}0389 : 0{,}0127 \cdot 0{,}0127 \cdot 0{,}7845 = 307 \text{ m.}$$

Der zur Überwindung der Reibung in den 61 cm langen Düsen verbrauchte Druck beträgt:

$$h = \frac{307 \cdot 307}{19{,}6} \cdot \frac{0{,}05 \cdot 0{,}61}{0{,}0127} = 11\,549 \text{ m.}$$

Um diesen Druck in kg/qcm umzurechnen, haben wir:

1 cbm Luft von 0° wiegt 1,293 kg,
1 cbm Luft von 150° wiegt 0,8345 kg.

Gewicht der Luftsäule auf 1 qm:

$$11\,549 \cdot 0{,}8345 = 9637 \text{ kg}$$
$$\text{und für } 1 \text{ qcm} = \mathbf{0{,}9637 \text{ kg,}} \qquad (2)$$

3.) Der zur Geschwindigkeitserteilung des Windes nötige Druck ist

$$h = \frac{V^2}{2\,g} = \frac{307 \cdot 307}{19{,}6} = 4808 \text{ m}$$

oder in Kilogramm auf 1 qcm:

$$\frac{4808 \cdot 0{,}8345}{10\,000} = \mathbf{0{,}4012 \text{ kg.}} \qquad (3)$$

4.) Der noch übrigbleibende Teil des Druckes von 1,90 kg/qcm ist Verlust zwischen Hauptwindleitung und Windkasten. Dieser Verlust beträgt somit

$$1,90 - (0,9637 - 0,4012 - 0,2986 - 0,009\,94) = 0,2271 \text{ kg.}$$

5.) Der Druck verteilt sich wie folgt:

Verlust zwischen Hauptwindleitung und Windkasten	0,2266 kg	=	11,9 %
Zur Überwindung der Reibung in den Düsen	0,9637 „	=	50,7 %
Zur Geschwindigkeitserteilung	0,4012 „	=	21,1 %
Statischer Druck des Bades	0,2986 „	=	15,7 %
Gegendruck der Gase im Konverter	0,0099 „	=	0,6 %
Summe	1,9000 „	=	100,0 %

6.) Bei allen Wirkungen des Druckes, welche oben zusammengestellt sind, ist der Druck dem Quadrat der Windgeschwindigkeit proportional; nur der zur Überwindung des statischen Druckes im Bade erforderliche Betrag bildet hiervon eine Ausnahme und stellt eine konstante Größe von 0,2986 kg dar. Wenn der gesamte Winddruck auf 1,40 kg/qcm erniedrigt wird, bleiben für die Überwindung der Reibung und die Geschwindigkeitserteilung nur 1,40 — 0,2986 = = 1,1014 kg, anstatt im obigen Fall 1,90 — 0,2986 = 1,6014 kg. Die in einer gegebenen Zeit durchströmenden Windmengen in beiden Fällen werden sich praktisch wie die zweiten Wurzeln der effektiven Drucke, d. h. wie

$$\sqrt{1,6014} : \sqrt{1,1014} = 1 : 0,829$$

verhalten. Die Dauer der Operation in beiden Fällen wird im umgekehrten Verhältnis stehen:

$$550 : 0,829 = 663 \text{ Sek.} = \mathbf{11\ Min.\ 3\ Sek.} \qquad (6)$$

7.) Wenn der Gesamtquerschnitt der Düsen um 50 % vergrößert wird, nimmt die Windgeschwindigkeit in den Düsen um $\frac{1}{3}$ ab. Dadurch wird wiederum der für die Reibung und Geschwindigkeitserteilung nötige Druck auf $(0,67)^2 = 0,444$ des früheren Wertes heruntergehen. Die 1,3649 kg/qcm, die im ersten Falle für diese beiden Zwecke verbraucht werden, vermindern sich jetzt auf $1,3649 \cdot 0,444 = 0,6060$ kg/qcm. Der Gesamtdruck, welcher nötig ist, um ebenso rasch wie im ersten Fall blasen zu können, beträgt folglich 1,90 — (1,3649 — 0,6060) = 1,1411 kg/qcm. Wenn indessen der Druck von 1,90 kg/qcm aufrecht erhalten wird, bleiben zur Überwindung der Reibung und zur Geschwindigkeitserteilung 1,6014 kg/qcm, infolgedessen wird die Geschwindigkeit und damit die Windmenge in der Sekunde zunehmen, und zwar in dem Verhältnis der zweiten Wurzeln des effektiven Druckes, mithin wie

$$\sqrt{1,1411 - 0,2986} : \sqrt{1,90 - 0,2986}$$

oder

$$1 : 1,38.$$

Die Dauer der Operation wird in demselben Verhältnis verkürzt und beträgt

$$550 : 1,38 = 39,8 \text{ Sek.} = 6 \text{ Min. } 38 \text{ Sek.} \qquad (7)$$

Zuschlag und Schlacke.

Bei dem sauren Verfahren wird kein Zuschlag benutzt. Die im Konverter vorhandene Kieselsäure, sowie die Oxyde des Eisens und Mangans vereinigen sich zu einer Silikatschlacke, die das Futter angreift und dabei noch mehr Kieselsäure aufnimmt. Aus der Analyse der Schlacke läßt sich ihr Gewicht auf Grund des Mangangehaltes berechnen, weil aus der Analyse des Bades die oxydierte Menge des Mangans — gewöhnlich alle im Roheisen vorhandene — bekannt ist. Das Gewicht der Schlacke kann nicht aus dem Kieselsäuregehalte berechnet werden, da eine unbekannte Menge Kieselsäure aus dem Futter stammt. Auch der Eisengehalt der Schlacke ist nicht für diesen Zweck brauchbar, denn die im Konverter zurückbleibende Menge Eisen ist nicht genau bekannt. Kennt man das Gewicht der Schlacke, so ergibt sich aus der Analyse das Gesamtgewicht der Kieselsäure und ebenso das des Eisens. Aus der Gesamtkieselsäure wird, nach Abzug der aus dem Silizium des Roheisens gebildeten, die aus dem Futter aufgenommene Kieselsäure gefunden.

Bei dem basischen Bessemerverfahren wird der Phosphor fast vollständig aus dem Metall entfernt. Unter der Voraussetzung, daß kein Phosphor verflüchtigt wird, ist die Menge des Phosphors in der Schlacke bekannt und aus der Analyse der letzteren läßt sich das Gewicht der Schlacke berechnen. Bei diesem Verfahren besteht das Futter hauptsächlich aus Dolomit, dessen Gehalt an CaO und MgO leicht durch Analyse zu ermitteln ist. Bei bekanntem Gewicht der Schlacke ist auch die Abnutzung des Futters leicht zu finden, nämlich aus dem Magnesiagehalt der Schlacke, da dieser praktisch ausschließlich dem Futter entstammt. Aus dem Kalkgehalt der Schlacke läßt sich die Abnutzung des Futters nicht berechnen, denn man setzt fast reines CaO während des Blasens zu, und ein Teil davon – eine nach den Umständen wechselnde Menge — wird aus dem Konverter ausgeworfen. Aus dem gleichen Grunde gibt das Gewicht des zugesetzten Kalks keine sichere Grundlage für die Berechnung des Schlackengewichts. Dagegen ließe sich hierfür der Gehalt der Schlacke an Kieselsäure oder Manganoxydul verwenden, von welchen angenommen werden darf, daß sie fast ausschließlich durch Oxydation des Siliziums und Mangans des Einsatzes entstanden sind.

In dem basischen Konverter ist die Zugabe von Kalk notwendig, um das Futter zu schützen und um die Schlacke derart basisch zu machen, daß der Gehalt an Kieselsäure unterhalb 15 %, der an Phosphorsäure unterhalb 20 % und der Kalkgehalt oberhalb 50 % bleibt. Diesen Bedingungen muß in jedem einzelnen Fall Rechnung getragen werden.

Beispiel:

Ein im basischen Konverter verblasenes Roheisen enthielt 1,22 % Si, 2,18 P, 1,03 Mn und 3,21 C. Es wird geblasen, bis alle diese Verunreinigungen und außerdem noch 2,00 % vom Eisen oxydiert sind. Während der Operation wird gebrannter Kalk zugesetzt von der Zusammensetzung MgO 1,00 %, SiO_2 2,00 %, CaO 97 %. Wieviel Kalk ist auf einen Einsatz von 10 000 kg Roheisen zuzugeben?

Die schlackebildenden Bestandteile, herrührend von der Oxydation des Bades und aus den zuzusetzenden x kg Kalk sind:

$$
\begin{array}{lll}
SiO_2 & 10\,000 \cdot 0{,}0122 \cdot \frac{60}{28} & = 261{,}4 \text{ kg} \\
P_2O_5 & 10\,000 \cdot 0{,}0218 \cdot \frac{142}{62} & = 499{,}3 \text{ ,,} \\
MnO & 10\,000 \cdot 0{,}0103 \cdot \frac{71}{55} & = 133{,}0 \text{ ,,} \\
FeO & 10\,000 \cdot 0{,}0200 \cdot \frac{72}{56} & = 257{,}1 \text{ ,,} \\
CaO & x \cdot 0{,}9700 & = 0{,}97\,x \\
MgO & x \cdot 0{,}0100 & = 0{,}01\,x \\
SiO_2 & x \cdot 0{,}0200 & = 0{,}02\,x \\
\hline
\multicolumn{2}{l}{\text{Gewicht der Schlacke } x} & + 1150{,}8 \text{ kg.}
\end{array}
$$

Durch Angriff des Futters wird unzweifelhaft dieses Gewicht noch vermehrt. Wir schätzen die Zunahme, wohl etwas reichlich, auf 5 % des obigen Gewichts und rechnen die Hälfte als Kalk, die andere Hälfte als Magnesia.

Das Gesamtgewicht der Schlacke wird dann 1,05 x + 1208,3 und der Inhalt an den uns hier interessierenden Bestandteilen ist:

$$
\begin{array}{ll}
SiO_2 & 261{,}4 + 0{,}02\,x \\
MgO & 28{,}7 + 0{,}035\,x \\
CaO & 28{,}7 + 0{,}995\,x.
\end{array}
$$

Um eine Schlacke mit 50 % CaO zu erhalten, muß der Zuschlag so bemessen werden, daß

$$28{,}7 + 0{,}995\,x = 0{,}50\,(1{,}05\,x + 1208{,}3),$$

woraus

$$x = \mathbf{1224\ kg.}$$

Damit die Schlacke höchstens 15 % SiO_2 enthalte, haben wir ähnlich

$$261{,}4 + 0{,}02\,x = 0{,}15\,(1{,}05\,x + 1208{,}3)$$

und $x = \mathbf{583\ kg.}$

Damit endlich der Phosphorsäuregehalt der Schlacke 20 % nicht übersteige, ist der nötige Zuschlag

$$499{,}3 = 0{,}20\,(1{,}05\,x + 1208{,}3)$$

und $x = \mathbf{1227\ kg.}$

Von diesen 3 Zahlen wäre die höchste für die Bemessung des Zuschlags zu nehmen, außerdem noch um 10 % vermehrt, um den Verlust durch Auswurf an Kalkstaub zu decken. Wir kommen dann auf 1350 kg Zuschlag, und die Zusammensetzung der Schlacke berechnet sich zu:

CaO	1250 kg	=	50,1 %
MgO	723 ,,	=	2,9 %
SiO_2	286 ,,	=	11,4 %
P_2O_5	499 ,,	=	20,0 %
FeO	257 ,,	=	10,3 %
MnO	133 ,,	=	5,3 %
Summe	2497 kg.		

Rückkohlung.

Wenn der Einsatz bis auf fast reines Eisen verblasen ist, läßt man geschmolzenes Spiegeleisen einlaufen, um die nötige Menge Kohlenstoff und Mangan zuzuführen. Wenn das Gewicht und die Zusammensetzung des Bades und die Zusammensetzung des Spiegeleisens bekannt sind, wäre zur Bestimmung der nötigen Menge des letzteren nur eine einfache Rechnung erforderlich — vorausgesetzt, daß kein Verlust an Kohlenstoff oder Mangan bei der Operation stattfindet. Die Erfahrung zeigt aber, daß ein Verlust eintritt, und daß der Gehalt an Kohlenstoff und Mangan im fertigen Metall immer niedriger als berechnet ausfällt. Ein interessantes Feld eröffnet sich hier für die Berechnung der Verluste an Kohlenstoff und Mangan und des Sauerstoffinhaltes des Bades, welcher diese Verluste verursacht. Viele derartige Berechnungen, tabellarisch zusammengestellt, liefern dem Hüttenmann die Unterlagen zur Schätzung der genannten Verluste unter verschiedenen Arbeitsbedingungen, wie Abstehenlassen des Bades vor dem Ausgießen oder augenblickliches Ausgießen, Nachblasen während 5—10 Sekunden zum Mischen des Bades usw.

Übungsbeispiel 64.

Der fertig geblasene Konverter des Übungsbeispiels 62 enthielt 9654 kg Metall von der Zusammensetzung: 0,04 % C, 0,02 Si, 0,01 Mn, 0,11 P, 0,06 S, eine unbekannte Menge Sauerstoff (wahrscheinlich $<$ 0,3 %) und als Rest Eisen. 1134 kg Spiegeleisen werden zugegeben, welches 4,64 % C, 0,035 Si, 14,90 Mn und 0,139 P enthält. Das fertige Metall zeigte 0,45 % C, 0,038 Si, 1,15 Mn, 0,109 P und 0,059 S. Es sei kein Eisen oxydiert worden

Aufgabe:

Zu berechnen ist:

1.) Die Stoffbilanz vor und nach der Kohlung.

2.) Die Mengen Kohlenstoff und Mangan, welche in das fertige Metall übergegangen sind, in Prozenten der zugesetzten Mengen.

Lösung:

1.)

	Verblasenes Metall	Spiegeleisen	Stahl	Gase oder Schlacke
C	3,7	52,6	48,5	7,8
Si	1,9	0,4	4,1	− 1,8
Mn	1,0	168,9	124,1	45,8
P	10,6	1,6	11,8	0,4
S	5,8	—	6,4	− 0,6
Fe	9631,0	910,6	10541,6	—

In bezug auf Schwefel, Phosphor und Silizium liegen die Abweichungen innerhalb der Fehlergrenzen der Daten; was den Kohlenstoff und das Mangan betrifft, so ist es indessen außer Zweifel, daß hier Verluste eingetreten sind.

2.) Der prozentische Betrag dieser beiden Elemente, welche in den fertigen Stahl übergegangen sind, ist:

Kohlenstoff 48,5 : 56,3 = 0,86 = 86 %
Mangan 124,1 : 169,9 = 0,73 = 73 %.

Die Unterschiede zwischen berechnetem und gefundenem Inhalt an Kohlenstoff und Mangan im Stahl sind also:

	Berechnet	Gefunden	Verlust
Kohlenstoff	0,53 %	0,45 %	0,08 %
Mangan	1,58 %	1,15 %	0,43 %

Wenn wir annehmen, daß diese Verluste auf eine Oxydation der genannten Elemente durch im Metall gelösten Sauerstoff unter Bildung von CO bzw. MnO zurückzuführen sind, dann berechnet sich die Menge des Sauerstoffs wie folgt:

$$\text{Durch Kohlenstoff beseitigt } 0{,}08 \cdot \frac{16}{12} = 0{,}11\ \%$$

$$\text{Durch Mangan beseitigt } 0{,}43 \cdot \frac{16}{55} = 0{,}12\ \%$$

$$\text{Summe} = 0{,}23\ \%.$$

Sechzehntes Kapitel.

Thermochemie des Bessemerverfahrens.

Die am meisten in die Augen fallende Eigentümlichkeit des Bessemerverfahrens ist die Erscheinung, daß trotz der großen Menge kalter Luft, die durch das geschmolzene Roheisen geblasen wird, das Metall am Schluß der Operation heißer ist als am Anfang. Bei einigem Nachdenken wird uns der Vorgang jedoch schon weniger verwunderlich erscheinen. Denken wir uns nämlich den Konverter ausschließlich mit glühendem Brennstoff gefüllt und kalte Luft eingeblasen, dann ist ohne weiteres klar, daß die Temperatur im Konverter eine höhere werden würde. In der Tat ist der Vorgang in beiden Fällen ganz gleich. Bei dem Bessemerverfahren sind es gewisse Bestandteile des Roheisens, welche durch ihre Oxydation oder Verbrennung die ganze für den Prozeß erforderliche Wärme liefern. 10 t Roheisen enthalten z. B. etwa 350 kg Kohlenstoff, die während der Operation vollständig verbrennen und ungefähr ebensoviel Wärme wie 400 kg Koks entwickeln. Diese Wärmemenge erscheint besonders groß, weil die Verbrennung auf den sehr kurzen Zeitraum von wenigen Minuten zusammengedrängt ist.

Wärmegebende Elemente.

Die gewöhnlichen Bestandteile des Roheisens sind:

Eisen	90 — 95 %
Kohlenstoff	2,5 — 4,5 %
Mangan	0,5 — 4,0 %
Silizium	0,5 — 4,0 %
Phosphor	0,01— 4,0 %
Schwefel	0,01— 0,5 %

Einige außergewöhnliche Elemente sind Nickel, Chrom, Titan, Aluminium, Vanadium, Wolfram, Kupfer und Zink; sie treten alle nur selten im Roheisen auf, und nur ausnahmsweise ist von irgend einem dieser Stoffe 0,5 % vorhanden. Bei dem sogenannten sauren Verfahren, wo der Konverter ein kieselsäurereiches Futter besitzt, werden Eisen, Kohlenstoff, Mangan und Silizium glatt oxydiert, während

Phosphor und Schwefel praktisch unverändert bleiben. Beim basischen Verfahren, mit einem aus gebranntem Dolomit und Teer hergestellten Futter, wird gegen Ende der Operation auch der Phosphor weitgehend oxydiert. Der Schwefel dagegen vermindert sich nur wenig, um so mehr, je höher der Mangangehalt der Schlacke ist. Nachdem die oxydationsfähigen Verunreinigungen beseitigt sind, wird das Eisen weit stärker angegriffen, so daß ein großer Abbrand an Eisen entsteht, wenn das Blasen zu lange fortgesetzt wird.

Das Eisen wird größtenteils zu FeO, welches als Eisenoxydulsilikat in die Schlacke geht, zum kleineren Teil zu Fe_2O_3 oxydiert. Der braune Rauch, welcher bei zu lange fortgesetztem Blasen in großer Menge auftritt, enthält Eisen als Fe_2O_3.

Die Oxydationswärmen des Eisens sind:

Fe zu FeO	1173 Kal.	für	1	kg	Fe
„ „ Fe_2O_3	1746 „	„	1	„	„
„ „ Fe_3O_4	1612 „	„	1	„	„

Die Menge des oxydierten Eisens läßt sich aus dem Gewicht und der prozentischen Zusammensetzung der Schlacke berechnen. Auch das Gewicht der Stahlblöcke, verglichen mit dem des Roheisens, könnte als Grundlage dienen, wenn das Gewicht der oxydierten Verunreinigungen bekannt ist.

Der Kohlenstoff wird hauptsächlich zu CO, zum Teil auch, besonders im Anfang, zu CO_2 oxydiert. Das Verhältnis beider kann nur durch Analyse der entweichenden Gase in den verschiedenen Stadien der Operation ermittelt werden. Das Verhältnis der Volumina von CO und CO_2 stellt auch das Verhältnis der in beiden Gasen enthaltenen Kohlenstoffmengen dar. Ein weniger tiefes Metallbad läßt mehr CO_2 entweichen, wesentlich aus demselben Grunde, wie eine tiefe Brennstoffschicht auf einem Rost die Bildung von CO begünstigt.

Die bei der Oxydation des Kohlenstoffs entwickelte Wärme beträgt:

C zu CO	2430 Kal.	für	1	kg	C
„ „ CO_2	8100 „	„	1	„	„

Mangan wird rasch oxydiert, und zwar wesentlich zu MnO. Bei ein wenig überblasenem Metall findet sich eine geringe Menge Mn_2O_3 in der Schlacke, und diese Verbindung tritt auch im Rauch auf. Die Oxydationswärmen des Mangans sind:

Mn zu MnO	1653 Kal.	für	1	kg	Mn
„ „ Mn_2O_3	2300 „ (?)	„	1	„	„

Letztere Zahl beruht auf Schätzung; experimentell ist sie bis jetzt nicht bestimmt worden.

Silizium wird sehr schnell und sehr früh während des Blasens zu SiO_2 oxydiert; es bildet mit den Metalloxyden Silikate. Als Oxydationswärme wird gewöhnlich 7830 Kal. für 1 kg Si benutzt. Untersuchungen aus jüngster Zeit lassen diese Zahl zweifelhaft erscheinen. Berthelot hat sogar einen so niedrigen Wert wie 6414 Kal. gefunden, und ein amerikanischer Forscher, dessen Untersuchungen noch nicht abgeschlossen und dessen Resultate noch nicht veröffentlicht sind, etwa 7000 [1]). Unter diesen Umständen ist es vielleicht am besten, vorläufig einen mittleren Wert zu benutzen und einzusetzen

Si zu SiO_2 7000 Kal. für 1 kg Si.

Hoffentlich wird die genaue Zahl bald vorliegen.

Phosphor wird zu P_2O_5 oxydiert, und zwar erst gegen Ende des Blasens. Der Phosphor wird praktisch vollständig aus dem Eisen entfernt und geht als Kalziumphosphat in die Schlacke.

P zu P_2O_5 5892 Kal. für 1 kg P.

Schwefel wird im sauren Konverter überhaupt nicht entfernt. Im basischen Konverter nimmt in den letzten wenigen Minuten der Entphosphorungsperiode der Schwefel ab und entweicht wesentlich als SO_2. Zur Entschwefelung ist eine stark basische Schlacke Erfordernis, doch bleibt der Schwefel, der wahrscheinlich zuerst in die Schlacke geht, nicht in dieser, sondern tritt in die Gase über.

Die Oxydationswärmen der Elemente, die nur selten als Verunreinigungen im Roheisen auftreten, betragen, soweit sie bekannt sind:

Ni	zu	NiO	1051	Kal.	für	1	kg	Ni
Ti	„	TiO_2	5000(?)	„	„	1	„	Ti
Al	„	Al_2O_3	7272	„	„	1	„	Al
Zn	„	ZnO	1305	„	„	1	„	Zn
W	„	WO_3	1067	„	„	1	„	W.

Für Titan ist die Zahl nur geschätzt. Für Chrom und Vanadium sind die Werte ebenfalls unbekannt, doch dürfen wir vielleicht als allerdings recht unsichere Annäherungen die folgenden Zahlen benutzen:

V	zu	V_2O_5	2000 (?)	Kal.	für	1	kg	V
Cr	„	Cr_2O_3	3000	„	„	1	„	Cr.

Wärmebilanz des Konverters.

Am zweckmäßigsten ist es, wenn wir den Wärme-Inhalt im Roheisen, Stahl, Wind, in der Schlacke und in den Gasen auf die Temperatur von 0° beziehen. Dieses Verfahren ist einfacher, als wenn wir eine

[1]) H. N. Potter hat vor der Am. Electrochemical Society 4. Mai 1907 als endgültiges Resultat seiner Bestimmungen 7595 für kristallinisches Silizium angegeben.

bestimmte höhere Temperatur als Grundlage nehmen und von dieser aus zählen.

A.) Wärme-Einnahme:

Die gesamte verfügbare Wärme während des Verblasens setzt sich aus folgenden Beträgen zusammen:

Wärme im heißen Körper des Konverters am Anfang der Operation,
Wärme im eingegossenen flüssigen Roheisen,
Wärme im zugesetzten Spiegeleisen oder Ferromangan,
Wärme im zugesetzten heißen Kalk (bisweilen beim basischen Verfahren),
Wärme im Wind (wenn dieser heiß ist),
Wärmeentwicklung durch Oxydation des Bades,
Wärmeentwicklung durch die Bildung der Schlacke.

B.) Wärme-Ausgabe:

Die Wärme verteilt sich wie folgt:

Wärme im Konverterkörper am Schluß der Operation,
Wärme im fertigen Metall,
Wärme in der fertigen Schlacke,
Wärme in den entweichenden Gasen,
Wärme im Rauch,
Wärme im Metall- bzw. Schlackenauswurf,
Wärme zur Zersetzung der Windfeuchtigkeit,
Wärme für die Trennung der Badbestandteile,
Durch das Gerüst des Konverters, die Windleitung usw. abgeleitete Wärme,
Von dem äußeren Mantel des Konverters durch Strahlung an die Luft verlorene Wärme,
Ausgestrahlte Wärme.

Wenn alle Wärmebeträge richtig bestimmt werden könnten, müßten beide Seiten der Bilanz dieselbe Summe aufweisen.

Wärme im Konverterkörper am Anfang.

Wenn der Konverter beim Einlaufenlassen des Einsatzes und Anlassen des Windes ganz kalt wäre, würde dieser Betrag Null sein. Ein solches Vorgehen würde aler unheilvolle Folgen haben, da der Konverter während der Operation viel mehr Wärme aufnehmen würde, als irgend eine gewöhnliche Konverterfüllung aufbringen könnte. Es ist deshalb üblich, beim ersten Inbetriebsetzen des Konverters, in diesem ein Feuer anzumachen und mit ganz schwachem Winde zu blasen, um die Temperatur des Konverterinnern auf helle Rotglut, auf etwa 900° bis 1000°, zu bringen. Der äußere Mantel wird unter diesen Bedingungen etwa 200° warm werden, und die mittlere Temperatur des Futters wird etwa 400° betragen. Wenn der Konverter in regelmäßigem Betrieb ist und der neue Einsatz eingegossen wird, sobald der vorhergehende fertig ist, kann die Wärme im Konverter am Anfang der zweiten Charge dem Wärmevorrat am Schluß der vorhergehenden gleichgesetzt werden. Eine Schätzung der Wärme im Konverterkörper ist deshalb nur beim ersten Anblasen, bzw. wenn zwischen zwei Operationen eine längere Pause eintritt, vonnöten.

Beispiel:

Ein Konverter wiege, ohne Einsatz, 25 t, wovon die Eisenteile 5, das Kieselsäurefutter 20 t betrage. Die mittlere spez. Wärme des Eisens (für niedrige Temperaturen) ist

$$0{,}110\,12 + 0{,}000\,025\,t + 0{,}000\,000\,054\,7\,t^0$$

und für Kieselsäure

$$0{,}1833 + 0{,}000\,077\,t.$$

Aufgabe:

Es ist die Wärme im Konverterkörper zu berechnen, wenn

1.) die Temperatur des äußeren Mantels 200° und die mittlere Temperatur des Futters 400° beträgt (der Konverter ist zum Betrieb angeheizt);

2.) die Temperatur des Mantels 300°, die des Futters im Mittel 725° ist (Konverter nach beendeter Operation entleert).

Lösung:

1.) Wärme in 5000 kg Eisen:

$$0{,}110\,12 + 0{,}000\,025\,(200) + 0{,}000\,000\,054\,7\,(200)^2$$
$$= 0{,}117\,31 \text{ Kal.}$$

0,117 31 · 200 · 5000 . . . . = 117 310 Kal.

Wärme in 20 000 kg Kieselsäurefutter:

$$0{,}1833 + 0{,}000\,077\,(400) = 0{,}2141 \text{ Kal.}$$

0,2141 · 400 · 20 000 . . . . = 1 712 800 „

Wärme im Konverterkörper . . . . Summe = 1 830 110 Kal.

Wir bemerken, daß, um den Konverter auf die genannte Temperatur zu bringen, wenigstens 250 kg Koks von 8000 Kal. Heizwert nötig sind

2.) Wärme in 5000 kg Eisen:

0,123 54 · 300 · 5000 . . . . = 185 310 Kal.

Wärme in 20 000 kg Futter:

0,2391 · 725 · 20 000 . . . . = 3 466 950 „

Summe 3 652 260 Kal.

Wenn der Konverter in regelmäßigem Betrieb ist, und Entleerung und Füllung unmittelbar aufeinanderfolgen, kann dieser Wärmevorrat des Konverters als praktisch konstant angesehen werden, und Wärmeverluste treten nur durch Leitung in den Untergrund und in die Luft sowie durch Strahlung ein.

Wärme im geschmolzenen Roheisen.

Dieser Betrag hängt von der Temperatur des Roheisens beim Eingießen ab, diese ist wiederum der Roheisensorte anzupassen. Bei hohem Gehalte an Silizium, das beim Blasen starke Hitze gibt, kann man den Einsatz verhältnismäßig kalt zugeben, während er bei siliziumarmem Eisen viel heißer sein muß. Das Mindestmaß an Wärme in 1 kg geschmolzenem Roheisen kann mit 250 Kal., der Höchstgehalt bei sehr heißem Roheisen mit 350 Kal. angesetzt werden. Etwa 300 Kal. sind als gewöhnlicher Durchschnittswert anzusehen. Experimentell läßt sich der Wärme-Inhalt gegebenenfalls leicht durch Granulieren einer Probe im Wasser eines einfach gebauten Kalorimeters ermitteln.

Wärme in den metallischen Zusätzen.

Das geschmolzene Spiegeleisen wird gewöhnlich nicht sehr heiß zugegeben. Es wird etwa 250—300, im Mittel 275 Kal. enthalten. Ferromangan wird bisweilen rotglühend, bei 800—900° zugegeben. Es enthält dann 120—135 Kal. für 1 kg, wenn die spez. Wärme mit 0,15 angesetzt wird[1]).

Wärme im erhitzten Kalk.

Wenn wir als mittlere spez. Wärme des CaO $0{,}1715 + 0{,}000\,07\, t$ annehmen, so ist der Wärme-Inhalt bei 700° 154 Kal., bei 900° 211 Kal. Die Wärme kann für beliebige Temperatur des Kalks berechnet werden.

Wärme im heißen Wind.

Kein Bessemerkonverter wird mit erhitztem Wind betrieben. Wegen des starken Druckes (1,5—2,5 kg/qcm) erwärmt sich aber die Luft durch die Kompression in den Zylindern. Gewöhnliche Luft von 1 Atm., die auf 2 oder 3 Atm. komprimiert wird (wobei der effektive Druck 1 bzw. 2 Atm. beträgt), erwärmt sich dabei um 60°, bzw. 103°, über die Anfangstemperatur. Wenn nun auch ein Teil dieser Wärme im Zylinder und in den Leitungen verloren geht, so wird doch die

[1]) In jüngster Zeit wird vielfach Ferromangan in einem elektrischen Ofen geschmolzen und dann in flüssigem Zustande zugegeben.

Die Übersetzer.

Luft, wenn keine künstliche Kühlung stattfindet, immerhin um 25 bis 50° wärmer als die Außenluft sein, wenn sie in den Windkasten tritt. Dadurch wird also dem Konverter einige Wärme zugeführt.

Durch Oxydation erzeugte Wärme.

Die hier in Betracht kommenden thermo-chemischen Daten haben wir schon erörtert. Um Berechnungen auszuführen, müssen wir das Gewicht jedes oxydierten Bestandteils (dabei ist das Eisen nicht zu vergessen) und die Art der gebildeten Oxyde kennen. Die Analyse der Schlacke, der Gase und des erzeugten Stahles, verglichen mit der Zusammensetzung des Roheisens und der Zusätze, liefert uns die nötigen Unterlagen.

Wärme durch Bildung der Schlacke.

Die Schlacke ist ein Gemisch oder eine gegenseitige Lösung der Silikate des Eisens und Mangans mit ein wenig Tonerde (bis 5 %) Kalk und Magnesia (0—5 %). Im basischen Verfahren ist eine große Menge Kalziumphosphat (über die Hälfte der ganzen Schlacke) und ein erheblicher Betrag an Magnesia vorhanden, während Tonerde fast vollständig fehlt.

Oben haben wir die Oxydationswärmen aller im Konverter oxydierten Elemente angeführt. Es bleibt nur noch übrig, die Verbindungswärmen dieser Oxyde bei der Bildung der Schlacke zu betrachten. Das Tonerdesilikat kommt im Futter des Konverters bzw. im zugefügten Kalk fertig gebildet vor und ist also für die Wärmeentwicklung ohne Belang. Letzteres gilt auch für den Kalk und die Magnesia in der beim sauren Verfahren gebildeten Schlacke. Zu berücksichtigen sind dagegen FeO und MnO, für welche die einzigen zurzeit vorhandenen Daten die folgenden sind:

$$(MnO, SiO_2) = 5400 \text{ Kal.}$$
$$(FeO, SiO_2) = 8900 \text{ ,,}$$

Die Zahlen beziehen sich auf die Verbindung von 71 kg MnO bzw. 72 kg FeO mit 60 kg SiO_2. Da die sauren Schlacken immer erheblich weniger Basen enthalten, als diesem Verhältnis entspricht, so sind obige Zahlen auf die Gewichtseinheit MnO bzw. FeO zu beziehen. Dadurch erhalten wir

für 1 kg MnO	5400 : 71 = 76	Kal.
,, 1 ,, FeO	8900 : 72 = 124	,,

Mit Hilfe dieser Zahlen ist die Bildungswärme der Schlacke zu berechnen. Etwa anwesendes Fe_2O_3 wird als äquivalente Menge FeO in Rechnung gesetzt (durch Multiplikation mit 160 : 144).

Beispiel:

Eine Bessemerschlacke enthielt:

SiO_2	47,25 %
Al_2O_3	3,45 %
FeO	15,43 %
MnO	31,89 %
CaO, MgO	1,84 %

Aufgabe:

Welches ist die Bildungswärme für 1 kg dieser Schlacke?

Lösung:

Al_2O_3, CaO und MgO sind aus den schon angegebenen Gründen zu vernachlässigen. Die Verbindungswärme wird dann für 1 kg Schlacke:

Verbindung von FeO mit SiO_2	$0{,}1543 \cdot 124 =$	19,1 Kal.
,, ,, MnO ,, SiO_2	$0{,}3189 \cdot 76 =$	23,2 ,,
	Summe	42,3 Kal.

In der basischen Bessemerschlacke sind die Verhältnisse weit komplizierter. Ihr Inhalt an P_2O_5 beträgt niemals weniger als 14 %, er kann bis 25 % steigen, liegt aber gewöhnlich bei etwa 19 %. Der Gehalt an CaO beträgt durchschnittlich 45 % (Grenzwerte 35—55 %). Der Kieselsäuregehalt ist gewöhnlich unter 12 % und beträgt im Durchschnitt 6—8 %. Magnesia ist mit 1—7 %, im Mittel mit 4 % vertreten. In diesen Schlacken ist vor allen Dingen die Bindung des P_2O_5 durch Kalk in dem Verhältnis 3 CaO, P_2O_5 oder 168 Teile CaO auf 142 Teile P_2O_5 (1,183 : 1) anzunehmen, wobei die Verbindungswärme der Oxyde 159 400 Kal. für 1 Kilomol oder 1123 Kal. für 1 kg P_2O_5 beträgt. Weiter sind Eisen und Mangan, zu FeO und MnO oxydiert, durch SiO_2 gebunden anzusehen, genau wie in der sauren Schlacke. Die Tonerde darf in der basischen Schlacke als Säure behandelt werden, sie wird dann mit $\frac{120}{102}$ ihres Gewichts der Kieselsäure äquivalent gesetzt. Nach dieser Gruppierung bleibt auf alle Fälle noch eine erhebliche Menge Kalk übrig. An Kieselsäure kann sich bald ein Zuviel, bald ein Zuwenig ergeben. Bei einem Überschuß kann dieser an Kalk und Magnesia gebunden werden mit einer Wärmeentwicklung von 476 Kal. für 1 kg SiO_2. Bei zu wenig Kieselsäure werden die Berechnungen ohne weitere Korrektur beibehalten.

Beispiel:

Die auf einem rheinischen Stahlwerk erzeugte Schlacke enthielt:

SiO_2	7,73 %
P_2O_5	21,00 %
Al_2O_3	3,72 %

Fe_2O_3	1,00 %
FeO	4,73 %
MnO	2,05 %
CaO	50,76 %
MgO	4,00 %
CaS	1,71 %

Aufgabe:

Wie groß ist die Bildungswärme für 1 kg Schlacke?

Lösung:

21,90 kg P_2O_5 verbinden sich mit $21{,}90 \cdot \frac{168}{142} = 25{,}91$ kg CaO. Übrig bleiben 50,76 — 25,91 = 24,85 kg CaO, welche entweder frei, in der Schlacke gelöst oder von vornherein gebunden sind. 2,05 kg MnO entsprechen $2{,}05 \cdot \frac{60}{71} = 1{,}73$ kg SiO_2, 4,73 kg FeO, $4{,}73 \cdot \frac{60}{72} = 3{,}94$ SiO_2, 1,00 Fe_2O_3, $1{,}00 \cdot \frac{60}{80} = 0{,}75$ SiO_2. Für diese 3 Basen sind somit im ganzen 6,42 % SiO_2 nötig. An Kieselsäure ist vorhanden 7,73 %, wozu noch das Kieselsäureäquivalent der Tonerde $3{,}72 \cdot \frac{120}{102} = 4{,}38$ hinzuzurechnen ist, so daß die Gesamtkieselsäure 12,11 % beträgt. Da das Verhältnis zwischen Gesamt-FeO und Gesamtkieselsäure bedeutend niedriger als 72 : 60 ist, können wir das gesamte FeO als an Kieselsäure gebunden ansehen. Das gesamte FeO beträgt:

FeO	4,73 %
FeO-Äquivalent des MnO.	2,08 %
„ „ „ Fe_2O_3	0,90 %
Summe	7,71 %,

die zur Bildung von FeO, SiO_2 $7{,}71 \cdot \frac{60}{72} = 6{,}42$ % Kieselsäure erfordern. Der Überschuß an Gesamtkieselsäure 12,11 — 6,42 = 5,69 % ist an Kalk gebunden anzunehmen, und die Verbindungswärme ist aus der Kieselsäuremenge zu berechnen.

Für die Bildungswärme der Schlacke haben wie nunmehr:

P_2O_5	zu	3 CaO, P_2O_5	$21{,}90 \cdot 1123 =$	24 594 Kal.
MnO	„	MnO, SiO_2	$2{,}05 \cdot 76 =$	156 „
FeO	„	FeO, SiO_2	$5{,}63 \cdot 124 =$	698 „
SiO_2	„	CaO, SiO_2	$5{,}69 \cdot 476 =$	2 708 „
Bildungswärme für 100 kg Schlacke			=	28 156 Kal.

entsprechend **281,6 Kal.** für 1 kg, ein sehr erheblicher Betrag, besonders wenn die Menge der Schlacke groß ist.

Wärme im Konverterkörper am Schluß.

Dieser Betrag erreicht seinen Höchstwert am Ende des Blasens und kann dem am Anfang berechneten gleichgesetzt werden, bis auf den Umstand, daß eine kleine Menge von den Bestandteilen des Futters, Kieselsäure oder Dolomit, abschmilzt, mit der Schlacke den Konverter verläßt und dessen Wärmevorrat um ihre fühlbare Wärme vermindert.

Wärme im fertigen Stahl.

Dieser Betrag sollte in jedem einzelnen Fall kalorimetrisch bestimmt werden. Bei Nichtausführung solcher Bestimmungen kann ein Näherungswert in folgender Weise erhalten werden. Die Temperatur des fertigen Stahls beträgt im Mittel 1650°. Bessemerstahl von mittlerer Zusammensetzung wird dann etwa 350 Kal. für 1 kg enthalten. Wird die Temperatur mit einem Pyrometer gemessen, so ist für jeden Grad über oder unter der genannten Temperatur eine Korrektur von $^1/_5$ Kal. einzuführen.

Wärme in der Schlacke.

Versuchsdaten über den Wärme-Inhalt verschieden zusammengesetzter Schlacken wären sehr erwünscht. Zurzeit sind wir einstweilen auf Schätzungen angewiesen, wenn nicht an der gerade erzeugten Schlacke eine direkte Bestimmung des Wärme-Inhalts vorgenommen wird. Bei einer Endtemperatur von 1650° enthält die Schlacke wahrscheinlich etwa 550 Kal. für 1 kg mit einer Korrektur von $^1/_4$ Kal. für jeden Grad Abweichung.

Wärme in der Konvertergasen.

Die Menge der Gase ist nur aus ihrer Analyse und dem bekannten Gewicht des oxydierten Kohlenstoffs zu ermitteln. Eine direkte Schätzung aus dem Hubvolum des Gebläses ist weit weniger genau, weil bei dem herrschenden hohen Winddruck mit Verlusten von 25 bis 50 % oder noch mehr zu rechnen ist. Die Temperatur der Gase ist nur wenig niedriger als die des Bades, d. h. etwa 1350° am Anfang und 1650° am Schluß. Vor dem Hals des Konverters mag die Flamme allerdings eine viel höhere Temperatur haben; diese Erscheinung wird bewirkt durch die weitere Verbrennung des CO zu CO_2 und ist für die Temperatur der Gase im Konverter nicht maßgebend. Beim Kleinbessemern, wo auch Luft auf die Oberfläche des Bades geblasen wird, ist es sehr wohl möglich, daß die Gase im Konverter bedeutend heißer sein können als das Bad, und solche Änderungen im Arbeitsverfahren sind zu berücksichtigen. Die zuverlässigste Methode zur Temperaturbestimmung ist die direkte Einführung eines Pyrometers in den Hals des Konverters. Die mit den heißen Gasen abziehende Wärme läßt sich dann genau berechnen unter Benutzung der mittleren spez. Wärme bei diesen hohen Temperaturen.

Wärme im entweichenden Rauch.

Der Rauch besteht größtenteils aus Oxyden des Eisens und Mangans und enthält bisweilen etwas Kieselsäure. Die Menge des Rauches ist verhältnismäßig gering. Wenn sie bekannt ist, läßt sich die Wärme unter Annahme derselben Temperatur wie die der Gase und einer spez. Wärme von 0,40, wenn kieselsäurefrei, und 0,35, wenn kieselsäurehaltig, berechnen.

Wärme im Metall- und Schlacken-Auswurf.

Diese ist der Wärme in derselben Menge Metall oder Schlacke von der Endtemperatur gleichzusetzen.

Durch die Zersetzung der Feuchtigkeit gebundene Wärme.

Wenn die Gesamtmenge der mit dem Wind zugeführten Feuchtigkeit bekannt ist, haben wir für die Zersetzungswärme 29 040 : 9 = 3227 Kal. für 1 kg einzusetzen. Die Feuchtigkeit wird wahrscheinlich vollständig zersetzt, und ihr Wasserstoff erscheint in den Gasen. Bei Unkenntnis des Feuchtigkeitszustandes des Windes läßt sich die Feuchtigkeit auch aus dem Wasserstoffgehalt der Gase berechnen.

Wärme zur Scheidung der Bestandteile des Bades.

Hier begegnen wir der Frage, wie groß die Verbindungswärme zwischen dem Bad und den verschiedenen, beim Bessemerverfahren zu beseitigenden Bestandteilen, wie Kohlenstoff, Silizium, Mangan, Phosphor und Schwefel, ist. Für das Mangan nimmt Le Chatelier an, daß es im Bade als Mn_3C vorhanden ist; zur Zerlegung desselben sind 80 Kal. für 1 kg Mn erforderlich. Silizium und Kohlenstoff, besitzen soweit bis jetzt bekannt, keine merkliche Verbindungswärme mit Eisen. Schwefel erfordert 750 Kal. für 1 kg zur Scheidung von Eisen, der Phosphor — nach Ponthière — 1397 Kal. für 1 kg. Letzterer Wert scheint zweifelhaft. Bis zuverlässigere Bestimmungen vorliegen, ist es vielleicht besser, diesen Betrag ganz zu vernachlässigen als obige Zahl zu benutzen. Wenn der Wert wirklich die von Ponthière ermittelte Größe erreichen sollte, würde der Betrag allerdings von erheblicher Bedeutung für die Wärmebilanz sein.

Durch Leitung in den Ständern verlorene Wärme.

Dieser Betrag ist schwer zu ermitteln, da er von den Dimensionen der Ständer, ihrer freien, der Kühlung ausgesetzten Oberfläche und von der Art, in der sie mit anderen Teilen verbunden sind, abhängt. Die auf die Windleitung übertragene Wärme wird praktisch mit dem einströmenden Wind dem Konverter wiederzugeführt. Die auf die Ständer übertragene Wärme wird vielleicht am besten zu finden sein durch Ermittlung der Temperatur der Ständer an verschiedenen Stellen und durch Berechnung der Wärmeverluste, welche die Oberfläche durch Leitung und Strahlung an die Luft erleidet. Praktisch kommt dies Verfahren darauf hinaus, die Ständer als einen Teil der kühlenden Oberfläche des Konverters zu betrachten. Die Berechnung dieser Oberflächenverluste behandeln wir in den nachstehenden Paragraphen.

Durch Leitung an die Luft abgegebene Wärme.

Dieser Betrag ist eine Funktion der äußeren Oberfläche, ihrer Temperatur und der Geschwindigkeit der Luftbewegung. Durch Messung ist die Größe der der Luft ausgesetzten Oberfläche und die Luftgeschwindigkeit zu bestimmen. Da die Oberfläche aus rauhem Eisen besteht, so können wir für den Koeffizienten der Übergangsleitfähigkeit setzen $k = 0{,}000\,028\,(2 + \sqrt{v})$, wobei v die Luftgeschwindigkeit in Zentimeter/Sekunde und k die von 1 qcm in der Sekunde abgegebenen Grammkalorien für 1° Temperaturdifferenz bedeutet. Die Temperatur der Oberfläche sollte sorgfältig bestimmt werden, um einen zuverlässigen Durchschnittswert zu erhalten, und für die Luftgeschwindigkeit wäre ebenfalls ein Durchschnittswert zu ermitteln.

Beispiel:

Ein Konverter hat eine äußere Oberfläche von 50 qm, deren mittlere Temperatur während der Operation 200° beträgt. Die mittlere Luftgeschwindigkeit ist 1 m/sec und die Temperatur der Luft 30°. Wie hoch ist der Wärmeverlust durch Leitung an die Luft in der Minute?

Lösung:

Koeffizient der Übergangsleitfähigkeit

$$0{,}000\,028\,(2 + \sqrt{100}) = 0{,}000\,336.$$

Wärmeverlust für 1° Temperaturdifferenz in Grammkalorien für 1 Sek.

$$50 \cdot 10\,000 \cdot 0{,}000\,336 = 168 \text{ Kal.}$$

Verlust bei 170° Differenz in der Minute in Kalorien

$$168 \cdot 170 \cdot 60 : 1000 = \mathbf{1714 \text{ Kal.}}$$

Wärmeverlust durch Strahlung während des Blasens.

Dieser Verlust ist eine Funktion der Temperatur der äußeren Mantelfläche, der mittleren Temperatur der Umgebung des Konverters und der Natur der metallischen Oberfläche. Da letztere aus oxydiertem Eisen besteht, beträgt der Verlust für 1 qcm und Sekunde 0,0141 Grammkalorien wenn die Oberfläche 100°, die Umgebung 0° besitzt. Oder praktisch 1 Grkal. für 1 qcm in der Sekunde für je 100 000 000 Differenz zwischen den vierten Potenzen der absoluten Temperaturen, der strahlenden Oberfläche und der Umgebung (s. 8. Kap. S. 178).

Beispiel:

Wenn die Umgebung des Konverters im vorigen Beispiel 30° besitzt, welches ist der Strahlungsverlust in der Minute?

Lösung:

Die absoluten Temperaturen sind 273 + 30 = 303 und 273 + 200 = 473. Die Differenz ihrer vierten Potenzen ist

$$(473)^4 - (303)^4 = 41\,626\,500\,000.$$

Die Division durch 100 000 000 gibt 416 265 Grkal. in der Sekunde für 1 qcm. Der Verlust der ganzen Oberfläche in der Minute in Kalorien ist dann:

$$416\,265 \cdot 50 \cdot 60 : 1000 = \mathbf{1249\ Kal.}$$

Die oben angenommene Temperatur der Konverteroberfläche ist nur annähernd; erst nach einer sorgfältigen Feststellung dieser Größe ist eine genaue Berechnung des Strahlungsverlustes ausführbar. Bei polierter Oberfläche würde der Strahlungsverlust um fast $^9/_{10}$ vermindert werden.

Übungsbeispiel 65.

In dem Übungsbeispiel 62 (S. 288, 294 und 300) wurden aus 10 200 kg Roheisen und 1134 kg Spiegeleisen 10 736 kg Stahl erzeugt. Während des Blasens und der Rückkohlung wurden oxydiert:

Kohlenstoff	307,7 kg	(63,7 kg zu CO_2)
Silizium	92,0 „	
Mangan	88,6 „	
Eisen	115,1 „	(11,5 kg zu Fe_2O_3).

Die Gase enthalten:

CO_2	5,20 %
CO	19,91 %
H_2	1,39 %
N_2	73,50 %

Die Schlacke enthält:

SiO_2	63,56 %
Al_2O_3	3,01 %
FeO	21,39 %
Fe_2O_3	2,63 %
MnO	8,88 %
CaO	0,90 %
MgO	0,36 %

Für die nicht gegebenen Daten sind Durchschnittswerte zu benutzen.

Aufgabe:

Zu berechnen ist:

die Wärmebilanz des Konverters.

Lösung:

Die verschiedenen Wärmebeträge der Bilanz sind vorher schon erörtert worden*; wir wenden die dortigen Angaben auf diesen speziellen Fall an:

Wärme im Konverterkörper am Anfang. Wenn der Konverter in richtigem Betrieb ist, kann hierfür jeder beliebige Näherungswert eingesetzt werden, eben weil dieselbe Wärmemenge, höchstens mit einem kleinen Abzug, als am Schluß noch vorhanden angesehen werden kann. Wir nehmen für die Wärme am Anfang den oben berechneten Wert: 3 652 260 Kal. an.

Die Wärme im flüssigen Roheisen nehmen wir mit 300 Kal. für 1 kg an oder im ganzen mit 10 200 · 300 = 3 060 000 Kal.

Die Wärme im Spiegeleisen: 1134 · 300 = 340 200 Kal.

Die Wärme im Wind. Es wird angenommen, daß der Wind, durch die Kompression erwärmt, mit 60° in den Konverter eintritt.

Das Gesamtvolum des Windes wird wie folgt berechnet:

Kohlenstoff oxydiert	= 307,7	kg
Volum des gebildeten $CO + CO_2$ 307,7 : 0,54	= 570	cbm
Volum der Gase $\frac{570}{0,2511}$	= 2270	„
Volum des Stickstoffs darin 2270 · 0,7350	= 1668,5	„
Volum der Luft	= 2169,0	„
Volum des Wasserstoffs in den Gasen 2270 · 0,0139	= 31,5	„
Volum der Feuchtigkeit in der Luft	= 31,5	„

Wenn der Wind 60° besitzt, enthält er an Wärme

Luft: 2169 · 0,3046	= 660,6 Kal.
H_2O: 31,5 · 0.3790	= 11,9 „
Wärmekapazität für 1°	= 672,5 Kal.

672,5 · 60 = 40 350 Kal.

Oxydationswärme:

C	zu	CO_2	63,7 · 8100 =	515 970	Kal.
C	„	CO	244,0 · 2430 =	592 920	„
Si	„	SiO_2	92,0 · 7000 =	644 000	„
Mn	„	MnO	88,6 · 1653 =	146 456	„
Fe	„	FeO	103,6 · 1173 =	121 422	„
Fe	„	Fe_2O_3	11,5 · 1746 =	20 079	„
			Summe	2 040 847	Kal.

Bildungswärme der Schlacke. 88,6 kg Mangan bilden 114,4 kg MnO. Daraus berechnet sich das Gewicht der Schlacke zu 114,4 : 0,0888 = 1288 kg. Die Schlacke enthält 1288 · 0,6356 = 818,7 kg SiO_2, wovon $92,0 \cdot \frac{60}{28} = 197,1$ kg aus dem Silizium des Roheisens und 621,6 kg aus dem Futter stammen. Außerdem hat das Futter die in der Schlacke aufgefundenen Mengen Al_2O_3, CaO und MgO hergegeben, das sind: 1288 · 0,0427 = 55,0 kg. Das Gesamteisen der Schlacke 115,1 kg entspricht 148,0 kg FeO.

Die Bildungswärme der Schlacke beträgt nunmehr:

FeO	148,0 · 124 =	18 352 Kal.
MnO	114,4 · 76 =	8 694 „
	Summe =	27 046 Kal.

Wärme im Konverter am Schlusse. Diese Wärmemenge ist gleich der Wärme am Anfange, weniger der Wärme in 621,6 + 55,0 = 676,6 kg des Futters, welche in die Schlacke übergegangen sind. In der Annahme, daß dieser Übergang an der inneren Fläche des Konverters bei einer mittleren Temperatur von 1500° stattgefunden habe, ergibt sich unter Benutzung der mittleren spezifischen Wärme der Kieselsäure die fühlbare Wärme im ausgefressenen Futter zu

$$676,6 \cdot 0,2988 \cdot 1500 = 303\,255 \text{ Kal.},$$

und die Wärme im Konverter nach der Entleerung ist:

$$3\,652\,260 - 303\,260 = 3\,349\,000 \text{ Kal.}$$

Wärme im fertigen Stahl. Die Temperatur des Stahls wird zu 1650° und der Wärme-Inhalt zu 350 Kal. für 1 kg angenommen; danach haben wir:

$$10\,736 \cdot 350 = 3\,757\,600 \text{ Kal.}$$

Wärme in der Schlacke:

$$1288 \cdot 550 = 708\,400 \text{ Kal.}$$

Wärme in den entweichenden Gasen. Die Gase bestehen, wie schon früher berechnet, aus:

Stickstoff	1668,5 cbm
Wasserstoff	31,5 „
Kohlenoxyd	452,0 „
Kohlendioxyd	118,0 „
	2270,0 cbm.

Die drei ersteren Gase haben dieselbe spez. Wärme. Bei 1550° ist der Wärmeinhalt

N_2, H_2, CO: $2152 \cdot 0{,}3449 \cdot 1550 = 1\,150\,460$ Kal.
CO_2: $118 \cdot 0{,}7110 \cdot 1550 = 130\,040$ „
Summe 1 280 500 Kal.

Wärme zur Zersetzung der Windfeuchtigkeit. Den 31,5 cbm Wasserstoff entspricht ein gleiches Volum zersetzten Dampfes. Dadurch werden absorbiert:

$$31{,}5 \cdot 0{,}81 \cdot 29\,040 : 9 = 82\,345 \text{ Kal.}$$

Wärmeverlust durch Leitung an die Luft. Unter Benutzung der oben bei Besprechung dieser Verluste, S. 312, gefundenen Zahlen erhalten wir für eine Dauer von 9 Minuten 10 Sekunden:

$$1714 \cdot 9{,}167 = 15\,702 \text{ Kal.}$$

Wärmeverlust durch Strahlung. Unter den gleichen Voraussetzungen (s. S. 313) erhalten wir

$$1249 \cdot 9{,}167 = 11\,450 \text{ Kal.}$$

Zusammenstellung.

A.) Wärme-Einnahme.

Wärme im Konverter am Anfang	3 652 260	Kal.
„ „ Roheisen	3 060 000	„
„ „ Spiegeleisen	340 200	„
„ „ Wind	40 350	„
Oxydationswärme	2 040 847	„
Bildungswärme der Schlacke	27 046	„
Wärme-Einnahme Summe	9 160 703	Kal.

B.) Wärme-Ausgabe.

Wärme im Konverter am Schluß	3 349 000	Kal.
„ „ fertigen Stahl	3 757 600	„
„ in der Schlacke	708 400	„
„ „ den Gasen	1 280 500	„
„ zur Zersetzung der Feuchtigkeit	82 345	„
„ an die Luft durch Leitung	15 712	„
„ „ „ „ „ Strahlung	11 450	„
Wärme-Ausgabe Summe	9 205 007	Kal.

Man kann die Bilanz auch in anderer Weise aufstellen:

Einnahme:

Aus dem Konverterkörper	303 260	Kal.
Durch Oxydation	2 040 847	„
Durch Schlackenbildung	27 046	„
Summe	2 371 153	Kal.

Ausgabe:

Mehr an Wärme in den Gasen als im Wind	1 240 150	Kal.
Mehr an Wärme im Stahl und in der Schlacke als im Roheisen und Spiegeleisen	1 065 800	„
Zersetzung von Feuchtigkeit	82 345	„
Leitung und Strahlung	27 162	„
Summe	2 415 457	Kal.

Siebzehntes Kapitel.

Die Temperaturerhöhung im Konverter.

Im vorigen Kapitel haben wir die Wärmeerzeugung im Konverter und die Verteilung dieser Wärme behandelt. Wir fanden, daß fast die Hälfte der bei regelmäßigem Betrieb erzeugten Wärme mit den heißen Gasen fortgeht, etwa die Hälfte dient zur Erhöhung der Temperatur des Konverterinhalts, und nur ungefähr 5 % gehen durch Strahlung usw. verloren. In diesem Kapitel wollen wir die für die richtige Durchführung des Verfahrens so überaus wichtige Frage der Temperaturerhöhung eingehender behandeln und den entsprechenden Einfluß der verschiedenen oxydierten Stoffe berechnen.

Obschon in keinem Zeitabschnitt während des Blasens die Oxydation nur eines einzigen Bestandteils vor sich geht, so erhalten wir doch unter dieser Voraussetzung die beste Grundlage für unsere Rechnungen. Wir wollen also bei irgend welcher der in Rede stehenden Substanzen annehmen, daß 1 kg der letzteren während einer sehr kurzen Zeit verbrennt und ihre Verbrennungswärme entwickelt. Wenn keine Oxydation stattfände, würden Sauerstoff und Stickstoff nur auf die Temperatur des Bades erhitzt werden und mit dieser Temperatur abziehen. Dadurch, sowie durch gleichzeitig stattfindenden Verlust durch Leitung und Strahlung würde das Bad abgekühlt werden. Es ist klar, daß, um diese Abkühlung zu verhindern, wenigstens soviel Wärme erzeugt werden muß, als diesen beiden Ausgaben entspricht, und daß nur ein Überschuß über diesen Betrag hinaus zur Steigerung der Temperatur des Bades und der abziehenden Gase beitragen wird. Das geeignetste rechnerische Verfahren wird also darauf hinauslaufen, in jedem Falle die Kühlwirkung der eintretenden Luft zu berechnen und diese von der erzeugten Wärme abzuziehen. Der Rest ist dann die zur Temperaturerhöhung des Konverterinhaltes und der Gase sowie zur Deckung der Strahlungsverluste verfügbare Wärme. Letztere ist wiederum der Zeit — und bei konstanter Windzufuhr — der durchströmenden Luftmenge proportional.

Silizium.

Das Silizium verbrennt im ersten Zeitabschnitt der Operation, wobei die Temperatur anfangs niedrig und am Ende hoch ist. Wir wollen deshalb zwei Temperaturen, 1250° und 1600°, annehmen und für beide Annahmen die Temperatursteigerung berechnen. Die verfügbare Wärme wird vom Bad, von der Schlacke und dem Stickstoff aufgenommen.

Zur Verbrennung von 1 kg Silizium ist an Sauerstoff nötig:

$1 \cdot \frac{32}{28}$	= 1,143 kg
Stickstoff, der diesen Sauerstoff begleitet	= 3,810 „
Luft	= 4,953 kg
Volum der Luft 4,953 : 1,293	= 3,831 cbm
Spez. Wärme der Luft 100°—1250° für 1 cbm	= 0,3395 Kal.
„ „ „ „ 100°—1600° „ 1 cbm	= 0,3489 „
Kühlwirkung der Luft, wenn diese 100°, das Bad 1250° hat:	
3,831 · 0,3395 · 1150	= 1496 Kal.
Kühlwirkung der Luft von 100°, wenn das Bad 1600° besitzt:	
3,831 · 0,3489 · 1500	= 2043 „
1 kg Si erzeugt	= 7000 „

Die letztere Zahl bezieht sich auf die Verbrennung von kaltem Silizium und kaltem Sauerstoff zu kalter Kieselsäure. In unserem Fall haben wir geschmolzenes Silizium von der Temperatur des Bades, das durch heißen Sauerstoff zu heißer Kieselsäure verbrennt. Die dadurch eintretende Änderung der Verbrennungswärme berechnet sich wie folgt:

Wärme in 1 kg geschmolzenem Si bei 1250°	= 480 Kal.
„ im nötigen Sauerstoff bei 1250°	= 334 „
„ in der Kieselsäure bei 1250°	= 750 „
Oxydationswärme bei 1250° . . 7000 + 480 + 334 — 750	= 7064 „

Der Unterschied der letzten Zahl gegen die vorher gefundene Zahl 7000 ist nicht größer als die wahrscheinliche Unsicherheit der Zahl 7000 selbst, so daß wir die Berechnungen mit genügender Genauigkeit ebensogut mit Benutzung der in den Tafeln gegebenen Oxydationswärme durchführen können.

Eine andere Quelle der Wärmeerzeugung haben wir noch nicht erwähnt. Es ist dies die Verbindungswärme der Kieselsäure mit den Oxyden des Eisens und Mangans bei der Schlackenbildung. Diese Wärme beträgt 148 Kal. für 1 kg Kieselsäure, wenn Eisensilikat, und 90 Kal., wenn Mangansilikat entsteht. Auf 1 kg Silizium umgerechnet, ergeben sich 317 bzw. 193 Kal. Es entsteht die Frage, ob es angezeigt ist, diesen ganzen Betrag bei der Kieselsäure hinzuzurechnen, da die Bildung der Schlacke doch durch Reaktion der Kieselsäure mit den Metalloxyden zustande kommt, und die Verbindungswärme deshalb ebensowohl auf Rechnung der Kieselsäure wie auf die der Metalloxyde zu setzen ist. Es ist also nicht angängig, den ganzen Betrag der Kieselsäure zuzurechnen, obwohl wir andrerseits auch nichts darüber wissen, wie der Betrag zu verteilen ist. Wenn wir uns indessen erinnern, daß das Silizium wahrscheinlich vor dem Eisen und Mangan oxydiert wird, und somit die Bildungswärme der Schlacke erst nachträglich auftritt, dann erscheint es am natürlichsten, den Betrag ganz bei der Oxydation des Eisens und Mangans gutzuschreiben.

Für die Oxydation von 1 kg Silizium erhalten wir:

erzeugte Wärme	= 7000 Kal.
Kühlwirkung des Windes 100°—1250°	= 1496 „
Kühlwirkung des Windes 100°—1600°	= 2043 „
verfügbare Wärme im Bad bei 1250°	= 5504 „
verfügbare Wärme im Bad bei 1600°	= 4957 „

Für den Strahlungsverlust, welcher der Dauer des Blasens, somit der eingeführten Luftmenge proportional zu setzen ist, können wir im Mittel 50 Kal. für 1 cbm Wind annehmen. Während der Verbrennung von 1 kg Silizium ist dann dieser Verlust 3,831 · 50 . . . = 192 Kal.
wodurch die verfügbare Wärme bei 1250° auf . . . . 5312 „
und bei 1600° auf . . . . 4765 „
vermindert wird.

Diese Wärme dient zur Temperaturerhöhung von 99 kg Metall, 2,143 kg Kieselsäure und 3,810 kg Stickstoff über die Anfangstemperatur hinaus.

Bei 1250° bzw. 1600° sind die Wärmekapazitäten dieser Stoffe für 1 Grad:

	Spez. Wärme		Wärmekapizität	
	bei 1250°	bei 1600°	bei 1250°	bei 1600°
Metall 99 kg	0,25	0,25	24,8	24,8
SiO_2 2,14 kg	0,37	0,43	0,8	0,9
N_2 3,02 cbm	0,37	0,39	1,1	1,2
		Summe	26,7	26,9

Theoretische Temperatursteigerung:

$$5312 : 26{,}7 = 199^0 \text{ [Bad bei } 1250^0]$$
$$4765 : 26{,}9 = 177^0 \text{ [Bad bei } 1600^0]$$

Mittlere Temperatursteigerung für 1 % Silizium

188⁰.

Mangan.

Während des Blasens können bis zu 4 % Mangan oxydiert werden, so daß diese Verbrennungswärme manchmal eine erhebliche Größe erreicht. Wir wollen die verfügbare Wärme und die Temperaturerhöhung für 1 % oxydiertes Mangan, d. h. für 1 kg Mangan auf 100 kg Metallbad berechnen.

Sauerstoff erforderlich $1 \cdot \frac{16}{55}$		= 0,291 kg
Begleitender Stickstoff		= 0,970 „
Luft		= 1,261 kg
Volum der Luft		= 0,975 cbm
Kühlwirkung der Luft (von 100⁰) auf das Bad von 1250:		
0,975 · 0,3395 · 1150		= 381 Kal.
Wärmeerzeugung für 1 kg Mangan		= 1653 „
Bei der Bildung von $MnO \cdot SiO_2$ wird entwickelt:		
1,291 kg MnO · 76		= 98 „
Gesamte Wärmeerzeugung		= 1751 „
Verfügbare Wärme	1751—381	= 1370 „
Strahlungsverlust	0,975 · 50	= 49 „
Für die Temperaturerhöhung bleiben verfügbar		= 1321 „
Wärmekapazität für 1⁰:		
von 99 kg Bad		= 24,8 „
„ 2,4 kg Schlacke		= 0,7 „
„ 0,8 cbm Stickstoff		= 0,3 „
Gesamte Wärmekapazität der Produkte		= 25,8 Kal.

Theoretische Temperatursteigerung

$$1321 : 25{,}8 = 51^0,$$

oder rund ¼ von der durch die gleiche Menge Silizium bewirkten Erhöhung.

Eisen.

Das Eisen, wenn auch nicht so leicht oxydierbar wie Silizium oder Mangan, läßt sich im Konverter niemals vor Oxydation vollständig schützen, hauptsächlich wegen des großen Überschusses, in dem es vorhanden ist. Der größere Teil des so verlorenen Eisens, dessen Menge je nach den Umständen wechselt, wird zu FeO, ein kleiner Teil auch, besonders gegen Ende der Operation, zu Fe_2O_3 oxydiert.

Wir wollen die Berechnungen für beide Oxyde für 1 kg Eisen durchführen.

Bildung von FeO.

Sauerstoff nötig		= 0,286 kg
Dazu gehöriger Stickstoff		= 0,953 „
Luft	Summe	= 1,239 kg
Volum der Luft		= 0,958 cbm
Kühlwirkung der Luft von 100° auf das Bad von 1250°:		
0,958 · 0,3395 · 1150		= 374 Kal.
Kühlwirkung der Luft von 100° auf das Bad von 1600°:		
0,958 · 0,3489 · 1500		= 501 „
Durch Oxydation von 1 kg Eisen wird erzeugt		= 1173 „
Dazu bei der Bildung von $FeO \cdot SiO_2$ aus 1,286 kg FeO·		
1,286 · 124		= 159 „
Gesamte Wärmeerzeugung		= 1332 „
Verfügbare Wärme bei 1250°	1332—374	= 958 „
Verfügbare Wärme bei 1600°	1332—501	= 831 „
Strahlungsverlust	0,958 · 50	= 48 „
Zur Temperatursteigerung bleiben verfügbar:		
bei 1250°		= 910 „
„ 1600°		= 783 „
Wärmekapazität für 1°:		
von 99 kg Metall		= 24,8 „
„ 2,4 kg Schlacke		= 0,7 „
„ 0,8 cbm Stickstoff		= 0,3 „
	Summe	= 25,8 Kal.

Theoretische Temperatursteigerung

bei 1250° 910 : 25,8 = **36°**

„ 1600° 783 : 25,8 = **30°**.

Der Einfluß des Eisens ist also nur etwa $^1/_6$ von dem des Siliziums.

Bildung von Fe_2O_3.

Gewicht der nötigen Luft	= 1,859 kg
Volum der Luft	= 1,438 cbm
Kühlwirkung der Luft von 100° auf das Bad von 1600°:	
1,438 · 0,3489 · 1500	= 753 Kal.
Wärmeerzeugung bei der Oxydation	= 1746 „
Bei der Bildung der Schlacke	= 159 „
Gesamte Wärmeerzeugung	= 1905 „

Verfügbare Wärme	1905—753	=	1152 Kal.
Strahlungsverlust	1,438 · 50	=	72 „
Für die Temperaturerhöhung bleiben		=	1080 „
Wärmekapazität der Produkte		=	26 „

Theoretische Temperatursteigerung

$$1080 : 26 = 42^0.$$

Titan.

Wenn Titan auch nur selten als Bestandteil des Roheisens auftritt, ist es doch denkbar, daß solches Roheisen erzeugt und auf Stahl verblasen werden könnte. In diesem Falle bildet das Titan, wie folgende Berechnung lehrt, einen wertvollen Wärmeerzeuger, dessen Wirkung etwa $^3/_4$ von dem des Siliziums beträgt. Die Verbrennungswärme des Titans ist zwar nur geschätzt, sie dürfte aber immerhin ziemlich richtig sein.

Nötiger Sauerstoff $1 \cdot \frac{32}{48}$		=	0,667 kg
Dazu Stickstoff		=	2,222 „
Luft		=	2,889 „
Volum der Luft		=	2.250 cbm
Kühlwirkung der Luft von 100° auf das Bad von 1250°: 2,250 · 0,3395 · 1150		=	878 Kal.
Wärmeerzeugung bei der Oxydation von 1 kg Ti (wahrscheinlich)		=	5000 „
Bildungswärme der Schlacke	unbekannt		
Verfügbare Wärme	5000—878	=	4122 „
Nach Abzug des Strahlungsverlustes		=	3978 „
Wärmekapazität der Produkte für 1°		=	26,5 „

Theoretische Temperatursteigerung

$$3978 : 26,5 = 150^0.$$

Aluminium.

Auch dieses Metall ist im Roheisen selten vorhanden, würde aber, wenn anwesend, eine starke Wärmequelle sein, wie die nachfolgende Berechnung lehrt.

Nötiger Sauerstoff $1 \cdot \frac{48}{54}$	=	0,889 kg
Stickstoff	=	2,963 „
Luft	=	3,852 „
Volum der Luft	=	2,964 cbm

Kühlwirkung der Luft von 100° auf das Bad von 1250°:

$2{,}964 \cdot 0{,}3395 \cdot 1150$	=	1157 Kal.
Wärmeerzeugung für 1 kg Al	=	7272 „
Bei der Bildung der Schlacke . . . . unsicher		
Verfügbare Wärme . . . . 7272—1157	=	6115 „
Nach Abzug der Strahlungsverluste	=	5967 „
Wärmekapazität der Produkte für 1°	=	26,6 „

Theoretische Temperatursteigerung

$$5967 : 26{,}6 = 224^0.$$

Wenn der Konverter zu kalt gehen sollte und man hätte zur Steigerung der Hitze kein Ferrosilizium zur Hand, so würde Ferroaluminium oder Aluminium allein einen guten Ersatz liefern.

Nickel.

Nickelhaltiges Roheisen wird man schwerlich auf Stahl verblasen wollen — wegen der damit verbundenen Verluste an wertvollem Nickel.

Die in ähnlicher Weise wie oben durchgeführte Rechnung zeigt, daß 1 % Ni bei der Oxydation eine Temperaturerhöhung von etwa 33° bewirken würde.

Chrom.

Ganz neuerdings ist etwas chromhaltiges Roheisen im Konverter verblasen worden. Es war dabei sehr unangenehm, daß die Daten in Bezug auf das Verhalten des Chroms beim Blasen sowie sein Heizwert im Konverter fehlten. Ein Bericht über diese Versuche ist noch nicht in die technische Literatur gelangt, und ebensowenig ist die Oxydationswärme des Chroms oder die Bildungswärme der Chromschlacke bis jetzt thermochemisch ermittelt worden. Aus dem, was wir über die chemischen Reaktionen des Chroms wissen, läßt sich indessen mit ziemlicher Wahrscheinlichkeit folgern, daß die Oxydationswärme ungefähr 3000 Kal. beträgt. Unter Benutzung dieser Zahl und unter der Annahme, daß die Oxydation des Chroms erst gegen Ende der Operation erfolgt, wenn das Bad schon fast die Höchsttemperatur besitzt, erhalten wir die nachstehende Näherungsberechnung der Heizwirkung. Die Bildungswärme der Schlacke ist dabei unberücksichtigt geblieben.

Nötiger Sauerstoff $1 \cdot \frac{48}{104}$	=	0,462 kg
Stickstoff	=	1,540 „
Luft	=	2,002 „
Volum der Luft	=	1,548 cbm

Kühlwirkung der Luft von 100° auf das Bad von 1600°:

$1{,}548 \cdot 0{,}3489 \cdot 1500$	=	810 Kal.
Oxydationswärme (angenommen)	=	3000 „
Verfügbare Wärme 3000—810	=	2190 „
Nach Abzug der Strahlungsverluste	=	2113 „
Wärmekapazität der Produkte für 1°	=	26,1 „

Theoretische Temperatursteigerung

$$2113 : 26{,}1 = 81^0.$$

Kohlenstoff.

Dieses Element wird in größerer Menge erst gegen Mitte der Operation oxydiert, wenn das Bad infolge der vorausgegangenen Verbrennung des Siliziums schon hoch erhitzt ist. Es ist also gerechtfertigt, während der Beseitigung des Kohlenstoffs eine mittlere Temperatur von 1600° anzunehmen. Das Produkt der Oxydation ist größtenteils CO, zum Teil aber auch CO_2. Wir werden deshalb die Berechnung für jedes dieser Produkte gesondert durchführen. Die verfügbare Wärme, nach Abzug der durchschnittlichen Strahlungsverluste, dient zur Erhöhung der Temperatur der Produkte, d. h. des Bades, des Stickstoffs und des CO bzw. CO_2.

Oxydation zu CO_2.

Nötiger Sauerstoff $1 \cdot \frac{32}{12}$		=	2,667 kg
Stickstoff		=	8,889 „
Luft		=	11,556 „
Volum der Luft		=	8,937 cbm

Kühlwirkung der Luft von 100° auf das Bad von 1250°:

$8{,}937 \cdot 0{,}3395 \cdot 1150$		=	3489 Kal.
Oxydationswärme		=	8100 „
Verfügbare Wärme	8100—3489	=	4611 „
Strahlungsverlust	$8{,}937 \cdot 50$	=	447 „
Zur Temperaturerhöhung dienen		=	4164 „

Wärmekapazität der Produkte für 1°:

99 kg Metall	$99 \cdot 0{,}25$ =	24,80 Kal.
7,05 cbm N_2	$7{,}05 \cdot 0{,}37$ =	2,61 „
1,90 cbm CO_2	$1{,}90 \cdot 0{,}88$ =	1,70 „
Gesamte Wärmekapazität		29,11 Kal.

Theoretische Temperatursteigerung

$$4164 : 29{,}11 = 143^0.$$

Die Verbrennung des Kohlenstoffs zu CO_2 findet hauptsächlich im Anfang der Operation, wenn das Bad noch kalt ist, statt, und die

Wirkung des so verbrauchten Kohlenstoffs in Bezug auf Temperaturerhöhung ist etwa $\frac{3}{4}$ von der eines gleichen Gewichts Siliziums.

Oxydation zu CO.

Nötiger Sauerstoff $1 \cdot \frac{16}{12}$		=	1,333 kg
Stickstoff		=	4,444 „
Luft		=	5,777 „
Volum der Luft		=	4,469 cbm
Kühlwirkung der Luft von 100° auf das Bad von 1600°:			
$4{,}469 \cdot 0{,}3489 \cdot 1500$		=	2339 Kal.
Oxydationswärme		=	2430 „
Verfügbare Wärme	2430—2339	=	91 „
Strahlungsverlust	$4{,}469 \cdot 50$	=	233 „
Zur Temperaturerhöhung bleiben		=	142 „

Wärmekapazität der Produkte für 1°:

99 kg Metall	$99 \cdot 0{,}25$	=	24,8 Kal.
3,5 cbm N_2 / 1,9 „ CO	$5{,}4 \cdot 0{,}39$	=	2,1 „
Gesamte Wärmekapazität			26,9 Kal.

Theoretische Temperatursteigerung

$$-142 : 26{,}9 = -5^0.$$

Als Resultat entnehmen wir, daß, wenn der Kohlenstoff, wie meistens der Fall, zu CO verbrennt, und zwar bei hoher Temperatur, praktisch gar keine weitere Temperatursteigerung erfolgt, sondern es reicht die Oxydationswärme fast nicht aus, um die abkühlende Wirkung des Windes und die Leitungs- und Strahlungsverluste zu decken.

In der obigen Berechnung ist keine Rücksicht genommen auf den Wärmebetrag, der zum Freimachen des Kohlenstoffs aus seiner Verbindung mit dem Eisen erforderlich ist. Weiter ist unberücksichtigt geblieben, daß die Verbindung des Kohlenstoffs mit dem Sauerstoff im Konverter bei höherer Temperatur stattfindet, und somit die Oxydationswärme von dem kalorimetrisch ermittelten Werte verschieden sein wird. Die Verbindungswärme des Kohlenstoffs mit Eisen ist nicht bekannt, aber sie ist wahrscheinlich sehr nahe = 0[1]).

Die Oxydationswärme des flüssigen Kohlenstoffs zu CO_2 bei 1250° bzw. zu CO bei 1600° berechnet sich wie folgt:

[1]) Letztere ist kürzlich von Ruff und Gersten für das Triferrokarbid Fe_3C (Zementit) zu —15,3 Kal. bestimmt worden. (Ber. D. Chem. Ges. 1913. S. 394). Die Übersetzer.

Oxydationswärme von 1 kg C zu CO_2 bei 0°	= 8100 Kal.
Wärme zur Erhitzung von 1 kg C auf 1250° = 505 Kal.	
Wärme, um 1 kg C bei 1250° zu verflüssigen = 129 „	
Wärme, um 2,67 kg O_2 auf 1250° zu erhitzen = 779 „	
Zur Erhitzung der Ausgangsstoffe auf 1250° sind nötig	= 1413 „
Wärme in 3,67 kg CO_2 bei 1250°	= 1493 „
Reaktionswärme bei 1250° (8100 + 1413 — 1493) . .	= **8020 Kal.**

Bei der Bildung von CO bei 1600° wird der Unterschied größer. Wir haben:

Oxydation von 1 kg C zu CO bei 0°	= 2430 Kal.
Wärme zur Erhitzung von 1 kg C auf 1600° = 680 Kal.	
Zur Verflüssigung von 1 kg C bei 1600° . = 156 „	
Zur Erhitzung von 1,33 kg O_2 auf 1600° . = 554 „	
Insgesamt zur Erhitzung der Ausgangsstoffe auf 1600° .	= 1390 „
Wärme in 2,33 kg CO bei 1600°	= 1104 „
Reaktionswärme bei 1600° . . . . 2430 + 1390 — 1104	= **2716 Kal.**

Unter Benutzung dieses korrigierten Wertes erhalten wir bei der Verbrennung des C zu CO im Konverter jetzt eine geringe Wärmeentwicklung und daraus folgend eine schwache Temperatursteigerung, anstatt des oben ausgerechneten kleinen Temperaturabfalles. Der Unterschied ist indessen so unerheblich, daß er schon durch etwas langsameres Blasen verschwinden würde.

Phosphor.

Es ist dies das letzte wichtige Element, das wir zu berücksichtigen haben. Der Phosphor wird stets erst nach dem Kohlenstoff entfernt, somit bei der Höchsttemperatur des Bades, die wir für die Berechnung zu 1600° annehmen wollen. Bei gewöhnlicher Temperatur ist die Oxydationswärme des (festen) Phosphors zu P_2O_5 5892 Kal. für 1 kg. Für flüssigen Phosphor würde sie nur 5 Kal. mehr, also 5897 Kal. betragen. Bei 1600° würde die Reaktionswärme einen anderen Wert haben und wahrscheinlich etwa 500 Kal. mehr betragen, doch sind die zur genauen Ermittlung erforderlichen spez. Wärmen des P und P_2O_5 nicht bekannt, so daß wir diesen Unterschied nicht berücksichtigen können. Auch die Verbindungswärme des Phosphors mit dem Eisen ist zweifelhaft. Ponthière gibt hierfür einen sehr hohen Wert, 1397 Kal. für 1 kg P, an, doch ist sein Wert durchaus unwahrscheinlich, da ein anderer Forscher überhaupt keine Verbindungswärme nachweisen konnte. Wie schon an anderer Stelle hervorgehoben, ist es meines Erachtens am zweckmäßigsten, diesen fragwürdigen Betrag zurzeit ganz zu vernachlässigen.

Das P_2O_5 bildet mit dem zugefügten Kalk $3\,CaO \cdot P_2O_5$. Da aber stets mehr Kalk vorhanden ist, als diesem Verhältnis entspricht ($3\,CaO : P_2O_5 = 168 : 142$), so ist bei der Berechnung der Bildungswärme der Schlacke die Menge des P_2O_5 zu benutzen (1123 Kal. für 1 kg P_2O_5). Andererseits wird der Kalk — gewöhnlich heiß — zugegeben zu dem alleinigen Zwecke, das P_2O_5 zu binden. Es scheint deshalb angezeigt, die Wärme zur Erhitzung des Kalkes bis zur Temperatur des Bades aus der Verbrennungswärme des Phosphors zu decken. Die Menge des Kalkes beträgt gewöhnlich etwa das Dreifache vom Gewicht des gebildeten P_2O_5, meistens ist er auf etwa 600° vorgewärmt.

Unter diesen Voraussetzungen erhalten wir die folgende Berechnung für 1 kg oxydierten Phosphor:

Nötiger Sauerstoff	= 1,29 kg
Stickstoff	= 4,30 ,,
Luft	= 5,59 kg
Volum der Luft	= 4,32 cbm
Wärmeentwicklung bei der Bildung der Schlacke:	
2,29 kg $P_2O_5 \cdot 1123$	= 2572 Kal.
Oxydationswärme von 1 kg P.	= 5897 ,,
Insgesamt entwickelt	= 8469 Kal.
Kühlwirkung der Luft von 100° auf das Bad von 1600°:	
4,32 · 0,3489 · 1500	= 2261 ,,
Kühlwirkung des Kalks 600°—1600°.	
2,29 · 3 · 0,328 · 1000	= 2253 ,,
Insgesamt von Wind und Kalk	= 4514 Kal.
Verfügbare Wärme 8469—4514	= 3955 ,,
Strahlungsverlust 4,32 · 50	= 216 ,,
Zur Temperaturerhöhung bleiben	= 3739 ,,

Wärmekapazität der Produkte für 1°:

99 kg Bad	99 · 0,25	= 24,8 Kal.
3,4 cbm N_2	3,4 · 0,39	= 1,3 ,,
6,9 kg Schlacke	6,9 · 0,3	= 2,1 ,,
Gesamte Wärmekapazität für 1° . . .		= 28,2 Kal.

Theoretische Temperatursteigerung

$$3739 : 28,2 = \mathbf{133^0}.$$

Wird der Kalk in kaltem Zustande zugegeben, so ist seine abkühlende Wirkung um 883 Kal. größer, die verfügbare Wärme um diesen Betrag geringer und die Temperatursteigerung um 31° niedrigen sie wird dann nur 102° betragen. Bei Anwendung von vorgewärmtem Kalk können wir die Wirkung des Phosphors in bezug auf Temperatursteigerung praktisch zu zwei Drittel, bei kaltem Kalk zu etwa der Hälfte von der des Siliziums ansetzen.

Zusammenfassung.

Wärmeentwicklung durch Oxydieren von 1 kg

Element	Oxydationswärme	Bildungswärme der Schlacke	Gesamtwärmeentwicklung	Kühlwirkung des Windes, Strahlungsverlust usw.	Verfügbar für Temperatursteigerung	Theoretische Temperatursteigerung
Silizium	7000	—	7000	1688	5312	188°
Mangan	1653	98	1751	430	1321	51°
Eisen (zu FeO)	1173	159	1332	422	910	33°
Eisen (zu Fe_2O_3)	1746	159	1905	825	1080	42°
Titan	5000	—	5000	1022	3978	150°
Aluminium	7272	—	7272	1305	5967	224°
Nickel	1051	159	1210	378	832	33°
Chrom	3000	—	3000	887	2113	81°
Kohlenstoff (zu CO_2)	8100	—	8100	3936	4164	143°
Kohlenstoff (zu CO)	2430	—	2430	2572	—142	—5°
Phosphor	5897	2572	8469	{2477 / 2253[1]}	3739	133°

Es ist zu beachten, daß die Zahlen dieser Tafel nur Vergleichswerte sind. Auf einen praktischen Fall sind sie nicht ohne weiteres anwendbar. Wenn beispielsweise 1 % Si, 3 % Fe, 4 % C und 2 % P oxydiert werden, stellt die aus den obigen Zahlen zu berechnende Temperatursteigerung:

$$\begin{aligned} \text{aus Si: } & 1 \cdot 188 = 188^0 \\ \text{,, Fe: } & 3 \cdot 33 = 99^0 \\ \text{,, C: } & \sim 0^0 \\ \text{,, P: } & 2 \cdot 133 = 266^0 \\ \hline & \text{Summe} = 533^0 \end{aligned}$$

nur eine rohe Annäherung dar.

Es ist zu empfehlen, in jedem einzelnen Falle die Berechnung unter Berücksichtigung der obwaltenden Bedingungen durchzuführen, wie Temperatur des Metalls am Anfang, Temperatur des Windes, Dauer des Blasens (wegen des Einflusses auf Leitungs- und Strahlungsverluste), Verteilung des Kohlenstoffs auf CO und CO_2, freier Sauerstoff in den Gasen, Feuchtigkeitsgehalt des Windes, Temperatur und Menge des Kalkes, Abnutzung des Futters. Wenn alle diese Punkte berücksichtigt sind, bleibt nur wenig Raum für Differenzen zwischen berechneter und beobachteter Temperatursteigerung. Einige Werte bedürfen allerdings

[1]) Kühlwirkung des Kalkes wenn auf 600° vorgewärmt.

zurzeit noch weiterer experimenteller Untersuchungen, so z. B. die spez. Wärme des geschmolzenen Bades, die spez. Wärme der Schlacke, die Verbindungswärme verschiedener im Bade vorhandener Elemente, die Bildungswärme der Schlacke und die Oxydationswärme einiger seltener vorkommenden Elemente, wie Titan und Chrom.

Einrichtungen von der Art der Carnegie-Institution würden die Sache der Metallurgie durch nichts mehr fördern können als durch Gewährung von Unterstützungen an metallurgische Laboratorien zur Ermittlung solcher Daten.

Achtzehntes Kapitel.

Der Siemens-Martin-Ofen.

Unter der Bezeichnung Gasflammöfen faßt man nicht nur die Regenerativgasöfen zur Stahlerzeugung, sondern auch die Glühöfen, kurz, alle mit Regenerativ- oder Rekuperativfeuerung arbeitenden Flammöfen zusammen. Hervorragend unter diesen ist der Siemens-Martin-Ofen mit vollständiger Regeneration der Abhitze zur Anwärmung des Gases wie der Luft. In allen diesen Öfen erfolgt das Erhitzen bzw. Warmhalten des Einsatzes teils durch direkte Berührung mit den gasförmigen Verbrennungsprodukten, teils durch Strahlung der Flamme, der Wände und des Gewölbes des Ofens. Es ist das Verdienst der Gebr. Siemens, zuerst auf die große Bedeutung des Strahlungsprinzips im Gegensatz zur direkten Einwirkung der Flamme auf das Material aufmerksam gemacht zu haben. Sie setzten auseinander, daß eine leuchtende Flamme aus allen Teilen ihres Volums Wärme ausstrahlt, während bei einem heißen festen Körper die Strahlung nur von der Oberfläche aus stattfindet, und daß bei direktem Aufschlagen der Flamme die vollständige Verbrennung behindert und die Wärme nur verhältnismäßig langsam übertragen wird.

Gaserzeuger.

Zu den Gasflammöfen gehören in der Regel Gaserzeuger, ausgenommen in den Fällen, wo Naturgas oder Hochofengas zur Verfügung stehen. Die Gaserzeuger können in größerer Entfernung vom Ofen aufgestellt werden und geben dann kaltes Gas an die Regeneratoren ab, oder sie stehen dicht am Ofen, wobei sie den Regeneratoren verhältnismäßig heißes Gas zuführen. Sie können sogar als Teil des Ofens selbst gebaut werden und schicken dann ihr heißes Gas unmittelbar in die Gaszüge des Ofens. Die letztere Anordnung ist zweifellos, wenn angängig, die wirtschaftlich vorteilhafteste Art. Über die Beziehungen des Gaserzeugers zum Ofen seien hier folgende allgemeinere Angaben gemacht: Der Erzeuger liefert 4300 bis 4600 cbm Gas für 1 t Kohlenverbrauch. Das Gas enthält 3—8 % CO_2, 5—20 % H_2, 20—30 % CO und 50—60 % N_2. Sein Heizwert beträgt 750—1000 Kal. für 1 cbm. Der Gesamtheizwert macht 60—90 % von dem des verbrauchten Brennstoffs aus. Bei der Stahlerzeugung müssen für die Tonne Einsatz im Ofen 25—35 kg Kohle in der Stunde vergast werden, um den Ofen in der richtigen Hitze zu erhalten. Gute Generatoren vergasen stündlich 60—65 kg Kohle auf 1 qm Vergasungsfläche. Der Ofen erfordert somit für jede Tonne Metalleinsatz 0,4—0,6 qm Vergasungsfläche (Querschnitt) im Generator.

Gasleitung zum Ofen.

Die Weite der Gaszuführungsrohre oder Kanäle sollte reichlich bemessen sein. Wenn sie zu eng sind, muß das Gas mit großer Geschwindigkeit hindurchstreichen, und um ihm diese Geschwindigkeit zu erteilen, ist ein starker Zug nötig, unter Umständen vielleicht mehr, als der Schornstein bzw. der Ventilator aufbringen kann. Die Gaserzeuger werden fast immer mit einem Dampfgebläse betrieben, welches ein Dampf-Luft-Gemisch zuführt und im oberen Teile des Generators einen Überdruck erzeugt, wodurch die Gase mit schwachem Druck durch die Leitungen getrieben werden, und wodurch gleichzeitig das Einsaugen von Luft durch Risse in den Kanalwänden vermieden wird. Bei zu engen Gasleitungen kann durch die Reibung und die erforderliche Gasgeschwindigkeit dem Gebläse mehr Arbeit auferlegt werden, als es leisten kann, wodurch dem Schornstein ein entsprechender Anteil an der Zugleistung zufällt. Als gute Regel kann gelten, den Gasleitungen einen solchen Querschnitt zu geben, daß die Geschwindigkeit der Gase 2—3 m/Sec beträgt

Wärmespeicher (Regeneratoren).

Die Abmessungen der Wärmespeicher sind für das Arbeiten des Ofens von der größten Bedeutung. Sie sollten in der Strömungsrichtung des Gases genügende Länge haben, damit die Gase in dem erforderlichen Maße erhitzt bzw. gekühlt werden, und genügenden Querschnitt an freiem Raum, damit die Geschwindigkeit der durchströmenden Gase nicht zu groß wird. Sie müssen endlich genügende Wärmekapazität besitzen, um das erforderliche Wärmequantum aufzuspeichern.

Länge. 4—6 m ist eine passende Länge in der Richtung des Gasstromes. Sie gestattet eine angemessene Kühlung der Verbrennungsprodukte vor deren Übertritt in den Schornstein. bzw. eine genügende Erhitzung des Gases und der Luft, bevor diese in den Ofen gelangen.

Die kleinere der obigen Längenabmessungen mag bei großem Durchgangsquerschnitt und somit niedriger Geschwindigkeit des Gasstromes, die größere bei etwas beschränkterem Querschnitt und relativ größerer Geschwindigkeit Verwendung finden.

Querschnitt. Der freie Querschnitt des Gasdurchganges sollte so bemessen sein, daß die Strömungsgeschwindigkeit an der Stelle, wo die Gase am heißesten sind, 3 m in der Sekunde nicht überschreitet. Weit bessere Resultate in bezug auf die Wärmeübertragung an das Mauerwerk des Wärmespeichers werden erzielt, wenn man den Querschnitt nur auf eine Gasgeschwindigkeit von 2 m berechnet. In dieser Weise ist, wenn die hindurchgehende Gasmenge sowie die wahrscheinliche Höchsttemperatur bekannt sind, der freie Querschnitt leicht zu bestimmen. Demnächst ist das Verhältnis zwischen freiem Querschnitt und dem Gesamtquerschnitt des ganzen Wärmespeichers zu erwägen. Letzteres hängt ganz davon ab, wie die Gittersteine aufgebaut sind. Wenn die Steine sehr dicht stehen, kann der freie Querschnitt sich bis auf die Hälfte des gesamten Querschnitts vermindern, bei dem gewöhnlichen Aufbau beträgt er gewöhnlich 60—80 % vom Gesamtquerschnitt. Wenn gelochte Steine benutzt werden, wie in den Winderhitzern der Hochöfen, dann ist der freie Querschnitt durchschnittlich die Hälfte des gesamten; bei gewöhnlichen Steinen beträgt er im Durchschnitt 70 %. Dieser Gesichtspunkt wird bei verschiedenen Öfen in sehr ungleichartiger Weise berücksichtigt und erfährt durchgängig nicht die wohlüberlegte Beachtung, die er verdient. Die Größe der Steine beeinflußt in hohem Maße das Verhältnis zwischen freiem und ausgefülltem Raum und das Tempo, in welchem der Wärmespeicher sich erhitzt oder abkühlt. Bei gegebener Länge und gegebenem Querschnitt eines Wärmespeichers gibt ein dichteres Gitterwerk eine größere wärmeaufnehmende Oberfläche, bewirkt aber eine größere Gasgeschwindigkeit und vermindert den Querschnitt jedes einzelnen Gasdurchgangs und auch den Gesamtquerschnitt des Gasdurchganges. Von diesen Momenten tragen einige zur Erhöhung der Wirksamkeit bei, während andere sie herabsetzen. Es sind deshalb sehr viele Umstände zu berücksichtigen, um diejenige Anordnung zu ermitteln, welche die beste Nutzwirkung ergibt.

Eine rechnerische Lösung ist zwar möglich, gestaltet sich aber für eine elementare Darstellung zu kompliziert.

Größenverhältnis. Das Größenverhältnis zwischen den Wärmespeichern für Luft und Gas ist eine wichtige Frage, die leicht durch Rechnung zu lösen ist. Bis jetzt haben wir das Wärmespeicherpaar zusammen betrachtet und die Summe seiner Querschnitte erörtert, wie sie sich aus dem Volum der hindurchgehenden Produkte bei angenommener Höchsttemperatur und noch statthafter Strömungsgeschwindigkeit ableiten.

Die Wärmespeicher an jedem Ende des Ofens sind für gewöhnlich in zwei Kammern geteilt, wovon die eine zur Erhitzung des Gases, die andere zur Erhitzung der Luft dient. Bei den mit Naturgas betriebenen Öfen findet man diese Anordnung gewöhnlich nicht, und zwar deshalb, weil das Gas beim Erhitzen im Wärmespeicher Ruß absetzt. Bei $^9/_{10}$ der Gasflammöfen werden indessen sowohl das Gas als die Luft erhitzt. Das Heizvermögen der beiden Wärmespeicher ist nun in demselben Verhältnis zu wählen wie die Wärmekapazitäten der gleichzeitig hindurchgehenden Mengen an Gas bzw. Luft. Es handelt sich also darum, die Wärmekapazität für 1° für das Gas und die Luft zu finden oder, genauer ausgedrückt, die gesamte Wärmekapazität jedes dieser Gase zwischen den Temperaturen am Eintritt in die Wärmespeicher und der Temperatur, die sie am Eintritt in den Ofen besitzen sollen.

Übungsbeispiel 66.

Ein Gasflammofen wird mit Generatorgas betrieben, das beim Eintritt in den Wärmespeicher folgende Zusammensetzung in Volumprozenten hat:

CO	26,97 %
CO_2	4,37 %
CH_4	0,33 %
H_2	13,00 %
NH_3	0,21 %
H_2S	0,10 %
N_2	54,01 %
Luft	1,03 %.

Jedes Kubikmeter, bei 20° und 720 mm gemessen, ist von 73,22 g Feuchtigkeit begleitet (durch die Gewichtszunahme eines gewogenen Trockenrohres nach dem Durchgang einer bekannten Gasmenge bestimmt). Die zur Verwendung kommende Luft hat 20°, sie ist zu $^3/_4$ mit Feuchtigkeit gesättigt; der Luftdruck beträgt 720 mm. Es wird ein Luftüberschuß von 10 % über die theoretisch nötige Menge angewandt, letztere unter der Annahme berechnet, daß NH_3 zu H_2O und NO_2 verbrennt. Die im Gas vorhandene Luft wird berücksichtigt.

Sowohl Gas als Luft treten bei 20° in die Wärmespeicher und werden hier auf 1200° erhitzt.

Aufgabe.

Zu berechnen sind:

1.) die entsprechenden Volumina an Gas und Luft, welche durch die Wärmespeicher (Gaskammer und Luftkammer) gehen;
2.) die Wärme, welche sowohl dem Gas als der Luft zugeführt werden muß, beides auf 1 cbm Heizgas berechnet;
3.) die Größenverhältnisse beider Wärmespeicher.

Die Verbrennung des Gases erfolgt nach den Gleichungen:

$$2\,CO + O_2 = 2\,CO_2$$
$$CH_4 + 2\,O_2 = CO_2 + 2\,H_2O$$
$$2\,H_2 + O_2 = 2\,H_2O$$
$$4\,NH_3 + 7\,O_2 = 6\,H_2O + 4\,NO_2$$
$$2\,H_2S + 3\,O_2 = 2\,H_2O + 2\,SO_2.$$

Da die Anzahl der Moleküle gleichen Volumverhältnissen entspricht, so erfordert jedes Volum CO, CH_4, H_2, NH_3 und H_2S entsprechend 0,5, 2, 0,5, 1,75 und 1,5 Volumina Sauerstoff. Zur Verbrennung von 1 cbm trocknem Gas ist deshalb an Sauerstoff nötig:

CO	0,2697 · 0,5	=	0,1349 cbm
CH_4	0,0437 · 2,0	=	0,0874 „
H_2	0,1300 · 0,5	=	0,0650 „
NH_3	0,0021 · 1,75	=	0,0037 „
H_2S	0,0010 · 1,5	=	0,0015 „
	Summe	=	0,2925 cbm.

An Luft ist erforderlich

0,2925 : 0,208	=	1,4062 cbm
oder unter Berücksichtigung des Überschusses von 10 %	=	1,5468 „
Im Gas ist schon vorhanden	=	0,0103 „
An Luft ist zuzuführen	=	1,5365 cbm

Für 1 cbm trocknes Gas von irgend welcher gegebenen Temperatur und Druck ist 1,5365 cbm trockne Luft von gleicher Temperatur und demselben Druck erforderlich. Dies stellt indessen nicht genau das gesuchte Verhältnis dar, weil das Gas von einer erheblichen Menge Feuchtigkeit begleitet ist, wodurch sein Volum vermehrt wird, während die Feuchtigkeit der Luft ebenfalls deren Volum vergrößert. Es sind deshalb zwei Korrekturen anzubringen: erstens ist das Volum der 1 cbm trocknes Gas begleitenden Feuchtigkeit zu berechnen, und zweitens ist eine entsprechende Rechnung für die Feuchtigkeit, welche 1,5365 cbm trockne Luft begleitet, anzustellen.

Haben sowohl Gas als Luft in feuchtem Zustand 20° und 720 mm Druck, dann nehmen die 73,22 g Feuchtigkeit, welche 1 cbm trocknes Gas begleiten, folgendes Volum ein:

$$73{,}22 : 1000 : 0{,}81 \cdot \frac{273 + 20}{273} \cdot \frac{760}{720} = 0{,}1024 \text{ cbm}.$$

Die Luft ist bei 20° zu ¾ mit Feuchtigkeit gesättigt. Der Dampfdruck beträgt somit 17,4 · 0,75 = 13 mm. Der Partialdruck der trocknen Luft beträgt dann 720 − 13 = 707 mm, und das Volum der obigen 1,5365 cbm im feuchten Zustand ist:

$$1{,}5365 \cdot \frac{720}{707} = 1{,}5648 \text{ cbm}$$

Das Volumverhältnis des feuchten Gases und der feuchten Luft ist daher

$$1{,}1024 : 1{,}5648 = 1{,}0000 : 1{,}419. \qquad (1)$$

2.) Um die zur Erhitzung des Gases von 20° auf 1200° erforderliche Wärme zu finden, berechnen wir zunächst die prozentische Zusammensetzung des Gases einschließlich der Feuchtigkeit. Da 1 cbm Gas (trocken angenommen) von 0,1024 cbm Wasserdampf begleitet ist, berechnet sich die wirkliche Zusammensetzung des feuchten Gases zu:

CO	24,47 %
CO_2	3,96 %
CH_4	0,30 %
H_2	11,79 %
NH_3	0,19 %
H_2S	0,09 %
N_2	48,99 %
Luft	0,93 %
H_2O	9,29 %.

In 1 cbm dieses Gases ist 0,9071 cbm trocknes Gas enthalten.

Zur Verbrennung von 1 cbm ist an Luft zuzuführen:

	$0{,}9071 \cdot 1{,}5365$	$= 1{,}3938$ cbm	trockne Luft
oder	$0{,}9071 \cdot 1{,}5648$	$= 1{,}4080$,,	feuchte Luft,
welche	$1{,}4080 - 1{,}3938$	$= 0{,}0142$,,	Feuchtigkeit

enthalten.

Die zur Erhitzung von 1 cbm feuchtem Gas erforderliche Wärme ergibt sich folgendermaßen:

	Volum	mittlere spez. Wärme 20° — 1200°.	
CO	0,2447		
H_2	0,1179	$\cdot$ 0,3359	= 0,2895 Kal.
N_2	0,4899		
Luft	0,0093		
CO_2	0,0396	$\cdot$ 0,6384	= 0,0253 ,,
H_2O	0,0929	$\cdot$ 0,5230	= 0,0486 ,,
CH_4	0,0030	$\cdot$ 0,6484	= 0,0019 ,,
NH_3	0,0019	$\cdot$ 0,5752	= 0,0011 ,,
H_2S	0,0009	$\cdot$ 0,5230	= 0,0005 ,,
Wärmekapazität für 1°			= 0,3669 Kal.

Wärme zur Erhitzung von 20° auf 1200°:

$$0{,}3669 \cdot 1180 = 432{,}9 \text{ Kal.}$$

Die Wärmekapazität der gleichzeitig von 20° auf 1200° erhitzten feuchten Luft beträgt

Luft	1,3938 · 0,3359	=	0,4648 Kal.
H_2O	0,0142 · 0,5230	=	0,0074 „
	Summe	=	0,4756 Kal.

Zur Erhitzung um 1180° sind also nötig

$$0{,}4756 \cdot 1180 = 561{,}2 \text{ Kal.}$$

Der Wärmespeicher für die Luft sollte deshalb ein im Verhältnis 561,2 : 432,9 = 1,30 mal so große Heizfläche bzw. Querschnitt als der Wärmespeicher für das Gas besitzen, d. h. 30 % mehr. Mit andern Worten: Die Gesamtheizfläche der beiden Wärmespeicher ist so zu verteilen, daß 57 % auf den Luft- und 43 % auf den Gaswärmespeicher entfallen. In der Praxis pflegt man allgemein 60 und 40 % zu nehmen, doch ist es besser, für jeden einzelnen Fall die Rechnung besonders auszuführen, vorausgesetzt, daß die Zusammensetzung des zu verwendenden Gases bekannt ist.

Ventile und Gaszüge.

In Bezug auf die Ventile für Gas und Luft sowie für die abziehenden Verbrennungsprodukte läßt sich keine bestimmte Regel aufstellen. Wenn sie zu groß sind, wird ihre Handhabung unbequem und sie werfen sich leicht; wenn sie zu eng sind, bieten sie dem Gasstrom einen unzweckmäßigen Widerstand. Als allgemeine Regel kann gelten, daß die Öffnung so zu bemessen ist, daß die Strömungsgeschwindigkeit zwischen 3 und 5 Meter beträgt, wobei natürlich die Temperatur des Gasstromes zu berücksichtigen bleibt. Zu beachten ist auch, daß bei Ventilen mit Wasserverschluß, die an sich recht zweckmäßig sind, ein Verdampfen des Wassers durch Berührung mit dem heißen Gas stattfindet, wodurch die Temperatur im Ofen herabgesetzt wird. Nicht verdampfendes Öl oder feiner Sand wäre dem Wasser vorzuziehen. Die Züge in den Ofenköpfen bilden einen sehr wichtigen Teil des Ofens und können in sehr verschiedener Art entworfen werden, je nach Zweck und Arbeitsweise des Ofens.

Ihr Querschnitt läßt sich indessen berechnen, wenn Volum und Temperatur des Gases oder der Luft beim Austritt aus den Kammern bzw. der Verbrennungsprodukte beim Verlassen des Ofens bekannt sind. Die Züge in den Köpfen sind so weit zu bemessen, daß die Strömungsgeschwindigkeit in ihnen 20 m in der Sekunde nicht überschreitet, besser noch ist es, mit einer Geschwindigkeit von 10 m zu rechnen. Je größer die Geschwindigkeit von Gas und Luft beim Einströmen in den Ofen ist, desto weiter von den Ofenköpfen entfernt geht die vollständige Verbrennung vor sich. Bei langen Öfen ist eine größere Eintrittsgeschwindigkeit statthaft als bei kurzen; ist die Geschwindigkeit zu groß, so kann es vorkommen, daß die Verbrennung sich zum Teil bis in den auf der andern Seite befindlichen Wärmespeicher hineinzieht, so daß dem Ofenraum die volle Hitze nicht zugute kommt. Diese Möglichkeit ist, wenn irgend angängig, aufs sorgfältigste auszuschließen.

Übungsbeispiel 67.

Generatorgas von der Zusammensetzung:

CO	24,47 %
CO_2	3,96 %
CH_4	0,30 %
H_2	11,79 %
H_2S	0,09 %
NH_3	0,19 %
N_2	48,99 %
Luft	0,93 %
H_2O	9,29 %

wird mit dem 1,408fachen seines Volums feuchter Luft verbrannt (s. Übungsbeispiel 66).

Der Ofen verarbeitet 50 t Stahl in 12 Stunden und verbraucht 17,5 t Kohle in den Gaserzeugern, wovon 15 t Kohlenstoff in das Gas übergehen. Gas und Luft verlassen die Regeneratoren bei 1200°, und die Verbrennungsprodukte (nach vollständiger Verbrennung) treten mit 1400° in die gegenüberliegenden Kammern ein. Die Geschwindigkeit von Gas und Luft beim Einströmen wird mit 10 m angenommen.

Aufgabe:

Zu berechnen sind:

1.) das Volum von Gas und Luft von 20° und 720 mm, das dem Ofen in der Sekunde zugeführt wird;
2.) die Querschnitte der Züge für Gas und Luft;
3.) die Geschwindigkeit der Verbrennungsprodukte beim Eintritt in die Züge des gegenüberliegenden Ofenkopfes.

Lösung:

1.) In 1 cbm Gas unter Normalbedingungen ist an Kohlenstoff vorhanden:

$$\begin{array}{ll} CO & 0{,}2447 \\ CO_2 & 0{,}0396 \\ CH_4 & 0{,}0030 \\ \hline & 0{,}2873 \cdot 0{,}54 = 0{,}1551 \text{ kg.} \end{array}$$

Während der 12 Stunden wird an Gas (von Normalbedingung) verbraucht

$$15\,000 : 0{,}1551 = 96\,710 \text{ cbm.}$$

In der Sekunde demnach 2,24 cbm oder Gas von 20° und 720 mm

$$2{,}24 \cdot \frac{273 + 20}{273} \cdot \frac{760}{720} = \mathbf{2{,}53 \text{ cbm.}} \qquad (1).$$

Das Volum der Luft in der Sekunde unter Normalbedingungen ist:

$$2{,}24 \cdot 1{,}408 = 3{,}15 \text{ cbm}$$

und bei 20° und 720 mm

$$2{,}53 \cdot 1{,}408 = \mathbf{3{,}56 \text{ cbm.}} \qquad (1)$$

2.) Beim Austritt aus den Gas- und Luftzügen bei 1200° ist das Volum des Gases

$$2{,}24 \cdot \frac{1200 + 273}{273} \cdot \frac{760}{720} = 12{,}8 \text{ cbm}$$

und das Volum der Luft

$$3{,}15 \cdot \frac{1200 + 273}{273} \cdot \frac{760}{720} = 17{,}9 \text{ cbm.}$$

Unter der Annahme einer Geschwindigkeit von 10 m in der Sekunde müssen die Züge folgenden Querschnitt haben:

für das Gas	= 1,28 qm
„ die Luft.	= 1,79 „
Summe	= **3,07 qm** (2)

3.) Die Verbrennung der Gase erfolgt meistens unter Volumverminderung. Die Verbrennungsprodukte haben ein geringeres Volum als die Summe der Volumina von Gas und Luft.

Aus den im Übungsbeispiel 66 gegebenen Verbrennungsgleichungen für CO, CH_4, H_2, H_2S und NH_3 erhalten wir folgende Tabelle über die Volumverhältnisse und die Volumkontraktionen:

	CO	CH_4	H_2	H_2S	NH_3
Volum des Gases	1,0	1,0	1,0	1,0	1,0
Volum des Sauerstoffs . . .	0,5	2,0	0,5	1,5	1,75
Summe beider	1,5	3,0	1,5	2,5	2,75
Volum der Produkte	1,0	3,0	1,0	2,0	2,5
Volumkontraktion	0,5	0,0	0,5	0,5	0,25

Bei der Verbrennung von 1 cbm Gas mit einem Überschuß an Luft ist die gesamte Volumkontraktion:

$$
\begin{array}{llll}
CO & 0{,}2447 \cdot 0{,}5 & = 0{,}122\,35 & \text{cbm} \\
CH_4 & & = 0{,}000\,00 & ,, \\
H_2 & 0{,}1179 \cdot 0{,}5 & = 0{,}058\,95 & ,, \\
H_2S & 0{,}0009 \cdot 0{,}5 & = 0{,}000\,45 & ,, \\
NH_3 & 0{,}0019 \cdot 0{,}25 & = 0{,}000\,50 & ,, \\
\hline
\text{Zusammen} \ldots & & = 0{,}1822 & \text{cbm.}
\end{array}
$$

Da die Summe der Volumina von Gas und Luft 2,408 cbm beträgt, so ergibt sich das Volum der Produkte unter Normalbedingungen zu

$$2{,}408 - 0{,}182 = 2{,}226 \text{ cbm}$$

für 1 cbm verbranntes Gas.

In der Sekunde werden 2,24 cbm Gas (unter Normalbedingungen) verbrannt, und das Volum der Produkte in der Sekunde ist

$$2{,}226 \cdot 2{,}24 = 4{,}986 \text{ cbm}$$

unter Normalbedingungen, oder bei 1400° und 720 mm

$$4{,}986 \cdot \frac{1400 \cdot 273}{273} \, \frac{760}{720} = 32{,}7 \text{ cbm.}$$

Da die Summe der Querschnitte der Gas- und Luftzüge 3,07 qm beträgt, so ergibt sich die Strömungsgeschwindigkeit in ihnen zu

$$32{,}7 : 3{,}07 = \mathbf{10{,}7\ m} \text{ in der Sekunde.}$$

Bei den Berechnungen der Weite der Züge und der Strömungsgeschwindigkeit der Verbrennungsprodukte haben wir die Spannung von Gas, Luft und Verbrennungsprodukten in den Zügen dem herrschenden Atmosphärendruck gleich gesetzt. Diese Annahme mag in manchen Fällen zutreffen, in anderen nicht; da nämlich Gas und Luft durch den Zug der Esse angesaugt werden, können sie leicht einen etwas niedrigeren Druck besitzen. Je nachdem der Druck im Ofen bei geschlossenen Türen größer oder kleiner ist als der äußere Atmosphärendurck, wird auch der Druck von Gas und Luft entsprechend Änderungen erfahren, während andrerseits die Verbrennungsprodukte infolge der Zugwirkung des Schornsteins wahrscheinlich stets einen geringen Unterdruck haben. Diese Korrekturen sind indessen unter gewöhnlichen Umständen so klein, daß sie vernachlässigt werden dürfen.

Arbeitsraum des Ofens.

Der Arbeitsraum des Ofens ist der freie, von Herd, Wänden und Gewölbe begrenzte Raum. Seine Abmessungen wechseln je nach dem angestrebten Fassungsvermögen des Ofens und den Anschauungen des Erbauers. Wenn der Ofen z. B. 50 t Stahl, von dem 1 cbm 7 t wiegt, aufnehmen soll, so müssen 7 cbm Metall auf dem Herde Platz finden können. Je tiefer das Metallbad ist, umso langsamer wird es durch die Flamme erhitzt bzw. oxydiert. Es gibt deshalb eine größte Tiefe, etwa 50 cm, über die man nicht gern hinausgeht, während eine geringere Tiefe schnelleres Arbeiten gestattet. Aus Volum und Tiefe läßt sich die Oberfläche des Metallbades leicht finden. Setzen wir bei einem Ofen für 50 t Stahl die Tiefe des Bades zu 40 cm, dann ergibt sich die Oberfläche zu

$$7 : 0{,}40 = 17{,}5 \text{ qm.}$$

Wir können dann entweder, etwa unter Berücksichtigung der Spannweite des Gewölbes, die Breite wählen und die Länge berechnen, oder umgekehrt die Länge wählen und die Breite ableiten, schließlich können wir auch ein bestimmtes Verhältnis zwischen Länge und Breite wählen und beide berechnen. In obigem Beispiel wird bei 3 m Breite die Länge 5,8 m betragen müssen. Wird die Länge von vornherein auf 5 m festgelegt, so wird die Breite 3,5 m sein. Wenn als Verhältnis zwischen Länge und Breite 2 : 1 genommen wird, dann berechnet sich die Länge zu 5,92 m, die Breite zu 2,96 m. Diese Abmessungen sind die des Metallbades; beide sind um 1 m zu vergrößern, um die Abmessungen des Herdes zu erhalten; in dieser Weise würde dann noch rings um das Bad ein freier Raum von 0,5 m Breite bleiben.

Ein kurzer Ofen sollte weit sein und ein hohes Gewölbe besitzen, damit der Querschnitt des freien Ofenraumes genügend groß und die Geschwindigkeit der über dem Herde strömenden Gase keine zu hohe wird. Die Gase erreichen ihre Höchsttemperatur, theoretisch etwa 1700°—1900°, im Arbeitsraum des Ofens, und ihre Geschwindigkeit hängt allein von dem vertikalen Querschnitt des Innenraumes ab. In dem Übungsbeispiel 67 gehen in der Sekunde etwa 5 cbm Verbrennungsprodukte (von Normalbedingungen) durch den Ofen, welche bei 1800° ein Volum von 38 cbm haben. Bei einer Breite des Arbeitsraumes von 4,5 m und 1,5 m Höhe über der Fläche des Bades würde der Querschnitt 7,25 qm und die Gasgeschwindigkeit über dem Herde 38 : 7,5 = 5,2 m in der Sekunde betragen. Der Gasstrom würde also während einer Sekunde die ganze Länge des Arbeitsraumes durcheilen, was eine geringe Heizwirkung und wahrscheinlich eine unvollständige Verbrennung zur Folge haben würde; denn das Gas wird nur in dem Maße verbrennen, als es sich mit der Luft mischen kann und es ist kaum anzunehmen, daß eine vollständige Durchmischung und Verbrennung in der kurzen Zeit von einer Sekunde stattfinden wird.

Das wäre nur durch weitere Unterteilung des Gas- und Luftstromes und sorgfältige Mischung beider schon an den Zügen zu erreichen. Die durch Erhöhung des Gewölbes zu erzielende größere Wirtschaftlichkeit ist unzweifelhaft großenteils der Verlangsamung des Gasstromes im Herdraum zuzuschreiben, obwohl sie meistens dadurch erklärt wird, daß die Flamme mit dem Bade nicht direkt in Berührung kommt. Wenn das Gewölbe von 1 auf 2 m erhöht wird, wodurch der freie Querschnitt auf das Doppelte, die Geschwindigkeit auf die Hälfte gegen früher gebracht wird, und die Zeitspanne, in der die Verbrennung stattfindet und in welcher die Wärme den Ofenwänden und dem Einsatz durch Strahlung oder Berührung zugeführt wird, auf das Doppelte anwächst, so ist dieses im wesentlichen allein die Ursache für die beobachtete bessere Wärmeausnutzung. Eine ebenso wirksame Maßregel ist die Verlängerung des Herdes. Dem Anwachsen der Breite des Herdes wird durch die praktische Möglichkeit der Überwölbung, der Erhöhung des Gewölbes durch den zunehmenden Abstand der Gase von dem Herde eine Grenze gesetzt. Wenn diese beiden Veränderungsmöglichkeiten ihre zulässige Höchstgrenze erreicht haben, dann ist eine weitere Besserung in der Wärmeausnutzung — was die Ofenabmessungen betrifft — nur durch eine Verlängerung des Herdes zu erzielen. Mechanisch gibt es hier keine Grenze, und in jedem einzelnen Falle sollte der Abstand zwischen Ein- und Austrittsöffnungen der Gasgeschwindigkeit so angepaßt werden, daß die vollständige Verbrennung noch im Arbeitsraum des Ofens stattfindet, bevor die Produkte in die Wärmespeicher eintreten.

Übungsbeispiel 68.

In den Transactions of the American Institute of Mining Engeneers 1890 teilt H. H. Campbell folgende auf den Werken der Pennsylvania Steel Co. ausgeführte Analyse mit

	Gas beim Eintritt in den Ofen	Produkte beim Verlassen des Ofens
CO_2	5,5 %	3,1 %
O_2	2,3 %	0,7 %
CO	8,2 %	7,1 %
CH_4	7,3 %	0,0 %
H_2	39,8 %	11,6 %
N_2	36,9 %	77,5 %.

Aufgabe:

Zu berechnen ist:

1.) der Anteil vom Gesamtheizwert des Gases, welcher während des Durchgangs im Ofenraum entwickelt wird;

2.) die benutzte Luftmenge in Prozenten der theoretisch notwendigen.

Lösung:

1.) 1 cbm Gas enthält folgende Mengen Kohlenstoff:

$$(0{,}055 + 0{,}082 + 0{,}073)\ 0{,}54 = 0{,}1134 \text{ kg}.$$

1 cbm der Produkte enthält

$$(0{,}071 + 0{,}031)\ 0{,}54 = 0{,}0551 \text{ kg}.$$

Für 1 cbm Gas ist das Volum der Produkte

$$0{,}1134 : 0{,}0551 = 2{,}06 \text{ cbm}.$$

Heizwert von 1 cbm Gas:

CO	0,082 · 3062	=	251 Kal.
CH_4	0,073 · 8623	=	629 „
H_2	0,398 · 2613	=	1040 „
	Summe	=	1920 Kal.

Heizwert von 2,06 cbm Produkten:

CO	0,071 · 3062	=	217 Kal.
H_2	0,116 · 2613	=	303 „
	Summe	=	520 Kal.

$$520 \cdot 2{,}06 = 1071 \text{ Kal.}$$

Im Ofen werden entwickelt:

$$1920 - 1071 = 849 \text{ Kal.}$$

oder in Prozenten vom Heizwert des Gases:

$$849 : 1920 = 0{,}442 = 44{,}2\ \%.$$

2.) Zur vollständigen Verbrennung benötigt 1 cbm Gas folgende Mengen Sauerstoff:

CO	0,082 · 0,5	=	0,041 cbm
CH_4	0,073 · 2,0	=	0,146 „
H_2	0,398 · 0,5	=	0,199 „
	Summe	=	0,386 cbm.
Im Gas findet sich Sauerstoff		=	0,023 „
Sauerstoff als Luft zuzuführen		=	0,363 cbm
Entsprechende Luftmenge 0,363 : 0,208 . . .		=	1,745 cbm.

Die 2,06 cbm Produkte brauchen zur vollständigen Verbrennung:

CO	0,071 · 0,5 · 2,06	=	0,0731 cbm Sauerstoff
H_2	0,116 · 0,5 · 2,06	=	0,1195 „ „
	Summe	=	0,1926 cbm
Sauerstoff in den Produkten vorhanden		=	0,0070 „
Sauerstoff als Luft zuzuführen		=	0,1856 cbm
Entsprechende Luftmenge		=	0,892 „

Insgesamt Luft zur vollständigen Verbrennung von 1 cbm Gas 1,745 cbm

Im Ofen wird zugeführt . . . . 0,853 cbm

oder in Prozenten:

$$0{,}853 : 1{,}745 = 0{,}489 = 48{,}9\ \%. \qquad (2)$$

Es ist überflüssig zu bemerken, daß bei einer Luftzufuhr, die weniger als die Hälfte der zur vollständigen Verbrennung notwendigen beträgt, keine hohe Flammentemperatur und keine gute Ausnutzung des Brennstoffs möglich ist. Es hätte mehr Luft zugeführt und der Ofen länger gemacht werden müssen, damit die vollständige Verbrennung im Ofen selbst hätte stattfinden können, und damit nicht über die Hälfte der ausnutzbaren Wärme erst in den Wärmespeichern und in der Esse zur Entwicklung gekommen wäre.

Die Rauchkanäle und der Schornstein.

Die Gase besitzen beim Eintritt in die Rauchkanäle eine Temperatur zwischen 150° und 450°. Unter Annahme einer mittleren Temperatur von 300° und einer Geschwindigkeit von 2—3 m in der Sekunde ist aus dem Gasvolum der Kanalquerschnitt zu berechnen. Der Schornstein arbeitet am besten bei einer Geschwindigkeit von 5 m, welche bei der Berechnung des Schornsteinquerschnitts zugrunde gelegt werden kann. Für die meisten Schornsteine ist eine Höhe von 25—30 m ausreichend.

Verschiedenes.

Einige für die Abmessungen und die Arbeitsweise von modernen Martinöfen nützliche Angaben sind nachstehend zusammengestellt. Die meisten derselben sind einem Aufsatz von H. O. Heß in den Proceedings Engeneering Club of Philadelphia, Januar 1904, entnommen.

Durchschnittlicher stündlicher Kohlenverbrauch für die Tonne Einsatz 25—36 kg.

Freier Raum in der Gas- und Luftkammer für 1 t Metalleinsatz 0,85—2,1 cbm.

Freier Raum in der Gas- und Luftkammer für 1 kg stündlichen Kohlenverbrauch 28—56 cbm.

Durch Vergleich und sinngemäße Verbindung derartiger Angaben unter Berücksichtigung von Einzelheiten in bezug auf die Arbeitsweise der Öfen wird der Weg zu einer allgemeinen Lösung gewiesen, welche für jeden möglichen Fall die günstigsten Bedingungen aufzufinden gestattet.

Neunzehntes Kapitel.

Thermischer Wirkungsgrad des Siemens-Martin-Ofens.

Der Einsatz des Siemens-Martin-Ofens besteht aus kaltem Roheisen und Schrott, heißem Ferromangan, sowie aus kaltem Kalkstein und Erz. Dem Ofen wird kalte Luft und mäßig warmes Generatorgas zugeführt; er liefert flüssigen Stahl und flüssige Schlacke von Abstichtemperatur. Der größere Teil der ausgenutzten Wärme ist im flüssigen Stahl enthalten, der nach dem Abstich des Ofens vergossen wird.

A) Wärme-Einnahme:

Die dem Ofen zugeführte Gesamtwärme setzt sich aus den folgenden Beträgen zusammen:

1.) Wärme in der heißen Beschickung.
2.) Wärme im warmen oder heißen Gas bei dessen Eintritt in den Ofen.
3.) Wärme in der warmen oder heißen Luft beim Eintritt.
4.) Wärme durch die vollständige Verbrennung des zugeführten Gases.
5.) Wärme durch Oxydation gewisser Bestandteile der Beschickung.
6.) Wärme durch die Bildung der Schlacke.

B) Wärme-Ausgabe:

Diese Gesamtwärme verteilt sich wie folgt:

1.) Wärme im flüssigen Stahl beim Abstich.
2.) Wärmeverbrauch zur Reduktion des Eisenerzes zu Metall.
3.) Wärmeverbrauch zur Zerlegung des Kalksteins.
4.) Wärmeverbrauch zur Verdampfung etwaiger Feuchtigkeit in der Beschickung.
   (Die ersten drei Beträge stellen die nutzbar aufgewandte Wärme dar, und ihre Summe gibt uns den thermischen Wirkungsgrad des Ofens.)
5.) Wärmeverbrauch zur Reduktion des Erzes zu FeO.
6.) Wärme-Inhalt der Schlacke.
7.) Wärmeverlust durch unvollständige Verbrennung.
8.) Wärme in den abziehenden heißen Essengasen.
9.) Wärme im Kühlwasser.
10.) Wärmeverlust durch Leitung in den Untergrund.
11.) Wärmeverlust durch Leitung an die Luft.
12.) Wärmeverlust durch Strahlung.

A) Wärme-Einnahme.

1. Wärme in der heißen Beschickung.

Wenn das Roheisen flüssig anstatt kalt eingesetzt wird, erspart man dem Ofen einen gewaltigen Betrag an thermischer Arbeit, und der gesamte Wärme-Inhalt des Roheisens beim Einguß (von 0° aus gerechnet) ist als zugeführte Wärme aufzuführen. Es handelt sich dabei um etwa 275 Kal. für 1 kg Roheisen, der genaue Betrag sollte jedoch womöglich für jeden einzelnen Fall kalorimetrisch ermittelt werden. Der thermische Wirkungsgrad des Ofens stellt sich bei kaltem Einsatz naturgemäß höher als beim Einsatz flüssigen Roheisens, denn bei einer Flammentemperatur z. B. von 1900° wird die Wärme von dem kalten Einsatze viel schneller aufgenommen als von dem schon hoch erhitzten flüssigen Metall, und ein viel größerer Prozentsatz der zugeführten Wärme wird ausgenutzt.

Der Schrott wird fast immer kalt eingesetzt, wenn aber irgend ein Teil davon heiß sein sollte, so wäre dessen Gewicht und Temperatur zu ermitteln und der Wärmeinhalt als Einnahme in Rechnung zu setzen. Die kalorimetrische Bestimmung läßt sich mit einem gewogenen kleinen Stück Schrott in bekannter Weise ausführen.

Das Ferromangan wird oft kalt zugegeben, meistens aber vorher auf Kirschrotglut (etwa 900°) erhitzt, damit es sich schneller im Bad auflöst. Aus dem Gewicht, der Temperatur und der spezifischen Wärme des Ferromangans ist sein Wärmeinhalt leicht zu finden. Auch hier ist die mit einer Probe auszuführende direkte kalorimetrische Bestimmung des Wärmeinhalts die genauere Methode. Der Kalkstein und das Erz werden fast ausnahmslos kalt zugesetzt. Wenn nicht, kann ihre Wärme in gleicher Weise wie bei den übrigen Materialien ermittelt werden.

2. Wärme im zugeführten Gas.

Wir verstehen darunter die Wärme, die das Gas besitzt, wenn es den Ofen erreicht, nicht aber die Wärme, die das Gas nach der Erhitzung in den Wärmespeichern besitzt. Von einer gesonderten Berücksichtigung der Wärme im Gas wird nur dann die Rede sein können, wenn der Gaserzeuger von Ofen selbst unabhängig ist. Wenn der Gaserzeuger dagegen mit dem Ofen zusammen ein Ganzes bildet, ist die getrennte Berücksichtigung beider nicht tunlich, und der Wirkungsgrad kann nur für Ofen und Gaserzeuger zusammen berechnet werden. Wo jedoch das Gas aus irgend einer Quelle außerhalb des Ofens stammt und in warmem Zustand zugeführt wird, ist sein Wärmeinhalt als besonderer Wärmebetrag in Rechnung zu setzen. Wenn das Gas von Gaserzeugern kommt, läßt sich die Gasmenge aus dem in der Stunde oder für 1 Ofencharge vergasten Kohlenstoff und aus dem Kohlenstoffgehalt des Gases im Kubikmeter, welcher gasanalytisch zu bestimmen ist, leicht berechnen. Wenn mehrere Öfen von einer gemeinsamen Leitung aus mit Gas versorgt werden, oder wenn etwa Naturgas zur Verwendung kommt, dann ist allerdings die jedem Ofen zugeführte Gasmenge schwieriger zu ermitteln. Nur ein roher Annäherungswert ist aus dem Querschnitt der Gasleitung zum Ofen und der Geschwindigkeit des Gasstromes, wie sie etwa durch Manometer, Pitotsche Rohre oder Anemometer bestimmt wird, zu erhalten. Nach keiner dieser Methoden läßt sich die Gasgeschwindigkeit in Kanälen und Leitungen mit zufriedenstellender Genauigkeit messen;

verbesserte Apparate und Verfahren für diesen Zweck wären sehr erwünscht. Das gefundene Volum des warmen Gases ist unter Berücksichtigung seiner Temperatur auf Normalbedingungen zu bringen.

3. Wärme in der zugeführten Luft.

Wenn die in den Ofen einströmende Luft warm ist, muß ihr Wärmeinhalt dem Ofen gutgeschrieben werden. Anders liegt der Fall, wenn die Luft erst vor dem Eintritt in die Wärmespeicher durch Abhitze des Ofens selbst vorgewärmt wird. Der auf diese Weise erzielte Wärmeinhalt der Luft ist nicht als Wärmeeinnahme in Rechnung zu setzen, denn ein solches Verfahren würde diese Wärmemenge doppelt verrechnen. Auch wenn die Erhitzung nicht in Wärmespeichern, sondern vielleicht durch Umströmen oder Bespülen von Schlackentöpfen oder durch Zirkulation durch Kanäle in den Ofenwänden erreicht wird, stellt die Vorwärmung eben nur eine Anwendung des Regenerativprinzips dar. Wenn die zugeführte Luft feucht ist, sollte die Feuchtigkeit bei der Berechnung des Wärmeinhalts nicht vernachlässigt werden.

Das Volum der Luft wird am besten aus einem Vergleich der gasanalytisch ermittelten Zusammensetzung des Heizgases und der Essengase berechnet unter Berücksichtigung des Gesamtkohlenstoffs in beiden und des bekannten Volums des Heizgases.

4. Wärme durch Verbrennung.

Dieser Betrag stellt die Hauptmenge der verfügbaren Wärme dar. Bei der Berechnung ist die durch vollständige Verbrennung des angewandten Gases zu CO_2, N_2 und H_2O-Dampf erzeugte Gesamtwärme in Betracht zu ziehen. Wenn die Verbrennung tatsächlich eine unvollständige bleibt, was durch Analyse der Essengase festgestellt werden kann, dann stellt das einen Fehler in der Arbeitsweise des Ofens dar, und der den Essengasen noch etwa innewohnende Heizwert, der vom Ofen nicht ausgenutzt wird, ist auch nicht zu seinen Gunsten zu verbuchen. In Übungsbeispiel 68 hatten wir ein praktisches Beispiel, in dem die Verbrennung im Ofenraum selbst sehr unvollständig verlief, dagegen nachträglich in den Wärmespeichern vervollständigt wurde. Auch hier ist derselbe Grundstaz anzuwenden: der gesamte Heizwert des Brennstoffes zählt als Wärme, die dem Ofen zugeführt wird; die unvollständige Verbrennung ist nur bei Anwesenheit unverbrannter Bestandteile in den Essengasen — der vom Ofen abgestoßenen Endprodukte des Verbrennungsvorgangs — zu berücksichtigen. Wenn die Verbrennung nur zum Teil im Ofenraum, zum anderen Teil in den Wärmespeichern stattfindet, besitzt der Ofen keinen so hohen thermischen Wirkungsgrad, als wenn die Verbrennung sich vollständig über dem Herde vollzieht.

5 Oxydation des Metallbades.

Die Oxydation von Kohlenstoff, Eisen, Mangan, bisweilen auch von Phosphor und Schwefel, bildet eine nicht unbeträchtliche Wärmequelle für den Ofen. Der Kohlenstoff sollte zu CO_2 verbrannt werden. Eisen wird gewöhnlich zu FeO, Mangan zu MnO, Silizium zu SiO_2, Phosphor zu P_2O_5 und Schwefel zu SO_2 oxydiert. Durch alle diese Oxydationen wird Wärme erzeugt, nnd zwar in einer für die Ausnutzung derselben sehr günstigen Weise, da sie direkt an der Oberfläche des Metallbades entsteht. Die Wärme durch Oxydation ist der im Ofen verfügbaren Wärme zuzuzählen.

6. Bildung der Schlacke.

Die entstandenen Metalloxyde vereinigen sich teils untereinander, teils mit dem Kalkzuschlag und der Kieselsäure des Erzes sowie mit dem Herdfutter und bilden Schlacke, deren Bildungswärme berechnet und der verfügbaren Wärme im Ofen hinzugerechnet werden kann.

B) Wärme-Ausgabe.

Auf der Seite der Wärme-Ausgabe erscheinen folgende Posten:

1. Wärme im flüssigen Stahl.

Dieser Betrag stellt einen großen Teil der vom Ofen geleisteten thermischen Arbeit dar, für gewöhnlich von allen Einzelbeträgen den größten. Wenn irgend möglich, sollte die Wärme im fertigen Stahl kalorimetrisch ermittelt werden. Wenn eine direkte Bestimmung nicht stattfindet, dann sollte man wenigstens die Temperatur und die Zusammensetzung des Stahls kennen, um aus den schon von anderer Seite vorliegenden kalorimetrischen Bestimmungen einen wahrscheinlichen Wert für den Wärmeinhalt ableiten zu können. Leider sind bis jetzt nur wenige experimentelle Werte dieser Art veröffentlicht worden, und weitere Bestimmungen an Stählen verschiedener Zusammensetzung und Temperatur wären sehr zu begrüßen. Die schon vorhandenen Werte bewegen sich zwischen 275 und 350 Kal. für 1 kg.

2. Wärme für die Reduktion des Eisenerzes zu Metall.

Dieser Betrag tritt immer auf, wenn zur Erleichterung der Oxydation des Bades Roherz zugegeben wird. Die Menge des reduzierten Eisens ist leicht aus dem Gewicht und der Zusammensetzung der Beschickung und der Produkte zu finden. Als Erz kommt fast immer Roteisenstein, seltener Magneteisenstein zur Anwendung; hydratisierte Eisenoxyde werden aus leicht begreiflichen Gründen nie benutzt. Die verbrauchte Wärme beträgt für 1 kg Eisen 1746 Kal. bei der Reduktion aus Fe_2O_3, 1612 Kal. aus Fe_3O_4.

3. Wärme zur Zersetzung des Kalksteins.

Um das Stäuben des gebrannten Kalkes zu vermeiden, wird der Kalkstein gewöhnlich roh aufgegeben. Der Ofen dient dann gleichzeitig zum Brennen des Kalksteins, das mit einer Wärmeabsorption von

451 Kal. für 1 kg $CaCO_3$,
1026 „ „ „ ausgetriebenes CO,
806 „ „ „ gebildetes CaO

verknüpft ist.

4. Verdampfung der Feuchtigkeit in der Beschickung.

Wenn irgend ein Bestandteil der Beschickung, das Erz, der Kalkstein, der Schrott oder das Roheisen, beim Einsetzen in den Ofen feucht ist, so muß die Feuchtigkeit verdampft werden. Für die dadurch gebundene Wärme ist die richtige Zahl die latente Verdampfungswärme bei gewöhnlicher Temperatur, 606,5 Kal. für 1 kg, d. h. die Wärme, die zur Umwandlung des Wassers in kalten Wasserdampf nötig ist. Durch diese Rechnungsweise wird der Wasserdampf den anderen Gasen, welche den Ofen verlassen, vollkommen gleichgestellt. Die fühlbare Wärme der Essengase stellt den Schornsteinverlust dar, wovon ein bestimmter Anteil als fühlbare Wärme im Wasserdampf zu rechnen ist, und zwar ist dabei der Wärme-Inhalt des Wasserdampfes von 0^0 aus zu rechnen, genau wie bei den eigentlichen Gasbestandteilen. Nur so finden wir den richtigen Schornsteinverlust. Dagegen wäre es nicht richtig, wenn wir entweder die latente Verdampfungswärme als Schornsteinverlust aufführen, oder aber die fühlbare Wärme des Wasserdampfes in den Rauchgasen als absorbierte Wärme bei der Verdampfung einrechnen würden. Es ist deshalb nicht richtig, als Verdampfungswärme des Wassers die 637 Kal. einzuführen, welche zur Umwandlung des Wassers in Dampf von 100^0 nötig sind.

5. Reduktion von Eisenerz für die Schlacke.

Während ein erheblicher Teil des Erzes zu Metall reduziert wird, wird ein oft noch größerer Teil nur bis zu FeO reduziert, das als solches in die Schlacke übergeht. Die Menge des in dieser Weise reduzierten Erzes kann leicht bestimmt werden, wenn wir von dem gesamten Eisen im Erzzuschlag das zu Metall reduzierte und in das Bad übergegangene Eisen abziehen. Die Differenz ist das Eisen, welches als FeO in die Schlacke geht. Die für diese teilweise Reduktion verbrauchte Wärme beträgt

446 Kal. für 1 kg FeO aus Fe_2O_3 reduziert,
341 „ „ „ „ „ Fe_3O_4 „

6. Wärme in der Schlacke.

Dieser Wärmebetrag ist bei dem gewöhnlichen Martinverfahren sehr klein, kann aber eine beträchtliche Höhe erreichen, wenn mit großen Erzeinsätzen gearbeitet wird, wie beim Monell-Verfahren. Die Verschiedenheit in der Zusammensetzung der Schlacke und ganz besonders in der Temperatur, mit der diese abgestochen oder abgegossen wird, sind so groß, daß der Wärmeinhalt der Schlacke in jedem einzelnen Fall kalorimetrisch bestimmt werden sollte. Wenn man sich mit Schätzungen begnügt, so ist der Wärmeinhalt mit 450—550 Kal. für 1 kg Schlacke anzunehmen. Das Gewicht der Schlacke wird selten ermittelt, obwohl es in den meisten Fällen, wenn erwünscht, leicht ausführbar wäre. Außer durch direkte Bestimmung ist das Schlackengewicht auch rechnerisch zu finden aus der analytisch ermittelten Zusammensetzung der Schlacke und aus dem bekannten Gewicht Eisen, Mangan oder Phosphor, welche in die Schlacke übergegangen sind.

7. Verlust durch unvollständige Verbrennung.

Dieser Betrag ist aus den analytisch zu bestimmenden noch unverbrannten Bestandteilen der Essengase zu berechnen. Man erhält so leicht den Heizwert dieser Gase für 1 cbm. Wenn außerdem noch das Volum der Essengase für die Gewichtseinheit Beschickung bekannt ist, läßt sich auch der Verlust für die Gewichtseinheit Beschickung finden. Das Volum der Essengase erhalten wir wiederum aus deren Kohlenstoffinhalt, welcher aus dem Kohlenstoff des Heizgases, dem oxydierten Kohlenstoff im Einsatz und aus dem Kohlenstoff des CO_2 aus dem Kalksteinzuschlag herrührt. Oder anders ausgedrückt: Der gesamte dem Ofen zugeführte Kohlenstoff, weniger den Kohlenstoff im fertigen Stahl, gibt den Kohlenstoff in den Essengasen. Letztere, dividiert durch den analytisch bestimmten Kohlenstoff in 1 cbm Essengas, lieferte uns das Volum dieser Gase. Dieses Volum, multipliziert mit dem Heizwert der Gase für 1 cbm, ergib den Gesamtverlust an Wärme durch unvollständige Verbrennung.

8. Fühlbare Wärme in den Schornsteingasen.

Die Temperatur der Gase ist am Eintritt in den Essenkanal zu bestimmen. Ihr Volum wird in der oben dargelegten Weise gefunden. Der Wasserdampf der Schornsteingase ist dabei nicht zu übersehen, er wird einfach als Gas, genau wie die übrigen Bestandteile, behandelt. Die Analyse der Essengase wird gewöhnlich auf trocknes Gas bezogen, und es ist daher eine gesonderte Bestimmung der Feuchtigkeit nötig, welche 1 cbm trocknes Gas begleitet. Wenn man diese Bestimmung nicht ausführt, so kann man den Wasserdampf der Essengase auch annähernd aus dem Wasserstoff des Heizgases berechnen, indem man annimmt, daß dieser vollständig zu Wasser verbrannt ist, und indem man hierzu die Feuchtigkeit in der angewandten Luft und die Feuchtigkeit der Beschickung hinzuzählt.

9. Wärmeverlust im Kühlwasser.

Dieser Betrag ist sehr wechselnd und muß für jeden Ofen aus der Wassermenge in der Zeiteinheit und aus dem Temperaturunterschied des Wassers beim Eintritt und beim Austritt bestimmt werden. Mit Wasserkühlung sind oft die Türen sowie die Ofenköpfe, welche der stärksten Hitze ausgesetzt sind, ausgestattet, außerdem auch manchmal ein Ring im Herdraum in der Höhe der Schlackenlinie.

10. Verlust durch Leitung in den Untergrund.

Diese Größe ist schwer zu messen bzw. abzuschätzen. Durch Anbringung eines geschlossenen Wasserbehälters im Fundament des Ofens und durch Beobachtung der Geschwindigkeit der Temperaturerhöhung würde man vielleicht einen Anhaltspunkt über die in dieser Richtung auf die Einheit Berührungsfläche und Zeit abgegebene Wärme gewinnen können. Da wir gegenwärtig keine verläßlichen Daten dieser Art besitzen, so müssen wir den Verlust zu den Größen zählen, die „durch Differenz“ bestimmt werden müssen.

11. Verlust durch Leitung an die Luft.

Dieser Wärmeverlust kann mit einiger Annäherung festgestellt und berechnet werden. Unerläßlich für diesen Zweck ist ein Férysches Strahlungspyrometer, das eine genaue Bestimmung der Temperatur an verschiedenen Stellen der äußeren Oberfläche des Ofens gestattet. Dann ist die Geschwindigkeit der am Ofen vorbeiströmenden Luft mit Hilfe eines Windmessers zu ermitteln, und die Temperatur der Luft, ehe sie den Ofen berührt, festzustellen. Auf Grundlage dieser Messungen läßt sich nach dem oben (im 8. Kapitel) dargelegten rechnerischen Verfahren die durch Leitung an die Luft verlorene Wärme finden.

12. Strahlungsverlust.

Durch Bestimmung der Temperatur der äußeren Oberfläche des Ofens und Messung der Größe dieser Oberfläche ist auch dieser Verlust der rechnerischen Ermittlung zugänglich, wenn man die Temperatur der Umgebung des Ofens kennt. Die Natur der strahlenden Oberfläche ist dabei besonders zu berücksichtigen. Die Grundlagen des rechnerischen Verfahrens sowie Tafeln über das spezifische Strahlungsvermögen verschiedener Ofenmaterialien (Schamotte, Stein, Eisen) finden sich ebenfalls im 8. Kapitel dieses Werkes.

Übungsbeispiel 69.

Jüptner und Toldt (Generatoren und Martinöfen S. 73) beobachteten folgende Daten beim Betrieb eines Martin-Stahlofens:

Gewicht des kalten Einsatzes bei 26^0 =	3745 kg
„ „ heißen „ „ 700^0 =	1700 „
Gesamtgewicht des Einsatzes	5445 kg,

Mittlere Zusammensetzung des Einsatzes:

C	1,07 %
Si	0,50 %
Mn	1,33 %

Kohle, in den Generatoren vergast .	1980 kg
davon Kohlenstoff	47,13 %.

Mittlere Zusammensetzung des (trocknen) Heizgases:

CO_2	3,81 %
O_2	0,98 %
CO	23 82 %
CH_4	0,42 %
H_2	8,75 %
N_2	62 22, %

Feuchtigkeit, welche jedes Kubikmeter Gas begleitet . .	82 g
Temperatur des Gases, wenn es den Ofen erreicht . . .	165^0
Temperatur der benutzten Luft	26^0
Feuchtigkeit, welche jedes Kubikmeter Luft begleitet . .	12 g
Luftdruck	717 mm
Erzeugte Stahlmenge	5191 kg.

Zusammensetzung des Stahles:

C	0,12 %
Si	0,04 %
Mn	0,19 %

Temperatur des Stahles beim Abstich	1410^0
Wärme in 1 kg Stahl (von 0^0 aus) kalorimetrisch ermittelt	277 Kal.

Zusammensetzung der Schlacke:

SiO_2	45,65 %
FeO	33,60 %
MnO	18,21 %
CaO	2,54 %

Gewicht der Schlacke	425 kg
Temperatur der ausfließenden Schlacke	1410^0
Wärme in 1 kg Schlacke (von 0^0 aus) kalorimetrisch bestimmt	560 Kal.

Zusammensetzung der Essengase (trocken):

CO_2 . . . . 11,12 %
O_2 . . . . 6,78 %
N_2 . . . . 82,10 %

Temperatur der Gase im Essenkanal . . . . 500°.

Aufgabe:

Zu berechnen sind:

1.) die Stoffbilanz des Ofens;
2.) die Wärmebilanz des Ofens
3.) der Luftüberschuß (über den zur vollständigen Verbrennung nötigen Bedarf) und der dadurch entstehende Wärmeverlust in Prozenten der gesamten verfügbaren Wärme des Ofens;
4.) der thermische Wirkungsgrad des Ofens.

Lösung:

(1) **Stoffbilanz des Ofens.**

		Beschickung	Stahl	Schlacke	Gase
Metall		**5445** kg			
	C	58 ,,	6	—	52
	Si	27 ,,	2	25	—
	Mn	72 ,,	10	62	—
	Fe	5288 ,,	5173	115	—
Kalkstein		**20** ,,			
	CaO	11 ,,	—	11	—
	C	2,5 ,,	—	—	2,5
	O	6,5 ,,	—	—	6,5
Herdfutter					
	SiO_2	132 ,,	—	132	—
Gas		**7884** ,,			
	C	933 ,,	—	—	933
	O	2003 ,,	—	—	2003
	H	118 ,,	—	—	118
	N	4830 ,,	—	—	4830
Luft		**16 026** ,,			
	O	3812 ,,	—	80	3732
	N	12 195 ,,	—	—	12 195
	H	19 ,,	—	—	19
	Summe	29 507 kg	5191	425	23 891

Bemerkungen zur Stoffbildung.

Die Verteilung des Kohlenstoffs, Siliziums, Mangans und Eisens im Einsatz ergibt sich aus dem bekannten Inhalt des Stahles an diesen

Bestandteilen, unter Berücksichtigung der Tatsache, daß der Rest des Kohlenstoffs in die Gase als CO_2, der Rest des Mn, Si und Fe in die Schlacke als MnO bzw. SiO_2 und FeO übergeht.

Die Menge des angewandten Kalksteins war nicht festgestellt; sie konnte jedoch indirekt daraus gefunden werden, daß das Gewicht der Schlacke zu 425 kg und der CaO gehalt zu 2,54 % bestimmt war. Die Schlacke enthält dann insgesamt 11 kg CaO; nimmt man an, daß reiner Kalkstein verwendet wurde, so sind gleichzeitig 9 kg CO_2 freigeworden, die in der Bilanz als 2,5 kg C und 6,5 kg O den Gasen beigezählt sind.

Die vom Herdfutter gelieferte Kieselsäure läßt sich ebenfalls indirekt finden aus dem Gewicht der Schlacke nach Abzug der durch Oxydation des Einsatzes gebildeten Mengen SiO_2, MnO, FeO und nach Abzug des CaO des Kalksteins.

Die Schlacke besteht aus:

SiO_2	$25 \cdot \frac{60}{28}$	= 53,5	kg
MnO	$62 \cdot \frac{71}{55}$	= 80,0	„
FeO	$115 \cdot \frac{72}{56}$	= 147,9	„
CaO	. . .	= 11,0	„
Summe . .		= 293	kg
Aus dem Herdfeuer aufgenommen		= 132	„
Gesamte Schlackenmenge		= 425	kg.

Um die Menge des verbrauchten Heizgases zu finden, gehen wir von der Tatsache aus, daß 1980 kg Kohle in den Erzeugern vergast werden, wovon 47,13 % Kohlenstoff in das Gas gehen. Daraus ergibt sich der Kohlenstoff in den Gasen zu 933 kg. Jedes Kubikmeter des trocknen Gases enthält nach der Analyse 0,2805 cbm CO_2, CO und CH_4 und somit $0{,}2805 \cdot 0{,}54 = 0{,}1515$ kg Kohlenstoff. Das Volum des Generatorgases ist daher unter Normalbedingungen 933 : 0,1515 = 6160 cbm. Aus der Analyse berechnen sich die Mengen der einzelnen Bestandteile wie folgt:

CO_2	$6160 \cdot 0{,}0381$ =	235 cbm =	465 kg
O_2	$6160 \cdot 0{,}0098$ =	60 „ =	86 „
CO	$6160 \cdot 0{,}2382$ =	1467 „ =	1840 „
CH_4	$6160 \cdot 0{,}0042$ =	26 „ =	19 „
H_2	$6160 \cdot 0{,}0875$ =	539 „ =	49 „
N_2	$6160 \cdot 0{,}6222$ =	3833 „ =	4830 „
	Summe =	6160 cbm =	7297 kg

Die Feuchtigkeit beträgt 82 g im Kubikmeter des Gases, bei 26° und 717 mm gemessen. Die 6160 cbm Gas von Normalbedingungen haben bei 26° und 717 mm ein Volum von 7175 cbm. Das Gewicht des in dem Gase enthaltenen Wasserdampfes ist dann

$$7175 \cdot 82 = 588\,350 \text{ g} = 588 \text{ kg}.$$

In die Stoffbilanz können wir das Gas nunmehr entweder als CO_2, CO, H_2O usw. eintragen, oder aber, wie oben geschehen, als deren elementare Bestandteile C, H, O und N. Der Kohlenstoff der Gase beträgt 933 kg. Der Sauerstoff setzt sich zusammen aus $^8/_{11}$ des CO_2, dem freien Sauerstoff, $^4/_7$ des CO und $^8/_9$ des H_2O und beträgt 2003 kg. Der Wasserstoff der Gase besteht aus dem freien H_2, $^4/_{16}$ des CH_4 und $^1/_9$ des H_2O, zusammen 118 kg.

Die zugeführte Luft ist am besten aus dem Volum der Schornsteingase zu finden. Der Kohlenstoffgehalt dieser Gase beträgt 52 + 2,5 + 933 = 987,5 kg, wie schon bei der Stoffbilanz angegeben. Jedes Kubikmeter trocknen Schornsteingases enthält 0,1112 cbm CO_2 oder 0,1112 · 0,54 = 0,0600 kg Kohlenstoff. Das Volum des trocknen Schornsteingases unter Normalbedingungen wird dann 987,5 : 0,0600 = 16 458 cbm. Darin sind 16 458 · 0,8210 = 13 512 cbm Stickstof vorhanden, und da 3833 cbm Stickstoff schon mit dem Heizgas zugeführt wurden, entfällt auf den Stickstoff der Luft 9679 cbm, entsprechend einem Luftvolum von 12 220 cbm unter Normalbedingungen. Die zugeführte Luft besteht aus 12 195 kg N_2 und 3660 kg O_2. Um die begleitende Feuchtigkeit zu finden, ist das Volum der Luft auf 717 mm und 26° umzurechnen (14 230 cbm) und das Gewicht des Wasserdampfes beträgt:

$$14\,230 \cdot 12 = 170\,760 \text{ g} = 171 \text{ kg}.$$

Diese Wassermenge besteht aus 19 kg Wasserstoff und 152 kg Sauerstoff, wodurch das Gewicht des letzteren in der Luft auf 3660 + 152 = 3812 kg anwächst.

(2) **Wärmebilanz des Ofens.**

Wärmeeinnahme:

	Kal.	%
Wärme in der heißen Beschickung	189 210	2,45
Fühlbare Wärme der zugeführten Luft	99 480	1,29
Fühlbare Wärme der Heizgase	360 550	4,68
Wärme durch Verbrennung des Gases	6 202 300	80,44
Wärme durch Oxydation des Bades	833 600	10,81
Wärme durch Bildung der Schlacke	24 200	0,31
Summe	7 709 340	100,00

Wärmeausgabe:

Im flüssigen Stahl beim Abstich	1 437 900	18,65
Zur Zersetzung des Kalksteins	9 200	0,12
Fühlbare Wärme der Schlacke	238 000	3,09
Fühlbare Wärme in den Essengasen	3 122 900	40,45
Alle anderen, nicht näher bezeichneten Verluste	2 901 340	37,69
Summe	7 709 340	100,00

Bemerkungen zur Wärmebilanz.

Die vorgewärmte Beschickung wog 1700 kg bei einer Temperatur von 700°, das Gewicht der kalten Beschickung war 3745 kg bei 26°. Wenn wir die fühlbare Wärme von 0° ausrechnen, erhalten wir

$$1700 \cdot 0{,}15 \cdot 700 = 178\,500 \text{ Kal.}$$
$$3745 \cdot 0{,}11 \cdot 26 = 10\,710 \text{ ,,}$$
$$\text{Summe} = 189\,210 \text{ Kal.}$$

Die zugeführte Luft besteht unter Normalbedingungen aus 12 220 cbm Luft und 171 : 0,81 = 211 cbm Wasserdampf. Ihr Wärmeinhalt bei 26° ist:

$$12\,220 \cdot 0{,}3037 \cdot 26 = 98\,490 \text{ Kal.}$$
$$211 \cdot 0{,}3439 \cdot 26 = 990 \text{ ,,}$$
$$\text{Summe} = 99\,480 \text{ Kal.}$$

Das Heizgas tritt mit 165° ein und hat den Wärmeinhalt:

O_2, CO, H_2, N_2	5899 cbm	· 0,3075 =	1814 Kal.
CO_2	235 ,,	· 0,4063 =	95 ,,
CH_4	26 ,,	· 0,4163 =	11 ,,
H_2O	726 ,,	· 0,3648 =	265 ,,
Mittlere Wärmekapazität für 1°		=	2185 Kal.

Wärmeinhalt 2185 · 165 = 360 525 Kal.

Die durch Verbrennung des Heizgases erzeugte Wärme ergibt sich aus den bekannten Verbrennungswärmen der brennbaren Bestandteile (bei Verbrennung zu CO_2 und H_2O) wie folgt

CO	1467 cbm	· 3062 =	4 492 000 Kal.
CH_4	26 ,,	· 8598 =	223 500 ,,
H_2	530 ,,	· 2613 =	1 486 800 ,,
		Summe =	6 202 300 Kal.

Die durch Oxydation des Bades entwickelte Wärme beträgt:

C zu CO_2	52 · 8100	=	421 200 Kal.
Si ,, SiO_2	25 · 7000	=	175 000 ,,
Mn ,, MnO	62 · 1653	=	102 500 ,,
Fe ,, FeO	115 · 1173	=	134 900 ,,
	Summe	=	833 600 Kal.

Die Bildung der Schlacke besteht in der Vereinigung von 80 kg MnO, 148 kg FeO und 11 kg CaO mit 186 kg SiO_2. Da die Basen in großem Überschuß gegenüber der Kieselsäure vorhanden sind, ist die Wärmeentwicklung:

$$186 \cdot 130 = 24\,200 \text{ Kal.}$$

Die Zahl 130 stellt einen mittleren Wert der Verbindungswärme von 1 kg SiO_2 mit etwa 2 Teilen FeO auf 1 Teil MnO dar.

Die Wärme im Stahl beim Abstich ist einfach gleich dem Produkt aus seinem Gewicht und dem Wärmeinhalt für 1 kg (5191 · 277).

Die Wärme in der Schlacke wird in analoger Weise erhalten (425 · 560).

Bei der Zersetzung des Kalksteins werden 9 kg CO_2 ausgetrieben; dieser Vorgang ist mit einer Wärmebindung von 9 · 1026 Kal. verknüpft.

Zur Berechnung der fühlbaren Wärme in den Schornsteingasen bemerken wir zunächst, daß ihr Volum, trocken gemessen, 16 458 cbm beträgt. Das Volum der einzelnen Bestandteile ist:

CO_2 (11,12 %) . . .	1 843 cbm
O_2 (6,78 %)	1 116 „
N_2 (82,10 %) . . .	13 512 „

und die Menge des begleitenden Wasserdampfes ist das Neunfache vom Gewicht des in die Gase übergehenden Wasserstoffs oder 9 · (118 + 19) = 1233 kg = 1522 cbm. Noch einfacher ist das Volum des Wasserdampfes zu finden, wenn wir beachten, daß es gleich ist dem Volum des darin vorhandenen Wasserstoffs und deshalb (118 + 19) : 0,09 = 1522 cbm.

Der Wärmeinhalt der Essengase beträgt:

$N_2 + O_2$	= 14 628 cbm	· 0,3165	= 4629,8 Kal.
CO_2	= 1 843 „	· 0,4800	= 984,4 „
H_2O	= 1 522 „	· 0,4150	= 631,6 „
Wärmekapazität für 1° . . .			= 6245,8 Kal.

Wärmeinhalt bei 500° = 3 122 900 Kal.

Aus der Wärmebilanz geht hervor, daß die gesamte verfügbare Wärme bei diesem Ofen nur zu etwa 80,5 % von dem Heizgas geliefert wird. Etwa 10,8 % wird durch die Oxydation des Bades entwickelt. Auf der anderen Seite macht die Wärme im flüssigen Stahl etwa 18,6 % der Gesamtwärme aus, während durch chemische Reaktionen fast keine Wärme gebunden wird, so daß der thermische Wirkungsgrad des Ofens ein wenig unter 19 % bleibt. Die übrigen wichtigen Beträge sind die 40,5 % der Gesamtwärme, welche mit den Essengasen, und die 38 %, welche durch Leitung und Strahlung verloren gehen. Diese Zahlen zeigen, in welcher Richtung noch Wärme gespart bzw. einer Wärmevergeudung entgegengearbeitet werden kann.

3.) Der Luftüberschuß ist direkt aus der Menge und Zusammensetzung der Essengase zu ermitteln. Die 116 cbm des nicht ausgenutzten Sauerstoffs in diesen Gasen entsprechen 1116 : 0,208 = 5365 cbm Luftüberschuß. Ausgenutzt wird von der Luft nur 16 458 — 5365 = 11 093 cbm. In Prozenten der tatsächlich ausgenutzten Luft beträgt der Überschuß somit

$$5365 \cdot 100 : 11\,093 = 48{,}5\,\%. \qquad (3)$$

Einen solchen gewaltigen Luftüberschuß sollte kein Regenerativ-Flammofen bei richtigem Betrieb aufweisen, denn ein solcher Überschuß erniedrigt die Flammentemperatur und führt zu hohen Verlusten im Schornstein.

Mit der Luft wurden 171 kg Wasserdampf eingeführt, wovon auf den Überschuß

$$171 \cdot \frac{48{,}5}{148{,}5} = 56 \text{ kg}$$

entfallen, dessen Volum unter Normalbedingungen

$$56 : 0{,}81 = 61 \text{ cbm}$$

ist.

Auf den Luftüberschuß mit begleitendem Wasserdampf entfällt als fühlbare Wärme, wenn die Gase mit 500° in den Schornstein eintreten:

$$\begin{aligned} 5365 \cdot 0{,}3165 \cdot 500 &= 849\,000 \text{ Kal.} \\ 61 \cdot 0{,}4150 \cdot 500 &= \underline{12\,650 \text{ ,,}} \\ \text{Summe} &= 861\,650 \text{ Kal.} \end{aligned}$$

oder 861 650 : 7 709 340 = 0,112 = 11,2 % der Gesamtwärme. (3)

4.) Der thermische Wirkungsgrad ist schon oben mit 18,65 + 0,12 = 18,77 % gefunden. (4)

Übungsbeispiel 70.

Bei dem Martinofen des vorigen Übungsbeispiels seien während einer Hitze, die 5191 kg Stahl liefert, folgende Gasvolumina (auf Normalbedingungen bezogen) durch den Ofen gegangen:

Generatorgas		Luft	Schornsteingas
CO	235 cbm	—	1 830 cbm
O_2	60 ,,	3833 cbm	1 116 ,,
CO	1467 ,,	—	—
CH_4	26 ,,	—	—
H_2	539 ,,	—	—
N_2	3834 ,,	9679 ,,	13 512 ,,
H_2O	726 ,,	211 ,,	1 500 ,,

Die Luft hatte 26°, das Generatorgas 165°, und die Schornsteingase 400°. Der Luftüberschuß betrug 48,5 %. Gas und Luft traten, auf

1100^0 erhitzt, in den Arbeitsraum des Ofens ein, und die Verbrennungsprodukte besaßen bei ihrem Übertritt in die Wärmespeicher 1450^0. Die Wärmebilanz ist:

Einnahme:

In der warmen Beschickung	189 210 Kal.
Fühlbare Wärme der Luft bei 26^0	90 480 „
„ „ im Gas bei 165^0	360 550 „
Wärme durch Verbrennung des Gases	6 202 300 „
Wärme durch Oxydation des Bades	833 600 „
„ „ Bildung der Schlacke	24 200 „
Summe	7 700 340 Kal.

Ausgabe:

Im flüssigen Stahl bei 1410^0	1 437 900 Kal.
In der Schlacke beim Abstich 1410^0	238 000 „
Zersetzung des Kalksteins	9 200 „
Fühlbare Wärme in den Schornsteingasen bei 400^0 . .	3 065 350 „
Alle sonstigen Verluste	2 949 890 „
Summe	7 700 340 Kal.

Aufgabe:

Zu berechnen sind:

1.) Der thermische Wirkungsgrad der Wärmespeicher.
2.) Der thermische Wirkungsgrad des Arbeitsraumes.
3.) Die Temperatur der Flamme.
4.) Die Änderung in 3), wenn nur die zur Verbrennung theoretisch nötige Menge Luft zur Anwendung kommt.

Lösung:

1.) Der ganze Wärme-Inhalt der Verbrennungsprodukte, wenn sie bei 1450^0 in die Wärmespeicher strömen, ist

CO_2	$1\,830 \cdot 0{,}689$	= 1261 Kal.
$O_2 + N_2$	$14\,628 \cdot 0{,}342$	= 5003 „
H_2O	$1\,500 \cdot 0{,}557$	= 836 „
Wärmekapazität für 1^0		= 7100 Kal.

Wärme-Inhalt bei 1450^0 = 10 295 000 Kal.

Wenn dieselben Gase nachträglich bei 400^0 in den Essenkanal treten, besitzen sie noch an Wärme:

CO_2	$1\,830 \cdot 0{,}458$	= 838,1 Kal.
$O_2 + N_2$	$14\,628 \cdot 0{,}314$	= 4593,2 „
H_2O	$1\,500 \cdot 0{,}400$	= 600 „
Wärmekapazität für 1^0		= 6031,3 Kal.

Wärme-Inhalt bei 400^0 = 2 412 500 Kal.

Das Heizgas tritt mit 165° in die Wärmespeicher ein und verläßt sie mit 1100°. Es führt den Wärmespeichern 360 550 Kal. zu (schon oben in der Wärmebildung aufgeführt) und entzieht ihnen bei 1100° die folgende Wärmemenge:

CO_2	235 · 0,610 =	143,8 Kal.
CH_4	26 · 0,620 =	16,1 „
O_2, N_2, H_2, CO	5899 · 0,333 =	1964,4 „
H_2O	726 · 0,505 =	366,6 „
Wärmekapazität für 1° . .	=	2490,9 Kal.
Wärme-Inhalt bei 1100°	=	2 780 000 Kal.

Es wird also durch das Gas den Wärmespeichern entzogen:

2 780 000 — 360 550 = 2 419 450 Kal.

Die Luft, mit 26° in die Wärmespeicher tretend, führt denselben 90 480 Kal. zu; mit 1100° die Wärmespeicher verlassend, entzieht sie denselben an Wärme:

$O_2 + N_2$	13 512 · 0,333 =	4499,5 Kal.
H_2O	211 · 0,405 =	85,5 „
Wärmekapazität für 1°	=	4585,0 Kal.
Wärme-Inhalt bei 1100°	=	5 043 500 Kal.

Folglich wird durch die Luft den Wärmespeichern entzogen

5 043 500 — 90 500 = 4 953 000 Kal.

Der thermische Wirkungsgrad der Wärmespeicher kann nunmehr auf dreierlei Art berechnet werden. Es ist kein Zweifel, daß durch das Gas und die Luft

2 419 450 + 4 953 000 = 7 372 450 Kal.

den Wärmespeichern entzogen und dem Ofen wieder zugeführt werden. Dies stellt die nutzbare Wärme der Wärmespeicher dar; der thermische Wirkungsgrad ist das Verhältnis zwischen dieser Wärme und der den Wärmespeichern zugeführten Wärme.

Gerade über letztere Größe können nun einige Zweifel obwalten. Soll der gesamte Wärme-Inhalt der Verbrennungsprodukte bei 1450° (10 295 000 Kal.) den Wärmespeichern zugeführt gelten, oder kommt hierfür nur der Unterschied zwischen dem Wärme-Inhalt der Verbrennungsprodukte bei 1450°, wie sie in die Wärmespeicher einströmen, und ihr Wärme-Inhalt bei 400°, wenn sie austreten (10 295 000 — 2 412 500 = 7 882 500 Kal.) in Betracht, oder ist es nicht vielleicht angezeigt, von dem gesamten Wärme-Inhalt der einströmenden Gase einen kleinen Abstrich zu machen, entsprechend dem Wärme-Inhalt der Gase bei der niedrigsten Temperatur auf die sie vor dem Eintritt in den Schornstein zweckmäßig gekühlt werden dürfen?

Wenn die gesamte Wärme der Verbrennungsprodukte den Wärmespeichern als Einnahme gutgeschrieben wird, dann erhalten wir für den thermischen Wirkungsgrad

$$\frac{7\,372\,450}{10\,295\,000} = 0{,}72 = 72\,\%. \qquad (1)$$

Unter Benutzung der von den Verbrennungsprodukten in den Wärmespeichern tatsächlich abgegebenen Wärme ergibt sich

$$\frac{7\,372\,450}{7\,882\,500} = 0{,}94 = 94\,\%, \qquad (1)$$

wobei 7 % der Wärmezufuhr für die Ausstrahlung der Ofenwände und die Leitung in den Untergrund übrig bleiben.

Erstere Rechnungsweise liefert einen zu niedrigen Wirkungsgrad, weil die Gase heiß aus den Wärmespeichern austreten müssen, um noch den Schornsteinzug bewirken zu können, andrerseits kann die zweite Rechnungsweise einen zu hohen Wert ergeben, wenn die Gase in den Schornstein mit einer höheren Temperatur, als für den Zug erforderlich ist, entlassen werden; der hieraus entstehende Wärmeverlust ist ein Mangel des Wärmespeichers, der richtigerweise diesem in Rechnung zu setzen ist. Wenn wir annehmen, daß der Schornstein dann, wenn die Gase mit 300° eintreten, annähernd die höchste Zugwirkung besitzt, so ist es völlig gerechtfertigt, den Wärme-Inhalt der Schornsteingase, welcher bei der Abkühlung von 1450° auf 300° frei wird, den Wärmespeichern anzurechnen. In unserem Fall ist der Wärme-Inhalt der Gase bei 300° 1 777 400 Kal., und die mit Hilfe dieser Zahl berechnete Wärmezufuhr der Wärmespeicher ist:

$$10\,295\,000 - 1\,777\,400 = 8\,517\,600 \text{ Kal.},$$

woraus sich ein Wirkungsgrad von

$$\frac{7\,372\,450}{8\,515\,600} = 0{,}87 = 87\,\%$$

ergibt.

Die Verluste in den Wärmespeichern würden nach dieser Betrachtungsweise etwa 7 % durch Strahlung und 7 % durch unnötigen Schornsteinverlust betragen.

Von diesen drei Verfahren, den Wirkungsgrad der Wärmespeicher zu ermitteln, erscheint dem Verfasser das zuletzt genannte am zweckmäßigsten und als dasjenige, welches die zuverlässigste Auskunft über die wirkliche Leistung der Wärmespeicher und die beste Grundlage für die vergleichende Beurteilung verschiedener Apparate bzw. desselben Apparates unter verschiedenen Bedingungen gibt.

2.) Der Arbeitsraum des Ofens, der vom Herd, Gewölbe und den Wänden begrenzte Raum, empfängt seine Wärme von dem einströmenden vorgewärmtem Gas und der Luft sowie der durch Verbrennung entstehenden Wärme. In unserem Falle sind diese Beträge:

Fühlbare Wärme im vorgewärmten Gas	2 722 300	Kal.
„ „ in der vorgewärmten Luft	5 043 500	„
Durch Verbrennung erzeugte Wärme	6 202 300	„
Summe	13 968 100	Kal.
Durch die heißen Verbrennungsprodukte von 1450° werden dem Arbeitsraum entzogen	10 295 000	„
Im Arbeitsraum verbleiben	3 673 100	Kal.

Die Zahlen zeigen, daß der Arbeitsraum von den 13 968 100 Kal., welche ihm zugeführt werden können, nur 3 673 100 Kal. für seinen eigenen Zweck auszunutzen vermag und somit in diesem Sinne einen Wirkungsgrad von

$$\frac{3\,673\,100}{13\,968\,100} = 0{,}26 = 26\,\% \tag{2}$$

besitzt. Der in dieser Weise gefundene Wirkungsgrad ist nützlich für den Vergleich von Arbeitsräumen verschiedener Gestalt, etwa in Bezug auf Form des Herdes oder des Gewölbes, oder für verschiedene Anordnung der Züge usw. In diesem Sinn ist der Wirkungsgrad von Damour angenommen worden, dem sich Queneau in seinem Buch „Industrial Furnaces" angeschlossen hat.

Nicht angängig ist es, was wohl zu beachten bleibt, die im Arbeitsraum aufgenommene Wärme ausschließlich auf die durch Verbrennung erzeugte Wärme zu beziehen. Im obigen Fall würde das geben:

$$\frac{3\,673\,100}{6\,202\,300} = 0{,}59 = 59\,\%.$$

Diese Zahl stellt indessen keineswegs die Wärmeausnutzung im Arbeitsraum allein dar; sie ist vielmehr eine Funktion des Ofens als Ganzes und hängt zum großen Teil von dem Wirkungsgrad der Wärmespeicher in bezug auf Wiedergewinnung der Wärme ab. Um einen Anhaltspunkt zu gewinnen über die Vollkommenheit, mit welcher der Arbeitsraum die ihm zugeführte und ihn durchströmende Wärme für seinen eigenen Zweck verwertet, müssen wir die ausgenutzte mit der zugeführten Wärme vergleichen. Nur so erhalten wir ein Maß für die Fähigkeit des Arbeitsraumes, die zugeführte Wärme zur Selbsterhitzung aufzunehmen. Die Kenntnis dieser Größe ist selbstverständlich von hohem Wert, wenn die Leistung des Ofens einfach darin besteht, den Ofenraum während einer unbestimmten Zeitdauer auf einer gegebenen Temperatur zu erhalten. Wenn die Erhitzung der Beschickung auf die Ofentemperatur nur den kleineren Teil der nützlichen Arbeit des Ofens darstellt, dessen Hauptfunktion dagegen in der Aufrechterhaltung dieser

Temperatur besteht, dann ergibt der wie oben berechnete Wirkungsgrad im Sinne Damours und Queneaus ein Maß für die Zweckmäßigkeit der Konstruktion des Arbeitsraumes, und der Ausdruck erscheint somit in gewisser Beziehung ganz zweckmäßig. Bei genauerer Überlegung will es aber dem Verf. scheinen, daß die oben dargelegte Betrachtungsweise gerade das Gegenteil der Wirklichkeit darstellt und zu falschen Schlußfolgerungen verleiten kann.

Es seien zwei genau gleiche Siemens-Martin-Öfen gegeben welche sich nur dadurch unterscheiden, daß die Wände bei dem einen stärker gehalten sind als beim anderen. Es ist ganz klar, daß der dünnwandige Ofen mehr Gas brauchen wird, um eine gegebene Temperatur zu halten, als der dickwandige; denn ersterer wird einen erheblich größeren Prozentsatz der durchströmenden Wärme aufnehmen und ausstrahlen als der letztere. Trotzdem würde, nach der Betrachtungsweise von Damour und Quenau, gerade der Arbeitsraum des dünnwandigen Ofens den größeren Wirkungsgrad von beiden ergeben. Tatsächlich müssen wir jedoch, um vergleichbare Werte für den Wirkungsgrad des Arbeitsraumes bei verschiedenen Öfen zu erhalten, die im Arbeitsraum in der Zeiteinheit verbleibende Wärme für 1 cbm Fassungsraum berechnen, oder aber, wenn von absoluten Wirkungsgraden die Rede ist, die gesamte dem Arbeitsraume zugeführte Wärme zu dem von der Beschickung aufgenommenen Wärmebetrag in Beziehung bringen.

In unserem Fall ergibt diese Rechnungsweise:

$$\frac{1\,447\,100}{13\,968\,100} = 0{,}104 = 10{,}4\,\%. \qquad (2)$$

3.) Die Temperatur der Flamme ist diejenige Temperatur, auf welche die Verbrennungsprodukte durch ihren gesamten verfügbaren Wärme-Inhalt bei vollständiger Ausnutzung desselben erhitzt werden können.

Der Wärmeinhalt in den Gasen besteht nun aus der im vorgewärmten Gas bzw. der Luft enthaltenen fühlbaren Wärme und der durch die Verbrennung entwickelten. Für unseren Fall haben wir oben diesen Gesamtbetrag zu 13 968 100 Kal. berechnet. Die mittlere Wärmekapazität der Verbrennungsprodukte zwischen 0^0 und t^0 ist

CO_2	1 830 cbm	$\cdot\,(0{,}37 + 0{,}000\,22\,t)$	=	$677 + 0{,}4026\,t$
$O_2 + N_2$	14 628 „	$\cdot\,(0{,}303 + 0{,}000\,027\,t)$	=	$4428 + 0{,}3950\,t$
H_2O	1 500 „	$\cdot\,(0{,}34 + 0{,}000\,15\,t)$	=	$510 + 0{,}2250\,t$
		Summe	=	$5615 + 1{,}0226\,t$

Somit erhalten wir

$$t = \frac{13\,968\,100}{5615 + 1{,}0226\,t}$$

woraus

$$t = 1749^0. \qquad (3)$$

4.) Wenn kein Luftüberschuß zur Anwendung kommt, werden in den Verbrennungsprodukten die oben vorhandenen **1116 cbm** Sauerstoff sowie das entsprechende Volum Stickstoff, **4249 cbm**, fehlen. Weiter wird sich die die Luft begleitende Feuchtigkeit, welche früher zu 211 cbm gefunden wurde, um

$$211 \cdot \frac{1116}{3833} = 61 \text{ cbm}$$

vermindern, wobei die 3833 cbm den gesamten Luftsauerstoff, die 1116 cbm den Sauerstoffüberschuß darstellen. Ohne Luftüberschuß bestehen die Verbrennungsprodukte demnach aus 1830 cbm CO_2, 9263 cbm N_2 und 1439 cbm H_2O. Die mit dem vorgewärmten Gas zugeführte Wärme bleibt sich gleich, ebenso die durch Verbrennung erzeugte, dagegen wird der Wärmeinhalt der vorgewärmten Luft, 5 043 500 Kal., jetzt durch Wegfall des Luftüberschusses niedriger, und zwar beträgt die Verminderung:

$$5\,043\,500 \cdot \frac{1116}{3833} = 1\,468\,500 \text{ Kal.}$$

Der Wärmeinhalt der Luft wird somit 3 575 000 Kal., und die Gesamtwärme der Produkte 13 968 100 — 1 468 500 = 12 499 600 Kal. betragen.

Die mittlere Wärmekapazität der Produkte finden wir durch eine ähnliche Rechnung wie oben zu 3973 + 0,8685 t, woraus sich die Flammentemperatur zu

$$t = \frac{12\,499\,600}{3973 + 0{,}8685\,t} = 2142^0 \qquad (4)$$

berechnet.

Durch Vermeidung des Luftüberschusses von 40 % ließe sich also ein Temperaturgewinn von fast 400⁰ erzielen.

Übungsbeispiel 71.

Bei Siemens-Martin-Öfen neuerer Bauart für kleinere Betriebe ist der Gaserzeuger als Teil des Ofens konstruiert und in diesem zwischen die beiden Wärmespeicher eingebaut. Es sind nur zwei Kammern vorhanden, an jedem Ende des Ofens eine, welche zur Vorwärmung der Luft dienen, während das Gas, noch heiß vom Erzeuger kommend, direkt in den Ofen strömt. Die Bauart ist gedrungen, der Ofen erfordert geringen Brennstoffverbrauch, gestattet hohe Temperaturen zu erreichen und beansprucht nur wenig Bodenfläche. Mit den älteren Siemens-Martin-Öfen mit getrennt aufgestelltem Erzeuger verglichen, beansprucht die neue Bauart nur die halbe Bodenfläche, erfordert nur etwa 60 % der Baukosten und kommt mit einem Kohlenverbrauch von 60 % aus.

Dieser neue Siemens-Martin-Ofen wird viel benutzt zum Einschmelzen von Stahl in kleinen Stahlgießereien und ebenso zum Einschmelzen von Roheisen für die Herstellung von schmiedbarem Guß.

Ein solcher Ofen schmolz einen Einsatz von 3000 kg Gußeisen während 4 Stunden mit einem Kohlenverbrauch von 750 kg ein. Das Gußeisen wurde kalt, bei 0°, eingesetzt und bei 1450° flüssig abgestochen, wobei es einen Wärmeinhalt von 300 Kal. für 1 kg besaß. Kohle und Gase hatten folgende Zusammensetzung:

Kohle: C 75%, H 5%, O 12%, H_2O 2%, Asche 6%.
Generatorgas: CO 20%, CO_2 5%, CH_4 2%, H_2 16%, N_2 57%
Essengase: CO_2 19%, O_2 18%, N_2 79,2%.

Die dem Ofen zugeführte Luft hat 0° und ist trocken. Für den Betrieb des Erzeugers kommt ein Dampfstrahlgebläse zur Anwendung, welches auf 6 kg angesaugte Luft 1 kg Dampf verbraucht, zu dessen Erzeugung 0,1 kg Kohle unter den Kesseln nötig ist. Der Verbrennungsrückstand im Erzeuger beträgt 75 kg für die Hitze. Das Generatorgas hat beim Einströmen in den Arbeitsraum des Ofens 600°, die vorgewärmte Luft 1000°. Die Verbrennungsprodukte verlassen den Arbeitsraum mit 1400° und treten mit 350° in den Essenkanal über.

Aufgabe:

Zu berechnen sind:

1.) Die Wärmebilanz des Ofens als Ganzes.
2.) Der thermische Wirkungsgrad des Ofens.
3.) Der thermische Wirkungsgrad des Arbeitsraumes.
4.) Der thermische Wirkungsgrad der Wärmespeicher.
5.) Die theoretische Flammentemperatur im Ofen.

Lösung:

1.) Wärmebilanz für einen Einsatz von 3000 kg.

Wärmeeinnahme:

Heizwert der im Gaserzeuger verbrauchten Kohle . .	5 248 500 Kal.
Heizwert der unter den Kesseln verbrauchten Kohle .	398 900 „
Summe	5 647 400 Kal.

Wärmeausgabe:

Im flüssigen Roheisen	900 000 Kal.
In den Essengasen	768 950 „
Verlust durch unverbrannten Kohlenstoff in den Rückständen	243 000 „
Zur Dampferzeugung	398 900 „
Verlust durch Leitung und Strahlung.	3 336 550 „
Summe	5 647 400 Kal.

Berechnung der Wärmebilanz.

Der Heizwert der Kohle für 1 kg ist nicht angegeben, er läßt sich aus der prozentischen Zusammensetzung berechnen:

C $0{,}75 \cdot 8100$	$= 6075$ Kal.
H $\left(0{,}05 - \frac{0{,}12}{8}\right)$ 34 500	$= 1208$ „
Heizwert (Wasser kondensiert)	$= 7283$ Kal.
Verdampfungswärme des gebildeten Wassers: $(0{,}02 + 0{,}45) \cdot 606{,}5$	$= 285$ „
Heizwert (Wasser als Dampf)	$= 6998$ Kal.

Gesamtheizwert von 750 kg Kohle in den Erzeugern:
5 248 500 Kal.

Der Kohlenverbrauch unter den Kesseln ist nur aus der Dampfmenge zu finden; diese wiederum setzt die Kenntnis der eingeblasenen Luft voraus. Letztere läßt sich aus dem Gesamtstickstoff des Generatorgases finden. Das Volum des Generatorgases ist aus dem Kohlenstoffgehalt für 1 cbm und der bekannten Menge des vergasten Kohlenstoffs zu erhalten. Wir können auch in umgekehrter Reihenfolge verfahren und sagen: Wenn von dem Kohlenstoff der Kohle der Kohlenstoff im Rückstand abgezogen wird, so gibt der Rest den vergasten Kohlenstoff. Dieser, durch den Kohlenstoff in 1 cbm Schornsteingas geteilt, gibt das Volum des letzteren, und aus dem vergasten Kohlenstoff und dem Kohlenstoff für 1 cbm Generatorgas finden wir das Volum dieses Gases. Hieraus ist wiederum das Volum des Stickstoffs zu finden und dieses, durch 0,792 geteilt, gibt das Volum der dem Erzeuger zugeführten Luft, woraus sich deren Gewicht leicht berechnet. Auch das Gewicht des zugeführten Dampfes und endlich die zur Dampferzeugung nötige Kohle ist dann einfach zu finden.

[In den meisten Aufgaben wird die Schwierigkeit, den Übergang von den gegebenen Daten zu den gesuchten Größen bzw. die stufenweise Verknüpfung beider zu finden, oft am einfachsten beseitigt, wenn wir von der gesuchten Größe ausgehen und uns fragen, aus welchen anderen Größen diese berechnet werden kann. Durch systematisches Rückwärtsschreiten von Größe zu Größe kommen wir dann schließlich zu einer solchen, die sich direkt aus den gegebenen Daten berechnen läßt. Die logische Aufeinanderfolge der Operationen ist dadurch klargelegt und die Aufgabe in Wirklichkeit schon gelöst. Die Verfolgung des Fadens in der umgekehrten Richtung — von den Daten zur gesuchten Größe — erfordert dann kein angestrengtes Denken mehr, sondern nur rechnerische Operationen, und zwar für gewöhnlich solche ganz einfacher Art.]

Die Berechnung des benutzten Dampfes gestaltet sich nach dem oben Gesagten folgendermaßen:

Kohlenstoff der Kohle im Erzeuger: 750 · 0,75	= 562,5 kg
Kohlenstoff im Rückstand 75 — 45	= 30,0 „
Kohlenstoff im Generatorgas	= 532,5 „
Kohlenstoff im Kubikmeter Generatorgas: 0,27 · 0,54 .	= 0,1458 kg
Volum des Generatorgases für 1 Hitze: 532,5 : 0,1458 .	= 3652 cbm
Stickstoff im Generatorgas: 3652 · 0,57	= 2082 „
Luftzufuhr im Erzeuger: 2082 : 0,792 = 2629 cbm . .	= 3399 kg
Kohlenstoff im Essengas im Kubikmeter: 0,19 · 0,54 . .	= 0,1026 kg
Volum der Essengase für 1 Hitze: 532,5 : 0,1026 . . .	= 5190 cbm
Stickstoff in den Essengasen: 5190 · 0,792	= 4110 „
Stickstoff aus der dem Ofen zugeführten Luft: 4110 — 2082	= 2028 „
Volum der Luft zur Gasverbrennung: 2028 : 0,792 . .	= 2561 „
Gewicht dieser Luft: 2561 · 1,293	= 3311 kg
Gewicht der dem Erzeuger zugeführten Luft (s. oben) . .	= 3399 „
Gewicht des Dampfes im Erzeuger 3399 : 6	= 567 „
Gewicht der zur Dampferzeugung nötigen Kohle 567 · 0,1	= 57 „
Heizwert dieser Kohle: 6998 · 57	= 398 900 Kal.

2.) Der Wärme-Inhalt des flüssigen Eisen ist 300·3000 = 900 000 Kal.
Daraus folgt direkt der thermische Wirkungsgrad:

$$\frac{900\,000}{5\,647\,400} = 0{,}16 = 16\,\%. \qquad (2)$$

3.) Die gasförmigen Verbrennungsprodukte bestehen (trocken) aus:

CO_2 5190 · 0,19 = 986 cbm
O_2 5190 · 0,018 = 93 „
N_2 5190 · 0,792 = 4110 „

Dazu kommt noch der Wasserdampf, teils aus der Kohle gebildet, teils im Erzeuger zugeführt:

Aus der Kohle 0,47 · 750		= 352,5 kg
Dampf		= 566,5 „
Wasserdampf in den Gasen	Summe	= 919,0 kg.

Volum unter Normalbedingungen:

919 : 0,81 = 1135 cbm.

Bei 350° entziehen die Produkte dem Ofen Wärme wie folgt:

$O_2 + N_2$	4203 · 0,312	= 1311 Kal.
CO_2	986 · 0,447	= 441 „
H_2O	1135 · 0,392	= 445 „
Mittlere Wärmekapazität für 1°		= 2197 Kal.

Wärme-Inhalt bei 350° = 768 950 Kal.

Dieselben Produkte werden dem Arbeitsraum des Ofens bei 1400° an Wärme entziehen:

$O_2 + N_2$	4203 · 0,341	= 1433 Kal.
CO_2	986 · 0,678	= 669 „
H_2O	1135 · 0,550	= 624 „
Mittlere Wärmekapazität für 1°		= 2726 Kal.

Wärme-Inhalt der Produkte bei 1400° = 3816 400 Kal.

Im Arbeitsraum des Ofens wird durch die Verbrennung der 3652 cbm Generatorgas an Wärme entwickelt:

CO	0,20 · 3062 . .	= 612 Kal.
CH_4	0,02 · 8598 . .	= 172 „
H_2	0,16 · 2613 . .	= 418 „
Für 1 cbm	Summe	= 1202 Kal.

Durch Verbrennung von 3652 cbm: 4 389 700 Kal. Die 3652 cbm treten mit 600° in den Arbeitsraum ein und haben einen Wärmeinhalt von:

CO_2	0,05 · 0,502	= 0,0251 Kal.
CH_4	0,02 · 0,512	= 0,0102 „
CO, N_2, H_2	0,93 · 0,319	= 0,2967 „
Mittlere Wärmekapazität für 1 cbm		= 0,3320 Kal.

Wärme-Inhalt für 1 cbm bei 600°: 0,3320 · 600 = 199,2 Kal.
Wärme-Inhalt der 3652 cbm:

199,2 · 3652 = 727 480 Kal.

Dabei ist der das Generatorgas begleitende Wasserdampf nicht berücksichtigt. Letzterer wird am einfachsten aus der Tatsache abgeleitet, daß der gesamte Wasserstoff der Kohle sowie des dem Generator zugeführten Wasserdampfes im Generatorgas als Wasserstoff in irgend einer Form erscheinen muß. Der Wasserstoff, der nicht im trocknen Gas vorhanden ist, wird dasselbe als Wasserdampf begleiten. Die Menge des Wasserdampfes sowie sein Wärme-Inhalt bei 600° wird folgendermaßen gefunden:

Wasserstoff in 750 kg Kohle: 750 · 0,0522	= 39,15 kg
Wasserstoff im benutzten Dampf: 567 : 9	= 63,00 „
Wasserstoff im Generatorgas . . . . Summe	=10 15 kg
Wasserstoff im trocknen Generatorgas:	
3652 · 0,20 · 0,09	= 65,74 „
Wasserstoff als Wasserdampf im Generatorgas . .	= 36,41 kg
Wasserdampf im Generatorgas	= 327,7 kg
Volum dieses Wasserdampfes	= 405 cbm

Wärme-Inhalt des Wasserdampfes bei 600°:

405 · 0,43 = 600 . . . . = 104 500 Kal.

Wärme-Inhalt des feuchten Generatorgases bei 600°:

727 480 + 104 500 . . . . = 831 980 „

Ebenso finden wir den Wärme-Inhalt der auf 1000° vorgewärmten Luft beim Eintritt in den Arbeitsraum:

$$2561 \text{ cbm} \cdot 0{,}330 \cdot 1000 = 845\,130 \text{ Kal.}$$

Dem Arbeitsraum des Ofens werden demnach für 1 Hitze zugeführt:

Mit dem heißen Generatorgas (600°)	=	831 980 Kal.
Mit der vorgewärmten Luft (1000°)	=	845 130 „
Durch Verbrennung	=	4 389 700 „
Summe	=	6 066 810 Kal

Davon werden mit den heißen Produkten (1400°) dem Arbeitsraum wieder entzogen 3 816 400 Kal., so daß in demselben verbleiben 2 250 410 Kal.

Nach der Betrachtungsweise von Damour und Queneau (Industrial Furnaces, p. 56) stellt das Verhältnis zwischen der dem Ofenmassiv verbleibenden Wärme und dem Gesamtheizwert der benutzten Kohle den thermischen Wirkungsgrad des Ofens dar. Für den in Rede stehenden Siemens-Martin-Ofen finden wir dies Verhältnis zu:

$$\frac{2\,250\,410}{5\,647\,400} = 0{,}400 = 40{,}0\ \%.$$

Diese Zahl ist indessen eine Täuschung. Zwar können wir mit ihrer Hilfe entscheiden, welcher von zwei oder mehreren Öfen die Abhitze am vollkommensten verwertet, oder wessen Arbeitsraum am zweckmäßigsten konstruiert ist, so daß er möglichst viel von der zugeführten Wärme aufnimmt und zurückhält. Die wirkliche Frage bezieht sich jedoch darauf, wie sich verschiedene Arbeitsräume in bezug auf ihre Schmelzleistungen verhalten. Der obige Arbeitsraum hält von der zugeführten Wärme 2 250 410 Kal. zurück und übermittelt dem flüssigen Stahle 900 000 Kal. Das Verhältnis zwischen ausgenutzter und aufgenommener Wärme im Arbeitsraum ist deshalb

$$\frac{900\,000}{2\,250\,410} = 0{,}400 = 40\,\%. \qquad (3)$$

Der Arbeitsraum verliert somit durch Strahlung 60 % der aus den Gasen aufgenommenen Wärme oder 2 250 410 − 900 000 = 1 350 410 Kal. entsprechend, 24 % vom Gesamtheizwert der Kohle.

4.) Die Wärmespeicher erhalten aus dem Arbeitsraum des Ofens 3 816 400 Kal. zugeführt und geben an denselben zurück den Wärmeinhalt der erhitzten Verbrennungsluft bei 1000°: 845 130 Kal. Wenn wir das Verhältnis beider Größen als Wirkungsgrad der Wärmespeicher annehmen, erhalten wir

$$\frac{845\,130}{3\,816\,400} = 0{,}222 = 22{,}2\,\%.$$

Wenn wir dagegen als Wärmezufuhr für die Wärmespeicher nur den Betrag in Rechnung setzen, welchen die heißen Gase, die bei 1400° ein- und bei 350° austreten, tatsächlich in den Kammern abgeben, dann wird der Wirkungsgrad

$$\frac{845\,130}{3\,816\,400 - 768\,950} = 0{,}277 = 27{,}7\,\%. \qquad (4)$$

Solange die Schornsteingase fast 300° besitzen, gibt die letztere Rechnungsweise den wirklichen thermischen Wirkungsgrad der Wärmespeicher wohl am richtigsten wieder. In unserem Falle verlieren die Wärmespeicher durch Leitung und Strahlung an die Luft 2 202 320 Kal. oder. 72,3 % der aus den Gasen aufgenommenen Wärme, entsprechend 39 % vom Gesamtheizwert der Kohle.

5. Die Flammentemperatur ist die Temperatur, auf welche die im Ofenraum verfügbaren 6 066 810 Kal. die Verbrennungsprodukte erhitzen können.

Die mittlere Wärmekapazität der letzteren ist:

CO_2	986 cbm	· (0,37 + 0,000 22 t)	=	365 + 0,2169 t
$O_2 + N_2$	4203 ,,	· (0,303 + 0,000 027 t)	=	1274 + 0,1135 t
H_2O	1135 ,,	· (0,34 + 0,000 15 t)	=	386 + 0,1703 t
			Summe =	2025 + 0,5008 t

Somit haben wir:

$$[2025 + 0{,}5008\,t]\,t = 6066\,810 \text{ Kal.}$$

woraus

$$t = 2003^0. \qquad (5)$$

Übungsbeispiel 72.

In einen basisch zugestellten Ofen für das Monellverfahren wurden 50 t flüssiges Roheisen von 1300° eingegossen. Auf dem Herd befanden sich schon 15 000 kg Lake-Superior-Erz (90 % Fe_2O_3, 10 % SiO_2), welche auf 1300° vorgewärmt waren, sowie 1000 kg gebrannter Kalk zur Erleichterung der Schlackenbildung. Das Erz reagierte sehr rasch und ziemlich heftig mit dem geschmolzenen Roheisen, so daß die Reaktion schon nach 20 Minuten beendet war und die Schlacke abgezogen werden konnte.

Das Roheisen enthielt:

	Beim Einguß	Nach der Reaktion
Kohlenstoff	3,50	3,00
Silizium	2,00	0,00

	Beim Einguß	Nach der Reaktion
Phosphor	0,75	0,00
Mangan	0,50	0,00
Eisen	93,25	97,00

Wir können annehmen, daß die Oxydation des C, Si, P und Mn zuerst durch Reduktion des gesamten Fe_2O_3 zu FeO erfolgt, und daß sie dann unter Reduktion eines Teiles des FeO zu Fe zu Ende geführt wird. Der Kohlenstoff wird zu CO oxydiert, das dann allerdings nachträglich durch die Luft im Ofenraum zum Teil zu CO_2 verbrennt.

Aufgabe:

Zu berechnen ist:

1.) Das durch Reduktion in das Metallbad übergegangene Eisen.

2.) Das Gewicht und die prozentische Zusammensetzung der gebildeten Schlacke.

3.) Die verschiedenen bei der Reaktion entwickelten und absorbierten Wärmebeträge.

Lösung:

1.) Eine einfache direkte Rechnung läßt sich nicht ausführen, weil wir von dem erzeugten Metall zwar die Zusammensetzung, aber nicht das Gewicht kennen.

Wer wenig Übung in der Berechnung derartiger Aufgaben hat, könnte versucht sein, folgendermaßen zu verfahren: Oxydiert werden 3,50 — 3,00 = 0,50 % Kohlenstoff, 2,00 % Silizium, 0,75 % Phosphor und 0,50 % Mangan. Daraus sind die Gewichte dieser Elemente sowie der zur Oxydation nötige Sauerstoff zu berechnen. Nach Abzug des durch Reduktion des gesamten Fe_2O_3 zu FeO verfügbaren Sauerstoffs wäre der Rest auf die Reduktion von FeO zu Fe zu setzen und daraus das reduzierte Eisen zu finden. Das Verfahren würde, was Si, Mn und P betrifft, korrekt sein, weil diese Elemente vollständig oxydiert werden, in bezug auf das Gewicht des Kohlenstoffs würde es aber falsch sein, weil die nicht oxydierten 3,00 % sich auf das Gewicht des fertigen Metalles, welches von dem des ursprünglichen verschieden ist, beziehen. Der Irrtum liegt darin, daß wir 3,00 von 3,50 abziehen.

Die Schwierigkeit würde verschwinden, wenn das Gewicht des Metallbades nach der Reaktion bekannt wäre. Dann könnten wir den in ihm noch anwesenden Kohlenstoff und somit auch den wirklich oxydierten Betrag dieses Elementes, weiter den nötigen Sauerstoff und die Menge des reduzierten Eisens finden. Dasselbe Resultat wäre noch einfacher durch Berechnung des Eisens im Bad nach der Reaktion (97 %) und Abzug des Eisens im ursprünglichen Bad zu erhalten. Wenn wir nur das Gewicht des Bades kennen, stehen uns somit zwei Wege zur Lösung offen. Der beste Weg in solchen Fällen ist die wohlbekannte Methode, das unbekannte Gewicht mit x zu bezeichnen und die Menge des reduzierten Eisens nach beiden Verfahren zu berechnen, wobei wir das Resultat als Ausdruck mit x erhalten. Da beide Verfahren dieselbe Größe vorstellen, können wir sie gleichsetzen und nach x auflösen. Durch Einsetzen von x in den Ausdruck für das reduzierte Eisen ist letzteres leicht zu finden.

x sei das Gewicht des Bades nach der Reaktion in Kilogramm. Das ursprüngliche Bad wiegt 50 000 kg.

Oxydiert werden:

Kohlenstoff	$50\,000 \cdot 0{,}035 - 0{,}03\,x$	$= 1750 - 0{,}03\,x$ kg
Silizium	$50\,000 \cdot 0{,}02$	$= 1000$ kg
Phosphor	$50\,000 \cdot 0{,}0075$	$= 375$,,
Mangan	$50\,000 \cdot 0{,}005$	$= 250$,,

Nötiger Sauerstoff:

Für den Kohlenstoff:

$$(1750 - 0{,}03\,x)\frac{16}{12} \;\ldots\ldots = 2333 - 0{,}04\,x \text{ kg}$$

$$\text{Für Silizium } 1000 \cdot \frac{32}{28} \;\ldots\ldots = 1143$$

$$\text{,, Phosphor } 375 \cdot \frac{80}{62} \;\ldots\ldots = 484$$

$$\text{,, Mangan } 250 \cdot \frac{16}{55} \;\ldots\ldots = 73$$

Summe $4033 - 0{,}04\,x$ kg.

Verfügbarer Sauerstoff:

Wenn alles Fe_2O_3 des Erzes (13 500 kg) zu FeO reduziert wird: $13\,500 \cdot \frac{16}{160} = 1350$ kg.

Wenn alles Fe_2O_3 des Erzes zu Fe reduziert wurde: $13\,500 \cdot \frac{48}{160} = 4050$ kg.

Daraus ist zu entnehmen, daß sicherlich mehr Sauerstoff nötig sein wird, als Fe_2O_3 durch Reduktion zu FeO herzugeben vermag, aber nicht so viel, als bei der vollständigen Reduktion des Fe_2O_3 zu Fe verfügbar wird. Wenn wir annehmen, daß alles Fe_2O_3 zunächst zu FeO unter Abgabe von 1350 kg Sauerstoff reduziert wird, dann ist zur Vollendung der Reaktion noch weiter an Sauerstoff erforderlich

$$(4033 - 0{,}04\,x) - 1350 = 2683 - 0{,}04\,x \text{ kg},$$

welche durch Reduktion von FeO zu Fe aufgebracht werden müssen. Dabei liefern 72 Teile FeO 56 Teile Fe unter Abgabe von 16 Teilen

Sauerstoff. Das reduzierte Eisen beträgt somit 56/16 des durch diese Reduktion gelieferten Sauerstoffes, und es ist:

$$\text{Reduziertes Eisen} = \frac{56}{16}\,(2683 - 0{,}04\ x)\ \text{kg} = 9384 - 0{,}14\ x\ \text{kg}.$$

Dieselbe Größe finden wir einfacher aus dem Eisengehalt wie folgt: Eisen im ursprünglichen Bad:

$$50\,000 \cdot 0{,}9325 = 46\,625\ \text{kg}.$$

Eisen im Bad nach der Reaktion 0,97 x. Somit reduziertes Eisen 0,97 x − 46 625 kg. Die beiden Ausdrücke stellen eine und dieselbe Größe dar, weshalb

$$9384 - 0{,}14\ x = 0{,}97\ x - 46\,625,$$

woraus

$$x = 50\,459\ \text{kg}.$$

Das reduzierte Eisen beträgt somit

$$0{,}97\ x - 46\,625\ \text{kg} = 2320\ \text{kg}. \qquad (1)$$

2.) Das benutzte Erz enthält im ganzen:

Fe = $13\,500 \cdot \frac{112}{160}$	. . . . .	= 9450 kg		
Fe reduziert	. . . .	= 2320 „		
Fe als FeO in der Schlacke	.	= 7130 kg		
Gewicht des FeO	$7130 \cdot \frac{72}{56}$.	= 9167 „	= 61,1 %	
„ „ P_2O_5	375 + 484 .	= 859 „	= 5,7 %	
„ „ MnO	250 + 73 .	= 323 „	= 2,1 %	
„ „ CaO	. . . .	= 1000 „	= 6,7 %	
„ „ SiO_2	1500 + 2143	= 3643 „	= 24,4 %	
Gesamtgewicht der Schlacke	.	= 14992 kg.		

3.) Die wirkliche Reaktionswärme bei 1300° läßt sich nicht berechnen, da mehrere der nötigen spez. Wärmen fehlen. Wir begnügen uns mit der Aufstellung der einzelnen Wärmebeträge ohne Temperaturkorrektion:

Wärmeentwicklung:

Si zu SiO_2	1000 · 7000	=	7 000 000 Kal.
P „ P_2O_5	375 · 5892	=	2 209 500 „
Mn „ MnO	250 · 1653	=	413 250 „
C „ CO	236 · 2430	=	572 250 „
SiO_2 „ $FeO \cdot SiO_2$	3643 · 144	=	524 600 „
CaO „ $3\,CaO \cdot P_2O_5$	1000 · 949	=	949 000 „
	Summe	=	11 668 600 Kal.

Wärmeverbrauch:

Fe_2O_3	zu	FeO	9450 · 573	=	5 414 850 Kal.		
FeO	,,	Fe	2320 · 1173	=	2 721 360	,,	
Fe_3C	,,	$Fe_3 + C$	236 · 705 (?)	=	166 000	,,	?
FeSi	,,	Fe + Si	1000 · 931 (??)	=	931 000	,,	??
Fe_3P	,,	$Fe_3 + P$	375 · 1400 (??)	=	525 000	,,	??
			Summe	=	9 758 200 Kal.		

Als Ergebnis der Berechnungen ersehen wir, daß die Wärmeentwicklung den Wärmeverbrauch um wenigstens 11 668 600 — 9 758 200 = 1 910 000 Kal. übertrifft; dieser Überschuß würde eine Temperaturerhöhung von Metall und Schlacke um etwa 100° über die anfänglichen 1300° hinaus bewirken können. Die oben mit (?) gekennzeichneten Beträge sind etwas unsicher, die mit (??) versehenen Angaben aber sehr zweifelhaft; sie sind vielleicht als wärmeabsorbierende Vorgänge sogar ganz auszuschalten. Wenn wir das tun, wird der Wärmeüberschuß aller Reaktionen um etwa 50 % des früheren Wertes wachsen, und er würde demnach eine Temperaturerhöhung des Bades um rund 150° bewirken können. Endlich wird auch noch ein Teil von dem durch Oxydation des Kohlenstoffs gebildeten CO unmittelbar über der Oberfläche des Metallbades durch überschüssigen Sauerstoff zu CO_2 verbrennen und dadurch eine weitere Temperaturerhöhung bewirken.

Wir sehen somit, daß die Reaktion zwischen Roheisen und Erz beim Monellverfahren ein wärmeerzeugender Vorgang ist, welcher, ganz abgesehen von der Heizwirkung des verbrauchten Brennstoffs, imstande ist, die Temperatur des Ofeninhaltes um wenigstens 100° und vielleicht sogar um 150° zu steigern.

Es würde von Interesse sein, bei einer typischen Hitze, wie die obige, die Vorgänge mit einem zuverlässigen Pyrometer zu verfolgen, um die durch thermochemisches Studium gewonnenen Resultate zu kontrollieren.

Zwanzigstes Kapitel.

Elektrometallurgie des Eisens.

Für die Gewinnung eines Metalles aus seinen Erzen kommen sowohl elektrolytische als auch elektrothermische Verfahren zur Verwendung. Elektrolytische Verfahren sind solche, bei welchen der Strom eine elektrolytische Zersetzung von Salzen und eine Ausfüllung des Metalles bewirkt; dagegen verwenden die elektrothermischen Verfahren den Strom ausschließlich als Wärmequelle, um die zum Schmelzen der Stoffe oder zur Durchführung chemischer Reaktionen nötige hohe Temperatur hervorzubringen.

In der Metallurgie des Eisens hat die Elektrolyse bis jetzt nur zur elektrolytischen Raffination ziemlich reinen Eisens nach einem Verfahren von Burgess Anwendung gefunden. Die Abscheidung des Eisens erfolgt dabei in chemisch reiner Form aus wässeriger Lösung. Die Elektrolyse geschmolzener Eisensalze ist praktisch nicht verwertet worden. Elektrothermische Verfahren kommen zurzeit zur Verwendung beim Verschmelzen von Schmiedeeisen und Gußeisen für Zwecke der Stahlerzeugung, sowie zum Flüssighalten geschmolzenen Roheisens zum Zwecke der Beseitigung der Verunreinigungen durch Oxydation. Die elektrothermische Reduktion von Eisenerzen auf Roheisen ist erwiesenermaßen technisch möglich und dürfte an einigen Orten auch wirtschaftlich durchführbar sein[1]).

Elektrothermische Reduktion von Eisenerzen.

Die Benutzung des elektrischen Stromes zur Erzeugung der für die Reduktion der Eisenerze nötigen Wärme macht das Reduktionsmittel, den Kohlenstoff, nicht ganz entbehrlich. Im gewöhnlichen Hochofen wird der Kohlenstoff zunächst deshalb verbrannt, um die zum Schmelzen des Roheisens und der Schlacke nötige Wärme zu erzeugen, worauf das Produkt dieser unvollständigen Verbrennung, CO, dem Erz den Sauerstoff entzieht. Praktisch lassen sich beide Vorgänge durch folgende Gleichungen wiedergeben:

Verbrennung vor den Formen:

$$30\,C + 15\,O_2 + 57{,}15\,N_2 = 30\,CO + 57{,}15\,N_2.$$

Reduktion:

$$4\,Fe_2O_3 + 30\,CO + 57{,}15\,N_2 = 12\,CO_2 + 18\,CO + 57{,}15\,N_2 + 8\,Fe.$$

Die Gleichungen zeigen, daß die Bildung von 8 Fe = 448 Teilen Eisen wenigstens 30 C = 360 Teile Kohlenstoff erfordert, welcher vor den Formen zu CO verbrennen muß, worauf dann das entstandene Generatorgas ($N_2 + CO$) die weiter oben befindlichen Eisenoxyde reduziert. Bei elektrischer Erzeugung der für den Schmelzprozeß nötigen Wärme ist die erstere Art der Verbrennung unnötig, jedes Einblasen von Wind fällt fort, und die stattfindende Reaktion ist.

$$14\,Fe_2O_3 + 30\,C = 12\,CO_2 + 18\,CO + 28\,Fe.$$

Zur Reduktion von 28 Fe = 1568 Teilen Eisen sind 30 C = 360 Teile Kohlenstoff, somit weniger als 1/3 vom Kohlenstoffverbrauch des Hochofens nötig. Die Arbeitsweise bei der elektrischen Eisenerzreduktion besteht dann darin, daß Eisenerz und Kohlenstoff in einem solchen Verhältnis gemischt werden, daß auf 1 Teil vorhandenes Eisen etwa

[1]) Ist bereits in Schweden und Norwegen im technischen Maßstabe in Anwendung. Die Übersetzer.

0,25 Teile Kohlenstoff kommen, wobei noch eine geeignete Menge Kalkstein oder anderes Material zugeschlagen wird, um aus der Gangart des Erzes eine schmelzbare Schlacke zu bilden. Der Mischung wird schließlich die nötige Menge elektrischer Energie zugeführt, um die Reaktion durchzuführen, um das erzeugte Eisen und Schlacke zu schmelzen und um die Strahlungsverluste zu decken.

Die bei der elektrischen Reduktion entstehenden Gase sind brennbar, gerade wie die Gase des Hochofens, und da hier keine Winderhitzung notwendig ist, so können die Gase zweckmäßig zur Vorwärmung der Beschickung ausgenutzt werden, wodurch eine Ersparnis an elektrischer Energie möglich würde.

Übungsbeispiel 73.

Ein Magneteisenstein enthält:

Fe_2O_3	60,74 %	MgO	5,50 %
FeO	17,18 %	P_2O_5	0,04 %
SiO_2	6,60 %	S	0,57 %
Al_2O_3	1,48 %	CO_2	2,05 %
CaO	2,84 %	H_2O	3,00 %

Das Erz soll mit reinem Kohlenstoff (Holzkohlenpulver) und einem passenden Flußmittel gemischt werden. Die Menge des Kohlenstoffs soll 0,25 des vorhandenen Eisens betragen. Als Flußmittel dient Quarzsand, und zwar in solcher Menge, daß eine Schlacke mit 33 % SiO_2 entsteht. In der Holzkohle bleibt die Asche unberücksichtigt, und der Feuchtigkeitsgehalt wird zu 10 % angenommen.

Vorausgesetzt sei weiter:

a) Daß das Roheisen 4 % C, 3,5 % Si und 92,4 % Fe enthält.
b) Daß der Wärmeinhalt des Roheisens und der Schlacke beim Abstich 400 bzw. 600 Kal. für 1 kg beträgt.
c) Daß die Verluste durch Strahlung usw. 30 % von dem gesamten Wärmebedarf des Ofens ausmachen.
d) Daß die heißen Gase mit 300° entweichen.
e) Daß das Eisen des Erzes vollständig in das Roheisen übergeht.
f) Daß der Schwefel vollständig in die Schlacke als CaS geht.

Aufgabe:

Zu berechnen ist:

1.) Die für 1000 kg erzeugtes Roheisen nötigen Mengen Erz, Zuschlag und Holzkohle.
2.) Die Stoffbilanz.
3.) Die Wärmebilanz.
4.) Die für 1 t Roheisen erforderlichen Kilowatt-Tage elektrischer Energie.

Lösung:

1.) Das Erz muß 924 kg Eisen liefern. 100 kg Erz enthalten an Eisen:

$$\text{Als } Fe_2O_3\text{: } 60{,}74 \cdot \frac{112}{160} = 42{,}52 \text{ kg}$$

$$\text{,, } FeO\text{ : } 17{,}18 \cdot \frac{56}{72} = 13{,}36 \text{ ,,}$$

Summe 55,88 kg.

Für 1000 kg Roheisen ist an Erz nötig:

$$924 : 0{,}5588 = \mathbf{1654\ kg.} \qquad (1)$$

Die schlackenbildenden Bestandteile in dieser Erzmenge sind:

Al_2O_3	$1654 \cdot 0{,}0148$	= 24,6 kg
MgO	$1654 \cdot 0{,}0550$	= 91,0 ,,
CaO	$1654 \cdot \left(0{,}0284 - 0{,}0057 \cdot \frac{56}{32}\right) = 1654 \cdot 0{,}0184$ . . .	= 30,4 ,,
SiO_2	$1654 \cdot 0{,}0660 - 35 \cdot \frac{60}{28} = 109{,}2 - 75$	= 34,2 ,,
CaS	$1654 \cdot 0{,}0057 \cdot \frac{72}{32}$	= 21,2 ,,
	Summe	201,4 kg.

Wenn x Teile Quarzsand zugeschlagen werden, beträgt das Gesamtgewicht der Schlacke 201,4 + x, und das Gewicht des SiO_2 darin 34,2 + x. Da nun die Schlacke 33 % SiO_2 enthalten soll, so ist

$$(34{,}2 + x) = 0{,}33\,(201{,}4 + x),$$

woraus

$$x = \mathbf{48\ kg.} \qquad (1)$$

Das Holzkohlenpulver muß an Kohlenstoff 0,25 vom Gewicht des Eisens, d. h.

$$924 \cdot 0{,}25 = 231 \text{ kg}$$

enthalten, und da die Kohle 90 % Kohlenstoff hat, ist die nötige Holzkohlenmenge

$$231 : 0{,}9 = \mathbf{257\ kg.} \qquad (1)$$

2.) Stoffbilanz:

Beschickung		Roheisen		Schlacke		Gase	
Erz	**1654** kg						
Fe_2O_3	1004,6 ,,	Fe	703,2	—		O	301,4
FeO	284,2 ,,	Fe	221,0	—		O	63,2
SiO_2	109,2 ,,	Si	35,0	SiO_2	34,2	O	40,0
Al_2O_3	24,6 ,,	—		Al_2O_3	24,6	—	
CaO	46,9 ,,	—		CaO	30,4	O	4,7
MgO	91,0 ,,	—		MgO	91,0	—	

Beschickung		Roheisen		Schlacke		Gase	
P_2O_5	0,6 kg	P	0,3	Ca	11,8	O	0,3
S	9,4 „	—		S	9,4	—	
CO_2	33,9 „	—		—		CO_2	33,9
H_2O	49,6 „	—		—		H_2O	49,6
Zuschlag	48 „						
SiO_2	48,0 „	—		SiO_2	48,0	—	
Holzkohle	257 „						
C	231 „	C	40,0	—		C	191,0
H_2O	26 „	—		—		H_2O	26,0
	1959,0		999,5		249,4		710,1

3.) Die verfügbare Wärme stammt teils von der Oxydation des Kohlenstoffs, teils wird sie elektrisch zugeführt. Die Beschickung liefert zur Oxydation des Kohlenstoffs (s. Stoffbilanz) 301,4 + 63,2 + 40,0 + 4,7 + 0,3 = 409,6 kg Sauerstoff. Um die 191 kg Kohlenstoff zu CO zu verbrennen, sind $191 \cdot \frac{16}{12} = 254{,}7$ kg Sauerstoff nötig, wobei noch 154,9 kg Sauerstoff für die weitere Verbrennung von CO zu CO_2 verbleiben. Dies würde zur Verbrennung von $154{,}9 \cdot \frac{28}{16} = 271{,}1$ kg CO ausreichen.

Für die Bildungswärme der Schlacke wird als Näherungswert 150 Kal. für 1 kg $SiO_2 + Al_2O_3$ angenommen. Die Verbindungswärme des Kohlenstoffs mit Eisen ist eine zweifelhafte Größe, die wir mit 705 Kal. für 1 kg Kohlenstoff einsetzen. Bei der Bildung von CaS werden 2947 Kal. für 1 kg Schwefel entbunden.

Die durch den elektrischen Strom gelieferte Wärme sei mit x bezeichnet. Die durch Verbrennung der Elektrodenkohlen erzeugte Wärme wird vernachlässigt. Wir haben:

Wärmeeinnahme:

Elektrisch zugeführt		x Kal.
Durch Oxydation von C zu CO 191 · 2430. . .	=	464 130 „
„ „ „ CO „ CO_2 271,1 · 2430. . .	=	658 770 „
„ Bildung der Silikatschlacke 106,8 · 150 . . .	=	16 020 „
„ „ von CaS 9,4 · 2947	=	27 700 „
„ „ „ Fe_3C 40 · 705	=	28 200 „
Summe		1 194 820 + x.

Wärmeausgabe:

Zur Reduktion des Eisens aus Fe_2O_3 703,2 · 1746	=	1 229 790 Kal.
„ „ Fe aus FeO 221,0 · 1173. . .	=	259 230 „
„ „ Si aus SiO_2 35,0 · 7000 . . .	=	245 000 „

Zur Reduktion des P aus P_2O_5 0,3 · 5892. . . .	=	1 770	„
„ „ „ Ca aus CaO 11,8 · 3288 . . .	=	38 800	„
„ Austreibung des CO_2 aus dem Erz 33,9 · 1026	=	34 780	„
„ Verdampfung des Wassers aus der Beschickung 75,6 · 606,5	=	45 850	„

Wärme-Inhalt der abziehenden Gase bei 300°:

CO	174,6 kg = 138 cbm;	138 · 0,311	=	42,9 Kal.
CO_2	459,9 „ = 232 „ ;	232 · 0,436	=	101,1 „
H_2O	75,6 „ = 93 „ ;	93 · 0,385	=	35,8 „
Wärmekapazität für 1°			=	179,8 Kal.

Wärme-Inhalt bei 300°: 179,8 · 300	=	53 940	„
Wärme-Inhalt der Schlacke: 249,4 · 600	=	149 640	„
Wärme-Inhalt des Roheisens: 1000 · 400	=	400 000	„
Verlust durch Strahlung usw.: 0,30 (1 194 820 + x)	=	358 450 + 0,3 x	
	Summe	2 817 250 + 0,3 x	

Durch Gleichsetzen mit der verfügbaren Wärme erhalten wir

$$1\,194\,820 + x = 2\,817\,250 + 0{,}3\,x,$$

woraus

$$x = 2\,317\,760 \text{ Kal.}$$

Der Gesamtwärmebedarf des Ofens ist

$$3\,512\,580 \text{ Kal.,}$$

wovon der elektrische Strom

$$\frac{2\,317\,760}{3\,512\,580} = 0{,}66 = 66\,\% \qquad (3)$$

liefert.

4) Ein Kilowatt-Tag elektrischer Energie entspricht

$$0{,}239 \cdot 60 \cdot 60 \cdot 24 = 20\,650 \text{ Kal.}$$

Für die Tonne erzeugtes Roheisen ist die erforderliche elektrische Energie

$$\frac{2\,317\,760}{20\,650} = \mathbf{112\ KW.\text{-}Tage.} \qquad (4)$$

Durch die Benutzung der Gase zum Vorwärmen der Beschickung vor deren Eintritt in den Ofen ließe sich diese Zahl noch wesentlich herunterdrücken. Möglich erscheint es auch, daß in einem zweckmäßig gebauten Schacht die Zusammensetzung der Gase auf annähernd gleiche Volumina CO und CO_2, anstatt wie oben angenommen, 3 CO auf 2 CO_2 gebracht werden kann. Jede bessere Ausnutzung der Wärmeerzeugung des Kohlenstoffs wird aber die notwendige Zufuhr elektrischer Energie vermindern. Obige Zahl kann für das vorausgesetzte Erz als sicher erreichbar gelten[1]) und für praktische Berechnungen als Grundlage dienen.

Übungsbeispiel 74.

Zu Sault Sainte Marie, Kanada, wurde gerösteter Magnetkies mit Holzkohlenpulver und Kalkstein verschmolzen. Die Beschickung enthielt die Bestandteile in dem Verhältnis: 400 kg Erz, 110 kg Holzkohlenpulver und 85 kg Kalkstein Die Analyse der Materialien ergab:

Geröstetes Erz		Kalkstein		Holzkohle	
Fe_2O_3	65,43	CaO	52,00	Fester C	55,90
CuO	0,51	MgO	2,10	Flüchtige Best.	28,08
NiO	2,84	Fe_2O_3	0,60	H_2O	13,48
SiO_2	10,96	Al_2O_3	0,21	Asche	2,54
Al_2O_3	3,31	SiO_2	1,71		
CaO	3,92	P_2O_5	0,01		
MgO	3,53	SO_3	0,13		
SO_3	3,90	CO_2	43,15		
P_2O_5	0,03				
H_2O	5,57				

Nach Zufuhr von 365,2 KW elektrischer Energie während 56 Std. 20 Min. wurden 7336 kg nickelhaltiges Roheisen und 5062 kg Schlacke erhalten. Die Zusammensetzung dieser Produkte war:

Roheisen		Schlacke	
C	3,05	SiO_2	16,44
Si	5,24	Al_2O_3	13,86
S	0,01	CaO	42,87
P	0,05	MgO	8,80
Cu	0,81	CaS	13,34
Ni	3,94	FeO	0,84
Fe	86,90	Nicht bestimmt	3,85

Aufgabe:

Zu berechnen ist:

1.) Die Stoffbilanz des Ofens.

2.) Die Wärmebilanz des Ofens unter Hinzunahme passender Schätzungswerte für nicht bekannte Daten.

3.) Der thermische Wirkungsgrad des Ofens.

Lösung:

1.) Der Verbrauch an Erz läßt sich entweder aus dem Eisen, dem Nickel oder dem Kupfer berechnen. Die Benutzung der zwei letzteren Metalle

[1]) Obige Zahl entspricht einem Energieaufwand von 2695 KW-Std. für 1 Tonne Roheisen; der elektrische Roheisenofen am Trollhättan braucht im Dauerbetriebe jetzt nur noch 2076 KW-Std. für 1 Tonne Roheisen.

Die Übersetzer.

für diesen Zweck gestaltet sich am einfachsten, weil von diesen Metallen — nach der Voraussetzung — nichts in die Schlacke geht. Andererseits wird die Berechnung auf dieser Grundlage wenig zuverlässig, weil Kupfer und Nickel nur in geringen Mengen vorhanden sind. Das Roheisen enthält $7336 \cdot 0{,}81 = 59{,}4$ kg Kupfer. Da das geröstete Erz $0{,}51 \cdot \frac{63{,}6}{79{,}6} = 0{,}41\ \%$ Kupfer hat, ergibt sich der Erzverbrauch zu $59{,}4 : 0{,}0041 = 14\,493$ kg. Wenn wir das Nickel zugrunde legen, erhalten wir: Nickel im Roheisen $7336 \cdot 0{,}0394 = 289$ kg. Nickel im gerösteten Erz $2{,}84 \cdot \frac{59}{75} = 2{,}23\ \%$. Erzverbrauch $289 : 0{,}0223 = 12\,960$ kg. Die beiden Rechnungsverfahren weichen so stark voneinander ab, daß wir die Rechnung auf Grundlage des Eisens durchführen wollen. Wir haben:

Im Roheisen $7336 \cdot 0{,}8690$	= 6375 kg
In der Schlacke $5062 \cdot 0{,}0084 \cdot \frac{56}{72}$	= 33 „
Gesamteisen in den Produkten	= 6408 kg.
In 100 kg Erz $65{,}43 \cdot 0{,}7$	= 45,80 kg
„ 21 kg Kalkstein $21 \cdot 0{,}0060 \cdot 0{,}7$	= 0,08 „
„ 27,5 kg Holzkohle $27{,}50 \cdot 0{,}0025 \cdot 0{,}7$	= 0,04 „
Eisen in der Beschickung für 100 kg Erz	= 45,92 kg.

Um die 6408 kg Eisen der Produkte zu liefern, ist an Erz nötig

$$6408 : 0{,}459 = 13\,961 \text{ kg.}$$

Auf diese Erzmenge entfällt:

$$\text{Holzkohle } 13\,961 \cdot \frac{110}{400} = 3839 \text{ kg}$$

$$\text{Kalkstein } 13\,961 \cdot \frac{85}{400} = 2967 \text{ „}$$

Wir sind nunmehr in der Lage, die Stoffbilanz aufzustellen, sobald wir über die Zusammensetzung der flüchtigen Bestandteile und der Asche der Holzkohle wahrscheinliche Annahmen machen. Für die Asche dürfen wir als mittlere Zusammensetzung nehmen: K_2O 15 %, CaO 40 %, MgO 20 %, MnO 15 % und Fe_2O_3 10 %. Der Gehalt der Holzkohle an flüchtigen Bestandteilen ist auf unvollständige Verkohlung zurückzuführen. Für die Gase, welche aus solcher Holzkohle beim Erhitzen austreten, können wir durchschnittlich folgende Zusammensetzung annehmen: 25 % CO_2, 15 % CO, 50 % H_2 und 10 % CH_4. Danach würden die flüchtigen Bestandteile in Gewichtsprozenten 33,7 % C, 58,5 % O, 7,8 % H enthalten. (Die Nachrechnung der letzteren Zahlen bildet ein hübsches Übungsbeispiel.) Nach dem obigen ist die für die Stoffbilanz erforderliche vollständige Zusammensetzung der Holzkohle:

Fester Kohlenstoff	55,90 %	
Flüchtiger Kohlenstoff	9,46 %	28,08 %
„ Wasserstoff	2,19 %	
„ Sauerstoff	16,43 %	
Feuchtigkeit	13,48 %	
K_2O	0,38 %	2,54 %
CaO	1,02 %	
MgO	0,51 %	
MnO	0,38 %	
Fe_2O_3	0,25 %	

Stoffbilanz für 7336 kg Roheisen.

Beschickung		Roheisen	Schlacke	Gase
Geröstetes Erz	**13 961**			
Fe_2O_3	9 135	Fe 6375	FeO 25	O 2735
NiO	397	Ni 289	NiO 28	O 80
CuO	71	Cu 59	—	O 12
SiO_2	1 530	Si 384	SiO_2 707	O 439
Al_2O_3	461	—	Al_2O_3 461	—
CaO	547	—	CaO 166	O 109
MgO	493	—	MgO 493	—
SO_3	543	S 1	CaS 490	O 327
P_2O_5	4	P 4	—	O 0
H_2O	778	—	—	H_2O 778
Kalkstein	**2 967**			
CaO	1 543	—	CaO 1542	—
MgO	62	—	MgO 62	—
Fe_2O_3	18	—	FeO 16	O 2
Al_2O_3	6	—	Al_2O_3 6	—
SiO_2	51	—	SiO_2 51	—
P_2O_5	0	—	P_2O_5 0	—
SO_3	4	—	CaS 4	—
CO_2	1 280	—	—	CO_2 1280
Holzkohlenpulver	**3 839**			
Fester C	2 146	C 224	—	C 1922
Flüchtig.	363	—	—	C 363
„ H	84	—	—	H 84
„ O	631	—	—	O 631
H_2O	518	—	—	H_2O 518
K_2O	15	—	K_2O 15	—

Beschickung		Roheisen	Schlacke		Gase	
CaO	39	—	CaO	39	—	
MgO	20	—	MgO	20	—	
MnO	15	—	MnO	15	—	
Fe_2O_3	10	—	FeO	9	O	1
Elektroden	66					
C	66	—	—		C	66
	20 828	7336		4149		9347

Gewicht und Zusammensetzung der Schlacke nach dieser Berechnung stimmt nicht gut mit der Beobachtung überein, was offenbar auf ungenaue Probenahme und Analysenfehler bei der Untersuchung des gerösteten Erzes und der Schlacke zurückzuführen ist.

2.) Aus der Stoffbilanz ist die durch die chemischen Reaktionen im Ofen entwickelte bzw. verbrauchte Wärme abzuleiten. Die wichtigeren Beträge werden folgendermaßen gefunden.

Oxydation des Kohlenstoffs zu CO.

Der gesamte in den Ofen eingeführte feste Kohlenstoff wird bis auf die vom Eisen aufgenommene Menge zu CO bzw. CO_2 verbrannt. Der zunächst zu CO verbrennende Kohlenstoff ist $1922 + 66 = 1988$ kg. Bei dieser Verbrennung werden $1988 + 2430 = 4\,830\,800$ Kal. entwickelt.

Oxydation des CO zu CO_2.

Durch die im Ofen stattfindenden Reduktionen werden 3705 kg Sauerstoff verfügbar. Davon genügen $1988 \cdot \frac{16}{12} = 2651$ kg zur Verbrennung des gesamten festen Kohlenstoffs zu CO, so daß 1054 kg Sauerstoff für die Weiterverbrennung von CO zu CO_2 übrig bleiben. Dadurch werden $1054 \cdot \frac{28}{16} = 1844$ kg CO oxydiert, wobei $1844 \cdot 2430 = 4\,480\,900$ Kal. erzeugt werden.

Wärmeenergie des elektrischen Stromes.

Eine KW-Sekunde entspricht 0,239 Kal. Da der Strom während 56 Stunden 20 Minuten = 202 800 Sekunden eingeschaltet war, beträgt die elektrisch zugeführte Wärme

$$0{,}239 \cdot 202\,800 \cdot 365{,}2 = 17\,704\,000 \text{ Kal.}$$

Wärme-Inhalt der abziehenden Gase.

Über die Temperatur der Gase ist nichts angegeben. Bei richtiger Führung des Ofens ist kein Grund vorhanden, daß die Gase besonders heiß fortgehen, und wir wollen daher als Höchsttemperatur 500° annehmen. Die Gase bestehen aus 1988 + 2651 — 1844 = 2795 kg CO und 1844 + 1054 = 2899 kg CO_2, herrührend von der Oxydation des festen Kohlenstoffs. Daneben enthalten sie noch 1280 kg CO_2 aus dem Kalkstein, und aus den flüchtigen Bestandteilen der Holzkohle 666 kg CO_2, 254 kg CO, 97 kg CH_4 und 60 kg H_2. Hierzu kommen noch 1290 kg Wasserdampf. Die Wärmekapazität dieser Gase ist

CO	3049 kg	= 2420 cbm	· 0,304 =	736 Kal.
CO_2	4845 „	= 2447 „	· 0,480 =	1185 „
CH_4	97 „	= 135 „	· 0,490 =	66 „
H_2	60 „	= 666 „	· 0,304 =	202 „
H_2O	1290 „	= 1593 „	· 0,415 =	661 „
			Insgesamt für 1° =	2850 Kal.

Wärme-Inhalt bei 500° : 2850 · 500 = 1 425 000 Kal. Die übrigen Beträge der Wärmebilanz sind fast selbstverständlich, und die vollständige Bilanz sieht wie folgt aus:

Wärmeeinnahme:

Aus der elektrischen Energie	=	17 704 000 Kal.
Oxydation von C zu CO	=	4 830 800 „
Oxydation von CO zu CO_2	=	4 480 900 „
Verbindung von C mit Fe_3 . . . 224 · 705	=	157 900 „
Verbindung von Ca mit S . . . 220 · 2947	=	648 300 „
Bildung der Silikate und Aluminate der Schlacke (SiO_2 + Al_2O_3) 1225 · 150	=	183 700 „
	Summe	28 005 600 Kal.

Wärmeausgabe:

Reduktionen:		
Fe_2O_3 zu Fe 6375 · 1746	=	11 130 750 Kal.
NiO „ Ni 289 · 1051	=	303 750 „
CuO „ Cu 59 · 593	=	35 000 „
SiO_2 „ Si 384 · 7000	=	2 688 000 „
SO_3 „ S 218 · 2872	=	626 100 „
P_2O_5 „ P 4 · 5892	=	23 550 „
CaO „ Ca 274 · 3288	=	900 900 „
Fe_2O_3 „ FeO 50 · 446	=	22 300 „
Zur CO_2-Austreibung aus dem Kalkstein: 1280 · 1026	=	1 313 300 „
„ Verdampfung des Wassers: 1290 · 606,5	=	783 400 „
Wärme-Inhalt der Gase	=	1 425 000 „
„ des Roheisens 7336 · 400	=	2 934 500 „
„ der Schlacke 4149 · 600	=	2 489 400 „
Verlust durch Leitung und Strahlung usw.	=	3 329 800 „
	Summe	28 005 600 Kal.

3.) Die wesentlichste Leistung des Ofens besteht in der Durchführung der Reduktionen, der Verdampfung der Feuchtigkeit sowie in der Zersetzung der Karbonate. Die übrigen Beträge: der Wärmeinhalt des Eisens, der Schlacke und der Gase, lassen sich alle mehr oder weniger vermindern, möglicherweise auch dem Ofen wieder zuführen. Ähnliches gilt von den Verlusten durch Leitung und Strahlung. Die ausgenutzte Wärme beträgt daher 17 827 050 Kal. Um diese nutzbare Wärme zu erhalten, mußten 28005600 Kal. erzeugt werden. Außerdem ist zu berücksichtigen, daß der den Gasen noch innewohnende Heizwert 10 311 000 Kal. verloren geht, wodurch die aufgewendete Wärme auf 38 316 600 Kal. steigt.

Der thermische Wirkungsgrad des arbeitenden Ofens wird daher

$$\frac{17\,827\,050}{38\,316\,600} = 0{,}46 = 46\,\%. \qquad (3)$$

Stahlerzeugung.

Die elektrische Stahlerzeugung kann auf verschiedene Weise erfolgen. Erstens kann der elektrische Ofen einfach als Schmelzapparat wie ein Tiegel dienen, um zementiertes Stabeisen in Gußstahl zu verwandeln. Dann kann zweitens der elektrische Ofen wie der Tiegel oder der Martinofen zum Zusammenschmelzen von reinem Gußeisen mit schmiedbarem Eisen benutzt werden, wobei die Arbeitsweise dem Tiegelverfahren ähnelt, weil die Operation nicht notwendigerweise mit einer Oxydation des Metalls oder der Verunreinigungen verknüpft zu sein braucht. Endlich kann, drittens, der elektrische Ofen zum Schmelzen bzw. zum Flüssighalten von Roheisen dienen, um dessen Verunreinigungen durch Zusatz von Eisenerz zu oxydieren und zu beseitigen. In diesem Falle ist die Arbeitsweise mehr dem Tiegelstahlverfahren nach Uchatius bzw. dem Martinverfahren mit Erzzusatz vergleichbar.

Die Vorteile des elektrischen Verfahrens gegenüber dem Tiegelprozeß sind folgende: Der elektrische Ofen gestattet weit größere Mengen Stahl in einer Operation zu erzeugen; durch die Abwesenheit von Kohlenstoff im Futter läßt sich der Gehalt des Stahles an Kohlenstoff und Silizium leichter beherrschen; endlich erlaubt die höhere Temperatur, eine weit basischere Schlacke noch flüssig zu halten, wodurch wiederum eine vollständigere Beseitigung des Schwefels möglich wird. Dem Martinverfahren gegenüber bietet der elektrische Ofen den Vorteil, daß keine Verbrennungsgase mit dem Metall in Berührung kommen; dann besteht auch hier der Vorteil der höheren Temperatur, welche gestattet, stark basische Schlacken noch dünnflüssig zu halten, so daß man den Phosphor- und Schwefelgehalt des Stahles viel mehr in der Hand hat. Außerdem sind noch wirtschaftliche Vorteile zu erwähnen. Schon der Wegfall der Tiegel macht allein das elektrische Verfahren der Tiegelarbeit wirtschaftlich überlegen; mit dem Martinofen kann der elektrische Ofen in bezug auf Betriebskosten überall dort erfolgreich in Wettbewerb treten, wo die elektrische Energie weniger als 40 M. für 1 PS-Jahr und die Kohle über 20 M. für die Tonne zu stehen kommt.

Besonders wichtig für den Vergleich zwischen elektrischen Öfen und den gewöhnlichen mit Brennstoff betriebenen Öfen ist der folgende Punkt.

Bei Öfen der letzteren Art nimmt die Geschwindigkeit der Wärmeaufnahme seitens des Einsatzes mit steigender Temperatur schnell ab. Wenn in einen Ofen, dessen Temperatur 1500° beträgt, kalte Stahlblöcke eingesetzt werden, dann nimmt das Eisen anfangs sehr schnell Wärme auf bis zu etwa 1000°, nachher aber erfolgt die Aufnahme immer langsamer. Die Geschwindigkeit des Wärmeüberganges von den heißen Gasen auf das Eisen ist eben immer proportional dem Temperaturunterschied beider und ist somit etwa 14 mal größer, wenn das Eisen 0°, als wenn es 1400° besitzt. Erfolgt die Erhitzung des Eisens auf die volle Ofentemperatur 1500° mit einem thermischen Wirkungsgrad von vielleicht 25 %, so verteilt sich wahrscheinlich dieser Wirkungsgrad auf die einzelnen Stadien der Erhitzung etwa folgendermaßen:

Erhitzen	von	0	auf	500 . . .	45 %	Wirkungsgrad
„	„	500	„	1000 . . .	27 %	„
„	„	1000	„	1500 . . .	3 %	„

Ganz anders findet die Umwandlung elektrischer Energie in Wärme innerhalb des zu erhitzenden Materials statt. Hier ist die Wärmeaufnahme keine Berührungs- oder Übergangserscheinung, sondern eine thermodynamisch reibungslose Umwandlung von 100 % Wirkungsgrad, und zwar ebensowohl bei den höchsten als bei den niedrigsten Temperaturen. Nur die Verluste durch Leitung und Strahlung sind zu berücksichtigen. Die Frage ist nicht, wieviel Wärme sich in einen Körper hineinbringen, sondern vielmehr wieviel sich darin zusammenhalten läßt; denn die ganze erzeugte Wärme ist schon von Anfang an im Körper drin. Bei einem richtig gebauten großen elektrischen Ofen können die Verluste durch Leitung und Strahlung, selbst wenn bei den höchsten Temperaturen gearbeitet wird, auf 15—25 % der gesamten Wärmeerzeugung gehalten werden, woraus der Wirkungsgrad des Ofens sich zu 75—85 % ergibt.

Beispiel:

Stahlblöcke sollen im elektrischen Ofen eingeschmolzen werden. Um den Stahl flüssig abstechen zu können, müssen ihm für jedes Kilogramm 300 Kal. einverleibt werden. Der elektrische Ofen liefert diese

Wärme bei einem thermischen Wirkungsgrad von 75 %. Um die Blöcke auf Kirschrotglut 750° zu erhitzen (ohne sie zu schmelzen), sind 88 Kal., 29 % der Gesamtwärme, erforderlich. Wenn letztere Erhitzung in einem mit Kohle geheizten Ofen bewerkstelligt wird, und die Blöcke erst dann in den elektrischen Ofen eingesetzt werden, ergibt sich eine Ersparnis an elektrischer Energie von etwa 25 %. Hat die zur Heizung dienende Kohle 8500 Kal. Heizwert, und ist der thermische Wirkungsgrad der Erhitzung 25 %, dann berechnet sich der Kohlebedarf für 1 kg Stahl zu 40 g. Die Frage ist: Was stellt sich billiger: 88 : 0,75 = 117 Kal. elektrisch gelieferte Energie oder aber 40 g Kohle? Erstere erfordern 117 : 0,239 = 490 KW-Sekunden = 8,2 KW-Minuten = 0,14 KW-Stunden, die bei einem Preis von 40 M. für 1 KW-Jahr (8760 Stunden) 0,14 · 0,457 = 0,064 Pf. kosten. Bei einem Kohlenpreis von 20 M. die Tonne kosten 40 g 0,080 Pf. Unter den gemachten Voraussetzungen wäre somit selbst bis 750° die elektrische Erhitzung die billigere[1]).

Übungsbeispiel 75.

In einem elektrischen Induktionsofen von 170 KW Kapazität werden für den Tag durch Zusammenschmelzen von kaltem Roheisen und Schrott 4,7 t Stahl gemacht. Das flüssige Produkt hat einen Wärmeinhalt von 350 Kal. für 1 kg.

Aufgabe:

Zu berechnen ist:

1.) Die für die Tonne Stahl erforderliche Energie in KW-Stunden.
2.) Der thermische Wirkungsgrad des Ofens.
3.) Wenn ein Drittel des Einsatzes flüssig, mit einem Wärmeinhalt von 275 Kal. für 1 kg, zur Verwendung kommt, wie hoch stellt sich die Tageserzeugung des Ofens sowie der Energieverbrauch für 1 t Stahl?

Lösung:

1.) Der Energieverbrauch für 4,7 t ist 170 KW-Tage, somit für 1 t 36,2 KW-Tage

= 869 **KW-Stunden** (0,10 KW-Jahr). (1)

2.) 1 KW-Stunde = 0,239 · 60 · 60 . . . . = 860 Kal.
869 KW-Stunden . . . . = 747 340 „
Die Tonne Stahl enthält 350 · 1000. . . . . . . = 350 000 „

---

[1]) Hierzu ist jedoch zu bemerken, daß die Verhältnisse für uns in Deutschland nicht ganz zutreffen. Die elektrische Energie kostet bei uns das 2—3 fache für ein Kilowatt-Jahr, die Kohle dagegen ist um ¼—½ billiger.

Die Übersetzer.

Der thermische Wirkungsgrad ist:

$$\frac{350\,000}{747\,340} = 0{,}47 = 47\,\%. \qquad (2)$$

3.) **Wärme-Inhalt des flüssigen Einsatzes für 1 kg Produkt** $= 275 \cdot \frac{1}{3}$ $= 92$ **Kal.** Somit hat der Strom noch zu liefern

$$350 - 92 = 258 \text{ Kal.}$$

Die Tageserzeugung ist unter diesen Umständen

$$4{,}7 \cdot \frac{350}{258} = 6{,}4 \text{ Tonnen.} \qquad (3)$$

Die Dauer einer Schmelzhitze wird somit in dem Verhältnis 1 : 0,74 abgekürzt. Energieverbrauch für 1 t

$$170 : 6{,}4 = 26{,}6 \text{ KW-Tage} = 638 \textbf{ KW-Stunden} \ (0{,}07 \text{ KW-Jahr}).$$

Übungsbeispiel 76.

Ein in voller Hitze stehender elektrischer Ofen, der etwa 2500 kg Stahl faßt, verliert durch Strahlung usw. 250 000 Kal. in der Stunde. In den heißen Ofen wird 2500 kg geschmolzenes Roheisen mit einem Wärme-Inhalt von 250 Kal. für 1 kg eingegossen. Zur Raffination setzt man 500 kg vorher auf 500° erhitztes Eisenerz und 50 kg Kalkstein, letzteren kalt, ein. Der flüsisge Stahl hat einen Wärme-Inhalt von 400 Kal. für 1 kg, die Schlacke 600 Kal. Die Operation dauert 1 Stunde. Die Zusammensetzung der Ausgangsmaterialien und des Stahles ist:

Roheisen		Eisenerz		Kalkstein		Stahl	
Fe	96,656	Fe_2O_3	85,93	CaO	53,74	Fe	99,60
C	2,700	FeO	3,96	MgO	0,17	C	0,11
Si	0,600	SiO_2	5,50	SiO_2	3,14	Si	0,11
Mn	0,025	MnO	0,63	Fe_2O_3	0,18	Mr	0,15
S	0,007	Al_2O_3	0,76	Al_2O_3	0,32	S	0,02
P	0,012	CaO	2,23	P_2O_5	0,006	P	0,01
		MgO	0,97	S	0,001		

Zum Schluß wurde das Bad noch mit 10 kg (kaltem) Ferromangan mit 80 % Mn, 16 % Fe und 4 % C behandelt. Erhalten wurden 2630 kg Stahl.

Aufgabe:

Zu berechnen ist:

1.) Die Stoffbilanz des Ofens.
2.) Gewicht und prozentische Zusammensetzung der Schlacke.
3.) Die Wärmebilanz.
4.) Der Energieverbrauch des Ofens in Kilowatt sowie die Kraftkosten für 1 t Stahl unter der Voraussetzung eines Energiepreises von 100 M. für 1 KW-Jahr.

1.) Die Stoffbilanz.

Beschickung		Stahl	Schlacke	Gase
Roheisen	2500 kg			
Fe	2416,4 ,,	2416,4	—	—
C	67,5 ,,	2,5	—	C 65,0
Si	15,0 ,,	2,9	SiO_2 24,9	—
Mn	0,6 ,,	—	MnO 0,8	—
S	0,2 ,,	0,5	—	—
P	0,3 ,,	0,3	—	
Erz	500 ,,			
Fe_2O_3	429,7 ,,	Fe 203,1	FeO 125,6	O 87,2
FeO	19,8 ,,	—	FeO 19,8	—
SiO_2	27,5 ,,	—	SiO_2 27,5	—
MnO	3,2 ,,	—	MnO 3,2	—
Al_2O_3	3,8 ,,	—	Al_2O_3 3,8	—
CaO	11,2 ,,	—	CaO 11,2	—
MgO	4,8 ,,	—	MgO 4,8	—
Kalkstein	50 ,,			
CaO	26,9 ,,	—	CaO 26,9	—
MgO	0,1 ,,	—	MgO 0,1	—
SiO_2	1,6 ,,	—	SiO_2 1,6	—
Fe_2O_3	0,1 ,,	—	FeO 0,1	—
Al_2O_3	0,2 ,,	—	Al_2O_3 0,2	—
CO_2	21,2 ,,	—	—	CO_2 21,2
Ferromangan	10 kg			
Fe	1,6 ,,	Fe 1,6	—	—
C	0,4 ,,	C 0,4	—	—
Mn	8,0 ,,	Mn 3,9	MnO 5,3	—
	3060,0 kg	2631,6	255,8	173,4

2.) Die Schlacke wiegt 255,8 kg und enthält

SiO	54 kg	= 21,1 %
Al_2O_3	4 ,,	= 1,5 %
CaO	38,1 ,,	= 14,9 %
MgO	4,9 ,,	= 1,9 %
FeO	145,5 ,,	= 56,9 %
MnO	9,3 ,,	= 3,6 %
	255,8 kg	= 99,9 %

(2)

3.) Die Wärmebilanz:

Elektrisch zugeführt		x Kal.
Durch Oxydation von C zu CO	65,0 · 2430 . . . . =	157 950 „
„ „ „ CO „ CO_2	0,9 · 2430 . . . . =	2 190 „
„ „ „ Si „ SiO_2	12,1 · 7000 . . . . =	84 700 „
„ „ „ Mn „ MnO	4,7 · 1653 . . . . =	7 770 „
Bildung der Schlacke 22,6 · 150	=	3 390 „
Wärme im flüssigen Roheisen 2500 · 250	=	625 000 „
Wärme im Erz 500 · 77	=	38 500 „
	Summe =	x + 919 500 Kal.

Wärmeausgabe:

Wärme im flüssigen Stahl 2630 · 400	=	1 052 000 Kal.
„ in der flüssigen Schlacke 256 · 600	=	153 600 „
Zur Reduktion von Fe_2O_3 zu FeO 386,7 · 446 . . .	=	172 470 „
„ Reduktion von FeO zu Fe 203,1 · 1173	=	238 240 „
„ Scheidung des Kohlenstoffs vom Eisen 65 · 705	=	45 800 „
Wärme-Inhalt der Gase bei 1500°:		
CO 151,7 kg = 120,4 cbm · 0,32 · 500	=	19 260 „
CO_2 1,4 „ = 0,7 „ · 0,60 · 500	=	200 „
Verlust durch Leitung und Strahlung	=	250 000 „
	Summe	1 931 570 Kal.

Die durch den elektrischen Strom zuzuführende Wärme

$$x = 1\,931\,570 - 919\,500 = 1\,012\,070 \text{ Kal.} \qquad (3)$$

Durch ein Kilowatt werden in der Stunde 860 Kal. erzeugt. Der Kraftverbrauch des Ofens ist somit

$$1\,012\,070 : 860 = \mathbf{1177\ KW.} \qquad (4)$$

Bei einem Preis von 100 M. für das KW-Jahr kostet die KW-Stunde:

$$100 : 8760 = 1{,}142 \text{ Pf.}$$

Die Kraftkosten des Ofens in der Stunde sind demnach 1,142 · 1177 = 13,44 M. oder für die Tonne fertigen Stahls

$$13{,}44 : 2{,}630 = \mathbf{5{,}11\ M.} \qquad (4)$$

Übungsbeispiel 77.

Zur elektrolytischen Herstellung von reinem Eisen nach dem Verfahren von Burgess[1]) soll eine Anlage entworfen werden, für welche folgende Angaben gelten:

Tageserzeugung 25 t.
Stromdichte 110 Amp/qm.
Eintauchende Anodenfläche 0,75 · 0,5 m (einseitig).

[1]) Transactions American Electrochemical Society, V, p. 201.

Dicke der Anode 3 mm.
Eintauchende Kathodenfläche 0,75 · 0,5 m.
Dicke der Kathode am Anfang 1 mm.

Die Kathoden verbleiben im Bad bis der Eisenniederschlag auf jeder Seite 1,5 cm stark ist. Die Anoden werden zu 90 % aufgezehrt.

Die Bäder haben 2 m Länge, 0,6 m Breite und 1 m Tiefe, innen gemessen, und sind bis 10 cm vom Rand mit dem Elektrolyten gefüllt.

Der Abstand zwischen Kathode und Anode beträgt am Anfang der Elektrolyse 6 cm. Der Elektrolyt enthält 10 % $FeSO_4 \cdot 7\,H_2O$ und 5 % $(NH_4)_2SO_4$, besitzt eine Dichte von 1,1 und einen elektrischen Widerstand von 20 Ohm für 1 ccm.

Der Spannungsabfall in den Zuleitungen und Anschlüssen beträgt 0,3 Volt für das Bad. Die Hauptleitungen sind mit 2 Amp für 1 qmm Querschnitt belastet.

Kosten der elektrischen Energie 100 M. für das KW-Jahr.

Aufgabe:

Zu berechnen ist:

1.) Die Zahl der Anoden und Kathoden für das Bad sowie die Anzahl der Bäder und ihre Anordnung.

2.) Gewicht der Anoden und Kathodenbleche, wobei zu dem Gewicht des eingetauchten Teils 10 % zugeschlagen wird. Dichte des gewalzten Eisens 7,9.

3.) Die Mengen Ferrosulfat und Ammonsulfat, die zum Inbetriebsetzen der Anlage erforderlich sind.

4.) Der Spannungsabfall für das Elektrodenpaar am Anfang und am Ende der Elektrolyse sowie der Spannungsabfall für das Bad. Die Gesamtspannung der ganzen Anlage sowohl am Anfang der Elektrolyse als während des regelmäßigen Betriebes.

5.) Der Querschnitt der elektrischen Hauptleitung.

6.) Die Zeit, in welcher eine Anode verbraucht, d. h. in welcher 0,9 ihres Gewichts elektrolytisch gelöst wird.

7.) Die zur Bildung einer fertigen Kathodenplatte erforderliche Zeit. Spez. Gew des niedergeschlagenen Eisens 7,6.

8.) Die zum Betrieb der Anlage nötige elektrische Energie sowie deren Kosten für 1 t niedergeschlagenen Eisens.

Lösung:

1.) Durch 110 Amp werden auf 1 qm in 24 Stunden niedergeschlagen:

$$0{,}000\,010\,36 \cdot 110 \cdot \frac{56}{2} \cdot 60 \cdot 60 \cdot 24 = 2{,}757 \text{ kg Fe.}$$

Die erforderliche wirksame Kathodenfläche ist somit

$$25\,000 : 2{,}757 = 9140 \text{ qm.}$$

Da eine zweiseitig wirkende Kathode eine Niederschlagsfläche von $0{,}75 \cdot 0{,}5 \cdot 2 = 0{,}75$ qm besitzt, wird die Anzahl der Kathoden der ganzen Anlage

$$9140 : 0{,}75 = 12\,187.$$

Wenn jedes Bad x Kathoden und x + 1 Anoden besitzt, ist die Gesamtdicke aller dieser Platten am Anfang der Elektrolyse $x + 3(x + 1) = (4x + 3)$ mm. Die Anzahl der Zwischenräume zwischen Kathoden und Anoden ist 2 x, jeder Zwischenraum ist am Anfang 6 cm = 60 mm und die Summe aller Zwischenräume somit 120 x mm. Die inwendige Länge des Bades ist 2000 mm, so daß

$$124\,x + 3 = 2000,$$

woraus

$$x = 16{,}1.$$

Jedes Bad wird also 16 Kathoden und 17 Anoden aufnehmen mit einem anfänglichen gegenseitigen Abstand von

$$\frac{2000 - 16 - 3 \cdot 17}{2 \cdot 16} = 60{,}4 \text{ mm} = \mathbf{6{,}04\ cm}. \qquad (1)$$

Für die 12 187 Kathoden, die im ganzen erforderlich sind, brauchen wir:

$$12\,187 : 16 = 761{,}7, \text{ d. h. } \mathbf{762} \text{ Bäder.} \qquad (1)$$

Die Aufstellung der Bäder in Reihen und Gruppen läßt sich erst erörtern, wenn wir den Spannungsverbrauch für 1 Bad kennen. Die Gruppierung hat so zu erfolgen, daß jede Reihe hintereinander geschalteter Bäder eine für elektrische Maschinen übliche Spannung, etwa 110, 220 oder 250 Volt, aufnimmt.

2.) Eine Anodenplatte wiegt

$$75 \cdot 50 \cdot 0{,}3 \cdot 7{,}9 \cdot 1{,}1 = 9{,}776 \text{ kg},$$

wovon 8,888 kg in die Flüssigkeit eintauchen. Die 17 Anoden in einem Bade wiegen

$$9{,}776 \cdot 17 = 166{,}2 \text{ kg}.$$

Und die 16 Kathoden, die nur ⅓ der Dicke der Anoden besitzen:

$$3{,}259 \cdot 16 = 52{,}1 \text{ kg}.$$

In der ganzen Anlage sind am Anfang die Gewichte:

der Anoden	$166{,}2 \cdot 762 =$ **126 644 kg**	
der Kathoden	$52{,}1 \cdot 762 =$ **39 700 „**	(2)

3.) Flüssigkeitsvolum für das Bad:

$(1 - 0{,}1) \cdot 0{,}6 \cdot 2$ . . . . = 1,08 cbm

Gewicht dieser Flüssigkeit:

$1{,}08 \cdot 1000 \cdot 1{,}1$ . . . . = 1188 kg

Gewicht der gelösten Salze für das Bad:

Eisenvitriol . . . . = 118,8 „
Ammonsulfat . . . . = 59,4 „

Oder für die ganze Anlage:

Eisenvitriol . . . . = 90,5 t
Ammonsulfat . . . . = 45,3 t. (3)

4.) Am Anfang ist der Abstand der Elektrodenflächen 6,04 cm, und 110 Amp gehen durch jedes Quadratmeter Elektrodenfläche. Die Stromstärke im Bad ist also

$$0{,}75 \cdot 0{,}50 \cdot 110 = 41{,}25 \text{ Amp.}$$

Wenn von den kleinen Flüssigkeitsquerschnitten an den Rändern der Elektroden abgesehen wird, beträgt der Widerstand jedes Zwischenraumes:

$$\frac{20 \cdot 6{,}04}{75 \cdot 50} = 0{,}0322 \text{ Ohm}$$

und damit der Spannungsaufwand

$$0{,}0322 \quad 41{,}25 = \mathbf{1{,}33 \text{ Volt.}}$$

Unter Berücksichtigung des freien Flüssigkeitsquerschnittes von je 5 cm an den beiden vertikalen Rändern der Elektroden und unter der Annahme eines ebenso breiten, noch wirksamen Flüssigkeitsquerschnittes unterhalb der Elektroden wird der stromdurchflossene Querschnitt des Elektrolyten

$$(75 + 5) \cdot (50 + 10) = 4800 \text{ qcm}$$

und der Widerstand zwischen 2 Elektroden

$$\frac{20 \cdot 6{,}04}{4800} = 0{,}0252 \text{ Ohm}$$

Der Spannungsabfall ist dementsprechend

$$0{,}0252 \cdot 41{,}25 = \mathbf{1{,}04 \text{ Volt.}}$$

Letzterer Wert ist der wahrscheinlichere von den beiden.

Am Ende der Elektrolyse ist, wenn von der Abnahme der dünnen Anodenplatten abgesehen wird, der gegenseitige Abstand zwischen Kathode und Anode um die Dicke des einseitigen Kathodenniederschlages (1,5 cm) verringert, und der Spannungsabfall geht dadurch auf

$$\frac{20 \cdot 4{,}54}{4800} \cdot 41{,}25 = \mathbf{0{,}78 \text{ Volt.}}$$

zurück.

In beiden Fällen beträgt der Spannungsverlust in den Kontakten und Leitungen 0,3 Volt für 1 Bad.

Die Betriebsspannung für das Bad ist demnach

am Anfang	**1,34 Volt**
am Schlusse	**1,08** „
im Mittel	**1,21** „

Die Spannung der Maschinen läßt sich nur unter bestimmten Annahmen über die Gruppierung der 762 Bäder berechnen. Mit Maschinen von 110 Volt könnten 91 Bäder hintereinander geschaltet werden; die 762 Bäder würden demnach in $8\frac{1}{3}$ nebeneinander geschalteten Gruppen unterzubringen sein.

Bei Maschinen von 250 Volt wären die Bäder in 4 Gruppen einzureihen, in 2 zu 190 und 2 zu 191 Zellen. Am Anfange der Elektrolyse werden alle Bäder 255—256 Volt aufnehmen; wenn die Anlage in regelrechtem Betrieb ist, und die Bäder gleichmäßig in allen Stadien der Fällung begriffen sind, reichen wir mit 230—231 Volt aus. In Wirklichkeit würde man in jeder Reihe noch eine bzw. zwei Bäder hinzuschalten, da immer eine gewisse Anzahl Bäder dauernd außer Betrieb sein muß, um gereinigt und frisch beschickt zu werden.

5.) Jedes Bad wird

$$0{,}75 \cdot 0{,}5 \cdot 2 \cdot 16 \cdot 110 = 1320 \text{ Amp}$$

aufnehmen. Daraus ergibt sich für den Querschnitt der Stromzuführungsschienen jeder Gruppe

$$1320 : 2 = \mathbf{660\ qmm.} \qquad (5)$$

6.) Der eintauchende Teil einer Anode wiegt 8,888 kg. Davon werden $^9/_{10} = 8{,}000$ kg aufgelöst. Wenn die Anode sich zwischen 2 Kathoden befindet, wird sie beiderseitig also mit einer Stromstärke von 82,5 Amp. angegriffen. Dadurch wird in der Sekunde

$$0{,}000\,010\,36 \cdot 28 \cdot 82{,}5 = 0{,}023\,932 \text{ g}$$

Eisen gelöst.

Die Anode wird folglich nach 8000 : 0,023 932 = 334 300 Sekunden = 93 Stunden aufgebraucht sein.

7.) Am Schluß der Elektrolyse wiegt der Niederschlag auf beiden Seiten der Kathode:

$$75 \cdot 50 \cdot 2 \cdot 1{,}5 \cdot 7{,}6 = 85{,}500 \text{ kg.}$$

82,5 Amp. brauchen, um diese Menge niederzuschlagen,

$$85\,500 : 0{,}023\,932 = 3\,572\,600 \text{ Sekunden} = 41 \text{ Tage } 8 \text{ Stunden.}$$

8.) Jede Gruppe verbraucht 1320 Amp. bei 230 Volt oder

$$230 \cdot 1320 : 1000 = 303{,}6 \text{ KW.}$$

Alle vier Gruppen somit 1214,4 KW, die im Tage 100 · 1214,4 : 365 = 332,70 M. oder für 1 t Elektrolyteisen

$$332{,}7 : 25 = \mathbf{13{,}31\ M.}$$

kosten.

In einer gut geleiteten Raffinerie werden die übrigen Unkosten etwa 9 M. für die Tonne betragen, wodurch die Gesamtkosten der Raffination auf 22–23 M. zu stehen kommen. Wenn weicher Stahl als Ausgangsmaterial billig zur Verfügung steht, liegt die Möglichkeit vor, dieses Verfahren zur Beschaffung von Ausgangsmaterial für feinsten Qualitätsstahl mit wirtschaftlichem Nutzen zu verwenden anstatt des bisher üblichen Rohmaterials. Auf diese Möglichkeit seien die Erzeuger von feinstem Qualitätsstahl besonders aufmerksam gemacht.

Übungsaufgaben zum II. Teile.

Übungsaufgabe 78.

Ein Hochofen braucht eine Zufuhr von 198,2 cbm kalter Luft in der Minute. Es wird angenommen, daß der Ofen 5 Formen besitzt, daß der Winddruck in der Hauptleitung 0,56 kg/qcm, der Gegendruck im Ofen 0,14 kg/qcm und der Kontraktionskoeffizient der Düse, bei kreisförmigem Querschnitt, 0,92 beträgt.

Aufgabe:

Es soll der Durchmesser jeder Düsenöffnung berechnet werden.
Lösung: 7,62 cm.

Übungsaufgabe 79.

Ein Hochofen arbeitet mit Beschickungsmaterialien folgender prozentischen Zusammensetzung:

Erz		Kohle		Asche der Kohle		Zuschlag	
Fe_2O_3	71,49	Fester C	90	SiO_2	48,00	CaO	52,83
SiO_2	15,73	Asche	10	Al_2O_3	41,20	CO_2	41,51
Al_2O_3	4,21			Fe_2O_3	8,00	SiO_2	5,66
CaO	5,00			CaO	2,80		
MgO	3,57						

Für 1 t Roheisen wird 1,5 t Kohle verbraucht. Das Roheisen enthält 94 % Fe und 2,8 % Si. 99 % vom gesamten Eisen der Beschickung geht in das Roheisen. In der Schlacke ist das Verhältnis: Gesamt-SiO_2 (SiO_2 + äquiv. Al_2O_3) : Gesamtkalk = 1,882.

Aufgabe:

Zu berechnen ist (für 1 t Roheisen):

1.) Das Erzgewicht . . . . **Lösung** 1,88 t
2.) das Gewicht des Zuschlags . . . . „ 0,055 t
3.) „ „ der Schlacke . . . . „ 0,66 t
4.) Die prozentische Zusammensetzung der Schlacke.

Lösung:

SiO_2	47,3 %
Al_2O_3	21,3 %
CaO	19,4 %
MgO	1,9 %
FeO	10,1 %
	100,0 %

Übungsaufgabe 80.

Die Gichtgase eines Hochofens haben die folgende Zusammensetzung in Gewichtseinheiten (nicht nach Volum):

Stickstoff	55,40
Kohlenoxyd	28,00
Kohlendioxyd	16,50
Wasserstoff	0,10

Aus der Analyse der Beschickung und der Produkte ist bekannt, daß für je 100 kg erzeugtes Roheisen 79,52 kg Sauerstoff aus der festen Beschickung in die Gase übergehen, während diese 15,5 kg Kohlenstoff aus anderen Quellen als von dem festen C des Brennstoffes aufnehmen. Der Brennstoff enthält 90 % festen C, das Roheisen 3 % C. In 24 Stunden werden 41 400 kg Roheisen erzeugt. Das Gebläse arbeitet 23 Stunden. Der Wind sei trocken.

Aufgabe:

Zu berechnen ist für 100 kg Roheisen:

1.) Das Gewicht des aufgegebenen Brennstoffs: **Lösung** 114,4 kg
2.) Der vor den Formen verbrannte Kohlenstoff: „ 87,4 „
3.) Der sonst verbrauchte Kohlenstoff . . . . . „ 12,6 „
4.) Das Gewicht der Gase . . . . „ 700,0 „
5.) Das Gewicht des Windes . . . . „ 504,0 „
6.) Das Volum des Windes in der Minute . . . „ 117,0 cbm
7.) Die Abmessungen des Gebläsezylinders:

Lösung: l = 1,5 m, d = 1,88 m 20 **Umdr/min.**

Übungsaufgabe 81.

Für einen Hochofen werden vier verschiedene Erze A, B, C und D benutzt von folgender Zusammensetzung:

	A	B	C	D
Fe	63,25	60,10	64,35	62,35
SiO_2	5,86	4,20	5,30	6,58
Al_2O_3	1,48	1,98	1,96	1,87
CaO	1,04	—	0,16	0,90
MgO	0,75	—	0,09	0,51
P	0,019	0,107	0,019	0,015

Zuschlag und Brennstoff enthalten:

	Zuschlag	Brennstoff
SiO_2	5,46	5,64
Al_2O_3	1,53	3,74
CaO	47,00	0,56
MgO	3,60	0,60
P	0,010	0,020
FeS	—	1,32

Das Roheisen enthält 95,24 Fe und 1,40 Si. Gattiert werden die Erze in dem Verhältnis $\frac{1}{3}$ A, $\frac{1}{3}$ B, $\frac{2}{9}$ C, $\frac{1}{9}$ D. Die Koksgicht beträgt 12 Kübel zu je 236 kg. Für 1 t Roheisen ist der Koksverbrauch 820 kg. Wir nehmen an, daß vom Schwefel $\frac{9}{10}$ in die Schlacke, von dem Phosphor $\frac{9}{10}$ in das Eisen gehen.

Aufgabe:

Verlangt wird:

1.) Eine tabellarische Zusammenstellung der Schlackenbildung, in welcher für jedes Material (100 Teile) die Menge der schlackenbildenden Bestandteile sowie die jedem Element äquivalente Menge CaO bzw. SiO_2 angegeben ist, unter der Annahme, daß die Schlacke ein Bisilikat darstellt (wobei Al_2O_3 als Säure gerechnet wird).

2.) Die für eine Koksgicht erforderliche Menge sämtlicher Bestandteile der Beschickung.

Lösung: 5280 kg Erz, 494 kg Zuschlag, 2832 kg Koks.

3.) Das Gewicht der Schlacke für 1000 kg Roheisen.

4.) Die prozentische Zusammensetzung der Schlacke.

5.) Der Schwefel- und Phosphorgehalt des Roheisens.

Übungsaufgabe 82.

Der bei einem Hochofen benutzte Zuschlag sowie die erzeugte Schlacke besitzen folgende Zusammensetzung:

Zuschlag		Schlacke	
$CaCO_3$	80,36	CaO	29,0
$MgCO_3$	15,75	MgO	4,8
SiO_2	3,00	SiO_2	53,4
H_2O	0,89	Al_2O_3	9,0
		FeO	2,6
		Na_2O	1,2

Für 100 kg Roheisen werden 28,7 kg Zuschlag gebraucht und 50,15 kg Schlacke erzeugt.

Aufgabe:

Zu berechnen ist:

1.) Das Gewichtsverhältnis zwischen sauren und basischen Bestandteilen (Silizierungsgrad) der Schlacke. **Lösung: 2,96.**

2.) Wieviel Zuschlag wäre nötig, um eine Singulo-Silikatschlacke zu erhalten? **Lösung: 126 kg.**

3.) Das Gewicht dieser Schlacke? „ **184** „

4.) Die prozentische Zusammensetzung und daraus der Silizierungsgrad dieser Schlacke.

Übungsaufgabe 83.

Ein Hochofen verarbeitet Materialien folgender Zusammensetzung:

Erz		Koks		Zuschlag	
Fe_2O_3	85	Fester C	87	CaO	52,50
SiO_2	9	SiO_2	6	SiO_2	6,25
Al_2O_3	1	Al_2O_3	5	CO_2	41,25
CaO	2,8	H_2O	2		
H_2O	2,2				

Das Roheisen und die Gase enthalten:

Roheisen		Gase	
Fe	94,8	CO	28,41
Si	1,4	CO_2	10,85
C	3,8	N_2	60,78

Für 100 kg Roheisen werden 100 kg Koks und 160 kg Erz aufgegeben.

Aufgabe:

Zu berechnen ist:

1.) Das Gewicht des Zuschlags für 100 kg Koks, wenn die Schlacke das Verhältnis

$$\frac{\text{Gewicht des Si} + \text{Gewicht des Al}}{\text{Gewicht des Ca}} = 1{,}75$$

aufweisen soll. **Lösung: 39,1 kg.**

2.) Das Gewicht des vor den Formen verbrannten Kohlenstoffs für 100 kg Roheisen. **Lösung: 70,1 kg.**

3.) Der oberhalb der Formen verbrauchte Kohlenstoff für 100 kg Roheisen. **Lösung: 13,1 kg.**

Übungsaufgabe 84.

Der Hochofen der vorigen Aufgabe hat 7 Formen von je 127 mm Durchmesser. Der Wind hat in der Hauptleitung eine Temperatur von 819°, und der Druckmesser zeigt ebenda 1,553 kg/qcm. Der Gegendruck im Ofen in der Formenebene beträgt 0,26 kg/qcm. Beim Austritt aus den Düsen erleidet der Luftstrahl eine Kontraktion auf 0,9 des Düsenquerschnitts.

Aufgabe:

Zu berechnen ist:

1.) Die Temperatur des Windes beim Eintritt in den Ofen unter der Voraussetzung, daß der Wind nur durch die Expansion gekühlt wird. Die spez. Wärme der Luft unter den obigen Bedingungen kann mit 0,40 Kal. für 1 cbm eingesetzt werden. **Lösung: 743°.**

2.) Das Volum des zugeführten Windes in der Minute (unter Normalbedingungen gemessen). **Lösung: 1370 cbm.**

Übungsaufgabe 85.

Unter Benutzung der Resultate der Aufgaben 83 und 84 ist die Tageserzeugung in Tonnen (zu 1016 kg) zu berechnen. Es wird angenommen, daß der Ofen während 23 Std. 30 Min. unter Wind steht. **Lösung: 700 t.**

Übungsaufgabe 86.

Ein Hochofen erzeugt 330 000 kg Roheisen in 24 Stunden. Das Gebläse arbeitet 1400 Min. im Tage. Es hat 3 doppeltwirkende Zylinder von je 2 m Durchmesser und 2 m Hub. Die Kolbenstange hat 0,1 m Durchmesser und geht nur durch den einen Zylinderdeckel. 40 Hübe in der Minute. Temperatur des Maschinenraumes ist 27,3°. Die Luft wird trocken angenommen. Die Beschickung für 100 kg Roheisen besteht aus 155 kg Erz, 45,2 kg Zuschlag und 84,0 kg Koks. Das Erz enthält 62 % Fe als Fe_2O_3, 5 % H_2O und der Rest ist SiO_2. Der Zuschlag besteht bis auf 3 % SiO_2 nur aus $CaCO_3$. Der Koks enthält 89% festen Kohlenstoff und 1 % H_2O, der Rest besteht aus SiO_2 und Al_2O_3 zu gleichen Teilen. Das Roheisen hat 3,5 % C, 1 % Si und 94,6 % Fe. Die Gichtgase enthalten auf 2,3 Vol. CO 1 Vol. CO_2. Es wird vorausgesetzt, daß aller Sauerstoff des CO und CO_2 aus dem Wind, von der Reduktion des Fe_2O_3 und SiO_2 sowie aus dem CO_2 des Zuschlags stammt.

Aufgabe:

Zu berechnen ist:

1.) Das Gewicht des vor den Formen verbrannten Kohlenstoffs für 100 kg Roheisen. **Lösung: 57,8 kg.**

2.) Der oberhalb der Formen durch direkte Reduktion verbrauchte Kohlenstoff für 100 kg Roheisen. **Lösung: 13,5 kg.**

3.) Das in der Minute dem Ofen zugeführte Windvolum unter Normalbedingungen. **Lösung: 608,5 cbm.**

4.) Dasselbe für 1 t Roheisen. „ 2582 „

5.) Der volumetrische Wirkungsgrad des Gebläses, d. h. das Verhältnis zwischen dem Volum der angesaugten Luft und dem Hubvolum. **Lösung: 88,9 %**

Übungsaufgabe 87.

Ein Hochofen liefert 300 t Roheisen im Tage. Für 100 kg Roheisen besteht die Beschickung aus

156 kg Eisenerz
50 „ Kalkstein
90 „ Koks.

Die prozentische Zusammensetzung der Beschickungsmaterialien sowie des Roheisens und der Gase ist:

Erz		Kalkstein		Koks		Roheisen		Gase	
Fe_2O_3	85	CaO	51,66	Fester C	88	Fe	94,00	CO	26,50
SiO_2	8	MgO	2,50	SiO_2	8	Si	2,10	CO_2	13,25
Al_2O_3	4	SiO_2	2,50	FeS	2	C	3,75	N_2	60,25
H_2O	3	CO_2	43,34	H_2O	2	S	0,10		

Aufgabe:

Zu berechnen ist:

1.) Das Volum der für 100 kg Roheisen entstehenden Gase bei 0° und 760 mm. **Lösung: 379 cbm.**

2.) Das Volum des trocken angenommenen Windes für 100 kg Roheisen bei 0° und 760 mm. **Lösung: 288 cbm.**

3.) Die Menge Kohlenstoff, welche für 100 kg Roheisen vor den Formen durch den Wind verbrannt wird. **Lösung: 66 kg.**

4.) Das Gewicht der Schlacke sowie ihre prozentische Zusammensetzung. **Lösung: 49 kg.**
Zusammensetzung: SiO_2 32,6, Al_2O_3 12,4, CaO 49,3, MgO 2,4, FeO 1,2, CaS 2,4.

5.) Wieviel Pferdestärken lassen sich aus der Hälfte der Gase gewinnen, wenn sie in Gasmaschinen von 25 % thermomechanischem Wirkungsgrad verbrannt werden? **Lösung: 7570 PS.**

Übungsaufgabe 88.

Ein Hochofen liefert 300 t Roheisen täglich und erzeugt für 100 kg Roheisen 464,5 cbm Gas von der Zusammensetzung: CO 24, CO_2 12 und N_2 64 %, wobei 352,5 cbm Wind von 700° verbraucht werden. Das Gebläse verbraucht 1000 indizierte PS, der Aufzug und die Pumpen 150 PS. Der Wind (von 0° und trocken) wird in steinernen Winderhitzern auf 700° erhitzt, bei einem Wirkungsgrad der Cowper von 50 %.

Aufgabe:

Zu berechnen ist:

1.) Der Anteil des gesamten Gases, den die Winderhitzer benötigen.

Lösung: 46,6 %

2.) Wenn der Rest des Gases, unter Kesseln verbrannt, gerade für den Kraftverbrauch des Ofens ausreicht, welcher Wirkungsgrad ergibt sich für Maschinen und Kessel zusammen?

Lösung: 3,2 %

3.) Wenn das Gas in Gasmaschinen von 25 % Wirkungsgrad ausgenutzt wird, welchen Kraftüberschuß — über den eigenen Bedarf hinaus — könnte der Hochofen erzeugen?

Lösung: 7830 PS.

Übungsaufgabe 89.

Bei einem Hochofen in Alabama haben die Beschickungsmaterialien und das Roheisen folgende Zusammensetzung:

Erz		Dolomit		Koks		Roheisen	
Fe_2O_3	72,85	CaO	30,24	C	86,00	Fe	93,54
SiO_2	9,00	MgO	20,48	SiO_2	4,00	C	3,50
Al_2O_3	3,75	Fe_2O_3	0,50	Al_2O_3	2,00	Si	2,25
CaO	0,75	Al_2O_3	0,50	Fe_2O_3	2,00	S	0,06
P_2O_5	0,90	SiO_2	2,00	S	1,00	P	0,65
SO_3	0,25	CO_2	46,28	H_2O	5,00		
CO_2	0,60						
H_2O	11,90						

Vorausgesetzt wird:

In der Beschickung ist das Verhältnis Erz + Dolomit : Koks = 2,00. Das gesamte Eisen der Beschickung geht in das Roheisen über. Der nicht vom Eisen aufgenommene Schwefel geht in die Schlacke als CaS, ebenso der nicht aufgenommene Phosphor als P_2O_5.

Die Schlacke enthält 34,00 % SiO_2.

98 % vom festen Kohlenstoff im Koks werden vor den Formen durch trockenen Wind verbrannt.

Aufgabe:

Es ist die Stoffbilanz des Ofens aufzustellen.

Lösung:

(Wenn die Erzmenge mit x, der Zuschlag mit y bezeichnet wird, ist die Koksmenge $\frac{x+y}{2}$. Die Beachtung dieser Beziehung führt leicht zur Ermittlung der Mengen der einzelnen Beschickungsmaterialien.)

Stoffbilanz (für 1000 kg Roheisen).

Beschickung		Roheisen	Schlacke	Gase
Erz	**1792 kg**			
Fe_2O_3	1305,5 „	Fe 913,9	—	O 391,6
SiO_2	161,3 „	Si 22,5	SiO_2 113,1	O 25,7
Al_2O_3	67,2 „	—	Al_2O_3 67,2	—
CaO	13,4 „	—	{ Ca 1,5 { CaO 11,3	O 0,6
P_2O_5	16,1 „	P 6,5	P_2O_5 1,3	O 8,4
SO_3	4,5 „	S 0,6	S 1,2	—
CO_2	10,8 „	—	—	CO_2 10,8
H_2O	213,2 „	—	—	H_2O 213,2
Zuschlag	**411 kg**			
CaO	124,3 „	—	{ Ca 13,8 { CaO 105,0	O 5,5 —
MgO	84,2 „	—	MgO 84,2	—
Fe_2O_3	2,1 „	Fe 1,5	—	O 0,6
Al_2O_3	2,1 „	—	Al_2O_3 2,1	—
SiO_2	8,2 „	—	SiO_2 8,2	—
CO_2	190,2 „	—	—	CO_2 190,2
Koks	**1101 kg**			
C	946,9 „	C 35,0	—	C 911,9
SiO_2	44,0 „	—	SiO_2 44,0	—
Al_2O_3	22,0 „	—	Al_2O_3 22,0	—
Fe_2O_3	22,0 „	Fe 15,4	—	O 6,6
S	11,0 „	—	S 11,0	—
H_2O	55,1 „	—	—	H_2O 55,1
Wind	**4004 kg**			
O_2	924 „	—	—	O 924
N_2	3080 „	—	—	N 3080
	7308 kg	1000	485,9	5824,2

Beschickung für 1000 kg Koks:

Koks 1000
Erz 1628
Zuschlag . . . . 373.

Roheisen daraus 908 kg.

Zusammensetzung der Schlacke:

SiO_2	34,0 %	MgO	17,5 %
Al_2O_3	18,8 %	CaS	5,7 %
CaO	23,9 %	P_2O_5	0,3 %
			100,2 %

Übungsaufgabe 90.

Ein Kupolofen schmilzt in der Stunde 6000 kg Roheisen unter Verbrauch von 480 kg Koks mit 85 % festem Kohlenstoff. Durchschnittliche Zusammensetzung der abziehenden Gase nach Volumprozenten: N_2 75, CO_2 16, CO 4. Etwas Fe, Mn und Si werden oxydiert unter Bildung des Silikats Fe_5MnSiO_8. Das Roheisen nimmt weder Kohlenstoff auf, noch wird etwas von seinem ursprünglichen C-Gehalt durch Verbrennung entfernt. Der Wind wird trocken vorausgesetzt, und die Koksasche sowie die Korrosion des Ofenfutters werden vernachlässigt.

Aufgabe:

Zu berechnen ist:

1.) Das Volum des zugeführten Windes in der Minute.

Lösung: 59,7 cbm.

2.) Der prozentische Gewichtsverlust des Roheisens, wenn nur Fe, Mn und Si oxydiert werden. **Lösung: 4,74 %.**

3.) Die Verteilung der gesamten Wärmeerzeugung im Ofen auf die Verbrennung des Kohlenstoffs und auf die Oxydation von Roheisen. **Lösung: 84,5 und 15,5 %.**

Übungsaufgabe 91.

Dichmann macht folgende Angaben über das Monell-Verfahren, wie es von ihm durchgeführt wurde[1]).

Beschickung: 1000 kg Kalkstein (54,1 % CaO, 1,65 % SiO_2, 0,68 % MgO).
3276 kg Hämatiterz (95,0 % Fe_2O_3, 3,7 % SiO_2).

Erz und Kalk wurden in einen basischen Martinofen eingesetzt und fast zum Schmelzen erhitzt. Dann goß man 20 300 kg flüssiges Roheisen ein. Die Operation begann 2^{30} nachm. In regelmäßigen Zwischenräumen wurden Proben genommen, wovon nachstehend die Analysenresultate mitgeteilt sind.

Zeit	Metall				Schlacke				
	C	Si	P	Mn	FeO	Fe_2O_3	MnO	P_2O_5	SiO_2
2^{30}	4,61	0,84	0,15	2,20					
3^{00}	4,53	0,19	0,05	0,45	47,88	6,10	15,22	2,36	17,68
5^{40}	1,47	0,05	0,03	0,63	10,36	3,23	12,67	2,35	23,00
5^{45}	wurden 819 kg Erz aufgegeben								
6^{15}	0,43	0,05	0,03	0,49	11,44	2,37	12,04	2,03	22,90

[1]) Stahl und Eisen. 1. 12. 1905.

Aufgabe:

Zu berechnen ist:

1.) Gewicht des reduzierten Eisens während der Periode der Schlackenbildung 2^{30}—3^{00}.

Lösung: 1219 kg = 56 % des Eisens im Erz.

2.) Gewicht des reduzierten Eisens während der Kochperiode 3^{00} bis 5^{40}.

Lösung: 705 kg = 32,4 % des Eisens im Erz.

3.) Gewicht des reduzierten Eisens aus dem nachträglich zugesetzten Erz 5^{40}—6^{15}.

Lösung: 509 kg = 93 % vom Eisen des Erzes.

4.) Die Verteilung der Oxydationswirkung nach Prozenten, die das Erz und die Ofengase in jeder Periode ausübt.

Lösung: Erste Periode **100** u. **0**
Zweite „ **30** „ **70**
Dritte „ **73** „ **27.**

Übungsaufgabe 92.

Eine Bessemerbirne wird mit 10 000 kg Roheisen beschickt. Oxydiert werden

Si . . . . 2,8 %
C . . . . 3,3 %, davon $^1/_5$ zu CO_2
Fe . . . . 1,12 %.

Das Blasen dauert 15 Minuten; währenddem entweicht kein freier Sauerstoff. Temperatur im Maschinenraum 0°, Luftdruck 760 mm. Mittlerer Druck auf den Kolben des Gebläsezylinders während des Hubes 1 kg/qcm. Die Luft enthält keine Feuchtigkeit. Der volumetrische Wirkungsgrad des Gebläses sei mit 0,60 angenommen.

Aufgabe:

Zu berechnen ist:

1.) Das Volum des Windes in der Minute. **Lösung: 196 cbm.**

2.) Die Abmessungen des Zylinders und die Geschwindigkeit des Gebläses. **Lösung:** d = **2,4 m,** l = **2 m,** Umdr/min **18.**

3.) Die Leistung des Gebläses. **Lösung: 727 PS.**

4.) Wenn die Temperatur im Maschinenraum auf **30°** steigt, und die Luft mit Feuchtigkeit gesättigt ist, um wieviel wird bei gleichbleibender Geschwindigkeit des Gebläses das Blasen länger dauern? **Lösung: 46 Sek.**

Übungsaufgabe 93.

Eine Bessemerbirne enthält 10 000 kg Roheisen, wovon durch den Wind oxydiert werden 1 % Si, 2 % Fe, 0,7 % C zu CO_2 und 2,8 % C zu CO, während kein freier Sauerstoff oder Wasserdampf aus der Birne entweicht. Das Hubvolum des Gebläses beträgt 326,5 cbm/min. Die Luft im Maschinenraum hat 27,3° bei 741 mm Druck; sie ist mit Feuchtigkeit gesättigt. Das Blasen dauert bis zum Schluß des Kochens, 9 Min. 10 Sek.

Aufgabe:

Zu berechnen ist:

1.) Der volumetrische Wirkungsgrad des Zylinders und der Leitungen. **Lösung**: **66 %**.

2.) Die mittlere Zusammensetzung der Konvertergase. **Lösung**: CO 5,18, CO_2 20,73, H_2 3,38, N_2 70,80 %.

Übungsaufgabe 94.

Die einem Bessemerkonverter entströmenden Gase hatten während der Verschlackungs- bzw. Kochperiode folgende Zusammensetzung:

	Während der ersten 3 Min.	Während der letzten 2 Min.
O_2	0,6	0,1
CO_2	8,4	4,3
CO	5,2	26,1
H_2	0,6	0,6
N_2	85,2	68,9

Das Blasen dauert 5 Minuten. Gewicht der Beschickung: 2500 kg, wovon 3,9 % Kohlenstoff oxydiert werden. Der Wind bleibt die ganze Zeit gleich, und die Zusammensetzung der durch Oxydation von Fe, Mn und Si gebildeten Schlacke entspricht der Formel $FeMnSi_2O_6$. Die Feuchtigkeit des Windes wird unberücksichtigt gelassen.

Aufgabe:

Zu berechnen ist:

1.) Das Volum des Windes in der Minute. **Lösung**: **168,5 cbm.**

2.) Die Menge des als CO_2 entweichenden Kohlenstoffs in Prozenten von dem überhaupt oxydierten Kohlenstoff. **Lösung**: **30,9 %**.

3.) Der prozentische Gewichtsverlust der Beschickung durch Oxydation. **Lösung**: **9,30 %**.

Übungsaufgabe 95.

Ein Bessemerkonverter wird mit 8000 kg Roheisen beschickt. Die Verschlackungsperiode dauert 6 Min. 20 Sek., das Kochen 4 Min. 10 Sek. Am Schluß des letzteren werden 800 kg Spiegeleisen zugegeben und die Birne sofort gekippt. Die Blöcke wiegen 7900 kg. Der Wasserstoff in den Gasen rührt von der Windfeuchtigkeit her; die Lufttemperatur im Maschinenraum ist 30° C bei einem Luftdruck von 760 mm. Der Wind in der Minute wird konstant angenommen. Der Gebläsezylinder hat 1,5 m inneren Durchmesser, ist doppeltwirkend mit 2 m Hub, es kommen 90 Hübe auf die Minute. Die Kolbenstange ist durch beide Zylinderdeckel geführt und hat einen Durchmesser von 0,15 m. Der effektive Winddruck beträgt 2 Atm.

Analysen:

	Roheisen	Am Schluß der 1. Periode	Am Schluß der 2. Periode	Spiegeleisen	Stahl
C	4,00	2,63	0,04	5,00	0,49
Si	2,00	0,26	0,03	3,00	0,10
Mn	1,40	0,42	0,01	15,00	0,78
P	0,05	0,05	0,06	0,12	0,06
S	0,05	0,05	0,06	—	0,05
Fe	92,50	96,59	99,80	76,88	98,52

Mittlere Zusammensetzung der Gase:

	Erste Periode	Zweite Periode
CO	7,19	27,45
CO_2	7,19	2,60
O_2	2,60	—
H_2	2,81	2,36
N_2	80,21	67,59

Die Endschlacke enthielt:

SiO_2	48,62
MnO	21,72
FeO	29,66.

Aufgabe:

Zu berechnen ist:

1.) Die Zusammensetzung des Bades in jedem Stadium der Operation.

2.) Das Volum des Windes von der Temperatur des Maschinenraumes in der Minute. Das Gewicht des Windes für 1 t Roheisen im Einsatz.

3.) Die entsprechenden Volumina der in der Minute entweichenden Gase in jeder Periode.

4.) Das Verhältnis, in welchem der verbrannte Kohlenstoff zu CO bzw. CO_2 oxydiert wird.

5.) Der prozentische Verlust des Spiegeleisens an C, Si und Mn während der Rückkohlung. Die Verluste sind auch in Prozenten vom Gewicht des erzeugten Stahles anzugeben.

6.) Das Gesamtgewicht der Schlacke sowie das Gewicht der aus dem Konverterfutter aufgenommenen Kieselsäure.

7.) Der volumetrische Wirkungsgrad des Gebläses.
8.) Die effektive Leistung des Gebläses in PS.

Lösung:

1.) Stoffbilanz:

	Roheisen	Verlust	Schluß der 1. Periode	Verlust	Schluß der 2. Periode	Spiegeleisen	Verlust	Stahl
C . .	320	120	200	197	3	40	4	39
Si . .	160	140	20	18	2	24	18	8
Mn .	112	80	32	31	1	120	59	62
P . .	4	—	4	0	4	1	0	5
S . .	4	—	4	0	4	0	0	4
Fe .	7400	60	7340	124	7216	615	49	7782
	8000	400	7600	370	7230	800	130	7900

2.) Wind von 30^0 in der Minute dem Konverter zugeführt: **287 cbm**
Gewicht des Windes für 1 t Roheisen **436 kg**
3.) Volumverhältnisse der Gase in der Minute 1 : 1,20
4.) Vom Kohlenstoff wird zu CO verbrannt 75,7 %
5.) Verlust:

	in Prozent vom Spiegeleisen	in Prozent vom Stahl
C	0,5	0,05
Si	2,3	0,23
Mn	7,4	0,75

6.) Gewicht der Schlacke: **1005 kg**; aus dem Futter aufgenommen: **112 kg.**
7.) Volumetrischer Wirkungsgrad: **82,5 %**.
8.) Effektive Leistung: Netto 900 PS, Brutto 1000 PS.

Übungsaufgabe 96.

10 000 kg Roheisen werden in einen basischen (Thomas-) Konverter gegeben und in 12 Min. verblasen. Das Futter ist gebrannter Dolomit, dessen Zusammensetzung praktisch der Formel CaO . MgO entspricht. Die Analysen ergaben:

Roheisen		Fertiggeblasenes Metall		Schlacke	
C	3,05	C	0,1687	SiO_2	5,98
Mn	0,41	Mn	0,0973	MnO	1,39
Si	0,83	Si	—	CaS	2,49
S	0,33	S	0,0540	P_2O_5	10,08
P	1,37	P	0,0650	FeO	7,14
Fe	94,01	Fe	99,6150	Fe_2O_3	1,20
				CaO	67,05
				MgO	4,67

Es sei angenommen, daß in der ersten Periode alles Fe, Si und Mn oxydiert wird, in der zweiten aller Kohlenstoff, von dem $^1/_5$ zu CO_2, $^4/_5$ zu CO verbrennt, in der dritten aller P und S beseitigt wird, und daß kein freier Sauerstoff aus dem Konverter fortgeht.

Aufgabe:

Zu berechnen ist:

1.) Das Gewicht der Schlacke. **Lösung: 2975 kg**
2.) Das Gewicht des Stahles. „ **9250** „
3.) Der Gewichtsverlust des Futters. „ **333** „
4.) Das Gewicht des zugesetzten Kalkes. „ **1858** „
5.) Die Dauer jeder Periode, scharfe Abgrenzung derselben vorausgesetzt. **Lösung:** 2′ 27″, 6′ 50″, 2′ 43″.

Übungsaufgabe 97.

Von dem Einsatz eines basischen Konverters werden oxydiert:

Si	0,84 %
C	3,00 %, $^1/_5$ zu CO_2.
P	1,86 %
Mn	0,55 %
Fe	2,80 %

Das Bad wiegt am Anfang 8000 kg. Das Blasen dauert 18 Min. Kein freier Sauerstoff entweicht. Effektiver Winddruck 1,5 Atm. Die äußere Luft hat 0° und 760 mm.

Aufgabe:

Zu berechnen ist:

1.) Das Volum des Windes in der Minute. **Lösung: 134 cbm.**
2.) Die Nutzleistung des Gebläses. „ **313 PS.**
3.) Wenn die Zusammensetzung der Schlacke der Formel $3\,Ca_4P_2O_9 \,.\, MnFe_5Ca_{12}Si_3O_{24}$ entspricht, wieviel Kalk ist zuzugeben, und welches ist das Gewicht und die prozentische Zusammensetzung der Schlacke?

Lösung: 1075 kg CaO, **1905 kg** Schlacke.

P_2O_5	17,89 %
SiO_2	7,56 %
CaO	56,46 %
MnO	2,98 %
FeO	15,11 %

Dritter Teil

Metalle (außer Eisen)

Einundzwanzigstes Kapitel.

Die Metallurgie des Kupfers.

Rösten und Schmelzen der Kupfererze.

Eine knappe, klare Darstellung der Kupfergewinnung findet sich in Schnabels Handbuch der Metall-Hüttenkunde, Bd. 1. Ausführlicher erörtert sind diese Dinge in Peters „Modern Copper Smelting“ und Peters „Principles of Copper Smelting“, in Eißlers „Hydrometallurgy of Copper“ und Ulkes „Modern Elektrolytic Copper Refining“. Bei den folgenden Ausführungen können wir uns daher mit der Aufzählung der verschiedenen Prozesse, ihrer Grundlagen und der Methoden zur quantitativen Berechnung der vorkommenden Reaktionen begnügen.

Das wichtigste Kupfererz ist der Kupferkies (Chalkopyrit) $CuFeS_2$, der in reinem Zustande aus etwa 30 % Eisen und je 35 % Kupfer und Schwefel besteht. Als Gangart tritt am häufigsten Quarz auf, bisweilen sind jedoch auch verschiedene andere Mineralien vorhanden. Der Kupferkies ist schmelzbar; wenn er in einer indifferenten Atmosphäre aus dem ihn umhüllenden tauben Gestein ausgeschmolzen wird, gibt er ¼ seines Schwefels ab und liefert ein flüssiges Doppelsulfid von Kupfer und Eisen nach der Gleichung:

$$2\,CuFeS_2 = CuS \cdot 2\,FeS + S.$$

Das Doppelsulfid ist der Kupferstein (englisch: Matte). Diese Bezeichnung wird für jede Mischung von Cu_2S und FeS in beliebigem Verhältnis der beiden Sulfide angewandt, wobei auch noch kleinere Mengen PbS, ZnS, BaS, NiS, As, Sb, Te und sogar Fe_3O_4, das sich in den geschmolzenen Sulfiden ein wenig löst, vorhanden sein können. In der Mehrzahl der Fälle kommt die Zusammensetzung des Kupfersteins einer Mischung von Cu_2S und FeS sehr nahe, so daß sie praktisch als ein Gemisch aus diesen zwei Sulfiden angesehen werden kann.

Die erste Operation zur Gewinnung des Kupfers aus den sulfidischen Erzen besteht ausnahmslos in einem konzentrierenden Verschmelzen auf Kupferstein. Wir wollen deshalb zuerst die Zusammensetzung dieses Materials etwas eingehender behandeln.

Wie erwähnt, besteht der Kupferstein aus Cu_2S und FeS in wechselndem Verhältnis. Wenn er ausschließlich aus Cu_2S bestände, würde er $2 \cdot 63{,}6 = 127{,}2$ Teile Kupfer auf 32 Teile Schwefel oder, praktisch gesprochen, 4 Teile Kupfer auf 1 Teil Schwefel, d. h. 80 % Kupfer enthalten. Für jedes Prozent Cu_2S im Kupferstein ist also 0,8 % Cu, und umgekehrt für jedes Prozent Cu 1,25 % Cu_2S vorhanden. Da aber immer eine bestimmte Menge FeS gleichzeitig auftritt, welches auf 56 Teile Eisen 32 Teile Schwefel enthält, so kann leicht der Eisengehalt für einen bestimmten Kupfergehalt berechnet werden. Die Kenntnis des letzteren ergibt also auch unmittelbar den Gehalt des Kupfersteins an Eisen wie an Schwefel.

Beispiel:

Ein Kupferstein hat 40 % Kupfer. Wieviel Eisen und Schwefel enthält er?

Wieviel Kupfersulfür Cu_2S und Eisensulfür FeS sind vorhanden?

$$40\,\%\ \text{Kupfer} = 40 \cdot \frac{5}{4} = 50\ \%\ Cu_2S$$

$$100 - 50 = 50\ \%\ FeS$$

$$50\,\%\ FeS = 50 \cdot \frac{56}{88} = 31{,}8\,\%\ Fe$$

$$100 - (40 + 31{,}8) = 28{,}2\,\%\ S.$$

Wir können diese Rechnungsweise verallgemeinern. Wenn wir mit X den Kupfergehalt des Kupfersteins in Prozent bezeichnen, dann ergibt sich die Zusammensetzung wie folgt:

Proz.	Cu	X
„	Cu_2S	$1{,}25\ X$
„	FeS	$100 - 1{,}25\ X$
„	Fe $(100 - 1{,}25\ X)\,\frac{56}{88}$	$= 63{,}6 - 0{,}795\ X$
„	S $100 - X - Fe$	$= 36{,}4 - 0{,}205\ X$

Ganz ähnlich erhalten wir, wenn der Kupferstein Y % Fe enthält, die Zusammensetzung:

Proz.	Fe	Y
„	FeS	$1{,}57\ Y$
„	Cu_2S	$100 - 1{,}57\ Y$
„	Cu	$80 - 1{,}26\ Y$
„	S	$20 + 0{,}26\ Y$

Und endlich, wenn wir den Prozentgehalt an Schwefel im Stein mit Z bezeichnen, ist die Zusammensetzung:

Proz.	S	Z
„	Fe	$3{,}89\ Z - 77{,}8$
„	Cu	$177{,}8 - 4{,}89\ Z$
„	FeS	$6{,}11\ Z - 122{,}3$
„	Cu_2S	$222{,}3 - 61{,}1\ Z$

Rechnet man für verschiedene Kupfergehalte im Kupferstein die zugehörigen Gehalte der anderen Bestandteile in der angegebenen Weise aus, dann erhält man folgende Tabelle, die bisweilen sehr nützlich ist.

Prozente.

Cu	Fe	S	Cu_2S	FeS
80	0,0	20,0	100,0	0,0
75	4,0	21,0	93,8	6,2
70	8,0	22,0	87,5	12,5
65	12,0	23,0	81,3	18,7
60	15,9	24,1	75,0	25,0
55	19,9	25,1	68,8	31,2
50	23,9	26,1	62,5	37,5
45	27,9	27,1	56,3	43,7
40	31,8	28,2	50,0	50,0
25	35,8	29.2	43,8	56,2
30	39,8	30,2	37,5	62,5
25	43,8	31,2	31,3	68,7
20	47,7	32,3	25,0	75,0
15	51,7	33,3	18,8	81,2
10	55,7	34,3	12,5	87,5
5	59,7	35,3	6,3	93,7
0	63,6	36,4	0,0	100,0

Zum regelmäßigen Gebrauche auf der Hütte wird es noch zweckmäßiger sein, eine ähnliche vollständigere Tabelle für jedes Prozent Kupfer anzufertigen. Anstatt einer Tabelle kann auch eine graphische Darstellung auf Millimeterpapier gegeben werden. Die Kupfergehalte von 0—80 % werden als Abszissen aufgetragen, die Ordinaten gehen bis 100. Der Schwefelgehalt wird durch eine Linie dargestellt, die von der Ordinate 36,4 (Abszisse 0) bis zur Ordinate 20 (Abszisse 80) geht. Ganz ähnlich wird der Eisengehalt durch eine Linie von der Ordinate 63,6 (Abszisse 0) bis zur Ordinate 0 (Abszisse 80), der Gehalt an Cu_2S durch eine Linie von 0 bis zur Ordinate 100 (Abszisse 80) und der Gehalt an FeS durch eine Linie von der Ordinate 100 (Abszisse 0) bis zur Ordinate 0 (Abszisse 80) dargestellt.

Es wurde schon erwähnt, daß durch einfaches Einschmelzen von Kupferkies im Schachtofen ein Kupferstein mit höchstens 35 % Cu erhalten werden kann. In Wirklichkeit fällt gewöhnlich ein weit ärmerer Kupferstein, da der Kupferkies oft von Schwefelkies (Pyrit) FeS_2 begleitet ist und dieser durch Erhitzen in FeS übergeht, wodurch der Stein ärmer an Kupfer wird.

Beispiel:

Ein sulfidisches Kupfererz besteht aus 30 % Kupferkies und 25 % Schwefelkies. Welche Zusammensetzung wird der Kupferstein haben, der aus diesem Erz ohne Röstung, durch einfaches Verschmelzen in reduzierender Atmosphäre entsteht?

30 % $CuFeS_2$ enthalten:

$$30 \cdot 160 : 368 = 13\,\%\ Cu_2S$$
$$30 \cdot 176 : 368 = 14\,\%\ FeS$$

25 % FeS_2 gibt

$$25 \cdot 88 : 120 = 18\,\%\ FeS$$

Die Steinmenge beträgt = 45 % Erz.

Die Zusammensetzung des Kupfersteins ist:

$$Cu_2S = 29\,\% = 23\,\%\ Cu$$
$$FeS = 71\,\%$$

Es geht daraus hervor, daß die Gegenwart von Schwefelkies im Erz den Kupfergehalt des Kupfersteins herunterdrückt. Dadurch sind wir direkt bei dem Grundprinzip der Kupfergewinnung angelangt.

Wenn das Erz zuerst durch Röstung von einem Teil des Schwefels befreit und dann verschmolzen wird, so wird zunächst das Kupfer sich mit der nötigen Menge Schwefel verbinden, um vollständig in Cu_2S überzugehen, und nur der Rest des Schwefels wird sich mit Fe zu FeS vereinigen. Die Menge FeS, die neben Cu_2S in dem Kupferstein auftritt, hängt somit von der Schwefelmenge ab, die nach der Sättigung des Kupfers mit Schwefel (zu Cu_2S) noch übrig bleibt. Diese Schwefelmenge läßt sich durch die Röstung genau regulieren.

Beispiel:

Wieviel Schwefel enthält das Kupfererz des vorigen Beispiels mit 30 % Kupferkies (= 10,4 % Cu) und 25 % Schwefelkies, und wie hoch wird der Kupfergehalt des Steines sein, wenn der Schwefel durch Rösten auf $^1/_2$ oder $^1/_4$ oder $^1/_8$ der ursprünglichen Menge heruntergebracht und darauf das Schmelzen in reduzierender Atmosphäre ausgeführt wird?

Schwefel in 30 % Kupferkies $30 \cdot 128 : 368$. = 10,5 %
Schwefel in 25 % Schwefelkies $25 \cdot 64 : 120$. = 13,3 %
Summe = 23,8 %

Wenn der Schwefel auf $^1/_2$, $^1/_4$ oder $^1/_8$ der ursprünglichen Menge vermindert wird, bleiben von den 23,8 % nur 11,9 bzw. 5,95 und 2,97 Teile Schwefel auf 100 Teile ursprüngliches Erz bzw. auf 10,4 Teile Kupfer übrig. 10,4 Teile Kupfer benötigen zur Bildung von Cu_2S 2,6 Teile Schwefel. Die Rechnung gestaltet sich dann wie folgt:

Schwefel im gerösteten Erz	11,90	5,95	2,97
Schwefel zur Bildung von Cu_2S	2,60	2,60	2,60
Zur Bildung von FeS verbleiben	9,30	3,35	0,37
Diese bilden FeS	25,61	9,21	1,02
An Cu_2S ist zugegen	13,00	13,00	13,00
Menge des Kupfersteins	38,61	22,21	14,02
Prozent Kupfer im Stein	27,0	46,8	74,2

Es geht daraus klar hervor, daß der Kupfergehalt des Steines durch den Grad der Abröstung völlig bestimmt wird.

Durch das Abrösten geht ein Teil der Metallsulfide in Oxyde über; es ist also einleuchtend, daß eine dem Rösten gleiche Wirkung auch durch Vermischen der ungerösteten sulfidischen Erze mit oxydischen Erzen zu erreichen sein wird. Die zugesetzten Oxyde wirken genau wie die durch Rösten gebildeten; sie erhöhen den Kupfergehalt des Steines beim folgenden Schmelzen.

Beispiel:

In welchem Verhältnis kann ein schwefelfreies Rotkupfererz (Cuprit, Cu_2O) mit 28 % Cu dem sulfidischen Kupfererz der zwei letzten Beispiele zugemischt werden, um durch reduzierendes Schmelzen einen Kupferstein von 50 % Cu zu erhalten?

100 Teile sulfidisches Erz enthalten 10,4 Teile Cu, 20,8 Teile Fe und 23,8 Teile S.

Diese ganze Menge Schwefel geht aber nicht in den Stein, denn von dem Schwefel des Kupferkieses wird $^1/_4$, von dem des Schwefelkieses $^1/_2$ durch einfaches Erhitzen abgegeben. In unserem Fall sind diese Mengen:

$$\begin{aligned} &\text{S im Kupferkies} && 10{,}5 \cdot {}^1/_4 = 2{,}6 \\ &\text{S im Schwefelkies} && 13{,}3 \cdot {}^1/_2 = 6{,}7 \\ & && \text{Summe} = 9{,}3 \end{aligned}$$

In den Stein gehen also 23,8 — 9,3 = 14,5 Teile Schwefel auf 100 Erz.

In dem 50 %igen Kupferstein sind 26,1 % S; 14,5 Teile Schwefel geben daher 14,5 : 0,261 = 55,5 Teile Stein mit 27,75 Teilen Kupfer. In dem sulfidischen Erz sind nur 10,4 Teile Kupfer vorhanden. 27,75 — 10,4 = 17,35 Teile Kupfer sind also aus dem Rotkupfererz zu ergänzen, von dem (bei 28 % Cu) 17,35 : 0,28 = 62 Teile nötig sind. 100 Teile des sulfidischen mit 62 Teilen des oxydischen Erzes würden, in einer reduzierenden Atmosphäre verschmolzen, Kupferstein von 50 % Cu liefern. Wir haben oben ausdrücklich die reduzierende Atmosphäre beim Einschmelzen als Bedingung hervorgehoben, weil unter solchen Umständen der Sauerstoff der gerösteten oder der beigemischten oxydischen Erze sich nicht mit dem Schwefel des Erzes zu schwefliger Säure, sondern mit dem Kohlenstoff bzw. dem Kohlenoxyd im Ofen verbindet. Beim Verschmelzen der Erze im Schachtofen mit Kohle sind diese Bedingungen vorhanden, und man kann damit rechnen, daß praktisch aller Schwefel der Beschickung zur Steinbildung verbraucht wird. Wenn das Schmelzen im Flammofen in neutraler Atmosphäre erfolgt, wird viel Schwefel durch den Sauerstoff der gerösteten oder der zugemischten oxydischen Erze entfernt und es resultiert ein kupferreicherer Stein. Diese Oxydation des Schwefels geschieht zum größten Teil in folgender Weise:

$$Cu_2S + 2\,CuO = 4\,Cu + SO_2$$
$$Cu_2S + 2\,Cu_2O = 6\,Cu + SO_2$$

Durchschnittlich erhält man beim Schmelzen der gerösteten Erze im Flammofen einen um 10 % reicheren Stein wie beim Schmelzen im Schachtofen.

Es gibt noch eine dritte Art des Schmelzens, die in Wirklichkeit ein kombiniertes Röst- und Schmelzverfahren vorstellt.

Es ist dies das sogenannte „pyritische Schmelzen", bei welchem das sulfidische Erz durch die Gebläseluft so schnell abgeröstet wird, daß durch die dabei entwickelte Wärme die Beschickung niederschmilzt und ein konzentrierter Kupferstein erhalten wird. Dieses Verfahren wird mit reinen sulfidischen Erzen, ohne vorhergehende Röstung, ausgeführt; es wird später für sich besprochen werden.

Das Rösten.

Beim Rösten verliert das Erz einen Teil des Schwefels und nimmt dafür Sauerstoff auf; dadurch wird das Gewicht des Erzes ein anderes.

100	Teile	Cu_2S	geben	90,0	Teile	Cu_2O
100	„	Cu_2S	„	100,0	„	CuO
100	„	Cu_2S	„	{ 100	„	$CuSO_4$
				{ 50	„	CuO
100	„	FeS_2	„	64,5	„	Fe_3O_4
100	„	FeS_2	„	66,7	„	Fe_2O_3
100	„	FeS_2	„	126,7	„	$FeSO_4$

Übungsbeispiel 98.

Ein pyritisches Kupfererz aus Ely, Vt (Peters „Modern Copper Smelting' S. 133) enthielt vor bzw. nach dem Rösten.

S	32,6	7,4
Cu	8,2	9,1

Im gerösteten Erz war das Kupfer in verschiedener Verbindungsform vorhanden, und zwar:

als $CuSO_4$ . . 1,3 % Cu
„ CuO . . . 2,1 % „
„ Cu_2S . . . 5,7 % „

Aufgabe:

Zu berechnen ist:

1.) das Gewicht des gerösteten Erzes aus 100 Teilen rohem Erz;
2.) der abgeröstete Schwefel in Prozenten vom Schwefel des rohen Erzes;
3.) der Kupfergehalt des Kupfersteins beim Verschmelzen in reduzierender Atmosphäre im Schachtofen;
4.) der Kupfergehalt des Steines beim Verschmelzen in neutraler Atmosphäre im Flammofen.

Lösung:

1.) Da kein Kupfer verloren geht, wird aus 100 Teilen rohem Erz erhalten:

$$100 \cdot \frac{8,2}{9,1} = \mathbf{90,1} \text{ Teile geröstetes Erz} \qquad (1)$$

2.) Schwefel in 100 Teilen rohem Erz 32,6
„ „ 90,1 „ geröstetem Erz 90,1 · 0,074 . . . 6,7

Abgerösteter Schwefel 25,9

$$\text{In Proz. abgeröstet: } \frac{25,9}{32,6} = 0,794 = \mathbf{79,4\,\%} \qquad (2)$$

3.) In 100 kg geröstetem Erz haben wir Schwefel zur Bildung von $Cu_2S = 9,1 \cdot 0,25$ . . . . = 2,3 kg
Schwefel zur Bildung von FeS = 7,4 — 2,3 . . . . = 5,1 „

Dieser Schwefel entspricht:

$$Cu_2S \quad 9,1 + 2,3 = 11,4 \text{ kg}$$

$$FeS \quad 5,1 \cdot \frac{88}{32} = 14,0 \text{ „}$$

$$\text{Kupferstein} \quad = 25,4 \text{ kg}$$

Der Stein enthält 9,1 kg Kupfer

$$= \frac{9,1}{25,4} = 0,358 = \mathbf{35,8\,\%} \text{ Cu} \qquad (3)$$

4.) Durch die Reaktion

$$CuSO_4 + Cu_2S = 3\,Cu + 2\,SO_2$$

reduziert ein Teil Kupfer als $CuSO_4$ 2 Teile Kupfer als Cu_2S, und 1 Teil Schwefel wird als Gas entfernt.

Durch die Reaktion

$$2\,CuO + Cu_2S = 4\,Cu + SO_2$$

reduziert 1 Teil Cu als CuO 1 Teil Cu als Cu_2S, und $^1/_4$ Teil Schwefel wird entfernt.

Der durch diese Reaktionen beseitigte Schwefel beträgt

bei der Reaktion zwischen $CuSO_4$ und Cu_2S	$1{,}3 \cdot 1$	$= 1{,}3$ Teile
„ „ „ „ CuO „ Cu_2S	$2{,}1 \cdot \frac{1}{4}$	$= 0{,}5$ „
Zusammen		$= 1{,}8$ Teile

Zur Bildung von Stein bleiben übrig

$$7{,}4 - 1{,}8 = 5{,}6 \text{ Teile Schwefel.}$$

Zur Bildung von Cu_2S ist nötig . . . . = 2,3
Zur Bildung von FeS bleiben 5,6 — 2,3 . . . . = 3,3

Dieser Schwefel entspricht

Cu_2S		11,4
FeS	$3{,}3 \cdot \frac{88}{32}$	9,1
Kupferstein		20,5

Der Kupferstein enthält

$$9{,}1\,\%\ Cu = \frac{9{,}1}{20{,}5} = 0{,}444 = 44{,}4\,\%\ Cu.$$

Beim Rösten der Erze wird viel Wärme frei, da gewöhnlich sowohl der Schwefel als auch das Metall oxydiert werden.

Übungsbeispiel 99.

Aufgabe:

Bei dem Erz des vorigen Übungsbeispiels ist die Wärmeentwicklung beim Rösten für 1 kg rohes Erz zu berechnen.

Lösung:

100 Teile ungeröstetes Erz enthalten 32,6 Teile Schwefel und 8,2 Teile Kupfer. Dieser Kupfermenge entsprechen 2,05 Teile Schwefel, wenn Kupfer als Cu_2S, oder 8,2 Teile Schwefel, wenn Kupfer als Cu_2FeS_2 vorhanden ist; es sind also 24,4 Teile Schwefel in Form von Pyrit im Erz vorhanden.

In 100 Teilen geröstetem Erz haben wir 5,7 Teile Cu als Cu_2S, die unverändert geblieben sind, 2,1 Teile Cu sind in CuO und 1,3 Teile in $CuSO_4$ umgewandelt.

Der an Kupfer gebundene Schwefel beträgt:

Für 5,7 Teile Cu als Cu_2S	1,4 Teile S
„ 1,3 „ Cu als $CuSO_4$	0,7 „ S
Insgesamt	2,1 Teile S

Schwefel als FeS = 7,4 — 2,1 . . . . 5,3 Teile

$FeS = 5{,}3 \cdot \frac{88}{32} =$ . . . . 14,6 „

Auf die 90,1 Teile geröstetes Erz umgerechnet, ergeben sich folgende Gehalte:

Cu als $CuSO_4$	1,17	Teile
Cu „ Cu_2S	5,14	„
Cu „ CuO	1,89	„
Fe „ FeS 9,3 · 0,901	8,38	„
S	6,67	„

Wir haben nunmehr:

Zersetzungswärme des rohen Erzes:

8,20 Teile Cu als Cu_2S erfordern	8,20 · 160 =	1312 Kal.
18,85 „ Fe als Sulfid „	18,85 · 429 =	8087 „
	Summe	9399 Kal.

Bildungswärme der Produkte:

5,14 Cu als Cu_2S	=	5,14 · 160	822 Kal.
1,17 Cu „ $CuSO_4$	=	1,17 · 2857	3 343 „
1,89 Cu „ CuO	=	1,89 · 593	1 121 „
25,93 S zu SO_2	=	25,93 · 2164	56 112 „
9,55 Fe „ Fe_3O_4	=	9,55 · 1612	15 395 „
9,30 Fe „ FeS	=	9,30 · 429	3 990 „
		Im ganzen	80 793 Kal.

Die gesamte Wärmeentwicklung beträgt somit

$$80\,793 - 9399 = 71\,384 \text{ Kal.}$$

oder für 1 kg Erz 713 Kal.

Bei der Abröstung von Kupfererzen deckt die vom Röstgut entwickelte Wärme einen wesentlichen Teil vom Wärmebedarf des Ofens. So liefert in unserem Falle 1 kg Erz ungefähr $^1/_{10}$ soviel Wärme als 1 kg Koks und bei zweckmäßigen Vorkehrungen für das Zusammenhalten der Hitze (große Wandstärke und gedrungene Form des Ofens, Ausnutzung der Wärme im fertigen heißen Röstgut), erscheint es sehr wohl möglich, ein derartiges Erz ohne äußere Wärmezuführung abzurösten. Besonders an Orten, wo Brennmaterial schwer erhältlich ist, wird eine solche Möglichkeit wirtschaftlich sehr ins Gewicht fallen. Ein Röstofen mit einem einzigen langen Herd und großer wärmeausstrahlender Oberfläche wird allerdings diesen Anforderungen nicht genügen, dagegen werden Öfen mit mehreren übereinander angeordneten Herden, welche das Röstgut in kaltem Zustande austragen, nachdem es seine Wärme an die einströmende Luft abgegeben hat, viele Erze ohne besonderen Brennstoff abrösten können. Solche Öfen sind z. B. der Spence- und der Mac-Dougall-Ofen.

Übungsbeispiel 100.

Ein verbesserter Spence-Ofen in Butte, Montana, röstet in 24 Stunden 40 000 kg Konzentrate folgender Zusammensetzung ab:

Cu	9,8 %
Fe	33,8 %
SiO_2	13,3 %
S	41,2 %

Vom Schwefel werden $^4/_5$ entfernt und das Röstgut wird praktisch kalt aus dem Ofen ausgetragen. Dieser Ofen braucht im Tag 680 kg Kohlengrus, dessen Heizwert 6500 Kal. beträgt. Die Ofengase enthalten:

CO_2	0,6 %
SO_2	7,2 %
H_2O	0,6 %
N_2	81,3 %
O_2	10,3 %
	100,0 %

und gehen mit 200° in den Schornstein. Das Erz wird kalt aufgegeben. Die gesamte wärmestrahlende Oberfläche des Ofens beträgt 465 qm.

Aufgabe:

Zu berechnen ist:

1.) die Wärmebilanz des Ofens;
2.) die Verteilung der Wärmeentwicklung auf den Röstvorgang und auf den Brennstoff;
3.) der Wärmeverlust durch Leitung und Strahlung für 1 qm äußerer Oberfläche in der Minute.

Lösung:

1.) Auf 100 Teile rohes Erz berechnet, sind die Mengen der einzelnen Bestandteile vor bzw. nach dem Rösten:

Cu	9,8	9,8
Fe	33,8	33,8
SiO_2	13,3	13,3
S	41,2	8,2

Wir wollen annehmen, daß von dem Kupfer des gerösteten Erzes $^2/_3$ als Cu_2S, $^1/_4$ als CuO und $^1/_{10}$ als $CuSO_4$ vorhanden sind, während der Rest des Schwefels sich an Eisen gebunden als FeS vorfindet, und daß der Überschuß an Eisen zu gleichen Teilen Fe_2O_3 und Fe_3O_4 bildet. Das geröstete Erz enthält dann:

Cu_2S	8,2
CuO	3,1
$CuSO_4$	2,0
FeS	17,0
Fe_2O_3	16,4
Fe_3O_4	15,9
SiO_2	13,3
	75,9

Da Kupfer und Eisen im rohen Erz als Cu_2S, FeS und FeS_2 vorhanden sind, haben wir die 8,2 Cu_2S und 17,0 FeS als unverändert anzusehen. Der Röstvorgang besteht dann in der Bildung von 3,1 CuO und 2,0 $CuSO_4$ aus dem Cu_2S, sowie von 16,4 Fe_2O_3 und 15,9 Fe_3O_4 aus dem FeS. Wenn wir also von den Bildungswärmen dieser Mengen CuO, $CuSO_4$, Fe_2O_3 und Fe_3O_4 sowie der nebenbei entstandenen SO_2 die zur Zerlegung der entsprechenden Mengen Cu_2S, FeS und FeS_2 in ihre Elemente erforderliche Wärme abziehen, dann erhalten wir die beim Rösten entwickelte Wärme. Die betreffenden Bildungswärmen sind:

	für 1 kg Mol	für 1 kg
(Cu_2, S)	20 300 Kal.	127 Kal.
(Cu, O)	37 700 „	471 „
(Cu, S, O_4)	181 700 „	1136 „
(Fe, S)	24 000 „	273 „
(Fe_2, O_3)	195 600 „	1223 „
(Fe_3, O_4)	720 800 „	1167 „
(S, O_2)	69 260 „	1082 „

Die Wärmebilanz gestaltet sich dann wie folgt:

Wärmeentwicklung.

Bildung von CuO	3,1 · 471	=	1 460 Kal.
„ „ $CuSO_4$	2,0 · 1136	=	2 272 „
„ „ Fe_2O_3	16,4 · 1223	=	20 057 „
„ „ Fe_3O_4	15,9 · 1167	=	18 555 „
„ „ SO_2	66,0 · 1082	=	71 412 „
	Zusammen	=	113 756 Kal.

Wärmebindung:

Zersetzung von Cu_2S	4,1 · 127	=	521 Kal.
„ „ FeS	36,1 · 273	=	9 855 „
	Zusammen	=	10 376 Kal.

Für 100 kg Konzentrat werden insgesamt 113 756 — 10 376 = 103 380 Kal. entwickelt.

Aus 100 kg Konzentrat genen 33 kg Schwefel als SO_2 in die Röstgase. Diese enthalten nach der Analyse im Kubikmeter 0,072 cbm SO_2, dessen Gewicht $0{,}072 \cdot 2{,}88 = 0{,}2074$ kg beträgt. Davon ist gerade die Hälfte oder 0,1037 kg Schwefel. Aus 100 kg Erz werden somit $33 : 0{,}1037 = 318{,}2$ cbm Röstgas gebildet, welches sich wie folgt zusammensetzt:

CO_2	$318{,}2 \cdot 0{,}006 =$	1,91 cbm
SO_2	$318{,}2 \cdot 0{,}072 =$	22,91 „
H_2O	$318{,}2 \cdot 0{,}006 =$	1,91 „
O_2	$318{,}2 \cdot 0{,}103 =$	32,77 „
N_2	$318{,}2 \cdot 0{,}813 =$	258,70 „

Die Gase enthalten, wenn sie mit 200° in die Esse gehen, an fühlbarer Wärme:

	Wärme-Kapazität für 1 Grad	
CO_2	$1{,}91 \cdot 0{,}414 =$	0,79 Kal.
SO_2	$22{,}91 \cdot 0{,}420 =$	9,62 „
H_2O	$1{,}91 \cdot 0{,}370 =$	0,70 „
O_2, N_2	$291{,}47 \cdot 0{,}308 =$	89,77 „
		100,88 Kal

= 20 176 Kal. für 200°.

Der Brennstoff entwickelt im Tag $680 \cdot 6500 = 4\,420\,000$ Kal. = 11 050 Kal. für 100 kg geröstetes Erz.

Wärmebilanz für 100 kg durchgesetztes Erz:

Wärmeeinnahme:

aus dem Brennstoff	11 050 Kal.
„ dem Erz	103 380 „
Summe	114 430 Kal.

Wärmeausgabe:

Wärme-Inhalt der Röstgase . . .	20 176 Kal.
Verlust durch Leitung und Strahlung	94 254 „
Summe	114 430 Kal.

2.) Von der Gesamtwärme wird vom Erz selbst erzeugt

$$\frac{103380}{114430} \cdot 0{,}90 = 90\,\%$$

und vom Brennstoff 10 %.

3.) Die durch Leitung und Strahlung verlorene Wärme beträgt im Tag (40 000 kg Erz)

$$94\,254 \cdot 400 = 37\,701\,600 \text{ Kal.}$$
in der Minute 26 180 „

und für 1 qm in der Minute

$$\frac{26\,180}{465} = 56{,}3 \text{ Kal.} \qquad (3)$$

Übungsbeispiel 101.

Der in Butte, Montana, arbeitende Röstofen nach Evans-Klepetko röstet in 24 Stunden 34 000 kg Konzentrat von 35 % Schwefel bis auf 7 % ab. Der Ofenzylinder ist 5,80 m hoch und hat 5,5 m Durchmesser. Der Röstvorgang liefert selbst die erforderliche Wärme. Die wassergekühlten Rührarme verbrauchen in der Minute 45 kg Wasser, dessen Temperatur um 50° steigt. Wir nehmen an, daß die Wärmeentwicklung 90 % von der Röstwärme des im Übungsbeispiel 100 behandelten Erzes beträgt und daß der Wärmeverlust in den Röstgasen ebenfalls in demselben Verhältnis geringer sind.

Aufgabe:

Zu berechnen ist:

1.) die Wärmebilanz des Ofens für 100 kg Erz;
2.) der Verlust durch Leitung und Strahlung für den Quadratmeter äußerer Oberfläche des Ofens in der Minute.

Lösung:

1.) Die Wärmeentwicklung ist:

$$0{,}90 \cdot 103\,380 = 93\,040 \text{ Kal.}$$

Die Wärme verteilt sich folgendermaßen:

in den Röstgasen 20 176 · 0,9	= 18 160 Kal.
im Kühlwasser (für 100 kg Erz wird 190 kg Wasser gebraucht)	= 9 500 „
Wärmeverlust durch Leitung und Strahlung	= 65 380 „
Summe	= 93 040 Kal.

2.) Die äußere Oberfläche des Ofens ist:

Zylindermantel 5,5 · 3,14 · 5,8	= 100,2 qm
Untere Fläche des Ofens 5,5 · 5,5 · 0,78	= 23,6 „
Obere Fläche	= 23,6 „
Insgesamt	= 147.4 qm

Verlust durch Leitung und Strahlung

auf 100 kg Erz	=	65 380 Kal
in 24 Stunden	=	22 229 000 „
In der Minute	=	15 437 „

und für 1 qm in der Minute

$$\frac{15\,437}{147 \cdot 4} = 105 \text{ Kal.}$$

Ein Vergleich zwischen dem Ofen der Aufgabe 100 und dem hier behandelten zylindrischen zeigt, daß bei letzterem, trotzdem er ohne Brennstoff arbeitet und sogar noch durch Wasser gekühlt wird, und trotzdem die Strahlungsverluste für den Quadratmeter wegen der dünneren Wände größer sind, die gedrungene Form doch kleinere Strahlungsflächen bedingt, wodurch die ungünstigen Momente mehr als aufgewogen werden und der Ofen wirtschaftlicher arbeitet. Große Wandstärke und ein Mindestmaß an strahlender Oberfläche bilden die Voraussetzung für die wirtschaftliche Ausnutzung des Brennstoffs im allgemeinen, sie werden für die Abröstung sulfidischer Kupfererze durch eigene Oxydationswärme zur unerläßlichen Bedingung.

Pyritisches Schmelzen.

Dieses Schmelzverfahren wird bisweilen als „Pyritschmelzen" (pyrite smelting) bezeichnet, weil es meistens bei pyritreichen Erzen Verwendung findet. Es ist jedoch ebensogut auf Erze mit viel Magnetkies (Pyrrhotit) oder Kupferkies (Chalkopyrit) anwendbar, weshalb die Bezeichnung „pyritisches Schmelzen" geeigneter erscheint, da die Eigentümlichkeit des Verfahrens dadurch besser zum Ausdruck kommt. Wegen ausführlicher Beschreibung des pyritischen Schmelzens möchten wir den Leser auf das von T. A. Rickard herausgegebene Buch „Pyrite Smelting"[1]) verweisen, welches lehrreiche Beiträge von fast 40 Hüttenleuten enthält, oder auf die Monographie Stichts „Über das Wesen des Pyritschmelzverfahrens"[2]) sowie auf Peters: „Principles of Copper Smelting"[3]), das diesem Gegenstande ein ausführliches Kapitel von 125 Seiten widmet.

Die Grundzüge des Verfahrens wollen wir hier in aller Kürze wiedergeben. Ein Erz mit erheblichem Gehalt an freier Kieselsäure sowie an Pyrit, Magnetkies oder Kupferkies läßt sich im Schachtofen mit kaltem Winde ohne Benutzung kohligen Brennstoffs auf Kupferstein unter Bildung einer aus Ferrosilikat bestehenden Schlacke niederschmelzen. Das Verfahren bietet dadurch, daß es bei der Verarbeitung

[1]) Engineering and Mining Journal 1905.
[2]) Wilhelm Knapp, Halle, 1906.
[3]) Hill Publisching Co., Neu-York, 1907.

gewisser sulfidischer Erze den Brennstoff entbehrlich macht, selbstverständlich einen sehr bedeutenden Vorteil, gleichgültig ob der Brennstoff billig oder teuer ist. Erst seit wenigen Jahren sind jedoch die Grundlagen des Verfahrens so durchsichtig geworden, daß es erfolgreich durchgeführt werden kann. Was nun die Arbeitsweise betrifft, so wird das Erz in einem an der Rast und am Gestell mit Wassermantel ausgerüsteten Schachtofen aufgegeben, wobei genügend Zuschlag hinzugefügt wird, um 16—20 % CaO oder ähnlich wirkende Erdalkalien für die Schlacke zu liefern. Es wird mit so stark gepreßtem Wind gearbeitet, (bis 0,25 kg/qcm), daß beim gewöhnlichen Schmelzen ein sehr rascher Ofengang erreicht würde. Stein und Schlacke sammeln sich entweder im Tiegel des Ofens oder sie fließen ununterbrochen in einen Vorherd, wo beide sich scheiden. Die Wärme für den Schmelzvorgang wird ausschließlich durch Oxydation von Schwefel und Eisen im Ofen erzeugt, wobei ersterer als SO_2 mit den Gasen entweicht, während letzteres als Ferrosilikat in die Schlacke geht. Der Vorgang im Ofen kann aufgefaßt werden als ein sehr rasches partielles Rösten mit gleichzeitiger Bildung von flüssiger Schlacke und Stein, ermöglicht durch die durch Oxydation bewirkte hohe Temperatur.

Im ganzen Hüttenwesen gibt es kaum ein anderes Verfahren, das so eindringlich zu quantitativen Berechnungen einlädt, wie das vorliegende, aber auch nur wenige Verfahren sind vorhanden, bei welchen der Mangel an Daten, die den Berechnungen als Unterlage dienen könnten, so fühlbar wäre wie gerade hier. Nicht genug, daß die physikalischen und chemischen (thermochemischen) Tatsachen spärlich sind, auch die gewöhnlichen technischen Angaben fehlen fast ganz, z. B. sorgfältige Angaben über den Ofengang, über die Gewichte und Zusammensetzung der Chargen und der Produkte, über Analysen und Gastemperaturen. Das meiste, was wir an wertvollem Material in dieser Richtung besitzen, verdanken wir R. Sticht, Direktor der Mount Lyell Mining Co., Tasmanien, und dies bezieht sich wiederum nur auf seine speziellen Öfen und seine Arbeitsweise.

Die Wärmeerzeugung beim pyritischen Schmelzen.

Wir nehmen den einfachsten Fall an, daß FeS_2 und SiO_2 in den Ofen gegeben werden. Wir wissen dann mit Sicherheit, daß FeS_2 schon bei Rotglut in FeS unter Abgabe von S umgewandelt wird, und, da dieser Vorgang schon so hoch oben im Ofen stattfindet, daß die Gase keinen freien Sauerstoff mehr enthalten, daß also der Schwefel als Dampf in den Gasen bleibt. Sticht hat durch Versuche nachgewiesen, daß FeS bei 1400° einen weiteren Teil Schwefel verliert und annähernd Fe_7S_5 bildet. Es ist auch anderweitig bekannt, daß der Kupferstein oft weniger Schwefel enthält, als der Verbindung FeS entsprechen würde. Die Temperatur in der Verbrennungszone ist aber höher als 1400°, und es ist demnach beinahe sicher, daß FeS bei der Oxydation so stark erhitzt wird, daß beide Umwandlungen eintreten: erst die Zersetzung in $Fe_2S + S$ und dann die Oxydation des ersteren zu FeO. Wir haben dann:

$$2\,FeS = Fe_2S + S$$

$$Fe_2S + SiO_2 + 2\,O_2 = SO_2 + 2\,FeO \cdot SiO_2$$

oder in einer einzigen Gleichung:

$$2\,FeS + SiO_2 + 2\,O_2 = S + SO_2 + 2\,FeO \cdot SiO_2.$$

Dieser Vorgang ist mit einer sehr erheblichen, mit der Oxydationswärme des Kohlenstoffs sehr wohl vergleichbaren Wärmeentwicklung verknüpft, welche die Durchführbarkeit des Verfahrens überhaupt erst erklärlich macht.

Die thermochemische Berechnung ergibt folgendes:

Wärmebindung:

Zur Zerlegung von 2 FeS		48 000 Kal.

Wärmeentwicklung:

Bildung von 2 FeO	131 400 Kal.	
„ „ SO_2	69 260 „	
„ „ $2\,FeO \cdot SiO_2$	8 900 „	209 560 „
Überschuß an Wärmeentwicklung		161 560 Kal.

FeS und SiO_2 sind, wenn sie in die Oxydationszone vor den Formen gelangen, durch die Berührung mit den aufsteigenden heißen Gasen stark erhitzt. Wir dürfen ihre Temperatur auf wenigstens 1000°, vielleicht noch höher schätzen, bevor sie zur Oxydation kommen. Die Luft ist beim Eintritt in den Ofen kalt und wird somit dem Vorgang keine fühlbare Wärme zuführen.

Die theoretische Temperatur in der Formebene.

Aus diesen Tatsachen und einigen wahrscheinlichen Annahmen läßt sich die Temperatur im heißesten Teile der Verbrennungszone berechnen. Die Berechnung ist ganz ähnlich wie die des pyrometrischen Heizeffektes eines Brennstoffs oder die der theoretischen Temperatur vor den Formen eines Hochofens. Wir machen dabei noch folgende Annahmen:

Fühlbare Wärme im geschmolzenen FeS bei 1000°	200 Kal.	für 1 kg
„ „ im festen SiO_2 bei 1000° . . .	260 „	„ 1 „
„ „ in der Schlacke (5/3 vom Gewicht des FeO) 0,27 . . . . (t — 1100) +	300 „	„ 1 „
Fühlbare Wärme im Kupferstein (1/3 vom Gewicht der Schlacke) . . . . . 0,14 (t — 1000) +	200 „	„ 1 „

Wir können dann die theoretische Temperatur t berechnen, auf welche Schlacke, Stein und Gase durch die verfügbare Wärme erhitzt werden. Letztere setzt sich zusammen aus der fühlbaren Wärme in FeS und SiO_2 bei 1000°, aus der durch die Reaktion entwickelten Wärme sowie aus der fühlbaren Wärme in der Schlacke bei 1000°.

Wir führen die Rechnung für die in der Reaktionsgleichung auftretenden Gewichtsmengen durch und erhalten:

Wärme in 2 FeS (176 kg) bei 1000°	176 · 200 . . . =	35 200 Kal.
„ „ SiO_2 „ 1000°	60 · 260 . . . =	15 600 Kal.
Reaktionswärme	=	161 560 „
Wärme im Kupferstein	80 · 200 . . . . =	16 000 „
Verfügbare Wärme	=	228 360 Kal.

Wärme-Inhalt der Produkte bei t°:

$$
\begin{aligned}
SO_2 &= 22{,}22\,(0{,}36\,t + 0{,}0003\,t^2) \\
N_2 &= 170\,(0{,}303\,t + 0{,}000\,027\,t^2) \\
\text{Schlacke} &= 240\,[300 + (t - 1100)\,0{,}27] \\
\text{Stein} &= 80\,[200 + (t - 1000)\,0{,}14] \\
\hline
\text{Summe} &= 0{,}0113\,t^2 + 135{,}5\,t + 5520
\end{aligned}
$$

$$0{,}0113\,t^2 + 5520 + 135{,}5\,t = 228\,360$$

woraus

$$t = 1465^0.$$

Aus dieser Berechnung entnehmen wir, daß eine für den Betrieb des Ofens genügende Temperatur theoretisch erreichbar ist, vorausgesetzt, daß das Gewicht der Schlacke (auf eine gegebene Menge FeO) nicht zu groß wird. Wenn SiO_2 (und die übrigen Schlackenbildner) in solchem Maße anwachsen, daß die Schlacke nur 50 % FeO enthält, dann würde das Gewicht der Schlacke in obigem Beispiel 288 statt 240, und die erreichbare Temperatur nur 1365° anstatt 1465° betragen. Durch diese Herabsetzung würden wir schon in bedenkliche Nähe der Grenze der für den Betrieb des Ofens unbedingt erforderlichen Temperatur geraten. Die Bildungstemperatur der Schlacke im Kupferschachtofen liegt zwischen 1100 und 1200°, und für den praktischen Betrieb ist noch eine Überhitzung von wenigstens 50° nötig. Wenn wir 1200° als theoretisch niedrigste Temperatur im Betrieb ansetzen, können wir das noch statthafte Höchstgewicht der Schlacke und somit deren Mindestgehalt an FeO leicht berechnen. Das Gewicht der Schlacke sei x.

In analoger Weise wie oben erhalten wir:

Wärme in SO_2 bei 1200°	=	19 248 Kal.
„ „ N_2 bei 1200°	=	68 422 „
„ „ der Schlacke bei 1200°	=	330 x „
„ im Kupferstein bei 1200°	=	18 240 „

woraus 105 940 + 330 x = 228 360 und x = 371 kg.

Da dies Schlackengewicht 2 FeO = 144 kg enthalten muß, ergibt sich der Mindestgehalt der Schlacke an FeO bei reinem Pyritschmelzen

zu $$\frac{144}{371} = 0{,}39 = 39\,\%.$$

Für die Durchführbarkeit des pyritischen Schmelzens sind die Grenzen gewöhnlich so eng gezogen, daß Änderungen in der Temperatur und der Feuchtigkeit des Windes großen Einfluß auf den Gang des Ofens ausüben. In bezug auf die Erhitzung des Windes wird das von der praktischen Erfahrung bestätigt.

Von dem Schmelzbetrieb des La Lustre Smelters, Santa Maria del Oro, sagt Koch folgendes: „Warmer Wind von 200° ist bei uns eine unerläßliche Bedingung für den Erfolg; kalter Wind ist gleichbedeutend mit Mißerfolg.“ Indessen ist dies ein Ausnahmefall. Viele andere Hüttenleute, die andere Erze verarbeitet haben, sind mit kaltem Wind ausgekommen, es ist aber kein Zweifel, daß das Schmelzen mit heißem Wind leichter, rascher und regelmäßiger vor sich geht. Eine Trocknung des Windes ist bis jetzt von niemand versucht worden, es kann jedoch nicht zweifelhaft sein, daß durch ein derartiges Verfahren unter Umständen ein gleichmäßigerer Betrieb erzielt würde, und daß die erreichbare Temperatur in der Schmelzzone eine höhere sein würde.

Der Kokszusatz.

Wenn die Menge der Schlackenbildner in der Beschickung groß ist, kann das pyritische Schmelzen mit kaltem Wind undurchführbar werden, weil die entwickelte Wärme zum Schmelzen von Stein und Schlacke nicht ausreicht. In diesem öfters eintretenden Falle kann ein Zusatz von Koks nützlich sein, durch dessen Verbrennung zu CO_2 in der Schmelzzone die verfügbare Wärme und die Temperatur wesentlich erhöht wird. Wenn die erforderliche Temperatur etwa 1400° beträgt, kann Kohlenstoff, der bei 1000° verbrennt und dabei CO_2 und N_2 liefert, einen großen Wärmezuschuß für die Beschickung leisten.

1 kg Koks mit 0,9 kg Kohlenstoff liefert 3,3 kg (1,67 cbm) CO_2 und 6,35 cbm N_2. Durch die Verbrennung werden 7290 Kal. oder unter Hinzurechnung der fühlbaren Wärme im Kohlenstoff bei 1000° (342 Kal.), im ganzen 7632 Kal. erzeugt.

Die Produkte enthalten bei 1400° an fühlbarer Wärme:

$$\begin{aligned} CO_2 \quad & 1{,}67\,[0{,}37 + 0{,}000\,22\ (1400)]\,1400 = 1582 \text{ Kal.} \\ N_2 \quad & 6{,}35\,[0{,}303 + 0{,}000\,027\ (1400)]\,1400 = 3038 \text{ ,,} \\ & \overline{4620 \text{ Kal.}} \end{aligned}$$

so daß ein Überschuß von

$$7632 - 4620 = 3012 \text{ Kal.}$$

für das Schmelzen verfügbar bleibt.

Jedes Kilogramm Koks wird also bei 1400°

$$\frac{3012}{330} = 9 \text{ kg}$$

Schlacke schmelzen und infolgedessen die Arbeit wesentlich erleichtern. In Mount Lyell findet man je nach der Art des Erzes einen Kokszusatz von 0,5, 1,0 oder 1,5 % (auf die Beschickung gerechnet) notwendig. Von diesen kleinen Kokszusätzen anfangend, finden wir in andern Fällen wachsende Mengen in Anwendung bis hinauf zu vielen Prozenten, je nach den Erfordernissen des einzelnen Falles, so daß alle Übergänge zwischen halbpyritischem und dem gewöhnlichen Pyritschmelzen vorhanden sind. In dem Maße wie der Kohlenstoff vermehrt wird, verbleibt für die Sulfide immer weniger von dem eingeblasenen Sauerstoff; die Oxydation der Sulfide nimmt ab, und der Kupfergehalt im Kupferstein wird immer niedriger. Die weitgehendste Konzentration an Kupfer im Stein aus ungerösteten Schwefelerzen wird durch reines Pyritschmelzen erzielt, falls die Menge der Sulfide zur Erzeugung der erforderlichen Wärme und Temperatur ausreicht.

Geschwindigkeit des Schmelzens.

Bei den bisherigen Betrachtungen haben wir stillschweigend vorausgesetzt, daß der Ofen genügend rasch betrieben wird. Je rascher der Ofen geblasen wird, umso mehr Material kann unter sonst gleichen Bedingungen in einer gegebenen Zeit durchgesetzt werden, und umso geringer sind die Verluste durch Leitung und Strahlung für das Einheitsgewicht der Beschickung oder des Produktes. Es ist deshalb möglich, einfach durch verstärktes Blasen die Temperatur vor den Formen zu erhöhen und dadurch wiederum den Kokszusatz zu ermäßigen. Eine ähnliche Wirkung hat die Verlängerung des Ofenschachtes, weil dadurch die Ausnutzung der Wärme in den heißen Abgasen eine bessere wird, so daß die Beschickung stärker vorgewärmt in die Schmelzzone gelangt. Gegenwärtig gehen die

Bestrebungen beim pyritischen Schmelzen unzweifelhaft dahin, durch schnelleren Gang und größere Höhe der Öfen den Kokszusatz zu vermindern und den heißen Wind, welcher eine Komplikation des Betriebes mit sich bringt, entbehrlich zu machen.

Die Möglichkeit des Schmelzverfahrens beruht in allen Fällen darauf, daß man imstande ist, die für den Ofengang theoretisch nötige Temperatur zu erzeugen, und daß man die Durchsatzgeschwindigkeit für die Querschnittseinheit der Schmelzzone in der Minute so hoch wie irgend möglich hält. Dadurch werden zwei praktisch wichtige Resultate erzielt: die Temperatur der geschmolzenen Schlacke und des Steins nähert sich mehr der theoretischen Temperatur in der Formebene und das Durchsetzquantum wird größer. Durch Steigerung der Schmelzgeschwindigkeit steigern wir auch die Temperatur vor den Formen wegen der verminderten Strahlungsverluste, andererseits aber wird die Oxydation verringert wegen der kürzeren Zeit, in der die Beschickung der Oxydationswirkung ausgesetzt ist. Es muß folglich eine bestimmte Geschwindigkeit des Ofenganges geben, bei der die Oxydation, d. h. die Konzentration ein Maximum ist, und über die hinaus eine Vermehrung des Durchsatzes nur auf Kosten der Verminderung der Konzentration vor sich geht.

Übungsbeispiel 102.

W. H. Freeland[1]), Isabella, Tenn, schmolz im Herreshoff-Ofen mit Wassermantel Magnetkies aus Ducktown. Der Ofen besaß in der Formebene einen Querschnitt von 2 qm. Beschickungsmaterialien und Produkte hatten die folgende Zusammensetzung:

Beschickung	Erz	Quarz	Schlacke	Koks
Cu	2,744	—	0,73	—
Fe	36,519	1,45	39,20	2,30
S	24,848	0,32	1,75	1,58
SiO_2	18,548	96,79	30,90	8,41
CaO	7,294	0,23	8,51	—
MgO	2,672	—	2,71	—
Zn	2,556	—	2,88	—
Al_2O_3	0,911	0,32	1,90	3,56
Mn	0,770	—	0,85	—
O	—	0,38	11,37	1,00
C	—	—	—	83,86
CO_2	3,138	—	—	—
Verlust	—	0,39	—	—

---

[1]) Engineering and Mining Journal 1903 (2. Mai).

Produkte:

	Kupferstein	Flugstaub	Schlacke
Cu	20,00	2,20	0,37
Fe	47,15	30,80	38,84
S	24,00	16,51	1,74
SiO_2	0,44	23,92	32,60
CaO	0,10	4,45	8,24
MgO	—	1,38	3,44
Zn	2,05	2,98	1,54
Al_2O_3	0,82	1,94	1,50
Mn	0,53	0,15	0,80
O	4,91	15,26	10,88

Das Gewicht der Beschickungsmaterialien und der Produkte für 24 Stunden (A), bzw. auf 1000 kg Erz (B) berechnet, waren:

		A.	B.
Beschickung:	Erz	68,0 t	1000 kg
	Quarz	5,4 t	80 „
	Schlacke	9,8 t	145 „
	Koks	2,3 t	34 „
Produkte:	Stein	8,34 t	122,65 kg
	Staub	1,75 t	25,71 „
	Schlacke	63,81 t	938,24 „

Windverbrauch 127,4 cbm Hubvolumen in der Minute bei einem Druck von 0,075 kg/qcm. Wir nehmen an, daß die Gase mit 450° abgehen, und daß sie kein CO oder SO_3 und keinen freien O_2 enthalten. (Analyse der Gase liegt nicht vor.) Weiter sei angenommen, daß Stein und Schlacke mit 1300° abgestochen werden. (Auch diese Temperatur ist nicht gegeben.)

Aufgabe:

Zu berechnen ist:

1.) die vollständige Stoffbilanz des Ofens;
2.) der volumetrische Wirkungsgrad des Gebläses;
3.) die Wärmeentwicklung in der Formebene für 1 qm Querschnitt in der Minute;
4.) die theoretische Temperatur in der Formebene;
5.) die Verteilung der Wärmemengen, die durch Verbrennung von Kohlenstoff und die durch Oxydation der Sulfide entwickelt werden;
6.) wenn erhitzter Wind benutzt würde, welche Temperatur müßte er haben, um den Koks in der Beschickung entbehrlich zu machen? Es sei dabei vorausgesetzt, daß der Winddruck so weit erhöht wird, daß die dem Ofen zugeführte Windmenge die gleiche bleibt wie bei kaltem Wind.

Lösung:

1.) Stoffbilanz für 1000 kg Erz:

Beschickung		Kupferstein	Staub	Schlacke	Gase
Erz (1000)					
Cu . . .	27,44	24,53	0,57	2,34	—
Fe . . .	365,19	57,83	7,92	299,44	—
S	248,48	29,44	4,24	16,33	98,47
SiO_2 . .	185,48	0,54	6,15	178,79	—
CaO . .	72,94	0,12	1,14	71,68	—
MgO . .	26,72	—	0,35	26,37	—
Zn . . .	25,56	2,51	0,77	22,28	—
Al_2O_3 .	9,11	1,00	0,50	7,61	—
Mn . .	7,70	0,64	0,14	6,92	—
CO_2 . .	31,38	—	—	—	31,38
Quarz (80)					
Fe . . .	1,16	—	—	1,16	—
S	0,26	—	—	—	0,26
SiO_2 . .	77,43	—	—	77,43	—
CaO . .	0,18	—	—	0,18	—
Al_2O_3 .	0,26	—	—	0,26	—
H_2O . .	0,71	—	—	—	0,71
Schlacke (145)					
Cu . . .	1,06	—	—	1,06	—
Fe . . .	56,84	—	—	56,84	—
S	2,54	—	—	—	2,54
SiO_2 . .	44,81	—	—	44,81	—
CaO . .	12,34	—	—	12,34	—
MgO . .	3,93	—	—	3,93	—
Zn . . .	4,18	—	—	4,18	—
Al_2O_3 .	2,76	—	—	2,76	—
Mn . .	1,23	—	—	1,23	—
O	15,31	6,04	3,93	5,34	—
Koks (34)					
Fe . . .	0,78	—	—	0,78	—
S	0,54	—	—	—	0,54
SiO_2 . .	2,86	—	—	2,86	—
C	28,51	—	—	—	28,51
Al_2O_3 .	1,21	—	—	1,21	—
O	0,10	—	—	0,10	—
Wind (1191)					
O_2 . . .	274,91	—	—	97,92	176,99
N_2 . . .	916,37	—	—	—	916,37
	2450	122,65	25,71	946,16	1355,77

Bemerkungen zur Stoffbilanz:

Der Sauerstoff im Wind geht teils als SO_2 und CO_2 in die Gase, teils in der Form von Oxyden in die Schlacke. In die Gase geht:

O für $SO_2 = S \cdot \frac{32}{32}$	100,96
O „ $CO_2 = C \cdot \frac{32}{12}$	76,03
	176,99

und in die Schlacke:

O für Fe $= 330{,}68 \cdot \frac{16}{56}$	94,48
O „ Zn $= 26{,}46 \cdot \frac{16}{65}$	6,51
O „ Mn $= 8{,}15 \cdot \frac{16}{55}$	2,37
Im ganzen	103,36
Davon liefert die Beschickung	5,44
Auf den Wind entfallen	97,92
Dazu für die Verbrennung von S und C	176,99
Im ganzen hat der Wind zu liefern	274,91

2.) Für 1000 kg Erz wird dem Ofen 1191 kg Wind zugeführt. Das Volum des Windes bei 0° ist $\frac{1191}{1{,}293} = 921$ cbm.

Für 68 t Erz somit	62 628 cbm	in 24 Stunden
	= 2610 „	„ 1 Stunde
	= 43,5 „	„ 1 Minute
bei 50°	= 51,5 „	„ 1 Minute
Hubvolum des Gebläses	= 127,4 „	„ 1 Minute

Wirkungsgrad des Gebläses:

$$\frac{51{,}5}{127{,}4} = 0{,}404 = 40{,}4\,\%.$$

[Es ist an der Zeit, daß die Praktiker mit der Gewohnheit brechen, das Hubvolum des Gebläses als Maß für die Windzuführung anzugeben. Das wird immer noch getan, obschon der Ofen tatsächlich höchstens 85 % bis herunter zu 25 % des gegebenen Volums empfängt. Die wirkliche Windmenge ist für den Betrieb des Ofens eine sehr wichtige Größe, die aber dem Praktiker oftmals unbekannt ist. Sie kann gewöhnlich nur durch Rechnung in der oben dargelegten Weise ermittelt werden.

Wir möchten die Betriebsleiter dringend auffordern, nicht die Mühe zu scheuen, die mit einer Ermittlung der wirklichen Windzufuhr verknüpft ist. Die tiefere Einsicht, die sie dadurch in die Ofenprozesse gewinnen, ist dieser Mühe wert.]

3.) Um die Wärmeerzeugung in der Formebene kennen zu lernen, wollen wir annehmen, daß der feste Kohlenstoff des Kokses ganz zu CO_2 verbrennt, und daß der Rest des zugeführten Sauerstoffs für die beim reinen Pyritschmelzen stattfindende Reaktion zur Verwendung kommt. In der Minute werden

$$\frac{68\,000}{1440} = 47{,}2 \text{ kg}$$

Erz durchgesetzt.

Für 1000 kg Erz werden 28,51 kg Kohlenstoff verbrannt, welche

$$28{,}51 \cdot 8100 = 230\,930 \text{ Kal.}$$

erzeugen. Durch die Verbrennung des Kohlenstoffs werden $28{,}51 \cdot {}^8/_3 = 76{,}03$ kg Sauerstoff verbraucht, so daß für die Oxydation der Sulfide $274{,}91 - 76{,}03 = 198{,}88$ kg Sauerstoff übrig bleiben.

Da nun bei der Reaktion des Pyritschmelzens 2 O_2 161 560 Kal. erzeugten, so ist die Wärmeentwicklung für 1 kg Sauerstoff

$$\frac{161\,560}{64} = 2524 \text{ Kal.}$$

und für 1000 kg Erz

$$2524 \cdot 198{,}88 = 502\,000 \text{ Kal.}$$

Die gesamte Wärmeentwicklung für 1000 kg Erz ist

$$502\,000 + 230\,930 = 732\,930 \text{ Kal.},$$

in der Minute (für 47,2 kg Erz) also

$$\frac{732\,930 \cdot 47{,}2}{1000} = 34\,590 \text{ Kal.},$$

und für 1 qm Ofenquerschnitt in der Schmelzzone

$$\frac{34\,590}{2} = 17\,295 \text{ Kal.}$$

Letztere Zahl ist für den Vergleich verschiedener Öfen in bezug auf ihre Leistung von größtem Nutzen; in den meisten Fällen wird sie direkt als zuverlässiges Maß der erreichbaren Durchsatzgeschwindigkeit und somit der Schmelzleistung angesehen werden können.

4.) Für 1000 kg durchgesetztes Erz werden vor den Formen 732 930 Kal. entwickelt, wobei 1190 kg Wind verbraucht werden. Von der Beschickung geht der Staub, das CO_2 des Erzes, das H_2O des Quarzes und annähernd ¼ des Schwefels mit den Gasen nach oben, während der Rest der Beschickung in die Schmelzzone hinuntersinkt. In die Schmelzzone gelangen also für 1000 kg Erz:

28,51 kg fester Kohlenstoff,
526,5 „ Sulfide
621,2 „ schlackenbildendes Material.

Diese Materialien führen, wenn wir voraussetzen, daß sie mit 1000° in die Schmelzzone gelangen, dieser folgende Wärmemengen zu:

Kohlenstoff	28,51 · 380 =	10 834 Kal.
Sulfide (geschmolzen)	526,5 · 200 =	105 300 „
Schlackenbildner	621,2 · 174 =	108 089 „
	Zusammen	224 223 Kal.

Dazu die Wärmeentwicklung vor den Formen 732 930 Kal.
Gibt also zusammen eine verfügbare Wärme von 957 153 Kal.

Wenn t die theoretische Temperatur in der Formebene bedeutet, haben wir

Wärme in der Schlacke	946 [300 + (t — 1100) 0,27]
„ im Stein	123 [200 + (t — 1000) 0,14]
„ „ S-Dampf	76 [179 + (t — 445) 0,11]
„ „ SO_2	35 [0,36 t + 0,0003 t²]
„ „ CO_2	53 [0,37 t + 0,000 22 t²]
„ „ N_2	727 [0,303 t + 0,000 027 t²]

[Die 76 kg S, die in der Schmelzzone verdampfen, werden aus dem Gesamtschwefel gefunden nach Abzug der 25 kg, die oberhalb der Schmelzzone verflüchtigt wurden, sowie der 100,96 kg, welche in der Schmelzzone oxydiert werden. Die Volumina der Gase SO_2, CO_2 und N_2 sind in Kubikmetern (aus den Gewichten der Gase und dem Kubikmeter-Gewicht erhalten) angegeben.]

Der gesamte Wärme-Inhalt aller Produkte in der Schmelzzone ergibt sich wie folgt als Summe:

$$20\,098 + 550{,}5\,t + 0{,}0425\,t^2 = 957\,153,$$

woraus

$$t = 1569^0 \qquad (4)$$

Die Temperatur ist naturgemäß viel höher als beim Verschmelzen ohne Kokszusatz zur Beschickung. Wir können die Temperatur für den letzteren Fall leicht durch Einführung von Korrektionen in der obigen Rechnung ermitteln. Durch Fortlassen des Kokszusatzes kommen neben 28,51 kg Kohlenstoff etwa 5,5 kg Schlackenbildner in Fortfall. In den Produkten fehlt die durch Verbrennung gebildete Kohlensäure sowie die entsprechende Menge Luftstickstoff. Die verfügbare Wärme in der Formebene wird um 230 930 Kal. vermindert. Wenn wir diese Umstände berücksichtigen und dabei immer noch voraussetzen, daß die niedersinkende Beschickung mit 1000° in die Schmelzzone gelangt, dann finden wir für die Temperatur den Wert

$$t = 1447^0.$$

Theoretisch ist diese Temperatur zwar immer noch ausreichend, doch würden Unterschiede in der Qualität des Erzes sowie in der Temperatur und Feuchtigkeit der Luft den Betrieb unter diesen Bedingungen sehr viel unsicherer machen als bei Anwendung des Kokszusatzes.

5.) Ist schon berechnet worden. Wir fanden, daß durch Verbrennung des Kohlenstoffs zu CO_2 230 930 Kal., durch Oxydation der Sulfide 502 000 Kal. entwickelt werden. Von der Gesamtwärme entfallen

31 % auf Oxydation des Kohlenstoffs
69 % „ „ der Sulfide (5)

6.) Auch unter Fortlassen des Kokszusatzes wäre die frühere Temperatur 1569° immer noch zu erreichen, wenn erhitzter Wind benutzt würde. Bei kalter Luft ergab sich oben die theoretische Temperatur = 1447°. Die verfügbare Wärme war insgesamt 725 266 Kal. Da nun der Wärme-Inhalt der Produkte bei Fortlassung des Kokszusatzes

$$20\,083 + 451{,}7\,t + 0{,}0247\,t^2$$

beträgt, so läßt sich für t = 1569° die erforderliche verfügbare Wärme leicht berechnen. Wir finden 789 600 Kal., d. h. 64 334 Kal. mehr als tatsächlich zur Verfügung stehen. Diese Wärme muß als fühlbare Wärme im Wind zugeführt werden. Ohne Koks beträgt die Windmenge für 1000 kg Erz 862 kg $= \frac{862}{1{,}293}$ cbm, welche bei t einen Wärmeinhalt von

$$\frac{862}{1{,}293}\,(0{,}303\,t + 0{,}000\,027\,t^2)$$

besitzt.

Da mit dem Wind 64 334 Kal. zugeführt werden müssen, können wir setzen

$$202\,t + 0{,}01\,805\,t^2 = 64\,334,$$

woraus $t = 313^0$ (6)

Übungsbeispiel 103.

In Mount Lyell, Tasmanien, untersuchte Sticht die in verschiedenen Höhen des Schachtes eines Pyritschmelzofens entnommenen Gasproben. Abgesehen vom dampfförmigen Schwefel, der sich beim Probenehmen verdichtete, zeigten die Proben in den oberen 6 Fuß des Schachtes gleiche Zusammensetzung. Die in einer Höhe von 6—7 Fuß unterhalb der Gicht, ganz nahe an der Schmelzzone, gezogenen

Gasproben hatten im Mittel (5 Proben) folgende Zusammensetzung:

H_2	0,00	Vol. %
SO_3	0,00	,,
SO_2	7,90	,,
CO_2	3,56	,,
CO	0,00	,,
O_2	0,88	,,
N (diff.)	87,66	,,

CO_2 stammt von dem Koks, wovon 1,5 % (auf die Beschickung bezogen) zur Verwendung kam. Die Schlacke enthielt 53 % FeO und 30 % SiO_2.

Aufgabe:

Zu berechnen ist:

1.) die Verteilung der im Ofen durch Oxydation der Sulfide und durch Verbrennung des Kohlenstoffs entwickelten Wärme in Prozenten;
2.) die Wärmeentwicklung im Ofen für die Gewichtseinheit Schlacke;
3.) das Windvolum für 1000 kg Schlacke;

Lösung:

1.) Wir nehmen an, daß die Oxydation der Sulfide nach folgender Gleichung erfolgt:

$$Fe_2S + 2\,O_2 = 2\,FeO + SO_2.$$

In Wirklichkeit bilden gerade die obigen Gasanalysen die hauptsächlichste Stütze für diese Annahme des Reaktionsverlaufs. Die eingeführte Luft enthält annähernd 20,8 Volumprozent Sauerstoff. Nach der angeführten Gleichung wird ebensoviel Sauerstoff zur Bildung von FeO wie von SO_2 verbraucht.

Wir erhalten dann für die Ausnutzung des Sauerstoffs:

O_2 zur Bildung von 7,90 SO_2	7,90
O_2 ,, ,, ,, FeO	7,90
O_2 ,, ,, ,, 3,56 CO_2	3,56
O_2 als solches vorhanden . .	0,88
	20,24

Den vorhandenen 87,66 % N_2 würde an Sauerstoff entsprechen $87{,}66 \cdot \frac{20{,}8}{79{,}2} = 23{,}00$. Es bleibt also ein kleiner Fehlbetrag an Sauerstoff. Wenn wir indessen die Annahme machen, das zur Oxydation kommende Sulfid habe die Zusammensetzung FeS und die Reaktion erfolgte nach der Gleichung:

$$2\,FeS + 3\,O_2 = 2\,FeO + 2\,SO_2,$$

dann ergibt sich für die Ausnutzung des Sauerstoffs:

O_2 zur Bildung von	$7{,}90\,SO_2$	= 7,90
O_2 „ „ „	FeO	= 3,95
O_2 „ „ „	$3{,}56\,CO_2$	= 3,56
O_2 als solches		= 0,88
		16,29

Nehmen wir an, daß die Oxydation nach der zweiten Gleichung verläuft, dann können wir uns nur für etwa ⅔ des Sauerstoffs Rechenschaft geben. Daraus ergibt sich nur eine Schlußfolgerung, nämlich die, daß die Sulfide in der Form von Fe_2S zur Oxydation kommen und nicht als FeS.

Für jedes O_2, das für die Oxydation der Sulfide verbraucht wird, werden $\frac{161\,560}{2} = 80\,780$ Kal. entwickelt, für jedes O_2 zur Oxydation des Kohlenstoffs 97 200 Kal. Aus den obigen Analysen entnehmen wir, daß auf je 3,56 Volum Sauerstoff zur Bildung von CO_2 15,80 Volum zur Oxydation der Sulfide verbraucht werden.

Die entsprechende Wärmeentwicklung beider Vorgänge ist dann:

durch Oxydation des C	$97\,200 \cdot 3{,}56 = 346\,000$	= 21,3 %
durch Oxydation der Sulfide	$80\,780 \cdot 15{,}80 = 1\,276\,300$	= 78,7 % (1)

2.) Die Bildung von 2 FeO (144 kg) und SO_2 (64 kg) ist mit einer Wärmeentwicklung von 161 560 Kal verknüpft. Da die Schlacke 53 % FeO enthält, ist das Gewicht der letzteren $\frac{144}{0{,}53} = 272$ kg. Die 64 kg SO_2 nehmen ein Volum von 22,22 cbm ein und sind in den Gasen von $22{,}22 \cdot \frac{7{,}90}{3{,}56} = 10$ cbm CO_2 begleitet. 10 cbm CO_2 enthalten $10 \cdot 0{,}54 = 5{,}4$ kg Kohlenstoff, welche eine Oxydationswärme (zu CO_2) von

$5{,}4 \cdot 8100$	=	43 740 Kal. entwickeln;
Aus den Sulfiden stammen	=	161 560 „
Im ganzen verfügbar . .	=	205 300 Kal. ,

d. h. für 1 kg Schlacke

$$\frac{205\,300}{272} = 755 \text{ Kal.} \qquad (2)$$

Für die Gewichtseinheit Beschickung würde die Wärmeentwicklung ein wenig niedriger sein.

3.) Der für 272 kg Schlacke verbrauchte Sauerstoff beträgt:

zur Bildung von SO_2	. . . . . . =	22,22 cbm
„ „ „ FeO	. . . . . =	22,22 „
„ „ „ CO_2	. . . . . . =	10,00 „
	Zusammen =	54,44 cbm,

für 1 kg Schlacke somit 0,20 cbm oder für 1000 kg 200 cbm.

Das Windvolum für 1000 kg Schlacke ist dann

$$\frac{200}{0{,}208} = 960 \text{ cbm} \tag{3}$$

Das Verschmelzen der Kupfererze.

Das Verschmelzen der Erze auf Stein wird entweder im Flammofen oder im Schachtofen vorgenommen. Die Beschickung besteht gewöhnlich aus geröstetem Erz, geröstetem Stein oder gerösteter Speise unter Zumischung von ungerösteten Sulfiden, gewöhnlich Konzentraten, und kieseligem Material oder Kalkstein als Fluß. Die Reaktion beim Schmelzen besteht in der Bildung von Cu_2S seitens des anwesenden Kupfers, in der Bildung anderer Sulfide, hauptsächlich FeS, durch den größten Teil des noch übrigbleibenden Schwefels sowie in der Verschlackung der nicht in den Stein übergehenden Elemente. Bei Anwesenheit von viel Blei kann dieses metallisch abgeschieden werden und nimmt dann den größten Teil der Edelmetalle in sich auf, eine Erscheinung, auf die wir bei der Metallurgie des Bleies näher eingehen werden.

Eine wichtige Aufgabe beim Kupfersteinschmelzen ist die Berechnung des Verhältnisses von geröstetem zu ungeröstetem Material, sowie die Berechnung der Menge der Zuschläge, um eine zufriedenstellende Schlacke zu erhalten.

Einige für derartige Berechnungen wichtige Größen sind von Prof. Walter S. Landis im Laboratorium des Verfassers ermittelt worden. Ein Kupferstein mit 47,3 Cu, 26,2 Fe und 23,6 S gab folgende thermophysikalische Daten:

Schmelzpunkt = 1000^0;
Mittlere spez. Wärme 0—t Sm = 0,211 04 — 0,000 036 6 t;
Spez. Wärme bei t = 0,211 04 + 0,000 073 2 t;
Wärme-Inhalt im festen Zustand bei 1000^0 für 1 kg 174 Kal.
Wärme-Inhalt im flüssigen Zustand bei 1000^0 für 1 kg 204 Kal.
Latente Schmelzwärme bei 1000^0 = 30 Kal.
Spez. Wärme bei 1000^0 = 0,138 Kal.

Die Bildungswärme des Steines aus Cu_2S und FeS konnte nicht mit befriedigender Genauigkeit bestimmt werden.

An einer beim Steinschmelzen fallenden Schlacke von der Zusammensetzung 35,5 SiO_2, 39,7 FeO, 1,0 MnO, 11,4 CaO, 2,7 MgO, 9,2 Al_2O_3, 0,42 Cu, 0,42 S wurden nachstehende Daten ermittelt:

Schmelzpunkt = 1114°;
Mittlere spez. Wärme 0—t Sm = 0,201 85 + 0,000 030 2 t;
Spez. Wärme bei t Sm = 0,201 85 + 0,000 060 4 t;
Wärme-Inhalt (fest) bei 1114° = 262 Kal.;
Wärme-Inhalt (flüssig) bei 1114° = 302 Kal.;
Latente Schmelzwärme bei 1114° = 40 Kal.;
Spez. Wärme bei 1114° = 0,269 Kal.
Bildungswärme aus den Oxyden 133 Kal. für 1 kg Schlacke.

Die Schlacke hat keinen so scharfen Schmelzpunkt wie der Stein, und auch die latente Schmelzwärme ist nicht so scharf definiert, da die Schlacke beim Schmelzen einen zähflüssigen Übergangszustand durchläuft. Die angegebenen Zahlen sind die besten bei den Versuchen erhaltenen Näherungswerte. Die Bildungswärme der Schlacke aus den oxydischen Bestandteilen wurde in der Weise ermittelt, daß genau gewogene Oxydmengen, mit einem bekannten Gewicht Kohlenstoff untermischt, im Berthelotschen Kalorimeter entzündet wurden. Mehrere Versuche ergaben übereinstimmende Resultate, so daß der angegebene Wert 133 Kal. als sehr nahe richtig anzusehen ist. Nach dem angegebenen Verfahren wird die Bildungswärme jeder Schlacke von bekannter Zusammensetzung sich bestimmen lassen.

I. Flammofen-Arbeit.

Im Flammofen ist die Atmosphäre niemals stark reduzierend, sie mag von schwach reduzierend bis stark oxydierend wechseln und ist beim Schmelzen gewöhnlich annähernd neutral. Das hat zur Folge, daß das Kupferoxyd oder -sulfat in der Beschickung nicht durch Kohlenstoff reduziert wird, wie das im Schachtofen der Fall ist. Auch wird Fe_2O_3 nicht durch Kohlenstoff zu FeO reduziert, vielmehr verbindet sich der Sauerstoff des Fe_2O_3 mit dem Schwefel zu SO_2. Dadurch bleibt weniger Schwefel für die Steinbildung übrig und der Stein wird reicher an Kupfer. Der Vorgang ist der Hauptsache nach folgender:

$$2\,CuO + 2\,FeS + 2\,Fe_2O_3 + 6\,SiO_2 = SO + Cu_2S + 6\,FeSiO_3.$$

Die Schlacke $FeSiO_3$ mit 45 % SiO_2 ist schwer und strengflüssig. Durch Zusatz von etwas Kalk kann sie dünnflüssiger gemacht werden und gestattet dann bessere Scheidung vom Stein. Wenn 10 % FeO in dieser Schlacke durch 10 % CaO ersetzt werden, geht der Schmelzpunkt von 1110° auf 1010° herunter, wodurch die Schlacke leichter flüssig gehalten werden kann und bei gegebener Ofentemperatur besser fließt.

Übungsbeispiel 104.

Peters gibt[1]) für die in Argo, Col., im Flammofen verschmolzene Beschickung die folgende Zusammensetzung an:

SiO_2	33,9 %
Fe	10,8 %
$BaSO_4$	15,5 %
Al_2O_3	5,6 %
$CaCO_3$	8,5 %
$MgCO_3$	5,8 %
ZnO	6,1 %
Cu	2,0 %
S	5,1 %
O	6,4 %
	99,7 %

Von diesem Gemisch, das heiß (350°) aufgegeben wird, verschmilzt der Ofen in 24 Stunden 50 t bei einem Verbrauch von 13,5 t Steinkohle, und er erzeugt Stein mit 40 % Cu.

Die äußeren Maße des Ofens sind 6,1 · 12,2 · 1,8 m; die Querschnitte des Schornsteins, des Rostes und des Herdes sind entsprechend 1,50, 3,00 und 44,7 qm; die Temperatur der Gase im Fuchse 1000°. Zusammensetzung der Kohle: Feuchtigkeit 1,40 %, fester Kohlenstoff 54,90 %, flüchtige Bestandteile 32,90 %, Asche 10,80 %. Es wird ein Luftüberschuß von 10 % über die theoretisch notwendige Menge vorausgesetzt. Schlacke und Stein haben eine Temperatur von 1200°.

Aufgabe:

Zu berechnen ist:

1.) das Gewicht des erzeugten Kupfersteins unter der Voraussetzung, daß die Schlacke (durch unvollständige Abscheidung des Steines) 0,2 % Cu und der Stein 40 % Cu enthält;
2.) der Kupferverlust in der Schlacke in Prozenten des vorhandenen Kupfers;
3.) der Wärme-Inhalt der Essengase, der Schlacke und des Steines in Prozenten vom Heizwert des Brennstoffs;
4.) der Wärmeverlust durch Leitung und Strahlung für 1 qm äußere Oberfläche des Ofens in der Minute;
5.) die Geschwindigkeit der Gase am Fuße des Schornsteins;
6.) die Anzahl PS, welche theoretisch zu gewinnen wären, wenn die Gase durch einen Kessel geleitet und ihre Temperatur dadurch auf 200° herabgesetzt würde. Für Kessel und Maschine zusammen sei der thermomechanische Wirkungsgrad = 7,5 % gesetzt.

[1]) Modern Copper Smelting S. 446.

Lösung:

1.) Das Gesamtgewicht an Stein von 40 % Cu (einschließlich des in der Schlacke verbleibenden), welches aus 100 kg Erzgemisch erhalten wird, beträgt

$$\frac{2,0}{0,40} = 5 \text{ kg.}$$

FeS im Stein 5,0 — 2,5	= 2,5 kg
Fe im Stein $2,5 \cdot \frac{56}{88}$	= 1,6 „
Fe als FeO in die Schlacke 10,8 — 1,6	= 9,2 „
FeO verschlackt $9,2 \cdot \frac{72}{56}$	= 11,8 „

Bestandteile der Schlacke:

SiO_2	= 33,9 kg
FeO	= 11,8 „
BaO $15,5 \cdot \frac{153}{233}$	= 10,2 „
Al_2O_3	= 5,6 „
CaO $8,5 \cdot \frac{56}{100}$	= 4,8 „
MgO $5,8 \cdot \frac{40}{84}$	= 2,8 „
ZnO	= 6,1 „
Gewicht der Schlacke	= 75,2 kg
Kupfer in der Schlacke in Form beigemengter Steinkörnchen	= 0,15 kg
Stein in der Schlacke verloren . . .	= 0,37 „

An Kupferstein wird ausgebracht

$$5,0 - 0,37 = 4,63 \text{ kg} \quad (1)$$

2.) $$\frac{0,15}{2,00} = 0,075 = 7,5\ \% . \quad (2)$$

3.) Der Heizwert des Brennstoffs kann aus der Verkokungsprobe nach dem von Goutal[1]) angegebenen Verfahren folgendermaßen berechnet werden.

Reiner Brennstoff 1,0000 — 0,1220 . = 0,8780

davon flüchtige Bestandteile in Proz. $\frac{0,3290}{0,8780}$. = 37,5 %

---

[1]) Elektrochem. and Metall. Industry 1907 S. 145.

Heizwert der flüchtigen Bestandteile	=	8650 Kal.
Heizwert (Wasser kondensiert):		
Kohlenstoff 0,5490 · 8100	=	4447 Kal.
Flüchtige Bestandteile 0,3290 · 8650	=	2846 „
Summe	=	7293 Kal.
Gebildetes Wasser	=	0,45
Latente Verdampfungswärme des Wassers: 0,45 · 606,5	=	273 Kal.
Praktischer Heizwert	=	7020 Kal.

Wenn wir annehmen, daß die flüchtigen Bestandteile aus 15 % H, 40 % O und 45 % C bestehen, enthält die Kohle:

Wasserstoff 0,329 · 0,15	=	0,049
Flüchtigen C 0,329 · 0,45	=	0,148
Festen C	=	0,549
Gesamt-C	=	0,697.

Die zur Verbrennung notwendige Luft für 1 kg Brennstoff ist:

Sauerstoff für C 0,697 · $^8/_3$	=	1,859 kg
„ „ H 0,049 · 8	=	0,392 „
Summe	=	2,251 kg
Sauerstoff in der Kohle 0,3290 · 0,40	=	0,132 „
Sauerstoff aus der Luft	=	2,119 kg

$$\text{Luft } \frac{2{,}119 \cdot \frac{13}{3}}{1{,}293} \ldots\ldots = 7{,}10 \text{ cbm}$$

Darin Stickstoff 7,10 · 0,792	=	5,62 „
10 % Luftüberschuß	=	0,71 „
Volum des CO_2 : $\frac{2{,}556}{1{,}98}$	=	1,29 „
Volum des H_2O-Dampfes: $\frac{0{,}455}{0{,}81}$		0,56 „

Der Kohlenverbrauch in 24 Stunden ist 13,5 t mit einem Gesamtheizwert von

$$7020 \cdot 13\,500 = 94\,770\,000 \text{ Kal.}$$

oder für 100 kg Erz

$$\frac{94\,770\,000}{500} = 189\,540 \text{ Kal.}$$

Der Kohlenverbrauch beträgt für 100 kg Erz 27 kg. Die Volumina der Verbrennungsprodukte sind also 27 mal größer als die oben berechneten Volumina. Dazu kommen noch folgende Gasvolumina, welche, wie wir später sehen werden, aus der Beschickung ausgetrieben werden:

$$7{,}4\text{ kg } SO_2 = \frac{7{,}4}{2{,}88} = 2{,}57\text{ cbm}$$

$$6{,}0\text{ ,, } SO_3 = \frac{6{,}0}{3{,}60} = 1{,}66\text{ ,,}$$

$$6{,}7\text{ ,, } CO_2 = \frac{6{,}7}{1{,}98} = 3{,}38\text{ ,,}$$

Der Wärme Inhalt der Essengase bei 1000⁰ ist:

CO_2	38,21 cbm	$\cdot\, 0{,}59 \cdot 1000$	=	22 544 Kal.
H_2O	15,12 ,,	$\cdot\, 0{,}49 \cdot 1000$	=	7 409 ,,
N_2 Luft	170,91 ,,	$\cdot\, 0{,}33 \cdot 1000$	=	56 400 ,,
SO_2	2,57 ,,	$\cdot\, 0{,}66 \cdot 1000$	=	1 996 ,,
SO_3	1,66 ,,	$\cdot\, 0{,}58 \cdot 1000$	=	1 013 ,,
	228,47 cbm	Summe	=	89 362 Kal.

Von dem gesamten Heizwert der Kohle ist als fühlbare Wärme in den Essengasen vorhanden

$$\frac{89\,362}{189\,540} = 0{,}47 = 47\,\%. \qquad (3)$$

Den Wärme-Inhalt der mit 1200⁰ abgestochenen Schlacke finden wir aus der Bestimmung Landis' (302 Kal. beim Schmelzpunkt) unter Annahme einer spez. Wärme im flüssigen Zustand von 0,27:

$$302 + 0{,}27\,(1200 - 1114) = 325\text{ Kal. für 1 kg}$$

oder für 75,2 kg $325 \cdot 75{,}2 = 24\,440$ Kal.

In Prozenten vom gesamten Heizwert der Kohle beträgt dieser Wärme-Inhalt

$$\frac{24\,440}{189\,540} = 0{,}129 = 12{,}9\,\%. \qquad (3)$$

Um den Wärme-Inhalt des Kupfersteins zu finden, benutzen wir ebenfalls Landis' Bestimmung des Wärme-Inhalts des eben geschmolzenen Steins von 1000⁰ (204 Kal.) und der spez. Wärme bei 1000⁰ (0,14)

$$204 + 0{,}14\,(1200 - 1000) = 232\text{ Kal. für 1 kg}$$

und für 4,65 kg Stein

$$4{,}65 \cdot 232 = 1080\text{ Kal.}$$

Der Wärme-Inhalt des Steins beträgt vom Heizwert der verbrauchten Kohle nur

$$\frac{1080}{189\,540} = 0{,}006 = 0{,}6\,\%. \qquad (3)$$

4.) Die Wärmeverluste durch Leitung und Strahlung finden wir durch Differenz, wenn wir von der gesamten Wärmeerzeugung im Ofen, die teils durch Verbrennung und teils durch andere chemische Reaktionen zustande kommt, erst die etwaige Wärmebindung durch chemische Reaktionen und dann die fühlbare Wärme in den Essengasen, der Schlacke und dem Stein abziehen. Das Erz wird heiß mit 350° aufgegeben und führt für 100 kg, unter Annahme einer spez. Wärme von 0,15, dem Ofen 5250 Kal. als fühlbare Wärme zu.

Fühlbare Wärme 100 · 0,15 · 350	= 5 250 Kal
Durch Verbrennung der Kohle erzeugte Wärme	= 189 540 ,,
Im ganzen verfügbar	= 194 790 Kal.

Die thermochemische Auswertung der chemischen Reaktionen zwischen Sulfaten und Oxyden einerseits und Sulfiden andererseits ist recht verwickelt und wird am Schlusse dieses Übungsbeispiels ausführlich behandelt werden. Hier geben wir nur das Endresultat der Berechnung:

Wärmeverbrauch durch chemische Reaktionen . .	16 480 Kal.
Wärmeentwicklung durch Bildung der Schlacke . .	+ 9 430 ,,
Im ganzen Wärmebindung	7 050 Kal.

Für 100 kg Erzgemisch erhalten wir also die folgende Wärmebilanz:

Wärmeeinnahme:

In der heißen Beschickung	5 250 Kal.
Durch Verbrennung der Kohle	189 540 ,,
	194 790 Kal.

Wärmeausgabe:

In den Essengasen	89 360 Kal.
In der flüssigen Schlacke beim Abstich	24 440 ,,
In dem flüssigen Stein beim Abstich	1 080 ,,
Gebunden durch chemische Reaktionen	7 050 ,,
Verlust durch Leitung und Strahlung	72 860 ,,
	194 790 Kal.

Der Verlust durch Leitung und Strahlung während 24 Stunden (50 000 kg Erzgemisch) ist

$$72\,860 \cdot 500 = 36\,430\,000 \text{ Kal.}$$

und in der Minute

$$\frac{36430000}{1440} = 25300 \text{ Kal.}$$

Die ganze äußere Oberfläche des Ofens (einschließlich der Grundfläche) beträgt

$$2\,(6{,}1 \cdot 12{,}2) + 2\,(1{,}8 \cdot 12{,}2) + 2\,(1{,}8 \cdot 6{,}1) = 214{,}72 \text{ qm}.$$

Der Verlust für 1 qm in der Minute

$$\frac{25\,300}{214{,}72} = \mathbf{117{,}8\ Kal.} \qquad (4)$$

5.) Das Volum der Essengase fanden wir bei 0° zu 228,47 cbm für 100 kg Erzgemisch oder 228,47 · 500 = 114 235 cbm in 24 Stunden = 1,32 cbm in der Sekunde.

Bei 1000° ist das Volum

$$1{,}32 \cdot \frac{1273}{273} = 6{,}15 \text{ cbm}.$$

Da der Querschnitt des Schornsteins 1,50 qm beträgt, treten die Gase mit einer Geschwindigkeit von $\frac{6{,}15}{1{,}5} = \mathbf{4{,}1\ m/sek.}$ (5)

in den Schornstein.

6.) Wir fanden den Wärme-Inhalt der Essengase für 100 kg Erzgemisch zu 89360 Kal. Wenn sie den Dampfkessel durchstrichen haben und dadurch auf 200° abgekühlt sind, ist ihr Wärme-Inhalt noch:

CO_2	38,21 cbm	· 0,41	· 200 =	3 133	Kal.
H_2O	15,12 „	· 0,37	· 200 =	1 119	„
N_2 / Luft	170,91 „	· 0,308	· 200 =	10 528	„
SO_2	2,57 „	· 0,42	· 200 =	216	„
SO_3	1,66 „	· 0,44	· 200 =	146	„
			Summe	15 142	Kal.

Zur Dampferzeugung sind abgegeben

$$89\,360 - 15\,142 = 74\,218 \text{ Kal.}$$

für 100 kg Erzgemisch.

In 24 Stunden wird an den Kessel abgegeben

$$74\,218 \cdot 500 = 37\,109\,000 \text{ Kal.},$$

in 1 Stunde 1 546 200 Kal.

Da 1 PS-Stunde = 636 Kal. ist, so lassen sich bei 100 % Wirkungsgrad

$$\frac{1\,546\,200}{636} = 2430 \text{ PS},$$

somit bei 7,5 % Wirkungsgrad

$$2430 \cdot 0{,}075 = 182 \text{ PS} \qquad (6)$$

gewinnen.

In Verbindung mit der Berechnung unter Punkt 4 ist es von Interesse, die chemischen und besonders die thermochemischen Erscheinungen etwas näher zu erörtern, welche beim Verschmelzen des Erzgemisches auf Stein eintreten. Am einfachsten gehen wir dabei von der gegebenen Zusammensetzung des Erzgemisches aus. Dieses enthält, abgesehen von SiO_2, Al_2O_3 usw.:

Fe	10,8 %
Cu	2,0 %
S	5,1 %
O	6,4 %

Die Bestandteile können als FeS, FeO, Fe_2O_3, $FeSO_4$, Cu_2S, Cu_2O CuO und $CuSO_4$ vorhanden sein. Bei dem gegebenen Mengenverhältnis der vier Elemente ist die Art ihrer Bindung schon innerhalb ziemlich enger Grenzen festgelegt. Durch Probieren kann mit etwas Geduld ermittelt werden, daß die 4 Elemente, die zusammen 24,3 % vom Erz ausmachen, sich auf die möglichen Verbindungen etwa in folgender Weise verteilen:

CuO	1,0 %
$CuSO_4$	3,0 %
FeS	7,3 %
$FeSO_4$	8,9 %
FeO	0 4,%
Fe_2O_3	3,7 %

Wenn wir für diese Verbindungen die Mengen der einzelnen Elemente ausrechnen, finden wir sie in Übereinstimmung mit den Analysenzahlen des Erzgemisches.

Durch Verschmelzen dieser Verbindungen auf Kupferstein erhalten wir

Cu_2S	2,5 %	in den Stein gehend
FeS	2,5 %	„ „ „ „
SO_2	7,4 %	„ die Gase „
FeO	11,8 %	„ „ Schlacke „

Um die Reaktionswärme des Schmelzprozesses zu finden, denken wir uns die vor der Reaktion anwesenden Verbindungen in ihre Elemente zerlegt, wobei ihre Bildungswärmen verbraucht werden, und dann die Elemente zu den neuen Verbindungen vereinigt, wobei die Bildungswärmen der letzteren entwickelt werden. Die Differenz zwischen Wärmeverbrauch und Wärmeentwicklung ist dann die Reaktionswärme

Wärmeverbrauch:

Zersetzung von	$1{,}0\ CuO$	$= 1{,}0 \cdot \frac{37\,700}{79{,}6} = 1{,}0 \cdot 473 =$	473 Kal.
„ „	$3{,}0\ CuSO_4$	$= 3{,}0 \cdot \frac{181\,700}{159{,}6} = 3{,}0 \cdot 1139 =$	3 417 „
„ „	$7{,}3\ FeS$	$= 7{,}3 \cdot \frac{24\,000}{88} = 7{,}3 \cdot 273 =$	1 993 „
„ „	$8{,}9\ FeSO_4$	$= 8{,}9 \cdot \frac{214\,500}{152} = 8{,}9 \cdot 1411 =$	12 558 „
„ „	$0{,}4\ FeO$	$= 0{,}4 \cdot \frac{65\,700}{72} = 0{,}4 \cdot 913 =$	365 „
„ „	$3{,}7\ Fe_2O_3$	$= 3{,}7 \cdot \frac{195\,600}{160} = 3{,}7 \cdot 1223 =$	4 525 „
		Summe =	23 331 Kal.

Wärmeentwicklung:

Bildung von	$2{,}5\ Cu_2S$	$= 2{,}5 \cdot \frac{20\,300}{159} = 2{,}5 \cdot 128 =$	320 Kal.
„ „	$2{,}5\ FeS$	$= 2{,}5 \cdot \frac{24\,000}{88} = 2{,}5 \cdot 273 =$	683 „
„ „	$7{,}4\ SO_2$	$= 7{,}4 \cdot \frac{69\,260}{64} = 7{,}4 \cdot 1082 =$	8 007 „
„ „	$11{,}8\ FeO$	$= 11{,}8 \cdot \frac{65\,700}{72} = 11{,}8 \cdot 913 =$	10 773 „
		Summe =	19 783 Kal.

Differenz (Wärmeverbrauch) = 3549 Kal. Dazu kommt noch die zur Zersetzung von $BaSO_4$ in $BaO + SO_3$, von $CaCO_3$ in $CaO + CO_2$ und von $MgCO_3$ in $MgO + CO_2$ verbrauchte Wärme. Als wärmeentwickelnde Vorgänge sind noch zu berücksichtigen die Vereinigung von Cu_2S mit FeS zu Stein, die Vereinigung von SiO_2 mit BaO, Al_2O_3, CaO, MgO, ZnO und FeO zu Schlacke.

Zur Austreibung von SO_3 und CO_2 wird verbraucht:

SO_3 aus	$BaO \cdot SO_3$	$= 6{,}0 \cdot 1189 =$	7 134 Kal.
CO_2 „	$CaO \cdot CO_2$	$= 3{,}7 \cdot 1026 =$	3 796 „
CO_2 „	$MgO \cdot CO_2$	$= 3{,}0 \cdot 666 =$	1 998 „
		Summe =	12 928 Kal.

Wenn von der Bildungswärme der Schlacke aus den Oxyden abgesehen wird, ist das thermochemische Resultat aller Reaktionen:

Wärmeverbrauch 23 331 + 12 928	= 36 259 Kal.
Wärmeentwicklung	= 19 782 „
Fehlbetrag (Wärmeverbrauch) .	= 16 477 Kal.

Und selbst wenn wir die Bildungswärme der Schlacke berücksichtigen:

$$70{,}9 \cdot 133 = 9430 \text{ Kal.},$$

bleibt noch ein Fehlbetrag (Wärmeverbrauch) von 7047 Kal.

Die Reaktion der Kupfersteinbildung aus dem Erzgemisch ist also endothermisch, trotzdem viel S als SO_2 entweicht. Die Ursache ist hauptsächlich darin zu suchen, daß der größte Teil des Schwefels im gerösteten Erz als Sulfat und nicht als Sulfid vorhanden war.

Übungsbeispiel 105.

Einem Kupferschachtofen stehen Materialien folgender prozentischer Zusammensetzung zur Verfügung:

	Cu	Fe	S	SiO_2
Ausgesuchtes Roh-Erz	15	20	35	25
Geröstete Konzentrate	25	35	10	12
Raffinierschlacke	50	10	—	25

als Zuschlag Kalkstein von 50 % CaO und 1 % SiO_2.

Es sollen daraus Stein mit 50 % Cu und Schlacke mit 35 % SiO_2, 40 % FeO und 15 % CaO oder mit denselben Bestandteilen in andern Mengen, aber im gleichen Verhältnis erschmolzen werden.

Aufgabe:

Zu berechnen ist:

1.) die Zusammensetzung der Beschickung,

2.) die Stoffbilanz.

Lösung:

In dieser Form tritt die Aufgabe meistens an den praktischen Hüttenmann heran. Rohes Erz und geröstete Konzentrate stehen ihm zur Verfügung und er kann gewöhnlich über das Mischungsverhältnis beider beliebig verfügen, indem er einfach mehr oder weniger Material abröstet. Auch Schlacken von den Raffinieröfen sind immer vorhanden, doch ist ihre Menge keine beliebig große, sondern sie steht meistens in einem bestimmten Verhältnis zu der Menge des Steines, welcher zur Weiterbehandlung abgegeben wird. Endlich kann die Menge des Kalksteins beliebig geändert werden. Es ist leicht einzusehen, daß, wenn die Beschickung auf eine bestimmte Menge rohes Erz bezogen wird, es dann drei veränderliche Größen gibt, nämlich die Mengen der drei übrigen Beschickungsmaterialien, zu deren Festlegung praktisch nur zwei Bedingungen vorhanden sind, die zwei Verhältniszahlen zwischen den 3 Bestandteilen der Schlacke. Um eine eindeutige Lösung zu erhalten, müssen wir eine Annahme machen, wodurch die Zahl der Veränderlichen ebenfalls auf zwei reduziert wird, und eine kurze Überlegung macht es sofort klar, daß die zweckmäßigste Annahme darin bestehen wird, daß zwischen der verfügbaren Raffinierschlacke und dem erzeugten Quantum Stein ein bestimmtes Verhältnis besteht. Dadurch wird die Menge der Raffinierschlacke als Veränderliche beseitigt; wir erhalten zwei Veränderliche und zwei Bedingungen, die erfüllt werden müssen, wodurch die Lösung möglich wird. Wir beziehen die Beschickung auf 100 Teile rohes Erz und nennen das Gewicht der gerösteten Konzentrate X, das der Raffinierschlacke Y und das Gewicht des Kalksteins Z. Dann berechnen wir das Gewicht des Steins als Ausdruck mit X, Y und Z. Wenn wir nun weiter die Annahme machen, daß die Raffinierschlacke beispielsweise 0,25 vom Gewicht des Steines beträgt, dann haben wir Y = $\frac{1}{4}$ · (Gewicht des Steins als Ausdruck mit X Y Z). Wenn die Bestandteile der Schlacke ebenfalls als Ausdruck mit X Y und Z ermittelt sind, erhalten wir durch die gegebenen Verhältnisse zwischen den Bestandteilen FeO, CaO, SiO_2 zwei weitere Gleichungen zwischen X, Y und Z, und alle drei Größen lassen sich berechnen. Die vorläufige Stoffbilanz, auf 100 Teile Erz und X, Y und Z der übrigen Bestandteile bezogen, nimmt dann folgende Form an:

Stoffbilanz:

		Kupferstein	Schlache
Erz (100)			
Cu	15	Cu 15	—
Fe	20	Fe 7,2 + 0,14 Y	FeO 16,5 — 0,18 Y
S	35	S 7,8 + 0,03 X + 0,26 Y	–
SiO_2	25	—	SiO_2 25,0
Geröstete Konzentrate (X)			
Cu	0,25 X	Cu 0,25 X	—
Fe	0,35 X	Fe 0,12 X	FeO 0,30 X
S	0,10 X	S 0,10 X	—
SiO_2	0,12 X	—	SiO_2 0,12 X
Raffinierschlacke (Y)			
Cu	0,50 Y	Cu 0,50 Y	—
Fe	0,10 Y	Fe 0,10 Y	—
SiO_2	0,25 Y	—	SiO_2 0,25 Y
Kalkstein (Z)			
CaO	0,50 Z	—	CaO 0,50 Z
SiO_2	0,01 Z	—	SiO_2 0,01 Z

Bemerkungen zur obigen Stoffbilanz.

Kupfer im Stein	15 + 0,25 X + 0,50 Y
Gewicht des Steins (50 % Cu)	30 + 0,50 X + 1,00 Y
Schwefel im Stein	7,8 + 0,13 X + 0,26 Y
Eisen im Stein	7,2 + 0,12 X + 0,24 Y

Da das Gewicht der Raffinierschlacke zu $\frac{1}{4}$ der Steinmenge festgelegt worden ist, so ergibt sich unmittelbar:

$$Y = 0{,}25\,(30 + 0{,}50\,X + 1{,}00\,Y)$$
$$= 7{,}5 + 0{,}13\,X + 0{,}25\,Y,$$

woraus

$$Y = 10 + 0{,}17\,X,$$

das heißt: das Gewicht der Raffinierschlacke = $^1/_{10}$ vom Gewicht des rohen Erzes + 0,17 von dem der gerösteten Konzentrate.

Dadurch sind die gerösteten Konzentrate und der Kalkstein nunmehr als die alleinigen Veränderlichen übrig.

Die Aufgabe kann nun sofort gelöst werden, indem wir die Bestandteile der Schlacke wie folgt summieren:

$$FeO = 16{,}5 - 0{,}18\,Y + 0{,}30\,X$$
$$SiO_2 = 25{,}0 + 0{,}25\,Y + 0{,}12\,X + 0{,}01\,Z$$
$$CaO = 0{,}50\,Z.$$

Durch Einsetzen von $Y = 10 + 0{,}17\,X$ erhalten wir:

$$FeO = 14{,}7 + 0{,}27\,X$$
$$SiO_2 = 27{,}5 + 0{,}16\,X + 0{,}01\,Z$$
$$CaO = 0{,}50\,Z.$$

Da in der Schlacke folgende Verhältnisse bestehen sollen:

$$SiO_2 = \frac{35}{40}\,FeO$$

und

$$CaO = \frac{15}{40}\,FeO,$$

erhalten wir:

$$27{,}5 + 0{,}16\,X + 0{,}01\,Z = \frac{35}{40}\,(14{,}7 + 0{,}27\,X)$$

und

$$0{,}50\,Z = \frac{15}{40}\,(14{,}7 + 0{,}27\,X),$$

woraus

$$X = 195 \qquad Z = 48.$$

Durch Einsetzen von X ergibt sich

$$Y = 43.$$

Die endgültige Stoffbilanz wird dann:

Stoffbilanz:

		Kupferstein	Schlacke
Erz (100)			
	Cu 15	Cu 15	—
	Fe 20	Fe 20	—
	S 35	S 35	—
	SiO_2 25	—	SiO_2 25
Geröstete Konzentrate (195)			
	Cu 49	Cu 49	—
	Fe 68	Fe 17	FeO 66
	S 20	S 10	—
	SiO_2 23	—	SiO_2 23
Raffinierschlacke (43)			
	Cu 22	Cu 22	—
	Fe 4	Fe 4	—
	SiO_2 11	—	SiO_2 11
Kalkstein (48)			
	CaO 24	—	CaO 24
	SiO_2 1	—	SiO_2 1
		172	150

Zusammensetzung

des Steins	der Schlacke
Cu 86 = 50 %	SiO_2 60 = 36 %
Fe 41 = 24 %	FeO 66 = 40 %
S 45 = 26 %	CaO 24 = 14 %
172	150 90

Der praktische Hüttenmann ist gewöhnlich kein Freund von X, Y und Z, und im regelmäßigen täglichen Betrieb hat er auch für Algebra wenig Verwendung. Bisweilen kann jedoch auch bei ihm der Fall eintreten, daß eine Aufgabe sich nur mit Hilfe der Algebra in exakter Weise lösen läßt, welche durch Probieren und Annäherungsverfahren kaum befriedigend bewältigt werden kann. Die oben gebrachte Lösung ist in der Tat ein Beispiel dafür. Die Aufgabe in der gegebenen Form wurde dem Verfasser von einem praktischen Kupferhüttenmann vorgelegt und als besonders harte Nuß bezeichnet. Als ihm die algebraische Lösung vorgelegt wurde, bezeichnete der Praktiker dieselbe als die befriedigendste Art, solche Aufgaben zu lösen.

Verarbeiten des Kupfersteins.

Die weitere Behandlung des Steins bezweckt die allmähliche Beseitigung des Eisens und Schwefels, wodurch schließlich Rohkupfer, meistens mit einem Reinheitsgrade von 90—99 %, erhalten wird. Der erste aus dem Erz erschmolzene Stein (Rohstein) hat einen schwankenden Kupfergehalt von 20 bis 50%, bisweilen sogar bis 60 %. Ein hochkonzentrierter Stein wird nicht immer erstrebt, weil bei kupferreichen Steinen immer mehr Kupfer in die Schlacke geht. Die Kunst des praktischen Kupferhüttenmannes besteht aber gerade darin, einen reichen Stein neben einer armen Schlacke zu erzeugen, wobei geeignete Zusammensetzung der Schlacke sowie große Vorherde zur möglichst vollständigen Trennung von Stein und Schlacke wichtige Hilfsmittel sind. Die weitere Behandlung dieses ersten Rohsteins bezweckt die Reingewinnung des Kupfergehaltes.

Das Waleser Verfahren.

Die Arbeit besteht in einer teilweisen Röstung des Rohsteins mit darauffolgendem Verschmelzen auf einen kupferreicheren Stein und eisenhaltige Schlacke. Der Kupfergehalt des Konzentrationssteins hängt ausschließlich von dem Grad der Röstung ab. Je mehr Schwefel durch das Rösten beseitigt wird, um so weniger bleibt für die Steinbildung übrig und um so kupferreicher wird der Stein.

Beispiel:

Ein Stein mit 21,36 % Cu und 22,95 % S wird geröstet bis ⅔ des Schwefels entfernt sind. Welcher Kupfergehalt ist nach dem Verschmelzen in dem Stein zu erwarten?

Von den 22,95 Teilen Schwefel sind noch $\frac{22{,}95}{3} = 7{,}65$ Teile vorhanden. 21,36 Cu brauchen 5,34 S, um Cu_2S zu bilden, sodaß 7,65 — 5,34 = 2,31 Teile Schwefel zur Bildung von FeS verbleiben. Die Menge des letzteren ist $2{,}31 \cdot \frac{88}{32} = 6{,}35$ Teile. Mehr FeS kann der Kupferstein nicht enthalten. Die Zusammensetzung des Steins wird dann annähernd:

Cu . . .	21,36	= 64 %
Fe . . .	4,04	= 12 %
S	7,65	= 23 %
	33,05	

Praktisch wird bei der Arbeit im Flammofen ein etwas reicherer im Schachtofen ein etwas ärmerer Stein erhalten. Im Flammofen tritt beim Schmelzen eine Reaktion zwischen Oxyden und Sulfiden im gerösteten Stein ein, wodurch SO_2 entsteht; im Schachtofen herrscht durch die Verwendung von festem kohligen Brennstoff eine höhere Temperatur und stärker reduzierende Atmosphäre, so daß etwas metallisches Eisen entsteht und in den Stein übertritt. Letzterer verhält sich dann so, als ob Fe_2S vorhanden wäre, wodurch der Kupfergehalt sinkt.

Da Rösten des Steins verläuft sehr langsam, wenn dieser nicht vorher gemahlen ist. Stein in Stücken ist für Gase sehr wenig durchlässig. Wenn ein Stück in zwei Hälften geschlagen wird, nimmt seine Oberfläche annähernd um 50 % zu, und bei weiterer Zerkleinerung wächst die der Röstung zugängliche Oberfläche sehr schnell. Röstung durch die eigene Oxydationswärme ist bei Stein in Stückform wegen der Langsamkeit des Vorganges nicht angängig, die Röstung verläuft umso glatter, je feiner der Stein gemahlen ist.

Für den Kupferstein wird ein pyritisches Schmelzen in der reinen Form, also ohne kohligen Brennstoff, wohl überhaupt nicht in Frage kommen können. Unter Verwendung von etwas Koks ist dagegen ein oxydierendes Schmelzen des Steins — analog dem partiellen pyritischen Schmelzen — wie Freeland, Isabella, Tenn, bewiesen hat, sehr gut möglich. Ein derartiges konzentrierendes Schmelzen ist bei kupferarmem Stein leichter ausführbar als bei kupferreichem, weil in ersterem viel mehr Eisen und Schwefel für die Oxydation vorhanden ist. Es wird nützlich sein, die Einzelheiten dieses Konzentrationsschmelzens genau zu berechnen und mit den Resultaten des pyritischen Erzschmelzens (Übungsbeispiel 102) zu vergleichen.

Übungsbeispiel 106.

W. H. Freeland[1]) in Isabella, Tennessee, verschmolz armen Stein ohne vorhergehende Röstung im Herreshoffschen Wassermantel-Ofen. Der Ofen besaß in der Formenebene einen freien Querschnitt von 2 qm. Beschickungsmaterialien und Produkte hatten folgende Zusammensetzung:

Beschickung

	Stein	Roherz	Laboratoriums muster	Schlacke	Quarz	Koks
Cu	20,00	2,79	2,45	0,73	—	—
Fe	47,15	43,26	31,07	39,20	1,45	2,30
S	24,00	29,18	14,84	1,75	0,32	1,58
SiO_2	0,44	10,01	22,66	30,90	96,79	8,41
CaO	0,10	6,32	5,71	8,51	0,23	—
MgO	—	1,39	2,03	2,71	—	—
Zn	2,05	2,56	2,05	2,88	—	—
Al_2O_3	0,82	1,00	1,15	1,90	0,32	3,56
Mn	0,53	0,69	0,75	0,85	—	—

[1]) Engineering and Mining Journal 1903, 2. Mai.

	Stein	Roherz	Laboratoriumsmuster	Schlacke	Quarz	Koks
O	4,91	—	3,39	11,37	0,38	1,00
C	—	—	13,90	—	—	83,86
CO_2 usw.	—	2,80	—	—	—	—
Verlust	—	—	—	—	0,39	—

Produkte

	Kupferstein	Flugstaub	Schlacke
Cu	49,63	2,49	0,60
Fe	25,24	24,79	43,99
S	23,00	8,91	1,19
SiO_2	0,26	31,43	33,72
CaO	—	3,31	2,03
MgO	—	1,18	0,57
Zn	1,53	3,81	2,12
Al_2O_3	—	3,93	2,16
Mn	0,39	0,30	0,50
O	—	3,97	12,86
C	—	15,88	—

Die Gewichte der durchgesetzten Beschickungsmaterialien bzw. der erhaltenen Produkte sind für 24 Stunden bzw. für 1000 kg durchgesetzten Stein:

Beschickungsmaterialien	24 Std.	für 1000 kg Stein
Stein	47,5 t	1000 kg
Rohes Erz	8,1 t	170 ,,
Laboratoriumsmuster	1,6 t	34 ,,
Schlacke	7,6 t	160 ,,
Quarz	15,7 t	330 ,,
Koks	4,5 t	95 ,,
Produkte:		
Stein	19,1 t	401 6 kg
Flugstaub	0,6 t	12,0 ,,
Schlacke	56,1 t	1182,2 ,,

Windverbrauch = 127,4 cbm Hubvolum in der Minute bei einem Druck von 0,075 kg/qcm. Die Temperatur der Ofengase sei 450°, und wir nehmen an, daß sie kein CO, SO_3 oder freien O_2 enthalten (Analysen sind nicht gegeben). Weiter wird angenommen, daß Stein und Schlacke den Ofen mit 1300° verlassen (die Temperatur ist nicht angegeben).

Aufgabe:

Zu berechnen ist.

1.) Die vollständige Stoffbilanz des Ofens

2.) Der volumetrische Wirkungsgrad des Gebläses

3.) Die Wärmeentwicklung in der Minute für 1 qm Querschnitt der Formebene.
4.) Die theoretische Temperatur vor den Formen
5.) Die Verteilung der Wärmeentwicklung auf die durch Verbrennung von Kohlenstoff und durch Oxydation der Sulfide erzeugten Wärmemengen.
6.) Die durch das Schmelzen erreichte Konzentration.

Lösung:

1.) Stoffbilanz (für 1000 kg durchgesetzten Stein)

	Beschickung	Stein	Flugstaub	Schlacke	Gase
Cu	200,00	199,31	0,30	0,39	—
Fe	471,50	101,36	2,97	367,17	—
S	240,00	92,18	—	—	147,82
SiO_2	4,40	1,04	—	3,36	—
CaO	1,00	—	—	1,00	—
Zn	20,50	6,14	—	14,36	—
Al_2O_3	8,20	—	—	8,20	—
Mn	5,30	1,57	—	3,73	—
O	49,10	—	—	49,10	—
Erz (170)					
Cu	4,74	—	—	4,74	—
Fe	73,54	—	—	73,54	—
S	49,60	—	1,07	14,15	34,38
SiO_2	17,02	—	3,77	13,25	—
CaO	10,74	—	0,40	10,34	—
MgO	2,36	—	0,14	2,22	—
Zn	4,35	—	0,46	3,89	—
Al_2O_3	1,70	—	0,47	1,23	—
Mn	1,17	—	0,04	1,13	—
O	2,40	—	—	2,40	—
CO_2	2,38	—	—	—	2,38
Muster (34)					
Cu	0,83	—	—	0,83	—
Fe	10,56	—	—	10,56	—
S	5,05	—	—	—	5,05
SiO_2	7,70	—	—	7,70	—
CaO	1,94	—	—	1,94	—
MgO	0,69	—	—	0,69	—
Zn	0,70	—	—	0,70	—
Al_2O_3	0,39	—	—	0,39	—
Mn	0,26	—	—	0,26	—

Beschickung		Stein	Flugstaub	Schlacke	Gase
Übertrag					
O	1,15	—	0,48	0,67	—
C	4,73	—	1,91	—	2,82
Schlacken (160)					
Cu	1,17	—	—	1,17	—
Fe	62,72	—	—	62,72	—
S	2,80	—	—	—	2,80
SiO_2	49,44	—	—	49,44	—
CaO	13,62	—	—	13,62	—
MgO	4,34	—	—	4,34	—
Zn	4,61	—	—	4,61	—
Al_2O_3	3,04	—	—	3,04	—
Mn	1,36	—	—	1,36	—
O	16,90	—	—	16,90	—
Quarz (330)					
Fe	4,78	—	—	4,78	—
S	1,06	—	—	—	1,06
SiO_2	319,41	—	—	319,41	—
CaO	0,76	—	—	0,76	—
Al_2O_3	1,06	—	—	1,06	—
H_2O	2,93	—	—	—	2,93
Koks (95)					
Fe	2,19	—	—	2,19	—
S	1,50	—	—	—	1,50
SiO_2	7,99	—	—	7,99	—
Al_2O_3	3,38	—	—	3,38	—
C	79,67	—	—	—	79,67
H_2O	0,27	—	—	—	0,27
Wind (2065)					
O_2	476,63	—	—	81,24	385,39
N_2	1588,77	—	—	—	1588,77
	(3854)	401,60	12,01	1176,05	2264,84

Bemerkungen zur Stoffbilanz,

Die Mengen Schwefel und Kohlenstoff, welche in die Gase übergehen, sind oben zu 192,61 bzw. 82,49 kg berechnet. Wir können den gesamten Kohlenstoff in den Gasen als CO_2, den gesamten Schwefel mit Ausnahme von etwa der Hälfte der aus dem rohen Erz stammenden als SO_2 annehmen. Es kommen also 192,61 — 17,19 = 175,42 kg S vor den Formen zur Oxydation.

Der mit dem Wind zugeführte Sauerstoff berechnet sich wie folgt:

Sauerstoff für S	$= 175{,}42 \cdot \frac{32}{32}$	$= 175{,}42$ kg
„ „ C	$= 82{,}49 \cdot \frac{32}{12}$	$= 219{,}97$ „
Im ganzen für Verbrennung von S und C	. . . . . .	$= 395{,}39$ „
„ „ Fe in der Schlacke	$499{,}31 \cdot \frac{16}{56}$	$= 142{,}66$ kg
„ „ Mn „ „ „	$6{,}48 \cdot \frac{16}{55}$	$= 1{,}88$ „
„ „ Zn „ „ „	$23{,}56 \cdot \frac{16}{65}$	$= 5{,}77$ „
Im ganzen in der Schlacke	. . . .	$= 150{,}31$ kg
Sauerstoff insgesamt in Gas und Schlacke	. . . . . .	$= 545{,}70$ „
Davon aus der Beschickung	. . . .	$= 69{,}07$ „
Mit dem Wind zugeführt	. . . .	$= 476{,}63$ kg
Begleitender Stickstoff	. . . .	1588,77 „

2.) Der Ofen erhält für 1000 kg aufgegebene Schlacke 2065 kg Wind zugeführt, welche bei 0° ein Volum von

$$\frac{2065}{1 \cdot 293} = 1597 \text{ cbm}$$

einnehmen.

Für 47,5 t Stein also	=	75 858 cbm in 24 Stunden
oder	=	3119 „ „ 1 Stunde
oder	=	52,0 „ „ 1 Minute
bei 50° C.	=	61,5 „
Hubvolum des Gebläses	=	127,4 „

Volumetrischer Wirkungsgrad des Gebläses

$$\frac{61{,}5}{127{,}4} = 0{,}483 = 48{,}3\,\%. \tag{2}$$

3.) Um die Wärmeentwicklung in der Formebene zu berechnen, wollen wir annehmen, daß der gesamte Kohlenstoff daselbst zu CO_2 verbrennt, und daß der Rest des Sauerstoffs die für das reine Pyritschmelzen typische Reaktion bewirkt.

In der Minute werden durchgesetzt

$$\frac{47500}{1440} = 33 \text{ kg Stein.}$$

Für 1000 kg Stein werden 82,49 kg Kohlenstoff verbrannt, welche

$$82{,}49 \cdot 8100 = 668\,169 \text{ Kal.}$$

erzeugen und 219,97 kg Sauerstoff verbrauchen. Für die Oxydation der Sulfide bleiben dann 476,63 — 219,97 = 256,67 kg Sauerstoff.

Bei der Reaktion des Pyritschmelzens werden auf 2 O_2 161 560 Kal. entwickelt. Für 1 kg Sauerstoff ist die Wärmeentwicklung

$$\frac{161\,560}{64} = 2524 \text{ Kal.}$$

und für 1000 kg durchgesetzten Stein 2524 · 256,67	=	677 820 Kal.
durch Verbrennung von Kohlenstoff wird entwickelt	=	668 179 „
Summe	=	1 345 990 Kal.

Aus dieser Wärmeentwicklung für 1000 kg Stein finden wir die in 1 Minute entwickelte Wärme

$$\frac{1\,345\,990 \cdot 33}{1000} = 44417 \text{ Kal.}$$

d. h. für 1 qm Querschnitt der Schmelzzone

$$\frac{44417}{2} = 22208 \text{ Kal.}$$

Beim Verschmelzen von Erzen hatten wir gefunden: Gesamte Wärmeentwicklung für 1000 kg Erz 732 930 Kal., und Wärmeentwicklung für 1 qm Querschnitt der Schmelzzone in der Minute 17 295 Kal. Wir sehen also, daß für das Konzentrationsschmelzen des Kupfersteins mehr Wärme für die Einheit Beschickung erforderlich ist als für das pyritische Verschmelzen der Erze, und zwar wesentlich deshalb, weil bei dem Steinschmelzen langsamer gearbeitet wird.

Die Strahlungsverluste für die Einheit Beschickung sind doppelt so groß wie beim Erzschmelzen. Dieses zeigt uns die Vorteile die ein schnellerer Ofengang auch beim Steinschmelzen bietet und gibt uns eine Möglichkeit wirtschaftlicher zu arbeiten.

4.) Für 1000 kg durchgesetzten Stein werden in der Schmelzzone 1 345 900 Kal. entwickelt. 2065 kg Wind werden zugeführt. Die gesamte Beschickung sinkt in die Schmelzzone herunter, ausgenommen der Flugstaub, das CO_2 und H_2O der Beschickung sowie etwa die Hälfte des im rohen Erz enthaltenen Schwefels.

In die Schmelzzone gelangen dann annähernd:

82,5	kg	Kohlenstoff
1133,0	„	Sulfide und
545,0	„	Schlackenbildner

Die Materialien erreichen die Schmelzzone vorgewärmt durch die aufsteigenden Gase. Unter Annahme einer Vorwärmung auf 1000° enthalten die Materialien an fühlbarer Wärme:

Kohlenstoff 82,5 · 380	=	31 350 Kal.
Sulfide geschmolzen 1133,0 · 200	=	226 000 „
Schlackenbildner 545,0 · 174	=	94 850 „
Summe	=	352 200 Kal.
welche mit den vor den Formen entwickelten . . .	=	1 345 990 „
die gesamte in der Schmelzzone verfügbare Wärme auf	=	1 698 190 „

bringen.

Die theoretische Temperatur t in der Schmelzzone läßt sich dann leicht berechnen. Der Wärme-Inhalt der einzelnen Materialien bei t beträgt:

Wärme in der Schlacke	$1176\,[300 + (t - 1100)\,0{,}27]$
„ im Stein	$402\,[200 + (t - 1000)\,0{,}14]$
„ „ S-dampf	$17\,[179 + (t - 445)\,0{,}11]$
„ „ SO_2	$\frac{351}{2{,}88}\,[0{,}36\,t + 0{,}0003\,t^2]$
„ „ CO_2	$\frac{302}{1{,}96}\,[0{,}37\,t + 0{,}000\,22\,t^2]$
„ „ N_2	$\frac{1589}{1.26}\,[0{,}303\,t + 0{,}000\,027\,t^3]$
Summe	$29\,858 + 858{,}7\,t + 0{,}1046\,t^2$

Durch Gleichsetzen der verfügbaren Wärme erhält man

$$0{,}1046\,t^2 + 858{,}7\,t + 29\,858 = 1\,698\,190,$$

woraus

$$t = 1622^0 \qquad (4)$$

das ist 53° höher als für denselben Ofen beim Erzschmelzen mit nur ⅓ soviel Koks. Wenn der Kokszusatz unberücksichtigt bleibt, dann berechnet sich die theoretische Temperatur zu

$$t = 1388^0.$$

Eine so niedrige theoretische Temperatur würde nicht genügen, um Schlacke zu bilden, die Verluste durch Leitung und Strahlung zu decken und das Ausfließen von Schlacke und Stein in leichtflüssiger Form zu sichern — ausgenommen bei sehr raschem Betrieb in einem großen Ofen.

5.) Die Wärmeentwicklung vor den Formen haben wir schon berechnet.

Auf die Verbrennung des Kohlenstoffs entfallen

$$\frac{668170}{1345900} = 0{,}496 = 49{,}6\,\%$$

und auf Oxydation der Sulfide

$$50{,}4\,\%. \qquad (5)$$

Beim Erzschmelzen waren die entsprechenden Zahlen 31 bzw. 69 %.

6.) Die Konzentration drückt man gewöhnlich als Verhältnis des Kupfergehalts im verarbeiteten Material zu dem des Produktes aus. In diesem Falle ist es also

$$\frac{49{,}64}{20{,}00} = 2{,}48. \qquad (6)$$

Angemessener ist indessen das Verhältnis zwischen den Gewichten des kupferhaltigen Ausgangsmaterials und des kupferhaltigen Produktes, das zur Weiterbehandlung kommt. In unserm Fall gibt das

$$\frac{1204}{414} = 2{,}9.$$

Beim Erzschmelzen war die entsprechende Größe

$$\frac{1080}{148} = 7{,}3.$$

Verarbeiten des Konzentrationssteins auf Rohkupfer durch Röstschmelzen.

Ein auf 70—80 % Cu konzentrierter Stein wird auch als Weißmetall (white metal) bezeichnet, er wird auf metallisches Kupfer verarbeitet.

	Cu_2S	FeS
Mit 70 % Cu enthält der Stein	87,5	12,5
„ 80 % „ „ „ „	100,0	0,0.

Die Umwandlung dieses Konzentrationssteins in Metall besteht ausschließlich in einer Oxydation.

Der Stein wird in Stücke gebrochen und auf dem Herd eines Flammofens bei stark oxydierender Atmosphäre langsam niedergeschmolzen. Dann wird die Oxydation fortgesetzt, bis aller Schwefel entfernt ist und ein Bad von metallischem Kupfer, das mit Cu_2O und Cu_2S gesättigt ist, zurückbleibt.

Während des Einschmelzens findet eine oberflächliche Oxydation des Steines in solchem Maße statt, daß, wenn die Verflüssigung eintritt, das Eisen aus dem Stein durch Einwirkung der Kupferoxyde auf die Eisensulfide vollständig beseitigt ist. Die Reaktionen sind in diesem Stadium ganz ähnliche wie die bei der Konzentration des Kupfersteins.

Nach dem Einschmelzen setzt sich die Oxydation des Schwefels fort unter Bildung von Kupferoxyd, welches seinerseits auf weitere Mengen Sulfid einwirkt unter Ausscheidung von metallischem Kupfer.

a) $2\ Cu_2S + 3\ O_2 = 2\ Cu_2O + 2\ SO_2$

b) $Cu_2S + Cu_2O = 6\ Cu + SO_2$

c) $Cu_2S + O_2 = 2\ Cu + SO_2$

Die Reaktionen a) und b) folgen wahrscheinlich zeitlich aufeinander. Beide vereint geben die Gleichung c).

Die thermochemische Auswertung der Gleichung a) ergibt:

$2\ (Cu_2, S) = 2 \cdot 20\,300$	=	40 600 Kal.	gebunden
$2\ (Cu_2, O) = 2 \cdot 43\,800$	=	87 600 „	entwickelt
$2\ (S, O_2) = 2 \cdot 69\,260$	=	138 520 „	„
Algebraische Summe .	=	185 520 Kal.	„
oder für 1 kg Cu_2S .	=	580 „	„

In ähnlicher Weise erhalten wir für die Gleichung b):

(Cu_2, S)	=	20 300 Kal.	gebunden
$2\ (Cu_2, O) = 2 \cdot 43\,800$	=	87 600 „	„
(S, O_2)	=	69 260 „	entwickelt
Summe	=	38 640 Kal.	gebunden
oder für 1 kg Cu_2S .	=	243 „	„

Die Gleichung c) gibt

(Cu_2, S)	=	20 300 Kal.	gebunden
(S, O_2)	=	69 260 Kal.	entwickelt
Summe	=	48 960 Kal.	„
für 1 kg Cu_2S . . .	=	308 „	„
für 1 kg ausgeschiedenes Cu	=	385 „	„

Es geht aus diesen Zahlen hervor, daß die erste Reaktion eine große Wärmemenge entwickelt, die zweite eine erhebliche Menge bindet, daß aber beide zusammen immerhin einen stark exothermen Vorgang vorstellen. Wenn wir uns vor Augen halten, daß 1 kg geschmolzenes Cu_2S etwa 250 Kal., 1 kg flüssiges Cu aber bei keiner Ofentemperatur über 200 Kal. enthält, so springt der Wärmeüberschuß stark in die Augen.

In einem Flammofen verläuft die Oxydation so langsam, daß die Reaktionswärme nur sehr wenig Nutzen bringt.

Beispiel:

In einem Flammofen werden 8 t weißer Stein in 48 Stunden auf Rohkupfer verschmolzen mit einem Kohlenverbrauch von 5 t. Wieviel trägt die Oxydationswärme des Einsatzes zum gesamten Wärmebedarf bei?

Wir nehmen an, daß das Weißmetall fast genau die Zusammensetzung Cu_2S habe und daß der Heizwert der Kohle 6000 Kal. sei.

Oxydationswärme des Bades 8000 · 308	=	2 464 000 Kal.
Heizwert der Kohle 6000 · 5000	=	30 000 000 „
Wärmeverbrauch in 48 Stunden	=	32 464 000 Kal.
Wärmeverbrauch in 1 Stunde	=	676 333 „

Davon wird durch die Oxydation des Bades

$$\frac{2464000}{32464000} = 0{,}759 = 7{,}6\,\%.$$

geliefert.

Es wird aber aus den obigen Zahlen andererseits klar, daß, wenn die einmal geschmolzene Beschickung einer genügend raschen Oxydation unterworfen werden könnte, die Oxydationswärme des Bades allein die Temperatur im Ofen aufrecht erhalten würde. Wenn der Ofen in der Stunde 727 500 Kal. braucht, wird die Oxydationswärme des Bades für

$$\frac{2464000}{727500} = 3\,^1/_2 \text{ Stunde}$$

den Wärmebedarf decken können. Wenn die Oxydation des Bades in dieser Zeit vollzogen werden könnte, wäre somit die weitere Beheizung des Ofens überflüssig, wenn der Stein schon eingeschmolzen ist. Verschiedene Hütten blasen Luft auf die Oberfläche des Bades, und auf einer Hütte wird sogar Preßluft durch das Bad geblasen, wodurch die Oxydation in $^1/_5$ der sonst erforderlichen Zeit vor sich geht und wodurch eine große Ersparnis an Kohle erzielt wird.

Bessemern des Kupfersteins.

John Hollaway erhielt 1878 Patentschutz auf das Verfahren, die Oxydation des Kupfersteins zu metallischem Kupfer in einem dem Bessemerkonverter ähnlichen Apparat auszuführen. 1880 gelang es Manhès, das Verfahren technisch durchzuführen, und 1884 kam die erste Anlage dieser Art auf den Parrotwerken in Butte in Betrieb. Bei aller Ähnlichkeit in den Grundlagen weisen die Einzelheiten des Verfahrens doch große Unterschiede gegenüber dem Verblasen des Roheisens zu Stahl auf.

Beim Roheisen machen die zu oxydierenden Bestandteile Kohlenstoff, Silizium, Mangan usw., selten mehr als 10 % aus, und auch das Eisen kann der Oxydation unterliegen, wodurch wechselnde Mengen, 3—20 %, an Eisen verloren gehen. Beim Verblasen des Kupfersteins sollen 40—70 % der Beschickung oxydiert werden, es fallen große Mengen Schlacke, und die Arbeit nimmt die 5—15fache Zeit in Anspruch.

Beim Stahlmachen wird gegen Ende der Operation das Eisen oxydiert. das Metallbad wird durch den Wind nicht gekühlt, sondern vielmehr erhitzt. Beim Verblasen des Kupfersteins ist das Kupfer, das sich gegen Schluß der Operation abscheidet, unter den obwaltenden Bedingungen nicht oxydierbar, es wird deshalb durch den Wind nur gekühlt, wenn dieser das Metall trifft. Aus diesem Grunde können beim Kupferkonverter die Düsenöffnungen nicht im Boden angebracht werden, da sie sich durch einfrierendes Kupfer verstopfen würden; es ist vielmehr notwendig, die Düsen seitlich derart anzubringen, daß sie immer unter der Oberfläche des flüssigen Steines, aber oberhalb des schwereren Metallbades einmünden. Durch Drehen des Konverters wird erreicht, daß sie, auch wenn mehr und mehr Kupfer ausgeschieden wird, diese Stellung beibehalten.

Die besten Arbeiten über das Bessemern von Kupferstein sind folgende: Janettaz: „Les Convertisseurs pour le Cuivre“[1]) und F. Mayr: „Das Bessemern von Kupfersteinen“. Sehr gute Auskunft findet man auch in Peters: „Modern Copper Smelting“ und „Principles of Copper Smelting“, in Hixon: „Notes on Lead and Copper Smelting and Copper Converting“ sowie in Schnabel: „Handbuch der Metallhüttenkunde“ Bd. 1 (1901).

Stellen wir uns vor, daß in den eben entleerten Konverter, der sich noch auf heller Rotglut (1100°) befindet, die Beschickung geschmolzenen Steines mit etwa 1100° (Schmelzpunkt 1000°) eingelassen wird. Das Futter ist etwa 60 cm stark, die äußere Oberfläche des Konverters hat eine Temperatur von etwa 200° und gibt mit fast konstanter Geschwindigkeit etwa 50 Kal. für 1 qm in der Minute nach außen ab. Ein Konverter von 25 qm Oberfläche würde also, wenn er stillsteht, 1250 Kal. in der Minute verlieren. Wenn er eine Beschickung von 3000 kg Stein enthält, dessen spez. Wärme 0,14 beträgt, würde letztere für jeden Grad der Abkühlung $0{,}14 \cdot 3000 = 420$ Kal. abgeben und sich folglich um $\frac{1250}{420} = 3^0$ in der Minute abkühlen. Wenn der Stein beim Einlaufenlassen 100° über den Schmelzpunkt erhitzt ist, werden 30 Minuten verstreichen bis die Erstarrung anfängt und weitere 70 Minuten, bis sie vollzogen ist, vorausgesetzt, daß kein Strahlungsverlust durch den Konverterhals stattfindet, d. h. daß dieser dicht verschlossen ist.

Wenn nun der Wind angelassen wird, tritt folgende Reaktion ein;

$$2\,FeS + 3\,O_2 + 2\,SiO_2\,(\text{Futter}) = 2\,FeO \cdot SiO_2 + 2\,SO_2$$

und die Wärmeentwicklung beträgt:

---

[1]) Mém. de la Soc. Ing. Civil. 1902, I, 268—319.

Zersetzung von 2 FeS	$= 2 \cdot 24\,000$ . .	$= -$	48 000 Kal.
Bildung von 2 FeO	$= 2 \cdot 65\,700$ . .	$= +$	131 400 „
Vereinigung von 2 FeO mit 2 SiO_2	$= 2 \cdot 8\,900$ . .	$= +$	17 800 „
Bildung von 2 SO_2	$= 2 \cdot 69\,260$.	$= +$	138 520 „
	Summe	=	239 720 Kal.

für 1 kg FeS . . . . 1362 Kal.
„ 1kg O_2 . . . . 2497 „

Theoretischer Temperaturanstieg.

Wir wollen annehmen, daß eine Menge FeS, entsprechend 1 % der Beschickung, oxydiert wird. Die Temperaturerhöhung, welche der Konverterinhalt dadurch erfährt, läßt sich wie folgt berechnen: An Sauerstoff ist nötig:

3 O_2 auf 2 FeS oder für 1 kg FeS

$\frac{96}{176}$ . . . . = 0,545 kg
Begleitender Stickstoff . . = 1,818 „
Luft . . . . = 2,363 kg

$$= \frac{2{,}363}{1{,}293} = 1{,}827 \text{ cbm.}$$

Wenn sich Luft von 50° auf die angenommene Temperatur des Steines von 1100° erhitzt, nimmt sie auf

$$1{,}827\,[303 + 0{,}000\,027\,(1150)] \cdot 1050 = 641 \text{ Kal.}$$

Für die Temperaturerhöhung der Reaktionsprodukte verbleiben

$$1362 - 641 = 721 \text{ Kal.}$$

Die Produkte sind:

99 kg unveränderter Stein
1,50 „ flüssige Schlacke
0,73 „ SO_2 Gas
1,82 „ N_2 Gas.

Ihre Wärmekapazität bei 1100° beträgt für 1°

Stein	$99 \cdot 0{,}14 =$	13,86 Kal.
Schlacke	$1{,}50 \cdot 0{,}27 =$	0,41 „
SO_2	$\frac{0{,}73}{2{,}88} \cdot 1{,}02 =$	0,25 „
N_2	$\frac{1{,}818}{1{,}26} \cdot 0{,}36 =$	0,52 „
	Summe	15,04 Kal.

Theoretische Temperaturerhöhung

$$\frac{721}{15,04} = 47,9^0.$$

Diese Zahl stellt die Geschwindigkeit dar, mit welcher die Temperatur am Anfang der Operation steigen wird. Angenommen, die Oxydation der genannten Menge FeS, 1 %, finde während einer Minute statt, dann wird die Temperatur am Ende dieser Zeit um $47,9^0$ gestiegen sein. Hiervon ist jedoch die während derselben Zeit stattfindende Abkühlung in Abzug zu bringen. Die Abkühlung wird je nach Größe des Konverters und der Beschickung, Stärke des Futters usw. zwischen 2^0 und 10^0 liegen. Für praktische Zwecke kann die Geschwindigkeit der Abkühlung fast konstant gesetzt werden, während die Geschwindigkeit der Erhitzung veränderlich, und zwar mit der Dauer der Operation abnehmend, ist. Wenn FeS verschwindet, wächst das Gewicht der Schlacke, während das des Steines abnimmt. Dabei wird 1 kg Stein mit einer Wärmekapazität von 0,14 durch 1,50 kg Schlacke von der Wärmekapazität 0,41 ersetzt. Für jedes Prozent FeS, das oxydiert wird, steigt die Wärmekapazität der Produkte um 0,27 Kal., während die zur Temperaturerhöhung verfügbare Wärme etwas abnimmt mit der höheren Temperatur des Bades und der stärker abkühlenden Wirkung des Windes. Unter der Voraussetzung, daß das Bad sich um 5^0 kühlt, während 1 % FeS oxydiert wird, läßt sich folgende Tafel berechnen:

FeS oxydiert	Temp. am Anfang	Wärme zur Erhitzung des Windes	Verfügbare Wärme	Wärme-Kapazität der Produkte	Temp.-Anstieg
0—1 %	1100	641	715	15,04	$42,9^0$
1—2 %	1142,5	670	686	15,31	40^0
2—3 %	1182	694	662	15,58	37^0
3—4 %	1219	722	634	15,85	35^0
4—5 %	1254	742	614	16,12	33^0
5—6 %	1287	768	588	16,39	31^0
6—7 %	1318	789	567	16,66	29^0
7—8 %	1347	809	547	16,93	27^0
8—9 %	1374	823	533	17,20	26^0
9—10 %	1405	847	509	17.47	24^0
bei 10 %	1429	—	—	—	—

Eine weitere Ausdehnung dieser Tabelle hat keinen Zweck. Sie beruht auf der Voraussetzung, daß das Bad sich um 5^0 abkühlt, während 1 % FeS oxydiert wird. Die Abkühlung wird offenbar wechseln mit der Größe des Konverters und des Einsatzes sowie mit der Geschwindigkeit des Verblasens, weil die Abkühlung rascher wird, je mehr die

Temperatur des Konverterinhalts steigt. Zweck der Tafel war nur, zu zeigen, daß der theoretische Temperaturanstieg immer geringer wird, je weiter die Oxydation geht. Für die Oxydation der ersten 10 % FeS ist die gesamte Temperaturerhöhung nicht $(47{,}9 - 5) \cdot 10 = 429^0$, sondern nur 329^0.

Für diese Kupferkonverter sowie für Bessemerkonverter ganz allgemein wird eine Angabe stark vermißt: die des Wärmeverlustes durch Leitung und Strahlung, oder mit anderen Worten, wieviel Wärme der flüssige Einsatz beim einfachen Abstehen im Konverter verliert, und um wieviel die Temperatur eines gegebenen Einsatzes beim Abstehen in der Minute fallen würde. Experimentell wäre die gesuchte Größe leicht zu bestimmen durch Einlaufenlassen einer recht heißen Beschickung und Aufnahme ihrer Abkühlungskurve. Es wäre selbstverständlich nicht nötig, die Beschickung bis zum Festwerden abstehen zu lassen, sondern nach Bestimmung der Abkühlungsgeschwindigkeit könnte der Wind angelassen und die Operation in gewohnter Weise weitergeführt werden. Wenn neben den Temperaturbestimmungen in der Beschickung auch noch die Temperatur der äußeren Luft und der äußeren Oberfläche des Konverters sowie die Geschwindigkeit, womit die Luft an letzterem vorbeiströmt, die Größe der Oberfläche und Stärke des Futters ermittelt würden, dann hätten wir bald alles Material, um die thermische Seite einer Bessemeroperation in vollkommen exakter Weise zu behandeln. Hinzuzufügen wären noch Analysen der Konvertergase und Bestimmungen der Temperatur im Einsatz beim weiteren Vorwärtsschreiten der Operation. Die wissenschaftliche Metallurgie ist zurzeit in bezug auf viele dieser Größen auf bloße Schätzungen angewiesen, weil Bestimmungen fehlen. Wir blicken auf die Leiter von Kupferwerken wegen der Beschaffung einiger dieser sehr erwünschten technischen Daten.

Übungsbeispiel 107.

W. Randolph van Liew[1]) gibt folgende Analysen eines Kupfersteins, welcher im Konverter auf Rohkupfer verblasen wurde:

	Cu	Fe	S	Zn
Stein	49,72	23,31	21,28	1,19
nach 10 Minuten	50,20	23,15	20,95	1,20
„ 20 „	56,88	17,85	19,74	0,84
„ 30 „	64,60	10,50	18,83	0,70
„ 40 „ (letzte Schlacke abgezogen) . .	76,37	2,40	16,30	0,45
nach 70 Minuten (Rohkupfer)	99,120	0,038	0,159	0,09

[1]) Trans. Am. Inst. Mining Eng. 1904 S. 418.

	As	Sb	Ag	Au
Stein	0,11	0,14	0,152	0,000 55
nach 10 Min	0,09	0,12	0,147	0,000 48
„ 20 „	0,08	0,10	0,176	0,000 69
„ 30 „	0,08	0,13	0,191	0,000 83
„ 40 „ (letzte Schlacke abgegossen) .	0,08	0,13	0,240	0,001 10
nach 70 Min. (Rohkupfer)	0,0012	0,006	0,312	0,001 11

Aus der prozentischen Zusammensetzung geht die wirkliche Menge der beseitigten Verunreinigungen nicht ganz klar hervor wegen des stetig abnehmenden Gewichts des Bades.

Aufgabe:

Zu berechnen ist:

1.) das Gewicht des Kupfersteins in jeder Periode, auf 1000 kg ursprünglichen Stein bezogen;

2.) der Verlust des Bades an jedem Bestandteil während jeder Periode;

3.) die Wärmeentwicklung in jeder Periode;

4.) der Wärmeverlust durch Leitung und Strahlung in der Minute. Dabei wird angenommen, daß der Stein am Anfange 1100^0, das Rohkupfer am Schluß 1200^0 besitze, und daß 1 % Cu (auf den Stein bezogen) während der letzten Periode oxydiert wird.

Lösung:

1.) Zuerst müssen wir einen Bestandteil des Bades suchen, dessen Gewicht durch das Blasen nicht geändert wird, um auf ihn die Mengen der anderen Bestandteile beziehen zu können. Wenn die Analysen als vollkommen genau angenommen werden, sehen wir, daß in den ersten 10 Minuten überhaupt nur eine unwesentliche Abnahme irgend eines Bestandteils eintritt, offenbar wegen der niedrigen Temperatur des Steines. Nachher nimmt das Eisen sehr rasch ab, ebenso Schwefel und Zink, während der Prozentsatz an Silber und Gold zunimmt, weil das Gewicht des Bades immer geringer wird. Bis zum letzten Abgießen der Schlacke enthält diese gewöhnlich nur sehr wenig Kupfer; in der letzten Periode wollen wir, wie gesagt, einen Verlust von 10 kg Kupfer durch Oxydation annehmen. Die rationellste Grundlage für die Berechnung bildet also die Annahme, daß während der ersten 40 Minuten der Kupfergehalt konstant bleibt.

Kupfer in 1000 kg Stein am Anfang . . . . = 497,2 kg

Gewicht des Steines am Anfang . . . . = 1000 „

„ „ „ nach 10 Minuten $\frac{497,2}{0,5020}$ . . . = 990,4 „

Gewicht des Steines nach 20 Minuten $\frac{497{,}2}{0{,}5688}$ . . . = 874,1 kg

„ „ „ „ 30 „ $\frac{497{,}2}{0{,}6460}$ . . . = 769,7 „

„ „ „ „ 40 „ $\frac{497\ 2}{0{,}7637}$ . . . = 651,0 „

„ „ Rohkupfers nach 70 Minuten $\frac{487{,}2}{0{,}9912}$. = 491,5 „(1)

Aus den Analysen erhalten wir folgende Tabelle über die Gewichte der beseitigten Verunreinigungen. Die Differenz der Analysen gegen 100 wird als Sauerstoff angesehen.

Auf 1000 kg ursprünglichen Kupferstein

	Cu	Fe	S	O	Zn	As	Sb	Ag	Au	
am Anfang	497,2	233,1	212,8	41,0	11,9	1,1	1,4	1,52	0,0055	= 1000,0
beseitigt	**0,0**	**3,8**	**5,3**	**0,1**	**0,0**	**0,2**	**0,2**	**0,06**	**0,0007**	= **9,6**
nach 10 Min.	497,2	229,3	207,5	40,9	11,9	0,9	1,2	1,46	0,0048	= 990,4
beseitigt	**0,0**	**73,3**	**35,0**	**2,9**	**4,6**	**0,2**	**0,3**	**—0,08**	**— 0,0012**	= **116,3**
nach 20 Min.	497,2	156,0	172,5	38,0	7,3	0,7	0,9	1,54	0,0060	= 874,1
beseitigt	**0,0**	**75,2**	**27,6**	**0,3**	**1,9**	**0,1**	**—0,1**	**0,07**	**— 0,0004**	= **104,4**
nach 30 Min.	497,2	80,8	144,9	38,3	5,4	0,6	1,0	1,47	0,0064	= 769,7
beseitigt	**0,0**	**65,2**	**38,8**	**12,0**	**2,5**	**0,1**	**0,2**	**—0,09**	**— 0,0008**	= **118,7**
nach 40 Min.	497,2	15,6	106,1	26,3	2,9	0,5	0,8	1,56	0,0072	= 651,0
beseitigt	**10,0**	**15,4**	**105,3**	**24,9**	**2,5**	**0,5**	**0,8**	**0,03**	**0,0017**	= **159,5**
nach 70 Min.	487,2	0,2	0,8	1.4	0,4	0,0	0,0	1,53	0,0055	= 491,5

Die Tabelle ist nicht ganz genau, wie schon aus dem scheinbaren Gewinn an Silber und Gold in den Perioden 10′—20′ und 30′—40′ hervorgeht. Dies rührt von einem Verlust an Kupfer in diesen Perioden her, doch sind die Mengen an Silber und Gold zu gering, um als Grundlage der Berechnung dienen zu können. Die Analysen sind für diesen Zweck nicht genügend genau. Die sehr geringe Oxydation während der ersten 10 Minuten und der dadurch verursachte Zeitverlust ließe sich aller Wahrscheinlichkeit nach vermeiden, wenn der Stein sehr heiß in den Konverter gegossen würde.

Graphisch wird der Verlauf der Oxydation gewöhnlich durch Eintragen der Prozentgehalte jedes Elementes in bestimmten Zeitintervallen dargestellt. Dieses Bild ist indessen irreführend. Nicht die Prozente, sondern die vorhandenen Gewichte der einzelnen Bestandteile, wie sie in obiger Tafel berechnet sind, sind dafür zu verwenden.

3.) Die Wärmeentwicklung in jeder Periode wird aus den Gewichtsmengen der oxydierten Elemente in der schon mehrfach dargelegten

Weise gefunden. Von den Bildungswärmen der Oxyde bzw. Silikate ist die zur Zerlegung der Sulfide nötige Wärme abzuziehen. Die zur Zerlegung der Doppelsulfide in einzelne Sulfide erforderliche Wärme kennen wir nicht.

1. Periode. Erste 10 Minuten

Oxydationswärmen

Fe zu $FeO \cdot SiO_2$	$3{,}8 \cdot 1332 =$	5 062 Kal.	
S „ SO_2	$5{,}3 \cdot 2164 =$	11 469 „	
As „ As_2O_3	$0{,}2 \cdot 1043 =$	209 „	
Sb „ Sb_2O_3	$0{,}2 \cdot 695 =$	139 „	
			16 879 Kal.

Zerlegung der Sulfide:

Fe aus FeS	$3{,}8 \cdot 429 =$	1 630 Kal.	
As „ As_2S_3	$0{,}2 \cdot 2000$ (?) $=$	400 „	
Sb „ Sb_2S_3	$0{,}2 \cdot 1433 =$	287 „	
			2 317 Kal.
Insgesamt Wärmeentwicklung			14 562 Kal.

Die übrigen Perioden sind in ganz ähnlicher Weise zu berechnen. Die Resultate sind:

	Anfang.—10′	10′—20′	20′—30′	30′—40′	40′—70′	1/3 der letzten Periode
Oxydations-Wärme .	16 879	179 797	162 476	174 316	257 046	85 682
Zerlegung der Sulfide	2 317	35 321	33 719	30 113	10 410	3 470
Gesamte Wärmeentwicklung	14 562	144 476	128 757	144 203	246 636	82 212

Die letzte Spalte ist zum Vergleich hinzugefügt, sie gibt die durchschnittliche Wärmeentwicklung während 10 Minuten der letzten Periode. (3)

4.) Der Wärmeverlust durch Leitung und Strahlung für die ganze Operation kann leicht gefunden werden unter der Annahme, daß der Körper des Konverters die gleiche Wärme am Anfang wie am Schluß der Operation aufweist. Die Annahme wird der Wirklichkeit ziemlich entsprechen. Es nimmt zwar das Futter an Gewicht etwas ab, dafür aber ist die Temperatur am Ende der Operation etwas höher als am Anfang. Wir kennen weiter den Wärme-Inhalt des Steines bei 1100°, die Wärmeentwicklung beim Blasen, den Wärme-Inhalt der Schlacke und des Kupfers und können annähernd die mit den Gasen entführte Wärme berechnen. Durch Differenz finden wir den gesamten Verlust durch Leitung und Strahlung und somit auch den durchschnittlichen Verlust in der Minute.

Wärme in 1000 kg Stein bei 1100°	214 000 Kal.
Wärmeentwicklung beim Blasen	678 635 „
Summe	892 635 Kal.
Wärme in 491,5 kg Cu bei 1200°	85 995 Kal
„ „ 424,0 „ SO_2 „ 1000°	97 020 „
„ „ 947 „ N_2 „ 1000°	248 160 „
„ „ 550 „ Schlacke bei 1250°	187 000 „
Summe	618 175 Kal.

Verlust durch Leitung und Strahlung

$$892\,635 - 618\,175 = 274\,460$$

Verlust in der Minute für 1000 kg Stein

$$= 3920 \text{ Kal.} \qquad (4)$$

Wir glauben durch die vorstehenden Darlegungen und Rechenbeispiele dem Kupferhüttenmann gezeigt zu haben, wie durch die Anwendung der thermochemischen Prinzipien auf das Kupferschmelzen wertvolle Auskünfte sich gewinnen lassen, und wir möchten darauf hingewiesen haben, in welcher Richtung weitere Versuche, Beobachtungen und Messungen erwünscht sind.

Die Elektrometallurgie des Kupfers.

In der Metallurgie wird der elektrische Strom entweder wegen seiner elektrolytischen oder seiner elektrothermischen Wirkung benutzt. Erstere besteht in der Fähigkeit des Stromes, beim Durchfließen des Elektrolyten an der Kathode Reduktionswirkungen (Ausscheidung eines Metalles oder Umwandlung z. B. eines Ferrisalzes in ein Ferrosalz) und an der Anode Oxydationswirkungen (Auflösung eines Metalles oder Umwandlung eines Ferro- oder Kuprosalzes in ein Ferri- bzw. Kuprisalz) hervorzubringen. Ein solcher Vorgang ist stets mit einer gewissen Wärmeentwicklung verbunden, da der Strom den Ohmschen Widerstand des Elektrolyten überwinden muß. Der Betrag dieser mit der elektrolytischen Wirkung des Stromes unzertrennlich verknüpften Wärmeentwicklung ist indessen für die Natur des Vorganges ohne irgendwelche Bedeutung. Solange der Strom nur wegen seines elektrolytischen Zersetzungsvermögens benutzt wird und nur diese Funktion betätigt, bleibt der Vorgang wesentlich elektrolytisch. Wenn indessen diese nebenbei erfolgende Wärmeerzeugung eine solche Höhe erreicht, daß dadurch ein bei gewöhnlicher Temperatur nicht flüssiger Elektrolyt flüssig wird und im Schmelzfluß erhalten bleibt, kann der Apparat mit Recht als Ofen aufgefaßt und dann passend als elektrolytischer Ofen bezeichnet werden.

Bei dem elektrothermischen Prozesse fehlt die Erscheinung der Elektrolyse; ihre Eigenart ergibt sich schon in der Anordnung und Arbeitsweise des Apparates, in der Benutzung von Wechselstrom usw. Hier wird ausschließlich die Heizwirkung des Stromes ausgenutzt. Die elektrothermischen Prozesse werden in elektrischen Öfen ausgeführt; es sind chemische Reaktionen oder physikalische Änderungen von Stoffen, welche erst durch die nur durch elektrische Erhitzung erreichbaren, außerordentlich hohen Temperaturen möglich werden. Die elektrischen Öfen lassen sich einteilen in Widerstandsöfen, Lichtbogenöfen und Kombinationen beider. In den Widerstandsöfen bildet entweder die Beschickung selbst den Widerstand, oder dieser besteht aus einem festen, oder flüssigen oder gekörnten Material, welches der Beschickung beigemischt oder in dieser eingebettet, bzw. in nächster Nähe der Beschickung untergebracht ist. In den Lichtbogenöfen überbrückt der Lichtbogen einen Luftraum zwischen den beiden Polen. Die außerordentlich hohe Temperatur des Bogens wird ausgenutzt, indem das zu erhitzende Material entweder direkt in den Bogen oder in dessen nächste Nähe gebracht wird. In den kombinierten Öfen bildet das zu erhitzende Material selbst den einen Pol; es wird dann sowohl durch die Wärme des Bogens als durch direkten Stromdurchgang erhitzt.

Bei elektrolytischen Prozessen hängt die Ausbeute an den zu erzeugenden Stoffen wesentlich von der Stromstärke ab, da die elektrolytische Wirkung der durch das Bad fließenden Strommenge, d. h. der Amperezahl, proportional ist. Bei den elektrothermischen Prozessen hingegen ist für die Ausbeute an dem erstrebten Produkte die gesamte Energiemenge, welche dem Ofen durch den Strom zugeführt wird, maßgebend, d. h. also die Wattzahl des Stromes, (das Produkt aus Amperezahl und Voltzahl). Für die Zwecke der Elektrolyse kann nur Gleichstrom Verwendung finden, für elektrothermische Verfahren dagegen kann sowohl Gleichstrom wie Wechselstrom benutzt werden; letzterer wird jedoch bevorzugt, weil bei seiner Verwendung jede einseitige elektrolytische Wirkung ausgeschlossen ist.

Die Elektrometallurgie des Kupfers erstreckt sich auf folgende Dinge:

I. Elektrolytische Verfahren.
 a) Direkte Behandlung von Erzen.
 b) Behandlung von Kupferstein.
 c) Gewinnung des Kupfers aus Lösungen.
 d) Raffination von unreinem Kupfer.

II. Elektrothermische Verfahren.
 a) Direktes Verschmelzen von Erzen.
 b) Schmelzen und Gießen des Kupfers.

1. Elektrolytische Verfahren.

Kupfer hat ein Atomgewicht von 63,6. Kupfer tritt chemisch in der Form von Kuproverbindungen von der Formel $Cu\overset{I}{A}$ und in der Form von Kupriverbindungen von der Formel $Cu\overset{II}{A}$ auf, wobei $\overset{I}{A}$ ein einwertiges, $\overset{II}{A}$ ein zweiwertiges Radikal bedeutet. Als einwertiges Atom hat das Kupfer ein chemisches Äquivalentgewicht von 63,6, als zweiwertiges ein solches von 31,8. Die Kupfermengen, welche aus Kupro- bzw. Kuprisalzlösungen ausgeschieden werden, sind den Äquivalentgewichten des Kupfers in diesen beiden Zuständen und der durchgehenden Strommenge proportional. Von der Tatsache ausgehend, daß 1 Ampere in einer Stunde 0,000 010 36 g Wasserstoff elektrolytisch ausscheidet, finden wir für die durch 1 Ampere ausgeschiedenen Kupfermengen folgende Zahlen:

	aus Kupro-verbindungen	aus Kupri-verbindungen
1 Ampere-Sekunde	0,000 658 9 g	0,000 329 5 g
1 „ Minute	0,039 53 g	0,019 77 g
1 „ Stunde	2,372 g	1,186 g
1 „ Tag.	56,93 g	28,46 g
1 „ Jahr	20,78 kg	10,39 kg

a) Behandlung der Erze durch Elektrolyse.

Es finden sich in der Natur keine Kupfererze, welche sich direkt für die Elektrolyse im schmelzflüssigen Zustande in der Weise eignen würden wie z. B. Natriumnitrat (Chilisalpeter), welches geschmolzen und in flüssigem Zustand zur Gewinnung von Natrium elektrolysiert werden kann. Das am häufigsten auftretende Kupfererz, das Sulfid, ist meistens mit dem Vielfachen seines Gewichtes an fremdem Material vermischt, und selbst wenn reine Stücke ausgelesen und geschmolzen werden, läßt sich keine Elektrolyse in der Schmelze durchführen, weil das an der Kathode abgeschiedene Kupfer sich wieder in der Schmelze auflöst. Geschmolzenes Kupferoxyd wird, wie Faraday nachgewiesen hat, vom Strom zersetzt, und wenn die Oxyde des Kupfers irgendwo in ausreichender Menge und in genügender Reinheit vorkämen, so würde aus ihnen das Kupfer zwar durch Elektrolyse im Schmelzfluß gewonnen werden können, jedoch kaum so billig als durch Reduktion mit Kohle. Kupferchlorid kommt in der Natur als Atakamit vor, der die Zusammensetzung $CuCl_2 \cdot 3\ Cu_2O \cdot 2\ H_2O$ hat und ziemlich rein ist, er findet sich aber nur in geringer Menge in Chili. Das Mineral ist in geschmolzenem Kochsalz (NaCl) in erheblicher Menge löslich und die Schmelze läßt sich elektrolysieren. Durch den Strom wird das gelöste

Kupfersalz unter Chlorentwicklung zuerst zu CuCl reduziert, aus welchem dann Kupfer ausgeschieden wird. Die Menge dieses Minerals ist zurzeit nur unbedeutend; eine elektrolytische Verarbeitung in der angedeuteten Weise würde aber möglich sein.

Kuprochlorid kommt in der Natur nicht vor, kann aber aus anderen natürlich vorkommenden Kupferverbindungen leicht erhalten werden. So wird das gewöhnliche Kupfersulfür Cu_2S durch die Einwirkung von Chlorgas in CuCl verwandelt (Ashcrofts Verfahren). In geschmolzenem Zustande leitet das Kupferchlorür den Strom gut und das Kupfer wird in feinen Blättchen ausgeschieden. Die Schmelze darf dabei aber nicht bis zum Schmelzpunkt des Kupfers erhitzt werden, weil sich das Chlorür zu leicht verflüchtigt. Direkt in flüssigem Zustande kann das Metall dabei also nicht erhalten werden.

Das geschmolzene Kupferchlorür ist, wie schon erwähnt, ein guter Leiter; bei 50° oberhalb des Schmelzpunktes beträgt der Widerstand nur 6 Ohm (für ein Kubikzentimeter).

Übungsbeispiel 108.

Bei der Elektrolyse eines Bades von geschmolzenem Kupferchlorür, mit unangreifbarer Anode, haben die Elektroden einen Abstand von 4 cm und die Stromdichte beträgt 0,5 Amp/qcm.

Aufgabe:

Zu berechnen ist:

1.) Die Spannung an den Badklemmen.
2.) Der Prozentsatz der Stromenergie, welcher in Wärme verwandelt wird.
3.) Das Volum Chlorgas von 0°, welches von 1000 Ampere in 1 Minute entwickelt wird.
4.) Die Ausbeute an Kupfer für 1 KW-Stunde.

Lösung:

1.) Die erforderliche Spannung setzt sich aus 2 Beträgen zusammen: Ein Teil dient zur Überwindung des Ohmschen Widerstandes im Elektrolyten, der andere Teil wird zur chemischen Zersetzung verbraucht.

Bei einem spez. Widerstand von 6 Ohm/cbcm, einer Stromdichte von 0,5 Amp/qcm und einem Elektrodenabstand von 4 cm ist zur Überwindung des Badwiderstandes eine Spannung

$$V_c = 6 \cdot 0{,}5 \cdot 4 = 12 \text{ Volt}$$

erforderlich. Die für die chemische Zerlegung des Elektrolyten nötige Spannung wird aus dem Wärmeverbrauch der im Bad stattfindenden chemischen Reaktion erhalten; man dividiert das Äquivalentgewicht durch die Zahl 23 040[1]. In unserem Fall besteht die Reaktion in der Zerlegung von CuCl in Cu und Cl. Da die Bildungswärme (Cu, Cl) = 35 400 Kal. beträgt, so ist die Spannung

$$V_d = \frac{35\,400}{23\,040} = 1{,}5 \text{ Volt}.$$

Die Gesamtspannung ist dann

$$V_c + V_d = \mathbf{13{,}5\ Volt.}$$

Nicht mit inbegriffen ist der eventuelle Spannungsverbrauch durch Übergangswiderstände in den Kontakten zwischen Leitung und Elektrode. Dieser kann vielleicht noch 0,5—1,0 Volt betragen, wenn die Kontakte nicht peinlich sauber gehalten werden.

2.) Von der Energie des Stromes wird in fühlbare Wärme umgewandelt:

$$\frac{12}{13{,}5} = 0{,}89 = 89\%.$$

3.) Wenn wir den Wirkungsgrad des Stromes in bezug auf das entwickelte Chlorgas (die Stromausbeute an Chlorgas) = 100 % setzen, erhalten wir:

1 Amperesekunde entwickelt 0,000 010 36 g Wasserstoff.
1 „ „ 0,000 010 36 · 35,5 = 0,000 367 7 g Chlor.

1000 Amp. in 1 Minute 22,06 g Chlor

$$= \frac{22{,}6}{0{,}09 \cdot 35{,}5} = \mathbf{6{,}9\ Liter} \qquad (3)$$

4.) Ein KW bei 13,5 Volt gibt

$$\frac{1000}{13{,}5} \doteq 74 \text{ Ampere}.$$

---

[1]) Die Zahl 23 040 kommt folgendermaßen zustande:

Nach der sogenannten Thomsonschen Regel setzt man die vom Strome aufzuwendende elektrische Energie gleich dem Wärmeverbrauch der im Elektrolyten stattfindenden Reaktion. Nach dem Faradayschen Gesetz ist zur elektrolytischen Zerlegung eines Gramm-Äquivalentgewichtes irgend einer Substanz eine Strommenge von 96 540 Amp.-Sekunden nötig.

Wir erhalten dann: $V_d \cdot 96\,540 \cdot k = W$, wobei W die Reaktionswärme für 1 Äquivalentgewicht bedeutet. k ist der Umrechnungsfaktor der elektrischen Energie in Wärme und hat den Wert 0,239 (1 Voltamperesekunde = 0,239 cal.)

Es ist also

$$V_d = \frac{W}{96\,540 \cdot 0{,}239} = \frac{W}{23\,040}.$$

Wenn die umgesetzte Stoffmenge 1 Grammäquivalent ist, bedeutet W Grammkalorien. Für 1 Kilo-Äquivalent ist W dieselbe Zahl in großen oder Kilogrammkalorien. Die Übersetzer.

Dieser Strom wird in einer Stunde (bei 100 % Stromausbeute)

$$2{,}372 \cdot 74 = 175 \text{ g Cu}$$

abscheiden.

Niedrigere Stromdichte würde eine geringere Spannung und somit weniger Energie, also mehr Kupfer für 1 KW-Stunde bedingen.

b) Elektrolytische Behandlung von Kupferstein.

Der Kupferstein ist ein Gemisch von Cu_2S und FeS, oft noch durch Pb, Zn, Ag, Au, As, Sb, Ba usw. verunreinigt. Der Stein schmilzt bei etwa 1000° und geht gleich in dünnflüssigen Zustand über. Auch das völlige Festwerden des flüssigen Steines beim Abkühlen erfolgt sehr rasch. Flüssiger Stein löst Kupfer sehr leicht auf, so daß bei der Elektrolyse kein Metall ausgeschieden wird; es hat also den Anschein, als ob die Schmelze zwar den Strom leitet, aber dabei nicht zerlegt wird.

Wenn der Stein in kleinen Mengen in anderen geschmolzenen Sulfiden, etwa Natriumsulfid aufgelöst werden könnte, wäre die Möglichkeit denkbar, eine solche Lösung zur Elektrolyse zu verwenden. Indessen ist bis jetzt nach dieser Richtung kein Verfahren ausgearbeitet worden. Wenn der Stein in wasserigen Lösungen von Alkalisulfiden bzw. von Sulfiden anderer Metalle gelöst werden könnte, so würde ebenfalls eine Möglichkeit der elektrolytischen Zerlegung vorliegen, jedoch ist bisher noch kein geeignetes Lösungsmittel dieser Art gefunden worden, wenn auch die Herstellung einer wässerigen Lösung des Steines nicht gerade als ausgeschlossen gelten dürfte.

Fester Kupferstein ist ein Leiter der Elektrizität und er kann als Kathode oder Anode verwendet werden. Als Kathode würde er der reduzierenden, als Anode der auflösenden Wirkung des Stromes unterliegen. Im ersteren Falle würde er zu metallischem Kupfer und Eisen reduziert werden können, vorausgesetzt, daß noch eine Base vorhanden wäre, die den Schwefel binden und beseitigen könnte. Aus einer Kupferstein-Anode würden die Metalle mit dem Säureradikal des Elektrolyten in Lösung gehen unter Zurücklassung des Schwefels.

Verwendung des Kupfersteins als Anode.

Verschiedene Erfinder haben bereits versucht, den Kupferstein als Anode zu verwenden. Der Stein wird dabei um Kupferstreifen oder besser noch um ein Kupferdrahtnetz herumgegossen, welche beide der Steinelektrode größere mechanische Festigkeit geben und gleichzeitig als Stromzuführung dienen. In einer angesäuerten Lösung von Kupfersulfat wird das Kupfer herausgelöst, während der Schwefel zurückbleibt. Letzterer ist ein Nichtleiter und bildet an der Anode eine isolierende Schicht, welche ein Ansteigen der Badspannung veranlaßt. Versuche, diese Schwefelschicht mechanisch, durch Abkratzen, zu entfernen, haben keinen Erfolg gehabt, weil die Anode ungleichmäßig angegriffen wird und die Oberfläche rauh und höckerig ist. Eine Anlage nach diesem Verfahren wurde 1882 von Marchese in der Nähe von Genua errichtet. Auch in Stolberg kam eine Anlage zur Ausführung. Beide wurden jedoch nach einiger Zeit wieder aufgegeben.

Für ganz reinen Stein besteht der theoretische Vorgang in folgender Zerlegung:

$$Cu_2S = 2\,Cu + S,$$

wodurch für je 4 Äquivalente ausgeschiedenes Kupfer 1 Molekül Cu_2S zerlegt wird.

Die chemische Arbeit des Stromes erfordert demnach eine Spannung von

$$\frac{20\,300}{4 \cdot 23\,040} = 0{,}22 \text{ Volt}.$$

Die Betriebsspannung setzt sich dann zusammen aus dieser Spannung und der zur Überwindung des Badwiderstandes nötigen Spannung.

Wenn der Stein ausschließlich aus FeS bestände, dann würde die Stromarbeit in der Auflösung von Eisen unter Schwefelabscheidung und in der Ausfällung einer dem Eisen äquivalenten Menge Kupfer bestehen. Die Gesamtreaktion würde durch folgende Gleichung wiedergegeben:

$$FeS + CuSO_4\,aq = FeSO_4\,aq + Cu + S.$$

Die Reaktionswärme ist:

(Fe, S)	=	24 000 Kal.	gebunden
(Cu, S, O_4)	=	197 500 ,,	,,
		221 500	
(Fe, S, O_4).	=	234 900 Kal.	entwickelt
Summe		13 400 Kal.	entwickelt

entsprechend einer Spannung von

$$\frac{13\,400}{2 \cdot 23\,040} = 0{,}29 \text{ Volt},$$

welche in der Richtung des elektrolysierenden Stromes arbeitet und diesen unterstützt.

Besteht der Kupferstein wie gewöhnlich teils aus Cu_2S und teils aus FeS, so treten — bei gleichmäßigem Anodenangriff — die obigen Reaktionen nebeneinander auf. Entspricht der Stein der Zusammensetzung $Cu_2S \cdot FeS$ und werden die Metalle ebenfalls in diesem Verhältnis gelöst, dann werden $\frac{2}{3}$ des Stromes an der Anode für das Kupfer,

$\frac{1}{3}$ für das Eisen verbraucht. Die für die Zerlegung erforderliche Spannung setzt sich dann aus den beiden Einzelspannungen im Verhältnis 2 : 1 zusammen:

zur Zerlegung von	Cu_2S:	$0{,}22 \cdot \frac{2}{3}$	$= 0{,}147$	Volt	verbraucht
durch „ „	FeS:	$0{,}29 \cdot \frac{1}{3}$	$= 0{,}097$	„	erzeugt
		zusammen	0,05	Volt	Spannungsverbrauch

Die Berechnung kann für ein beliebiges Verhältnis zwischen Cu_2S und F_eS durchgeführt werden, unter Berücksichtigung der Tatsache, daß je 159,2 Teile Cu_2S doppelt so viel Strom benötigen wie 88 Teile FeS.

Übungsbeispiel 109.

Von Marchese wurde eine elektrolytische Anlage zur Verarbeitung von Kupfersteinanoden errichtet und einige Zeit betrieben. Der Kupferstein enthielt 30 % Cu, 30 % S und 40 % Fe. Die Abmessungen der Anoden waren 800 · 800 · 30 mm, sie wogen 125 kg. Die Kathoden maßen 700 · 700 · 0,3 mm. Die Bäder waren innen verbleit und 2000 mm lang, 900 mm breit und 1000 mm tief. Als Elektrolyt diente eine angesäuerte Lösung von Kupfer- und Eisensulfat. Der spezifische Widerstand des Elektrolyten wird zu 6 Ohm angenommen. Die Anlage bestand aus 120 Bädern, in Reihen zu je 12 angeordnet. Jede Reihe wurde durch eine besondere Maschine mit Strom versehen. Die Stromdichte betrug 30 Amp. für 1 qm Kathodenfläche. Jedes Bad enthielt 20 Anoden und 21 Kathoden. Die Stromleitungen hatten 30 mm Durchmesser und eine Gesamtlänge für jede Reihe von 10 m.

Aufgabe:

Zu berechnen ist:

1.) Der Stromverbrauch jeder Gruppe von 12 Bädern und der Kraftverbrauch für den Antrieb der Dynamomaschine.
2.) Der prozentische Gewichtsverlust der Anoden im Tag.
3.) Die Geschwindigkeit, mit der $FeSO_4$ sich im Bad anhäuft in Prozenten vom Gewicht des Bades.
4.) Die Tagesproduktion an Kupfer.
5.) Die Zeit, in der die Kathoden eine 1 cm starke Kupferschicht auf jeder Seite ansetzen werden.

Lösung:

1.) Zuerst ist der Spannungsverbrauch eines Bades zu berechnen. Dieser setzt sich aus der zur Überwindung des Ohmschen Widerstandes und der für die chemische Reaktion erforderlichen Spannung zusammen.

Bei 20 Anoden von 30 mm und 21 Kathoden von 0,3 mm Dicke beträgt die Gesamtdicke aller Elektroden im Bad

$$20 \cdot 30 + 21 \cdot 0{,}3 = 606{,}3 \text{ mm} = 60{,}6 \text{ cm.}$$

In der Längsrichtung des Bades bleibt also für die Flüssigkeit übrig:

$$200{,}0 - 60{,}6 = 139{,}4 \text{ cm}$$

Diese Strecke besteht aus 40 Flüssigkeitszwischenräumen, so daß jeder Zwischenraum eine Breite von

$$\frac{139{,}4}{40} \cdot 3{,}5 \text{ cm}$$

besitzt. Wenn die Elektrodenplatten vollständig in den Elektrolyten eintauchen, ist die gesamte Anodenfläche

$$80 \cdot 80 \cdot 2 \cdot 20 = 256\,000 \text{ qcm}$$

und die Kathodenfläche

$$70 \cdot 70 \cdot 2 \cdot 20 = 196\,000 \text{ qcm.}$$

Es geht also durch das Bad ein Strom von

$$19{,}6 \cdot 30 = 588 \text{ Amp.}$$

Da das Bad sowohl in der Breite wie in der Tiefe größere Abmessungen besitzt als die Elektroden, so ist der wirkliche Querschnitt des Elektrolyten, welcher an der Anodenoberfläche 25,6, an der Kathodenoberfläche 19,6 qm beträgt, in den Zwischenräumen (wegen der Ausbreitung der Stromlinien) tatsächlich größer. Es wird deshalb unter diesen Umständen ziemlich richtig sein, wenn wir den durchschnittlichen benutzbaren Querschnitt des Elektrolyten gleich dem der größeren Elektrodenfläche, d. h. zu 25,6 qm annehmen. Dann wird der Widerstand eines Bades

$$R = \frac{6 \cdot 3{,}5}{256\,000} = 0{,}000082 \text{ Ohm.}$$

Zur Überwindung des Badwiderstandes ist eine Spannung von

$$0{,}000\,082 \cdot 588 = 0{,}048 \text{ Volt}$$

nötig.

Während der Elektrolyse werden Kupfer und Eisen im Verhältnis 30 : 40 gelöst. In chemischen Äquivalenten ausgedrückt, würde das Verhältnis sein:

$$\frac{30}{31{,}8} : \frac{40}{28} = 0{,}943 : 1{,}429.$$

In diesem Verhältnis wird sich auch der Strom in die beiden anodischen Lösungsarbeiten teilen, so daß

$$\frac{0{,}943}{0{,}943 + 1{,}429} = 0{,}4 = 40\,\%$$

des Stromes auf Lösung von Kupfer und 60 % auf Lösung des Eisens entfallen.

Für die chemische Arbeit im Elektrolyten ist dann eine Spannung von

$$\begin{aligned} 0{,}22 \cdot 0{,}40 &= 0{,}088 \\ 0{,}29 \cdot 0{,}60 &= -0{,}174 \\ \text{Zusammen} &\ -0{,}086 \text{ Volt} \end{aligned}$$

nötig, und die zur Elektrolyse erforderliche Gesamtspannung ist

$$\begin{aligned} V_c &= 0{,}048 \\ V_d &= -0{,}086 \\ V &= -0{,}038 \text{ Volt.} \end{aligned}$$

Es ist daraus ersichtlich, daß, solange die Oberfläche der Steinanode sauber bleibt, die durch die Schwefelabscheidung bedingte Erhöhung des Widerstandes nicht auftritt, daß also in Wirklichkeit keine äußere Stromzufuhr nötig sein würde, um das Bad zu betreiben. Das Bad würde selbst die nötige Spannung aufbringen und sogar noch einen kleinen Überschuß liefern, der für den Widerstand der Anschlüsse genügen würde. Bei der praktischen Ausführung zeigte sich indessen, daß die erforderliche Spannung sehr rasch auf 1 Volt stieg und in wenigen Tagen sogar eine Höhe von 5 Volt erreichte. Es ist ganz sicher, daß diese Erscheinung ausschließlich dem nichtleitenden Schwefelüberzuge auf der Anode zuzuschreiben ist.

2.) Bei einem Strom von 588 Amp., wovon 40 % = 235 Amp. Lösen von Kupfer dienen, gehen für den Tag und das Bad

$$28{,}46 \cdot 235 = 6688 \text{ g} = 6{,}688 \text{ kg}$$

Kupfer in Lösung.

An Stein wird dann im Tage

$$\frac{6{,}688}{0{,}30} = 22{,}3 \text{ kg}$$

gelöst. Da die 20 Anoden in einem Bad 20 · 125 = 2500 kg wiegen, so ergibt sich der tägliche Gewichtsverlust zu

$$\frac{22{,}3}{2500} = 0{,}009 = \mathbf{0{,}9\,\%}. \tag{2}$$

Die vollständige Auflösung der Anode würde theoretisch in

$$\frac{110}{0{,}9} = 111 \text{ Tagen}$$

erfolgen. Praktisch zerbröckelten die Anodenplatten jedoch schon nach etwa der halben Zeit, nachdem sie ungefähr erst zur Hälfte aufgelöst waren.

3.) Das gelöste Eisen beträgt 40 % von dem Gewichtsverlust der Anoden oder 8,9 kg im Tag. Dadurch werden

$$8{,}9 \cdot \frac{152}{56} = 24{,}2 \text{ kg } FeSO_4$$

gebildet. Das Bad ist mit dem Elektrolyten nicht ganz gefüllt, nur bis etwa 3 cm vom oberen Rande. Das Volum des Bades ist dann

$$200 \cdot 90 \cdot 97 = 1\,764\,000 \text{ cbcm}$$
$$= 1{,}746 \text{ cbm.}$$

Wenn wir davon das Volum der Elektroden

$$80 \cdot 80 \cdot 3 \cdot 20 = 384\,000 \text{ cbcm}$$
$$70 \cdot 70 \cdot 0{,}3 \cdot 21 \quad 30\,870 \text{ „}$$
$$\text{Summe } 414\,870 \text{ cbcm}$$
$$= 0{,}415 \text{ cbm}$$

abziehen, dann erhalten wir als Volum des Elektrolyten

$$1{,}746 - 0{,}415 = 1{,}331 \text{ cbm.}$$

Bei einem spez. Gewicht von 1,2 ist das Gewicht des Elektrolyten in einem Bad

$$1{,}331 \cdot 1{,}2 = 1597 \text{ kg.}$$

Dasselbe wird durch den Zugang von 24,20 kg $FeSO_4$ im Tag um

$$\frac{24{,}2}{1597} = 0{,}015 = \mathbf{1{,}5\,\%} \qquad (3)$$

vermehrt.

Die Gesamtmenge an gelösten Salzen würde indessen nicht in diesem Maße zunehmen. Da nämlich 16,73 kg Kupfer im Tag ausgeschieden werden, während nur 6,67 kg in Lösung gehen, verliert der Elektrolyt 10,06 kg Kupfer, entsprechend 25,24 kg $CuSO_4$ täglich oder 1,6 % vom Gewicht des Elektrolyten. Wir können also sagen, daß die Lösung täglich 1,6 % $CuSO_4$ verliert und 1,5 % $FeSO_4$ gewinnt, so daß eine allmähliche Verdrängung des Kupfers durch Eisen stattfindet, bis schließlich ersteres vollständig ausgefällt ist. Dadurch ergibt sich schon nach relativ kurzer Betriebszeit die Notwendigkeit, den Elektrolyten zu erneuern.

4.) Wir haben schon gefunden, daß in einem Bad 16,73 kg Kupfer täglich ausgeschieden werden. Die Tagesproduktion der ganzen Anlage ist dann

$$16{,}73 \cdot 120 = \mathbf{2008 \text{ kg}} \qquad (4)$$

Von dieser Menge stammen indessen nur 6,67 · 120 = 800 kg von den Anoden, der Rest aus der Lösung. Das Verfahren erfordert also fortwährend reichliche Mengen frischer Kupferlösung, welche Marchese durch Rösten und nachfolgende Laugerei aus Erzen gewann.

Das niedergeschlagene Kupfer hat die Dichte 8,9. 1 Amp scheidet im Tag 28,46 g aus. Bei einer Stromdichte von 1 Amp/qcm würde im Tag eine Kupferschicht von

$$\frac{28,46}{8,9} = 3,2 \text{ cm}$$

Stärke niedergeschlagen. Bei den Versuchen Marcheses betrug die Stromdichte nur 30 Amp/qm = 0,003 Amp/qcm, woraus sich im Tag nur eine Schicht von

$$\begin{aligned} 3,2 \cdot 0,003 &= 0,0096 \text{ cm} \\ &= 0,096 \text{ mm} \end{aligned}$$

berechnet. Um einen Kupferniederschlag an der Kathode von 1 cm Stärke zu erhalten, wären

$$\frac{1}{0,0096} = 104 \text{ Tage}$$

erforderlich.

Dies ist eine wesentlich langsamere Kupferabscheidung, als gegenwärtig bei der Kupferraffination üblich ist, wo Stromdichten von 100 bis 500 Amp/qm benutzt werden. Durch niedrige Stromdichte wird reineres Kupfer mit geringerem Kraftverbrauch erhalten; dagegen wird die Erzeugungsmenge einer gegebenen Anlage geringer, wodurch die Unkosten für Verzinsung, Amortisation und Arbeitslöhne sowie die Generalunkosten steigen.

Verwendung von Kupferstein als Kathode.

Pedro G. Salom hat ein ähnliches Verfahren unter der Bezeichnung „kathodische Reduktion" zur Reduktion von Bleiglanzkonzentraten angewandt, welche in verdünnter Schwefelsäure zu Bleischwamm reduziert wurden. Wenn granulierter Kupferstein, den wir hier der Einfachheit halber als fast reines Cu_2S ansehen wollen, nach diesem Verfahren behandelt wird, so tritt an der Anode Sauerstoff, an der Kathode Wasserstoff neben wechselnden Mengen Schwefelwasserstoff auf. A. T. Weightman[1]) hat über einen derartigen Versuch einige Angaben gemacht.

Übungsbeispiel 110.

In 5 proz. Schwefelsäure befand sich eine 15 g schwere Cu_2S Kathode und ein Blech von Antimonblei als unangreifbare Anode. Ein Strom von 3,6 Amp wurde 3 Stunden lang durch das Bad ge-

[1]) Trans Am. Elektrochem. Soc. II (1902), S. 76.

schickt. (Die Spannung ist nicht angegeben.) Jede Elektrode hatte eine Oberfläche von 50 qcm bei einer gegenseitigen Entfernung von 4 cm. Die Kathodengase enthielten H_2 und H_2S in folgendem Verhältnis:

	H_2	H_2S
noch 5′	42,4	57,6
noch 180′	90,8	9,2
als Durchschnitt für 0—180′.	79,5	20,5

Aufgabe:

Zu berechnen ist:

1.) Die nötige Spannung, wenn ausschließlich H_2S an der Kathode entstehen würde.

2.) Die nötige Spannung im obigen Versuch am Anfang und am Ende und die mittlere Spannung für die ganze Dauer des Versuchs.

3.) Der Anteil an Cu_2S, welcher zu Kupfer reduziert wurde.

Lösung:

1.) Um die zur Überwindung des Ohmschen Widerstandes erforderliche Spannung zu erhalten, müssen wir den spez. Widerstand des Elektrolyten kennen. Für 5 proz. Schwefelsäure können wir den Widerstand zu 4,8 Ohm ansetzen. Der Ohmsche Widerstand der Zelle ist dann

$$\frac{4{,}8 \cdot 4}{50} = 0{,}38 \text{ Ohm}.$$

Um 3,6 Amp. hindurchzuschicken, ist eine Spannung von

$$0{,}38 \cdot 3{,}6 = 1{,}37 \text{ Volt}$$

nötig. Wird ausschließlich reiner Schwefelwasserstoff an der Kathode entbunden, wobei sich die Lösung mit diesem Gas sättigt, dann ist die Reaktion:

$$Cu_2S + H_2O = 2\,Cu + H_2S\,(\text{Gas}) + O$$

und die Reaktionswärme ist:

(Cu_2, S)	= 20 300	Kal.	gebunden
(H_2, O)	= 69 000	„	„
(H_2, S)	= 4 800	„	entwickelt
Summe	84 500	Kal.	gebunden.

Diese Reaktion erfordert eine Spannung von

$$\frac{84\,500}{2 \cdot 23040} = 1{,}83 \text{ Volt}.$$

Der gesamte Spannungsverbrauch der Zelle ist dann

$$1{,}37 + 1{,}83 = \mathbf{3{,}20\ Volt} \quad \ldots\ldots\ldots \quad (1)$$

2.) Wenn an der Kathode kein Schwefelwasserstoff, sondern ausschließlich Wasserstoff entbunden wird, ist für den elektrolytischen Vorgang 1,50 Volt, und für die Zelle insgesamt 2,87 Volt nötig. Da ein Molekül H_2S dieselbe Menge Wasserstoff wie ein Molekül H_2 enthält, so folgt, daß eine gegebene Strommenge gleiche Volumina der beiden Gase entwickeln wird. 5 Minuten nach Beginn der Elektrolyse wirken also 57,6 % des Stromes reduzierend unter Bildung von Schwefelwasserstoff, während 42,4 % des Stromes Wasserstoffgas entwickeln.

Aus der chemischen Arbeit des Stromes läßt sich der Spannungsverbrauch nach dem vom Verfasser angegebenen Verfahren[1]) in noch etwas anderer Weise leicht berechnen.

Wir haben z. B. nach 5 Minuten:

$$\begin{aligned} 1{,}83 \cdot 0{,}576 &= 1{,}054 \\ 1{,}50 \cdot 0{,}424 &= 0{,}636 \\ \hline V_d &= 1{,}69 \text{ Volt} \\ \text{Dazu für die Stromleitung } V_e &= 1{,}37 \;\;\text{,,} \\ \text{Gesamtspannung } & \mathbf{3{,}06 \text{ Volt}} \end{aligned} \qquad (2)$$

und am Schluß des Versuches:

$$\begin{aligned} 1{,}83 \cdot 0{,}092 &= 0{,}168 \text{ Volt} \\ 1{,}50 \cdot 0{,}908 &= 1{,}362 \;\;\text{,,} \\ V_d &= 1{,}53 \text{ Volt} \\ V_c &= 1{,}37 \;\;\text{,,} \\ \hline V &= \mathbf{2{,}90 \text{ Volt.}} \end{aligned} \qquad (2)$$

Als Mittelwert für die ganze Versuchsdauer ergibt sich:

$$\begin{aligned} 1{,}83 \cdot 0{,}205 &= 0{,}375 \text{ Volt} \\ 1{,}50 \cdot 0{,}795 &= 1{,}193 \;\;\text{,,} \\ V_d &= 1{,}57 \text{ Volt} \\ V_c &= 1{,}37 \;\;\text{,,} \\ \hline V &= \mathbf{2{,}94 \text{ Volt.}} \end{aligned} \qquad (2)$$

3.) Da 20,5 % des Stromes zur Reduktion von Cu_2S dienten, so ist die während des ganzen Versuchs niedergeschlagene Kupfermenge:

$$1{,}186 \cdot 3{,}6 \cdot 0{,}205 = 0{,}88 \text{ g}.$$

In 15 g reinem Cu_2S sind

$$15 \cdot \frac{127{,}2}{159{,}2} = 12 \text{ g Cu} \qquad (3)$$

enthalten.

Davon wurden somit reduziert

$$\frac{0{,}88}{12} = 0{,}073 = 7{,}3\,\%.$$

---

[1]) Trans Am. Elektrochem. Soc. V (1904), S. 89.

Wir sehen, daß dieses Verfahren zur Reduktion von Kupferstein durchgreifende Verbesserungen erfahren müßte, ehe von einer technischen Verwendung die Rede sein könnte.

1. Elektrolytische Kupfergewinnung aus Lösungen.

In dieses Gebiet fallen einige viel versprechende Verfahren, die indessen bis jetzt noch nicht zu einer befriedigenden praktischen Lösung gebracht werden konnten. Eine eingehendere Behandlung der quantitativen Seite dieser Verfahren bietet trotzdem erhebliches Interesse.

Die Grubenwässer mancher Kupfergruben enthalten Kupfersulfat, entstanden durch Verwitterung und Auslaugung sulfidischer Erze. Die Lösungen sind gewöhnlich so verdünnt, daß sich das Eindampfen bis zur Kristallisation von Kupfervitriol nicht lohnt. Das übliche Verfahren zur Aufarbeitung solcher Grubenwässer besteht darin, daß man die Lösungen mit Roheisen- oder Schmiedeeisenabfällen behandelt, wodurch das Kupfer als schlammiges Zementkupfer ausgefällt wird. Dieses Produkt enthält viel Eisen und andere Verunreinigungen, sodaß der Kupfergehalt oft nur 60—90 % beträgt. Das gefällte Zementkupfer muß deshalb einer gründlichen Raffination unterworfen werden, wenn es zu Handelskupfer verarbeitet werden soll, wobei erhebliche Kupferverluste entstehen.

Derartige Kupferlösungen können elektrolytisch nach zwei verschiedenen Verfahren aufgearbeitet werden:

1.) unter Benutzung von löslichen Eisenanoden;

2.) unter Verwendung unlöslicher Anoden.

Verwendung von Eisenanoden.

Werden Eisenplatten oder Bleche oder in einem Korbe untergebrachte Eisenabfälle in eine Kupfersulfatlösung eingesenkt und wird gleichzeitig das Eisen mit einer Elektrode aus Kupferblech elektrisch verbunden, so tritt nicht am Eisen die Kupferausscheidung ein, sondern das Kupfer wird auf dem Kupferblech niedergeschlagen. Das Eisen arbeitet als lösliche Anode, das gelöste Eisen bildet Ferrosulfat, und das Kupfer wird in dichter und, praktisch gesprochen, chemisch reiner Form an der Kathode ausgeschieden. Da durch die Auflösung des Eisens mehr Energie entwickelt als durch die Abscheidung des Kupfers verbraucht wird, so entstehen elektromotorische Kräfte, wodurch das Bad als kurzgeschlossenes Element arbeitet, sobald Kupfer und Eisen durch eine Leitung von geringem Widerstand miteinander verbunden werden. Diese elektromotorische Kraft erzeugt einen Strom, dessen Stärke von dem Widerstand des Elektrolyten und dem der äußeren Verbindungsleitung abhängt. Ist es erwünscht, die Fällung des

Kupfers zu beschleunigen, so kann das leicht durch Hinzuschalten einer Dynamomaschine erreicht werden.

Übungsbeispiel 111.

Eine Kupfersulfatlösung, deren spez. Widerstand 50 Ohm beträgt, fließt zur Ausfällung des Kupfers durch Bäder welche je 15 gußeiserne Anoden von 40 · 80 cm und 16 Kupferbleche von derselben Größe enthalten. Die Elektroden haben eine gegenseitige mittlere Entfernung von 5 cm und sind dadurch kurzgeschlossen, daß beide auf ein und derselben dreikantigen kupfernen Verteilungsschiene aufruhen, deren Widerstand vernachlässigt werden kann. Wir nehmen an, daß durch Übergangswiderstände in den Kontakten 0,1 Volt Spannung verbraucht wird.

Aufgabe:

Zu berechnen ist:

1.) die elektromotorische Kraft des kurzgeschlossenen Bades,

2.) die jedes Bad durchfließende Strommenge und die Stromdichte,

3.) das Gewicht des in 24 Stunden abgeschiedenen Kupfers.

4.) das Gewicht des in derselben Zeit aufgelösten Eisens.

Lösung:

Aus den thermochemischen Tafeln (S. 23) entnehmen wir

$$(Fe, S, O_4) = 234\,900 \text{ Kal.}$$
$$(Cu, S, O_4) = 197\,500 \text{ ,,}$$
$$\text{Überschuß an anodischer Energie} \quad 37\,400 \text{ Kal.}$$

für 1 Atom Cu; für 1 Äquivalent somit $\frac{37\,400}{2} = 18700$ Kal. Die elektromotorische Kraft der kurzgeschlossenen Zelle ist dann

$$\frac{18\,700}{23\,040} = 0{,}81 \text{ Volt.} \qquad (1)$$

2.) Da der Spannungsverlust in den Kontakten 0,1 Volt beträgt, bleiben für die Überwindung des Badwiderstandes 0,71 Volt. Die gesamte wirksame Oberfläche an beiden Seiten der 15 Anoden beträgt

$$15 \cdot 2 \cdot 40 \cdot 80 = 96\,000 \text{ qcm}$$

und die wirksame Oberfläche der 16 Kathoden, wovon die zwei äußersten nur einseitig arbeiten, ist ebenso groß.

Wenn wir den Querschnitt des Elektrolyten der Elektrodenfläche gleich annehmen, erhalten wir für den Widerstand eines Bades

$$\frac{50 \cdot 5}{96\,000} = 0{,}0026 \text{ Ohm.}$$

Woraus sich eine Stromstärke von

$$\frac{0{,}71}{0{,}0026} = \mathbf{273\ Amp} \qquad (2)$$

und eine Stromdichte von

$$\frac{273}{9{,}6} = \mathbf{28{,}4\ Amp/qm} \qquad (2)$$

ergibt.

3.) Das Gewicht des in 24 Stunden niedergeschlagenen Kupfers ist

$$28{,}46 \cdot 273 = 7770\ \mathrm{g}$$
$$= \mathbf{7{,}77\ kg.} \qquad (3)$$

4.) Das Gewicht des gelösten Eisens verhält sich zu dem des ausgefällten Kupfers wie 56: 63,6 Bei gußeisernen Anoden wird das Eisen nur 90—93 % vom Anodenverlust ausmachen, da Gußeisen keinen höheren Eisengehalt hat. Bestehen die Anoden aus Schmiedeeisen oder Stahlblech, dann beträgt das gelöste Eisen 99—99,8 vom Anodenverlust.

In 24 Stunden werden

$$\frac{7{,}77 \cdot 56}{63{,}6} = \mathbf{6{,}84\ kg} \qquad (4)$$

Eisen gelöst.

Übungsbeispiel 112.

Von den in der vorigen Aufgabe beschriebenen Bädern werden 100 in einer Reihe angeordnet. In jedem Bad sind alle Anoden unter sich verbunden und ebenfalls die Kathoden. An die Bäderreihe wird eine Dynamomaschine angeschlossen, welche an den Bürsten 110 Volt liefert. Die Stromleiter zwischen Maschine und Badreihe sowie zwischen den einzelnen Bädern haben eine Gesamtlänge von 280 m und einen Querschnitt von 1 · 4 cm; sie bestehen aus reinemKupfer. Für die Bäder gelten sonst alle Angaben der vorigen Aufgabe. Der Kontaktwiderstand beträgt

$$\frac{0{,}1}{273} = 0{,}0004\ \mathrm{Ohm}$$

für das Bad.

Aufgabe:

Zu berechnen ist:

1.) der Widerstand der Stromleiter;

2.) die Stromstärke und Stromdichte in den Bädern;

3.) das in 24 Stunden ausgeschiedene Kupfer.

Lösung:

Die Leitfähigkeit des Kupfers in reziproken Ohm ist 600 000, der spez. Widerstand 1 : 600 000 = 0,000 001 67 Ohm. Das ist der Widerstand für 1 cbcm. Die Stromleiter haben demnach einen Widerstand von

$$\frac{0{,}000\,001\,67 \cdot 28\,000}{4} = \mathbf{0{,}0117\ Ohm.} \qquad (1)$$

3.) Die im ganzen Stromkreis vorhandene elektromotorische Kraft setzt sich zusammen aus der elektromotorischen Kraft der 100 Bäder + 110 Volt von der Maschine, d. h.

$$(0{,}81 \cdot 100) + 110 = 191 \text{ Volt.}$$

Der Gesamtwiderstand besteht aus dem Widerstand der 100 Bäder, der Kontakte und dem Widerstand der Stromzuleitungen.

$$(0{,}0026 \cdot 100) + (0{,}0004 \cdot 100) + 0{,}0117 = 0{,}3177 \text{ Ohm.}$$

Die Stromstärke ist somit

$$\frac{191}{0{,}3117} = \mathbf{618\ Amp} \qquad (2)$$

und die Stromdichte

$$\frac{618}{9{,}6} = \mathbf{64{,}4\ Amp/qm} \qquad (2)$$

3.) Kupfer in 24 Stunden

$$\frac{28{,}46 \cdot 618}{1000} = \mathbf{17{,}59\ kg.} \qquad (3)$$

2. Verwendung unlöslicher Anoden.

Bei Benutzung unlöslicher Anoden läßt sich alles Kupfer des gelösten Kupfersalzes zur Abscheidung bringen, wobei die freie Säure zurückbleibt. Die Wahl des Anodenmaterials ist dabei aber nicht leicht. Graphitierte Kohleplatten sind unangreifbar und zeigen keine elektromotorische Gegenwirkung. Eisen mit hohem Siliziumgehalt wird ebenfalls in bezug auf seine Widerstandsfähigkeit gerühmt; noch weniger angegriffen werden Elektroden aus reinem Silizium, die aber einen erheblichen elektrischen Widerstand besitzen. Anoden aus Bleiblech bedecken sich mit einer Schicht PbO_2, welche dauerhaft ist und eine leichte Sauerstoffentwicklung gestattet. Auch viele andere Materialien können möglicherweise als Anoden Verwendung finden. Über praktische Versuche in dieser Richtung ist nicht viel veröffentlicht. Wenn Kupferlösungen unter Benutzung unlöslicher Anoden elektrolysiert werden, so ist der Widerstand des Elektrolyten praktisch derselbe wie im vorigen Falle, durchschnittlich vielleicht sogar etwas niedriger, außerdem verbraucht aber die chemische Reaktion noch Energie. Die nach der Elektrolyse verbleibende saure Flüssigkeit kann zur Laugung neuer Mengen leicht angreifbarer roher oder gerösteter Erze benutzt werden.

Übungsbeispiel 113.

Eine elektrolytische Anlage verarbeitet eine verdünnte Kupfersulfatlösung mit 318 g Kupfer als $CuSO_4$ im cbm. Die Lösung fließt durch Bäder mit unlöslichen Anoden. Der Elektrodenabstand sei 3 cm, die Stromdichte 20 Amp/qm. Bei rascher Zirkulation des Elektrolyten kann das Kupfer praktisch vollständig ausgefällt werden, ohne daß eine Wasserstoffentwicklung eintritt. Sind viele Bäder hintereinandergeschaltet, dann bleibt der Strom fast gleichmäßig auf 300 Amp. Jedes Bad enthält 1,5 cbm Badflüssigkeit.

Aufgabe:

Zu berechnen ist:

1.) der Spannungsverbrauch für die chemische Reaktion im Bade, während und nach der Kupferfällung;
2.) die zur Überwindung des Badwiderstandes erforderliche Spannung am Anfang und am Schluß der Fällung;
3.) die gesamte Spannung an den Klemmen eines Bades am Anfang der Fällung, am Schluß, wenn gerade die letzten Kupfermengen abgeschieden werden, sowie nach Beendigung der Fällung;
4.) die zur vollständigen Fällung nötige Zeit;
5.) die Ausbeute an Kupfer für die KW-Stunde, wobei für Spannungsverlust in den Kontakten und Schienen 0,2 Volt einzusetzen sind.

Lösung:

1.) Bei der Kupferfällung wird $CuSO_4$ aq in H_2SO_4 aq und Kupfer zerlegt. Die Bildungswärmen sind:

$$(Cu, S, O_4) = 197\,500 \text{ Kal.}$$
$$(H_2, S, O_4) = 210\,200 \text{ ,,}$$

Die stattfindende Reaktion ist

$$CuSO_4\,aq + H_2O = H_2SO_4\,aq + O + Cu.$$

An Energie ist zuzuführen:

$$(Cu, S, O_4) = 197\,500 \text{ Kal.}$$
$$(H_2, O) = 69\,000 \text{ ,,}$$
$$\text{Zusammen } 266\,500 \text{ Kal.}$$

Entwickelt werden

$$(H_2, S, O_4) = 210\,200 \text{ Kal.}$$
$$\text{Im ganzen sind zuzuführen } 56\,300 \text{ Kal.}$$

Die chemische Arbeit im Elektrolyten erfordert also eine Spannung von

$$\frac{56300}{2 \cdot 23040} = \mathbf{1{,}22\ Volt} \qquad (1)$$

Nach vollständiger Ausfällung des Kupfers ist die Reaktion eine einfache Wasserzersetzung, wobei H_2 und O_2 an den Elektroden auftreten, und der Spannungsverbrauch wird

$$\frac{69000}{2 \cdot 23040} = \mathbf{1{,}50\ Volt} \qquad (1)$$

2.) Am Anfang der Elektrolyse enthält die Lösung

$$318 \cdot \frac{159{,}6}{63{,}6} = 798\ \text{g}$$

$CuSO_4$ im Kubikmeter, und da die Lösung praktisch dasselbe spez. Gewicht wie Wasser besitzt, und 1 cbm bei 15° 999,1 kg wiegt, so ist der Prozentgehalt des Elektrolyten

$$\frac{798}{1000 \cdot 999{,}1} = 0{,}08\,\%\ Cu\,SO_4$$

entsprechend $0{,}798 : \frac{159{,}6}{2} = 0{,}01$ normal. Nach vollständiger Ausfällung des Kupfers ist die 0,01 n-$CuSO_4$-Lösung in 0,01 n-H_2SO_4-Lösung umgewandelt. Die spez. Widerstände beider Lösungen sind aus Tabellen (z. B. aus den in Landolt-Börnstein-Meyerhoffers Tabellen enthaltenen Werten nach Kohlrausch) sofort zu entnehmen.

Bei einer Stromdichte von 20 Amp/qm = 0,002 Amp/qcm und einem Elektrodenabstand von 3 cm ist zur Überwindung des Badwiderstandes eine Spannung erforderlich von

$$\begin{array}{ll} 1395 \cdot 3 \cdot 0{,}002 = \mathbf{8{,}37}\ \text{Volt für } 0{,}01\ \text{n-}CuSO_4 & \\ 325 \cdot 3 \cdot 0{,}002 = \mathbf{1{,}95}\ \text{,, ,, } 0{,}01\ \text{n-}H_2SO_4 & \end{array} \qquad (2)$$

3.) Unter der Annahme, daß die Lösung ursprünglich keine freie Säure enthielt, beträgt die Badspannung

$$\begin{array}{lll} \text{am Anfang der Kupferfällung} & 8{,}37 + 1{,}22 = \mathbf{9{,}59} & \textbf{Volt} \\ \text{am Schlusse der ,,} & 1{,}95 + 1{,}22 = \mathbf{3{,}17} & \text{,,} \\ \text{nach Beendigung der ,,} & 1{,}95 + 1{,}50 = \mathbf{3{,}45} & \text{,,} \end{array} \qquad (3)$$

4.) Jedes Bad enthält 318 · 1,5 = 477 g Cu. Bei 300 Amp wird diese Kupfermenge in

$$\frac{477}{300 \cdot 0{,}000\,329\,5} = 4826\ \text{Sek.} = \mathbf{1\ Stunde\ 20{,}5\ Min.} \qquad (4)$$

niedergeschlagen.

5.) Die mittlere Spannung zur Überwindung des Ohmschen Widerstandes ist durchschnittlich wesentlich geringer als die halbe Summe des Anfangs- und Endwertes d. h. niedriger als $\frac{8,37 + 1,95}{3} = 5,16$ Volt. Wenn nämlich das Kupfer zur Hälfte niedergeschlagen ist, die Lösung somit an beiden Bestandteilen 0,005 n ist, finden wir einen spez. Widerstand von 487 Ohm und nicht von $\frac{1395 + 325}{2} = 860$ Ohm. Dem erstgenannten Widerstand entspricht ein Spannungsverbrauch von 2,92 Volt. Da die Schwefelsäure viel besser leitet als Kupfersulfat, erhöht sich die Leitfähigkeit des Elektrolyten sehr schnell, sobald freie Säuremengen auftreten. Genauere Werte des mittleren Spannungsverbrauches würden sich erhalten lassen durch Berechnung von Widerstand und Spannung in vielen kleinen Zeitabschnitten der Elektrolyse. Ohne auf diese Rechnung hier näher einzugehen, wollen wir als Mittelwert für den durch den Widerstand bedingten Spannungsverbrauch 3,52 Volt annehmen.

Als mittlere Badspannung erhalten wir dann

für die Zerlegung	1,22 Volt
„ den Widerstand	3,52 „
„ Kontakt und Schienen	0,20 „
Summe	4,94 Volt.

Der Energieverbrauch eines Bades ist dann

$$\frac{4,94 \cdot 300}{1000} = 1,482 \text{ KW}.$$

Die Ausbeute an Kupfer aus einem Bade in einer Stunde ist:

$$300 \cdot 1,186 = 355,8 \text{ g}$$

oder für 1 KW-Stunde:

$$\frac{355,8}{1,482} = 240 \text{ g}.$$

Die Ausbeute ist allerdings gegenüber der bei der Kupferraffination erreichbaren eine sehr schlechte. Es ist aber zu beachten, daß wir es hier mit einem Gewinnungsverfahren für Kupfer aus Erzen zu tun haben, welches in bezug auf die Kosten nicht mit der einfachen Raffination des Metalles, sondern mit anderen Gewinnungsverfahren, mit denen es vielleicht in Wettbewerb treten könnte (etwa mit der Ausfällung des Kupfers durch Eisen) in Vergleich zu stellen ist. Es scheint nicht ausgeschlossen, daß an Orten mit billiger Kraft und teurem Eisen das elektrolytische Verfahren wirtschaftlich vorteilhaft sein kann.

Siemens & Halske brachten ein kombiniertes, aus Laugerei und Elektrolyse bestehendes Verfahren in Vorschlag. Hiernach soll geröstetes Erz oder Stein durch eine mit Schwefelsäure angesäuerte Ferrisulfatlösung angelaugt werden, wodurch eine Kupfersulfat und Ferrosulfat enthaltende Lösung entsteht. Diese soll dann in einer Zelle mit unlöslichen Kohlenanoden und einem Diaphragma zwischen den Elektroden elektrolysiert werden. Der Elektrolyt fließt zuerst durch die Kathodenräume, wo das Kupfer niedergeschlagen wird, dann durch die Anodenräume, wo das Ferrosulfat zu Ferrisulfat oxydiert wird, so daß die Lösung wieder zur Laugerei neuer Erzmengen dienen kann. Bei der Laugerei sind die Vorgänge folgende:

$$Cu_2S + 2\,Fe_2(SO_4)_3\,aq = 2\,CuSO_4\,aq + 4\,FeSO_4\,aq + S$$
$$3\,CuO + Fe_2(SO_4)_3\,aq = 3\,CuSO_4\,aq + Fe_2O_3$$
$$CuO + H_2SO_4\,aq = CuSO_4\,aq + H_2O.$$

Bei der Elektrolyse:

im Kathodenraum $CuSO_4 = Cu + SO_4$

„ Anodenraum $2\,FeSO_4 + SO_4 = Fe_2(SO_4)_3$

oder zusammen:

$$2\,FeSO_4 + CuSO_4 = Cu + Fe_2(SO_4)_3.$$

Wir beschränken unsere Betrachtung auf die Elektrolyse, durch welche $CuSO_4$ zersetzt wird, während gleichzeitig $2\,FeSO_4$ zu $Fe_2(SO_4)_3$ oxydiert werden. Die thermochemische Auswertung der Reaktionsgleichung gibt:

$(Cu, S, O_4\,aq)$	= 197 500	Kal.	gebunden
$2\,(Fe, S, O_4, aq)$	= 469 800	„	„
$(Fe_2, S_3, O_{12}\,aq)$	= 650 500	„	entwickelt
Summe	16 800	„	gebunden.

Für die chemsiche Reaktion ist somit eine Spannung von

$$\frac{16\,800}{2 \cdot 23\,040} = 0{,}36 \text{ Volt}$$

nötig. Dazu kommt noch der durch den Badwiderstand bedingte Spannungsverbrauch.

Übungsbeispiel 114.

Die Bäder für das Siemens-Halske Verfahren waren aus Holz gebaut und mit Bleiblech ausgeschlagen. Jedes Bad war 220 cm lang, 100 cm weit, 100 cm tief und enthielt 15 Anoden und 16 Kathoden. Die letzteren waren 80 · 80 cm groß und 1 mm stark. Die Anoden bestanden aus Kohlenstäben, die in der Form eines Rostes von 45 · 100 cm Fläche und 1 cm Dicke zusammengebaut waren. Zwischen Anode und Kathode war eine poröse Scheidewand von 1 cm Dicke angebracht, welche in ihren Poren einen wirksamen freien Flüssigkeitsquerschnitt von 5 % der Diaphragmenfläche besaß. Der spez. Widerstand des Elektrolyten im Kathodenraum war 5, im Anodenraum 8 Ohm. Das Diaphragma steht in der Mitte zwischen den Elektroden. Die Stromdichte betrug 100 Amp/qm für die Kathodenfläche.

Aufgabe:

Zu berechnen ist:

1.) Der Abstand zwischen Diaphragma und den nächsten Anoden- und Kathodenflächen sowie der Widerstand der Zelle unter Berücksichtigung des verminderten Flüssigkeitsquerschnittes im Diaphragma.

2.) Die Betriebsspannung.

Lösung:

1.)

$$\begin{aligned} 15 \text{ Anoden} \cdot 1{,}0 &= 15 \text{ cm} \\ 16 \text{ Kathoden} \cdot 0{,}1 &= 1{,}6 \text{ ,,} \\ \hline \text{Summe } & 16{,}6 \text{ cm.} \end{aligned}$$

Zwischenraum Anode-Kathode.

$$\frac{220 - 16{,}6}{30} = 6{,}8 \text{ cm}$$

Zwischen Kathode bzw. Anode und dem Diaphragma beträgt der Abstand:

$$\frac{6{,}8 - 1}{2} = \mathbf{2{,}9\ cm.} \qquad (1)$$

Die Flüssigkeit in den Poren des Diaphragmas habe einen spez. Widerstand von 6,5 Ohm und der wirksame Flüssigkeitsquerschnitt im Diaphragma sei $100 \cdot 95 \cdot 0{,}05 = 475$ qcm. (Die Fläche des Diaphragmas ist ein wenig kleiner als der Badquerschnitt.)

Der Flüssigkeitsquerschnitt beträgt:

$$\text{Im Kathodenraum } \frac{6400 + 9500}{2} = 7950 \text{ qcm}$$

$$\text{,, Anodenraum } \frac{4500 + 9500}{2} = 7000 \text{ ,,}$$

Der Widerstand des Elektrolyten:

$$\begin{aligned} &\text{Im Anodenraum} && \frac{8 \cdot 2{,}9}{7000} = 0{,}0033 \text{ Ohm} \\ &\text{,, Kathodenraum} && \frac{5 \cdot 2{,}9}{7950} = 0{,}0018 \text{ ,,} \\ &\text{,, Diaphragma} && \frac{6{,}5 \cdot 1}{475} = 0{,}0137 \text{ ,,} \\ \hline &&& \mathbf{0{,}0188\ Ohm.} \qquad (1) \end{aligned}$$

2.) Die Kathodenfläche ist 0,64 qm. Bei einer Stromdichte von 100 Amp./qm gehen überall 64 Amp von der Anode zur Kathode. Für den Badwiderstand ist eine Spannung von

$$\begin{aligned} 0{,}0188 \cdot 64 \ldots\ldots\ldots &= 1{,}20 \text{ Volt} \\ \text{Dazu für die Elektrolyse} \ldots &= 0{,}36 \text{ ,,} \\ \hline \text{Im ganzen} &= \mathbf{1{,}56 \text{ Volt}} \end{aligned} \qquad (2)$$

nötig.

Dem obigen Verfahren ziemlich ähnlich ist der Vorschlag von C. Höpfner. Der Vorschlag gründet sich auf die Verwendung der beiden Kupferchloride. Erze oder gerösteter Stein werden mit einer $CuCl_2$-haltigen Kochsalzlösung gelaugt, wodurch Cu als CuCl in Lösung geht

$$2\,CuCl_2 + Cu_2S = 4\,CuCl + S.$$

Das gebildete CuCl bleibt in der Kochsalzlösung gelöst, die Lösung wird dann in Bädern, die mit Diaphragmen ausgestattet sind, elektrolysiert. Die eine Hälfte der Flüssigkeit fließt durch die Kathodenräume, wo Kupfer niedergeschlagen wird; die andere Hälfte geht durch die Anodenräume, wo das freiwerdende Chlor das CuCl in $CuCl_2$ verwandelt. Die oxydierte Anodenlösung, mit der entkupferten Kathodenlösung vermischt, dient von neuem zur Laugerei. Die Gesamtreaktion ist

$$CuCl + CuCl = CuCl_2 + Cu$$

wobei folgende Energiebeträge auftreten

$$\begin{aligned} 2\,(Cu, Cl) &= 70\,800 \text{ Kal. gebunden} \\ (Cu, Cl_2) &= 62\,500 \text{ ,, entwickelt} \\ \hline \text{Summe} &\quad 8\,300 \text{ Kal. gebunden.} \end{aligned}$$

Zur Elektrolyse ist eine Spannung von

$$\frac{8\,300}{23\,040} = 0{,}36 \text{ Volt}$$

nötig.

Coehn gab eine Padkonstruktion an, welche ohne Diaphragma auskommt. Die Kathode taucht nur halb so tief in das Bad ein wie die Kohlenanode. Die an dieser Elektrode entstehende $CuCl_2$-Lösung sinkt wegen ihrer größeren Dichte auf den Boden der Zelle und wird hier abgezogen, während frische CuCl Lösung von oben ruhig nachfließt. Die Kathode bleibt stets oberhalb der Kuprisalzlösung und wird nicht aufgelöst. Durch die verschiedene Dichte bleiben Kathoden- und Anodenflüssigkeit getrennt.

Der große Vorteil des Verfahrens liegt darin, daß Cu in CuCl einwertig ist, und daß deshalb eine gegebene Strommenge doppelt so viel Cu ausscheidet wie aus einer $CuSO_4$-Lösung.

Übungsbeispiel 115.

Coehn [1]) gibt von seiner diaphragmenlosen Zelle für das Höpfner-Verfahren an, daß die Kupferkathode 100 cm breit war und 50 cm tief in die Flüssigkeit tauchte. Ihr Abstand von der Kohlenanode betrug 12 cm. Der Elektrolyt enthielt 10 % NaCl neben wechselnden Mengen CuCl und $CuCl_2$. Die Stromdichte an der Kathode betrug 20 Amp./qm.

Aufgabe:

Zu berechnen ist:

1.) Die erforderliche Betriebsspannung der Zelle.
2.) Das in 24 Stunden ausgeschiedene Kupfer.
3.) Das von einer KW-Stunde ausgeschiedene Kupfer.

Lösung:

1.) Der spez. Widerstand einer 10 %igen NaCl-Lösung ist **8,5 Ohm.**

$$R = \frac{8{,}5 \cdot 12}{5\,000} = 0{,}0204 \text{ Ohm.}$$

Dieser Widerstand bedingt einen Spannungsverbrauch

$$V_c = 0{,}0204 \cdot 10 = 0{,}20 \text{ Volt}$$

Für die chemische Reaktion ist die Spannung

$$V_d = 0{,}36$$

$$V = \mathbf{0{,}56 \text{ Volt.}} \qquad (1)$$

2.) $28{,}46 \cdot 2 \cdot 10 =$ **569 g in 24 Stunden.** (2)

3.) $\frac{569}{24} \cdot \frac{1000}{10 \cdot 0{,}56} =$ **4230 g = 4,23 Kg.** (3)

d) Elektrolytische Raffination von unreinem Kupfer.

Die elektrolytische Kupferraffination ist die technisch wichtigste Anwendung der Elektrizität in der Metallurgie des Kupfers; sie eignet sich besonders gut zur rechnerischen Behandlung zumal die Grundlagen verhältnismäßig einfach und klar sind. Wenn eine Platte aus fast reinem Kupfer als Anode und eine aus leitendem Material bestehende Kathode in eine Lösung eines Kupfersalzes tauchen, so findet bei Stromdurchgang eine Auflösung des Kupfers an der Anode und die Wiederabscheidung des Kupfers an der Kathode statt, das Kupfer wird sozusagen von einer Elektrode zur andern übertragen. An der Anode treten neben Kupfer auch andere lösliche Verunreinigungen in die Lösung über. Es wird bisweilen angenommen, daß die hauptsächlichste Arbeit des Stromes in der räumlichen Bewegung des Kupfers

[1]) Jahrbuch der Elektrochemie 1895, S. 155.

von der Anode zur Kathode bestehe. Richtig ist allerdings, daß das Metall an einer anderen Stelle die Lösung verläßt, als wo es in dieselbe eintritt, doch wird dieser räumliche Transport nicht von dem Strom bewirkt. Vielmehr sind es die Vorgänge der Diffusion bzw. der Flüssigkeitsbewegung, welche wirksam sind, um das an der Anodenoberfläche in Lösung gehende Kupfer der Kathodenfläche zuzuführen; die elektrische Energie erzeugt nur die Konzentrationsunterschiede, welche durch die genannten Vorgänge physikalisch ausgeglichen werden.

Die Hauptmenge der bei der Kupferraffination verbrauchten elektrischen Energie entfällt auf den Anteil, welcher bei Überwindung des Widerstandes des Elektrolyten in Wärme umgesetzt wird. Dazu kommt noch der Widerstand der Stromleitungen, Schienen usw., sowie der nicht unerhebliche Widerstand in den Kontakten. Weiter ist der Unterschied an chemischer Arbeit zu berücksichtigen, der dadurch entsteht, daß an der Kathode ausschließlich Kupfer gefällt, an der Anode aber neben diesem auch verunreinigende Elemente gelöst werden. Schließlich ist noch zu beachten, daß die Verunreinigungen in der Anode möglicherweise als Legierungen auftreten und eine gewisse Bildungswärme besitzen, welche vom Strom aufgebracht werden muß, damit die Zerlegung erfolgen kann.

Energieverbrauch im Elektrolyten.

Der Elektrolyt ist ein elektrischer Leiter und verbraucht beim Stromdurchgang Energie nach dem Ohmschen Gesetz. Bei der Kupferraffination ist die Badflüssigkeit fast ausnahmslos eine mit Schwefelsäure angesäuerte Kupfersulfatlösung.

Die spez. Widerstände von Kupfersulfat und Eisensulfatlösungen sowie von verdünnter Schwefelsäure verschiedener Konzentration bei 20° C auf 1 cbcm bezogen, sind:

Prozent Salz in Lösung	$CuSO_4$ Ohm/cc	$FeSO_4$ Ohm/cc	H_2SO_4 Ohm/cc
2,5	92	—	—
5	53	—	4,8
7,5	—	65	—
10	31	—	2,5
15	24	34	1,8
17,5	22	—	—
20	—	—	1,5
25	—	—	1,4
30	—	25	1,37

Die Kupfersulfatlösung ist, wie ersichtlich, ein ziemlich schlechter Leiter, ebenso das Ferrosulfat, dagegen leitet die Schwefelsäure sehr gut. Der Widerstand des Elektrolyten für die Kupferraffination wird demnach hauptsächlich von seinem Gehalte an freier Säure abhängen, wodurch die wirtschaftliche Bedeutung einer stets genügenden Ansäuerung des Elektrolyten ohne weiteres klar wird. In dem Maße, wie sich Ferrosulfat im Bade anhäuft und wie durch Bildung unlöslicher Sulfate sowie durch chemische Auflösung der Schlämme die freie Schwefelsäure abnimmt, wird die Flüssigkeit schlechter leitend und der Energieverbrauch steigt an.

Eine Lösung von zweckmäßiger Zusammensetzung, mit 15—20 % $CuSO_4$ und 5—10 % H_2SO_4, mag am Anfang einen spez. Widerstand von nur 2—5 Ohm besitzen, welcher jedoch bis auf 20—25 Ohm steigen kann, wenn die Lösungen unrein werden und die freie Schwefelsäure verbraucht ist. Die außerordentliche Bedeutung dieses Umstandes für die Wirtschaftlichkeit der Elektrolyte leuchtet von selbst ein.

Eine systematische Untersuchung über die spez. Widerstände von Kupfersulfatlösungen verschiedener Konzentrationen mit wechselnden Beimengungen von Ferrosulfat und freier Schwefelsäure wäre sehr erwünscht, sie würde leicht durchzuführen sein.

Übungsbeispiel 116.

Ein Bad für die Kupferraffination wird mit einer Stromdichte von 250 Amp./qm betrieben. Die Elektroden sind 4 cm von einander entfernt. Der Elektrolyt enthält von Haus aus 15 % $CuSO_4$ und 10 % H_2SO_4 und wird erst erneuert, wenn die Schwefelsäure auf 5 % gesunken ist.

Aufgabe:

Zu berechnen ist:

1.) Der mutmaßliche Spannungsabfall zwischen den Elektroden am Anfang.
2.) Dieselbe Größe, wenn der Endzustand erreicht ist.
3.) Die Geschwindigkeit des Temperaturanstiegs im Elektrolyten am Anfang, wenn die Elektroden unberücksichtigt bleiben.
4.) Dieselbe Größe, wenn die Anoden 5 cm, die Kathodenbleche 0,5 cm stark sind.

Lösung:

Wenn auch für die ursprüngliche Lösung eine experimentelle Bestimmung des spez. Widerstands fehlt, so wissen wir doch, daß er ungefähr derselbe wie der spez. Widerstand der 10 %igen Schwefelsäure sein wird, d. h. daß er etwa 2,5 Ohm beträgt. Er wird in Wirklichkeit etwas niedriger sein wegen der Anwesenheit des Kupfersalzes. Wenn wir annehmen, daß sich die Leitfähigkeit des Elektrolyten additiv aus den Leitfähigkeiten der beiden gelösten Stoffe zusammensetzt, dann erhalten wir in reziproken Ohms

$$\frac{1}{2,5} + \frac{1}{24} = 0,40 + 0,04 = 0,44.$$

und für den spez. Widerstand

$$\frac{1}{0,44} = 2,3 \text{ Ohm.}$$

Der Spannungsabfall zwischen den Elektroden wird dann am Anfang

$$V_c = 2,3 \cdot 4 \cdot 0,0250 = \mathbf{0,23\ Volt}$$

betragen.

(Bei einer Stromdichte von 250 Amp./qm gehen 0,0250 Amp. durch jedes qcm Fläche und die Entfernung der Elektroden ist 4 cm.)

2.) Mit einem Schwefelsäuregehalte von 5 % und einer Konzentration des Kupfersulfats von etwa 20 % (durch Auflösung von Kupfer durch die freie Säure) erhalten wir ganz ähnlich für die spez. Leitfähigkeit des Elektrolyten

$$\frac{1}{4,8} + \frac{1}{20} = 0,21 + 0,05 = 0,26$$

und für den spez. Widerstand

$$\frac{1}{0,26} = 3,6 \text{ Ohm.}$$

Der Spannungsabfall beträgt dann

$$3,6 \cdot 4 \cdot 0,0250 = \mathbf{0,36\ Volt.}$$

In der Praxis würde noch eine weitere Zunahme um etwa 0,01 Volt infolge der Bildung einer feinen Schlammschicht auf der Anodenfläche anzunehmen sein.

3.) Die Lösung hat am Anfang die Dichte 1,20 und eine spez. Wärme 0,875. (Durch Kombination der aus Landolt-Börnstein-Meyerhoffers Tabellen entnommenen Daten.)

Die Wärmekapazität einer Flüssigkeitssäule von 4 cm Länge und 1 qcm Querschnitt zwischen den Elektroden beträgt somit

$$1,20 \cdot 4 \cdot 0,875 = 4,2 \text{ Kal.}$$

In dieser Flüssigkeitssäule wird in einer Sekunde durch den Strom eine Wärmemenge von

$$0,23 \cdot 0,0250 \cdot 0,2389 = 0,001\,38 \text{ Kal.}$$

entwickelt.

Die Temperatur der Lösung steigt um

$$
\begin{aligned}
0{,}001\,38 : 4{,}2 &= 0{,}000\,33^0 \text{ in der Sekunde} \\
&\doteq 0{,}0198^0 \quad ,, \quad ,, \quad \text{Minute} \\
&= 1{,}2^0 \quad ,, \quad ,, \quad \text{Stunde} \\
&= 28{,}8^0 \quad ,, \quad 24 \text{ Stunden}
\end{aligned} \tag{3}
$$

4.) Durch die im Elektrolyten entwickelte Wärme werden die Elektroden miterwärmt, und zwar entfällt auf die oben genannte Flüssigkeitssäule von 1 qcm Querschnitt eine Kupfermasse von 1 qcm Oberfläche und der halben Dicke der Elektroden. Wenn wir die Dichte des Kupfers = 8,9 und dessen spez. Wärme = 0,093 setzen, dann beträgt die Wärmekapazität dieser Kupfermasse

$$\left(\frac{5{,}0}{2} + \frac{0{,}5}{2}\right) \cdot 8{,}9 \cdot 0{,}093 = 2{,}276 \text{ Kal.}$$

Die Temperaturzunahme der Lösung und der Elektroden zusammen beträgt demnach:

$$
\begin{aligned}
\frac{0{,}001\,38}{2{,}276 + 4{,}2} &= 0{,}000\,21^0 \text{ in der Sekunde} \\
&= 0{,}013^0 \quad ,, \quad ,, \quad \text{Minute} \\
&= 0{,}78^0 \quad ,, \quad ,, \quad \text{Stunde} \\
&= 18{,}7^0 \quad ,, \quad 24 \text{ Stunden.}
\end{aligned}
$$

Energieverlust in den Kontakten.

Der Energieverlust ist ein für die Wirtschaftlichkeit der Kupferraffination äußerst wichtiger Faktor, der je nach den Umständen die verschiedensten Beträge annehmen kann. Zurzeit gibt es bei der technischen Durchführung der Kupferraffination keine Stelle, an welcher eine genaue Überwachung und sorgfältige Ausschau nach etwaigen Verbesserungen sich besser bezahlt machen würde als gerade hier. Ein guter Kontakt sollte von Haus aus nur sehr wenig Spannung verbrauchen und sollte auch dauernd in diesem Zustande bleiben. Indessen wird auf die Kontakte nur allzu oft recht wenig Aufmerksamkeit verwendet, und sie sind häufig so angebracht, daß sie von Spritzern oder Tropfen des Elektrolyten getroffen werden. Die Kontakte werden dadurch rasch schlecht und immer schlechter, wodurch ungeheure Verluste an elektrischer Energie entstehen.

B. Magnus [1]) und L. Addicks [2]) haben über diesen Punkt wertvolle Mitteilungen gemacht. Wenn die Elektrodenplatten auf den Kontaktstellen aufliegen, werden durch die Schwere der Platten die Kontakte besser. In dieser Beziehung sind bei frisch angesetzten

[1]) Electrochem and Metall. Ind. Dez. 1903.

[2]) Ibid. Januar 1904.

Bädern die Anodenkontakte am günstigsten, die Kathodenkontakte weniger günstig gestellt. Durch eine Schraubenzwinge die mehrere 100 kg Druck an der Kontaktstelle ausüben könnte, wäre hier Abhilfe zu schaffen.

Wir geben hier die Zahlen von Magnus wieder, welche mit großer Sorgfalt ermittelte Durchschnittswerte aus einer Raffinerie im Westen der Vereinigten Staaten darstellen:

Stromstärke	4000 Amp		
Stromdichte	118 Amp/qm		
Gesamtspannung für 1 Bad	0,230 Volt		
Energieverbrauch für 1 Bad	0,920 KW		
Spannungsverbrauch:			
Zuführungsschiene/Anodenstange	0,0270 Volt		
Anodenstange/Aufhänger	0,0060 „	0,0338	= 14,7 %
Anodenhaken/Anode	0,0008 „		
Anode/Kathode	0,1782 „	0,1782	= 77,5 %
Kathode/Kathodenstange	0,0045 „	0,0180	= 7,8 %
Kathodenstange/Zuleitungsschiene	0,0135 „		
		0,230	100

In diesen Bädern betrug der Verlust in den Kontakten einige 20 % der Gesamtspannung (wenn die Anodenstangen derart bemessen sind, daß ihr Widerstand vernachlässigt werden kann). An einem ganz gleichen Bade brachte Magnus Quecksilbernapf-Kontakte an und erhielt dann einen Spannungsabfall zwischen Zuführungsschiene und Anodenstange von 0,0050 anstatt 0,0270 und zwischen Kathodenstange und Zuleitung 0,0050 anstatt 0,0135 Volt. Wäre es möglich, allein nur diese Verbesserungen an dem obigen Bade einzuführen, so würde das eine Ersparnis an Spannung von 0,0305 Volt oder 13,3 % gegenüber der vorher notwendigen Spannung und einen ebenso großen Gewinn im Energieverbrauch des Bades bedeuten.

Übungsbeispiel 117.

In einer elektrolytischen Kupferraffinerie mit 200 Bädern war der Spannungsverbrauch durch Kontaktwiderstände im Mittel 0,0368 Volt und zwischen den Elektroden 0,2567 Volt für jedes Bad. Durch die Badreihe gingen 3800 Ampere, und die Spannung an den Bürsten der Dynamomaschine war 67 Volt. Die Energie kostet 660 M. für 1 KW/Jahr, die Stromausbeute der Kupferabscheidung ist 82 %.

Aufgabe:

Zu berechnen sind:

1.) die Kraftkosten für 1 t Raffinadkupfer.

2.) die Kosten für verlorene Energie: a) in den Zuführungsschienen, b) in den Kontakten; c) die Kosten des Energieverbrauchs des Elektrolyten, bezogen auf 1 t raffiniertes Produkt.

3.) Wenn das Kapital mit 6 % zu verzinsen ist, in welcher Höhe sind Aufwendungen noch rentabel, um a) die Verluste in den Zuleitungen, b) in den Kontakten, c) den Energieverbrauch des Elektrolyten zu vermindern.

4.) Vorausgesetzt, daß durch eine Herabsetzung der Stromdichte um 20 % die Stromausbeute um 5 % gesteigert werden könnte, würde eine solche Änderung wirtschaftlich vorteilhaft sein?

Lösung:

1.) In 1 Bad werden in 24 Stunden ausgeschieden:

$$3800 \cdot 28{,}46 \cdot 0{,}82 = 88{,}68 \text{ kg}$$

in 200 Bädern:

$$88{,}7 \cdot 200 \ldots\ldots = 17740 \text{ „}$$

Energiebedarf:

$$\frac{3\,800 \cdot 67}{1000} = 255 \text{ KW}$$

Kraftkosten im Tage:

$$\frac{255 \cdot 660}{365} = 461{,}10 \text{ M.}$$

und für 1 t Kupfer:

$$\frac{461{,}10}{17{,}74} = \textbf{M. 25,92.} \qquad (1)$$

2.) Der Spannungsverlust in den Zuleitungen ist:

$$67 - 200\,(0{,}0368 + 0{,}2567) = 67 - 58{,}7 = 8{,}3 \text{ Volt}$$

und somit der Energieverlust

$$\frac{3800 \cdot 8{,}3}{1000} = 31{,}54 \text{ KW},$$

das sind im Jahre $31{,}54 \cdot 660 \ldots = 20\,816$ M.

im Tage $\frac{20\,816}{365} \ldots\ldots = 57{,}00$ M.

und für 1 t Kupfer

$$\frac{57{,}00}{17{,}74} = \textbf{M. 3,21.} \qquad (2a)$$

Energieverlust in den Kontakten:

$$\frac{200 \cdot 0{,}0368 \cdot 3800}{1000} = 27{,}97 \text{ KW.}$$

Kosten im Jahr	=	18 460 M.	
„ „ Tage	=	50,58 M.	
„ für 1 t Kupfer	=	2,85 „	(2b)

Energieverbrauch im Elektrolyten:

$$\frac{200 \cdot 0{,}2567 \cdot 3800}{1000} = 195 \text{ KW.}$$

Kosten im Jahr .	=	128 700 M.	
„ „ Tage .	=	352,60 M.	
„ für 1 t Kupfer	=	19,88 „	(2c)

3.) Die jährlichen Unkosten des Energieverlustes, durch 0,06 geteilt, ergeben den Kapitalwert dieser Ausgaben. Wir finden:

	Jährlich	Kapitalisiert
Widerstand in den Zuleitungen	20 816 M.	346 930 M.
„ „ „ Kontakten	18 460 „	307 660 „
„ im Elektrolyten.	128 700 „	2 145 000 „

Für je 1 % Energieersparnis, das durch dauerhafte, keiner Abnutzung unterworfene Verbesserungen erzielt werden könnte, wären Kapitalaufwendungen bis zu folgenden Höchstbeträgen noch gerechtfertigt:

Widerstand der Zuleitungen	3 470 M.
„ „ Kontakte	3 076 „
„ des Elektrolyten	21 450 „

Bei Einrichtungen und Anordnungen, welche der Entwertung im Gebrauch unterliegen, wie größere Bäder, Kontaktklemmen usw., kommen noch die Ausgaben für Amortisation hinzu. Unter Annahme einer jährlichen Entwertung von 10 bzw. 20 % steigen die Beträge für Verzinsung und Amortisation auf 16 bzw. 26 %, und die noch zulässige Höchstgrenze der Kapitalaufwendung für je 1 % Energieersparnis ist:

	Entwertung	
	10 %	20 %
Widerstand der Zuleitungen . . .	1301 M.	800 M.
„ „ Kontakte	1154 „	710 „
„ des Elektrolyten . . .	8043 „	4950 „

Es eröffnet sich hier ein weites Feld für Versuche und Verbesserungen. In dem behandelten Falle wäre es auch im ungünstigsten Falle, bei 20 % Entwertung (5 jährige Amortisation), gerechtfertigt, für jedes Bad eine Aufwendung von 4 M. zu machen, um den Energieverlust in den Zuleitungen um 1 % zu vermindern. Für den Verlust in den Kontakten bzw. im Elektrolyten sind die entsprechenden Zahlen: 3,55 M. bzw. 24,75 M.

Wir wollen für den Widerstand der Zuleitungen die Sache etwas ausführlicher betrachten. Die Leitungen seien für einen Stromdurchgang von 310 Amp/qcm bemessen. Ihr Widerstand ist $\frac{8,3}{3800} = 0,0022$ Ohm, der Querschnitt $\frac{3800}{310} = 12,26$ qcm und der Widerstand für den laufenden Zentimeter $= \frac{0,000\,001\,67}{12,26} = 0,000\,000\,136\,2$ Ohm. Die Zuleitungen haben eine Gesamtlänge von $\frac{0,0022}{0,000\,000\,136\,2} = 16\,153$ cm $= 161,5$ m und wiegen

$$8,9 \cdot 12,26 \cdot 16\,153 = 1\,762\,453 \text{ g} = 1762 \text{ kg}.$$

Bei einem Kupferpreis von 1,85 M. für 1 kg kosten die Leitungen

$$1762 \cdot 185 = 3260 \text{ M.}$$

Abgesehen von Schwankungen im Marktpreis des Kupfers unterliegen die Leitungen keiner Entwertung. Wenn wir ihren Querschnitt um 100, 200, 300 und 400 % vergrößern, wird der Widerstand um 50, 67, 75 und 80 % verringert und wir kommen auf folgende Zahlen:

% Querschnitts-vergrößerung der Leitungen	% Widerstandsverminderung	Erhöhung der Anlagekosten	Für 1 t erzeugtes Kupfer: Verzinsung der höheren Anlagekosten	Verminderung der Kraftkosten	Gewinn
100	50	3 260	0,031 M.	1,60 M.	1,57 M.
200	67	6 520	0,062	2,15	2,09
300	75	9 780	0,093	2,40	2,31
400	80	13 040	0,124	2,57	2,45
900	90	29 340	0,279	2,89	2,68
1900	95	61 940	0,589	3,05	2,46

Wir entnehmen diesen Zahlen, daß bei einem Kraftpreis von 660 M. für das Kilowattjahr und einem Kupferpreise von 1,85 M. für das Kilogramm eine große Ersparnis an Kraft bis zu 2,61 M. für die Tonne erzeugtes Kupfer erzielt werden kann, wenn die Hauptleitungen einen 10 mal größeren Querschnitt erhalten, d. h. wenn man sie so stark wählt, daß sie für 31 Amp/qcm statt für 310 Amp bemessen sind.

An Orten, wie etwa Great Falls, Montana, wo der Kraftpreis keinesfalls mehr als $^1/_{10}$ des oben angenommenen beträgt, also etwa 66 M. für das Kilowattjahr, würde die Ersparnis an Kraftkosten nur den 10. Teil der angeführten Zahlen ausmachen. Wenn dort jeder Energieverlust in den Leitungen vermieden werden könnte, wäre doch nur höchstens 0,32 M. zu sparen. Der Gewinn würde sich folgendermaßen stellen:

Vergrößerung	des	Querschnitts	um	100 %	0,13 M.
„	„	„	„	200 %	0,15 „
„	„	„	„	300 %	0,15 „
„	„	„	„	400 %	0,13 „

Wir erreichen hier die größte Ersparnis, wenn der Querschnitt um 200 % vergrößert, d. h. für 103 Amp/qcm bemessen wird. Es ist leicht einzusehen, daß Kupferpreis, Zinsfuß und Kraftpreis alle drei als Faktoren mitsprechen, wenn wir den wirtschaftlich vorteilhaftesten Querschnitt der Leitungen bestimmen wollen. Ganz allgemein werden die Querschnitte viel zu schwach genommen, meist aus Knappheit an Kapital bei Gründung der Anlage. Wenn die Raffinerie in Betrieb gekommen ist und Dividenden zahlt, dann sollte man einen Teil des Gewinnes dazu verwenden, die Leitungen allmählich gegen schwerere auszuwechseln, um die Betriebskosten weiter zu erniedrigen

4.) Wir nehmen an, daß durch Erniedrigung der Stromdichte um 20 % eine Erhöhung der Stromausbeute von 5 % erreichbar sei. Die Bäder können dann nur $0{,}80 \cdot 3800 = 3040$ Amp aufnehmen. Bei einer Stromausbeute von $82 + 5 = 87$ % werden in der ganzen Anlage von 200 Bädern im Tag

$$28{,}46 \cdot 3040 \cdot 0{,}87 \cdot 200 = 15\,054 \text{ kg Kupfer}$$

ausgebracht anstatt 17 740 kg bei der früheren Arbeitsweise.

Infolge der niedrigeren Stromstärke gehen die Kraftkosten um 20 %, d. h. auf $25{,}92 \cdot 0{,}80 = 20{,}74$ M. für die Tonne Kupfer zurück, was einen Gewinn von 5,18 M. bedeutet. Ob nun die abgeänderte Arbeitsweise vorteilhafter ist als die frühere, hängt ganz von der Höhe der sonstigen laufenden Ausgaben der Anlage ab. Eine Herabsetzung der Kupferproduktion um 15 % bringt eine Erhöhung der ständigen Ausgaben für die Tonne Kupfer um etwa 12 % mit sich. Bei der ganzen Frage handelt es sich also schließlich darum, ob 12 % der ständigen Ausgaben bei der früheren Arbeitsweise einen höheren oder niedrigeren Wert vorstellen als 5,18 M. Wenn wir für die feststehenden Unkosten den häufig genannten Wert von 20 M. die Tonne einsetzen, machen die 12 % Erhöhung 2,40 M. aus. Da aber die niedrigere Stromdichte einen Gewinn von 5,18 M. bringt, verbleiben noch 2,78 M. zugunsten der angegebenen Änderung. Wenn die Kraftkosten nur den 10. Teil der oben angenommenen, also 2,60 für die Tonne betrügen, dann würde die Änderung entschieden unvorteilhaft sein. Alles hängt also in letzter Linie davon ab, wie im gegebenen Falle die Kraftkosten, und wie hoch die das Produkt belastenden feststehenden sonstigen Unkosten sind.

Energieverlust in den Leitungen.

Dieser schon oben berührte Punkt soll nachstehend noch etwas eingehender erörtert werden. Der spez. Widerstand des Kupfers ist 0,000 001 67 Ohm/ccm. Der Widerstand einer Leitung von gegebener Länge l (in cm) und Querschnitt q (in qcm) ist

$$\frac{0{,}000\,001\,67 \cdot l}{q}.$$

Der Spannungsabfall in der Leitung ist das Produkt aus Widerstand und Stromstärke, und der Energieverbrauch in Watt ist Spannungsgefälle × Stromstärke oder Widerstand × Quadrat der Stromstärke. Der Energieverbrauch in Watt durch 1000 geteilt gibt Kilowatt, durch 736 geteilt Pferdestärken. Die Wärmeentwicklung in der Leitung in g-cal wird aus der Wattzahl durch Multiplikation mit 0,2389 erhalten. Die Geschwindigkeit des Temperaturanstiegs ergibt sich, wenn man von Leitung und Strahlung an die Luft absieht, aus der Stromwärme in der Sekunde, geteilt durch die Wärmekapazität des Leiters. Für Kupfer findet man letztere, indem man das in cbcm ausgedrückte Volum des Leiters mit 0,837 multipliziert. Die Temperatur steigt so lange an, bis der Leiter durch Strahlung und Leitung ebensoviel Wärme ausgibt, als durch den Strom in ihm erzeugt wird. Die Endtemperatur wird von der Form des Querschnittes abhängen; denn die vom Leiter abgegebene Wärmemenge ist der Größe seiner Oberfläche proportional, sie ist bei gegebener Querschnittsfläche umso größer, je dünner der Leiter ist, und sie ist bei kreisrundem Querschnitt am geringsten. Die durch Leitung und Strahlung abgegebene Wärme ist nach den auf Seite 165 bis 179 dargelegten Grundsätzen zu berechnen. Wenn es gilt, die Temperatur des Leiters möglichst niedrig zu halten, wird man flache Querschnitte wählen, wenn die Erhitzung nicht von Belang ist, können die billigeren kreisrunden Querschnitte Verwendung finden. Es ist auch zu beachten, daß der spez. Widerstand des Kupfers mit der Erhitzung zunimmt, und zwar der absoluten Temperatur direkt proportional, wodurch die Heizwirkung verstärkt wird.

Übungsbeispiel 118.

Eine Kupferleitung soll 4000 Amp 300 m weit führen. Rundstäbe kosten 1,67 M. für das Kilogramm, Zinsfuß 10 %. Die elektrische Energie kostet 210 M. für das Kilowattjahr. Mittlere Temperatur der umgebenden Luft 20°. Die Luft sei in Ruhe. Die Leitfähigkeit des Kupfers ist 600 000 reziproke Ohm für 1 cbcm. Spez. Gewicht des Kupfers 8,9, spez. Wärme 0,094. Aluminium, welches ebenfalls als Leitungsmaterial dienen könnte, hat eine Leitfähigkeit von 375 000 reziproken Ohm, spez. Gewicht 2,60, spez. Wärme 0,0230 und kostet in Rundstäben 3,34 M. das Kilogramm.

Aufgabe:

Zu berechnen ist:

1.) Der Querschnitt der Kupferleitung, damit die aus dem Kraftverbrauch und aus der Verzinsung der Anlage entstehenden Unkosten so niedrig wie möglich werden.
2.) Dasselbe für die Aluminiumleitung.
3.) Die Temperatur der Kupferleitung bei dauernder Stromführung.
4.) Dasselbe für die Aluminiumleitung.

Lösung:

1.) Der Querschnitt des Leiters in qcm sei S.
Der Widerstand der Kupferleitung ist

$$\frac{0{,}00000167 \cdot 300 \cdot 100}{S} = \frac{0{,}0501}{S} \text{ Ohm.}$$

Der Energieverbrauch

$$\frac{0{,}0501}{S} \cdot (4000)^2 = \frac{801600}{S} \text{ Watt.}$$

Kraftkosten im Jahr

$$\frac{801600}{S} \frac{210}{1000} = \frac{168336}{S} \text{ Mark.}$$

Kupfergewicht der Leitung

$$\frac{300 \cdot 100 \cdot S \cdot 8{,}9}{1000} = 267 \text{ S kg.}$$

Kosten der Leitung (bei rundem Querschnitt):

267 · S 1,67 . . . . = 445 S Mark
10 % Zinsen davon . . . . = 44,5 S Mark

Insgesamt für Kraftverbrauch und Verzinsung

$$\frac{168336}{S} + 44{,}5 \text{ S.}$$

Als unterste Grenze finden wir S = 61,5 qcm (1)
Durch Einsetzen dieses Wertes für S erhalten wir

$$\text{Kraftkosten} = \frac{168336}{61{,}5} = 2737 \text{ M.}$$

Zinsen = 44,5 · 61,5 = 2737 M.
Im ganzen . . . . 5474 M.

2.) Widerstand der Aluminiumleitung

$$\frac{0{,}00\,000267 \cdot 300 \cdot 100}{S} = \frac{0{,}0801}{S}\ \text{Ohm.}$$

Kraftverbrauch.

$$\frac{0{,}0801}{S} \cdot (4000)^2 = \frac{1281600}{S}\ \text{Watt.}$$

Kraftkosten im Jahr

$$\frac{1\,281\,600}{S} \cdot \frac{210}{1000} = \frac{269\,136}{S}\ \text{Mark.}$$

Aluminiumgewicht der Leitung

$$\frac{300 \cdot 100 \cdot S \cdot 2{,}6}{1000} = 78\ S\ \text{kg.}$$

Kosten der Leitung (bei rundem Querschnitt)

$$78 \cdot S \cdot 3{,}34 = 260{,}50\ S\ \text{Mark}$$
$$10\ \%\ \text{Zinsen davon}\ 26\ S\ \text{Mark}$$

Insgesamt Kraftkosten und Zinsen:

$$\frac{269\,136}{S} + 26\ S.$$

Als unterste Grenze ist $S = 101{,}7$ qcm
Durch Einsetzen finden wir

$$\text{Kraftkosten} = \frac{269\,136}{101{,}7} = 2646\ \text{Mark}$$
$$\text{Zinsen} = 26 \cdot 101{,}7 = 2644\ \text{Mark}$$
$$\text{Insgesamt}\ 5288\ \text{Mark}$$

3.) Energieverbrauch in der Kupferleitung

$$\frac{801\,600}{61{,}5} = 13035\ \text{Watt.}$$

Wärmeentwicklung in der Leitung in der Sekunde

$$13\,035 \cdot 0{,}2389 = 3114\ \text{cal.}$$

Die Gesamtoberfläche der Leitung beträgt

$$300 \cdot 100 \cdot 3{,}14 \cdot \sqrt{\frac{61{,}5}{0{,}7854}} = 30\,000 \cdot 27{,}8 = 834\,000\ \text{qcm.}$$

Die Oberfläche gibt in der Sekunde an die umgebende ruhende Luft für je 1°. Temperaturunterschied beider Körper

$$0{,}000\,056 \cdot 834\,000 = 46{,}7\ \text{cal.}$$

ab.

Wenn die Wärmeentwicklung in der Leitung und die Wärmeabgabe an die Luft sich das Gleichgewicht halten sollen, muß die Oberfläche der Leitung um

$$\frac{3114}{46,7} = 67^0$$

wärmer sein als die Luft.

Dabei ist indessen der Wärmeverlust durch Strahlung nicht berücksichtigt.

Für Kupfer beträgt dieser Verlust in der Sekunde 0,000 68 cal. für das Quadratzentimeter, wenn die Umgebung 0^0 und die Oberfläche 100^0 hat; oder annähernd 0,000 006 8 cal. für 1^0 Temperaturunterschied.

Die gesamte Wärmeabgabe durch Leitung und Strahlung für 1^0 Unterschied ist somit in der Sekunde

$$0,000\,056 + 0,000\,007 = 0,000\,063 \text{ cal.}$$

und die Temperaturerhöhung der Oberfläche

$$\frac{3114}{0,000063 \cdot 834000} = 59^0.$$

Die Leitung wird bei dauernder Stromführung eine Temperatur von

$$59 + 20 = 79^0 \qquad (3)$$

annehmen.

An diesem Resultate wäre noch eine Korrektur anzubringen, wenn man der Tatsache Rechnung tragen will, daß die Leitfähigkeit des Kupfers mit steigender Temperatur abnimmt. Bei 79^0 würde der Widerstand sein:

$$0,000\,001\,67 \frac{273 + 79}{273 + 20} = 0,000\,0020 \text{ Ohm.}$$

Dadurch würde der Querschnitt für das Kostenminimum auf 68 qcm anstatt 61,5 geändert werden und bei der größeren Oberfläche würde die Temperaturerhöhung ebenfalls anders ausfallen. Der Energieverbrauch würde 3373 cal/sec entsprechen und die korrigierte Temperatur der Leitung würde

$$\frac{3373}{52,54} + 20 = 64 + 20 = 84^0$$

sein.

4.) Energieverbrauch in der Aluminiumleitung

$$\frac{1281600}{101,7} = 12602 \text{ Watt.}$$

Stromwärme in der Sekunde

$$12602 \cdot 0{,}2389 = 3010 \text{ cal.}$$

Oberfläche der Leitung: 1 074 000 qcm.
Wärmeabgabe durch Leitung und Strahlung für 1°

$$(0{,}000\,056 + 0{,}000\,010) \cdot 1\,074\,000 = 70{,}88 \text{ cal/sek.}$$

Temperaturerhöhung in der Leitung

$$\frac{3010}{70{,}88} = 43^0$$

Temperatur der Leitung

$$43 + 20 = 63^0. \qquad (4)$$

Die Aluminiumleitung arbeitet billiger als die Kupferleitung und wird nicht so heiß wie jene.

Elektrisches Schmelzen von Kupfererzen.

Die Benutzung des elektrischen Stromes für das Verschmelzen von Kupfererzen ist in der jüngsten Zeit vorgeschlagen und in einigen Fällen experimentell geprüft worden. Die ganze Angelegenheit hängt von der Erkenntnis und Würdigung weniger Tatsachen ab. Die bei weitem überwiegende Zahl der Kupfererze sind geschwefelte Erze und sie enthalten in den meisten Fällen Eisen und Schwefel in solcher Menge, daß durch die Oxydation dieser Elemente die erforderliche Wärme gewonnen werden kann, um mit ihrer Hilfe allein das Schmelzen durchzuführen. Auf dieser Grundlage beruht, wie wir sahen, das Pyritschmelzverfahren, das überall, wo es durchführbar ist, äußerst wirtschaftlich arbeitet und selbstverständlich jeden Wettbewerb durch Schmelzverfahren mit Hilfe des elektrischen Stromes ausschließt.

Andere Erze sind so arm an Kupfer, daß ein Verschmelzen der metallarmen Erzmasse sich nach keinem Schmelzverfahren verlohnen würde. Von diesen Erzen können einige auf nassem Wege (Laugerei) unter Umgehung jeder Schmelzoperation gewinnbringend verwertet werden.

Die Anwendung elektrothermischer Verfahren wird sich auf diejenigen Fälle beschränken, wo die Erze zu wenig Schwefel enthalten, um „pyritisch" verschmolzen zu werden, so daß unter gewöhnlichen Umständen durch kohliges Brennmaterial nachgeholfen werden muß. Wo der Brennstoff teuer ist, aber billige elektrische Energie zur Verfügung steht, kann elektrisches Schmelzen theoretisch möglich und wirtschaftlich vorteilhaft sein.

Solche Bedingungen können leicht in der Nähe von Kupfererzvorkommen vorhanden sein, welche hoch im Gebirge abseits von jeder

Bahnverbindung liegen, wo deshalb geeigneter Brennstoff fehlt, während große Wasserkräfte in der Nähe billige elektrische Kraft liefern können. In einigen Fällen liegen dann die Verhältnisse so, daß sehr arme Erze, die eine Anreicherung durch Verschmelzen mit Brennstoffen oder eine mechanische Aufbereitung nicht gestatten, durch einfaches Verschmelzen auf Stein mit Hilfe elektrischer Energie gewinnbringend zugute gemacht werden können.

Soweit dem Verfasser bekannt, ist zurzeit kein elektrothermisches Verfahren für Kupfererz in dauernder technischer Ausübung, doch hat die experimentelle Prüfung solcher Verfahren vielversprechende Ergebnisse gezeitigt. So hat beispielsweise Vattier auf den Werken der Compagnie Elektrothermique Keller et Leleux in Livet am 23. April 1903 in Gegenwart mehrerer namhafter Metallurgen derartige Versuche durchgeführt. Die Erze waren chilenischen Ursprungs, von der chilenischen Regierung zur Verfügung gestellt, um die Möglichkeit einer elektrischen Verschmelzung zu prüfen, — sie stammten zum Teil aus der Vulcan-Grube, Besitzer G. Denoso, zum Teil waren es arme Erze aus Santiago. An der Grube kostet die Tonne Koks 84 M., während die Abhänge der Anden die beste Gelegenheit für billige Ausnutzung großer Wasserkräfte bieten. Schätzungsweise soll die elektrische Kraft nicht über 25 M. für 1 KW-Jahr kosten. Ausführlich sind die Versuche im Bericht der kanadischen Kommission über die elektrischen Schmelzprozesse (1904, Anhang) erörtert.

Übungsbeispiel 119.

Vattier vermischte reiche und arme chilenische Erze zu einer Beschickung von folgender Zusammensetzung:

Cu	5,10 %
S	4,13 %
Fe	28,50 %
Mn	7,64 %
SiO_2	23,70 %
Al_2O_3	4,00 %
CO_2	4,31 %
CaO	7,30 %
MgO	0,33 %
P	0,05 %.

Die Beschickung wurde direkt in einen Schachtofen von 1,8 m Länge, 0,9 m Breite und 0,9 m Höhe gegeben. — Das flüssige Material wurde in einen Vorherd, 1,2 m lang, 0,6 m breit und 0,6 m tief abgelassen. In den Schmelzraum des Ofens waren zwei quadratische Kohleelektroden von 30 cm Breite und 170 cm Länge hineingeführt; im Vorherd waren ebenfalls 2 Elektroden von 25 cm Seite und 100 cm Länge vorhanden, um Schlacke und Stein vor dem Abstich eventuell erhitzen zu können.

Der Stein enthielt:

SiO_2	0,80 %
Al_2O_3	0,50 %
Fe	24,30 %
Mn	1,40 %
S	22,96 %
Cu	47,90 %

und die Schlacke:

SiO_2	27,20 %
Al_2O_3	5,20 %
CaO	9,90 %
MgO	0,39 %
Fe	32,50 %
Mn	8,23 %
S	0,57 %
P	0,06 %
Cu	0,10 %.

Die Stromstärke betrug 4750 Amp bei 119 Volt, der Leistungsfaktor 0,9; 8000 kg Erzgemische wurden in 8 Stunden durchgesetzt. Elektrodenverbrauch 50 kg.

Aufgabe:

Zu berechnen ist:

1.) Die Stoffbilanz des Ofens während einer Stunde.

2.) Die Wärmebilanz des Ofens.

3.) Die Ersparnis an Schmelzkosten für 1 t Erz unter der Annahme, daß die Elektroden 0,168 M. für das Kilogramm, 1 t Koks 84 M. kosten, und daß bei Verwendung von Koks $\frac{1}{3}$ vom Heizwert mit den heißen Gasen fortgeht. Alle anderen Unkosten werden gleich angenommen, nur ist der Wind mit 0,42 M. für die Tonne Erz einzusetzen. Die elektrische Kraft kostet 25 M. für das KW-Jahr.

4.) Wenn die Schlacke elektrisch auf Ferrosilizium verschmolzen würde, wieviel Ferrosilizium würde auf 1 t Kupfererz zu erhalten sein und wie hoch würden sich die Herstellungskosten fü die Tonne stellen? Der Energieaufwand wird = 0,75 PS-Jahr und die sonstigen Schmelzkosten = 42 M. für die Tonne Ferrosilizium gesetzt.

Lösung:

1.) Stoffbilanz für 1000 kg Erz.

	Beschickung	Stein	Schlacke	Gase
Erz 1000 kg				
SiO_2	237 kg	1	236	—
Al_2O_3	40 „	0,5	39,5	—
Fe	285 „	25	260	—
Mn	76 „	1,5	74,5	—
S	41 „	24	5	12
Cu	51 „	50	1	—
CO_2	43 „	—	—	43
CaO	73 „	—	73	—
MgO	3 „	—	3	—
O	137 „	2	74	61
Elektroden				
C	6 „	—	—	6
		104	766	122

Zusammensetzung der Schlacke:

	Berechnet	Analysiert
SiO_2	29,5 %	27,2 %
Al_2O_3.	5,0 %	5,2 %
CaO	9,2 %	9,9 %
Fe	32,5 %	32,5 %
Mn.	9,3 %	8,2 %
S.	0,6 %	0,6 %

2.) Wärmeeinnahme.

Elektrische Energie in 1 Stunde

$$4750 \cdot 119 \cdot 0{,}9 = 509 \text{ KW-Stunden}$$

$$509 \cdot 860 = 437\,750 \text{ Kal. in der Stunde}$$

Durch Elektrodenabbrand

$$6 \cdot 4300 = 25\,800 \text{ „ „ „ „}$$

$$463\,550 \text{ Kal. „ „ „}$$

Wärmeausgabe.

Im Stein: 104 kg · 270	=	28 080 Kal.
In der Schlacke: 796 · 400	=	318 400 „
In den Gasen	=	30 000 „
Verlust durch Leitung und Strahlung .	=	87 070 „
		463 550 Kal.

Der Verlust durch Leitung und Strahlung beträgt 19 % von der gesamten Wärmeentwicklung im Ofen — ein zufriedenstellendes Ergebnis. Der Wirkungsgrad des Ofens ist fast 75 %, wenn wir als Nutzwärme den Wärmeinhalt im Stein und in der Schlacke ansehen. Von dieser Nutzwärme entfallen fast 90 % auf die Schlacke.

3.) Wenn mit Koks geschmolzen würde, wäre die Menge desselben so zu bemessen, daß sie die 463 550 Kal. und dazu noch die mit den Gasen verloren gehende Wärme liefern könnte. Da nun der Wärme-Inhalt der Gase = $\frac{1}{3}$ vom Heizwert des Kokses angenommen wurde, so muß der Koks im ganzen 695 325 Kal. für 1 t Erz aufbringen. Bei 7000 Kal. Heizwert sind demnach 99,3 kg Koks für 1000 kg Erz erforderlich, und die Kosten für Koks und Gebläsemaschine sind:

Koks 99,3 · 0,084	= 8,39 M.
Gebläse	= 0,42 „
	8,81 M.

Beim elektrischen Schmelzen sind die Unkosten für elektrische Energie und Elektroden:

Elektroden 6 · 0,168	= 1,00 M.
Elektrische Energie $509 \cdot \frac{25}{8760}$.	= 1,45 „
	2,45 M.

Durch elektrisches Schmelzen wird somit eine Ersparnis von 8,81—2,45 = 6,36 M. für 1 t Erz erzielt.

4.) Nach der Stoffbilanz enthält die Schlacke 260 kg Fe, 74,5 kg Mn und 236 kg SiO, entsprechend 126 kg Si. Durch vollständige Reduktion wären 460 kg Legierung (ohne Berücksichtigung des Kohlenstoffgehaltes) zu gewinnen, von der ungefähren Zusammensetzung:

Fe	260 kg	= 56 %
Mn	74 „	= 16 %
Si	126 „	= 28 %
	460 kg	

Herstellungskosten für 1 t des Produktes:

Kraftkosten 25 · 0,75 · 0,736	= 13,80 M.
Andere Unkosten	= 42,00 „
Summe	55,80 M.

Die Kosten sind sehr niedrig wegen des äußerst billigen Kraftpreises. Die ganze Berechnung weist immerhin auf die Möglichkeit hin, daß unter bestimmten örtlichen Verhältnissen durch elektrisches Verschmelzen von Kupfererzen bedeutende Ersparnisse erzielt werden können; gleichzeitig kann Ferrosilizium als wertvolles Nebenprodukt billig erzeugt werden.

Zweiundzwanzigstes Kapitel

Die Metallurgie des Bleis.

Die Metallurgie des Bleis besteht in der Gewinnung des Rohmetalles aus den Erzen und der nachfolgenden Raffination zu Handelsblei (Weichblei). Das wichtigste Bleierz ist der Bleiglanz PbS, doch kommt auch das Karbonat (Cerussit) $PbCO_3$ und das Sulfat (Anglesit) $PbSO_4$ vereinzelt in bedeutenden Mengen vor. Dagegen sind Blei-Silikat, -Phosphat, -Molybdat, -Wolframat, -Chlorid und gediegenes Blei seltene Mineralien.

Aus oxydischen Bleierzen, welche meist im Ausgehenden der Bleiglanzvorkommen anzutreffen sind, ist das Blei leicht zu gewinnen. Diese lassen sich durch Kohlenstoff bei Rotglut vollständig reduzieren, wobei jedoch ein geringer Verlust an Metall durch Verflüchtigung eintritt. Das Schwefelblei dagegen läßt sich durch Kohlenstoff nicht direkt reduzieren; zur Bleigewinnung aus Bleiglanz bedarf es deshalb anderer Verfahren.

Wenn wir die gewöhnlichen Sulfide nach der Größe ihrer Bildungswärmen zusammenstellen, und zwar letztere auf 1 Kilo-Atom (32 kg) Schwefel bezogen, so erhalten wir folgende Reihe:

Kalium	(K_2, S)	103 500	Kal.
Kalzium	(Ca, S)	94 300	„
Natrium	(Na_2, S)	89 300	„
Mangan	(Mn, S)	45 600	„
Zink	(Zn, S)	43 000	„
Kadmium	(Cd, S)	34 400	„
Eisen	(Fe, S)	24 000	„
Kobalt	(Co, S)	21 900	„
Kupfer	(Cu_2, S)	20 300	„
Blei	(Pb, S)	20 200	„
Nickel	(Ni, S)	19 500	„
Quecksilber	(Hg, S)	10 600	„
Wasserstoff	(H_2, S)	4 800	„
Silber	(Ag_2, S)	3 000	„

Ein Blick auf diese Zahlen lehrt, daß einige Metalle sich mit Schwefel energischer verbinden als Blei, andere weniger energisch, und daß es theoretisch möglich sein muß, Schwefelblei durch Einwirkung von Metallen wie Kupfer, Kobalt, Eisen, Kadmium, Zink usw. zu zerlegen. Von diesen ist das Eisen das billigste Mittel; es bewirkt die Reduktion des Bleisulfids unter Bildung von Schwefeleisen nach der Gleichung:

$$\begin{array}{l} PbS + Fe = FeS + Pb \\ -20\,200 \qquad +24\,000 \end{array}$$

wodurch für 207 kg abgeschiedenes Blei 24 000 — 20 200 = 3800 Kal. entwickelt werden. Wenn Schwefelblei und Eisen bei Rotglut, bei welcher Temperatur Schwefelblei schon flüssig ist, zusammengebracht werden, so tritt eine lebhafte Reaktion ein, und die Wärmeentwicklung reicht theoretisch aus, um die Temperatur der Produkte — metallisches Blei und Schwefeleisen — um etwa 280° zu erhöhen.

Ist Eisen in genügender Menge vorhanden, und läßt man der Reaktion ausreichend Zeit, so ist die Umsetzung eine so vollständige, daß man die Reaktion analytisch zur Bleibestimmung auf trockenem Wege benutzen kann. Bei der technischen Ausführung im großen bleibt indessen mehr oder weniger unzersetztes Bleisulfid dem Schwefeleisen beigemengt, es bildet sich also eine Art Doppelsulfid, ein Bleieisenstein.

Es ist interessant, daß metallisches Blei seinerseits auf Silbersulfid kräftig reduzierend wirkt, wobei das gebildete Silber sich mit dem überschüssigen Blei legiert. Diese Reaktion, welche, wie aus der Tabelle ersichtlich, von einer großen Wärmeentbindung begleitet wird, bildet die Grundlage des gebräuchlichen trocknen Probierverfahrens für Silbererze und dient auch technisch zur Silbergewinnung überall da, wo Blei reichlich zur Verfügung steht.

Auch die Verwandtschaft von Blei zum Sauerstoff spielt in der Metallurgie des Bleis eine große Rolle, und zwar sowohl bei der Reduktion der oxydischen Erze wie bei Umwandlung der sulfidischen Erze in Oxyde durch Röstung, und endlich auch bei der Raffination des Rohbleis, wobei die Verunreinigungen durch oxydierendes Schmelzen beseitigt werden. Die Verbindungswärmen einiger häufiger vorkommenden Elemente mit Sauerstoff, auf 1 Kilo-Atom (16 kg) des letzteren bezogen, sind.

Magnesium	(Mg, O)	143 400	Kal.
Kalzium	(Ca, O)	131 500	„
Aluminium	$\frac{1}{3}$ (Al_2, O_3)	130 870	„
Natrium	(Na_2, O)	100 900	„
Silizium	$\frac{1}{2}$ (Si, O_2)	98 000	„
Mangan	(Mn, O)	90 900	„
Zink	(Zn, O)	84 800	„
Zinn	$\frac{1}{2}$ (Sn, O_2)	70 650	„
Eisen	(Fe, O)	65 700	„
Eisen	$\frac{1}{3}$ (Fe_2, O_3)	65 200	„
Nickel	(Ni, O)	61 500	„

Wasserstoff	(H_2, O)	58 060	Kal.
Antimon	$\frac{1}{3}(Sb_2, O_3)$	55 630	„
Arsen	$\frac{1}{3}(As_2, O_3)$	52 130	„
Blei	(Pb, O)	50 800	„
Kohlenstoff	$\frac{1}{2}(C, O_2)$	48 600	„
Wismut	$\frac{1}{3}(Bi_2, O_3)$	46 400	„
Kupfer	(Cu_2, O)	43 800	„
Schwefel	$\frac{1}{2}(S, O_2)$	34 630	„
Schwefel	$\frac{1}{3}(S, O_3)$	30 630	„
Kohlenstoff	(C, O)	29 160	„
Quecksilber	(Hg, O)	21 500	„
Silber	(Ag_2, O)	7 000	„

Reduktion des Bleioxyds. Wie die Tabelle zeigt, ist das Bleioxyd ein schwaches Oxyd, schwächer als die Oxyde der meisten andern Handelsmetalle. Es wird durch eine Anzahl andrer Elemente unter Wärmeentwicklung zu metallischem Blei reduziert. Aber auch durch Elemente von geringerer Verbindungswärme kann Blei (unter Wärmebindung) reduziert werden, vorausgesetzt, daß das gebildete Oxyd gasförmig ist und die erforderliche Wärme von außen zugeführt wird So ist die Reaktion

$$\begin{array}{l} PbO + C = Pb + CO \\ -50\,800 \quad +29\,160 \end{array}$$

mit einem Verbrauch von 21 640 Kal. verknüpft, einem Wärmebetrag, der weit größer ist als diejenige Wärmemenge, welche zur Erhitzung der reagierenden Stoffe PbO und C auf die Reaktionstemperatur (Rotglut) nötig ist. Die Reaktion ist stark endothermisch und die Reduktion wird deshalb nur in dem Maße vor sich gehen, wie die zur Durchführung der Reaktion nötige Wärme von außen nachgeliefert wird. Der Umstand, daß sich dabei gasförmiges CO bildet, während die übrigen an der Reaktion beteiligten Stoffe flüssig oder fest sind, ist für den Fortgang der Umsetzung sehr günstig; hierdurch wird bewirkt, daß die Reaktion nur nach einer Richtung erfolgen kann, weil das CO aus dem Reaktionsgemisch sofort entweicht.

Oxydation von Schwefelblei. Wird PbS geröstet, d. h. bei freiem Zutritt der Luft auf Rotglut erhitzt, so unterliegen sowohl das Blei als der Schwefel der Oxydation, hierbei kommt die große Oxydationswärme dieser Elemente zur Entwicklung; diesem Oxydationsvorgange steht als wärmebindender Vorgang nur die Zersetzung des Sulfides gegenüber, welche verhältnismäßig geringe Wärmemengen erfordert. Die Gleichung ist folgende:

$$\begin{array}{l} 2\,PbS + 3\,O_2 = 2\,PbO + 2\,SO_2 \\ -2\,(20\,200) \qquad +2\,(50\,800)\ 2\,(69\,260) \end{array}$$

Durch die Reaktion werden 240 120 — 40 400 = 199 720 Kal. entwickelt, d. h. 33 290 Kal. für je 16 kg verbrauchten Sauerstoff oder 418 Kal. für jedes Kilogramm oxydiertes Schwefelblei. Diese große Oxydationswärme ist völlig ausreichend, in Wirklichkeit mehr als ausreichend, um die Abröstung des Erzes durch eigene Wärme ohne Unterstützung durch fremden Brennstoff durchzuführen. Vielmehr besteht gerade die wesentliche Schwierigkeit beim Rösten darin, ein zu starkes Erhitzen des Gutes zu vermeiden und eine Verflüssigung der Beschickung so lange zu verhindern, bis die fast vollständige Abröstung der ganzen Masse erreicht ist. Beim Arbeiten im gewöhnlichen Flammofen mit Handbetrieb verläuft die Oxydation so langsam, daß die Temperatur im Röstgut leicht geregelt werden kann. Bei schneller Abröstung durch Gebläsewind, wie z. B. beim „Topfrösten", versucht man dagegen auf verschiedene Weise, die Temperatur zu mäßigen, indem man entweder durch vorheriges Abrösten einen Teil des Schwefels entfernt oder das Röstgut reichlich befeuchtet, oder der Beschickung Kalkstein beimengt, welcher bei seiner Zerlegung in CaO und CO_2 einen Teil des Wärmeüberschusses bindet. Dem Schmelzen der Beschickung kann rein mechanisch entgegengewirkt werden durch Zumischen von unwirksamen, unschmelzbaren Stoffen wie Kieselsäure, Kalk usw., welche das Zusammenlaufen der tatsächlich schon flüssigen Sulfidkügelchen zu einer geschmolzenen Masse verhindern.

Eine interessante Abänderung des Röstverfahrens ist das Rösten des Schwefelbleis auf Sulfat. Etwas Sulfat bildet sich bei jeder Bleiglanzröstung infolge der hohen Bildungswärme und der schweren Zersetzbarkeit dieser Verbindung.

$$\begin{array}{l} PbS + 2\,O_2 = PbSO_4 \\ -20\,200 \quad +215\,700 \end{array}$$

Die Reaktion ist mit einer Wärmeentwicklung von 215 700 — 20 200 = 195 500 Kal. verknüpft, d. h. 48 875 Kal. für je 16 kg verbrauchten Sauerstoff oder 818 Kal. für 1 kg oxydierten Bleiglanz. Diese sehr hohe Oxydationswärme erklärt die große Neigung zur Sulfatbildung, welche beim Rösten beobachtet wird. Wenn die Bedingungen dafür gefunden werden könnten, daß ausschließlich nur diese Reaktion eintritt, dann müßte die sulfatisierende Röstung durch die Eigenwärme des Vorganges ohne fremde Brennstoffzuführung durchführbar sein. Eine sorgfältige Laboratoriumsuntersuchung, unter welchen Bedingungen — in mechanischer, physikalischer, chemischer und thermischer Hinsicht — ausschließlich Sulfatbildung eintritt, wäre sehr erwünscht und würde unser metallurgisches Wissen sehr fördern.

D o p p e l t e U m s e t z u n g e n. In der Metallurgie des Bleis spielen folgende doppelte Umsetzungen eine wichtige Rolle:

$$PbS + PbSO_4 = 2\,Pb + 2\,SO_2$$
$$PbS + 2\,PbO = 3\,Pb + SO_2$$
$$PbS + 3\,PbSO_4 = 4\,PbO + 4\,SO_2.$$

Durch kurzes Rösten des Schwefelbleis entsteht Blei oder Bleisulfat oder auch Gemisch beider, je nach der Temperatur und dem vorhandenen Luftüberschuß. Bei reichlicher Luftzufuhr und niedriger Temperatur, ganz besonders bei Anwesenheit unschmelzbarer Stoffe, welche katalytisch wirken, d. h. die Vereinigung von SO_2 mit O zu SO_3 beschleunigen, wird fast ausschließlich $PbSO_4$ gebildet. Durch nachträgliches Steigern der Temperatur wächst die Neigung des Sulfats, mit dem unveränderten PbS zu reagieren, sehr stark. Diese Umsetzung verläuft schließlich bei heller Rotglut sehr schnell und annähernd vollständig unter Bildung von SO_2 als einziges gasförmiges Reaktionsprodukt.

$$\begin{array}{llll} PbS & + PbSO_4 & = 2\,Pb & + 2\,SO_2 \\ -20\,200 & -215\,700 & & +2\,(69\,260) \end{array}$$

Wärmebedarf der Reaktion: 97 380 Kal.

$$\begin{array}{llll} PbS & + 2\,PbO & = 3\,Pb & + SO_2 \\ -20\,200 & -2\,(50\,800) & & +69\,260 \end{array}$$

Wärmebedarf 52 540 Kal.

In beiden Fällen ist — infolge der endothermen Natur der Reaktion — eine starke Heizung nötig. In beiden Fällen wird der Reaktionsverlauf durch die Bildung eines einzigen gasförmigen Produktes unterstützt.

Bei der Reaktion:

$$\begin{array}{llll} PbS & + 3\,PbSO_4 & = 4\,PbO & + 4\,SO_2 \\ -20\,200 & -3\,(215\,700) & +4\,(50\,800) & 4\,(69\,260) \end{array}$$

ist der Wärmebedarf 187 060 Kal.

Man nimmt an, daß beim „Topfrösten“, wo überschüssige Luft durch das feinpulverige Material geblasen wird, der obige Vorgang stattfindet; der Vorgang ist aber dermaßen endotherm, daß auch selbst beim Topfrösten die Reaktion nur in sehr beschränktem Maß in dieser Weise stattfinden dürfte.

Oxydierende Raffination. Unreines Werkblei wird bei Rotglut durch Oxydation zu Weichblei raffiniert. Schon wegen der überwiegenden Menge des Bleis ist zu erwarten, daß auch von diesem Metall ein erheblicher Teil der Oxydation unterliegen wird; die vorhandenen fremden Elemente werden indessen nach Maßgabe ihrer Affinität zum Sauerstoff schneller oder langsamer als das Blei oxydiert. Die Abstriche, welche während der Raffination sich bilden, bestehen hauptsächlich aus Bleioxyd, sie enthalten aber daneben auch noch

Zink, Zinn, Antimon, Arsen, Wismut und kleine Mengen Silber. Beim Abtreiben auf Silber, d. h. wenn man die Oxydation so lange fortsetzt, bis alles Blei zu Bleiglätte oxydiert ist, reichert sich Wismut in den letzten Anteilen der Glätte an (Wismutglätte) und diese enthält auch, geringe Silbermengen; vorher aber bildet sich längere Zeit fast reine Glätte.

Auch das Gegenteil dieser stufenweisen Oxydation: eine stufenweise Reduktion der betreffenden Oxyde ist möglich. Wenn z. B. ein antimonreicher Abstrich mit wenig Reduktionsmittel, z. B. Kohlenstoff, erhitzt wird, kann das Silber und ein großer Teil des Bleies herausreduziert werden, ohne daß viel Antimon mitgeht. Aus dem nicht reduzierten Rückstand, welcher kein Silber mehr und viel weniger Blei enthält, wird dann mit überschüssigem Reduktionsmittel ein antimonreiches Hartblei gewonnen. Die leichte Reduzierbarkeit des Bleioxydes entspricht der lansgamen Oxydation des Bleies; beide Tatsachen ergeben sich ohne weiteres aus der Bildungswärme des Bleioxydes und der anderen Metalloxyde. Von diesen Tatsachen macht auch die Metallurgie des Bleies ausgiebigen Gebrauch.

Flüchtigkeit des Bleis.

Der Schmelzpunkt des Bleies ist 326^0, die mittlere spez. Wärme im festen Zustande 0,029 25 + 0,000 019 t, der Wärme-Inhalt des festen Metalles beim Schmelzpunkt ist 11,6 Kal. für 1 kg, die latente Schmelzwärme beträgt 4 Kal., der Wärme-Inhalt im eben verflüssigten Metall 15,6 Kal., und die spez. Wärme im flüssigen Zustand ist (annähernd konstant) = 0,042.

Der Siedepunkt bei normalem Atmosphärendruck ist etwa 1800^0. Die latente Verdampfungswärme berechnet sich aus der Troutonschen Regel (23 T) zu 47 680 Kal. für das Molekulargewicht oder 230 Kal. für 1 kg. Der Bleidampf besitzt — wenn einatomig — auf Wasserstoffgas von gleicher Temperatur und Druck bezogen die Dichte 103,5, so daß 1 cbm Bleidampf von 0^0 und 760 mm theoretisch 9,315 kg wiegen würde.

Die Flüchtigkeit des Bleies bei anderen Temperaturen als 1800^0 ist ein für die Verhüttung der Bleierze höchst wichtiger Punkt, über den wir jedoch praktisch nichts wissen. Im folgenden wollen wir versuchen, diese für die praktische Metallurgie so bedeutungsvolle Größe zu berechnen.

Die Dampfdruckkurve des Quecksilbers ist von sehr niedrigen bis zu ziemlich hohen Temperaturen bekannt. Ein Vergleich dieser Kurve mit der des Wasserdampfes hat ergeben, daß die absoluten Temperaturen, bei welchen beide Stoffe den gleichen Dampfdruck besitzen, im konstanten Verhältnis von 1,7 : 1 stehen, und zwar gilt das für ein sehr großes Temperaturgebiet. Da nun der Bleidampf aller Wahrscheinlichkeit nach einatomig ist wie Quecksilberdampf, so können wir die Dampfdruckkurve des Bleies aus der des Quecksilbers ableiten, indem wir das Verhältnis der Siedetemperaturen beider Metalle unter Atmosphärendruck (wo der Dampfdruck für beide ja gleich ist) für den ganzen Verlauf der Kurven als konstant annehmen.

Dies Verhältnis ist

$$\frac{T\,Pb}{T\,Hg} = \frac{1800 + 273}{357 + 273} = \frac{2073}{630} = 3{,}3.$$

Die nachstehende Tafel enthält die zuverlässigsten Werte für die Dampfdrücke des Quecksilbers bei gegebenen Temperaturen und daneben die aus dem Verhältnis 3,3 berechneten Temperaturen, bei denen das Blei dieselben Dampfdrücke besitzt.

Dampfdruck in mm Hg	Hg C⁰	Pb C⁰
0,0002	0	625
0,004	33	735
0,045	67	844
0,28	100	954
1,47	133	1064
5,73	167	1173
18,25	200	1283
50	233	1393
106	267	1502
242	300	1612
484	333	1722
760 = 1 Atm.	357	1800
849 = 1,1 „	367	1841
1588 = 2,1 „	400	1951
4,3 „	450	2116
8,0 „	500	2280
13,8 „	550	2445
22,3 „	600	2609
34 „	650	2774
50 „	700	2938
72 „	750	3103
102 „	800	3267
137,5 „	850	3436
162 „	880	3525

Nach dieser Tafel sind die Dampfdruckkurven für Quecksilber und Blei leicht aufzuzeichnen. Aus den Zahlen ist ersichtlich, daß das

Blei sicherlich schon bei dunkler Rotglut in winzigen Mengen flüchtig ist, so daß ein über die Oberfläche des geschmolzenen Metalles hinwegstreichender Strom von indifferentem Gas bei dieser Temperatur Bleidämpfe fortführen würde. Beim Schmelzpunkt des Silbers ist der Dampfdruck zwar nur $\frac{1}{4}$ mm oder $^1/_{3000}$ Atmosphäre, doch das besagt schon, daß das indifferente Gas $^1/_{3000}$ seines Volums oder $^1/_{30}$ Vol.-% Bleidampf aufnehmen und mit sich fortführen kann. Bei 1300⁰, der Temperatur der Zinkretorte oder des Bleischmelzofens, beträgt der Druck etwa $^1/_{40}$ Atmosphäre; das durchströmende Gas würde demnach 2,5 Vol.-% Bleidampf enthalten. Es ist auch zu beachten, daß ein solches mit Bleidampf gesättigtes Gas bei plötzlicher Abkühlung den Bleiüberschuß nicht in flüssiger Form abscheidet; es wird vielmehr fast stets die der Reifbildung vergleichbare Erscheinung des „Bleirauches" auftreten. Das Blei wird in äußerst feinverteilter Form als Staub oder Tröpfchen von dem Gasstrom in der Schwebe gehalten und es wird dadurch aus dem Ofen fortgeführt, ohne daß eine Kondensation eintritt oder daß es niedergeschlagen wird.

Aus den hohen Drücken, die der Bleidampf bei noch erreichbaren Temperaturen besitzt, wird erklärlich, warum bei der Reduktion von Bleioxyd durch feinverteiltes Aluminium, „aluminothermisch", die Reaktion explosionsartig heftig ist. Durch die außerordentliche Wärme von 220 000 Kal., welche die Reaktion

$$3\,PbO + 2\,Al = 3\,Pb + Al_2O_3$$

entwickelt, werden die Produkte auf die Temperatur des elektrischen Ofens, etwa 3000⁰, erhitzt. Nach unserer Tafel hat der Bleidampf bei dieser Temperatur einen Höchstdruck von 60 Atmosphären. Es ist dann nicht zu verwundern, daß, als Tissier 1857 zum ersten Male diese Reaktion ausführte, und zwar unter Benützung eines Aluminiumbleches von nicht einmal 3 g Gewicht, „le creuset a été brisé en mille pièces et les portes du fourneau projétées au loin".

Das Rösten der Bleierze.

Die wichtigsten Operationen in der Metallurgie des Bleies sind: das Rösten der Erze, die Reduktion der gerösteten Erze zu Metall und das Raffinieren des Rohmetalles, des Werkbleies, zu Weichblei. Das wichtigste Bleierz, der Bleiglanz, PbS, wird durch Rösten an der Luft teils in PbO, teils in $PbSO_4$ umgewandelt. Da PbS leicht schmelzbar ist und bei Gelbglut sich verflüchtigt, muß das Rösten sehr sorgfältig und langsam erfolgen unter Vermeidung höherer Temperaturen, bei welchen das Erz teigartig werden bzw. schmelzen würde, wodurch die Abröstung zum Stillstand kommt. Das einzige Hilfsmittel, um eine schnelle Abröstung zu erreichen, besteht darin, daß dem Erz unschmelzbare indifferente Stoffe wie Kalk in solcher Menge beigemischt werden, daß das Zusammenlaufen der einzelnen geschmolzenen Sulfidkügelchen verhindert wird. Es können dann die einzelnen Körnchen an ihrer Oberfläche immer weiter oxydiert werden, weil das beigemischte Material die ganze Masse in porösem Zustande erhält und die durchströmende Luft überall die Bleiglanzkörnchen leicht erreichen kann. Auf diesem Prinzip beruhen die Verfahren des „Topfröstens", welches die wichtigste Verbesserung der letzten Zeit in der Metallurgie des Bleies vorstellt[1]).

Übungsbeispiel 120.

Ein Röstkonverter nach Savelsberg nimmt 5 t Erzgemisch auf, welches aus 100 Teilen Bleierz, 10 Teilen quarzigem Silbererz, 10 Teilen Eisenspat und 19 Teilen Kalkstein besteht. Das Bleierz ist Bleiglanz mit 78 % Blei und 15 % Schwefel. Das Silbererz mag als silberhaltiger Quarz, der Eisenspat als $FeCO_3$ und der Kalkstein als $CaCO_3$ angesehen werden. Das Gemisch wird mit 5 % seines Gewichtes Wasser angefeuchtet. Die Windzuführung wird bei 15⁰ dauernd auf 7 cbm Hubvolum des Gebläses in der Minute gehalten. Die Operation dauert 18 Stunden und läßt noch 2 % Schwefel, welchen wir als unverändertes PbS ansehen wollen, im Röstgut zurück. Die Konvertergase enthalten annähernd 10 % SO_2 und 5 % freien Sauerstoff. Um die Operation einzuleiten, werden 50 kg Holzkohle, die wir als reinen Kohlenstoff rechnen wollen, benutzt.

Aufgabe:

Zu berechnen ist:

1.) das Gewicht und die prozentische Zusammensetzung des Röstproduktes,
2.) die vollständige Analyse der entweichenden Gase,
3.) der volumetrische Wirkungsgrad des Gebläses,
4.) die zur Zersetzung von Kalkstein verbrauchte Wärme in Prozenten von der durch die Oxydation des Erzes erzeugten,
5.) die zur Verdampfung von Feuchtigkeit verbrauchte Wärme in Prozenten von der Röstwärme,
6.) die von den Gasen bei 300⁰ mittlerer Temperatur fortgeführte Wärme in Prozenten von der Röstwärme,
7.) eine Wärmebilanz der ganzen Operation.

---

[1]) Dem „Topfrösten" oder dem „Verblaserösten" in konverterartigen Gefäßen ist in jüngster Zeit in dem „Saugzug"-Röstverfahren ein erfolgreicher Konkurrent erwachsen. Das Prinzip ist dasselbe; in ersterem Falle wird der Wind hindurch gepreßt, im andern hindurchgesaugt. Die Übersetzer.

Lösung:

1.) In den 5000 kg Beschickung sind enthalten:

Bleiglanz	3597 kg	= Pb	2806 kg,	S	540 kg
Silbererz	360 „	= SiO_2	360 „		
Eisenerz	360 „	= FeO	224 „	CO_2	136 „
Kalkstein	683 „	= CaO	382 „	CO_2	301 „

Annähernde Zusammensetzung des Röstproduktes:

PbO	$2806 \cdot \frac{223}{207}$	= 3023 kg
SiO_2	. . . .	360 „
FeO	. . . .	224 „
CaO	. . . .	382 „
	Summe	3989 kg.

Da das Produkt 2 % Schwefel in der Form von unzersetztem PbS enthält, so ist das angegebene Gewicht in Wirklichkeit nur 99 % vom Gewicht des fertig gerösteten Gutes. Wir haben oben angenommen, daß alles Blei an Sauerstoff gebunden sei. Der Sauerstoff in PbO beträgt aber genau die Hälfte vom Schwefel in PbS. Das berechnete Gewicht ist also um die Hälfte des noch vorhandenen Schwefels, d. h. um 1 % zu niedrig.

Das wirkliche Gewicht des fertigen Röstgutes ist demnach

$$\frac{3989}{0{,}99} = 4029 \text{ kg.}$$

Es enthält 81 kg S, welcher, mit 521 kg Pb verbunden 602 kg unzersetztem PbS entspricht. Als PbO sind demnach 2806 — 521 $= 2285 \text{ kg Pb} = 2285 \cdot \frac{223}{207} = 2461$ kg PbO vorhanden.

Die genaue Zusammensetzung des Röstgutes ist also:

PbO	. . . .	2461 kg	= 61 %
PbS	. . . .	602 „	= 15 %
SiO_2	. . . .	360 „	= 9 %
FeO	. . . .	224 „	= 5 %
CaO	. . . .	382 „	= 9 %
	Summe	4029 kg	

(1)

2.) Die Beschickung gibt an die Gase ab:

$H_2O = 5000 \cdot 0{,}05$ . . . . = 250 kg

$CO_2 = 50 \cdot 3{,}67 + 136 + 301$ . . = 620 „

$S = 540 - 81$ . . . . = 459 „

und nimmt von der Luft

$$2461 - 2285 = 176 \text{ kg}$$

Sauerstoff auf

Die 459 kg abgerösteter Schwefel bilden 918 kg SO_2, welche unter Normalbedingungen ein Volum von

$$918 : \left(0{,}09 \cdot \frac{64}{2}\right) = 319 \text{ cbm}$$

einnehmen. Der freie Sauerstoff in den Gasen beträgt dem Volum nach ½, dem Gewicht nach also ¼ des SO_2. Die Volumina des H_2O und der CO_2 in den Gasen sind unter Normalbedingungen:

$$H_2O \quad 250 : \left(0{,}09 \cdot \frac{18}{2}\right) = 309 \text{ cbm}$$

$$CO_2 \quad 620 : \left(0{,}09 \cdot \frac{44}{2}\right) = 313 \text{ ,,}$$

Der Stickstoff in den Gasen beträgt $^{10}/_3$ des mit der Luft zugeführten Sauerstoffs.

Letzterer setzt sich wiederum zusammen aus dem Sauerstoff des PbO im fertigen Röstgut, dem zur Verbrennung von 50 kg Holzkohle nötigen Sauerstoff, dem zur Bildung von SO_2 verbrauchten und dem freien Sauerstoff der Gase.

O in PbO	176 kg
O für die Holzkohle $50 \cdot \frac{32}{12}$	133 ,,
O für den Schwefel $459 \cdot \frac{32}{32}$ . . .	459 ,,
O in den Gasen	230 ,,
Summe	998 kg

Dementsprechend Stickstoff 3327 kg.

Zusammensetzung der entweichenden Gase:

N_2	3327 kg	= 2609 cbm	= 70,3 %
O_2	230 ,,	= 159 ,,	= 4,3 %
SO_2	918 ,,	= 319 ,,	= 8,6 %
CO_2	620 ,,	= 313 ,,	= 8,5 %
H_2O-Dampf	250 ,,	= 309 ,,	= 8,4 %
		3709 cbm	100 %

(2)

3.) Das Gebläse liefert:

O_2	998 kg
N_2	3327 ,,
Luft	4325 kg

Volum bei 0^0 $4325 : 1{,}293 = 3345$ cbm

,, ,, 15^0 $3345 \cdot \frac{288}{273} = 3529$,,

Hubvolum des Gebläses bei 15⁰

$$7 \cdot 60 \cdot 18 = 7560 \text{ cbm.}$$

Volumetrischer Wirkungsgrad des Gebläses

$$\frac{3529}{7560} = 0{,}467 = \mathbf{46{,}7\ \%} \qquad (3)$$

4.) Die Wärme, welche durch den Röstvorgang entwickelt wird, finden wir aus den Bildungswärmen der entstehenden Produkte PbO und SO_2 nach Abzug der Bildungswärme des zersetzten PbS. Diese Abröstungswärme stellt noch nicht die gesamte Wärmeentwicklung im Konverter dar, da außer dem Bleiglanz auch noch Holzkohle oxydiert wird.

Wir haben:

Oxydation von Pb zu PbO 2285 kg Pb · 245 . . . =	+ 559 825 Kal.
Oxydation von S zu SO_2 459 kg S · 2164 . . . . =	+ 993 275 ,,
Zersetzung des PbS 2285 kg Pb · 98 . . . . =	— 223 930 ,,
Röstwärme =	+ 1 329 170 Kal.

Durch die Zersetzung des Kalksteins werden 301 kg CO_2 gebildet und

$$301 \cdot 1026 = 308\,825 \text{ Kal.}$$

gebunden.

Von der Röstwärme werden für diese Umsetzung

$$\frac{308\,825}{1\,329\,170} = 0{,}232 = \mathbf{23{,}2\ \%} \qquad (4)$$

verbraucht.

5.) Die Beschickung wird mit 5 % (250 kg) Wasser angefeuchtet, um die Temperatur herunterzuhalten. Zur Verdampfung des Wassers werden

$$250 \cdot 606{,}5 = 151\,625 \text{ Kal.}$$

oder

$$\frac{151\,625}{1\,329\,170} = 0{,}114 = \mathbf{11{,}4\ \%} \qquad (5)$$

von der Röstwärme verbraucht.

6.) Wenn die Gase mit 300⁰ den Konverter verlassen, während der Wind mit 15⁰ einströmt, so muß der Konverter den Unterschied an Wärme aufbringen.

Wir haben:

Wärme in der eintretenden Luft

$$3345 \text{ cbm} \cdot [0{,}303 + 0{,}000\,027\,(15)]\,15 = 15\,225 \text{ Kal.}$$

Wärmekapazität der Gase

$$\left.\begin{array}{l} N_2\ 2609\ \text{cbm} \\ O_2\ \ 159\ \ ,, \end{array}\right\} \cdot [0{,}303 + 0{,}000\,027\,(300)] = 861{,}1\ \text{Kal.}$$

$$SO_2\ 319\ ,, \cdot [0{,}36 + 0{,}0003\,(300)] = 143{,}6\ ,,$$

$$CO_2\ 313\ ,, \cdot [0{,}37 + 0{,}000\,22\,(300)] = 136{,}5\ ,,$$

$$H_2O\ 309\ ,, \cdot [0{,}34 + 0{,}000\,15\,(300)] = 119{,}0\ ,,$$

Summe 1260,2 Kal. für 1^0

Wärme-Inhalt der Gase bei 300^0

$$1260{,}2 \cdot 300 = 378\,060\ \text{Kal.}$$

Unterschied des Wärme-Inhaltes der Luft und der Gase

$$378\,060 - 15\,225 = 362\,835\ \text{Kal.}$$

Mit den Konvertergasen werden

$$\frac{362\,835}{1\,329\,170} = 0{,}280 = 28{,}0\,\% \qquad (6)$$

von der Röstwärme fortgeführt.

7.) Wärmebilanz des Konverters:

Wärmeeinnahme.

Fühlbare Wärme im Wind	15 225	Kal.
Verbrennung der Holzkohle	405 000	,,
Röstwärme	1 329 170	,,
Summe	1 749 395	Kal.

Wärmeausgabe.

Fühlbare Wärme in den Gasen	378 060	Kal.	= 22 %
Zersetzung der Karbonate:			
Kalziumkarbonat	308 825	,,	= 18 %
Eisenkarbonat	76 980	,,	= 4 %
Verdampfung der Feuchtigkeit	151 625	,,	= 9 %
Fühlbare Wärme im Röstgut bei 400^0 . . .	400 000	,,	= 23 %
Verlust durch Leitung und Strahlung	433 905	,,	= 25 %
Summe	1 749 395	Kal.	

Reduktion der gerösteten Erze.

Erfolgt die Reduktion im Flammofen, so findet das unzersetzte Sulfid des Röstgutes fast stets Gelegenheit, sich mit dem Oxyd oder Sulfat zu Metall und SO_2 umzusetzen.

Dadurch wird fast aller Schwefel der Beschickung entfernt, und es entsteht in diesem Fall kein — oder höchstens sehr wenig — Bleistein. Werden hingegen die gerösteten Erze im Schachtofen reduziert, dann können durch das kohlehaltige Brennmaterial und die stark reduzierende Atmosphäre im Ofen die Oxyde zu Metall, die Sulfate zu Sulfiden reduziert werden, bevor die Temperatur so hoch steigt, daß eine Umsetzung dieser Verbindungen mit dem Sulfid des Röstgutes eintreten kann. Die doppelte Umsetzung wird dadurch zum größten Teil unmöglich gemacht und die Folge ist, daß ein großer Teil des Schwefels in Form von Bleistein erhalten bleibt. Dieser Umstand kann sehr vorteilhaft sein, wenn das Erz Kupfer führt, weil der Bleistein das Kupfer aufnimmt und, da er leicht vom Metall und von der Schlacke zu trennen ist, ein wertvolles Nebenprodukt bildet. Die meisten Bleierze enthalten etwas Kupfer, und zwar genügend, um die Gewinnung desselben lohnend zu gestalten. Bei der Verarbeitung solcher Erze wird man deshalb niemals eine vollständige Abröstung des Schwefels anstreben, sondern durch Verschmelzen des Röstgutes in niedrigen Schachtöfen bei mäßiger Temperatur die Bildung eines eisen- und kupferhaltigen Steins begünstigen. Sind im gerösteten Erze noch Arsen oder Antimon vorhanden, so liefern diese bei der Reduktion „Speisen", das sind Verbindungen von Arsen und Antimon mit Eisen, Kupfer, Nickel, Kobalt, Blei und Silber. Die Speise ist spezifisch leichter als Blei, aber schwerer als der Stein, sie scheidet sich in den Kühltöpfen als Mittelschicht zwischen beiden aus. Die Speise ist wegen ihrer komplexen Natur und der Schwierigkeit der Aufarbeitung ein sehr unerwünschtes Produkt. Es ist stets ratsam, Arsen und Antimon beim Rösten möglichst vollständig zu beseitigen, selbst auf die Gefahr hin, daß zuwenig Schwefel zurückbleibt; lieber setzt man beim Schmelzen wieder etwas rohes Sulfiderz zu, das möglichst frei von Arsen und Antimon ist.

Beim reduzierenden Schmelzen müssen den gerösteten Erzen solche Mengen Eisenerz und Kalkstein zugeschlagen werden, daß mit der Gangart des Erzes und der Asche des Brennmaterials eine leicht schmelzbare Schlacke entsteht. An die Schmelzbarkeit der Schlacke werden gerade in diesem Falle besonders große Ansprüche gestellt; denn die Temperatur im Bleischmelzofen ist notwendigerweise nur mäßig hoch, und doch muß die Schlacke dünnflüssig sein. Die Erfahrung hat gelehrt, daß eine geeignete Schlacke etwa 30 % SiO_2, 40 % FeO 20 % CaO enthalten soll, wobei noch 10 % für sonstige Bestandteile, wie Al_2O_3 usw., verbleiben. Andere Beschränkungen in der Arbeitsweise sind noch dadurch gegeben, daß eine gewisse Menge durch Handscheidung ausgelesene Schlacke zwecks Entbleiung zum Ofen zurückgehen muß, und daß der Brennstoff nicht über eine gewisse Menge, rund das Siebenfache seines Gewichts, an taubem Material verschmelzen kann. Unter Berücksichtigung dieser Bedingungen wollen wir ein Beispiel durchrechnen, dessen Unterlagen Hofmans Metallurgy of Lead entnommen sind.

Übungsbeispiel 121.

Ein Gemisch von Bleikarbonaterz und Bleiglanz, dessen Zusammensetzung etwa einem teilweise abgerösteten Sulfiderze entspricht, wird unter Zugabe von Eisenerz und Kalkstein verschmolzen. Die Beschickung enthält auf je 1000 kg Schmelzgut 150 kg Koks (mit 10 % Asche). Die 1000 kg Schmelzgut bestehen aus 100 kg Retourschlacke und 900 kg Bleierz, Eisenerz und Kalkstein. Die prozentische Zusammensetzung der verschiedenen Materialien ist:

	Bleierz	Eisenerz	Kalkstein	Koksasche
SiO_2	32,6	4,3	2,7	40,3
FeO	14,8	72,4	4,5	26,5
MnO	4,3	1,7	—	—
CaO	2,2	3,1	37,3	6,9
MgO	5,3	—	11,9	2,4
Al_2O_3	2,5	—	—	20,4
BaO	1,5	—	—	—
ZnO	2,4	—	—	—
S	4,4	—	—	—
As	0,5	—	—	—
Pb	20,7	—	—	—
Cu	2,9	—	—	—
Ag	0,17	—	—	—

Das Eisen ist größtenteils als Fe_2O_3 und nur zum Teil als FeO vorhanden. Die Analysen werden meistens auf FeO berechnet, um die Schlackenberechnung zu vereinfachen. Die gegebenen Zahlen werden deshalb auch nicht die Zahl 100 als Summe geben.

Wir nehmen an, daß die zu bildende Schlacke SiO_2 : FeO : CaO in dem Verhältnis 30 : 40 : 20 enthalten soll, wobei im FeO auch noch das MnO, auf die äquivalente Menge FeO umgerechnet, im CaO auch die dem MgO, BaO und ZnO äquivalente Menge CaO eingerechnet ist. Weiter wird vorausgesetzt, daß alles ZnO in die Schlacke, aller Schwefel in den Stein und alles As_2O_3 in die Speise von der Formel Fe_5As gehen, und daß alles Pb und Ag als Metall erhalten werden.

Aufgabe:

Zu berechnen ist:

1.) das Verhältnis zwischen Bleierz, Eisenerz und Kalkstein in den 900 kg Gemisch,
2.) Gewicht und Zusammensetzung der Schlacke,
3.) Gewicht und Zusammensetzung des Steines,
4.) Gewicht und Zusammensetzung der Speise,
5.) Gewicht und Zusammensetzung des Werkbleies,
6.) Die Stoffbilanz des Ofens.

Lösung:

1.) Von den drei Beschickungsmaterialien sind in Wirklichkeit nur zwei Gewichtsmengen unbekannt, denn die Summe aller beträgt 900 kg. In ähnlicher Weise sind durch das Verhältnis 30 : 40 : 20 zwei Bedingungen gegeben, da es sich praktisch um zwei Verhältniszahlen handelt. Die einfachste Art der Lösung ist unzweifelhaft die algebraische; wir bezeichnen die unbekannten Gewichte der zwei Beschickungsmaterialien mit x und y, und das dritte Gewicht mit 900 — (x + y) und ermitteln die Gewichte von SiO_2, FeO und CaO als Funktion von x und y. Dann erhalten wir aus dem gegebenen Verhältnis 30 : 40 : 20 zwei Gleichungen, welche die zwei Unbekannten x und y enthalten, und gelangen so unmittelbar zur Lösung.

Wir nennen

x =	Gewicht des	Bleierzes,
y =	„ „	Eisenerzes,
900 — x — y =	„ „	Kalksteins,
15 =	„ der	Koksasche,
100 =	„ „	Retourschlacke.

Berechnung des FeO in der Schlacke:

Schwefel in 100 kg Erz	4,4 kg
Kupfer in 100 kg Erz	2,9 „
Schwefel zur Bildung von Cu_2S	0,7 „
Schwefel übrig zur Bildung von FeS	3,7 „
Eisen nötig für FeS $3{,}7 \cdot \frac{56}{32}$	6,5 „
FeO diesem Fe entsprechend $6{,}5 \cdot \frac{72}{56}$	8,4 „
Arsen in 100 kg Erz	0,5 „
Eisen nötig zur Bildung von Fe_5As $0{,}5 \cdot \frac{280}{75}$	1,9 „
FeO diesem Fe entsprechend $1{,}9 \cdot \frac{72}{56}$	2,4 „
Im ganzen FeO für Speise und Stein	10,8 „
FeO noch übrig für die Schlacke 14,8 — 10,8	4,0 „

x Teile Bleierz werden zur Bildung der Schlacke abgeben:

SiO_2	0,326 x	
FeO	0,040 x	
MnO	0,043 x	= 0,044 x FeO
CaO	0,022 x	
MgO	0,053 x	= 0,074 x CaO
Al_2O_3	0,025 x	
BaO	0,015 x	= 0,006 x CaO
ZnO	0,024 x	= 0,017 x CaO.

[Das FeO-Äquivalent des MnO $= \frac{72}{71}$ x MnO,

„ CaO „ „ MgO $= \frac{56}{40}$ x MgO,

„ „ „ „ BaO $= \frac{56}{141}$ x BaO,

„ „ „ „ ZnO $= \frac{56}{81}$ x ZnO.

Die Umrechnungsfaktoren sind einfach aus dem Verhältnis der Molekulargewichte der betreffenden Oxyde gebildet.]

Durch Addition finden wir die Gewichtsmengen, die das Bleierz an die Schlacke abgibt:

0,326 x SiO_2
0,084 x Gesamt-FeO
0,119 x Gesamt-CaO.

Auf ganz ähnliche Weise finden wir, daß y Teile Eisenerz an die Schlacke abgeben:

0,043 y SiO_2
0,741 y FeO
0,031 y CaO,

und die 900 — x — y Teile Kalkstein liefern an die Schlacke

0,027 (900 — x — y) SiO_2
0,045 (900 — x — y) FeO
0,373 (900 — x — y) CaO
0,119 (900 — x — y) MgO = 0,167 (900 — x — y) CaO,

im ganzen somit

0,027 (900 — x — y) SiO_2
0,045 (900 — x — y) FeO
0,540 (900 — x — y) Gesamt-CaO.

Die Koksasche liefert als Schlackenbestandteile:

6,1 SiO_2
4,0 FeO
1,6 CaO.

Durch Summieren sämtlicher Schlackenbildner erhalten wir:

1.) SiO_2 . . . . 30,4 + 0,299 x + 0,016 y
2.) FeO . . . . 44,5 + 0,039 x + 0,696 y
3.) CaO . . . . 487,6 — 0,421 x — 0 509 y.

Da in der Schlacke das Verhältnis von SiO_2 : FeO : CaO = 30 : 40 : 20 sein soll, so ergibt sich aus 1.) und 3.)

$$30{,}4 + 0{,}299\,x + 0{,}016\,y = \frac{30}{20}\,(487{,}6 - 0{,}421\,x - 0{,}509\,y)$$

und aus 2.) und 3.)

$$44{,}5 + 0{,}039\,x + 0{,}696\,y = \frac{40}{20}\,(487.6 - 0{,}421\,x - 0{,}509\,y).$$

Woraus folgt:

$$x = \mathbf{523}\text{ kg Bleierz,}$$
$$y = \mathbf{274}\text{ ,, Eisenerz,}$$
$$900 - x - y = \mathbf{103}\text{ ,, Kalkstein.} \qquad (1)$$

2.) Aus dem Gewicht der einzelnen Bestandteile der Beschickung können wir nunmehr die genaue Zusammensetzung der Schlacke sowie das Gewicht derselben leicht berechnen. Die Schlacke nimmt aus den verschiedenen Beschickungsmaterialien folgende Mengen der einzelnen Verbindungen auf:

	Aus dem Bleierz	Aus dem Eisenerz	Aus dem Kalkstein	Aus der Koksasche	Im ganzen
SiO_2	170,5	11,8	2,8	6,1	191,2
FeO	20,9	198,4	4,6	4,0	227,9
MnO	22,5	4,7	—	—	27,2
Ca	11,5	8,5	38,4	1,0	59,4
MgO	27,7	—	12,3	0,4	40,4
Al_2O_3	13,1	—	—	3,1	16,2
BaO	7,8	—	—	—	7,8
ZnO	12,6	—	—	—	12,6
					582,7

Prozentische Zusammensetzung.

SiO_2	32,8 %		
FeO	39,0 %		
MnO	4,7 %	entsprechend	4,8 % FeO
CaO	10,2 %		
MgO.	6,9 %	,,	9,7 % CaO
Al_2O_3	2,8 %		
BaO.	1,3 %	,,	0,5 % CaO
ZnO.	2,2 %	,,	1,5 % CaO.

Zur Kontrolle nehmen wir wiederum das Verhältnis SiO_2 : FeO : CaO und finden

$$32{,}8 : 43{,}8 : 21{,}9 = 30 : 40 : 20.$$

3.) Schwefel in 523 kg Bleierz . . . . 23,0 kg
Kupfer in 523 kg Bleierz . . . . 15,2 ,,
Schwefel zur Bildung von Cu_2S . . . . 3,8 ,,
Schwefel übrig zur Bildung von FeS 23,0 — 3,8 19,2 ,,
Fe zur Bildung von FeS $19{,}2 \cdot \frac{56}{32}$ . . . . . . 33,6 ,,
FeS im Stein 19,2 + 33,6 . . . . 52,8 ,,
Cu_2S im Stein 15,2 + 3,8. . . . . 19,0 ,,

Gewicht des Steins **71,8 kg** (3)

Zusammensetzung des Steines:

$$\begin{array}{llll} Cu_2S & 26{,}5\,\% = & 21\,\% & \mathbf{Cu} \\ FeS & 73{,}5\,\% = & 47\,\% & \mathbf{Fe} \\ & & 32\,\% & \mathbf{S.} \end{array} \qquad (3)$$

4.) Arsen in 523 kg Bleierz . . . . 2,6 kg

Fe zur Bildung von Fe_5As $2{,}6 \cdot \frac{280}{75}$ . . . . 9,7 „

Gewicht der Speise **12,3 kg** (4)

Zusammensetzung:

Fe **79** %
As **21** % (4)

5.) Blei in 523 kg Bleierz . . . . 108,3 kg
Silber in 523 kg Bleierz . . . . 0,9 „

Gewicht des Werkbleis **109,2** kg

Zusammensetzung:

Pb **99,2** %
Ag **0,8** %

6.) Stoffbilanz für 1000 kg Schmelzgut.

	Beschickung	Werkblei	Stein	Speise	Schlacke	Gase
Bleierz	**523 kg**					
SiO_2	170,5 „	—	—	—	170,5	—
FeO	77,4 „	—	Fe 33,6	Fe 9,7	FeO 20,9	O 13,2
MnO	22,5 „	—	—	—	22,5	—
CaO	11,5 „	—	—	—	11,5	—
MgO	27,7 „	—	—	—	27,7	—
Al_2O_3	13,1 „	—	—	—	13,1	—
BaO	7,8 „	—	—	—	7,8	—
ZnO	12,6 „	—	—	—	12,6	—
S	23,0 „	—	23,0	—	—	—
As	2,6 „	—	—	2,6	—	—
Pb	108,3 „	108,3	—	—	—	—
Cu	15,2 „	—	15,2	—	—	—
Ag	0,9 „	0,9	—	—	—	—
Eisenerz	**274** „					
SiO_2	11,8 „	—	—	—	11,8	—
FeO	198,4 „	—	—	—	198,4	—
MnO	4,7 „	—	—	—	4,7	—
CaO	8,5 „	—	—	—	8,5	—

	Beschickung	Werkblei	Stein	Speise	Schlacke	Gase
Kalkstein	**103** kg					
SiO_2	2,8 „	—	—	—	2,8	—
FeO	4,6 „	—	—	—	4,6	—
CaO	38,4 „	—	—	—	38,4	—
MgO	12,3 „	—	—	—	12,3	—
Koksasche	**15** „					
SiO_2	6,1 „	—	—	—	6,1	—
FeO	4,0 „	—	—	—	4,0	—
CaO	1,0 „	—	—	—	1,0	—
MgO	0,4 „	—	—	—	0,4	—
Al_2O_3	3,1 „	—	—	—	3,1	—
Retourschlacke	**100** „	—	—	—	100,0	—
		109,2	71,8	12,3	682,7	13,2

Elektrometallurgie des Bleies.

Von elektrischen Verfahren in der Metallurgie des Bleies sind bis heute nur das von Salom zur kathodischen Reduktion des Bleiglanzes sowie das Verfahren von Betts zur Raffination von Werkblei praktisch ausgeführt worden. Elektrische Schmelz- und Röstverfahren sind der Zukunft vorbehalten, ebenso wie Laugung der Bleierze mit passenden Lösungsmitteln und darauf folgender elektrischer Ausfällung des Bleies aus den Lösungen. Technische Verwendung haben bis jetzt solche Verfahren nicht gefunden.

Nach dem Verfahren von Salom bildet gepulverter Bleiglanz, welcher auf einem Teller aus Hartblei liegt, die Kathode. Die Anode besteht ebenfalls aus Hartblei, die Badflüssigkeit ist verdünnte Schwefelsäure. Bei Stromdurchgang wird der Bleiglanz zu Blei reduziert unter Entwicklung von Schwefelwasserstoff (neben etwas Wasserstoff), während an der Anode Sauerstoff auftritt. Das Verfahren wurde technisch in ziemlich großem Maßstabe an den Niagara-Fällen ausgeführt. Wegen weiterer Einzelheiten sei auf die Literatur[1]) verwiesen.

Das Verfahren von Betts benutzt unreines Blei als Anode in einer mit Flußsäure stark angesäuerten Lösung von Kieselfluorblei $PbSiF_6$. Apparatur und Arbeitsweise sind der bei der Kupferraffination benutzten ganz ähnlich. Als Kathoden dienen Stahlbleche, die schwach eingefettet sind; die abgeschiedenen dichten Bleiüberzüge werden von Zeit zu Zeit abgelöst.

Übungsbeispiel 122.

In dem Apparat von Salom wird gepulverter Bleiglanz (spez. Gewicht des Pulvers 3,5) in einer 0,5 mm dicken Schicht auf einem rotierenden Bleiteller von 2,25 qm wirksamer Oberfläche ausgebreitet.

[1]) Trans. Am. Electrochem. Soc. Bd I, S. 87; II, S. 65; IV, S. 101.

Die Stromdichte auf der Kathodenfläche ist 330 Amp/qm. Die elektrolytische Behandlung einer solchen Beschickung dauert 90 Min. Die Badflüssigkeit ist verdünnte Schwefelsäure; der Widerstand der Zelle ist 0,001 Ohm, die Bildungswärmen sind: (Pb, S) 20 300, (H_2, S) 4800 (Gas), (H_2, O) 69 000. Es wird vollständige Reduktion vorausgesetzt.

Aufgabe:

Zu berechnen ist:

1.) die Stromausbeute in bezug auf Reduktion von Bleiglanz sowie der Stromverlust durch Wasserstoffentwicklung;
2.) die mittlere Zusammensetzung der aus dem Apparat entweichenden Gase bei 20° und 760 mm, nachdem die Flüssigkeit mit H_2S, H_2 und O_2 gesättigt ist;
3.) die erforderliche Betriebsspannung der Zelle, wenn die Stromausbeute der Reduktion 100 % beträgt.
4.) die Betriebsspannung der Zelle, nachdem der Bleiglanz vollständig reduziert ist;
5.) die mittlere Spannung bei der oben vorausgesetzten Arbeitsweise des Apparates und die Verteilung der Spannung zur Überwindung des Widerstandes und zur elektrolytischen Arbeit;
6.) der Anteil von Energieverbrauch der Zelle, welcher wiedergewonnen werden könnte, wenn das entweichende Gasgemisch in einer Gasmaschine verbrannt würde, vorausgesetzt, daß diese einen thermomechanischen Wirkungsgrad von 100 % besäße.

Lösung:

1.) Die Stromstärke ist

$$2{,}25 \cdot 330 = 742{,}5 \text{ Amp.}$$

In 90 Min. kann an Blei reduziert werden:

$$0{,}000\,103\,5 \cdot 103{,}5 \cdot 60 \cdot 90 \cdot 742{,}5 = 4295 \text{ g.}$$

Der Apparat enthält an Bleiglanz:

$$2{,}25 \cdot 10\,000 \cdot 0{,}05 \cdot 3{,}5 = 3938 \text{ g.}$$

Blei darin:

$$3938 \cdot \frac{207}{239} = 3410 \text{ g.}$$

Stromausbeute bei der Reduktion:

$$\frac{3410}{4295} = 0{,}794 = 79{,}4\ \%$$

Stromverlust durch Wasserstoffentwicklung **20,6 %** (1)

2.) Wenn an der Kathode nur H_2S entstehen würde, wäre die Zusammensetzung des Gasgemisches:

$2\,H_2S$	O_2
2 Vol.	1 Vol.

Wenn ausschließlich H_2 an der Kathode entsteht, bestehen die Zellengase aus

$2\,H_2$	O_2
2 Vol.	1 Vol.

Wenn 79,4 % des Stromes H_2S, und 20,6 % H_2 entwickeln, dann haben die Gase die Zusammensetzung:

H_2S . . . . 1,588 Vol. = **52,93 %**
H_2 . . . . 0,412 „ = **13,73 %**
O_2 . . . . 1,000 „ = **33,33 %** (2)

Das Gasvolum in 1 Stunde finden wir wie folgt:
1 Amp entwickelt in 1 Stunde

$$0{,}000\,010\,35 \cdot 8 \cdot 60 \cdot 60 = 0{,}298\,08 \text{ g}$$

Sauerstoff, 742,5 Amp in 1 Stunde

$$0{,}298\,08 \cdot 742{,}5 = 221{,}3 \text{ g}$$

Volum bei 0° und 760 mm

$$\frac{221{,}3}{1{,}44} = 153{,}7 \text{ Liter}$$

Volum des Gasgemisches in 1 Stunde

$$153{,}7 \cdot 3 = 461 \text{ Liter} = 0{,}461 \text{ cbm}$$

Volum bei 20°

$$0{,}461 \cdot \frac{273 + 20}{273} = \mathbf{0{,}495} \text{ cbm.} \qquad (2)$$

3.) Zur Überwindung des Widerstandes ist eine Spannung von

$$0{,}001 \cdot 742 = 0{,}742 \text{ Volt}$$

nötig.

Wenn der Kathodenvorgang ausschließlich in der Bildung von H_2S besteht, so ergibt sich die chemische Arbeit aus der Gleichung

$$\begin{array}{ccccccc} PbS & + & H_2O & = & H_2S & + O + Pb \\ -20\,300 & & -69\,000 & + & 4800 & = -84\,500 \text{ Kal.} \end{array}$$

Der entsprechende Wert der Spannung ist

$$\frac{84\,500}{2 \cdot 23040} = 1{,}83 \text{ Volt.}$$

Die Gesamtspannung ist somit

$$1{,}83 + 0{,}74 = \mathbf{2{,}59} \text{ Volt.} \qquad (3)$$

4.) Wenn an der Kathode kein H_2S, sondern lediglich H_2 entwickelt wird, ist die chemische Arbeit des Stromes = 69 000 Kal., wofür eine Spannung von

$$\frac{69\,000}{2 \cdot 23\,040} = 1{,}49 \text{ Volt}$$

nötig ist.

In diesem Falle wird die Gesamtspannung

$$1{,}49 + 0{,}74 = \mathbf{2{,}23} \text{ Volt.} \qquad (4)$$

5.) Wenn 79,4 % des Stromes H_2S entwickeln und 20,6 % des Stromes H_2 liefern, dann erfordert die chemische Arbeit in der Zelle eine Spannung von

$$1{,}83 \cdot 0{,}794 + 1{,}49 \cdot 0{,}206 = 1{,}76 \text{ Volt}$$

und die Betriebsspannung ist

$$1{,}76 + 0{,}74 = \mathbf{2{,}50} \text{ Volt.} \qquad (5)$$

Direkt aus dem Energieverbrauch der chemischen Reaktionen in der Zelle finden wir die Spannung von 1,76 Volt durch die Rechnung

$$\frac{84\,500 \cdot 0{,}794 + 69\,000 \cdot 0{,}206}{2 \cdot 23\,040} = 1{,}76.$$

6.) Verbrennungswärme von 1 cbm Gasgemisch (52,93 % H_2S, 13,73 % H_2):

H_2S	0,5293 cbm	· 5513 =	2918	Kal.
H_2	0,1373 „	· 2614 =	359	„
		Summe	3277	Kal.

Das in 1 Stunde entwickelte Gas hat einen Heizwert von

$$3277 \cdot 0{,}461 = 1511 \text{ Kal.}$$

welche bei einem thermochemischen Wirkungsgrad von 100 % eine Arbeit von

$$\frac{1511}{0{,}860} = 1757 \text{ Wattstunden}$$

liefern könnten.

Demgegenüber ist der Energieverbrauch der Zelle:

$$742{,}5 \cdot 2{,}50 = 1856 \text{ Wattstunden.}$$

Theoretisch könnte somit durch die genannte Anordnung

$$\frac{1757}{1856} = 0{,}95 = 95\,\%$$

von dem Energieverbrauch wiedergewonnen werden.

Der Grund dafür, daß theoretisch mehr Energie regeneriert werden kann, als für die chemische Arbeit in der Zelle aufzuwenden ist, liegt darin, daß in der Gasmaschine der Schwefel des PbS zu SO_2 verbrennt, wodurch viel Wärme entwickelt wird, während nur verhältnismäßig wenig Energie in der Zelle zugeführt werden muß um aus PbS H_2S zu bilden.

Übungsbeispiel 123.

Nach dem Verfahren von Betts wird aus Werkblei mit 96,73 % Blei praktisch reines Raffinatblei gewonnen. Die Anodenplatten sind 3,8 cm stark und wiegen einschließlich der Nasen zum Aufhängen 124,6 kg. Die Stromstärke auf jeder Platte mit einer nach beiden Seiten wirksamen Oberfläche von 10 625 qcm ist 135 Amp. Die Anoden bleiben durchschnittlich 9 Tage im Bad hängen. Der Abstand zwischen Anode und Kathode beträgt 2,93 cm, der spez. Widerstand der Lösung ist 10 Ohm/cbcm. In jedem Bad mit 22 Anoden und 23 Kathoden werden im Mittel 247 kg Blei in 24 Stunden niedergeschlagen. Die Kraft kostet an den Bädern 210 M. f. d. PS-Jahr. Der Widerstand in den Kontakten bedingt einen Spannungsverbrauch von 0,15 Volt für das Bad. Reines Blei hat ein spez. Gew. von 11,35.

Aufgabe:

Zu berechnen ist:

1.) das Gewicht des von dem gegebenen Strome in 24 Stunden theoretisch niederzuschlagenden Bleies,
2.) die Stromausbeute der Raffination,
3.) der Spannungsverbrauch für ein Bad,
4.) der zum Umschmelzen gelangende Anodenabfall in Prozenten vom ursprünglichen Gewicht der Anode,
5.) die mittlere Stärke der in 24 Stunden niedergeschlagenen Bleischicht an der Kathode,
6.) die Kraftkosten für 1 t Werkblei.

Lösung:

1.) Durch 1 Amp werden in 24 Stunden theoretisch niedergeschlagen

$$0{,}000\,010\,35 \cdot 103{,}5 \cdot 60 \cdot 60 \cdot 24 = 92{,}55 \text{ g},$$

an einer Kathode durch 135 Amp

$$\frac{92{,}55 \cdot 135}{1000} = 12{,}5 \text{ kg},$$

in einem Bade im ganzen

$$12{,}5 \cdot 22 = \mathbf{275\ kg}. \tag{1}$$

2.) Stromausbeute

$$\frac{247}{275} = 0{,}90 = \mathbf{90\ \%} \tag{2}$$

3.) Stromstärke an jeder Platte 135 Amp. Stromdichte für 1 qcm

$$\frac{135}{10\,625} = 0{,}0127 \text{ Amp.}$$

Abstand der Platten 2,93 cm. Spez. Widerstand des Elektrolyten 10 Ohm/cbcm. Spannungsverbrauch durch den Widerstand des Elektrolyten

$$10 \cdot 2{,}93 \cdot 0{,}0127 = 0{,}37 \text{ Volt}$$

durch den Kontaktwiderstand	0,15 „
im ganzen für das Bad	0,52 Volt.

4.) An jeder Anode wird in 9 Tagen an Blei aufgelöst

$$\frac{247}{22} \cdot 9 = 100{,}1 \text{ kg.}$$

Wenn auch der Schlamm von der Anode abfällt, beträgt der gesamte Gewichtsverlust der Anode

$$\frac{100{,}1}{0{,}9673} = 103{,}5 \text{ kg.}$$

Anodenabfall zum Umschmelzen:

$$124{,}6 - 103{,}5 = 21{,}1 \text{ kg} = \frac{21{,}1}{124{,}6} = 17\,\% \qquad (4)$$

vom ursprünglichen Gewicht der Anode.

5.) An jeder Seite einer Kathode werden in 24 Stunden

$$\frac{247}{44} = 5{,}614 \text{ kg}$$

Blei niedergeschlagen.

Die Kathode hat eine einseitige Oberfläche von 5312 qcm.

Auf 1 qcm werden in 24 Stunden ausgeschieden

$$\frac{5614}{5312} = 1{,}06 \text{ g,}$$

welche ein Volum von

$$\frac{1{,}06}{11{,}35} = 0{,}093 \text{ cbcm}$$

einnehmen.

Die Dicke der Bleischicht ist 0,93 mm. (5)

6.) In einem Bad werden in 24 Stunden

$$\frac{247}{0{,}9673} = 256{,}3 \text{ kg}$$

Werkblei raffiniert.

Mit einem Kraftverbrauch von

$$135 \cdot 22 \cdot 0{,}52 = 1544 \text{ Watt}$$
$$= 2{,}10 \text{ PS.}$$

Die Kraftkosten für 1 Bad betragen für 1 Jahr:

$$2{,}10 \cdot 210 = 441 \text{ M.,}$$

für 1 Tag:

$$\frac{441}{365} = 1{,}21 \text{ M.,}$$

für 1 t Werkblei:

$$\frac{1{,}21 \cdot 1000}{256{,}3} = 4{,}72 \text{ M.} \qquad (6)$$

Dreiundzwanzigstes Kapitel.

Die Metallurgie des Silbers und des Goldes.

Zur Gewinnung von Silber und Gold aus ihren Erzen werden die Erze entweder mit Kupfererzen zusammen auf Kupferstein bzw. Rohkupfer verschmolzen und durch darauffolgende elektrolytische Raffination die Edelmetalle vom Kupfer getrennt, oder man verschmilzt die Erze mit Bleierzen und gewinnt die Edelmetalle durch Entsilberung des Werkbleis mit anschließendem Abtreiben des Reichbleies oder durch elektrolytische Raffination. In allen diesen Fällen treten die Edelmetalle in so geringen Mengen in den Erzen, in den Zwischenprodukten und im Rohmetall auf, daß die Metallurgie des Silbers und Goldes durch Schmelzverfahren bis zur Ausscheidung der rohen Edelmetalle praktisch mit der Metallurgie des Kupfers bzw. Bleies zusammenfällt. Erst wenn es sich um Produkte handelt, welche Silber oder Gold als Hauptbestandteil enthalten, gelangen wir in das Gebiet der eigentlichen Metallurgie der Edelmetalle.

Die wirtschaftlichen Bedingungen liegen nun hier wesentlich anders als etwa bei Kupfer oder Blei. So ist es beispielsweise von untergeordneter Bedeutung, ob wir, um 100 kg Silber im Wert von etwa 7000 M. zu schmelzen, einen Brennstoff für 10 M. oder einen anderen für 20 M. verwenden; weit wichtiger als der Preis ist hier die Zweckmäßigkeit des Brennstoffs.

Elektrolytische Raffination des Rohsilbers.

Die Scheidung von Gold und Silber durch Säuren wird von der reinlicher und billiger arbeitenden elektrolytischen Raffination rasch verdrängt. Die Zusammensetzung des Rohsilbers ist sehr wechselnd, wie die nachstehenden zwei Analysen veranschaulichen:

	I	II
Ag	98,69	74,08
Pb	1,09	3,71
Cu	0,12	20,23
Fe	0,09	1,01
Au	0,0023	0,05

Die elektrolytische Raffination geht am leichtesten vor sich mit fast reinem Silber, weil die in Lösung tretenden Verunreinigungen sich sehr langsam anhäufen und die Badflüssigkeit deshalb nur selten erneuert werden muß. Andrerseits wird durch die Auflösung großer Mengen von Kupfer, Eisen oder Blei eine elektromotorische Kraft erzeugt, welche bei der Abscheidung des Silbers in der Richtung des Stromes wirkt, so daß hierdurch die zu leistende elektrische Arbeit vermindert wird.

Übungsbeispiel 124.

Zwei elektrolytisch zu raffinierende Rohsilbersorten enthalten:

	I	II
Ag	98,69	74,08
Pb	1,09	3,71
Cu	0,12	20,23
Fe	0,09	1,01
Au	0,01	0,05

Die Anodenschlämme der beiden Sorten bestehen aus:

	I	II
Ag	60 %	55 %
Pb	10	5
Cu	5	15
Fe	3	5
Au	22	20

In beiden Fällen enthält der Schlamm das gesamte Gold des Rohmetalles.

Die Stromdichte beträgt 200 Amp/qm, und die Anodenplatten sind 2 cm stark. Das spez. Gewicht der beiden Legierungen ist 10,15 bzw. 9,79. Der zum Umschmelzen gehende Anodenabfall beträgt 12 % vom ursprünglichen Gewicht der Platten. Der freie Raum zwischen den Platten ist 4 cm, der Gesamtstrom für ein Bad 220 Amp, der spez. Widerstand des Elektrolyten 20 Ohm. In jedem Bad werden in 24 Stunden 19,85 kg Silber ausgeschieden.

Aufgabe:

Zu berechnen ist:

1.) Die Stromausbeute der Silberfällung.
2.) Der Gewichtsverlust der Anoden in einem Bad in 24 Stunden.
3.) Die Abnahme an Silber im Elektrolyten in 24 Stunden.
4.) Die EMK., welche durch Auflösung der Verunreinigungen erzeugt wird.
5.) Die Gesamtspannung eines Bades einschließlich 10 % Verlust in den Kontakten.
6.) Der Energieverbrauch in PS-Stunden für 1 kg ausgeschiedenes Silber.

Lösung:

1.) Durch 1 Amp werden in 24 Stunden theoretisch

$$0{,}000\,010\,35 \cdot 108 \cdot 60 \cdot 60 \cdot 24 = 96{,}58 \text{ g}$$

Silber niedergeschlagen,

durch 220 Amp $96{,}58 \cdot 220 = 21\,248$ g
$= 21{,}248$ kg.

Die Stromausbeute beträgt somit

$$\frac{19{,}85}{21{,}248} = 0{,}934 = \mathbf{93{,}4\ \%}. \qquad (1)$$

Von der ganzen Silbermenge, die der Strom niederschlagen könnte, werden 6,6 % durch die anwesende freie Salpetersäure, welche $AgNO_3$ bildet, der Abscheidung entzogen. Der Elektrolyt enthält neben Silbernitrat und Kupfernitrat etwa 1 % freie Salpetersäure, die schon gefälltes Silber rein chemisch auflöst bzw. eine entsprechende Menge an der Fällung verhindert.

2.) Für je 100 g Gewichtsverlust der Anode einschließlich des Schlammes, welcher alles Gold enthält, gehen folgende Mengen der einzelnen Metalle in Lösung:

Rohsilber I.

	Anode	In den Schlamm	In Lösung
Ag	98,69	0,03	98,66
Pb	1,09	—	1,09
Cu	0,12	—	0,12
Fe	0,09	—	0,09
Au	0,01	0,01	—

Rohsilber II.

	Anode	In den Schlamm.	In Lösung
Ag	74,08	0,14	73,94
Pb	3,71	0,01	3,70
Cu	20,23	0,04	20,19
Fe	1,01	0,01	1,00
Au	0,05	0,05	—

Die zur Lösung erforderliche Strommenge ergibt sich als Summe der für jeden einzelnen Bestandteil nötigen Strommenge. Letztere finden wir in Amperestunden durch Teilung der obigen Gewichtsmengen der Metalle durch ihr elektrochemisches Stundenäquivalent (die durch 1 Amp in einer Sekunde abgeschiedene Menge des Metalls × 3600) Wir haben

I.

Amperestunden

$$\text{Ag}\ \frac{98{,}66}{0{,}001\,118 \cdot 3600} \ldots\ldots = 24{,}51$$

$$\text{Pb}\ \frac{1{,}09}{0{,}001\,07 \cdot 3600} \ldots\ldots = 0{,}28$$

$$\text{Cu}\ \frac{0{,}12}{0{,}000\,33 \cdot 3600} \ldots\ldots = 0{,}12$$

$$\text{Fe}\ \frac{0{,}09}{0{,}000\,29 \cdot 3600} \ldots\ldots = 0{,}09$$

Summe 25,00

II.

$$\text{Ag}\ \frac{73{,}94}{4{,}025} \ldots\ldots = 18{,}37$$

$$\text{Pb}\ \frac{3{,}70}{3{,}856} \ldots\ldots = 0{,}96$$

$$\text{Cu}\ \frac{20{,}19}{1{,}185} \ldots\ldots = 17{,}04$$

$$\text{Fe}\ \frac{1{,}00}{1{,}044} \ldots\ldots = 0{,}96$$

Summe 37,33

Jedem Bad werden in 24 Stunden 220 · 24 = 5280 Amp/Std. zugeführt. Die Gewichtsabnahme der Anoden beträgt somit in den beiden Fällen:

$$\text{I}\ 100 \cdot \frac{5280}{25} = 21\,120\ \text{g},$$

$$\text{II}\ 100 \cdot \frac{5280}{37{,}33} = 14\,144\ \text{g}. \qquad (2)$$

3.) In 24 Stunden werden folgende Mengen Silber aufgelöst:

Anoden I: 21 120 · 0,9866 = 20,837 g

„ II: 14 144 · 0,7394 = 10 458 g.

In jedem Bad werden in 24 Stunden an Silber ausgeschieden . . . . 19 850 g

In den Bädern mit Rohsilber I werden mehr gelöst als gefällt . . . . 987 g

In den Bädern mit Rohsilber II dagegen weniger gelöst als abgeschieden . . . . 9 392 g (3)

4.) Die Bildungswärmen der hier in Betracht kommenden Verbindungen sind:

(Ag, N, O_3, Aq)	= 23 000 cal	=	213 cal	für 1 g Ag
(Pb, N_2, O_6, Aq)	= 98 200 „	=	474 „	„ 1 g Pb
(Cu, N_2, O_6, Aq)	= 81 300 „	=	1 278 „	„ 1 g Cu
(Fe, N_2, O_6, Aq)	= 43 900 „	=	784 „	„ 1 g Fe
(H, N, O_3, Aq)	= 48 800 „	=	48 800 „	„ 1 g H.

Die Wärmebilanz für 100 g Gewichtsverlust der Anoden I ergibt sich wie folgt:

Wärmeentwicklung:

Durch Auflösung von Ag	98,66 · 213	= 21 015	cal
„ „ „ Pb	1,09 · 474	= 517	„
„ „ „ Cu	0,12 · 1278	= 153	„
„ „ „ Fe	0,09 · 784	= 71	„
	Summe	21 756	cal

Wärmebindung:

Durch Abscheidung von Silber	93,99 · 213	= 20 020	cal
Wasserstoffentwicklung	0,06 . 48800	= 2 928	„
	Summe	22 948	cal

Mehr Wärme gebunden als entwickelt 1192 cal.

Diese Wärmemenge bezieht sich auf 25 Amp/Std. Da nun 1 Amp/Std. bei 1 Volt Spannung (1 Wattstunde) 860 cal entspricht, bedingt die Wämebindung einen Spannungsverbrauch von

$$\frac{1192}{25 \cdot 860} = 0{,}06 \text{ Volt.} \tag{4}$$

Für die Anoden II finden wir in ähnlicher Weise für 100 g Gewichtsverlust:

Wärmeentwicklung:

Lösung von Ag	73,94 · 213	= 15 750	cal
„ „ Pb	3,70 · 474	= 1754	„
„ „ Cu	20,19 · 1278	= 25 803	„
„ „ Fe	1,00 · 784	= 784	„
	Summe	44 091	cal

Wärmebindung:

Abscheidung von	Ag	98,11 · 213	=	20 897	cal
,, ,,	H_2	0,06 · 48 800	=	2 928	
			Summe	23 825	cal

Mehr Wärme entwickelt als gebunden 21 117 cal, wodurch eine Spannung von

0,98 Volt (4)

in der Richtung des Stromes erzeugt wird.

5.) Der Widerstand einer Flüssigkeitssäule von 1 qcm Querschnitt und der Länge des Elektrodenabstandes (4 cm) ist 20 · 4 = 80 Ohm. — Der auf diesen Querschnitt entfallende Strom beträgt

$$\frac{220}{10\,000} = 0{,}022 \text{ Ampere.}$$

Der durch den Widerstand des Elektrolyten bedingte Spannungsverbrauch ist somit

$$0{,}022 \cdot 80 = 1{,}76 \text{ Volt.}$$

Wenn wir noch die mit der chemischen Umsetzung verbundene Spannung berücksichtigen, erhalten wir:

Bei den Anoden I . . . . 1,76 + 0,06 = 1,82 Volt
Dazu Spannungsverbrauch in den Kontakten = 0,18 ,,
Arbeitsspannung **2,00** Volt. (5)

Bei den Anoden II . . . . 1,76 — 0,98 = 0,78 Volt
Verbrauch in den Kontakten . . . . 0,18 ,,
Arbeitsspannung **0,96** Volt. (5)

6.) Der Energieverbrauch für 1 Bad ist in PS:

Mit Anoden I

$$\frac{220 \cdot 2{,}00}{736} = 0{,}59 \text{ PS.}$$

Mit Anoden II

$$\frac{220 \cdot 0{,}96}{736} = 0{,}29 \text{ PS.}$$

Der Energieverbrauch für 1 kg raffiniertes Silber ist demnach:

Bei Anoden I $\frac{0{,}59}{19{,}85} = 0{,}020$ PS-Tage

= 0,48 PS-Stunden. (6)

,, ,, II $\frac{0{,}29}{19{,}85} = 0{,}015$ PS-Tage

= 0,036 PS-Stunden. (6)

Übungsbeispiel 125.

Das Wohlwill-Verfahren zur Raffination von Rohgold verwendet als Elektrolyt eine mit HCl stark angesäuerte Lösung von $AuCl_3$. — Wir wollen über die Apparatur des Verfahrens einige Berechnungen anstellen unter der Voraussetzung, daß die zu verarbeitende Legierung folgende Zusammensetzung besitzt:

Au	60,3	Fe	2,2
Ag	7,0	Ni	2,0
Cu	6,5	Pb	7,0
Zn	15,0		

Weiter seien die nachstehenden Daten gegeben:

Stromdichte 1000 A/qm.
Die Bäder sind in Reihen zu je 10 angeordnet.
Größe der Bäder 500 500 mm bei 300 mm innerer Höhe.
Elektrodenabstand etwa 4 cm.
Kathodenbleche 1 mm stark.
Anodenplatten 20 mm stark.
Spez. Gewicht der Anoden 17,5.
Konzentration des Elektrolyten 50 g Au im Liter.
Spez. Widerstand des Elektrolyten 5 Ohm.
Spez. Dichte desselben 1,15.
Spannungsverlust in den Kontakten = $\frac{1}{2}$ der durch den Widerstand des Elektrolyten bedingten Spannung.
Anodenprodukte: $AuCl_3$, $AgCl$, $CuCl$, $ZnCl_2$, $FeCl_2$, $NiCl_2$, $PbCl_2$.

Aufgabe:

Zu berechnen ist:

1.) Die Abmessungen der Elektroden und ihre Zahl in einem Bad.
2.) Der Stromverbrauch und die Gesamtspannung einer Badreihe.
3.) Das in 24 Stunden ausgeschiedene Gold.
4.) Der Gewichtsverlust der Anoden in 24 Stunden, gleichmäßigen Angriff vorausgesetzt.
5.) Die Abnahme des im Elektrolyten vorhandenen Goldes während 24 Stunden.
6.) Die Zeit, wie lange die Anoden im Bad verbleiben müssen, damit sie zu $^9/_{10}$ aufgezehrt sind.
7.) Wenn alle 24 Stunden eine bestimmte Anzahl der Kathoden ausgewechselt wird, wie lange bleiben die Kathoden durchschnittlich im Bad?
8.) **Mit welchem Betrage an Zinsen ist das Kilogramm des in Arbeit befindlichen Goldes zu belasten, wenn der Zinsfuß 6 % ist? 1 g Gold hat einen Wert von 2,79 M.**

Lösung:

1.) Wenn zwischen den Rändern der Elektroden und der Innenseite des Bades noch ein freier Raum von 1 cm verbleiben soll, dürfen die Platten nicht über 48 cm breit sein. Die Oberfläche des Elektrolyten darf nicht tiefer als 2 cm unter dem Badrand stehen, und zwischen der Unterkante der Elektroden und dem Boden des Bades muß ebenfalls ein freier Raum von 8 cm vorhanden sein, damit der Schlamm sich gut sammeln kann. — Die Platten tauchen also 30 — 10 = 20 cm tief in den Elektrolyten ein und haben eine wirksame Oberfläche auf jeder Seite von $20 \cdot 48 = 960$ qcm.

Bei 4 cm Elektrodenabstand, einer Stärke der Anoden von 2 cm, einer Stärke der Kathoden von 0,1 cm und einer Kathodenanzahl, die um 1 größer ist als die der Anoden, erhalten wir die Anzahl der letzteren aus der Gleichung:

$$(2 \times \text{Anoden}) + 0{,}1\,(\text{Anoden} + 1) + (2 \times \text{Anoden} \times 4) = 50, \qquad (1)$$

woraus sich die Zahl 4,9 ergibt.

Wenn wir die am nächsten liegende ganze Zahl 5 wählen, wird das Bad 5 Anoden und 6 Kathoden aufnehmen. Es werden 10 Zwischenräume zwischen den Elektroden vorhanden sein, welche eine Breite von

$$\frac{50 - 5 \cdot 2 - 6 \cdot 0{,}1}{10} = \mathbf{3{,}94}\ \text{cm} \qquad (1)$$

haben.

2.) Die wirksame Oberfläche der Platten ist

$$960 \cdot 2 \cdot 5 = 9600\ \text{qcm}$$

und die Stromstärke

$$\frac{1000 \cdot 9600}{10\,000} = 960\ \text{Amp.}$$

Zur Überwindung des Elektrolytwiderstandes ist eine Spannung von

$$5 \cdot 3{,}94 \cdot \frac{1000}{10\,000} = \ldots\ 1{,}97\ \text{Volt}$$

erforderlich.

Dazu 50 % für Verlust in den Kontakten	. . 0,98 „
	Summe 2,95 Volt.

Die für die chemische Umsetzung nötige Spannung läßt sich aus der Bildungswärme des zerlegten $AuCl_3$ nach Abzug der Bildungswärmen der neu entstehenden Salze berechnen. Einfacher, obschon nicht so logisch, kann die Spannung aus den Zersetzungsspannungen der einzelnen Salze unter Berücksichtigung ihrer Mengen erhalten werden.

Die Zersetzungsspannungen sind:

$$(Au, Cl_3) = \frac{27\,200}{3 \cdot 23\,040} = 0{,}393 \text{ Volt}$$

$$(Ag, Cl) = \frac{29{,}000}{23\,040} = 1{,}257 \;\text{,,}$$

$$(Cu, Cl) = \frac{35\,400}{23\,040} = 1{,}5636 \;\text{,,}$$

$$(Zn, Cl_2) = \frac{113\,000}{2 \cdot 23\,040} = 2{,}448 \;\text{,,}$$

$$(Fe, Cl_2) = \frac{100\,100}{2 \cdot 23\,040} = 2{,}170 \;\text{,,}$$

$$Ni, Cl_2) = \frac{93\,900}{2 \cdot 23\,040} = 2{,}037 \;\text{,,}$$

$$(Pb, Cl_2) = \frac{77\,900}{2 \cdot 23\,040} = 1{,}690 \;\text{,,}$$

Diese Spannungen würden an der Anode erzeugt werden; wenn jedes der genannten Salze für sich allein gebildet würde. Da wir indessen die genaue Zusammensetzung der in Lösung gehenden Anode kennen, so läßt sich die in unserem Falle an der Anode wirklich erzeugte Spannung berechnen. Wir haben

Au	$0{,}603 \cdot 0{,}393$	= 0,237	Volt
Ag	$0{,}070 \cdot 1{,}257$	= 0,088	,,
Cu	$0{,}065 \cdot 1{,}536$	= 0,101	,,
Zn	$0{,}150 \cdot 2{,}448$	= 0,367	,,
Fe	$0{,}022 \cdot 2{,}170$	= 0.048	,,
Ni	$0{,}020 \cdot 2{,}037$	= 0,041	,,
Pb	$0{,}070 \cdot 1{,}690$	= 0,118	,,
	Summe	1,000	Volt

An der Kathode wird Spannung verbraucht 0,393 ,,

Das Bad liefert also eine Spannung von . . . . 0,607 Volt

Im Elektrolyten und in den Kontakten werden verbraucht . . . . 2,95 ,,

Die Betriebsspannung beträgt demnach . . . 2,34 Volt, für 1 Bad oder für die ganze Reihe von 10 Bädern **23,4 Volt.** (2)

3.) Durch 960 Amp in 10 Bädern werden in 24 Stunden

$$0{,}000\,010\,35 \cdot \frac{197}{3} \cdot 60 \cdot 60 \cdot 24 \cdot 10 \cdot 960 = 563\,729 \text{ g}$$

$$= 563{,}729 \text{ kg} \qquad (3)$$

Gold niedergeschlagen.

4.) Um 1 g der Anode in Lösung zu bringen, ist eine Strommenge von:

$$\left.\begin{array}{l}
\mathrm{Au}\,\dfrac{0{,}603}{3\cdot 197} \\[1ex]
\mathrm{Ag}\,\dfrac{0{,}070}{108} \\[1ex]
\mathrm{Cu}\,\dfrac{0{,}065}{63{,}6} \\[1ex]
\mathrm{Zn}\,\dfrac{0{,}150}{2\ \ 65} \\[1ex]
\mathrm{Fe}\,\dfrac{0{,}022}{2\cdot 56} \\[1ex]
\mathrm{Ni}\,\dfrac{0{,}020}{2\cdot 59} \\[1ex]
\mathrm{Pb}\,\dfrac{0{,}070}{2\cdot 207}
\end{array}\right\} : 0{,}000\,010\,35$$

$$\text{Summe } 0{,}017\,03 : 0{,}000\,010\,35 = 1645 \text{ Amp/Sek.}$$

nötig.

In 24 Stunden werden den Bädern im ganzen zugeführt

$$960 \cdot 60 \cdot 60 \cdot 24 \cdot 10 = 829\,440\,000 \text{ Amp/Sek.},$$

welche

$$\frac{829\,440\,000}{1645} = 504\,220 \text{ g}$$

$$= \mathbf{504{,}22\ kg} \qquad (4)$$

Anodenmaterial lösen

5.) In 24 Stunden werden niedergeschlagen:

563,729 kg Gold

und an den Anoden gelöst:

504,22 · 0,603 . . . . **304,045 kg Gold.**

Der Goldgehalt des Elektrolyten

wird also in 24 Std. abnehmen um . **259,684 kg.** (5)

6.) Die Anoden wiegen:

960 · 4 · 17,5 · 5 · 10 . = 3 360 000 g

= 3 360 kg.

Davon 10 % Anodenabfall **336** „

Aufgelöst werden . . . . **3 024 kg,**

wozu

$$\frac{3024}{504{,}22} = \mathbf{5{,}93} \text{ oder praktisch } \mathbf{6\ Tage} \qquad (6)$$

nötig sind.

7.) Wenn alle Tage $^1/_6$ der Anoden ausgewechselt werden, dann bleiben die Anoden durchschnittlich

$$(1 + 2 + 3 + 4 + 5 + 6) : 6 = \mathbf{3{,}5}\ \text{Tage} \quad \ldots . \qquad (7)$$

in den Bädern.

8.) Der Wert des in der ganzen Anlage umlaufenden Goldes setzt sich bei regelrechtem Betrieb zusammen aus dem Wert der stets vorhandenen Kathodenbleche und dem Werte der Anodenplatten für $\frac{3{,}5}{6} = 58\,\%$ der ganzen Zeit.

Der Wert der Kathodenbleche ist

$960 \cdot 0{,}1 \cdot 19{,}2 \cdot 6 \cdot 10 \cdot 2{,}79 \ldots . = 308\,542$ M.

Goldwert der Anoden:

$3\,360\,000 \cdot 0{,}603 \cdot 2{,}79 \ldots . = 5\,652\,763$ „

Goldwert der zu jeder Zeit in Arbeit befindlichen Anoden

$5\,652\,763 \cdot \frac{3{,}5}{6} \ldots . = 3\,297\,445$ „

Der Gesamtwert der Kathoden und der stets in Arbeit stehenden Anoden

$308\,542 + 3\,297\,445 \ldots . = 3\,605\,987$ „

Bei 6 % betragen die Zinsen jährlich . . . . = 216 359 „

oder täglich . . . . = 593 „

Das Kilogramm Anodenmaterial hat an Zinsen zu tragen

$593 : 504{,}22 = 1{,}17$ M.

Und das Kilogramm des in Arbeit befindlichen Goldes

$593 : 304{,}045 \quad \mathbf{1{,}95\ M.} \qquad (8)$

Die Verflüchtigung von Silber und Gold.

Bekanntlich lassen sich beide Metalle in Dampf überführen, und zwar im elektrischen Lichtbogen. Beim Erhitzen der Metalle in Quarzgefäßen im Vakuum ist die Dampfbildung schon bei 680° bzw. 1070° erkennbar. Bei diesen Temperaturen ist die Größe des Dampfdruckes allerdings nicht bekannt; wir können sie auf ein Bruchteilchen eines Millimeters schätzen. Bei weiterem Erhitzen im Vakuum tritt bei 1360° bzw. 1800° die Erscheinung des Siedens ein. Auch hier sind wir über den Dampfdruck etwas im Ungewissen, wenn wir denselben nicht gleich dem statischen Druck des geschmolzenen Metalles über der Stelle setzen wollen, wo die Dampfblasen sich bilden, d. h. bei einer sehr schwachen Metallschicht von etwa 5—10 mm flüssigem Metall oder etwa 10 mm Quecksilber.

Aus diesen von Schuller, Krafft und Bergfeld ermittelten Daten wird der Siedepunkt von Silber und Gold bei Atmosphärendruck auf 2040° bzw. 2530° geschätzt. Diese Schätzung beruht auf der Annahme, daß der Temperaturunterschied zwischen den ersten Anzeichen der Dampfbildung im Vakuum und dem Siedepunkte im Vakuum dem Unterschied zwischen letzterer Temperatur und dem Siedepunkte unter Atmosphärendruck gleich sein soll; diese Annahme trifft für Quecksilber zu.

O. P. Watts hat die Siedepunkte für Silber und Gold auf 1850 bzw. 2800° geschätzt, wobei wahrscheinlich gewöhnlicher Atmosphärendruck zu verstehen ist; doch beruhen seine Schätzungen auf derartig unsicheren Annahmen, daß sie auf keine so große Genauigkeit Anspruch machen können wie die oben angegebenen.

Wenn wir wiederum auf die schon früher angegebene Regel zurückgreifen, nach welcher die Metalle bei gleichen Bruchteilen der Siedepunkte in absoluter Zählung die gleichen Dampfdrücke besitzen, so können wir unter Bezugnahme auf die bekannten Dampfdrücke des Quecksilbers, die über ein ziemlich weites Temperaturgebiet bekannt sind, ziemlich wahrscheinliche Werte für die Tensionen des Silbers und Goldes ableiten. In dieser Weise ist die nachstehende Tabelle berechnet, welche von der Temperatur, wo die Tension noch eben wahrnehmbar ist, bis hinauf zum Siedepunkt im Vakuum reicht.

Dampfdruck mm Hg	Quecksilber C°	Blei C°	Silber C°	Gold C°
0,0002	0	625	729	942
0,0005	10	658	766	987
0,0013	20	691	802	1031
0,0029	30	724	839	1075
0,0063	40	757	876	1120
0,013	50	790	913	1165
0,026	60	822	949	1209
0,050	70	855	986	1254
0,093	80	888	1023	1298
0,165	90	921	1059	1343
0,285	100	954	1096	1387
0,478	110	987	1133	1432
0,779	120	1020	1169	1476
1,24	130	1053	1206	1520
1,93	140	1086	1243	1565
2,93	150	1119	1280	1611
4,38	160	1151	1316	1654
6,41	170	1184	1353	1699
9,23	180	1217	1390	1743

Aus der Tafel entnehmen wir, daß anscheinend ein Dampfdruck von 0,0002 mm Quecksilber genügt, damit ein Metall erkennbare Zeichen der Verdampfung zeige. Die Temperaturen, bei welchen Silber und Gold diese Tension zeigen, sind nach der Tafel 729° bzw. 942°, wohingegen die direkte Beobachtung 680° bzw. 1070° ergeben haben soll, in Anbetracht der ungenauen Daten keine übermäßig große Abweichung.

Als Siedepunkte im Vakuum sind für Quecksilber 180°, für Blei 1250°, für Silber 1360° und für Gold 1800° angegeben worden. Aus der Tafel entnehmen wir als Temperaturen gleicher Dampfdrücke 180°, 1207°, 1390° und 1743°. Die Übereinstimmung ist sehr ermutigend. Die Fortsetzung der obigen Tabelle für Temperaturen zwischen dem Siedepunkt im Vakuum bis hinauf zum Siedepunkt bei Atmosphärendruck geben wir nachstehend:

Dampfdruck mm Hg	Quecksilber C°	Blei C°	Silber C°	Gold C°
9,23	180	1217	1390	1743
14,84	190	1250	1427	1788
19,90	200	1283	1463	1832
26,35	210	1316	1500	1877
34,70	220	1349	1537	1921
45,35	230	1382	1574	1965
58,82	240	1415	1610	2010
75,75	250	1448	1647	2055
96,73	260	1480	1684	2099
123	270	1513	1720	2144
155	280	1546	1757	2188
195	290	1579	1794	2233
242	300	1612	1830	2277
300	310	1645	1867	2322
369	320	1678	1904	2366
451	330	1711	1941	2410
548	340	1744	1977	2455
663	350	1777	2014	2500
760	357	1800	2040	2530

Für das Arbeiten bei sehr hohen Temperaturen, besonders im elektrischen Ofen, mag die folgende Tabelle, welche die Tensionen der Metalldämpfe über 1 Atmosphäre hinaus enthält, von Nutzen sein.

Dampfdruck Atm	Quecksilber C°	Blei C°	Silber C°	Gold C°
1	357	1800	2040	2530
2,1	400	1951	2197	2722
4,25	450	2116	2380	2945
8	500	2280	2564	3167

Dampfdruck Atm	Quecksilber C°	Blei C°	Silber C°	Gold C°
13,8	550	2445	2747	3390
22,3	600	2609	2931	3612
34	650	2774	3114	3835
50	700	2938	3298	4057
72	750	3103	3481	4280
102	800	3267	3665	4502
137,5	850	3436	3848	4725
162	880	3525	3958	4858

Diese letzteren Zahlen sind jedenfalls wissenschaftlich interessant, wenn sie auch nur wenig unmittelbaren praktischen Wert besitzen. Die Zahlen der vorhergehenden zwei Zusammenstellungen sind indessen technisch und wirtschaftlich bedeutungsvoll. Sie zeigen uns sehr deutlich, wie unwirtschaftlich es ist, Gold und Silber im offenen Ofen zu schmelzen, wo die Gase über das Metall hinwegstreichen. Die Gase können schon bei Temperaturen über 700° bei Silber und 950° bei Gold, d. h. wenn sie über noch nicht geschmolzenes Metall strömen, Gewichtsverluste durch Verflüchtigung bewirken. Wir haben es hier mit derselben Erscheinung zu tun, als wenn Eis oder Wasser durch einen Strom trockener Luft zur Verdampfung gebracht werden. Es wird dadurch erklärlich, warum bei der Kupellation Silberverluste entstehen, denn bei 1000° hat Blei einen Dampfdruck von 0,62 mm, Silber einen solchen von etwa 0,07 mm, so daß die abziehenden Bleidämpfe eine erhebliche Menge Silber mit fortführen. Bei derselben Temperatur ist der Dampfdruck des Goldes nur etwa 0,0007 mm, weshalb von diesem Metall entsprechend weniger verloren geht, etwa nur $^1/_{50}$ der Silbermenge, wenn wir sowohl Dampfdrücke als die Dichte der beiden Dämpfe berücksichtigen.

Bei der Berechnung solcher Metallverluste durch Verflüchtigung ist es von Wichtigkeit, zu beobachten, daß die Metalle im Dampfzustand einatomig sind, so daß ihr Molekulargewicht in diesem Zustand einfach gleich dem Atomgewicht ist. Das hypothetische Gewicht eines Kubikmeters Metalldampf unter Normalbedingungen ist deshalb

$$0{,}09 \cdot \frac{\text{Atomgewicht}}{2} \text{ kg.}$$

Aus dieser Zahl läßt sich das Gewicht beliebiger Volumina bei beliebigem Druck und Temperatur berechnen.

Beispiel:

Das Gewicht an Silberdampf ist zu berechnen für 1 cbm Ofengase die bei 1100° mit Silberdampf gesättigt sind.

Lösung:

Da der Dampfdruck des Silbers bei 1100° 0,28 mm beträgt, so ist die Frage einfach die: wie groß ist das Gewicht eines Kubikmeters Silberdampf von 1100° und 0,28 mm Druck? 1 cbm von Normalbedingungen wiegt $0{,}09 \cdot \frac{108}{2} = 4{,}86$ kg. Unter den gegebenen Bedingungen haben wir dann

$$4{,}86 \cdot \frac{273}{1100 + 273} \cdot \frac{0{,}28}{760} = 0{,}0035 \text{ kg}$$
$$= 3{,}5 \text{ g}.$$

In Wirklichkeit wird sich allerdings der schwere Silberdampf nur langsam mit den Ofengasen mischen, indessen werden sich die Gase, die sehr schnell über das Metall hinwegströmen und dabei direkt mit dem Silberdampfe in Berührung kommen, doch wohl annähernd mit dem Metalldampf sättigen und erhebliche Mengen davon fortführen. Beim Bessemern von Kupferstein können bei dem Hindurchpressen der Luft sehr wohl bis 30 % des Silbers verflüchtigt werden, wenn dasselbe erst zu Metall reduziert ist.

Ein jeder, der mit dem Schmelzen und Raffinieren der edlen Metalle zu tun hat, sollte mit diesen Tatsachen vertraut sein und die daraus sich ergebenden Folgerungen beherzigen.

Die spez. Wärme dieser Metalldämpfe ist 0,225 für 1 cbm (auf Normalbedingungen bezogen), und die latente Verdampfungswärme für das Atomgewicht beträgt annähernd 23 T (T = normaler Siedepunkt in absoluter Zählung, wie im ersten Teil dieses Werkes näher auseinandergesetzt ist).

Für Silber und Gold erhalten wir als latente Schmelzwärmen

Ag $23 \cdot (2040 + 273)$	= 53 200	Kal.	für	108 kg
	= **493**	„	„	1 „
Au $23 \cdot (2530 + 273)$	= 64 470	Kal.	„	197 „
	= **327**	„	„	1 „

Diese latenten Wärmen gelten für die Verdampfung bei normalem Atmosphärendruck. Für andere Drucke und Temperaturen sind Korrekturen anzubringen, welche sich aus dem Unterschied der spez. Wärme für Dampf und flüssiges Metall ergeben.

Vierundzwanzigstes Kapitel.

Die Metallurgie des Zinks.

(einschließlich des Kadmiums und des Quecksilbers).

Gegenwärtig läßt sich die Metallurgie des Zinks kurz folgendermaßen zusammenfassen. Das wichtigste Erz ist die Zinkblende, Zinksulfid, ZnS, welches bei den gewöhnlichen technischen Ofentemperaturen unschmelzbar und nicht flüchtig ist, welches sich aber leicht zu ZnO abrösten läßt. Das Rösten der Zinkblende wird (in Amerika) meistens in Öfen mit mechanischen Rührvorrichtungen vorgenommen, welchen das Erz im zerkleinerten Zustand zugeführt wird, weil die Blende fest und dicht ist und nur langsam abröstet. Das geröstete Erz, hauptsächlich aus ZnO bestehend, wird mit überschüssigem Kohlenstoff als Reduktionsmittel vermischt und in geschlossenen Retorten aus feuerfestem Ton mit angeschlossenen Kondensationseinrichtungen erhitzt. Bei 1033° treten Zinkdämpfe auf und bei der Arbeitstemperatur von etwa 1200 bis 1300° ist die Entwicklung lebhaft. Zinkdampf und Kohlenoxyd durchstreichen die Kondensationseinrichtungen; hier wird das Zink niedergeschlagen, ein Teil in der Form eines feinen Staubes (wie Reif), das meiste aber in flüssigem Zustand. Das Kadmium der Blende und etwas Blei, wenn solches vorhanden ist, destillieren mit dem Zink und bilden die wesentlichsten Verunreinigungen des Produktes. Bisweilen enthält das Kondensationsprodukt auch Arsen. Eisen destilliert nicht. Das Zink kann aber nachträglich aus den Löffeln und Formen, welche zum Transport und beim Gießen des flüssigen Metalles verwendet werden, etwas Eisen aufnehmen.

Die wesentlichsten Operationen, an welche Berechnungen geknüpft werden können, sind folgende:

Das Rösten.
Die Reduktion durch Kohlenstoff.
Die Kondensation der Dämpfe.
Die Möglichkeit einer Zinkgewinnung im Gebläseofen.
Die Reduktion im elektrischen Ofen.
Die elektrolytische Zinkgewinnung.
Die elektrolytische Raffination.

Das Rösten der Zinkblende.

Vor dem Rösten werden die Erze zerkleinert und angereichert. Reines ZnS enthält 67 % Zn und 33 % S. Die Blende hat ein spez. Gewicht von 3,9 und ist bei ihrer großen Spaltbarkeit leicht zu zerkleinern, wobei jedoch viel Feines entsteht. Im Joplinbezirk, dem größten Zinkfeld Amerikas, enthält das geförderte Erz im Mittel etwa 4,3 % Zn, entsprechend 6,4 % ZnS, und wird in Setzmaschinen aufbereitet. Dabei fallen Konzentrate mit 60 % Zn (90 % ZnS), welche 70 % vom Zn des Erzes enthalten, und Abgänge mit 1,35 % Zn (2 % ZnS), welche 30 % vom Zink des Erzes enthalten. Die Konzentrate machen 5 % vom Gewicht des Roherzes aus, das Anreicherungsverhältnis ist somit 20 : 1. Die Kosten der Zerkleinerung und Aufbereitung betragen 0,84—1,68 M. für die Tonne Roherz (Ingalls). Die Konzentrate haben folgende mittlere Zusammensetzung:

Zn	60 %	= 90 %	ZnS
Fe	2 %	= 3 %	FeS
SiO_2	7 %		
S	31 %		
	100 %		

Die Oxydation des Zinksulfids durch Luft nimmt ihren Anfang bei dunkler Rotglut, etwa bei 600°, und verläuft bei fortgesetzter ausreichender Luftzufuhr sehr rasch unter Entwicklung einer großen Wärmemenge und infolgedessen mit hoher Temperatur

$$2\,ZnS + 3\,O_2 = 2\,ZnO + 2\,SO_2.$$

Die Frage, welche Temperatur theoretisch bei diesem Vorgang erreicht wird, bietet erhebliches Interesse. Ingalls gibt nach Hollaway 1992° an.

Wegen seiner Bedeutung für die Praxis des Röstens wollen wir diesen Punkt etwas näher betrachten.

Übungsbeispiel 126.

Reines ZnS wird durch Luft oxydiert. Die betreffenden Bildungswärmen sind:

$$(Zn, S) = 43\,000$$
$$(Zn, O) = 84\,000$$
$$(S, O_2) = 69\,260$$

Die spez. Wärmen der in Frage kommenden Stoffe sind:

	Sm 0 — t
ZnS	0,120 + 0,000 03 t
ZnO	0,1212 + 0,000 031 5 t
SO_2 (1 cbm)	0,36 + 0,000 3 t
O_2, N_2 (1 cbm)	0,303 + 0,000 027 t

Wir wollen annehmen, daß die Blende zuerst auf 600° erhitzt wird, um das Rösten einzuleiten, worauf die Luftzufuhr stattfindet. Weiter wird vorausgesetzt, daß das Erz eine genügend große Oberfläche besitzt, um eine schnelle Oxydation zu ermöglichen, und daß die Temperatur so hoch ist, daß kein SO_3 entsteht.

Aufgabe:

Zu berechnen ist:

1.) Die theoretische Temperatur an der röstenden Oberfläche am Anfang, wenn der Sauerstoff vollständig ausgenutzt wird.
2.) Die Temperatur wenn die Oxydation bis zur Höchsttemperatur vorgeschritten ist.
3.) Die Temperatur, wenn ¾ des Sauerstoffs ausgenutzt wird.
4.) Die Temperatur, wenn die Hälfte des Sauerstoffes ausgenutzt wird.
5.) Die Temperatur, wenn die entstehenden Gase nur 5 % SO_2 enthalten.

Lösung:

1.) Die thermische Auswertung der Reaktion ergibt:

Zerlegung des ZnS	= — 43 000 Kal.
Bildung des ZnO	= + 84 800 „
Bildung des SO_2	= + 69 260 „
Wärmeentwicklung	111 060 Kal.

Diese Zahlen beziehen sich auf die Oxydation von 97 kg ZnS zu 81 kg ZnO und 64 kg (22,22 cbm) SO_2. Dafür sind $3 \cdot 16 = 48$ kg O_2 = 208 kg Luft mit 160 kg (127 cbm) Stickstoff erforderlich.

Wärme in 97 kg ZnS bei 600° . . .	= 8 032 Kal.
Bei der Röstung entwickelt	111 060 „
Gesamtwärme in den Produkten . . .	119 092 Kal.

Mittlere Wärmekapazität der Produkte bei t°

81 kg ZnO	= 9,8172 + 0,002 552 t
22,22 cbm SO_2.	= 8,0000 + 0,006 667 t
127 cbm N_2	= 38,4810 + 0,003 429 t
Summe	= 56,2982 + 0,012 648 t

Die theoretische Temperatur der Oberfläche am Anfang ist somit

$$t = \frac{119\,092}{56{,}2982 + 0{,}012\,648\,t}$$

$$t = 1565^0. \qquad (1)$$

2.) Wenn die Oberfläche des Röstgutes die Höchsttemperatur erreicht hat, ist diese praktisch = t, und die Produkte enthalten außer den 111 060 Kal. der Röstwärme noch den Wärmeinhalt der 97 kg ZnS bei t°. Wir erhalten dann:

$$t = \frac{111\,060 + 11{,}24\,t + 0{,}002\,91\,t^2}{56{,}2982 + 0{,}012\,648\,t}$$

$$t = 1780^0. \qquad (2)$$

Es muß betont werden, daß diese Temperatur die theoretische Höchsttemperatur unter den günstigsten Bedingungen in bezug auf Oxydation und genaue Bemessung der Luftzufuhr darstellt, — Bedingungen, welche in der Praxis niemals verwirklicht werden können.

3.) Der Sauerstoffüberschuß würde $\frac{1}{3} \cdot 48 = 16$ kg $= 11{,}11$ cbm sein. Das Verhältnis von SO_2 und O_2 in den Gasen wäre gerade das möglichst günstigste zur Herstellung von Schwefelsäure in Bleikammern durch Oxydation des SO_2 zu SO_3.

Die Reaktionen sind

$$ZnS + 2\,O_2 = ZnO + SO_2 + O$$

$$SO_2 + O = SO_3.$$

Die 11,11 cbm Sauerstoff entsprechen einem Luftüberschuß von 53,4 cbm, welche eine mittlere Wärmekapazität von $16{,}1903 + 0{,}001\,443\ t$ besitzen. Wenn wir die Wärmekapazität der Produkte um diesen Betrag erhöhen, dann erhalten wir

$$t = \frac{111\,060 + 11{,}24\ t + 0{,}002\,91\ t^2}{72{,}4885 + 0{,}014\,091\ t}$$

$$t = \mathbf{1437^0}. \qquad (3)$$

4.) Dieses Verhältnis kommt den praktischen Arbeitsbedingungen näher. Wir erhalten in ähnlicher Weise wie oben

$$t = \frac{111\,060 + 11{,}24\ t + 0{,}002\,91\ t^2}{104{,}8691 + 0{,}016\,977\ t}$$

$$t = \mathbf{1027^0}. \qquad (4)$$

5.) Wenn die Gase nur 5 % SO_2 enthalten, ist deren Gesamtvolum für das Kilo-Mol. SO_2

$$\frac{22{,}22}{0{,}05} = 444{,}4 \text{ cbm},$$

und der darin enthaltene Luftüberschuß

$$444{,}4 - 22{,}2 - 127 = 295{,}2 \text{ cbm}.$$

Die Wärmekapazität dieser Luftmenge ist

$$89{,}4456 + 0{,}007\,970\ t.$$

Und wir erhalten:

$$t = \frac{111\,060 + 11{,}24\ t + 0{,}002\,91\ t^2}{145{,}7438 + 0{,}024\,947\ t}$$

$$t = \mathbf{731^0}.$$

Aus diesen Rechnunge ersehen wir, daß eine wirksame Selbströstung der Blende durchführbar sein muß, wenn das Erz durch feine Zerkleinerung eine genügend große Oberfläche besitzt, um die schnelle Abröstung und eine weitgehende Ausnutzung des Sauerstoffs zu ermöglichen. Ohne diese Bedingungen ist die Selbströstung undurchführbar.

Das Topfröstverfahren erscheint für Blende möglich, wenn die geeigneten Verhältnisse in bezug auf Körnung des Erzes, Windgeschwindigkeit, Wandstärke der Töpfe usw. ermittelt werden könnten.

Übungsbeispiel 127.

Blendekonzentrate mit 90 % ZnS, 3 % FeS und 7 % SiO_2 werden im Flammofen mit einem Kohlenverbrauch von 30 % des Erzgewichtes abgeröstet. Das Rostgut enthält noch 26 % unverändertes ZnS. Das Eisen geht in Fe_2O_3 über.

Die Kohle enthält 75 % C, 5 % H, 8 % O, 1 % S und 11 % Asche. Die Röstgase enthalten im Mittel 2 % SO_2 und verlassen den Ofen mit 300°. Das fertige Gut wird mit 1000° gezogen. Der Ofen röstet 20 000 kg in 24 Stunden ab, er ist 3,60 m breit, 2,40 m hoch und hat eine Herdlänge von 40,5 m.

Aufgabe:

Zu berechnen ist:

1.) Die Zusammensetzung des gerösteten Erzes.
2.) Die bei der Abröstung von 1000 kg entwickelte Wärme.
3.) Die aus dem Brennstoff erzeugte Wärme.
4.) Der Wärme-Inhalt der heißen Beschickung beim Ziehen.
5.) Der Wärme-Inhalt der Gase.
6.) Der Wärmeverlust durch Leitung und Strahlung.
7.) Der Wärmeverlust für 1 qm äußerer Oberfläche des Ofens in der Minute.

Lösung:

1.) Die 2,6 % ZnS im Röstgut beziehen sich auf das geröstete Erz, nicht auf das Roherz. Die Zusammensetzung des gerösteten Erzes finden wir am einfachsten, wenn wir die Menge ZnS, welche in 100 Teilen Roherz unverändert bleiben, mit x bezeichnen.

Gewicht des oxydierten ZnS auf 100 Teile Roherz $= 90 - x$.

Gewicht des gebildeten ZnO $= (90 - x)\frac{81}{97}$ . . . $= 75{,}2 - 0{,}835\,x$

Gewicht des $Fe_2O_3 = 3 \cdot \frac{160}{176}$ . . . . $= 2{,}7$

Gewicht der unverändert bleibenden SiO_2 . . . . $= 7$

Gewicht des gerösteten Erzes . . . . $= 84{,}9 - 0{,}835\,x.$

Für letzteres haben wir, da die x Teile ZnS 2,6 % ausmachen:

$$\frac{x}{0{,}026}$$

Durch Gleichsetzen erhalten wir

$$84{,}9 - 0{,}835\,x = \frac{y}{0{,}026},$$

woraus $x = 2{,}2$.

Vom ZnS des Roherzes wird abgeröstet

$$\frac{90 - 2{,}2}{90} = 0{,}976 = 97{,}6\,\%$$

Gewicht und Zusammensetzung des Röstgutes:

ZnS	= 2,2 Teile	=	2,6 %
ZnO	= 73,4 ,,	=	86,1 %
Fe_2O_3	= 2,7 ,,	=	3,1 %
SiO_2	= 7,0 ,,	=	8,2 %
Gewicht	**85,3** Teile		

mit einem Zn-Gehalt von

60,0 Teilen = **70,3** %. (1)

2.) In 1000 kg Roherz werden 1000 (0,90 — 0,022) = 878 kg ZnS zu ZnO oxydiert.

Die Oxydationswärme von 97 kg ZnS beträgt

(Beispiel 126)	111 060 Kal.	
für 1 kg ZnS somit	1 145 ,,	
und für 878 kg	**1 005 310** ,,	(2)

3.) Heizwert von 1 kg Brennstoff (zu CO_2 und H_2O-Dampf):

C zu CO_2 $0{,}75 \cdot 8100$	= 6075 Kal.
Disponibler Wasserstoff $0{,}05 - 0{,}01 = 0{,}04$. H zu H_2O flüssig $0{,}04 \cdot 34\,500$	= 1380 ,,
Heizwert (flüssiges Wasser)	= 7455 Kal.
Gebildetes Wasser: $0{,}05 \cdot 9 = 0{,}45$. Latente Kondensationswärme $0{,}45 \cdot 606{,}5$	= 273 ,,
Heizwert (H_2O-Dampf)	= 7182 Kal.

Kohlenverbrauch für 1000 kg Roherz 300 kg. Heizwert desselben

$300 \cdot 7182 =$ **2 154 600** Kal. (3)

Gesamte Wärmeerzeugung im Ofen

$$1\,005\,310 + 2\,154\,600 = 3\,159\,910 \text{ Kal.}$$

Davon entfallen auf den Röstvorgang

$$\frac{1\,005\,310}{3\,159\,910} = 0{,}318 = 31{,}8\,\%.$$

4.) Das fertige Röstgut enthält für je 1000 kg Roherz

ZnS	. . . . =	22 kg
ZnO	. . . . =	734 „
Fe_2O_3	. . . . =	27 „
SiO_2	. . . . =	70 „
		853 kg.

Der Wärme-Inhalt dieser Stoffe bei 1000° ist

ZnS	$= 22 \cdot 0{,}150 =$	3,3 Kal.
ZnO	$= 734 \cdot 0{,}153 =$	112,3 „
Fe_2O_3	$= 27 \cdot 0{,}344 =$	9,0 „
SiO_2	$= 70 \cdot 0{,}260 =$	18,2 „

$$142{,}8 \cdot 1000 = 142\,800 \text{ Kal.} \qquad (4)$$

5.) Schwefel-Inhalt der Gase:

S aus ZnS: $878 \cdot \frac{32}{97}$ . . . . =	289,7 kg
S „ FeS: $30 \cdot \frac{32}{88}$ . . . . =	10,9 „
S „ Kohle: $300 \cdot 0{,}01$ . . . . . =	3,0 „
Gesamtschwefel	303,6 kg
Sauerstoff zur Bildung von SO_2 . .	303,6 „
Gewicht der SO_2	607,2 kg.

Volum des SO_2. $\frac{607{,}2}{2{,}88} = 210{,}8$ cbm.

Volum der Röstgase: $\frac{210{,}8}{0{,}02} = 10\,540$ cbm.

Davon CO_2 $\frac{300 \cdot 0{,}75 \cdot \frac{44}{12}}{1{,}98} = 416{,}7$ cbm

und Wasserdampf: $\frac{300 \cdot 0{,}45}{0{,}81} = 166{,}7$ cbm.

Volum des Stickstoffs und der überschüssigen Luft 9746 cbm.

Wärme-Inhalt dieser Gase bei 300°

CO_2	$416{,}7 \cdot 0{,}436 =$	181,7 Kal.
HO_2	$166.7 \cdot 0{,}385 =$	64,2 „
SO_2	$210{,}8 \cdot 0{,}450 =$	94,8 „
$N_2 + O_2$	$9746 \cdot 0{,}311 =$	3131,0 „
		3371,7 Kal. für 1°

$= 3371{,}7 \cdot 300 =$ **1 011 510 Kal.** bei 300°. . . (5)

6.) Die im Ofen verfügbaren . . . . . . 3 159 910 Kal.
verteilen sich wie folgt:

Wärme im gezogenen Röstgut	142 800 Kal.
Wärme im Gas	1 011 510 „
Verlust durch Leitung und Strahlung.	2 005 600 „
	3 159 910 Kal. . . (6)

7.) Der Umfang des Ofens in vertikaler Richtung ist annähernd

$$3{,}6 + 3{,}6 + 2{,}4 + 2{,}4 = 12 \text{ m}.$$

Und die äußere Oberfläche einschließlich Basis

$$12 \cdot 40{,}5 = 486 \text{ qm}.$$

In einer Stunde werden durchgesetzt

$$\frac{20000}{24} = 833 \text{ kg}.$$

Verlust durch Leitung und Strahlung in einer Stunde:

$$\frac{2005600 \cdot 833}{1000} = 1\,670\,665 \text{ Kal}.$$

oder für 1 qm der Oberfläche in der Stunde

$$\frac{1670665}{486} = 3437 \text{ Kal}.$$

In der Minute

57,3 Kal.. . . . . (7)

Reduktion des Zinkoxydes.

Da das Zink unter gewöhnlichem Atmosphärendruck bei 930° siedet, während die Reduktion des Zinkoxydes durch Kohlenstoff erst bei 1033° anfängt, so erhält man das Metall bei der Reduktion in Dampfform. Damit die Reduktion schnell verläuft, muß die Beschickung in der Retorte eine Temperatur von 1100—1300° am Schlusse haben. Durch die Reaktion von $ZnO + C$ wird eine große Wärmemenge gebunden, so daß ein dauernder Wärmefluß durch die Wände der Retorte stattfinden muß, um den Reduktionsvorgang aufrecht zu erhalten. Da die Retorte aus feuerfestem Ton besteht und eine Wandstärke von etwa 4 cm besitzt, so ist ein erheblicher Temperaturunterschied zwischen Außen- und Innenseite der Retorte erforderlich, damit die Wärmezufuhr genügend rasch erfolgt.

Thermochemie des Reduktionsvorganges.

Die Bildungswärme des Zinkoxyds, wie sie durch einen gewöhnlichen thermochemischen Versuch bestimmt wird, beträgt 84 800 Kal. für das Molekulargewicht, 81 kg, des Oxyds, d. h. wenn kaltes Zink sich mit kaltem Sauerstoff verbindet und das heiße Oxyd ebenfalls auf die Anfangstemperatur abgekühlt wird; dabei erhalten wir im ganzen eine Wärmeentwicklung von 84 800 Kal.

In demselben Sinne gilt die Bildungswärme des Kohlenoxyds 29 160 Kal. für das Molekulargewicht (28 kg) CO für die Vereinigung von kaltem C und kaltem O.

Diese Tatsachen werden thermochemisch durch

$$(Zn, O) = 84\,800$$
$$(C, O) = 29\,160$$

wiedergegeben.

Die Reduktionsgleichung ist

$$\begin{array}{ccccc} ZnO & + \; C = & Zn & + \; CO & \\ -84\,800 & & & +29\,160 & = -55\,640. \end{array}$$

Sie ist wiederum in dem Sinne aufzufassen, daß 55 640 Kal. gebunden werden, wenn wir von kaltem ZnO und C ausgehen und nach stattgefundener Reduktion die Produkte Zn und CO auf gewöhnliche Temperatur abkühlen lassen.

Praktisch wird in Wirklichkeit so verfahren, daß ZnO und C zuerst auf hohe Temperatur — wenigstens 1033° — erhitzt werden, worauf die von der Reaktion bei dieser Temperatur benötigte Wärme zugeführt und die Produkte Zn-Dampf und CO — beide mit 1033° — erhalten werden.

Der Reduktionsvorgang zerfällt daher in zwei Stufen: 1. Erhitzung der Beschickung auf die Reaktionstemperatur und 2. Zuführung der latenten Wärme der Reaktion bei dieser Temperatur.

Erhitzung der Beschickung.

Die Beschickung enthält gewöhnlich mehr Kohlenstoff, als die Reduktion theoretisch erfordert. Etwas Kohlenstoff wird durch die Luft in der Retorte verbrannt, ein anderer Teil dient zur Reduktion anwesender Eisenoxyde, und endlich bleibt Kohlenstoff im Destillationsrest unausgenutzt zurück. Es ist billiger, etwas Kohlenstoff verloren zu geben als Zinkoxyd unreduziert zu lassen. Wenn wir nun die Berechnung ausführen wollen, müssen wir die Wärmemengen kennen, welche zur Erhitzung der Beschickungsmaterialien auf die Reaktionstemperatur erforderlich sind. Wir nehmen dabei das theoretische Verhältnis zwischen Zinkoxyd und Kohle an; es ist natürlich leicht die Rechnung für irgendeinen Überschuß an Kohle im besonderen Fall abzuändern.

Der Wärme-Inhalt eines Kilogramms Zinkoxyd bei verschiedenen Temperaturen wurde im Laboratorium des Verfassers zu

$$0{,}1212\,t + 0{,}000\,031\,5\,t^2$$

bestimmt. Für 1 kg Kohlenstoff ist der Wärme-Inhalt bei Temperaturen oberhalb 1000° 0,5 t — 120. Um 81 kg Zinkoxyd und 12 kg Kohlenstoff auf 1033° zu erhitzen, ist die nötige Wärmemenge:

$$ZnO : 0{,}1212 \cdot 1033 + 0{,}0000315 \cdot (1033)^2 \cdot 81 = 159 \cdot 81 = 12\,879 \text{ Kal}$$
$$C\,[0{,}5\,(1033) - 120] \cdot 12 = 396 \cdot 12 \;\ldots\ldots\ldots\ldots = 4752 \text{ ,,}$$

Summe 17 631 Kal.

Diese Wärmemenge ist nötig für 81 kg Oxyd und 12 kg Kohlenstoff oder im ganzen 93 kg Beschickung mit 65 kg Zn. Für 1000 kg ZnO mit 800 kg Zn ist die erforderliche Wärme

$$17\,631 \cdot \frac{1000}{81} = 217\,670 \text{ Kal.}$$

Es ist zu beachten, daß die zur Erhitzung erforderliche Wärme dem Gewicht der Beschickung, Erz + Reduktionsmittel, proportional und von dem Inhalt derselben an Zink unabhängig ist. Eine Tonne armes Erz wird praktisch ebensoviel Wärme brauchen als dasselbe Gewicht eines hochprozentigen Erzes, so daß auch die Kosten für die Erhitzung proportional dem Gewicht und unabhängig vom Zinkgehalt sind.

Bei elektrischer Erhitzung ist die elektrische Energie, um die Beschickung auf die Reduktionstemperatur zu bringen, leicht zu berechnen; der Verlust des Ofens durch Leitung und Strahlung kann auf etwa 10—30 % der Gesamtwärme geschätzt werden.

Beispiel:

Eine Retorte enhält 300 kg Beschickungsgemisch und wird elektrisch auf 1033°, die Reaktionstemperatur, erhitzt, und zwar bei einem Wirkungsgrad von 75 % Der Generator leistet 250 PS. Wie lange wird das Anheizen dauern?

Lösung:

Um auf 1033° zu kommen braucht die Beschickung:

$$217\,670 \cdot 0{,}3 = 65\,300 \text{ Kal.}$$

Bei einem Wirkungsgrad von 75 % sind zuzuführen:

$$\frac{65\,300}{0{,}75} = 87\,070 \text{ Kal.}$$

Die Maschine leistet in der Stunde

$$635 \cdot 250 = 158\,750 \text{ Kal.}$$

Die 87 070 Kal. werden in

$$\frac{87\,070}{158\,750} = 0{,}55 \text{ Std.} = 33 \text{ Min.}$$

zugeführt.

Wenn die Retorte von außen durch Feuergase erhitzt wird, ist zu beachten, daß Schamotte ein schlechter Wärmeleiter ist, daß die Wärmeübertragung durch die Retortenwand mit steigender Temperatur der

Beschickung immer langsamer wird, und daß die äußere Wand bedeutend mehr als 1033° haben muß, damit die Beschickung genügend rasch auf diese Temperatur kommt.

Die Wärmeleitfähigkeit der Schamotte bei hoher Temperatur beträgt 0,0031, d. h. durch jedes Quadratzentimeter einer Schamottewand von 1 cm Stärke gehen in der Sekunde 0,0031 g-cal, wenn die beiden Oberflächen einen Temperaturunterschied von 1° besitzen. Während die äußere Oberfläche der Retorte durch die Heizgase dauernd auf rund 1200° gehalten wird, ist anfangs, wenn die Beschickung noch kalt ist, die Temperatur der inneren Retortenwand vielleicht 500°, der Temperaturunterschied des Wärmeflusses also 700°; bei weiterer Erhitzung steigt die Temperatur der Innenfläche immer mehr und wird zuletzt wenigstens 1033°. Dadurch sinkt der Temperaturunterschied auf etwa 200°. Wir können als mittlere Temperaturdifferenz während der ganzen Erhitzungszeit vielleicht 300° annehmen. Die Wärmeleitfähigkeit des Retortenmaterials sowie die Stärke der Retortenwand sind für die Geschwindigkeit der Wärmeübertragung und damit für die zum Anheizen der Retorte auf die Reaktionstemperatur erforderliche Zeit von ausschlaggebender Bedeutung.

Übungsbeispiel 128.

Eine Zinkretorte von ovalem Querschnitt hat eine Länge von 130 cm bei einem Durchmesser von 30 bzw. 15 cm nach den beiden Richtungen. Die Wandstärke ist 3 cm. Die Beschickung besteht aus 30 kg Erz und 12 kg Reduktionsmittel. Die Temperaturen der Beschickung sowie der Heizgase außerhalb der Retorte waren:

Zeit	In der Retorte	Außerhalb	Differenz
Anfang	0°	1067°	1067°
Nach 0,5 Std.	350	1067	717
„ 1,0 „	600	1067	467
„ 1,5 „	781	1067	286
„ 2,0 „	814	1100	286
„ 2,5 „	869	1100	231
„ 3,0 „	924	1110	187
„ 3,5 „	957	1155	198
„ 4,0 „	935	1166	231
„ 4,5 „	935	1138	203
„ 5,0 „	946	1144	198
„ 5,5 „	946	1155	209
„ 6,0 „	979	1166	187
„ 6,5 „	1001	1177	176
„ 7,0 „	1034	1177	143
		Im Mittel	319°

Als Wärme-Inhalt der Beschickungsmaterialien bei 1034° wollen wir für das Erz 159 Kal., für das Reduktionsmittel 396 Kal. für je 1 kg annehmen.

Aufgabe:

Zu berechnen ist:

Die mittlere Wärmeleitfähigkeit des Retortenmaterials in CGS-Einheiten in dem angegebenen Temperaturgebiet unter der Annahme, daß die inneren Retortenwände die Temperatur der Beschickung besitzen.

Lösung:

Die Wärmemenge, welche in 7 Stunden durch die Retortenwände fließt, beträgt

$$159 \cdot 30 = 4770 \text{ Kal.}$$
$$396 \cdot 12 = 4752 \text{ ,,}$$
$$\text{Summe } 9522 \text{ Kal.}$$

oder in 1 Sek. 378 cal.

auf die ganze Retortenfläche.

$$\text{Peripherie } \sqrt{30 \cdot 15} \cdot 3{,}14 = 66 \text{ cm.}$$

$$\text{Oberfläche der Seiten } 66 \cdot 130 = 8580 \text{ qcm.}$$

Durch 1 qcm fließen in der Sekunde

$$\frac{378}{8580} = 0{,}044 \text{ cal.}$$

Bei einem Temperaturunterschied von 1° würde durchgehen

$$0{,}044 : 319 = 0{,}000\,14 \text{ cal.}$$

Da nun die Stärke der Retortenwand 3 cm beträgt, so ergibt sich die Leitfähigkeit des Materials in CGS-Einheiten zu

$$0{,}000\,14 \cdot 3 = 0{,}000\,42.$$

Diese Leitfähigkeit ist viel zu niedrig. Die Ursache liegt darin, daß die Temperatur der Beschickung immer viel niedriger ist als die Temperatur der inneren Retortenwand, woraus folgt, daß der Temperaturunterschied zwischen beiden Seiten der Wandung kleiner gewesen ist als der oben angenommene von 319°. Wenn wir von dem experimentell bestimmten Leitfähigkeitskoeffizienten des Materials 0,0031 ausgehen, berechnet sich der mittlere Temperaturunterschied zu

$$319 \cdot \frac{0{,}00042}{0{,}0031} = 45^{0}.$$

Dies ist wahrscheinlicher als die Annahme, daß die Leitfähigkeit des Materials so außerordentlich niedrig ist. Wir gelangen somit zu der Folgerung, daß die geringe Leitfähigkeit der Beschickung selbst das wesentliche Hindernis einer schnellen Anheizung ist, und daß Vorwärmen der Beschickung sehr zweckmäßig sein würde, wenn es durch die Wärme der aus dem Ofen abziehenden Abgase geschehen könnte.

Destillation der Beschickung.

Bei dem Austreiben des Zinkes sind die thermischen Verhältnisse durchaus andere als beim Anheizen der Beschickung auf die Reduktionstemperatur. Wir haben es mit einer endothermen Operation zu tun, vergleichbar etwa dem Sieden des Wassers bei konstanter Temperatur; denn die latente Wärme einer chemischen Reaktion ist völlig analog der latenten Verdampfungswärme. Die Beschickung muß auf der Reduktionstemperatur erhalten werden, damit die Reaktion überhaupt eintritt; bei dieser Temperatur ist dann der Wärmeverbrauch der Reaktion zuzuführen. Die umgesetzten Mengen der Beschickung werden mit der bei der Reaktionstemperatur zugeführten Wärmemenge gleichen Schritt halten. Die Frage ist nun: Wie groß ist die latente Wärme dieser Reaktion bei der Reaktionstemperatur? Zu diesem Zwecke müssen wir die Bildungswärme von ZnO und CO bei 1033° kennen. Wegen der Berechnung dieser Größen sei auf die ausführlichen Erörterungen im ersten Teile verwies

Die genannten Bildungswärmen sind bei 1300°:

$$(Zn, O)^{1033} = 112\,580 \text{ Kal.}$$

$$(C, O)^{1033} = 30\,091 \text{ ,,}$$

und die thermochemische Auswertung der Reaktion bei 1033° ergibt:

$$Zn + C = CO + Zn$$

$$-112\,580 \qquad + 30\,091 = -82\,489.$$

Der Mehrverbrauch der Reaktion bei 1033° ist, wie man sieht, um fast 50 % größer als die Reaktionswärme bei gewöhnlicher Temperatur, wie sie direkt aus den Bildungswärmen der thermochemischen Tabellen gefunden wird. Der Hüttenman sollte diesen Unterschied wohl beachten, denn er ist von größter Wichtigkeit für die Berechnungen, wenn diese den wirklichen Verhältnissen entsprechen und in der Praxis verwendbar sein sollen.

Der Wärmeverbrauch der Reaktion ist der Menge des reduzierten ZnO bzw. des destillierten Zn proportional und steht in keiner direkten Beziehung zum Gewicht der Beschickung. Für eine Retortenfüllung ist der Wärmebedarf umso größer, je mehr Zink sie enthält. Die Wärme ist für ein gegebenes Quantum ausgebrachtes Zink, nicht für ein gegebenes Erzgewicht eine feststehende Größe und beträgt für 1 kg reduziertes ZnO $\frac{82489}{81} = 1018$ Kal.

„ 1 „ destilliertes Zn $\frac{82489}{65} = 1269$ „

„ 1 t „ „ 1 269000 „

Wir sehen also, daß die zur Reduktion erforderliche Wärme den bei weitem größeren Teil vom Wärmebedarf des ganzen Verfahrens ausmacht; bei einer aus reinem ZnO und C bestehenden Beschickung beträgt sie etwa das 4,7 fache der zum Anheizen nötigen Wärme.

Übungsbeispiel 129.

Die Retortenfüllung des Übungsbeispiels 128 wurde 14 Stunden lang auf der Reduktionstemperatur gehalten, währenddessen 18 kg Zink überdestillierten. Die Temperatur außerhalb der Retorte wurde allmählich auf 1300° gesteigert und der mittlere Temperaturunterschied zwischen den Gasen und der Beschickung war 147°.

Aufgabe:

Zu berechnen ist:

Die mittlere Wärmeleitfähigkeit des Retortenmaterials in CGS-Einheiten.

Lösung:

In den 14 Stunden wurde im ganzen zugeführt

$$1269 \cdot 18 = 22\,842 \text{ Kal.}$$

In einer Stunde:

$$\frac{22\,842}{14} = 1\,632 \text{ „}$$

In einer Sekunde $= 0{,}453$ „

$= 453$ cal.

Durch 1 qcm der Retortenwand gehen in der Sekunde

$$\frac{453}{8580} = 0{,}053 \text{ cal.}$$

oder bei einer Temperaturdifferenz von 1°

$$\frac{0{,}053}{147} = 0{,}000\,36 \text{ cal.}$$

Da die Retortenwand 3 cm stark ist, wird die Leitfähigkeit des Materials in CGS-Einheiten:

$$0{,}000\,36 \cdot 3 = 0{,}001\,08.$$

Bemerkung:

Wir finden hier eine 2,5 fach größere Leitfähigkeit als die aus den entsprechenden Temperaturangaben während des Anheizens berechnete. Der höhere Wert wird dadurch erklärlich, daß die Temperatur der Beschickung während der Reduktionsperiode fast gleich bleibt, weshalb der Unterschied an Temperatur zwischen Beschickung und innerer Retortenwand kleiner wird als während des Anheizens, wo die Temperatur der Beschickung stetig steigt. Wenn wir hier ähnlich wie dort umgekehrt aus der Leitfähigkeit der Schamotte 0,0030 den Temperaturunterschied zwischen innerer und äußerer Retortenwand berechnen, dann finden wir

$$147 \cdot \frac{0{,}00208}{0{,}0030} = 53^0.$$

In der Mitte ist die Beschickung danach nur 147 — 53 = 94⁰ kälter als die Innenwand der Retorte, von der sie ihre Wärme erhält.

Diese Zahlen scheinen recht plausibel, und der Verfasser würde daraus folgern, daß der Wert 0,003 wahrscheinlich in guter Annäherung die Leitfähigkeit des Zinkretortenmaterials darstellt. Für die praktische Benutzung der Zahl wäre jedoch mehr Tatsachenmaterial in Bezug auf die mittlere Temperaturdifferenz zwischen der inneren Retortenwand und der Beschickung erwünscht.

Übungsbeispiel 130.

Ein Zinkerz mit 50 % Zn wurde mit 40 % seines Gewichtes Anthrazit-Klein vermischt und in einem belgischen Ofen destilliert. Ausgebracht wurden 82 % vom Zink des Erzes. Für die Beheizung des Ofens wurden 2,25 t Anthrazit für 1 t Erz verbraucht. Der Anthrazit enthielt 90 % C und 10 % Asche und hatte einen Heizwert von 7500 Kal.

Aufgabe:

Zu berechnen ist:

1) der Gesamtverbrauch an Anthrazit für 1000 kg ausgebrachtes Zink.
2) der Wirkungsgrad der Wärme-Übertragung aus den Ofengasen auf die Beschickung.

Lösung:

1) Zink in der Beschickung auf 1000 kg Ausbringen:

$$\frac{10000}{0{,}82} = 1220 \text{ kg}$$

Gewicht der Beschickung auf 1000 kg ausgebrachtes Zink:

$$\frac{1220}{0{,}50} = 2440 \text{ kg}$$

Anthrazit in der Beschickung

$$2440 \cdot 0{,}40 = 976 \text{ kg}.$$

Anthrazit für die Feuerung

$$2440 \cdot 2{,}25 = 5490 \text{ kg}.$$

Gesamtanthrazit für 1000 kg ausgebrachtes Zink

$$976 + 5490 = \mathbf{6466\ kg} \quad \ldots\ldots\ldots \quad (1)$$

2) Heizwert der verbrannten Kohle:

$$5490 \cdot 7500 = 41\,170\,000 \text{ Kal.}$$

Um die Beschickung auf die Reduktionstemperatur zu bringen ist erforderlich

für das Erz		
	2440 · 190 =	387 960 Kal.
„ die Asche im Anthrazit		
	98 · 159	15 580 „
„ den Kohlenstoff im Anthrazit		
	878 · 396	347 690 „
	Zusammen	751 230 Kal.

Für Reduktion und Destillation des Zinks wird verbraucht

$$1000 \cdot 1269 = 1\,269\,000 \text{ Kal.}$$

Ausgenutzte Wärme $= 2\,020\,230$ „

Wirkungsgrad der Brennstoffausnutzung

$$\frac{2\,020\,230}{41\,170\,000} = 0{,}049 = \mathbf{4{,}9}\ \% \quad \ldots\ldots \quad (2)$$

Übungsbeispiel 131.

Naturgas aus Jola, Kansas, hat die Zusammensetzung:

CH_4	93 %
H_2	2 %
CO	1 %
C_2H_4	1 %
N_2	3 %
	100 %

Es soll damit ein Zinkretortenofen mit einem thermischen Wirkungsgrad von 4,9 % wie im vorigen Beispiel beheizt werden. Die Beschickung verbraucht auch hier 2 000 000 Kal. für 1000 kg abdestilliertes Zink.

Aufgabe.

Zu berechnen ist:

Das Gasvolum, auf 1000 kg Zink berechnet, welches den Anthrazit des vorigen Beispiels ersetzen würde.

Lösung:

Heizwert des Gases für 1 cbm

CH_4	0,93 · 8 623	=	8009	Kal.
H_2	0,02 · 2 613	=	52	„
CO	0,01 · 3 062	=	31	„
C_2H_4 . . .	0,01 · 14 365	=	144	„
			8236	Kal.

Gasverbrauch für 1000 kg ausgebrachtes Zink:

$$\frac{2\,000\,000}{0{,}049 \cdot 8236} = \mathbf{4955\ cbm.}$$

Elektrisches Verschmelzen von Zinkerzen.

In einer interessanten Mitteilung an die American Electrochemical Society[1]) berechnet Gustave Gin die elektrische Energie, welche zum Verschmelzen verschiedener Zinkerze erforderlich ist, unter der Annahme, daß der Zinkdampf und die anderen Gase den Ofen mit der üblichen hohen Temperatur von 1200° verlassen.

Die Berechnungen Gins beziehen sich auf das Molekulargewicht der reduzierten Zinkverbindung, d. h. auf 81 kg ZnO und 65 kg Zink. Für den Wärme-Inhalt der Produkte Zn und CO bei 1200° findet er:

für 65 k Zn	26 720 Kal.
„ 28 „ CO	8 280 „
Zusammen	35 000 Kal.,

während wir als Wärme-Inhalt erhalten:

in 65 kg Zn	37 695 Kal.
„ 28 „ CO	8 945 „
Zusammen	46 640 Kal.

Der Unterschied beider Zahlen rührt wesentlich von der Verdampfungswärme des Zinks her, wofür Gin 15 370 Kal. annimmt, die aber nach der vom Verfasser gebrauchten Berechnungsweise 27 670 Kal. ausmacht; fast genau dieselbe Zahl ist von W. Mc A. Johnson nach einem anderen Verfahren erhalten worden.

Gehen wir von einer kalten Beschickung aus, und nehmen wir an, daß die Reaktionsprodukte die Retorte mit 1200° verlassen, dann ist die nutzbar verbrauchte Wärme gleich der Reduktionswärme bei gewöhnlicher Temperatur, vermehrt um die fühlbare Wärme der Produkte bei 1200°, oder

---

[1]) Vol. XII, S. 117.

Wärmeverbrauch der Reaktion bei gewöhnlicher Temperatur	84 800 Kal.
Wärme in Zn und CO bei 1200°	46 640 „
Zusammen	131 440 Kal.

Dazu kommt noch die fühlbare Wärme des in der Retorte verbleibenden Rückstandes. Wenn die Beschickung aus reinem ZnO mit der theoretisch nötigen Menge Kohlenstoff bestände, dann wäre dieser Rückstand gleich Null; in der Praxis bleibt aber immer ein solcher aus der Gangart des Erzes und aus überschüssiger Kohle bestehender Rückstand in der Retorte.

Nachdem nun Gin auf obiger Grundlage den Wärmebedarf festgestellt hat, verfährt er bei Berechnung des Energiebedarfes für eine Tonne Erz in folgender sinnreicher Weise:

Das Gewicht eines jeden Bestandteils in 1000 kg Erz wird durch das Molekulargewicht der betreffenden Verbindung geteilt, wodurch die Anzahl der kg Mol. von jedem Bestandteile der 1000 kg erhalten wird, und wodurch man sozusagen die chemische Formel des Erzes aufstellen kann. Ein Beispiel wird das Verfahren klar machen.

Das gebrannte Kieselzinkerz hatte die Zusammensetzung:

ZnO	40,50 %
$ZnSiO_3$	38,07 %
Fe_2O_3	9,60 %
Al_2SiO_5	8,10 %
CaO	2,80 %

Wenn wir die in 1000 kg Erz enthaltenen Mengen jedes Bestandteils durch sein Molekulargewicht teilen, erhalten wir:

	kg in 1000 kg Erz			
ZnO	405	: 81	= 5,0 kg-Mol	ZnO
$ZnSiO_3$	380,7	: 141	= 2,7 „	$ZnSiO_3$
Fe_2O_3	96	: 160	= 0,6 „	Fe_2O_3
Al_2SiO_5	81	: 162	= 0,5 „	Al_2SiO_5
CaO	28	: 56	= 0,5 „	CaO.

Die Zusammensetzung des Erzes läßt sich dann durch die folgende Molekularformel wiedergeben.

$$5\,ZnO + 2{,}7\,ZnSiO_3 + 0{,}6\,Fe_2O_3 + 0{,}5\,Al_2SiO_5 + 0{,}5\,CaO.$$

Wir nehmen nun an, daß Fe_2O_3 in $FeSiO_3$ verwandelt wird; dann müssen wir soviel CaO zuschlagen, daß der nicht für $FeSiO_3$ verbrauchte Rest des SiO_2 des Zinksilikates mit dem Kalk $CaSiO_3$ bildet; hierfür ist im ganzen $2{,}7 - 2 \cdot 0{,}6 = 1{,}5$ CaO nötig. Da aber schon 0,5 CaO im Erz enthalten ist, so brauchen nur noch 1,0 CaO = 56 kg zugeschlagen zu werden

Zur Bildung von CO aus dem Sauerstoff des Zinkoxydes und des Eisenoxydes, welch letzteres zu FeO reduziert wird, ist an Kohlenstoff nötig:

für 5,0 ZnO	. . . .	5,0 C
„ 2,7 $ZnSiO_3$	. . . . .	2,7 „
„ 0,6 Fe_2O_3	. . . . . .	0,6 „
	Zusammen	8,3 C = 100 kg.

Wenn doppelt soviel Kohlenstoff zugegeben wird, als zur Reduktion theoretisch erforderlich ist, erhalten wir die nachstehenden Stoffbilanzen. Den Formelgewichten sind die Gewichte in Kilogramm in Klammern beigefügt.

Erz	Zugegeben	Beschickung
5 ZnO (405)	—	5 ZnO (405)
2,7 $ZnSiO_3$ (381)	—	2,7 $ZnSiO_3$ (381)
0,6 Fe_2O_3 (96)	—	0,6 Fe_2O_3 (96)
0,5 Al_2SiO_5 (81)		0,5 Al_2SiO_5 (81)
0,5 CaO (28)	1 CaO (56)	1,5 CaO (84)
	16,6 C (200)	16,6 C (200)

Bei der Reduktion wird die Beschickung sich folgendermaßen auf Gase und Rückstand verteilen.

Beschickung	Gase	Rückstand
5 ZnO (405)	5 Zn (325)	—
2,7 $ZnSiO_3$ (381)	2,7 Zn (175)	—
0,6 Fe_2O_3 (96)		1,2 $FeSiO_3$ (158)
0,5 Al_2SiO_5 (81)		0,5 Al_2SiO_5 (81)
1,5 CaO (84)		1,5 $CaSiO_3$ (174)
16,6 C (200)	8,3 CO (232)	8,3 C (100)

Die wesentlichen chemischen Vorgänge bei der Reduktion lassen sich durch folgende Gleichung wiedergeben:

$$5\,ZnO + 2{,}7\,ZnSiO_3 + 0{,}6\,Fe_2O_3 + 1{,}5\,CaO + 8{,}3\,C$$
$$= 7{,}7\,Zn + 1{,}2\,FeSiO_3 + 1{,}5\,CaSiO_3 + 8{,}3\,CO.$$

Der Wärmebedarf für eine Tonne Erz läßt sich daher in folgender Weise berechnen:

Zerlegung von 7,7 ZnO = 84 800 · 7,7	=	652 960 Kal.
„ „ 2,7 $ZnSiO_3$ in ZnO und SiO_2 = 10 000 · 2,7	=	27 000 „
„ „ 0,6 Fe_2O_3 in FeO und O = 64 200 · 0,6	=	38 520 „
Im ganzen durch Zerlegungen gebunden		718 480 Kal.
Bildung von 1,2 $FeSiO_3$ aus FeO und SiO_2 = 8900 · 1,2	=	10 680 Kal.
„ „ 1,5 $CaSiO_3$ aus CaO und SiO_2 = 17 850 · 1,5	=	26 770 „
„ „ 8,3 CO = 29 160 · 8,3	=	222 030 „
Im ganzen durch Bildungswärmen entwickelt. . . .		259 480 Kal.

Durch die chemischen Reaktionen werden gebunden:

718 480 — 259 480 = 459 000 Kal.

Fühlbare Wärme in den Produkten:

In 7,7 Zn	= 46 640 · 7,7	. . . . =	359 130 Kal.
„ 8,3 CO	= 8 945 · 8,3	. . . . =	74 240 „
„ 8,3 C	= 5 760 · 8,3	. . . . =	47 810 „

In der Schlacke:
- 1,2 $FeSiO_3$ 158 kg
- 0,5 Al_2SiO_5 81 „
- 1,5 $CaSiO_3$ 174 „

413 kg

413 · 460 . . . . . . =	200 000 „
Fühlbare Wärme in den Produkten und im Rückstand	681 180 Kal.
Dazu durch die Reaktionen gebunden	459 000 „
Wärmebedarf für 1000 kg Erz	1 140 180 Kal.

Wichtig ist folgendes:

Die Wärme, welche im elektrischen Ofen durch chemische Reaktionen gebunden wird, ist völlig, d. h. mit einem Wirkungsgrad von 100 % ausgenutzte elektrische Energie. Es ist nur die fühlbare Wärme des Erhitzungsgutes, welche zum Teil durch Leitung und Strahlung verloren geht. Deshalb sollten bei elektrischen Öfen diese Verluste nicht auf die gesamte, dem Ofen zugeführte elektrische Energie, sondern auf die durch chemische Reaktionen gebundene Wärme bezogen werden. Dieser Grundsatz ist von F. T. Snyder, dem Pionier der elektrothermischen Zinkgewinnung in Amerika, sehr klar ausgesprochen worden.

In dieser Weise aufgefaßt, wird der Nutzeffekt eines elektrischen Ofens um so höher, je mehr von der in ihm erzeugten Wärme durch chemische Reaktionen gebunden wird. Bei rein physikalischen Änderungen, die der Ofen leistet, wie Schmelzen usw., zeigen große elektrische Öfen einen Nutzeffekt von 75 % und einen Verlust von 25 % durch Leitung und Strahlung. In dem oben berechneten Falle, werden von dem gesamten Wärmebedarf für 1000 kg Zinkerz 40 % durch chemische Reaktionen gebunden, während 60 % als fühlbare Wärme auftreten. Diese 60 % stellen folglich die ganze fühlbare Heizwirkung des Ofens dar, und die Verluste durch Leitung und Strahlung sind mit ⅓ davon, nicht aber mit ⅓ vom gesamten Wärmebedarf einzusetzen. Wir haben demnach

Wärmebedarf der chemischen Reaktionen	459 000 Kal.
„ für fühlbare Wärme	681 180 „
Verlust durch Leitung und Strahlung	227 060 „
Im ganzen ist dem Ofen zuzuführen	1 376 240 „

oder in KW-Stunden:

$$\frac{1\,367\,240}{860} = \mathbf{1530}\ \text{KW-Stunden.}$$

Wie oben auseinandergesetzt, hat Verf. an den Zahlen Gins einige Änderungen vorgenommen; ähnliche Änderungen in Bezug auf die übrigen in dem Aufsatz behandelten Falle können von jedem, der die Arbeit studiert, angebracht werden.

F. T. Snyder von der Canada Zinc Company in Vancouver, B. C., hat in Amerika den ersten elektrischen Zinkschmelz-Ofen technisch betrieben. Snyder verarbeitet in dem ihm patentrecht lich geschützten Ofen[1]) gemischte Zink-Bleierze. Das Blei wird direkt in flüssiger Form erhalten und auch das Zink wird zur Flüssigkeit kondensiert, ehe es den Ofen verläßt, wobei die Kondensationswärme teils von dem zur Kühlung des Kondensators[2]) benutzten Wasser, teils von der niedergehenden Beschickung aufgenommen wird; der letztere Wärmebetrag geht also wieder in die Schmelzzone des Ofens zurück. Mit dieser Anordnung hat Snyder einen sehr niedrigen Kraftverbrauch erzielt. Oben war bei Erörterung des elektrischen Verschmelzens von Zinkerzen im allgemeinen und des Verfahrens nach Gin im besonderen vorausgesetzt, daß Zn-Dampf und CO-Gas beim Verlassen des Ofens wenigstens eine Temperatur von 1033° hatten. Wenn die Produkte nun, wie bei Snyders Ofen, bei 500° austreten, und zwar das Zink in flüssiger Form, dann wird der Wärme-Inhalt der Produkte, besonders der des Zinks sich erheblich vermindern. Bei der Besprechung der oben erwähnten Arbeit von Gin stellte Snyder fest, daß er reines Zinkoxyd mit einem Kraftverbrauch von 1050 KW-Stunden für 1000 kg Oxyd verschmolzen hat. Wir wollen nun nach sehen, wie diese Angabe mit den thoretischen Zahlen übereinstimmt.

Wärmewert von 1050 KW-Stunden 1050 · 860 . . .		= 903 000 Kal.
Wärmeverbrauch der chemischen Reaktionen bei gewöhnlicher Temperatur 1000 · 687		= 687 000 „
Fühlbare Wärme in den Produkten bei 500°	Zn 800 · 80 = 64 000 CO 342 · 152 = 52 000	= 116 000 „
so daß für die Verluste durch Leitung und Strahlung übrig bleiben		100 000 Kal.

[1]) U. S Pat. vom 2. Juli 1907. Elektrochem. and Metall Ind. V, 323, 489.

[2]) Hier handelt es sich um eine besondere Kondensationseinrichtung, auf den nächsten Seiten ist aber auch der Ausdruck „Kondensator" beibehalten worden, wo es sich um die üblichen „Vorlagen" der Zinkmuffeln handelt.
Die Übersetzer.

Über die Arbeitsweise seines Ofens teilt Snyder keine Einzelheiten mit, es ist indessen ersichtlich, daß die Reduktion von 1 t Zinkerz mit einem Kraftverbrauch von etwa 1000 KW-Stunden im Bereich der Möglichkeit liegt, wenn das Zink in flüssiger Form den Ofen verläßt, die Kondensationswärme also zum größten Teil der Schmelzzone wieder zugeführt wird, und nicht gar zu viel Wärme durch das Kühlwasser verloren geht.

Snyders Ofen hätte unter obigen Bedingungen einen Nutzeffekt von

$$\frac{803\,000}{903\,000} = 0{,}88 = 88\,\%$$

und 12 % Wärmeverlust. Diese Größen sind auf die dem Ofen zugeführte Gesamtenergie bezogen. Die 100 000 Kal. Verlust sollten aber — wie schon hervorgehoben — auf die Gesamtenergie, abzüglich der chemisch gebundenen Energie, bezogen werden, in unserem Fall also auf 903 000 — 687 000 = 216 000 Kal., die Verluste betragen dann

$$\frac{100\,000}{216\,000} = 0{,}46 = 46\,\%.$$

Durch Leitung und Strahlung verliert der Ofen 46 % von der entwickelten fühlbaren Wärme, letztere beträgt aber nur 24 % von der dem Ofen zugeführten Gesamtenergie.

Es wird also, kurz gesagt, etwa $^3/_4$ des Energieaufwandes des Ofens für die Wärmebindung der chemischen Reaktion ausgenutzt, von dem letzten $^1/_4$ tritt etwa die Hälfte als fühlbare Wärme in den Produkten auf, und die andere Hälfte geht durch Leitung, Strahlung und Kühlwasser verloren.

Der Zinkdampf.

Für die Kondensation des Zinkdampfes gelten dieselben Gesetze wie für die Verdichtung der Gase im allgemeinen. Befindet sich der Dampf in einem Raume, dessen Wände niedrigere Temperatur haben als die des Dampfes, dann wird dieser sich an den Wänden kondensieren, und zwar entweder in fein verteilter fester Form als Zinkstaub, wenn die Wände kalt sind, oder als flüssiges Zink, wenn sie heiß sind. Die Kondensation wird fortschreiten bis der Druck des Dampfes auf den der Temperatur des Kondensationsraumes entsprechenden Höchstdruck gesunken ist. Ist dieser Zustand erreicht, dann hört die Kondensation auf, wenn nicht der Raum weiter abgekühlt wird. Bei jeder Temperatur bleibt also eine gewisse Menge Zinkdampf unkondensiert zurück, entsprechend der maximalen Dampftension des Zinks bei dieser Temperatur.

Bei gleichzeitiger Anwesenheit anderer indifferenter Gase ist der Druck des Zinkdampfes nur ein Bruchteil vom Atmosphärendruck bzw. vom Druck des ganzen Gasgemisches. Die Kondensation des Zinks wird dann erst bei niedrigerer Temperatur eintreten, nämlich der Temperatur, bei welcher der Maximaldampfdruck des Zinkes seinem Partialdruck im Gasgemisch gleich ist. Bei weiterer Abkühlung schreitet die Kondensation vorwärts; doch bleibt immer das Gasgemisch an Zinkdampf gesättigt. Diese Erscheinung ist der Regenbildung durch Abkühlung feuchter Luft völlig analog.

Über die Größe des Dampfdruckes besitzen wir für Zink nur wenige Daten. Der Siedepunkt des Metalles unter Atmosphärendruck ist 930^0; bei dieser Temperatur ist der Dampfdruck also = 760 mm Quecksilber. Nach Barus nimmt der Maximaldruck für jeden Grad Temperatursteigerung um 6,67 mm zu. Die Bestimmung ist nicht leicht auszuführen, doch stimmt die Angabe befriedigend mit dem aus der Analogie mit Wasser und Quecksilber berechneten Druckzuwachs.

Bei Wasser, das bei 100^0 C (273^0 abs.) siedet, steigt der Siedepunkt um 1^0 bei einer Zunahme des Dampfdruckes um 27,20 mm. Quecksilber siedet bei 357^0 C (630^0 abs.), und eine Steigerung des Siedepunktes um 1^0 entspricht einer Druckzunahme von 12,66 mm. Diese beiden Druckzunahmen stehen unter einander im umgekehrten Verhältnis wie die abs. Siedepunkte

$$\frac{630}{273} = 2,3 \qquad \frac{27,20}{12,66} = 2,2.$$

Wenn wir in ähnlicher Weise das Zink mit dem Quecksilber vergleichen mit den beiden Siedepunkten 357^0 und 930^0 (630^0 und 1203^0 abs.) und den beobachteten Druckzunahmen 12,66 und 6,67 mm, dann finden wir

$$\frac{1203}{630} = 1,91 \qquad \frac{12,66}{6,67} = 1,90.$$

Diese Übereinstimmung rechtfertigt durchaus die Annahme, daß die Dampfdruckkurve des Zinkes aus der des Quecksilbers direkt ableitbar ist, wenn wir für irgend einen gegebenen Dampfdruck die absolute Temperatur des Zinkdampfes = dem 1,91fachen des Quecksilberdampfes setzen. Für Kadmium ist der in ähnlicher Weise aus dem Verhältnis der beiden absoluten Siedepunkte abgeleitete Faktor:

$$\frac{273 + 780}{273 + 357} = \frac{1053}{630} = 1,67,$$

so daß wir auch die Kurve für Kadmium aus der des Quecksilbers berechnen können.

Für das Temperaturgebiet zwischen eben merkbarer Verdampfung und den Siedepunkten im Vakuum erhalten wir dann folgende Tafel.

Dampfdruck-mm Hg	Quecksilber C°	Kadmium C°	Zink C°
0,0002	0	183	248
0,0005	10	200	267
0,0013	20	216	286
0,0029	30	233	305
0,0063	40	250	324
0,013	50	267	344
0,026	60	283	363
0,050	70	300	382
0,093	80	317	401
0,165	90	333	420
0,285	100	350	439
0,478	110	367	458
0,779	120	383	477
1,24	130	400	496
1,93	140	417	516
2,93	150	433	535
4,38	160	450	554
6,41	170	467	573
9,23	180	483	592

Ehe wir die Tafel fortsetzen, wollen wir die Bemerkung einschalten, daß Kadmium bei 320°, Zink bei 419° schmilzt, und daß beide Metalle daher schon etwa 150° unterhalb des Siedepunktes Verdampfungserscheinungen zeigen können. Bei einem Druck von 9 mm fängt das Quecksilber bei 180° an zu sieden, für Kadmium und Zink wäre diese Erscheinung bei 483° bzw. 592° zu erwarten. Soviel dem Verfasser bekannt, sind diese Verhältnisse bis jetzt nicht experimentell geprüft worden.

Für das Temperaturintervall zwischen Siedepunkt im Vakuum und Siedepunkt unter Atmosphärendruck erhalten wir die nachstehenden Zahlen.

Dampfdruck mm Hg	Quecksilber C°	Kadmium C°	Zink C°
9,23	180	483	592
14,84	190	500	611
19,90	200	517	630
26,35	210	533	649
34,70	220	550	668
45,35	230	567	687
58,82	240	584	706
75,75	250	600	726
96,73	260	617	745

Dampfdruck mm Hg	Quecksilber C⁰	Kadmium C⁰	Zink C⁰
123	270	634	764
155	280	650	783
195	290	667	802
242	300	684	821
300	310	700	840
369	320	717	859
451	330	734	878
548	340	750	897
663	350	767	915
760	357	780	930

Diese Tafel enthält die wichtigeren, für die praktische Kondensation von Zink-, Kadmium- und Quecksilberdämpfen in Betracht kommenden Daten. Wenn beispielsweise ein Gemisch aus Zink- oder Kadmiumdampf mit dem gleichen Volumen indifferentem Gas in den Kondensator eintritt, wobei der Partialdruck des Metalldampfes nur $\frac{1}{2}$ Atmosphäre oder 380 mm beträgt, so wird eine Kondensation erst eintreten, wenn die Temperatur der Gase auf 862⁰ bei Zink bzw. 720⁰ bei Kadmium gesunken ist. Wenn Quecksilberdampf aus einem Röstofen mit dem 19fachen Volumen anderer Gase gemischt ist, so daß der Metalldampf nur 5 % vom Gemisch, sein Partialdruck somit nur $0{,}05 \cdot 760 = 38$ mm ausmacht, so müssen die Gase auf 224⁰ gekühlt werden, damit das Quecksilber anfangen kann, sich zu kondensieren.

Für Temperaturen oberhalb des normalen Siedepunktes.

Dampfdruck in Atmosphären	Quecksilber C⁰	Kadmium C⁰	Zink C⁰
1,0	357	780	930
2,1	400	851	1012
4,25	450	934	1107
8,0	500	1018	1203
13,8	550	1101	1298
22,3	600	1185	1394
34,0	650	1268	1489
50,0	700	1352	1585
72	750	1435	1680
102	800	1519	1776
137,5	850	1602	1871
162	880	1652	1928

Diese letzte Tafel kann für verschiedene Zwecke nützliche Auskunft geben. So ersehen wir daraus, daß Zink, wenn es in einem geschlossenen elektrischen Ofen, welcher einen Druck von 100 Atmosphären vertragen könnte, mit indifferenten Gasen erhitzt würde, noch bis hinauf zu 1700° im flüssigen Zustande zu erhalten wäre, wodurch das Legieren mit anderen Metallen sehr viel leichter wäre. Bei der Herstellung von Messing geht beim Schmelzpunkt des Kupfers sehr viel Zink durch Verflüchtigung verloren; ein Druck von 4 Atmosphären im Ofen würde die Zinkverluste bei dieser Temperatur verhindern. Ein elektrischer Induktionsofen könnte sehr leicht in einem Druckgefäß untergebracht und bei dieser Temperatur betrieben werden. In dem Maße als man die Temperatur der fertigen Legierung sinken ließe, könnte dann der Druck allmählich entlastet werden. Um bei einer relativ niedrigen Temperatur von 1300° das Sieden des Zinks zu verhindern und das Metall im flüssigen Zustand zu erhalten, wäre ein Druck von fast 14 Atmosphären nötig.

Übungsbeispiel 132.

Geröstete Blende, praktisch aus reinem ZnO bestehend, wird durch Kohlenstoff reduziert und die Reduktionsgase passieren eine Kondensationsvorrichtung. Die Reaktion sei

$$ZnO + C = Zn + CO.$$

Aufgabe:

Zu berechnen ist:

1.) Die Temperatur, bei welcher die Kondensation des Zinks in dem Gasgemisch seinen Anfang nimmt.

2.) Das Verhältnis, in dem die Kondensation des Zinks für jeden Grad Abkühlung unterhalb des obigen „Taupunktes" zunimmt.

3.) Die Menge Zink, in Prozenten der Gesamtmenge, welche unkondensiert bleibt, wenn die Gase mit 600° aus dem Kondensator entweichen.

4.) Welchen Einfluß würde es auf diese Verhältnisse haben, wenn die Reduktion in Denver, 1500 m ü. d. M. bei einem Barometerstande von 560 mm stattfinden würde?

Lösung:

1.) Wir haben gesehen, daß der Zinkdampf ein spez. Gewicht von 32,5 besitzt, bezogen auf Wasserstoff von gleicher Temperatur und gleichem Druck. Da nun das Molekulargewicht des Wasserstoffes $H_2 = 2$ ist, wird das Molekulargewicht des dampfförmigen Zinkes $2 \cdot 32{,}5 = 65$. Dies stimmt mit dem Atomgewicht des Zinks überein, der Zinkdampf ist einatomig und seine Molekularformel = Zn. Das Gasgemisch der Reaktionsgleichung enthält also je ein Molekül der beiden Bestandteile und von den letzteren trägt jeder die Hälfte von dem äußeren Atmosphärendruck. Gewöhnlich drückt man das so aus, daß man sagt, das Gemisch besteht je zur Hälfte aus den beiden Bestandteilen, wobei man sich vorstellt, daß die Bestandteile, getrennt und jeder für sich unter dem gerade herrschenden Luftdruck gemessen, das halbe Volumen von dem des Gemisches einnehmen würden. Die Ausdrucksweise, daß jeder Bestandteil die Hälfte des äußeren Druckes trägt, ist wissenschaftlicher und logischer, denn in einem Gasgemisch besitzt jeder Bestandteil selbstverständlich das Volumen des Gemisches, steht aber unter einem Druck, welcher nur einen Bruchteil von dem auf dem ganzen Gemisch lastenden ausmacht, wobei dieser Bruchteil identisch ist mit dem Bruchteil des Volumens, das der betreffende Bestandteil einnehmen würde, wenn er aus dem Gemisch abgesondert wäre und für sich unter dem Drucke des letzteren stände.

Aus der Tafel sehen wir, daß Zink einen Dampfdruck von 380 mm bei 862° besitzt. Dies wäre also der „Taupunkt", bei welchem die erste Kondensation des Zinkes eintreten würde. (1)

2.) Bei dieser Temperatur entspricht ein Temperaturunterschied von 19° einem Unterschied im maximalen Dampfdruck von 82 mm. Eine Temperaturerniedrigung von 1° wird den Dampfdruck des Zinks um $\frac{82}{19} = 4{,}3$ oder praktisch 4 mm herabsetzen. Der Dampfdruck von 380 mm geht also auf 376 herunter. Dadurch werden $\frac{4}{380}$ des anwesenden Zinks kondensiert und $\frac{376}{380}$ bleiben als Dampf bestehen. Durch eine Temperaturerniedrigung von 1° wird also ein wenig über 1 % des Zinkes zur Kondensation gebracht. (2)

3.) Wenn die Gase den Kondensator bei 600° verlassen, beträgt nach der Tafel der Dampfdruck des Zinks 11,6 mm, der Druck des CO ist somit $760 - 11{,}6 = 748{,}4$ mm. Für jedes Kubikmeter des Gasgemisches bei 862°, welches 1 cbm Zn-Dampf von dieser Temperatur und 380 mm Druck enthält, wird ein Bruchteil eines Kubikmeters Gasgemisch von 600° entweichen, in welchem das Zink einen Dampfdruck von 11,6 mm besitzt. Das Volumen des aus dem Kondensator entweichenden Gasgemisches kann aus dem Druck und der Temperatur des CO gefunden werden. 1 cbm CO von 862° und 380 mm nimmt bei 600° und 748,4 mm ein Volumen von

$$1 \cdot \frac{600 + 273}{862 + 273} \cdot \frac{380}{748{,}4} = 0{,}381 \text{ cbm}$$

ein. Dies ist das Volumen des Gasgemisches, welches aus dem Kondensator entweicht für je 1 cbm Gasgemisch von 862°.

Der nicht kondensierte Zinkdampf hat also ein Volumen von 0,381 cbm bei 600° und einen Dampfdruck von 11,6 mm. Bei 862° und 380 mm Druck würde dieser Zinkdampf ein Volumen von

$$0{,}381 \cdot \frac{862 + 273}{600 + 273} \cdot \frac{11{,}6}{380} = 0{,}015 \text{ cbm}$$

einnehmen.

Aus dem Kondensator würden also von dem gesamten Zink

$$\frac{0{,}015}{1{,}000} = 0{,}015 = \mathbf{1{,}5}\ \% \qquad (3)$$

unkondensiert entweichen,

Viel schneller aber nicht so leicht verständlich finden wir das Resultat aus dem Verhältnis

$$\frac{11{,}6}{748{,}4} = 0{,}015 = \mathbf{1{,}5}\ \%$$

4.) Wenn die Reduktion in einer Meereshöhe stattfindet, wo der normale Barometerstand nur 560 mm beträgt, dann beträgt der Partialdruck des Zinkdampfes nur 280 anstatt 380 mm und der „Taupunkt" oder die Temperatur bei der die Kondensation zuerst eintritt, finden wir aus der Tafel (Seite 576) bei 835° anstatt früher bei 862°.

Bei dieser Temperatur entspricht eine Temperaturerniedrigung von 1° einer Druckerniedrigung von 3 mm, wodurch eine Kondensation von $\frac{3}{280} = 0{,}011 = 1{,}1\ \%$ des vorhandenen Zn eintreten würde, anstatt oben 1,2 %. Wenn die Temperatur der entweichenden Gase 600° ist bei einem Partialdruck des Zinks von 11,6 mm, so beträgt der Partialdruck des CO 560 — 11,6 = 548,4 mm. Von dem ursprünglich vorhandenen Zink werden also

$$\frac{11{,}6}{548{,}4} = 0{,}022 = 2{,}2\ \%$$

unkondensiert entweichen. Oben fanden wir 1,5 %.

Kondensation von Zink- und Quecksilberdämpfen.

Die Temperatur, bei welcher ein Metalldampf sich zu kondensieren anfängt, hängt sowohl von der Dampfdruckkurve des Metalles als von der Menge sonst noch anwesender, nicht kondensierbarer Gase ab. Durch die beigemischten Gase wird der Partialdruck des Metalldampfes im Gasgemisch vermindert und folglich die Temperatur erniedrigt, bei welcher das Gemisch mit Metalldampf gesättigt ist.

Die Erscheinung entspricht vollkommen dem Taupunkt der Luft und der Regenbildung.

Übungsbeispiel 133.

Ein geröstetes Zinkerz enthält 15 % Fe_2O_3 und 70 % ZnO. Es wird in einer Retorte mit überschüssigem Kohlenstoff reduziert.

Aufgabe:

Zu berechnen ist:

1.) Die mittlere Zusammensetzung des in den Kondensator tretenden Gasgemisches in Volumprozenten unter der Annahme, daß kein CO_2 vorhanden ist.

2.) Der Taupunkt des Gemisches, bei dem die Zinkausscheidung beginnt.

3.) Die Zinkmenge (in Prozenten), welche der Kondensation entgeht, wenn die Gase beim Verlassen des Kondensators 600⁰ besitzen.

Lösung:

1.) 1 kg Zink ist in

$$\frac{1}{0{,}70 \cdot \frac{65}{81}} = 1{,}78 \text{ kg}$$

geröstetem Erz enthalten.

1,78 kg Erz enthält an Sauerstoff

$$\text{als ZnO } 1 \cdot \frac{16}{65} \qquad = 0{,}246 \text{ kg}$$

$$\text{,, } F_2O_3\ 1{,}78 \cdot 0{,}15 \cdot \frac{48}{160} = 0{,}080 \text{ kg}$$

$$\text{Zusammen } 0{,}326 \text{ kg},$$

$$\text{Dieser Sauerstoff bildet } 0{,}326 \cdot \frac{28}{16} = 0{,}57 \text{ kg CO}$$

$$\text{Volum des CO} \ldots \frac{0{,}57}{1{,}26} = 0{,}45 \text{ cbm}$$

$$\text{Volum des Zinkdampfes } \frac{1{,}00}{2{,}93} = 0{,}34 \text{ ,,}$$

$$\text{Zusammen } 0{,}79 \text{ cbm.}$$

Die prozentische Zusammensetzung des Gemisches ist

$$\text{CO} \ldots\ldots 57\ \%$$

$$\text{Zn} \ldots\ldots 43\ \%. \qquad (1)$$

2.) Bei Normalluftdruck von 760 mm ist der Partialdruck des Zinkdampfes

$$760 \cdot 0{,}43 = 327 \text{ mm}$$

und die Temperatur, bei welcher das Gasgemisch an Zinkdampf gesättigt ist, finden wir aus der Tabelle S. 576 zu 847⁰, d. h. 83⁰ unterhalb des normalen Siedepunktes des Zinkes.

3.) Von 847⁰ abwärts wird das Gasgemisch stets an Zink gesättigt sein, und für eine beliebige Temperatur können wir den Dampfdruck des Metalles aus der Tabelle entnehmen. Der Bruchteil des Zinkdampfes, welcher nicht kondensiert wird, läßt sich indessen nicht einfach aus dem Partialdruck des Zinkes bei der betreffenden Temperatur ableiten. So ist z. B. bei 600° der Partialdruck des Zinkes 12 mm. Das CO, das mit 600° den Kondensator verläßt, hat somit einen Partialdruck von $760 - 12 = 748$ mm und wird von $\frac{12}{748}$ seines Volums Zinkdampf begleitet sein. Beim Eintreten in den Kondensator führte es $\frac{327}{433}$ seines Volums Zinkdampf. Das Verhältnis dieser beiden Quotienten stellt den unkondensiert verbleibenden Bruchteil des Zinks, bezogen auf die insgesamt in Dampf übergegangene Menge dar. Wir haben

$$\frac{12}{748} : \frac{327}{433} = \frac{0,016}{0,773} = 0,008 = 0,8\ \%$$

Dasselbe Ergebnis kann auch auf mehreren anderen Wegen erhalten werden; einer davon benutzt die Tatsache, daß Zinkdampf bei gegebener Temperatur $\frac{65}{28} = 2,3$ mal so schwer wie CO-Gas ist.

Übungsbeispiel 134.

Zahlreiche Versuche sind gemacht worden, das ZnO in ununterbrochenem Betriebe im Schachtofen zu reduzieren und aus den Ofengasen das Zink zu kondensieren. In diesem Falle werden die Gase aus Zinkdampf, Kohlenoxyd und Stickstoff bestehen, und die für die Reduktion erforderliche Wärme muß durch Verbrennung von Kohlenstoff zu CO vor den Formen aufgebracht werden. Die Beschickungssäule darf nur niedrig sein, damit die Gase so heiß fortgehen, daß das Zink in Dampfform bleibt. Wir wollen annehmen, daß die Gase 900° haben, und daß der Ofen durch Leitung und Strahlung so viel Wärme verliert als der heiße Wind ihm zuführt.

Aufgabe:

Zu berechnen ist:

1.) Die Menge an festem Kohlenstoff, welche für 1000 kg Zink der Beschickung zuzuführen ist.
2.) Die Zusammensetzung der Ofengase.
3.) Die Temperatur, bei welcher die Gase mit Zink gesättigt sind, und bei welcher die Kondensation des Metalles anfängt.
4.) Der Prozentsatz an Zink in den Gasen, welcher aus den Kondensatoren bei 600° entweicht.
5.) Der Druck, welcher im Ofen herrschen müßte, damit das Zink bei der Mindesttemperatur der Reduktion, 1033°, im flüssigen Zustand bleibt.

Lösung:

Die Reaktion

$$ZnO + C = Zn + CO$$

braucht für 1000 kg Zink zur Reduktion

$$1000 \cdot \frac{12}{65} = 184{,}6 \text{ kg}$$

Kohlenstoff.

Die Reaktion ist mit einem Wärmeverbrauch verknüpft, welcher für 65 kg Zink

$$(Zn, O) - (C, O) = 84\,800 - 29\,160 = 55\,640 \text{ Kal.}$$

beträgt. Dieser Fehlbetrag an Wärme kann nur dadurch ausgeglichen werden, daß vor den Formen eine weitere Menge Kohlenstoff zu CO verbrannt wird. Wenn wir für 65 kg Zn weitere 2 Atome (24 kg) Kohlenstoff verbrennen, erhalten wir gerade ein wenig mehr als die nötige Wärme, und wenn wir weiter beachten, daß 1 Vol. Luftsauerstoff von 3,81 Vol. Stickstoff begleitet wird, können wir den ganzen Vorgang im Ofen durch die Gleichung

$$ZnO + 3\,C + O_2 + 3{,}81\,N_2 = Zn + 3\,CO + 3{,}81\,N_2$$

wiedergeben.

An festem Kohlenstoff brauchen wir gerade das Dreifache der zur Reduktion nötigen Menge, oder für 1000 kg Zn

$$\frac{3 \cdot 12}{65} \cdot 1000 = \mathbf{554} \text{ kg. } \ldots\ldots \quad (1)$$

2.) Die Zusammensetzung der Ofengase in Volumprozenten ist

Zinkdampf	1	Vol.	= **12,8** %
Kohlenoxyd	3	„	= **38,4** %
Stickstoff	3,81	„	= **48,8** %.

3.) Die Gase werden an Zinkdampf gesättigt sein bei der Temperatur, wo der Partialdruck des Zinks, welcher

$$760 \cdot 0{,}128 = 97 \text{ mm}$$

beträgt, seinem maximalen Dampfdruck entspricht. Aus der Tabelle finden wir die Temperatur **745°**, oder 185° unter dem normalen Siedepunkt des Metalles. (3)

In den Gasen, wie sie den Ofen verlassen, stehen die Volumina des Zinkdampfes und der nicht kondensierbaren Gase in dem Verhältnis

$$\frac{12{,}8}{87{,}2} = 0{,}147.$$

Wenn die Gase mit 600° aus dem Kondensator austreten, ist das Verhältnis

$$\frac{12,0}{748} = 0,016.$$

Von dem ganzen Zinkgehalt der Gase entweichen unter diesen Bedingungen unkondensiert

$$\frac{0,016}{0,047} = 0,109 = 10,9\,\% \quad \ldots\ldots\ldots \quad (4)$$

Wenn die Gase im Kondensator bis auf den Schmelzpunkt des Zinks gekühlt werden könnten, würden nur

$$\frac{0,165}{759,8} : 0,147 = 0,0014 = 0,14\,\%$$

der Kondensation entgehen.

5.) Wenn es sich nur darum handeln würde, bei 1033° das Verdampfen von reinem Zink ohne Gegenwart anderer Gase zu verhindern, entnehmen wir der Tabelle direkt, daß dazu ein Druck von 2,2 Atm., d. h. 1,2 Atm. Überdruck im Ofen genügen würde. In dem obigen Gasgemisch beträgt aber der Zinkdampf nur $^1/_8$ vom ganzen Volum, d. h. er trägt nur $^1/_8$ vom gesamten Druck im Ofen. Damit der Zinkdampf unter einem Druck von 2,2 Atm. stehe, muß der Gesamtdruck im Ofen

$$2,2 \cdot 8 = 17,6 \text{ Atm.}$$

betragen.

Es müßte also der Ofen unter einem Überdruck von **16,6** Atm. gehalten werden, damit das Zink im flüssigen Zustand bleibe. (5)

Diese praktisch vollständig unerfüllbare Bedingung beweist die Unmöglichkeit aller Vorschläge, Zinkerze im Schachtofen zu flüssigem Zink unter Druck zu reduzieren. Derartige Versuche haben schon viel Geld verschlungen.

Übungsbeispiel 135.

Das gewöhnliche Quecksilbererz enthält im Mittel 2 % HgS und wird mit 10 % seines Gewichtes Holz abgeröstet. Das letztere enthält im Durchschnitt 20 % Wasser, 32 % C, 5,3 % H und 42,7 % O. Wir wollen annehmen, daß eine gerade ausreichende Luftmenge hinzutritt, um den Schwefel und den Kohlenstoff vollständig zu verbrennen, und daß sowohl das Erz wie die Luft trocken sind.

Aufgabe:

Zu berechnen ist:

1.) Die Zusammensetzung der Röstgase in Volumprozenten.

2.) Die Temperatur, bei welcher der Quecksilberdampf anfängt sich zu kondensieren.

3.) Der prozentische Anteil vom vorhandenen Quecksilber, welcher als Dampf entweicht, wenn die Gase beim Austritt aus den Kondensatoren 100⁰, 50⁰ bzw. 15⁰ haben.

Lösung:

1.) Für 1000 kg Erz mit 20 kg HgS sind zu verbrennen:

$$20 \cdot \frac{32}{232} = 2{,}8 \text{ kg S}$$

$$100 \cdot 0{,}32 = 32{,}0 \text{ ,, C}$$

wozu an Sauerstoff nötig sind:

$$2{,}8 \cdot 1 = 2{,}8 \text{ kg}$$

$$32 \cdot \frac{32}{12} = 85{,}3 \text{ ,,}$$

Zusammen 88,1 kg.

Begleitender Stickstoff 293,7 ,,

Luft 381,8 kg.

Zusammensetzung der Gase:

$$Hg = 17{,}2 \text{ kg} = \frac{17{,}2}{9{,}00} = 1{,}91 \text{ cbm} = 0{,}503\,\%$$

$$SO_2 = 5{,}6 \text{ ,,} = \frac{5{,}6}{2{,}88} = 1{,}91 \text{ ,,} = 0{,}503\,\%$$

$$CO_2 = 117{,}3 \text{ ,,} = \frac{117{,}3}{1{,}98} = 59{,}24 \text{ ,,} = 15{,}59\,\%$$

$$H_2O = 68{,}0 \text{ ,,} = \frac{68{,}0}{0{,}81} = 83{,}95 \text{ ,,} = 22{,}09\,\%$$

$$N_2 = 293{,}7 \text{ ,,} = \frac{293{,}7}{1{,}26} = 233{,}10 \text{ ,,} = 61{,}32\,\%$$

Zusammen 380,21 100,00 % (1)

2.) Der Partialdruck der einzelnen Bestandteile steht in demselben Verhältnis zum Gesamtdruck wie die Volumina zum Gesamtvolum des Gemisches.

Die Partialdrücke sind somit für

Hg	$760 \cdot 0{,}005\,03 =$	3,82 mm
SO_2	$760 \cdot 0{,}005\,03 =$	3,82 ,,
CO_2	$760 \cdot 0{,}155\,9 =$	118,48 ,,
H_2O	$760 \cdot 0{,}220\,9 =$	167,88 ,,
N_2	$760 \cdot 0{,}613\,2 =$	466,00 ,,
		760,00 mm.

Das Quecksilber wird anfangen sich zu kondensieren, sobald das Gasgemisch die Temperatur erreicht, wo der maximale Dampfdruck des Quecksilbers 3,82 mm beträgt. Aus der Tabelle finden wir diese Temperatur = 157⁰ oder 200⁰ unter dem Siedepunkte des Quecksilbers. Oberhalb dieser Temperatur ist das Gasgemisch nicht an Quecksilber gesättigt, und es kann keine Kondensation eintreten.

3.) In dem Gasgemisch beträgt das Volum des Quecksilberdampfes $\frac{3{,}82}{760}$ vom Gesamtvolum, oder $\frac{3{,}82}{756{,}18}$ vom Volum aller anderen Bestandteile. Der letztere Quotient ist 0,00505. Bei 100⁰ hat der Quecksilberdampf einen Druck von 0,285 mm, wodurch der Druck aller anderen Bestandteile 759,715 wird. Das Verhältnis zwischen Quecksilber und den anderen Gasen ist dann 0,000375. Da das Volum der übrigen Bestandteile unverändert geblieben ist, erhalten wir die entsprechende Menge des nicht kondensierten Quecksilber aus dem Verhältnis $\frac{0{,}000\,375}{0{,}00\,505}$ $= 0{,}074 = 7{,}4\,\%$.

Wenn die Temperatur des Gasgemisches auf 50⁰ erniedrigt wird, hat der Hg-Dampf nur einen Druck von 0,013 mm, der Wasserdampf einen solchen von 92 mm. Auf die übrigen Bestandteile entfällt daher ein Druck von 760 — (92 + 0,013) = 668 mm. Im ursprünglichen Gemisch nehmen Hg und H_2O entsprechend

$$\text{Hg}\ \frac{3{,}82}{588{,}30} = 0{,}0065$$

$$H_2O\ \frac{167{,}88}{588{,}30} = 0{.}2854$$

vom Volum der übrigen Bestandteile ein. Im Gasgemisch, welches bei 50⁰ entweicht, sind die entsprechenden Verhältnisse

$$\text{Hg}\ \frac{0{,}013}{668{,}0} = 0{,}00002$$

$$H_2O\ \frac{92}{668{,}0} = 0{,}1377.$$

Von Hg bzw. H_2O entweichen somit unkondensiert bei 50⁰

$$\text{Hg}\ \frac{0{,}00002}{0{,}0065} = 0{,}0031 = 0{,}31\ \%$$

$$H_2O\ \frac{0{,}1377}{0{,}2854} = 0{,}483 = 48{,}3\ \%$$

Genau in derselben Weise finden wir bei 15° (maximaler Dampfdruck für Hg 0,0009 mm, für H_2O 13 mm) das Verhältnis zu den übrigen Bestandteilen

$$\text{für Hg} \quad \frac{0{,}0009}{747} = 0{,}0000012$$

$$\text{für } H_2O \quad \frac{13}{747} = 0{,}0174.$$

Und die nicht kondensierten Mengen betragen

$$\text{für Hg} \quad \frac{0{,}000\,001\,2}{0{,}0065} = 0{,}000\,18 = 0{,}018\,\%$$

$$\text{für } H_2O \quad \frac{0{,}0174}{0{,}2854} = 0{,}061 = 6{,}1\,\%.$$

Der Unterschied zwischen diesen Prozentzahlen und 100 sind die Mengen, welche in den flüssigen Zustand übergegangen sind.

Metallnebel.

Wenn Zink oder Quecksilber sich im Dampfzustand befindet, sind einzelne Atome ohne Zusammenhang mit anderen Atomen. Die Dämpfe sind, wie man sagt, einatomig. Wie sich der Zustand der Atome ändert, wenn Kondensation eintritt, ob dann die Atome sich zu zusammengesetzten Molekülen vereinigen, oder ob die Änderung einfach in einer räumlichen Annäherung besteht, darüber wissen wir nichts. Jedenfalls aber werden die Atome beim Kondensationsvorgange zunächst als isolierte Moleküle vorhanden sein und in diesem Zustande die denkbar feinste Verteilung der Flüssigkeit darstellen, so fein, daß sie praktisch noch als Gas erscheinen. Wenn diese flüssigen Moleküle Gelegenheit finden, sich zu größeren Massen zu vereinigen, ergibt sich der flüssige Zustand. Es wird sich bei dieser Vereinigung wesentlich um die Verminderung der Oberflächenspannung handeln, welche das Bestehen der isolierten flüssigen Moleküle als kleine selbständige Kügelchen begünstigt. Von Einflüssen, welche die Oberflächenspannung herabsetzen und Agglomerierung zu flüssigen Massen fördern, kennen wir mehrere: Berührung mit rauhen Flächen oder mit Staubteilchen, Filtrieren durch Gewebe und Erteilung elektrischer Ladungen. Vielleicht hat auch ein Magnetfeld eine derartige Wirkung.

Die Menge an flüssigen oder festen Partikeln, welche durch unvollkommene Kondensation schwebend erhalten bleiben, steht in keiner Beziehung zu der Menge, die noch als wahrer Dampf vorhanden ist, jedoch hängen beide von der Menge der gleichzeitig vorhandenen unkondensierbaren Gase ab. Die Geschwindigkeit eines Gasstromes ist von größtem Einfluß auf die Menge des Nebels, welchen er enthalten kann. Wahrscheinlich ist die letztere der dritten Potenz der Geschwindigkeit proportional, so daß schon eine Herabsetzung der Geschwindigkeit auf die Hälfte die in Form von Metallnebeln auftretenden Verluste sehr wesentlich einschränken wird. Große Staubkammern, welche den Gasstrom verlangsamen oder große Reibungsflächen sind für die Abscheidung der Nebelteilchen sehr zweckmäßig, noch wirksamer sind Sackfilter.

Bei Zink ist der Erstarrungspunkt 420°, während die Kondensation der Dämpfe bei etwa 860° anfängt. Nur innerhalb dieser Temperaturgrenzen können die Nebenteilchen sich zu flüssigem Metall vereinigen. Wenn die Temperatur dieses Gebiet zu schnell durcheilt, finden die Nebelteilchen nur wenig Gelegenheit, sich zu einer Flüssigkeit zu vereinigen und gehen dann größtenteils in die Form eines sehr feinen Staubes von weniger als 0,01 mm Durchmesser über. Das Produkt ist der bekannte Zinkstaub (blue powder). Man kann leicht alles Zink in dieser Form erhalten, wenn die Dämpfe plötzlich gekühlt und die festen Nebelteilchen in Kammern oder durch Filter zurückgehalten werden.

Der Verlust an Zink oder Quecksilber in der Form von Nebel ist also ganz unabhängig von den Verlusten durch Nichtkondensation der wahren Dämpfe. Der Verlust kann kleiner aber auch größer als letzterer sein. Der Betrag hängt wesentlich von der Beschaffenheit der Absetzvorrichtungen und von der Geschwindigkeit der Gase ab. Es würde sehr schwierig sein für gegebene Bedingungen, theoretisch einen Wert für die Höhe dieser Verluste abzuleiten; die Daten für eine derartige Berechnung fehlen vollständig. Zurzeit bleibt nichts anderes übrig, als die in der Praxis wirklich eintretenden Verluste experimentell zu studieren und die Resultate als Material für spätere Benutzung zu sammeln.

Fünfundzwanzigstes Kapitel.

Die Metallurgie des Aluminiums.

Wir haben auf diesem Gebiet zwei prinzipiell verschiedene Verfahren zu unterscheiden: Die „Differentialreduktion“, welche für die Herstellung von reiner Tonerde im elektrischen Ofen in Anwendung steht und die „feuerflüssige Elektrolyse“, für welche die elektrolytische Zersetzung der Tonerde, wie sie in der Technik bei der Aluminiumfabrikation ausgeübt wird, ein Beispiel darstellt. Nur letztgenannten Gegenstand wollen wir hier behandeln.

Elektrolyse der Tonerde.

Das Verfahren von Hall ist überaus einfach und technisch bewundernswert. Al_2O_3 löst sich in den geschmolzenen Doppelfluoriden des Aluminiums und der Alkalien auf. Allem Anschein nach handelt es sich dabei um einen echten Lösungsvorgang wie beim Auflösen von gestoßenem Zucker in einem Glas Wasser. Der Schmelzpunkt der geschmolzenen Fluoride wird durch den Zusatz von Tonerde heruntergesetzt. genau wie der Gefrierpunkt des Wassers durch den aufgelösten Zucker. Wenn ein elektrischer Strom durch die Schmelze geschickt wird, erscheinen die Bestandteile der Tonerde an den Elektroden, Sauerstoff an der Anode, Aluminium an der Kathode. Bei der praktischen Ausführung wird am besten ein Kasten mit einem Kohlefutter benutzt, welcher auf dem Boden geschmolzenes Aluminium als Kathode und darüber eine nur einige Zoll starke Schicht Schmelze enthält, in welche die Kohleanoden von oben eingeführt werden. Verfasser hat in seinem Buch über Aluminium die meisten technischen Einzelheiten dieser Arbeitsweise angegeben und Haber hat in der Zeitschrift für Elektrochemie einige Laboratoriumsuntersuchungen über das Verfahren veröffentlicht[1]).

Bei Verwendung von geschmolzenem Natriumfluorid und Aluminiumfluorid als Lösungsmittel für die Tonerde und bei Benutzung von Kohleanoden sind die elektrolytischen Elemente des Verfahrens so einfach wie nur möglich. Die Schmelze enthält Natrium, Aluminium, Fluor und Sauerstoff, und die Anode ist Kohlenstoff. Unter diesen Bedingungen werden an den Elektroden diejenigen Elemente oder Verbindungen auftreten, welche nicht weiter mit dem Bade reagieren können, d. h. welche der Schmelze und den Elektroden gegenüber am stabilsten sind. Wir sehen nun sofort, was eintreten wird. An der Kathode kann kein Natrium ausgeschieden werden, denn metallisches Natrium wird mit der Schmelze reagieren und Aluminium ausscheiden. Die kathodische Wirkung des Stromes kann daher nur in einer Abscheidung von Aluminium bestehen. An der Anode andererseits kann kein Fluor abgeschieden werden, weil dieses Element überaus energisch, selbst in der Kälte, mit Tonerde reagiert unter Bildung von Fluorid und Entbindung von Sauerstoff. Als Anodenprodukt der Elektrolyse wird also zunächst nur Sauerstoff auftreten. Nun kann aber kein Sauerstoff bei Rotglut an einer Kohlenfläche entwickelt werden ohne mit dem Kohlenstoff CO zu bilden. Wir erhalten also an der Anode das Endprodukt CO. Der ganze Vorgang bei der Elektrolyse läßt sich somit dahin zusammenfassen, daß aus der

---

[1]) Vgl. auch: Neumann und Olsen, Z. f. Elektrochemie 1910. S. 230.

Schmelze Al_2O_3 verschwindet, während an der Kathode Aluminium, an der Anode Kohlenoxyd entsteht.

Die thermochemischen Beziehungen, soweit sie bekannt sind, stehen mit diesem Ergebnis durchaus im Einklang. Die Bildungswärmen der in Betracht kommenden Verbindungen, auf 1 kg-Mol. bzw. 1 kg-Äquivalent bezogen, sind:

		1 kg-Mol.	1 kg-Äquiv.
(Na, F)	=	109 720 Kal.	109 720 Kal.
(Al, F_3)	=	275 220 ,,	91 740 ,,
(Al_2, O_3)	=	392 600 ,,	65 430 ,,
(C, O)	=	29 160 ,,	14 580 ,,

Die Bildungswärme des Kohlenstofftetrafluorids ist unbekannt, aber wahrscheinlich nur klein, da diese Verbindung so schwer zu erhalten ist.

Aus der letzten Zahlenreihe entnehmen wir, daß der Strom die bei weitem geringste Arbeit zu leisten hat, wenn er die Tonerde zerlegt. Tatsächlich ist aber seine Arbeit noch geringer, und zwar um die 14 580 Kal., welche bei der Vereinigung des Sauerstoffs mit dem Kohlenstoff entwickelt werden. Wenn nun die elektrolytischen Wirkungen des Stromes auch keineswegs immer nach der Richtung der ,,kleinsten Arbeit" verlaufen, so trifft das in diesem Falle doch zu, weil wegen der chemischen Beziehungen zwischen Natrium, Aluminium, Fluor, Sauerstoff und Kohlenstoff, wie oben dargelegt, nichts anderes möglich ist. Es ist wahrscheinlich, daß die chemischen Beziehungen der möglichen Produkte für den qualitativen Verlauf der Elektrolyse maßgebender sind als die rein thermochemischen Beziehungen. In den meisten Fällen streben jedoch beide Einflüsse in derselben Richtung und führen zu identischen Ergebnissen. Das ist auch bei dem vorliegenden Verfahren der Fall. Der Verlauf des Vorganges ist absolut normal und läßt sich sowohl durch die eine als durch die andere Betrachtungsweise erklären.

Wenn in einem kleinen Gefäß und mit entsprechend niedriger Stromstärke gearbeitet wird, ist die Wärmeentwicklung des Stromes verhältnismäßig gering im Vergleich zu den Verlusten durch Leitung und Strahlung; man muß deshalb durch äußere Erhitzung den Prozeß unterstützen, damit die Temperatur genügend hoch bleibt. Bei größeren Apparaten und Stromstärken reicht die Stromwärme allein als Heizquelle aus; bei der Vergrößerung der Abmessungen der Apparate und der Energiebelastung über ein gewisses Maß hinaus, kann die unvermeidliche Widerstandserhitzung der Schmelze sogar eine allzu starke werden, so daß Vorkehrungen getroffen werden müssen, um die Apparatur künstlich zu kühlen.

Übungsbeispiel 136.

Als Elektrolysiergefäß dient ein würfelförmiger Kohlenblock von 25 cm Seitenlänge, welcher eine Aushöhlung von 10 cm im Quadrat und 10 cm Tiefe hat. In die Vertiefung ist von oben ein runder Kohlestab von 5 cm Durchmesser als Elektrode eingeführt. Das ganze Gefäß wiegt 30 kg, die Schmelze 2 kg. Der eintauchende Teil des Kohlenstabs wiegt 0,1 kg. Bei der Temperatur der Elektrolyse ist die spez. Wärme der Kohle 0,5, die der Schmelze 0,3. Ein Versuch zeigte, daß, wenn der ganze Apparat bei der Arbeitstemperatur sich selbst überlassen wurde, die Temperatur der Schmelze um 10^0 in der Minute, die der Gefäßwände um 2^0 sank.

Aufgabe:

Zu berechnen ist:

1.) Die Anzahl Watt, welche in Wärme umgesetzt werden müssen, um die Arbeitstemperatur aufrecht zu erhalten.

2.) Wenn wir eine Stromausbeute von 75 % bei der Elektrolyse annehmen, welche Stromstärke muß durch den Apparat geschickt werden, damit die Arbeitstemperatur erhalten bleibt? Die Betriebsspannung sei 10 Volt.

Lösung:

1.) Die 30 kg Gefäßmaterial, welche bei einer spez. Wärme von sich in der Minute um 2^0 abkühlen, geben an Wärme aus

$$30 \cdot 0,5 \cdot 2 = 30 \text{ Kal.}$$

in der Minute.

In ähnlicher Weise finden wir den Wärmeverlust der Elektrode und der Schmelze zu

$$0,1 \cdot 0,5 \cdot 10 = 0,5 \text{ Kal.}$$
$$2,0 \cdot 0,3 \cdot 10 = 6,0 \quad ,,$$

Der Wärmeverlust des ganzen Apparates ist somit 36,5 Kal. in der Minute.

Um die Temperatur aufrecht zu erhalten, muß der Strom diese Wärmemenge aufbringen. Da 1 Watt = 0,239 cal ist, erhalten wir für die Anzahl Watt, welche in Wärme umgesetzt werden müssen:

$$\frac{36,5 \cdot 1000}{0,239 \cdot 60} = \mathbf{2545\ Watt} \quad \ldots\ldots \quad (1)$$

2.) Wenn die ganze Strommenge Aluminium abscheidet, ist der aus den Bildungswärmen für 1 Äquivalent Al_2O_3 und CO ableitbare Spannungsverbrauch für die Elektrolyse

$$\frac{65\,430 - 14\,580}{23\,040} = 2,2 \text{ Volt.}$$

Wenn nur 75 % der Stromstärke für die Elektrolyse wirksam sind, ist der Spannungsverbrauch

$$2{,}2 \cdot 0{,}75 = 1{,}65 \text{ Volt.}$$

Zur Überwindung des Ohmschen Widerstandes bleibt somit eine Spannung von

$$10 - 1{,}65 = 8{,}35 \text{ Volt.}$$

Die Stromstärke, welche zur Erhaltung der Arbeitstemperatur nötig ist, beträgt:

$$\frac{2545}{8{,}35} = \textbf{305 Amp.}$$

Die hier benutzte Berechnungsweise ist auf alle Fälle der feuerflüssigen Elektrolyse anwendbar.

Register.

GPSR Compliance

The European Union's (EU) General Product Safety Regulation (GPSR) is a set of rules that requires consumer products to be safe and our obligations to ensure this.

If you have any concerns about our products, you can contact us on ProductSafety@springernature.com

In case Publisher is established outside the EU, the EU authorized representative is:

Springer Nature Customer Service Center GmbH
Europaplatz 3
69115 Heidelberg, Germany

Batch number: 10682323

Printed by Printforce, the Netherlands